Maßsystem-Konstanten

Lichtgeschwindigkeit	c	$2.9979 \cdot 10^8$ m/s
Avogadro-Konstante	N_A	$6.022\,14 \cdot 10^{23}$ Teilchen/mol
Elementares Mengenquantum	τ_N	$1.660\,54 \cdot 10^{-24}$ mol = 1 Teilchen
Universelle Gaskonstante	R	8.3145 J/(mol K)
Boltzmann-Konstante	$k_B = R/N_A$	$1.3807 \cdot 10^{-23}$ J/(Teilchen K)
Molvolumen idealer Gase	$\hat{v}°$	$24.414 \cdot 10^{-3}$ m^3/mol
(bei $T° = 298.15$ K und $p° = 101\,325$ Pa)		
Planck'sche Konstante	h	$6.6261 \cdot 10^{-34}$ J s/Teilchen
	$\hbar = h/2\pi$	$1.0546 \cdot 10^{-34}$ J s/Teilchen
Elementarladung	e	$1.6022 \cdot 10^{-19}$ C
Faraday-Konstante	$F = e/\tau_N$	$96\,485$ C/mol
Umrechnung Hertz → Volt	h/e	4.1329 μV/GHz
Umrechnung Volt → Kelvin	e/k_B	$11\,604$ K/V
Umrechnung Tesla → Kelvin	μ_B/k_B	0.6717 K/T
Magnetisches Flussquantum	$\Phi_0 = h/2e$	2.0664 mT (μm)^2 = 2.0664 μV/GHz
Magnetische Feldkonstante	μ_0	$4\pi \cdot 10^{-7}$ Vs/(Am) = $1.2566 \cdot 10^{-6}$ Vs/(Am)
Elektrische Feldkonstante	$\epsilon_0 = 1/\mu_0 c^2$	$8.8542 \cdot 10^{-12}$ As/(Vm)
	$1/4\pi\epsilon_0$	$c^2 \cdot 10^{-7}$ As/(Vm) = $8.9876 \cdot 10^9$ Vm/(As)
Bohr'sches Magneton	μ_B	$9.2740 \cdot 10^{-24}$ J/(Teilchen T)
Kern-Magneton	μ_N	$5.0508 \cdot 10^{-27}$ J/(Teilchen T)
Bohr'scher Radius	a_0	$4\pi\epsilon_0 \hbar^2/M_e e^2 = 52.918$ pm
Magnetisches Moment		
des Elektrons	$|m|_e$	$9.2848 \cdot 10^{-24}$ J/T
des Protons	$|m|_p$	$1.4106 \cdot 10^{-26}$ J/T
Gravitationskonstante	γ_G	$6.6746 \cdot 10^{-11}$ N m^2/kg^2
Gravitationsfeldstärke		
bei 50° geographischer Breite	g	9.81 m/s^2
Atomare Masseneinheit	u	$1.660\,54 \cdot 10^{-27}$ kg
Ruhemasse des Elektrons	M_e	$9.1094 \cdot 10^{-31}$ kg
	$M_e c^2$	$0.510\,98$ MeV
Ruhemasse des Protons	M_p	$1.6726 \cdot 10^{-27}$ kg
	$M_p c^2$	938.27 MeV
Ruhemasse des Neutrons	M_n	$1.6749 \cdot 10^{-27}$ kg
	$M_n c^2$	939.57 MeV
Massenverhältnis Proton/Elektron	M_p/M_e	1836.1527
Rydberg-Konstante	R_∞	13.6058 eV/Teilchen
Feinstrukturkonstante	α	$7.297\,352\,57 \cdot 10^{-3} \approx 1/137$
Compton-Wellenlänge		
des Elektrons	λ_c	$2.426\,315\,08 \cdot 10^{-12}$ m

Christoph Strunk
Moderne Thermodynamik
De Gruyter Studium

Weitere empfehlenswerte Titel

Moderne Thermodynamik
Band 1: Physikalische Systeme und ihre Beschreibung
Christoph Strunk, 2018
ISBN 978-3-11-056018-3, e-ISBN (PDF) 978-3-11-056022-0,
e-ISBN (EPUB) 978-3-11-056034-3

Optik
Eugene Hecht, 2018
ISBN 978-3-11-052664-6, e-ISBN (PDF) 978-3-11-052665-3,
e-ISBN (EPUB) 978-3-11-052670-7

Chemische Thermodynamik
Grundlagen, Übungen, Lösungen
Walter Schreiter, 2018
ISBN 978-3-11-055747-3, e-ISBN (PDF) 978-3-11-055750-3,
e-ISBN (EPUB) 978-3-11-055775-6

Thermodynamik
Vom Tautropfen zum Solarkraftwerk
Rainer Müller, 2016
ISBN 978-3-11-044531-2, e-ISBN (PDF) 978-3-11-044533-6,
e-ISBN (EPUB) 978-3-11-044544-2

Statistische Physik und Thermodynamik
Grundlagen und Anwendungen
Walter Grimus, 2015
ISBN 978-3-11-041466-0, e-ISBN (PDF) 978-3-11-041467-7,
e-ISBN (EPUB) 978-3-11-042367-9

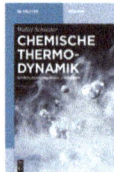

Christoph Strunk
Moderne Thermodynamik

Band 2: Quantenstatistik aus experimenteller Sicht

2. Auflage

DE GRUYTER

Physics and Astronomy Classification Scheme 2010
Primary: 51, 60, 65, 70; Secondary: 01.30.M, 05.70.-a, 05.30-d, 05.60.-k

Autor
Prof. Dr. Christoph Strunk
Universität Regensburg
Fakultät für Physik
Universitätsstr. 31
93053 Regensburg
christoph.strunk@physik.uni-regensburg.de

ISBN 978-3-11-056050-3
e-ISBN (PDF) 978-3-11-056032-9
e-ISBN (EPUB) 978-3-11-056035-0

Library of Congress Cataloging-in-Publication Data
A CIP catalog record for this book has been applied for at the Library of Congress.

Bibliographic information published by the Deutsche Nationalbibliothek
Die Deutsche Nationalbibliothek verzeichnet diese Publikation in der Deutschen
Nationalbibliografie; detaillierte bibliografische Daten sind im Internet über http://dnb.dnb.de
abrufbar.

© 2018 Walter de Gruyter GmbH, Berlin/Boston
Einbandabbildung: Messungen der Teilchendichte in einem ultrakalten Gas aus Kalium-Atomen.
Gezeigt ist der Übergang von einem Zustand der Quantenentartung – dem Bose-Einstein-Kondensat
– zu einem klassischen Gas mit einer Maxwell-Verteilung der Atome.
Der Übergang erfolgt bei ca. 2 μK (Bild: W. Ketterle, MIT).
Druck und Bindung: CPI books GmbH, Leck
♾ Printed on acid-free paper
Printed in Germany

www.degruyter.com

Vorwort zur 2. Auflage

Die vorliegende Neuauflage enthält zahlreiche Verbesserungen im Detail und einige Erweiterungen. Die grundlegende Konzeption der ausschließlich auf den Zustandsgrößen basierenden Darstellung hat sich bewährt. Wegen des resultierenden Gesamtumfangs, aber auch um weitere Zielgruppen anzusprechen, habe ich mich entschlossen das Buch in zwei Bände aufzuteilen.

Der erste Band behandelt allgemein die Frage nach einer einheitlichen Beschreibung von mechanischen, elektrischen und thermischen Phänomenen, die in der modernen Physik fast immer in Kombination und nicht nach Disziplinen getrennt auftreten. Dies ist dem seit über hundert Jahren andauernden Trend zur „großen Vereinheitlichung" der Physik geschuldet.

Das thermodynamische Beschreibungsverfahren hat sich an Systemen wie festen Körpern, Flüssigkeiten und Gasen entwickelt, über deren mikroskopische Natur lange Unklarheit herrschte. Aus diesem Grund war eine Methode erforderlich, die sich in positivistischer Weise allein auf die messbaren Zusammenhänge zwischen physikalischen Größen stützt. Das Ergebnis ist zeitlos – und immun gegen die immer wieder auftretenden Revolutionen des Begriffssystems der Physik.

Gegenüber der ersten Auflage habe ich neben neuen Abschnitten über Kältemaschinen, die Physik der Atmosphäre, und Elektrolytlösungen vor allem das sechste Kapitel erweitert, welches bisher den Formalismus der Thermodynamik allein anhand der idealen Gase illustrierte. In der zweiten Auflage habe ich diesem Kapitel Abschnitte über inkompressible Körper, die thermische Strahlung sowie kompressible Festkörper und Paramagnete hinzugefügt.

Inkompressible Körper stellen eine Erweiterung des Systems „Heißer Körper" dar, anhand dessen im zweiten Kapitel Entropie und Temperatur als grundlegende Begriffe der Wärmelehre eingeführt werden. Wird die Teilchenzahl als weitere unabhängige Variable zugelassen, so ist eine frühe Illustration des Begriffs des *chemischen Potenzials* anhand der Schmelzprozesse möglich.

Die *thermische Strahlung* ist ein weiteres archetypisches thermisches System, welches sich durch die Kombination der Lichtquanten-Hypothese mit den Regeln der Thermodynamik behandeln lässt. Darüber hinaus kann die Quantenhypothese auf die Schallwellen in Festkörpern übertragen werden. Sie erlaubt so eine elementare Diskussion der thermischen Eigenschaften von *kompressiblen Festkörpern* einschließlich einer Erklärung des Phänomens der thermischen Ausdehnung. Letztere ist mit das erste Phänomen, welches im Schulunterricht und in der Vorlesung besprochen wird, weil es zur Thermometrie genutzt werden kann, es führt aber selbst in den Lehrbüchern der Festkörperphysik meist ein Schattendasein.

Schließlich bildet der *Paramagnet* ein Beispielsystem für die Kombination von magnetischen und thermischen Phänomenen bis hin zur magnetischen Kühlung. In allen Beispielen wird demonstriert, wie auf der Basis minimaler Informationen (ins-

https://doi.org/10.1515/9783110560329-005

besondere ohne den Apparat der statistischen Physik) die freie Energie des Systems bestimmt werden kann, welche dann quantitative Aussagen über alle anderen thermodynamischen Eigenschaften des Systems erlaubt.

Insgesamt hoffe ich zu erreichen, dass der erste Band nicht nur für Physik-Studierende ab dem 3. Semester, sondern auch für Lehramtsstudenten und Lehrer interessant ist. Auch wenn die Thermodynamik in den Lehrplänen der meisten Länder nur wenig Raum einnimmt, so hat sie doch so starke Alltagsbezüge (Heizen, Kochen, Kühlen, Motoren, Energieversorgung, Wetter, Klimawandel), dass Schüler von sich aus mit Fragen kommen, die im Lehrplan nicht immer vorgesehen sind.

Der zweite Band widmet sich einer Darstellung der statistischen Thermodynamik aus experimenteller Sicht. Das heißt nicht, dass dieser Band keine theoretischen Konzepte enthält, denn ohne diese ist kein Verständnis möglich. Jedoch werden alle Konzepte sämtlich anhand experimenteller Daten erläutert – selbst so abstrakte Begriffe wie die Zustandssumme. Es wird nicht versucht die Thermodynamik mit Hilfe der statistischen Mechanik zu begründen, sondern es wird umgekehrt gezeigt, wie die im ersten Band illustrierten thermodynamischen Begriffe mit wenigen quantenmechanischen Prinzipien kombiniert werden können, um dann Modelle zu konstruieren, mit denen sich weite Bereiche der modernen Physik erschließen lassen.

Der zweite Band richtet sich neben den Lesern des ersten Bandes, die sich für die mikroskopische Seite der Thermodynamik interessieren, auch an jene, welche die Thermodynamik schon kennen, und jetzt ihre systematische Anwendung auf die Physik der kondensierten Materie, die Physik der Nanostrukturen, der Quantenflüssigkeiten oder die praktische Seite der Erzeugung tiefster Temperaturen sehen wollen. Eine Besonderheit ist die Betonung der engen Verknüpfung von thermodynamischen und Transporteigenschaften. Diese wird durch die Zerlegung der makroskopischen Systeme in Teilsysteme möglich, die auch in Gegenwart von globalem Nichtgleichgewicht lokal (in guter Näherung) durch die Gleichgewichtswerte der thermodynamischen Größen beschrieben werden können.

Um den zweiten Band auch unabhängig vom ersten lesbar zu machen, habe ich zu Beginn ein Einführungskapitel eingefügt, welches die im ersten Band dargestellten Grundregeln der makroskopischen Thermodynamik zusammenfasst, auf die im Folgenden Bezug genommen wird. Nachdem bereits im ersten Band festgestellt wurde, dass das Konzept der Entropie mit der klassischen Physik nur bedingt verträglich ist, stützt sich der zweite Band von vornherein auf die einfachen Grundregeln der Quantenphysik. Auch diese werden kurz zusammengefasst vorangestellt – im Prinzip ist es ausreichend, mit der Quantisierung der physikalischen Größen in den wichtigsten quantenmechanischen Modellsystemen vertraut zu sein, wie diese bereits in der Atomphysik vermittelt wird.

Regensburg, im September 2017 *Christoph Strunk*

Vorwort zur 1. Auflage

Was ist der Gegenstand der Thermodynamik? WILLIAM THOMSON (Lord KELVIN), einer ihrer Begründer, wollte mit diesem Wort zum Ausdruck bringen, dass es sich dabei um eine Vereinigung der Beschreibung thermischer und „dynamischer" Phänomene handelt, wobei unter „Dynamik" die Physik der Bewegungsvorgänge verstanden wurde. Sie stellt damit das erste Beispiel einer (für die Physik charakteristischen) Vereinheitlichung der Beschreibung zweier ursprünglich als grundverschieden angesehenen Gruppen von Phänomenen dar.

Das Ziel dieses Buches ist es, das Potenzial der Thermodynamik für das Verständnis der modernen Physik herauszuarbeiten. Der Gegenstand der modernen Physik ist die Entschlüsselung der Eigenschaften der Materie. Lange Zeit war man der Ansicht, dass sich makroskopische Materiestücke im Wesentlichen gemäß den Gesetzen der klassischen Physik verhalten und nur deren mikroskopisch kleine Bausteine – die Atome und Moleküle – durch die ganz andersartige Quantentheorie beschrieben werden. Interessanterweise beschränkte sich der Erfolg der Quantentheorie von Anfang an nicht auf die Welt des mikroskopisch Kleinen. Im Gegenteil, die ersten Erfolge der Quantentheorie betrafen thermische Systeme, wie die thermische Strahlung und das Problem der thermischen Eigenschaften der Kristallgitter. Diese Tatsache zeigt, dass die Trennung zwischen einer klassischen Gesetzen gehorchenden makroskopischen Welt und einer den merkwürdigen Quantengesetzen folgenden Mikrowelt nicht haltbar ist. In der heutigen Forschung wird dies im Bereich der Physik der Nanostrukturen deutlich, welche zum Ziel hat, die Schnittstelle zwischen der Makro- und der Mikrowelt experimentell zu untersuchen.

Damit stellt sich die Frage, welche Konzepte tauglich sind, um die anscheinend so widersprüchlichen Eigenschaften beider Welten in einem logisch konsistenten Rahmen zu beschreiben. Die meisten Lehrbücher der Thermodynamik folgen einem von zwei scheinbar entgegengesetzten Pfaden – entweder wird die Thermodynamik aus der Phänomenologie abgeleitet und erscheint als eine Methode der reinen Verpackung experimenteller Beobachtungen, ohne zu versuchen diese zu *erklären* – oder es werden von vornherein *Modelle* zur Erklärung der thermischen Phänomene betrachtet. Im Rahmen der Modelle erscheinen die thermischen Eigenschaften der Materie als „emergente" Phänomene, die nur im Zusammenspiel vieler Teilchen möglich sind, wobei das einzelne Teilchen stets den Gesetzen der Mechanik beziehungsweise der Quantenmechanik folgt und die Temperatur dabei keine Rolle spielt. Mit diesem Buch möchte ich eine Brücke zwischen diesen Extremen schlagen und darstellen, wie sich das Beschreibungsverfahren der makroskopischen Thermodynamik (kombiniert mit der Quantentheorie) weit über die von KELVIN beabsichtigte Vereinigung vom Wärmelehre und Mechanik hinaus zur Grundlage großer Bereiche der modernen Physik ausbauen lässt.

https://doi.org/10.1515/9783110560329-007

Nach meiner Erfahrung stellt die Thermodynamik eine im Grundstudium nicht leicht zu motivierende Disziplin der Physik dar. Das liegt wohl zum einen daran, dass sie in der Schule wenig Gewicht hat und oft mehr als eine statistische Variante der klassischen Mechanik präsentiert wird. Zum anderen erfordert es einen gewissen Überblick über die Physik, um die Allgemeinheit und die Brückenfunktionen der thermodynamischen Begriffe und Konzepte wertzuschätzen. Dieser Überblick stellt sich naturgemäß erst im Laufe des Studiums ein. Aus diesem Grund habe ich dieses Buch von vornherein nicht nur als einen auf die Begleitung eines Semesters hin ausgerichteten „Text", sondern auch als Referenz für einen mehrere Semester umfassenden Studienabschnitt konzipiert.

Ein weiteres Ziel des Buches ist es, einen Zusammenhang zwischen den Inhalten verschiedener Standard-Vorlesungen wie der Wärmelehre, der Festkörperphysik und der Quantenstatistik herzustellen und auch Fragen aufzuwerfen, die in der Regel erst in der Rückschau auf mehrere Vorlesungen auftreten. Der Umfang und die ungewöhnliche Stoffauswahl des Buches rechtfertigen sich unter anderem durch das Ziel, zur Weiterentwicklung der Lehrtradition beizutragen, indem die Erkenntnisse und die Anwendungen der Thermodynamik in der modernen Physik bis hin zur aktuellen Forschung von vornherein berücksichtigt werden. Neben den Grundlagen wird eine Vielzahl von Beispielen behandelt.

An mathematischen Voraussetzungen ist die Kenntnis der Differenzialrechnung von Funktionen mit mehreren Veränderlichen hilfreich (insbesondere der Begriff des totalen Differenzials). Von den physikalischen Kenntnissen her wendet sich das Buch an Studierende ab dem dritten Semester, die bereits mit den Konzepten der Mechanik und Elektrodynamik vertraut sind, und über elementare Kenntnisse der Quantenmechanik verfügen (es werden im wesentlichen die Energie-Eigenwerte der Modellsysteme „Spin", „Rotator", „Oszillator" und „freies Teilchen" benutzt). Zur experimentellen Illustration der Quantenstatistik erweisen sich Festkörper und die Quantenflüssigkeiten ^{3}He und ^{4}He als besonders geeignet, die überdies zur Erzeugung tiefer Temperaturen von großer praktischer Bedeutung sind. Zahlreiche Übungsaufgaben erleichtern die Verarbeitung des Stoffes.

Die erste Auflage eines Lehrbuches ist schwerlich frei von Fehlern. Für Hinweise auf solche Fehler und Anmerkungen zum Konzept bin ich dankbar (email: christoph.strunk@ur.de); Korrekturen werden auf meiner Webseite veröffentlicht (www.physik.ur.de/forschung/strunk/).

Regensburg, im September 2014   *Christoph Strunk*

Inhalt

Inhaltsverzeichnis des ersten Bandes

Die Strategie des Buches

Der Startpunkt dieses Buches ist die Tatsache, dass die grundlegende Idee des thermodynamischen Beschreibungsverfahrens nicht auf thermische Systeme beschränkt ist,
sondern sich auch auf *nicht-thermische* Systeme anwenden lässt. Dies wird dadurch illustriert, dass die Konstruktionsprinzipien der Thermodynamik zunächst anhand von
nicht-thermischen Beispielen dargestellt werden. Auf diese Weise wird ein neuartiges
Beschreibungsverfahren am Beispiel wohlvertrauter Systeme aus der Mechanik und
Elektrizitätslehre eingeführt und erst im zweiten Schritt auf die weniger vertrauten
thermischen Systeme angewandt.

Die in diesem Buch verwendete interdisziplinäre Darstellung der Physik geht
davon aus, dass es in den verschiedenen Teilbereichen der Physik ein gemeinsames
Grundmotiv gibt, welches zur Grundlage einer einheitlichen Beschreibung gemacht
werden kann. Dieses Grundmotiv besteht darin, dass sich eine zentrale Klasse von
physikalischen Prozessen als *Transport* oder *Strom* von gewissen physikalischen Größen X auffassen lässt. Zu diesen Größen gehören unter anderen die Stoffmenge, der
Impuls, die elektrische Ladung, die Energie oder die Entropie. Ändert sich die in einem System enthaltene Menge von X, so muss diese entweder zu- oder abgeflossen
sein, oder aber erzeugt beziehungsweise vernichtet worden sein. Die Größen X, die
solche Bilanzierungsoperationen erlauben, werden wir *mengenartig* oder *bilanzierbar*
nennen. Bei Erhaltungsgrößen fällt die Alternative der Erzeugung und Vernichtung
weg. Beispiele für Erzeugung und Vernichtung von Stoffen sind chemische Reaktionen aller Art und die Erzeugung von Entropie bei Reibungsphänomenen aller Art.
Der Transport einer Größe X ist stets mit dem Transport von Energie verbunden,
wobei für jede Größe X eine *konjugierte* Größe ξ (beispielsweise für den Impuls die
Geschwindigkeit und für die Ladung das elektrostatische Potenzial) existiert, welche
angibt, wie stark der X-Strom mit Energie „beladen" ist. Jedes physikalische System
verfügt über eine gewisse Zahl von unabhängigen „Kanälen", welche mit einem wohl-
bestimmten *Paar* von Größen X, ξ verknüpft sind und über die dem System Energie
zu- oder abgeführt werden kann.

Zahlreiche aktuelle Darstellungen der Thermodynamik benutzen die BOLTZ-
MANN'sche Formel $S = k_B \ln \Omega$ zur *Definition* der Entropie und bauen alles Folgende auf dieser Definition auf. Dies hat den Vorteil, dass man damit auf direkte Weise
eines der thermodynamischen Potenziale in die Hand bekommen und damit Thermodynamik treiben kann. Allerdings gilt die BOLTZMANN'sche Formel nur für Zustände im Gleichgewicht. Eine Beschränkung der Entropie allein auf Gleichgewichts-
Situationen muss aber zu dem Schluss führen, dass auch die Thermodynamik *an sich*
nur für Zustände im Gleichgewicht Bedeutung hat und dass ihr die Grundlage für
die Behandlung von Nicht-Gleichgewichts-Phänomenen fehlt. Selbst ein so alltägli-
ches Phänomen wie die Abkühlung einer Kaffeetasse auf dem Frühstückstisch würde
sich damit einer thermodynamischen Beschreibung entziehen. Dies wirkt überaus

https://doi.org/10.1515/9783110560329-017

künstlich und kontrastiert außerdem mit der Existenz einer „Thermodynamik der irreversiblen Prozesse", welche eben diese Nicht-Gleichgewichts-Phänomene sehr erfolgreich beschreibt. Aus diesem Widerspruch kann man nur schließen, dass die Anwendbarkeit des Konzepts der Entropie den Gültigkeitsbereich der BOLTZMANN'schen Formel offenbar weit überschreitet.

Aus diesen Gründen habe ich mich in der vorliegenden Darstellung entschieden, die Entropie als eine der elektrischen Ladung, dem Impuls und der Energie vergleichbare fundamentale Größe *von Anfang an einzuführen*. Auch in der Elektrizitätslehre wird uns gleich am Anfang zugemutet, dass eine effektive Beschreibung elektrischer Phänomene nur durch die Einführung einer *neuen* physikalischen Größe – nämlich der elektrischen Ladung – möglich ist, für die wir zunächst keine Anschauung haben und die sich nicht auf bekannte (mechanische) Größen zurückführen lässt. Die Entropie hat eine ebenso grundlegende Bedeutung wie die Energie, die elektrische Ladung oder der Impuls. Sie ist von den Modellen, die zu ihrer Berechnung im Rahmen der statistischen Physik verwendet werden, konzeptionell *unabhängig*. Auf der Basis dieser Einsicht ist es möglich, die häufig anzutreffende, aber unnatürliche Trennung zwischen der Thermodynamik im Gleichgewicht und der irreversiblen Thermodynamik der Transportprozesse zu vermeiden und beide in einem einheitlichen Begriffssystem zu formulieren. Die im letzten Kapitel vorgestellten Beispiele aus dem Bereich der Nanostrukturphysik zeigen, dass sich die thermodynamischen Konzepte auch im Bereich extremen Nichtgleichgewichts bewähren, solange man das Gesamtsystem in geeignete Teilsysteme zerlegen kann, welche in sich – aber nicht untereinander – im Gleichgewicht sind.

Da die thermischen Phänomene in unserer Welt allgegenwärtig sind, ist die Entropie ein unverzichtbarer und extrem erfolgreicher Begriff. Es wird gezeigt, dass die Entropie (mit Ausnahme der Erhaltung) ähnlichen Regeln wie der Impuls oder die elektrische Ladung genügt und mit einer analogen Anschauung versehen werden kann. Andererseits liefert die *Erzeugbarkeit* der Entropie den Schlüssel für die ausgezeichnete Richtung bei der Einstellung von Gleichgewichten – auch im Bereich der Mechanik und Elektrodynamik. Das Musterbeispiel für ein thermodynamisches System ist das ideale Gas. Es ist in der Physik deshalb von großer Bedeutung, weil es den Prototyp des quantenmechanischen Vielteilchenproblems darstellt. Die an Gasen entwickelten Konzepte lassen sich auf weite Bereiche der kondensierten Materie übertragen und bilden damit einen zentralen Baustein für das Verständnis der modernen Physik.

Der Modellcharakter und die Unzulänglichkeiten der kinetischen Gastheorie bilden die Motivation für eine konsequent quantenmechanische Beschreibung von Gasen, Festkörpern und Quantenflüssigkeiten im zweiten Band. Die notwendige Anpassung des durch die klassische Anschauung suggerierten Teilchenbegriffs an die quantenphysikalische Wirklichkeit bleibt nicht der Intuition des Lernenden überlassen, sondern es wird auseinandergesetzt, welche gravierenden Veränderungen dieser scheinbar so intuitive Begriff durch die Quantenmechanik und die Thermodynamik erfahren hat. Das Resultat dieser Analyse ist das Konzept der „elementaren BOSE- und FERMI-Systeme", welche an Stelle der „Teilchen" die Rolle der elementaren Teilsysteme eines Gases übernehmen. Diese stellen eine didaktisch-konzeptionelle Neuerung dar, die es gestattet, Quantenfelder in einfache Teilsysteme zu zerlegen, auf welche die allgemeinen Regeln der Thermodynamik anwendbar sind. Sie erlauben einen bruchlosen Übergang von der Beschreibung makroskopischer Systeme zu dem im letzten Kapitel dargestellten Quantentransport durch Nanostrukturen. „Teilchen" sind in dieser Terminologie keine Systeme vom Typ eines „freien Körpers", sondern die Anregungs-Quanten der aus den elementaren BOSE- und FERMI-Systemen aufgebauten Quantenfelder.

Ich versuche, die durch die moderne Physik erzwungenen Änderungen unserer Anschauung bewusst zu machen und anhand zahlreicher Beispiele experimentell zu illustrieren. Es wird aufgezeigt, wie auf der Basis der engen begrifflichen Verwandtschaft zwischen chemischen Reaktionen und Quantenübergängen ein intuitives Verständnis für die statistische Thermodynamik möglich wird. Damit entsteht ein einheitlicher konzeptioneller Rahmen, der in der Lage ist, sowohl die grundlegenden thermodynamischen Phänomene in der Physik, Chemie und Biologie als auch moderne Experimente vom Elektronentransport in Nanostrukturen bis hin zur Physik ultrakalter Atomgase begrifflich korrekt zu erfassen.

Bezeichnungen

In dieser Darstellung werden **extensive Größen** meist mit Großbuchstaben bezeichnet, die Dichten extensiver Größen mit Kleinbuchstaben, und Größen pro Teilchen (molare Größen) durch Buchstaben mit einem „Hut".

	Größe X	x	X-Dichte	$\hat{x}$	X pro Teilchen (Mol)
E	Energie	e	Energiedichte	$\hat{e}$	Energie pro Teilchen
P	Impuls	p	Impulsdichte	$\hat{p}$	Impuls pro Teilchen
L	Drehimpuls	ℓ	Drehimpulsdichte	$\hat{\ell}$	Drehimpuls pro Teilchen
M	Masse	m	Massendichte	$\hat{m}$	Masse pro Teilchen
Q	elektrische Ladung	q	Ladungsdichte	$\hat{q}$	Ladung pro Teilchen
N	Teilchenzahl/Stoffmenge	n	Teilchendichte	–	
V	Volumen	–		$\hat{v}$	Volumen pro Teilchen
S	Entropie	s	Entropiedichte	$\hat{s}$	Entropie pro Teilchen
p_{el}	elektrisches Dipolmoment	P_{el}	elektrische Polarisation	$\hat{p}_{el}$	elektrisches Dipolmoment pro Teilchen
m	magnetisches Dipolmoment	M	Magnetisierung	$\hat{m}$	magnetisches Dipolmoment pro Teilchen

	intensive Größe		konjugierte	extensive Größe
v	Geschwindigkeit		P	Impuls
Ω	Winkelgeschwindigkeit		L	Drehimpuls
ϕ_G	Gravitationspotenzial		M	Masse
ϕ	elektrisches Potenzial		Q	elektrische Ladung
μ	chemisches Potenzial		N	Teilchenzahl
$-F$	Kraft		R oder x	Verschiebung
$-p$	Druck		V	Volumen
T	Temperatur		S	Entropie
E_{ext}	externes elektrisches Feld		p_{el}	elektrisches Dipolmoment
B_{ext}	externes Magnetfeld		m	magnetisches Dipolmoment

Fundamentale Relationen:

$$dE = T\,dS - p\,dV + \mu\,dN \qquad \text{GIBBS'sche Fundamentalform}$$

$$E = TS - pV + \mu N \qquad \text{Homogenitätsrelation (EULER-Gleichung)}$$

$$0 = -S\,dT + V\,dp - N\,d\mu \qquad \text{GIBBS-DUHEM Relation}$$

$$d\mu = -\hat{s}\,dT + \hat{v}\,dp$$

$$\mu = \hat{e} - T\hat{s} + p\,\hat{v} \qquad \text{chemisches Potenzial}$$

■ Vertiefungsthema, kann beim ersten Lesen übergangen werden

■ Merksatz oder wichtige Formel i Übung

https://doi.org/10.1515/9783110560329-020

1 Zusammenfassung der Thermodynamik

Dieses Kapitel fasst das im ersten Band ausführlich dargestellte thermodynamische Beschreibungsverfahren in zwölf Regeln kompakt zusammen. Es dient damit als Referenz für die im vorliegenden zweiten Band verwendeten grundlegenden Notationen und fundamentalen Relationen. Damit soll dieser Band trotz einer Reihe von Rückbezügen auf den ersten Band weitgehend unabhängig von diesem gelesen werden können. Natürlich wendet sich die Kurzzusammenfassung an Leser, welche mit den dargestellten Konzepten bereits überwiegend vertraut sind. Bei Unklarheiten sei daher auf die ausführlichere Darstellung im ersten Band verwiesen.

Neben den Basis-Regeln werden einige Grundbegriffe (System, Homogenität, Gleichgewicht) ausführlicher diskutiert. Im allgemeinen Sprachgebrauch werden diese eher intuitiv und mit verschiedenen Bedeutungen verwandt. Die Trennung dieser Bedeutungen ist wichtig, um sich später nicht in scheinbaren Widersprüchen zu verwickeln.

1.1 Das thermodynamische Beschreibungsverfahren

Traditionell standen die drei *Hauptsätze der Thermodynamik* am Anfang der Thermodynamik. Sie wurden im ersten Band ausführlich diskutiert und lauten in kompakter Form:

1. **Hauptsätze:**
   1. Die Energie ist bei allen möglichen Prozessen erhalten.
   2. Entropie kann erzeugt, aber nicht vernichtet werden.
   3. Die Entropie eines im inneren Gleichgewicht befindlichen Systems verschwindet am absoluten Nullpunkt der Temperatur.

Die Hauptsätze bedingen allgemeine Einschränkungen für die physikalisch möglichen Prozesse und werden daher auch gerne als Unmöglichkeitsaussagen formuliert:
1. Es ist unmöglich einem System Energie zuzuführen, ohne einem anderen System dieselbe Energiemenge zu entziehen (Unmöglichkeit eines perpetuum mobiles erster Art).
2. Es ist unmöglich einem Wärmereservoir kontinuierlich Energie zu entziehen, und diese einem nicht-thermischen System zuzuführen, ohne die dabei freigesetzte Entropie an ein anderes Wärmereservoir abzugeben (Unmöglichkeit eines perpetuum mobiles zweiter Art).
3. Es ist unmöglich einem System sämtliche Entropie zu entziehen (Unerreichbarkeit des absoluten Nullpunktes).

https://doi.org/10.1515/9783110560329-021

Prozesse standen in der von der klassischen Mechanik geprägten Tradition zunächst im Zentrum der Formulierung. Erst in der zweiten Hälfte des 19. Jahrhunderts schälte sich der *Zustand* als zentraler Begriff der Beschreibung heraus. Ein Zustand ist eine Art Momentaufnahme eines Systems, welcher die Werte aller physikalischen Größen des Systems zu einem bestimmten Zeitpunkt zusammenfasst. Prozesse stellen dagegen Folgen von Zuständen dar. Diese Begriffsbildung fand in der GIBBS'schen Formulierung der Thermodynamik einen vorläufigen Abschluss. Der GIBBS'sche Zugang stützt sich allein auf Zustandsgrößen sowie die Änderungen der Zustandsgrößen im Laufe eines Prozesses. Dies erfordert es neue Zustandsgrößen, wie die Entropie und die Temperatur zur Beschreibung thermischer Phänomene einzuführen, so wie die elektrische Ladung und die elektrische Spannung zur Beschreibung der elektrischen Phänomene eingeführt werden müssen, ohne dass diese auf andere, bereits bekannte Größen zurückgeführt werden können.

Beim Übergang zur modernen Physik zeigte sich zudem, dass die Atomphysik erst dann auf eine tragfähige Grundlage gestellt werden konnte, als man erkannte, dass auch die Stabilität der Elektronen im Atom nicht analog zur Bahnbewegung der Planeten (also als Prozess) zu verstehen war, sondern im Gegenteil, als stationärer, das heißt zeitunabhängiger *Zustand*. Nachdem es gelang die Zustände quantitativ zu fassen, war es möglich auch deren zeitliche Veränderungen, die Prozesse, zu verstehen. Erst im Rahmen der Quantentheorie war es möglich Modelle für thermodynamische Systeme zu entwickeln, die mit zunehmender Genauigkeit in der Lage waren die experimentellen Beobachtungen auch im Bereich tiefer Temperaturen zu erklären. In diesem Bereich zeigte sich eine mit dem Gleichverteilungssatz der klassischen Physik unverträgliche Temperaturabhängigkeit der Wärmekapazitäten. Lange unverstanden, wurde diese schließlich als eine grundsätzliche Eigenschaft aller Materie erkannt und mit dem dritten Hauptsatz der Thermodynamik zu einem fundamentalen Prinzip erhoben. In diesem Sinne passen die Thermodynamik und die Quantenphysik sehr gut zusammen, und die weitere Entwicklung lief und läuft bis heute weitgehend parallel.

Entsprechend diesen Einsichten haben wir im ersten Band das thermodynamische Beschreibungsverfahren anhand von Zustandsgrößen entwickelt. Der Ausgangspunkt sind dabei nicht die Hauptsätze, sondern das nachfolgende Basispostulat, welches zwar zunächst abstrakt klingt, aber eine einheitliche Beschreibung nicht nur der thermischen, sondern auch der mechanischen, elektromagnetischen und chemischen Eigenschaften der physikalischen Systeme ermöglicht [1]. Wir werden sehen, dass das Postulat und seine Folgerungen auch festlegen, was unter einem physikalischen System zu verstehen ist – nämlich die Gesamtheit der funktionalen Zusammenhänge zwischen den Werten seiner physikalischen Größen.

2. **Basispostulat:**
   Die Energie eines physikalischen Systems lässt sich als (im Sinne EULERS) *homogene* Funktion

   $$E(\lambda X_1, \ldots, \lambda X_r) = \lambda E(X_1, \ldots, X_r) \tag{1.1}$$

   der r unabhängigen Variablen $\{X_1, \ldots, X_r\}$ darstellen, wobei λ eine beliebige reelle Zahl ist.

   Variablensätze, die Gl. 1.1 genügen, heißen *extensiv*.

   Die Matrix der zweiten Ableitungen von $E(X_1, \ldots, X_r)$ ist stets positiv definit.

Ein wichtiges Beispiel ist das ideale Gas (Abschnitt I-6.2.1) mit konstanter Wärmekapazität für das gilt:

$$E(S, V, N) = N \left\{ \hat{e}_0 + \varkappa R \left(\frac{N}{j^* V} \right)^{1/\varkappa} \exp \left[\frac{S}{N \varkappa R} - \frac{\varkappa + 1}{\varkappa} \right] \right\}, \tag{1.2}$$

wobei die Entropie S, das Volumen V und die Stoffmenge (oder Teilchenzahl) N[1] die extensiven Variablen sind. Die Systemkonstante $\hat{e}_0$ ist die molare Bindungsenergie der Atome und Moleküle, $\varkappa = C_v / NR$ gibt den Werte der konstanten Wärmekapazität an (wobei R die universelle Gaskonstante ist) und j^* nennen wir die *chemische Konstante*.

Die Homogenität der Funktion $E(X_1 \ldots, X_r)$ hat weitere wichtige Konsequenzen: Anstelle der extensiven Größen erlaubt sie eine Beschreibung durch *spezifische Größen*, nämlich

$$\hat{x}_i = \frac{X_i}{N} \quad : \quad \text{molare Größen / Größen pro Teilchen}$$

$$x_i = \frac{X_i}{V} \quad : \quad X_i \text{ - Dichten / Größen pro Volumen}$$

Die spezifische Energie hängt also nur von $r - 1$ Variablen ab.

Wichtige Beispiele sind die molare Energie $\hat{e} = E/N$ und die Energiedichte $e = E/V$, die molare Entropie $\hat{s} = S/N$ und die Entropiedichte $s = S/V$, das Molvolumen

---

1 Es gibt zwei gebräuchliche Einheiten für die Stoffmenge: „Mol", und „Teilchen", die über die AVOGADRO-Konstante $N_A = 6.022\,14 \cdot 10^{23}$ Teilchen/mol miteinander verknüpft sind. Der Kehrwert von N_A lässt sich auch als ein elementares Mengenquantum $\tau_N = 1.6605 \cdot 10^{-22}$ mol interpretieren. Vom Standpunkt der Atomistik aus erscheint die Einheit „Teilchen" als so natürlich, dass sie meistens weggelassen wird. Die AVOGADRO-Konstante verknüpft auch die allgemeine Gaskonstante $R = N_A k_B$ mit der BOLTZMANN-Konstante und die auf das Mol bezogene chemische Konstante $j^* = N_A j$ mit der auf ein Teilchen bezogenen j. Auf der mikroskopischen Ebene bietet es sich an mit auf ein Teilchen bezogenen Größen zu rechnen, auf der makroskopischen Ebene sind „mol" praktischer.

$\hat{v} = V/N$ sowie die Teilchendichte $n = N/V = 1/\hat{v}$. Dividieren wir die Energie $E(S, V, N)$ einmal durch die Stoffmenge N und einmal durch das Volumen V, so erhalten wir wegen der Homogenität

$$\hat{e} = \hat{e}(\hat{s}, \hat{v}) \quad \text{und} \quad e = e(s, n) \,. \tag{1.3}$$

Damit können wir Gl. 1.1 auch in der Form

$$\hat{e}(\hat{s}, \hat{v}) = \hat{e}_0 + \varkappa R \left(j^* \hat{v} \right)^{-1/\varkappa} \exp \left[\frac{\hat{s}}{\varkappa R} - \frac{\varkappa + 1}{\varkappa} \right] \,. \tag{1.4}$$

schreiben.

Die verschiedenen Beiträge zur Gesamtenergie eines Systems werden auch als *Speicherungsformen* der Energie bezeichnet. Das (ruhende) ideale Gas hat nur eine Speicherungsform: die kinetische Energie seiner Moleküle bezogen auf den Schwerpunkt des Gases.

Ein völlig analoges Postulat lässt sich für die Entropie anstelle der Entropie formulieren. Der Anwendungsbereich der *Entropie*-Darstellung der Thermodynamik ist auf thermische Systeme begrenzt, während die Energie-Darstellung auch auf nichtthermische Systeme anwendbar ist. Letzteres ist im Grenzfall $T \to 0$ notwendig, weil der 3. Hauptsatz postuliert, dass jedes thermische System in diesem Grenzfall in ein nicht-thermisches System übergeht, ohne dass sich die Regeln der Beschreibung dadurch ändern. Die Thermodynamik in Entropie-Darstellung geht von der Funktion $S(E, V, N)$ aus, die sich durch Auflösen der Funktion $E(S, V, N)$ nach S gewinnen lässt. Die Entropie-Darstellung ist notwendig, wenn die Energie als unabhängige Variable verwendet werden soll. Auch die Folgerungen aus dem Basis-Postulat lassen sich auf die Funktion $S(E, V, N)$ übertragen. Für das ideale Gas erhalten wir aus Gl. 1.2:

$$S(E, V, N) = NR \left\{ \ln \left[\frac{j^* V}{N} \cdot \left(\frac{E - N\hat{e}_0}{N \varkappa R} \right)^{\varkappa} \right] + (\varkappa + 1) \right\} \,. \tag{1.5}$$

Die Thermodynamik in Entropiedarstellung ist außerdem der Ausgangspunkt der mikrokanonischen Formulierung der statistischen Thermodynamik.

Die Eigenschaft, extensiv zu sein, kann nicht einzelnen Variablen zugeordnet werden, sondern bezieht sich stets auf einen *vollständigen Satz* unabhängiger Variablen eines konkreten Systems.[2] Neben der Auszeichnung eines Satzes von extensiven Va-

---

2 Am einfachsten lässt sich dies an den Variablen „Durchmesser", „Oberfläche" und „Volumen" eines Körpers veranschaulichen. Obwohl alle diese Variablen von der „Größe" des Körpers abhängen, kann *nur eine* davon extensiv sein. Zur Beschreibung der Volumeneigenschaften des Körpers verwendet man das *Volumen*. Zur Beschreibung der Oberflächeneigenschaften eines Körpers muss die *Oberfläche* als ein eigenes von den Volumengrößen weitgehend *unabhängiges* System aufgefasst werden. In diesem Fall ist der Oberflächeninhalt als eine zusätzliche, für die Oberfläche spezifische Variable anzusehen, die vom Volumen des Körpers unabhängig ist – so wie der Oberflächeninhalt eines Wassertropfens durch die Deformation der Oberfläche unabhängig von seinem Volumen variiert werden kann. Dies zieht die Existenz einer entsprechenden intensiven Variablen nach sich – der Oberflächenspannung.

riablen beinhaltet die postulierte Homogenität der Funktion $E(X_1, \ldots, X_r)$ die Tatsache, dass die Eigenschaften eines Systems unabhängig von seiner „Größe", das heißt unabhängig vom Wert des Skalierungsparameters λ festgelegt werden können. Dies wird durch Gl. 1.4 illustriert und ausgenutzt um die Eigenschaften eines Stoffes unabhängig von der betrachteten Stoffmenge festzulegen. Ob wirklich alle Systeme diese Skalierungseigenschaft haben, hängt unter anderem davon ab, ob sich in den Systemparametern, wie der Masse oder der Wärmekapazität eines Körpers, oder der Kapazität eines Kondensators weitere Variablen verbergen, die in die Skalierung mit einbezogen werden können. Außerdem können in komplexeren Systemen innere Gleichgewichte auftreten, welche die Zahl der unabhängigen extensiven Variablen kleiner erscheinen lassen, als sie es eigentlich sind.[3]

Auch in Gegenwart von langreichweitigen Wechselwirkungen ist es unter bestimmten Annahmen möglich das die Wechselwirkung vermittelnde Kraftfeld in die thermodynamische Beschreibung mit aufzunehmen (Abschnitt I-8.4). Ein Beispiel ist die solare Materie im Schwerefeld der Sonne. In diesem Fall ist es sogar essenziell, dass das zugrundeliegende System homogen[4] ist. Nur dann lässt sich dieses lokal durch die Dichten der extensiven Größen beschreiben, die (wie nachfolgend erklärt) nur noch von den intensiven Variablen abhängen. Nach Auffassung des Verfassers stellt die Homogenität ein wichtiges Konstruktionsprinzip dar, welches nicht ohne gute Gründe aufgegeben werden sollte.

Die Annahme über die positive Definitheit der Ableitungsmatrix ist grundlegend für die *thermodynamische Stabilität* von Zuständen. Diese manifestiert sich darin, dass das System einen *Gleichgewichtszustand* annimmt, der gegen kleine Störungen stabil ist, und der durch die Angabe der Werte der $\{X_1, \ldots, X_r\}$ festgelegt wird. Daher ist die Definitheit der Ableitungsmatrix gewissen *Stabilitätsbedingungen* äquivalent (Abschnitt I-7.3.2), welche beinhalten, dass die Diagonalelemente der Ableitungsmatrix stets positiv sein müssen, und die Nebendiagonalelemente nur in gewissen Grenzen negativ sein dürfen. Viele Systeme weisen *Stabilitätsgrenzen* auf, an denen eine oder mehrere der Stabilitätsbedingungen verletzt sind. Bei Überschreitung der Stabilitätsgrenzen treten neue Phasen auf – das System ändert seinen Charakter.

Aus dem Basispostulat (2) folgen die meisten Kernaussagen der Thermodynamik, die im Folgenden aufgeführt und jeweils am Beispiel des idealen Gases illustriert werden.

---

3 Beim System „Körper + Oberfläche" kann sich beispielsweise eine bestimmte Form einstellen (bei einer Flüssigkeit in der Schwerelosigkeit die Kugelform), welche die Oberflächenspannung und damit die Gesamtenergie minimiert. Dadurch werden die Werte des Volumens und des Flächeninhalts aneinander gekoppelt, und erscheinen nicht mehr als unabhängige extensive Variablen. Bei einem festen Körper ist die Einstellung des Gleichgewichts dagegen gehemmt, und Volumen und Oberfläche sind weitgehend unabhängig voneinander. Die Konkurrenz von Volumen- und Oberflächeneffekten bestimmt vielfach die Rauhigkeit von Festkörperoberflächen.

4 Im Folgenden ist mit den Worten „homogen" und „Homogenität" stets Gl. 1.1 gemeint. *Räumliche* Homogenität wird stets ausdrücklich als solche bezeichnet, um Verwechslungen zu vermeiden.

! **3. GIBBS'sche Fundamentalform:**
   Das *totale Differenzial*

$$dE = \sum_{i=1}^{r} \xi_i \, dX_i \tag{1.6}$$

der Funktion $E(X_1, \ldots, X_r)$ definiert einen Satz $\{\xi_1, \ldots, \xi_r\}$ von r weiteren Variablen, welche wir als *intensiv* bezeichnen und die bei Skalierung der extensiven Größen mit einen gemeinsamen Faktor λ konstant bleiben.

Die Variablenpaare $\{\xi_i, X_i\}$ nennen wir *thermodynamisch konjugiert.*

Für das ideale Gas (und auch für Flüssigkeiten und Festkörper unter hydrostatischem Druck) lautet die GIBBS'sche Fundamentalform:

$$dE = T \, dS - p \, dV + \mu \, dN \,,$$

wobei die Temperatur T, der (negative) Druck $-p$ und das chemische Potenzial μ die jeweils zu S, V und N thermodynamisch konjugierten intensiven Größen sind.

   Die GIBBS'sche Fundamentalform beschreibt die mit den Änderungen der extensiven Größen des Systems verknüpften *Energieänderungen*. Die einzelnen Terme in Gl. 1.6 werden auch als *Übertragungsformen* der Energie (beim Gas: Wärme, mechanische Arbeit, und chemische Arbeit) interpretiert. Diese sind konzeptionell und mathematisch scharf von den Speicherungsformen zu unterscheiden. Systeme, die mehr Übertragungs- als Speicherungsformen der Energie besitzen, heißen *unzerlegbar.* Nur solche Systeme eignen sich als Arbeitsmedien für Maschinen.

4. Zustandsgleichungen:
   Die partiellen Ableitungen von $E(X_1, \ldots, X_r)$ nach den X_i nennt man auch die *Zustandsgleichungen* des Systems:

$$\xi_i(X_1, \ldots, X_r) = \frac{\partial E(X_1, \ldots, X_r)}{\partial X_i} \tag{1.7}$$

Kennt man alle Zustandsgleichungen $\xi_i(X_1, \ldots, X_r)$ des Systems, so ist dies (bis auf den Absolutwert von E) der Kenntnis der Funktion $E(X_1, \ldots, X_r)$ äquivalent. Bilden wir die partiellen Ableitungen von $E(S, V, N)$ und schreiben das Resultat auf den Variablensatz $\{T, V, N\}$ um, so erhalten wir die drei Zustandsgleichungen des idealen Gases:

$$S(T, V, N) = NR \left[\ln \left(\frac{j^* V T^{\varkappa}}{N} \right) + (\varkappa + 1) \right] \tag{1.8}$$

$$p(T, V, N) = \frac{NRT}{V} \tag{1.9}$$

$$\mu(T, V, N) = \hat{e}_0 - RT \ln\left(\frac{j^* V T^{\varkappa}}{N}\right). \tag{1.10}$$

Die Systemkonstante j^* legt zusammen mit $\hat{e}_0$ den Absolutwert des chemischen Potenzials fest, und wird daher die *chemische Konstante* genannt (Gl. I-6.7).

Die entropische Zustandsgleichung Gl. 1.8 kann nicht bis zu beliebig tiefen Temperaturen hin richtig bleiben, weil das Argument des Logarithmus unterhalb einer einer kritischen Temperatur $T_c(n)$, beziehungsweise oberhalb einer kritischen Dichte $n_c(T)$ kleiner als eins und der Logarithmus selbst *negativ* werden muss. Nach dem dritten Hauptsatz müsen die Absolutwerte der Entropie aber stets positiv sein. NERNST schloss daraus schon um 1911, dass bei diesen Temperaturen die Zustandsgleichungen 1.8 - 1.10 ungültig werden, und das Gas in einen neuen Zustandsbereich eintreten muss, den er *entartet* nannte. Entsprechend nennt man Ungleichungen

$$n \geq n_c(T) := j^* T^{3/2} \quad \text{und} \quad T \leq T_c(n) := (n/j^*)^{2/3} \tag{1.11}$$

die *Entartungsbedingungen*. Der entartete Zustandsbereich ist ein zentrales Thema der Quantenstatistik.

Die Zustandsgleichung 1.10 lässt sich auch nach der Teilchendichte auflösen:

$$n(T, \mu) = j^* T^{\varkappa} \exp\left(\frac{\mu - \hat{e}_0}{RT}\right), \tag{1.12}$$

eine Form, die sich vor allem für Transportphänomene als nützlich erweist, wo μ oft als unabhängige Variable auftritt.

Mit Hilfe der Ableitung von $E(S, V, N)$ nach S erkennen wir außerdem, dass sich die Energie in der Form

$$E(T, V, N) = N \cdot \left(\hat{e}_0 + \varkappa RT\right) \tag{1.13}$$

darstellen lässt, die auch die *kalorische Zustandsgleichung* genannt wird. Sie hat für das ideale Gas die Besonderheit, dass sie nicht von V abhängt, und im Gegensatz zu Gl. 1.2 keine Information über den Druck enthält. Die Ableitung

$$C_v(T, V, N) = \frac{\partial E(T, V, N)}{\partial T} = T \cdot \frac{\partial S(T, V, N)}{\partial T} \tag{1.14}$$

liefert die Wärmekapazität des Systems bei konstantem V (und N). Die zweite Identität in Gl. 1.14 ergibt sich aus dem Vergleich der totalen Differenziale der Funktionen $E(S, V, N)$ und $E(T, V, N)$. Sie ist experimentell bedeutsam, weil sich aus der gemessenen Wärmekapazität gemäß

$$S(T, V, N) = \int_0^T \frac{C_v(T', V, N)}{T'} \, dT' \tag{1.15}$$

die Absolutwerte der Entropie experimentell bestimmen lassen, wovon wir im ersten Band vielfach Gebrauch gemacht haben.

Wie die obigen Beispiele zeigen, ist es oft hilfreich in dem rein extensiven Variablensatz $\{X_1, \ldots, X_r\}$ eine oder mehrere der extensiven Variablen gegen die zugehörigen intensiven Variablen auszutauschen. Daher stellt sich die Frage, ob sich die Zustandsgleichungen 1.8-1.10 auch direkt, das heißt ohne den Umweg über die Funktion $E(S, V, N)$ gewinnen lassen.

! 5. **LEGENDRE-Transformation:**
   Die Funktion

$$\Xi(X_1, \ldots, \xi_j, \ldots, X_r) = E - \xi_j X_j$$

nennt man die LEGENDRE-Transformierte von $E(X_1 \ldots, X_r)$ bezüglich X_j.
Mit der Produktregel folgt für das totale Differenzial von $\Xi(X_1, \ldots; \xi_j, \ldots, X_r)$:

$$d\Xi = \sum_{i \neq j} \xi_i \, dX_i - X_j \, d\xi_j \; .$$

Die Werte aller anderen physikalischen Größen des Systems lassen sich aus der Funktion $E(X_1, \ldots, X_r)$ oder einer ihrer LEGENDRE-Transformierten gewinnen – diese Funktionen charakterisieren das System hinsichtlich seiner thermodynamischen Eigenschaften *vollständig*. Nach den Erfindern dieses Konzepts nennen wir sie MASSIEU-GIBBS-*Funktionen*, oder *thermodynamische Potenziale*. Die zweite Bezeichnung bringt zum Ausdruck, dass die verschiedenen Zustandsgleichungen eines Systems in einer einzigen Funktion zusammenfasst werden können – genau wie die verschiedenen Kraftkomponenten eines konservativen Kraftfelds in einer einzigen Funktion (dem Potenzial des Kraftfelds) zusammenfasst werden.

Man beachte, dass jeder willkürlich gewählte Variablensatz eine zugehörige MASSIEU-GIBBS-Funktion bestimmt, deren Ableitungen (bis auf ein Vorzeichen) stets diejenige Größe liefern, welche zu derjenigen thermodynamisch konjugiert ist, nach der abgeleitet wurde (Anhang D). Für einen anderen Variablensatz ist das nicht der Fall – so ist die Funktion $E(T, V, N)$ *keine* MASSIEU-GIBBS-Funktion für den Variablensatz $\{T, V, N\}$, sondern nur für $\{S, V, N\}$.

Als Beispiel betrachten wir die *freie Energie*, nämlich die LEGENDRE-Transformierte $F = E - TS$ der Energie $E(S, V, N)$ eines idealen Gases bezüglich S. Die Kombination der Gln. 1.8 und 1.13 liefert für das ideale Gas mit konstanter Wärmekapazität:

$$F(T, V, N) = N \cdot \left\{ \hat{e}_0 - RT \left[\ln\left(\frac{j^* V T^\varkappa}{N} \right) + 1 \right] \right\} \; . \tag{1.16}$$

Man erkennt, dass auch die freie Energie homogen vom Grad eins in den extensiven Variablen V und N ist: $F(T, \lambda V, \lambda N) = \lambda F(T, V, N)$. Diese Eigenschaft wird für die Ableitung der Funktion $F(T, V, N)$ mit Hilfe der Methoden der statistischen Physik in Abschnitt 3.10 eine wichtige Rolle spielen. Wir überlassen es dem geneigten Leser zu zeigen, dass sich die Zustandsgleichungen 1.8 bis 1.10 direkt als Ableitungen der Funktion $F(T, V, N)$ ergeben. Weitere Beispiele für gebräuchliche LEGENDRE-Transformierte der Energie sind die *Enthalpie* $H = E + pV$ und die *freie Enthalpie* $G = E - TS + pV$, die neben der freien Energie im ersten Band vielfältige Anwendungen gefunden haben. In diesem Band werden neben der freien Energie F (Kapitel 2 und 3) auch die Funktion $M = E - \mu N$ und das *großkanonische Potenzial* $K = E - TS - \mu N$ (Kapitel 4 und 7) benutzen.

Bisher haben wir wie selbstverständlich das Wort „System" verwendet, ohne dieses ausdrücklich zu spezifizieren. Dieses Wort wird vielfach intuitiv als Bezeichnung für ein konkretes betrachtetes Objekt gebraucht. Darüber hinaus ist es auch üblich Systeme nicht durch ihren Inhalt, sondern durch die Eigenschaften ihrer *Berandung* zu definieren. Man unterscheidet *abgeschlossene* Systeme (die weder Energie noch Teilchen mit ihrer Umgebung austauschen können), *geschlossene* Systeme (die Energie aber keine Teilchen mit ihrer Umgebung austauschen können) und *offene* Systeme (die sowohl Energie als auch Teilchen mit ihrer Umgebung austauschen können). Semantisch ist dies nicht sehr glücklich, weil auf diese Weise die Durchlässigkeit der Berandung für bestimmte Größen, das heißt, Unterschiede zwischen bestimmten *Prozessen* als Eigenschaften der Systeme selbst deklariert werden.[5] Jedem Typ von Prozess wird ein anderer Satz von unabhängigen Variablen, zum Beispiel $\{E, V, N\}$, $\{T, V, N\}$ sowie $\{T, V, \mu\}$, und damit ein anderes thermodynamisches Potenzial zugeordnet (siehe Regel 10 und Abb. 1.1). Da die verschiedenen thermodynamischen Potenziale auf äquivalente Zustandgleichungen führen, beschreiben sie aber (zumindest im Mittel) *dasselbe* physikalische System!

> In diesem Buch wollen wir Systeme ausschließlich mittels der durch die Funktion $E(X_1, \ldots, X_r)$ gegebenen funktionalen Zusammenhänge zwischen den physikalischen Größen definieren. Wenn weitere Bedingungen an bestimmte Variablen hinzutreten wird dies stets ausdrücklich gesagt.

In der experimentellen Praxis wird die für einen gewählten Variablensatz zuständige MASSIEU-GIBBS-Funktion meist durch die Integration der gemessenen Zustandsgleichungen bestimmt. Dabei impliziert die Existenz der MASSIEU-GIBBS-Funktion Ver-

---

5 Dies lässt sich auch am Beispiel eines Stück Zinns illustrieren: Ein nacktes und im Vakuum schwebendes Stück Zinn stellt ein offenes System dar, weil dieses über die thermische Strahlung Energie mit seine Umgebung austauschen kann und zudem ein Sublimationsgleichgewicht angestrebt wird – das heißt eine gewisse (je nach Temperatur sehr kleine oder etwas größere) Menge von Sn-Atomen wird verdampfen, bis der zu dieser Temperatur gehörige Dampfdruck erreicht wird. Wird das Stück Zinn mit einem für Sn-Atome undurchlässigen Lack überzogen, so wird der Teilchenaustausch unterdrückt, und wir haben ein geschlossenes System vorliegen, welches über das Strahlungsfeld weiterhin Energie mit seiner Umgebung austauschen kann. Wird das Stück Zinn mit einer bei allen Frequenzen perfekt reflektierenden Verspiegelung überzogen, so ist schließlich auch der Energieaustausch unterdrückt, und wir haben ein abgeschlossenes System vorliegen. Es ist jedoch offensichtlich, dass alle diese Maßnahmen die Eigenschaften des Systems „festes Zinn" nicht verändern.

knüpfungen zwischen den Zustandsgleichungen, die sicherstellen, dass ein gegebener Satz von Zustandsgleichungen auch eine Stammfunktion besitzt:

! **6. MAXWELL-Relationen:**

Ist die Funktion $E(X_1, \ldots, X_r)$ zweimal stetig differenzierbar, so sind die Ableitungen der intensiven Größen durch MAXWELL-Relationen miteinander verknüpft:

$$\frac{\partial \xi_j(X_1, \ldots, X_r)}{\partial X_i} = \frac{\partial^2 E}{\partial X_i \partial X_j} = \frac{\partial^2 E}{\partial X_j \partial X_i} = \frac{\partial \xi_i(X_1, \ldots, X_r)}{\partial X_j}. \tag{1.17}$$

Analoge Beziehungen gelten zwischen den gemischten zweiten Ableitungen der anderen thermodynamischen Potenziale.

Mit Hilfe des EULER'schen Theorems über homogene Funktionen gewinnen wir die nachfolgende, ebenfalls fundamentale (das heißt für jedes System im Sinne des Basispostulats gültige) Beziehung:

7. Homogenitätsrelation:

Für die Funktion $E(X_1 \ldots, X_r)$ gilt die *Homogenitätsrelation* oder EULER-Gleichung

$$E = \sum_{i=1}^{r} \xi_i X_i. \tag{1.18}$$

Für das Beispiel des idealen Gases (und andere einfache Phasen) lautet die Homogenitätsrelation

$$E = TS - pV + \mu N. \tag{1.19}$$

Division durch N, beziehungsweise V liefert

$$\mu = \hat{e} - T\hat{s} + p\hat{v} \quad \text{und} \quad -p = e - Ts - \mu n, \tag{1.20}$$

Lax gesprochen können wir festhalten, dass man die Differenzialzeichen in der GIBBS'schen Fundamentalform „weglassen" darf.

Subtrahieren wir das Differenzial der Homogenitätsrelation von der GIBBS'schen Fundamentalform (Gl. 1.6), so erhalten wir die GIBBS-DUHEM-Relation:

$$dE - \left[d(TS) + d(pV) + d(\mu N) \right] = -S\, dT + V\, dp - N\, d\mu \equiv 0 \tag{1.21}$$

In Vergleich zur GIBBS'schen Fundamentalform für die Energie sind in der GIBBS-DUHEM-Relation die extensiven und die intensiven Größen miteinander vertauscht.

Wegen der Homogenität haben die Differenziale der molaren Energie und der Energie-dichte – die *reduzierten* GIBBS'schen Fundamentalformen – jeweils einen Term weni-ger. Zusammenfassend können wir festhalten:

8. **Reduzierte Fundamentalformen und GIBBS-DUHEM-Relationen:** !

   Die reduzierten GIBBS'schen Fundamentalformen

   $$d\hat{e} = T\,d\hat{s} - p\,d\hat{v} \quad \text{und} \quad de = T\,ds + \mu\,dn\,, \tag{1.22}$$

   sowie die GIBBS-DUHEM-Relationen

   $$d\mu = -\hat{s}\,dT + \hat{v}\,dp \quad \text{und} \quad dp = s\,dT + n\,d\mu \tag{1.23}$$

   beschreiben eine einfache Phase mittels spezifischer Größen, wobei $\hat{e}(\hat{s},\hat{v})$, $e(s,n)$, $\mu(T,p)$ und $p(T,\mu)$ *reduzierte* thermodynamische Potenziale darstellen.

Neben den ersten Ableitungen sind auch die zweiten Ableitungen der thermodynami-schen Potenziale von Interesse. Die partiellen Ableitungen der spezifischen extensi-ven Größen nach den intensiven Größen heißen *Suszeptibilitäten*:

$$\hat{\chi}_{ij} = \frac{\partial^2 \xi_1(\xi_2,\ldots,\xi_r)}{\partial \xi_j \partial \xi_i} = \frac{\partial \hat{x}_i(\xi_2,\ldots,\xi_r)}{\partial \xi_j} \quad \text{oder} \quad \chi_{ij} = \frac{\partial x_i(\xi_2,\ldots,\xi_r)}{\partial \xi_j}\,, \tag{1.24}$$

wobei zur Beschreibung im ersten Fall molare Größen ($X_1 = N$, $\xi_1 = \mu$), und im zweiten Fall Dichten der extensiven Größen ($X_1 = V$, $\xi_1 = -p$) verwendet werden. Die Unterscheidung von verschiedenen Typen (pro Teilchen und pro Volumen) von spezifischen Größen ist notwendig, da nur $r - 1$ der r intensiven Größen voneinan-der unabhängig sind, während eine, die Funktion $\xi_1(\xi_2,\ldots,\xi_r)$, als reduziertes ther-modynamische Potenzial dient. Natürlich müssen zwischen den Elementen der bei-den Suszeptibitätsmatrizen $\hat{\chi}_{ij}$ und χ_{ij} enge Beziehungen bestehen, da beide dasselbe physikalische System beschreiben. Die Suszeptibilitäten sind für den Experimentator wichtige Messgrößen, weil sie oft einfacher und genauer zu bestimmen sind, als die extensiven und intensiven Basisgrößen $\{E, X_i, \xi_i\}$ selbst. Zudem reagieren die Suszep-tibilitäten oft auf empfindlicher auf bestimmte Phänomene, wie zum Beispiel Phasen-übergänge, als die Basisgrößen.

9. **Suszeptibilitäten:**

   Für einfache Phasen lauten die Suszeptibilitätsmatrizen:

   $$\hat{\chi}_{Tp} = \begin{pmatrix} -\hat{c}_p/T & \hat{v}\beta_p \\ \hat{v}\beta_p & -\hat{v}\kappa_T \end{pmatrix} \quad \text{und} \quad \chi_{T\mu} = \begin{pmatrix} -c_\mu/T & n\beta_\mu \\ n\beta_\mu & -\nu \end{pmatrix}\,, \tag{1.25}$$

   wobei

   $$\hat{c}_p(T,p) = T\frac{\partial \hat{s}(T,p)}{\partial T} \quad \text{und} \quad c_\mu = T\frac{\partial s(T,\mu)}{\partial T}\,, \tag{1.26}$$

die spezifischen Wärmekapazitäten pro Teilchen bei konstantem Druck und pro Volumen bei konstantem chemischen Potenzial,

$$\beta_p = \frac{1}{\hat{v}} \frac{\partial \hat{v}(T, p)}{\partial T} \quad \text{und} \quad \beta_\mu = -\frac{1}{n} \frac{\partial n(T, \mu)}{\partial T}, \tag{1.27}$$

die entsprechenden thermischen Ausdehnungskoeffizienten,

$$\kappa_T = -\frac{1}{\hat{v}} \frac{\partial \hat{v}(T, p)}{\partial p} \quad \text{und} \quad \kappa_s = -\frac{1}{\hat{v}} \frac{\partial \hat{v}(\hat{s}, p)}{\partial p}, \tag{1.28}$$

die isotherme und isentrope (adiabatische) Kompressibilität sowie[6]

$$\nu(T, \mu) = \frac{\partial n(T, \mu)}{\partial \mu} \tag{1.29}$$

die Teilchenkapazität bezeichnen. Aufgrund der MAXWELL-Relationen sind die Suszeptibilitätsmatrizen symmetrisch.

Für viele Anwendungen ist es notwendig komplexere Systeme zu betrachten, die aus mehreren Untersystemen bestehen. Dazu erklären wir jetzt wie zwei einfache Systeme zu einem *zusammengesetzten System* zusammengefasst werden können. Durch wiederholtes Zusammensetzen lassen sich aus einfachen Systemen komplexere Systeme aufbauen. Umgekehrt kann es sehr nützlich sein ein komplexes System in unabhängige und möglichst einfachere Teilsysteme zu zerlegen. Wie wir im Folgenden sehen werden, erlauben es solche Zerlegungen makroskopische Systeme als aus elementaren Bestandteilen zusammengesetzt zu verstehen.

! **10. Systemzerlegung und Systemzusammensetzung:**
Falls die MASSIEU-GIBBS-Funktionen eines Systems $\mathfrak{S}$ mit $r + s$ Freiheitsgraden sich in der Form

$$\Xi(Y_{a1}, \ldots, Y_{ar}, Y_{b1}, \ldots, Y_{bs}) = \Xi_{\mathsf{A}}(Y_{a1}, \ldots, Y_{ar}) + \Xi_{\mathsf{B}}(Y_{b1}, \ldots, Y_{bs}) \tag{1.30}$$

darstellen lässt, so ist es in die *voneinander unabhängigen* Teilsysteme $\mathfrak{S}_{\mathsf{A}}$ und $\mathfrak{S}_{\mathsf{B}}$ zerlegbar, die jeweils durch die MASSIEU-GIBBS-Funktionen Ξ_{A} und Ξ_{B} charakterisiert werden.

Die Suszeptibilitätsmatrix $\partial^2 \Xi / \partial Y_i \partial Y_j$ des Gesamtsystems ist blockdiagonal.

Sind umgekehrt zwei Systeme $\mathfrak{S}_{\mathsf{A}}$ und $\mathfrak{S}_{\mathsf{B}}$ mit den MASSIEU-GIBBS-Funktionen Ξ_{A} und Ξ_{B} gegeben, so lassen sich diese Systeme zu einem größeren System mit der MASSIEU-GIBBS-Funktion $\Xi = \Xi_{\mathsf{A}} + \Xi_{\mathsf{B}}$ zusammensetzen.

---

6 Die Größe ν hat in der Literatur weder ein eigenes Symbol, noch einen einheitlichen Namen – gebräuchlich sind die Bezeichnungen „Kompressibilität" (wegen $\nu = n^2 \kappa_T$) und „Quantenkapazität", die entweder leicht irreführend sind, oder nur in spezifischen Zusammenhängen verwendet werden. Aus diesem Grund wollen wir für ν die analog zur Wärmekapazität und der Ladungskapazität gewählte

Falls die Teilsysteme über bestimmte Variablen miteinander in Kontakt stehen, wird sich zwischen diesen ein teilweises oder vollständiges *Gleichgewicht* einstellen. Das zusammengesetzte System befindet sich dann im *inneren Gleichgewicht*. Die Art des Kontaktes zwischen den Teilsystemen wird durch eine *Kopplungsrelation* vom Typ

$$f(Y_{ia}, Y_{ib}) = 0 , \qquad \text{zum Beispiel:} \qquad Y_i - (Y_{ia} + Y_{ib}) = 0 , \qquad (1.31)$$

(Abschnitt I-7.2) festgelegt, welche die Werte bestimmter Größen der Teilsysteme aneinander bindet. Daher ist anstatt der beiden Variablen Y_{ia} und Y_{ib} nur noch eine *äußere* Variable $Y_i = g(Y_{ia}, Y_{ib})$ (zum Beispiel $Y_i = Y_{ia} + Y_{ib}$) unabhängig, während das Verhältnis Y_{ia}/Y_{ib} durch die Kopplung zu einer *inneren* Variable des zusammengesetzten Systems wird, deren Wert durch die Gleichgewichtsbedingung festgelegt ist. Eine häufig auftretende Kopplung besteht darin, dass die Summe der Werte der Energie und Teilchenzahl der Teilsysteme einen bestimmten festen Wert haben, der (zumindest im Prinzip) von außen vorgebbar ist, und damit äußere Variablen des zusammengesetzten Systems darstellen. Damit stellt sich die Frage, wie sich die gesamte Energie und Teilchenzahl auf die einzelnen Teilsysteme des zusammengesetzten Systems verteilen. Dies wird bei freiem Austausch zwischen den Teilsystemen durch die für das System vorgegebenen Gleichgewichtsbedingungen geregelt. Die Formulierung der Gleichgewichtsbedingungen ist komplex, weil sehr verschiedene Kopplungsbedingungen realisiert werden können:

Gegeben sei ein zusammengesetztes System mit der MASSIEU-GIBBS-Funktion $\Xi(Y_1, \dots, Y_{ia}, Y_{ib}, \dots, Y_r)$ und den Kopplungsvariablen Y_{ia} und Y_{ib}. Die Kopplungsvariablen können extensive oder intensive Größen der Teilsysteme sein. In einem durch die Kopplung vermittelten Gleichgewicht zwischen den Teilsystemen gilt:

11. Bedingung für stabile Gleichgewichte: **!**
  a. Sind Y_{ia} und Y_{ib} sowie alle anderen unabhängigen Variablen *extensiv*, so nimmt die *Gesamtenergie* als Funktion der inneren Variablen Y_{ia}/Y_{ib} in einem *stabilen* Gleichgewichtszustand ein *Minimum* an.
  b. Werden eine oder mehrere der anderen unabhängigen Variablen $Y_j \neq Y_i$ durch ihren thermodynamisch konjugierten Partner ersetzt, so nimmt die entsprechende LEGENDRE-Transformierte der Energie im Gleichgewicht ein *Minimum* an.
  c. Jede Kopplungsrelation reduziert die Zahl der Freiheitsgrade des zusammengesetzten Systems um eins.

Entsprechende Bedingungen gelten für die entropieartigen MASSIEU-GIBBS-Funktionen (wie Gl. 1.5 und deren LEGENDRE-Transformierte) – der Unterschied besteht darin,

---

Bezeichnung *Teilchenkapazität* verwenden, weil diese zum Ausdruck bringt, wie stark sich die Teilchendichte bei einer gegebenen Änderung des chemischen Potenzials ändert.

dass anstelle der Minima Maxima gefordert werden (und umgekehrt). Ist das zusammengesetzte System von seiner Umgebung isoliert, so sind die Gesamtenergie und alle anderen Erhaltungsgrößen fest vorgegeben. Unter diesen Bedingungen ist die Einstellung des Gleichgewichts nur durch die Erzeugung von Entropie möglich, bis diese das unter den gegebenen Bedingungen erreichbare Maximum angenommen hat.

Die Extremalbedingungen sind oft äquivalent zu der Forderung, dass die zu den Kopplungsvariablen konjugierten intensiven Variablen der Teilsysteme einander gleich sind. So ist das thermische Gleichgewicht zwischen zwei Körpern durch den freien Austausch von Energie zwischen den Teilsystemen bei konstanter Gesamtenergie durch ein Maximum der Gesamtentropie und gleiche Temperaturen der Teilsysteme definiert.

Wir illustrieren die allgemeine Gleichgewichtsbedingung am Beispiel des Druckgleichgewichts in einem aus zwei starr gekoppelten Gaskolben zusammengesetzten System in Abb. 1.1. Die Kopplungsbedingung lautet $V = V_1 + V_2$ = const.. Sind beide Kolben thermisch isoliert, so bleibt die *Entropie* in beiden Teilsystemen bei einer reversiblen Verschiebung konstant (a). Die Einstellung des Druckgleichgewichts erfolgt in diesem Fall um den Preis der Erzeugung eines thermischen Ungleichgewichts. Wenn ein anderes System die vom Kolben abzugebende Energie aufnimmt, so stellt sich bei V_{1GS} ein stabiles Minimum der Energie ein (b). Werden die *Temperaturen* durch die Ankopplung an zwei Wärmereservoire konstant gehalten (c), so stellt sich ein Minimum der freien Energie bei einem kleineren Volumen V_{1GT} ein – das System kann durch den Ausgleich der Endtemperaturen mehr Arbeit verrichten als im ersten Fall (d). Isoliert man das zusammengesetzte System energetisch (e), so wird die im Prinzip gewinnbare Arbeit durch die Erzeugung von Entropie vergeudet, und die Einstellung des Druckgleichgewichts erfolgt unter der Maximierung der Gesamtentropie (f) und bei konstanter *Energie* (Abschnitt 1.1).

Für den hier gewählten Zugang zur statistischen Physik ist auch das *chemische Gleichgewicht* von Bedeutung. In diesem Fall legt die Reaktionsgleichung

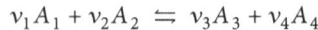

$$v_1 A_1 + v_2 A_2 \rightleftharpoons v_3 A_3 + v_4 A_4$$

über die stöchiometrischen Koeffizienten v_i fest, in welchen Proportionen sich die sich die beteiligten Stoffe A_i ineinander umsetzen. Daher sind die Teilchenzahlen beim Fortschreiten der Reaktion gemäß der *Kopplungs-Relation*

$$N_i(\lambda) = N_{ia} + v_i \lambda \, , \tag{1.32}$$

miteinander verknüpft, wobei die N_{ia} die Anfangswerte der Teilchenzahlen bezeichnen. Der Fortgang der Reaktion wird durch die *Reaktionslaufzahl* λ beschrieben, welche den einzigen inneren Freiheitsgrad des Systems darstellt. Die Änderungen der Teilchenzahlen betragen daher $dN_i = v_i \, d\lambda$. Das zu dem Variablensatz $\{T, p, N_1, \ldots, N_r\}$ gehörige thermodynamische Potenzial ist die freie Enthalpie $G = E - TS + pV$. Bei konstantem Druck und Temperatur gilt für die Änderungen von G: $dG = \sum_{i=1}^{r} \mu_i \, dN_i = \left(\sum_{i=1}^{r} v_i \mu_i \right) d\lambda$. Daher lautet die Gleichgewichtsbedingung:

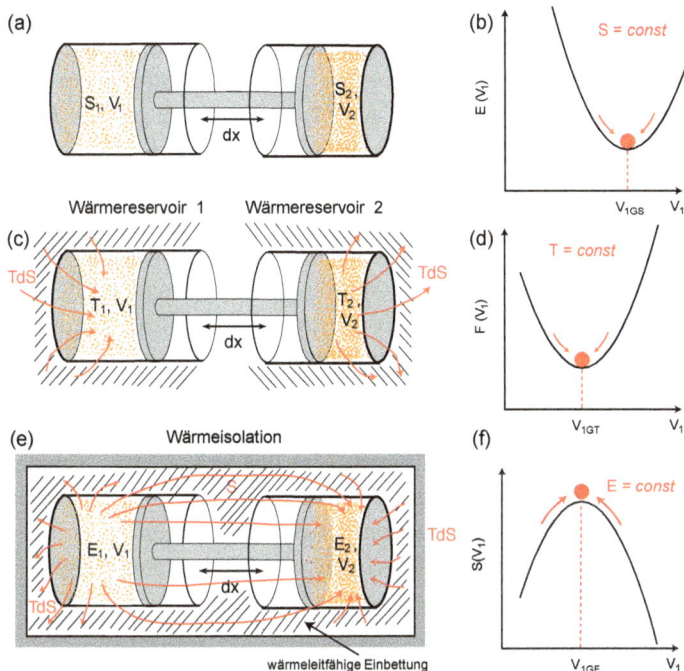

Abb. 1.1. Verschiedene Realisierungen des Druckgleichgewichts: a) Isentrope Verschiebung mit $V = V_1 + V_2 = $ const.. Nach der Adiabatengleichung ändern sich die Temperaturen der Gase bei der Einstellung des Gleichgewichts zusammen mit dem Druck. b) Das zusammengesetzte System ist am Punkt V_{1GS} beim *Minimum der Energie* im Gleichgewicht und das Gleichgewicht ist bezüglich Verschiebungen dV_1 *stabil*. c) Isotherme Verschiebung durch Ankopplung an zwei Wärmereservoire. d) Das zusammengesetzte System ist am Punkt V_{1GS} beim *Minimum der freien Energie* im Gleichgewicht, die Gleichgewichtslage V_{1GT} ist jedoch von der in (b) verschieden. e) Isoenergetische Verschiebung in einer thermisch isolierenden Hülle. Aufgrund der Erzeugung von Entropie durch den Wärmeleitungsprozess kann sich das Gleichgewicht auch in einem thermisch und mechanisch isolierten System einstellen. f) Das zusammengesetzte System ist am Punkt V_{1GE} beim *Maximum der Entropie* im Gleichgewicht und das Gleichgewicht ist bezüglich Verschiebungen dV_1 *stabil*.

$$\sum_{i=1}^{r} \nu_i \, \mu_i(T, p, N_1 \ldots, N_r) \overset{!}{=} 0 \, . \tag{1.33}$$

Diese Bedingung führt auf das *Massenwirkungsgesetz* (Abschnitt I-7.7.1).

Ein weiteres Beispiel stellt das innere Gleichgewicht in räumlich ausgedehnten Systemen dar. Diese lassen sich in beliebige Teilvolumina aufteilen und so aus Teilsystemen zusammengesetzt denken. Bei fester Gesamtenergie und Teilchenzahl sowie festem Volumen wird sich jeder anfänglich bestehende räumlich inhomogene Nichtgleichgewichtszustand unter Erzeugung von Entropie dem räumlich homogenen Gleichgewichtszustand annähern, in dem T, p und μ räumlich konstant sind.

Wird ein räumlich inhomogener Nicht-Gleichgewichtszustand dadurch erzeugt und aufrechterhalten, dass an einer Stelle geheizt, und einer anderen gekühlt wird, so geht dieser mit Transportphänomenen einher, die im nächsten Abschnitt dargestellt werden. Sind die Gradienten der intensiven Größen nicht zu groß, so ist der Zustand in hinreichend kleinen Teilvolumina (in denen die intensiven Variablen als räumlich konstant angesehen werden können) einem Gleichgewichtszustand sehr ähnlich – in diesem Fall spricht man von *lokalem* Gleichgewicht.

Schließlich besteht das zentrale Thema des zweiten Bandes darin, eine Zerlegungen der MASSIEU-GIBBS-Funktionen makroskopischer Systeme in die Beiträge einer sehr großen Zahl von elementaren Teilsystemen zu finden. Wir werden sehen, dass sich die MASSIEU-GIBBS-Funktionen der elementaren Teilsysteme auf der Basis der Quantentheorie berechnen lassen. Die Summe der MASSIEU-GIBBS-Funktionen der Teilsysteme liefert dann die MASSIEU-GIBBS-Funktion des Makrosystems. Die Tatsache, dass sich Makrosysteme im inneren Gleichgewicht mittels weniger (äußerer) Makrovariablen beschreiben lassen wird dann als Konsequenz der Existenz einer sehr großen Zahl von Kopplungsrelationen zwischen den elementaren Teilsystemen verständlich, die dafür sorgen, dass die intensiven Größen (zum Beispiel T, p, μ) aller Teilsysteme gleich sind.[7]

1.2 Thermodynamik und diffusive Transportphänomene

In Kapitel I-8 im ersten Band haben wir das *Drift-Diffusionsmodell* als einfaches Modell zur Beschreibung des Transports verschiedener physikalischer Größen in Systemen mit beweglichen Teilchen dargestellt. Dieses Modell beruht auf der Annahme, dass in dem System ein Relaxationsmechanismus existiert, der *lokal* ein inneres Gleichgewicht herstellt, obwohl das System global nicht im inneren Gleichgewicht ist, und die intensiven sowie die Dichten der extensiven Größen räumlich variieren. Die Effizienz des Relaxationsmechanismus wird durch den mittleren Geschwindigkeitsbetrag $\langle |\mathbf{v}| \rangle$ sowie die mittlere freie Weglänge Λ der Teilchen zwischen den Stößen quantifiziert.

Dieses einfache Bild führt auf eine Transportgleichung vom Typ des Fick'schen oder FOURIER'schen Gesetzes, die für alle extensiven Größen X_i aufgestellt werden

---

7 Das Gelingen dieser Zerlegungen hängt stark daran, dass es in vielen Fällen möglich ist Variablensätze zu finden, in denen die Wechselwirkungen zwischen den Teilsystemen derart beschaffen sind, dass sie keinen signifikanten Beitrag zur Gesamtenergie des Systems liefern. Solch schwache Wechselwirkungen machen sich in Austauschprozessen zwischen den Teilsystemen bemerkbar, welche die Einstellung eines Gleichgewichtszustandes erst ermöglichen. Das einfachste Beispiel ist der Impulsaustausch zwischen den Molekülen eines Gases. In einigen Fällen lassen sich starke Wechselwirkungen im Rahmen von Molekularfeld-Theorien berücksichtigen, die den Effekt der Wechselwirkungen auf eine der intensiven Größen des Systems abwälzen, ohne die Art der Zerlegung grundlegend zu verändern. Die „harten" Fälle, in denen dies nicht möglich ist liegen jenseits des Horizonts dieses Buches.

kann, die eine Dichte $x(\xi_2, \ldots, \xi_r) = X(V, \xi_2, \ldots, \xi_r)/V$ besitzen:

$$j_X = -D \cdot \operatorname{grad} x(\boldsymbol{r}) \, ,$$

wobei

$$D = \frac{1}{3} \langle |\boldsymbol{v}| \rangle \cdot \Lambda \tag{1.34}$$

der Diffusionskoeffizient genannt wird. Die mittlere freie Weglänge kann gemäß

$$\Lambda = \frac{1}{n_{\text{streu}} \cdot \sigma_{\text{streu}}} \tag{1.35}$$

durch die Dichte n_{streu} der Streuzentren und den quantenmechanischen Streuquerschnitt σ_{streu} ausgedrückt werden. Der Gradient der x-Dichte lässt sich als

$$\operatorname{grad} x(\xi_2, \ldots, \xi_r) = \sum_j \frac{\partial x(\xi_2, \ldots, \xi_r)}{\partial \xi_j} \operatorname{grad} \xi_j$$

schreiben. Zusätzlich zu dem diffusiven Beitrag des x-Gradienten kann noch ein Drift-Term auftreten, der die Wechselwirkung der in dem System enthaltenen Teilchen mit einem externen Kraftfeld beschreibt. Wenn das Kraftfeld konservativ ist, so lässt sich dessen Potenzial mit dem chemischen Potenzial kombinieren. Für geladene Teilchen und elektrische Felder erhält man das in Abschnitt I-8.4 definierte *elektrochemische Potenzial* $\bar{\mu} = \mu + \hat{q}\phi_Q$, welches in Systemen mit geladenen Teilchen die mit den Änderungen der Teilchenzahl verbundenen Energieänderungen beschreibt. Insgesamt lässt sich die Transportgleichung als Summe mit je einem Beitrag für jede intensive Größe (mit Ausnahme des Drucks) schreiben. Nachdem es für jede unabhängige intensive Größe eine konjugierte x-Dichte gibt, bietet es sich an, alle Transportgleichungen in einer Matrixform zusammenzufassen:

12. Transportkoeffizienten: !
   Die Matrix der Transportkoeffizienten L_{ij}, verknüpft die Stromdichten j_i der strömenden Größen X_i in linearer Näherung mit den treibenden Kräften des Transports – den Gradienten $\operatorname{grad} \xi_j$ der intensiven Größen:

$$j_i = -\sum_j L_{ij} \operatorname{grad} \xi_j = D \cdot \sum_j \chi_{ij} \operatorname{grad} \xi_j \, . \tag{1.36}$$

Im Rahmen dieses einfachen Modells lassen sich die Transportkoeffizienten durch das Produkt des Diffusionskoeffizienten und den Elementen der zu den Dichten der strömenden Größen gehörenden Suszeptibilitätsmatrix χ_{ij} (Gl. 1.25) des Systems darstellen.

Fassen wir die Entropiestromdichte (entsprechend dem thermischen Beitrag $T \cdot \boldsymbol{j}_S$ zur Energiestromdichte) und die Teilchenstromdichte $\boldsymbol{j}_N$ (entsprechend der elektrischen Stromdichte $\hat{q} \cdot \boldsymbol{j}_N$; $\hat{q}$ ist die Ladung pro Teilchen) formal zu einem Vektor zusammen, so erhalten wir

$$
\begin{pmatrix} \boldsymbol{j}_S \\ \boldsymbol{j}_N \end{pmatrix} = -\begin{pmatrix} L_{ss} & L_{sn} \\ L_{ns} & L_{nn} \end{pmatrix} \cdot \begin{pmatrix} \mathrm{grad}\, T(\boldsymbol{r}) \\ \mathrm{grad}\, \bar{\mu}(\boldsymbol{r}) \end{pmatrix}, \tag{1.37}
$$

wobei die Matrix der Transportkoeffizienten durch

$$
\begin{pmatrix} L_{ss} & L_{sn} \\ L_{ns} & L_{nn} \end{pmatrix} = D \cdot \begin{pmatrix} \dfrac{\partial s(T,\mu)}{\partial T} & \dfrac{\partial s(T,\mu)}{\partial \mu} \\[2ex] \dfrac{\partial n(T,\mu)}{\partial T} & \dfrac{\partial n(T,\mu)}{\partial \mu} \end{pmatrix} \tag{1.38}
$$

gegeben ist. Bereits im Rahmen des Drift-Diffusionsmodells ist die Matrix der Transportkoeffizienten wegen der aus dem Differenzial von $p(T,\mu)$ (Gl. 1.23) folgenden MAXWELL-Relation *symmetrisch*. Diese Symmetrie ist ein Spezialfall der einer von ONSAGER und CASIMIR postulierten allgemeineren Symmetrie der Transportkoeffizienten.[8]

Die wichtigsten in Kapitel I-8 auf der Basis des Drift-Diffusionsmodells hergeleiteten Transportkoeffizienten sind die elektrische Leitfähigkeit:

$$
\sigma_Q = \hat{q}^2 L_{nn} = \hat{q}^2 \, v \cdot D \qquad \text{EINSTEIN-Relation,} \tag{1.39}
$$

die Wärmeleitfähigkeit:

$$
\lambda = T \cdot \left(L_{ss} - \frac{L_{ns}^2}{L_{nn}} \right) = T \cdot \frac{\partial s(T,n)}{\partial T} \cdot D = c_v \cdot D, \tag{1.40}
$$

die Viskosität:

$$
\eta = m \cdot D \quad \text{wobei } m \text{ die Massendichte ist,} \tag{1.41}
$$

sowie die Thermokraft:

$$
S = \frac{1}{\hat{q}} \frac{L_{ns}}{L_{nn}} = \frac{1}{\hat{q}} \frac{\partial s(T,n)}{\partial n} \tag{1.42}
$$

und der PELTIER-Koeffizient:

$$
\Pi = \frac{T}{\hat{q}} \frac{L_{sn}}{L_{nn}} = T \cdot S \qquad \text{KELVIN-Relation.} \tag{1.43}
$$

---

[8] Üblicherweise wird diese Symmetrie mit Hilfe der Theorie der *linearen Antwort* eines Systems auf äußere Störungen hergeleitet. Diese Theorie liegt außerhalb des Rahmens dieses Buches.

Im Folgenden wollen wir dieses grundsätzlich auch für Quantengase und Quanten-flüssigkeiten gültige Modell derart verallgemeinern, dass wir eine Energie-Abhängig-keit des Diffusionskoeffizienten und damit von $\langle|\mathbf{v}|\rangle$ und Λ berücksichtigen. Dies führt auf viel verwendete Beziehungen für die Transportkoeffizienten, die üblicherweise mit Hilfe der klassischen BOLTZMANN-Gleichung in Relaxationszeit-Näherung abgeleitet werden (Anhang H). Mit Ausnahme von Gl. 1.42 sind die Ergebnisse mit denen des einfachen Drift-Diffusionmodells identisch.

1.3 Beiträge der verschiedenen Ströme zum Energiestrom

Aus der reduzierten GIBBS'schen Fundamentalform (Gl. 1.22, rechts) lässt sich eine all-gemeine Relation für die zeitlichen Änderungen der lokalen Energiedichte gewinnen. Nehmen wir an, dass die lokalen Dichten $x_i(\mathbf{r}, t)$ in der Zeit variieren, so gilt:

$$\frac{de(\mathbf{r}, t)}{dt} = \sum_{i=1}^{r} \xi_i \cdot \frac{dx_i(\mathbf{r}, t)}{dt} \tag{1.44}$$

Die Kontinuitätsgleichungen

$$\operatorname{div} \mathbf{j}_X(\mathbf{r}, t) + \frac{\partial x(\mathbf{r}, t)}{\partial t} = \Sigma_{X,\mathrm{lok}}(\mathbf{r}) \, , \tag{1.45}$$

welche die lokalen Bilanzgleichungen für die Dichten x_i der Größen X_i darstellen, ver-knüpfen die lokalen Zeitableitungen der Dichten mit den zugehörigen Stromdichten $\mathbf{j}_X(\mathbf{r}, t)$ und den lokalen Erzeugungsraten $\Sigma_{X,\mathrm{lok}}(\mathbf{r}, t)$. Die Erzeugungsraten der Erhal-tungsgrößen sind natürlich identisch gleich Null. Bei nicht erhaltenen Größen wie der Entropie oder der Teilchenzahl sind die Erzeugungsraten in Grenzfall kleiner Strom-dichten stets gegen die Stromdichten vernachlässigbar, da die Ersteren quadratisch, die Letzteren dagegen linear in den die Ströme treibenden Gradienten der intensiven Größen sind (Abschnitt I-8.13):

$$\mathbf{j}_E = \sum_i \xi_i(\mathbf{r}) \cdot \mathbf{j}_{X_i}(\mathbf{r}) \tag{1.46}$$

   Für das im Folgenden wichtigste Beispiel von Strömen geladener Teilchen bedeu-tet dies konkret, dass sowohl der Entropiestrom, als auch der Teilchenstrom einen durch die lokale Temperatur und das lokale elektrochemische Potenzial gewichteten Beitrag zum lokalen Energiestrom liefern:

$$\mathbf{j}_E = T \cdot \mathbf{j}_S + \bar{\mu} \cdot \mathbf{j}_N \tag{1.47}$$ **!**

Insbesondere lässt sich der Wärmestrom, genauer der thermische Beitrag zur Energie-stromdichte, gemäß

$$T \cdot \mathbf{j}_S = \mathbf{j}_E - \bar{\mu} \cdot \mathbf{j}_N \tag{1.48}$$

berechnen.

Der durch Gleichung 1.47 gegebene Zusammenhang zwischen der Energiestromdichte und den Stromdichten der übrigen unabhängigen mengenartigen Größen stellt eine der fundamentalen Relationen der so genannten *irreversiblen Thermodynamik* dar. Zumindest für quasi-statische Situationen erlaubt sie sogar eine Beschreibung des Energieaustauschs in Gegenwart elektrischer oder magnetischer Felder. Dabei wird jedoch nicht die innere Struktur dieser Felder erfasst, sondern die in den Feldern gespeicherte Energie wird über das elektrische Potenzial $\phi_Q(\boldsymbol{r})$ und das magnetische Vektorpotenzial $\boldsymbol{A}(\boldsymbol{r})$ mit der elektrischen Ladungsdichte $q(\boldsymbol{r})$ und der elektrischen Stromdichte $\boldsymbol{j}_Q(\boldsymbol{r})$ am Punkt $\boldsymbol{r}$ verknüpft.[9]

Als abschließende Regel halten wir fest:

! Energie strömt *nie* alleine, sondern wird stets vom Strom mindestens einer anderen Größe begleitet. Die Nebendiagonalelemente in der Matrix der Transportkoeffizienten bewirken eine symmetrische Kopplung zwischen den Strömen verschiedener Größen.

---

[9] Dies entspricht der in der Mechanik üblichen Zuordnung einer potenziellen Energie zu den an einem Raumpunkt befindlichen Teilchen. Diese vereinfachende Beschreibungsweise kommt ohne das elektromagnetische Feld als ein eigenständiges physikalisches System (mit eigenen Werten der Energie und der anderen physikalischen Größen) aus - um den Preis, dass die tatsächlich durch den Poynting-Vektor $\boldsymbol{j}_E^{\mathrm{EMF}}(\boldsymbol{r}) = \boldsymbol{E}(\boldsymbol{r}) \times \boldsymbol{H}(\boldsymbol{r})$ gegebene lokale Energiestromdichte im elektromagnetischen Feld nicht abgebildet wird.

2 Statistische Thermodynamik am Beispiel von Spin-1/2-Systemen

Im ersten Teil des Buches haben wir bereits mehrfach darauf hingewiesen, dass die Konstruktion der Entropie und damit die Thermodynamik insgesamt mit dem Gleichverteilungssatz und daher mit der klassischen Physik nicht kompatibel ist. Im zweiten Band wollen wir nun die Verknüpfung der Thermodynamik mit quantenmechanischen Modellvorstellungen betrachten. In diesem Kapitel wird zunächst die begriffliche Verwandtschaft von Quantenübergängen und chemischen Reaktionen beleuchtet. Auf der Basis dieser Analogie wenden wir die bewährten thermodynamischen Methoden auf das chemische Gleichgewicht der Reaktion/des Quantenübergangs Spin↑ $\rightleftharpoons$ Spin↓ an und erhalten die MASSIEU-GIBBS-Funktionen und damit sämtliche thermodynamischen Eigenschaften von idealen Spinsystemen. Letztere werden anhand von experimentellen Beispielen erläutert. Den Abschluss des Kapitels bildet eine Diskussion der thermischen Fluktuationen und der Wechselwirkung zwischen Spins, welche schließlich zu magnetischen Phasenübergängen führen.

2.1 Quantenzustände und chemische Spezies

Der Inhalt dieses Abschnitts lässt sich in der folgenden These zusammenfassen:

> Mit der Entwicklung der Quantentheorie und deren Anwendung auf makroskopische Systeme mit vielen inneren Freiheitsgraden ist ein fundamentaler Bedeutungswandel des Begriffes „Teilchen" verbunden.

Wir müssen etwas ausholen, um diese These zu begründen:

Mit dem Fortschreiten der Atomphysik wurde offenbar, dass die Atome weniger unteilbar sind als zunächst erwartet wurde, weil sie in einen positiv geladenen Kern und negativ geladene Elektronen zerlegt werden können. Im Atom bilden die Elektronen eine Hülle mit einer für das Element charakteristischen Zahl von Elektronen – solange das Atom elektrisch neutral ist. Mit den Mitteln der Chemie lässt sich die Zahl der Elektronen in der Hülle eines Atoms durch bestimmte, Oxidation oder Reduktion genannte, chemische Reaktionen verändern. Man spricht dann von unterschiedlichen *Wertigkeiten* der ionisierten Atome oder Moleküle. Aber auch der Atomkern erweist sich als zerlegbar, wenn man genügend Energie aufwendet, beispielsweise indem man ihn mit hochenergetischen Teilchen beschießt. Selbst in Ruhe zeigen manche Atomkerne Umwandlungsprozesse, indem sie in andere Atomkerne und weitere Teilchen *zerfallen*. Eine gewisse Zeit wurden die Elektronen und die Konstituenten des Atomkerns, nämlich die Protonen und Neutronen (auch Baryonen genannt), als Grundbausteine der Materie angesehen. Bald aber zeigte sich, dass auch diese nicht als „elemen-

https://doi.org/10.1515/9783110560329-041

tar" angesehen werden können, sondern aus Quarks und Gluonen bestehen – wobei die Zerlegung der Baryonen in Quarks auf praktische Schwierigkeiten stößt, weil letztere nur in gebundenen Zuständen vorkommen („confinement"). Gemessen am Tempo der vorangegangenen Entwicklung bewährt sich das letztgenannte (unpoetisch als *Standardmodell* bezeichnete) System von Grundstoffen seit den 1970er Jahren erstaunlich gut. Es ist bisher nicht gelungen, Phänomene experimentell zu beobachten, die im Rahmen des Standardmodells nicht zu erklären sind.

Für uns ist ein anderer Aspekt wichtiger: Ein Prozess wie die photo-induzierte Oxidation, das heißt die Abgabe eines Elektrons unter Absorption eines Photons, wird in der Chemie als chemische Reaktion klassifiziert. In der (Atom-)Physik würde man ihn eher als *Ionisation* bezeichnen und darunter einen quantenmechanischen Übergang, nämlich die Anregung eines Elektron aus einem gebundenen (und diskreten) Zustand mit negativer Energie in einen freien Kontinuumszustand mit positiver Energie, verstehen. Stellt man sich ein einzelnes Atom vor, dem man eines seiner Elektronen auf diese Weise entreißt, so hat man das Gefühl, das anschließend vorhandene freie Elektron sei *dasselbe* wie das vorher im Atom gebundene! Unsere Anschauung suggeriert uns, dass dieses Elektron ein genauso individualisierbarer Baustein der Materie sei wie ein Baustein unseres Hauses, den man ebenfalls (mit einiger Mühe) aus der Wand lösen könnte. Allgemein suggeriert das in Abschnitt I-3.4 dargestellte kinetische Gasmodell, dass Elektronen, Atome und Moleküle nichts anderes als sehr kleine Vertreter des Systems „freier Körper" sind, die sich nur in ihrer Masse von makroskopischen Objekten unterscheiden.

Die moderne Physik lehrt uns aber, dass diese Auffassung in einer Reihe von Hinsichten nicht mit inzwischen zweifelsfrei anerkannten Aussagen der Quantentheorie vereinbar ist. Davon sind (neben den Welleneigenschaften der Materie) folgende Punkte für uns besonders wichtig:

1. Teilchen wie das Elektron sind keine individualisierbaren Objekte, sondern *prinzipiell ununterscheidbar*. Dies bedeutet, dass diese sogenannten „Quanten-Teilchen" über keinerlei Merkmale verfügen, die eine individuelle Kennzeichnung – ein Wiedererkennen – ermöglichen. Dies hat wichtige Konsequenzen in der Quantenphysik, wo es sich in der fundamentalen Unterscheidung zwischen Fermionen und Bosonen niederschlägt und, wie wir sehen werden, zu dramatischen Unterschieden im Tieftemperaturverhalten der Gase führt.

2. Atome, Moleküle und andere Teilchen sind nicht unvergänglich, wie die Atome Demokrits, sondern können *erzeugt* und *vernichtet* werden, sofern dies mit den akzeptierten Erhaltungssätzen für Energie, Impuls, Drehimpuls und einige andere physikalische Größen vereinbar ist! Dies wird am Beispiel des während des Ionisationsprozesses vernichteten Photons deutlich. Ein anderes Beispiel bildet die Teilchen-Antiteilchen-Annihilation unter Emission von Photonen.

Betrachtet man die mathematische Beschreibung des Ionisationsprozesses durch die Quanten(feld)theorie, so sieht man, dass diese die Vernichtung des gebundenen und die Erzeugung eines freien Elektrons mittels eigens zu diesem Zweck eingeführter Operatoren explizit benutzt. Selbst die feldtheoretische Beschreibung der vertrauten Coulomb-Streuung zweier Elektronen aneinander enthält die Vernichtung der einlaufenden und die Erzeugung der auslaufenden Elektronen. Nimmt man diese Beschreibungsweise ernst (und sieht sie nicht nur als eine rechentechnische Zweckmäßigkeit an), so ist die Konsequenz, dass Elektronen in Zuständen mit unterschiedlichen Impulsen durch einen Prozess auseinander hervorgehen, der von einer *chemischen Reaktion* begrifflich nicht zu unterscheiden ist!

Dies gilt nicht nur für Teilchen in verschiedenen Impuls-Eigenzuständen, sondern für alle Teilchen, die von einem Quantenzustand in den anderen übergehen. In einem gewissem Sinne können wir Teilchen in verschiedenen Quantenzuständen *als Elementarportionen unterschiedlicher Stoffe* ansehen. In den nachfolgenden Kapiteln werden wir sehen, wie sich diese begriffliche Verwandschaft zwischen chemischen Reaktionen einerseits und Quantenübergängen andererseits in der statistischen Thermodynamik explizit verwenden lässt, um bestimmte thermodynamische Potenziale auf der Basis von Modellen zu berechnen.

Wir wollen diese zunächst ungewohnte Auffassung am Beispiel der folgenden, üblicherweise nicht dem Bereich der Chemie zugerechneten, Rekombinationsreaktion[1] für Ladungsträger in einem Halbleiter noch einmal erläutern:

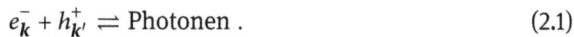

$$e_{\boldsymbol{k}}^- + h_{\boldsymbol{k}'}^+ \rightleftharpoons \text{Photonen} . \tag{2.1}$$

Analog den chemischen Symbolen für die Elemente steht hier e^- für die Elektronen und h^+ für die positiv geladenen Löcher. Die Indizes $\boldsymbol{k}$ und $\boldsymbol{k}'$ bezeichnen die Wellenvektoren und nach den DE BROGLIE-Relationen $\hat{\boldsymbol{p}} = \hbar \boldsymbol{k}$ auch die Impulse der einlaufenden Elektronen- beziehungsweise Lochzustände. Dabei ist $\hbar = 1.054 \cdot 10^{-34}$ J s/Teilchen das PLANCK'sche Wirkungsquantum. Photonen sind die Quanten des elektromagnetischen Feldes, die bekanntlich auch teilchenartige Aspekte haben. Die Erfüllung der Erhaltungssätze für Energie und Impuls wird dadurch sichergestellt, dass gelten muss:

$$\hbar \boldsymbol{k} + \hbar \boldsymbol{k}' = \sum \text{Photonenimpulse} \quad \text{und} \quad \varepsilon_k + \varepsilon_{k'} = \sum \text{Photonenenergien} .$$

Analoge Prozesse sind auch mit Phononen, den Quanten der Gitterwellen eines Kristalls, möglich, die wir als Schallquanten ansehen können. Diese sind keineswegs exotisch, sondern spielen in den praktischen Anwendungen der Halbleiterphysik, nämlich in Halbleiter-Bauelementen wie der Diode, eine wichtige Rolle. In Abschnitt 6.5 werden wir dies genauer besprechen.

In vielem sind Phononen den Photonen – Lichtquanten – sehr ähnlich, nur die Ausbreitungsgeschwindigkeit c_{Schall} ist etwa 100 000 mal kleiner als c_{Licht}. Der analoge

---

[1] In Gl. (6.72), Abschnitt 6.5.1 werden wir die Massenwirkungskonstante für diese Reaktion angeben.

Prozess im Vakuum ist die Elektron-Positron-Paarvernichtungsreaktion. Dafür schreiben wir entsprechend:

$$e_{\boldsymbol{k}}^- + p_{\boldsymbol{k'}}^+ \rightleftharpoons \text{Photonen} \, ,$$

wobei p^+ für das Positron steht. Die beiden Reaktionen haben gemein, dass die Summe der auftretenden Phonon-(Photonen-)Energien oberhalb einer gewissen Schwelle liegen. Bei der Elektron-Loch-Rekombination ist die Mindestenergie der sogenannte Bandabstand (dieser ist das Festkörper-Äquivalent zur Ionisierungsenergie der Atome). Im Fall der Elektron-Positron-Paarvernichtung ist die Mindestenergie durch die Summe der Ruheenergien ($2 \cdot 511$ keV/Teilchen) von Elektron und Positron gegeben. So wie Positronen die Anti-Teilchen der Elektronen im Vakuum sind, stellen die Löcher die Anti-Teilchen der Elektronen in Halbleiter dar. Diese Analogien sind nicht zufällig, denn die Quantentheorie des (idealen) Festkörpers lehrt uns, dass sich die Leitungs-Elektronen im Festkörper genauso frei bewegen können wie Elektronen im Vakuum, nur gewisse Systemkonstanten wie die Masse (oder allgemeiner der Energie-Impulszusammenhang) haben andere Werte beziehungsweise eine andere funktionale Form. Für die Phononen gilt die gleiche freie Bewegung, die nur durch Stoßprozesse mit Elektronen, Löchern, anderen Phononen oder statische Gitterdefekten unterbrochen wird. Solche Stoßprozesse sind unter anderem für den elektrischen und den thermischen Widerstand verantwortlich. Aufgrund der von den Vakuum-Werten abweichenden Werte von Systemparametern wie $\hat{m}$ oder $\boldsymbol{v}(\boldsymbol{k})$ nennt man die Teilchen im Festkörper (im Gegensatz zu denen im Vakuum) gerne *Quasi-Teilchen*. *Der Festkörper im Grundzustand übernimmt in der Festkörperphysik die Rolle des Vakuums in der Teilchenphysik.*

Die begriffliche Nähe zur Chemie äußert sich auch im thermischen Verhalten der (Quasi)Teilchen: Bei ausreichend hohen Temperaturen ist es möglich, Teilchen-/Anti-Teilchenpaare thermisch anzuregen – oder zu *dissoziieren*, wie der Chemiker sagen würde. Im Halbleiter geschieht dies schon bei Zimmertemperatur, während die thermische Anregung von Elektron-Positron-Paaren im Vakuum Temperaturen von etwa 10^7 K erfordert, wie sie im Inneren der Sonne herrschen. Ebenso wird bei hinreichend hohen Temperaturen offenbar, dass es sich bei dem System „Wasserstoffgas" nicht, wie bei Zimmertemperatur, um ein Einstoff-System (H_2), sondern, wie in Abbildung 2.1 gezeigt, um ein Vierstoff-System (H_2, H, H^+ und e^-) handelt. In diesem Zustandsbereich spricht man nicht mehr von Wasserstoffgas, sondern von Wasserstoff-*Plasma*. Die thermische Dissoziation von H_2 und H hat kalorische Effekte, die in der Wärmekapazität sichtbar werden.

In allen Fällen werden die Teilchendichten durch das in Abschnitt I-7.7.1 besprochene *Massenwirkungsgesetz* bestimmt. Die in diesen und dem nächsten Kapitel zu entwickelnden Methoden erlauben es, den Beitrag der inneren Freiheitsgrade zum chemischen Potenzial der einzelnen Stoffe zu berechnen und die gezeigten Messergebnisse quantitativ zu erklären (Aufgabe 3.9).

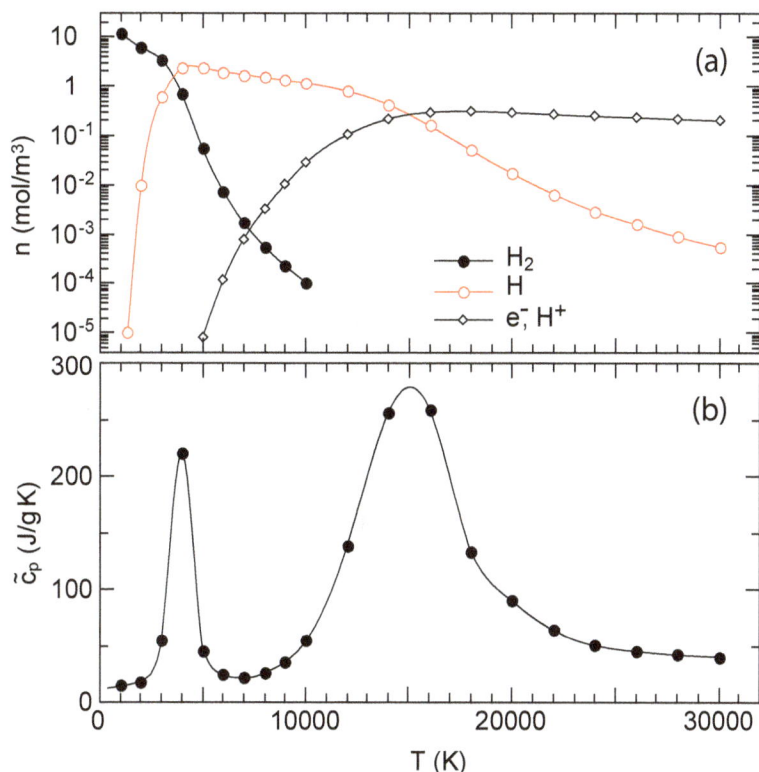

Abb. 2.1. a) Teilchendichten des Systems „Wasserstoffgas" bei hohen Temperaturen und $p = 1$ bar. Die Teilchendichten sind nicht fest vorgebbar, sondern variieren mit der Temperatur. b) Entsprechende spezifische Wärmekapazität $\tilde{c}_p$ pro Masse. Die Dissoziation/Ionisation und Rekombination der Moleküle/Atome äußert sich in ausgeprägten Maxima bei $T \simeq 4000$ K und $\simeq 15\,000$ K in der Wärmekapazität (Daten aus [2]).

Unsere Schlussfolgerung ist, dass der Begriff des Teilchens in der Quantenphysik (und ebenso in der Chemie) mit unseren Vorstellungen aus der NEWTON'schen Mechanik *unvereinbar* ist. Dies gilt insbesondere für die Vorstellung, dass wir ein einzelnes Teilchen im Prinzip auf seiner Bahn verfolgen und auf diese Weise dessen Individualität selbst in Abwesenheit geeigneter Markierungen aufrechterhalten könnten.

Diese Tatsache müssen wir akzeptieren und nach neuen Bildern für die Veranschaulichung von Quantenprozessen suchen. Die Beschreibungsweise der Thermodynamik, die sich (unter anderem) am Beispiel chemischer Reaktionen entwickelt hat, bietet dafür einen sicheren Rahmen, gerade *weil* sie sich in ihrem Aufbau *nicht* auf die klassisch NEWTON'schen Begriffe stützt. Einzelne „Teilchen" sind keine Systeme im Sinne des im Einführungskapitel definierten Systems „freier Körper", sondern die Basis*zustände* eines größeren Systems, nämlich des quantisierten Materiefeldes. Dieses System besitzt die Variable „Teilchenzahl" (wie auch Energie und Entropie). Die moderne Auffassung der Atomistik lässt sich in der Aussage zusammenfassen, dass die Werte der Teilchenzahl ebenso wie die des Drehimpulses *ganzzahlig quantisiert* sind.

Damit fassen wir zusammen:

> ❗ – Teilchen im gleichen Quantenzustand sind nicht unterscheidbar.
> – Teilchen in verschiedenen Quantenzuständen müssen als verschiedene Stoffe aufgefasst werden.
> – Chemische Reaktionen und Quantenübergänge sind Konzepte mit identischer Struktur.[2]

Jede chemische Reaktion kann als Quantenübergang aufgefasst werden. Im Folgenden werden wir sehen, dass auch umgekehrt jeder Quantenübergang als chemische Reaktion angesehen werden kann. Die Kraft der thermodynamischen Begriffe wird darin deutlich, dass es für ihre Anwendbarkeit unerheblich ist, ob es sich bei dem zu beschreibenden Stoff um aus Millionen von Atomen bestehende Polymer-Moleküle oder um Quarks und Neutrinos handelt! Ebenso gilt dies für die Quantenmechanik: Die Gesetze der Quanteninterferenz gelten für Photonen ebenso wie für einzelne Atome, für C_{60}-Moleküle („Bucky balls") oder gar für die aus hunderttausenden von Atomen bestehenden BOSE-EINSTEIN-Kondensate (Abschnitt 5.3.1). Letztere existieren bei Temperaturen im Nano-Kelvin-Bereich, aber ihre thermodynamischen Eigenschaften werden genauso beschrieben wie die von Neutronensternen (Aufgabe 6.7) oder von Supernova-Explosionen bei extrem hohen Temperaturen.

Bevor wir anfangen, die thermodynamischen Eigenschaften konkreter Quantensysteme zu besprechen, müssen wir uns einige generelle Züge der Quantentheorie vergegenwärtigen.

2.2 Zufallsgrößen

Eine zentrale Aussage der Quantentheorie lautet, dass die Werte der extensiven physikalischen Größen wie beispielsweise E, $\boldsymbol{P}$, $\boldsymbol{x}$, $\boldsymbol{L}$ oder N stets als *Mittelwerte* einer Wahrscheinlichkeitsverteilung (Anhang B) aufzufassen sind, die nicht durch eine *Einzelmessung*, sondern nur durch eine *Messreihe* experimentell zu bestimmen sind. Die bei den Einzelmessungen auftretenden Messwerte sind die *Eigenwerte* des die Größe repräsentierenden *Operators*, der über dem HILBERT-Raum der Zustandsvektoren[3] $|\phi\rangle$

---

2 Diese These wurde erstmals im Jahr 1914 von EINSTEIN formuliert [3].
3 Wir benutzen hier die von DIRAC stammende „Bra-Ket"-Darstellung der Zustandsvektoren.

des Systems definiert ist. Solche Größen wollen wir im Folgenden *Zufallsgrößen* nennen. Die (Erwartungs-)Werte einer Zufallsgröße X sind über die Vorschrift

$$\langle X \rangle = \sum_i w_i x_i \quad \text{mit} \quad \sum_i w_i = 1 \qquad (2.2)$$

definiert, wobei die x_i die Eigenwerte des X repräsentierenden Operators und die w_i die *Wahrscheinlichkeiten* sind, mit denen die Eigenwerte x_i als Resultat der Einzelmessungen in der Messreihe auftreten. Befindet sich das untersuchte System in einem *Eigenzustand* $|\phi_j\rangle$ der gemessenen Größe X, so resultiert bei allen Messungen der zu $|\phi_j\rangle$ gehörende Eigenwert x_j. Die zu einem solchen Zustand gehörende Wahrscheinlichkeitsverteilung hat die Gestalt

$$w_i = \delta_{ij}, \quad \text{wobei } \delta_{ij} = 1 \text{ für } i = j \text{ und } \delta_{ij} = 0 \text{ für } i \neq j .$$

Weist die Größe X ein kontinuierliches Spektrum von Eigenwerten auf, so ist die entsprechende Wahrscheinlichkeitsdichte eine Deltafunktion. Wegen der Schärfe dieser Verteilungsfunktion nennen wir die x_i die *scharfen* Werte der Größe X.

Entscheidend ist nun, dass es auch Zustände $|\phi\rangle$ gibt, die *keine* Eigenzustände der gemessenen Größe X, sondern Überlagerungen (Superpositionen) von Eigenzuständen mit *verschiedenen* Eigenwerten sind. Die Überlagerung mehrerer Eigenzustände ist wieder ein Vektor, also ein Element des HILBERT-Raums, der dem System zugrunde liegt:

$$|\phi\rangle = \sum_i c_i |\phi_i\rangle . \qquad (2.3)$$

Die dabei auftretenden Koeffizienten $c_i = |c_i| \exp(i\varphi_i)$ sind komplexe Zahlen mit wohldefinierten Phasen φ_i. Aus diesem Grund nennt man solche Überlagerungen *phasenkohärent*. Die Messung der Größe X, das heißt der Kontakt mit einer geeigneten Messapparatur, *projiziert* den Superpositionszustand in einen Eigenzustand der Größe X. Um die Einzelmessung zu wiederholen, muss man zunächst den Superpositionszustand $|\phi\rangle$ wiederherstellen und das System dann wieder in Kontakt mit dem Messapparat bringen. Im allgemeinen resultiert dann ein anderer Eigenzustand von X aus der in Gl. 2.3 auftretenden Summe. Die Wahrscheinlichkeiten w_i, mit denen die Messwerte x_i in der Messreihe auftreten, sind daher durch die Betragsquadrate $|c_i|^2$ der in Gl. 2.3 auftretenden Wahrscheinlichkeitsamplituden gegeben:

$$\langle X \rangle = \langle \phi | X | \phi \rangle = \left(\sum_i \langle \phi_i | c_i^* \right) X \left(\sum_j c_j | \phi_j \rangle \right) = \sum_i |c_i|^2 x_i = \sum_i w_i x_i , \qquad (2.4)$$

da $\langle \phi_i | \phi_j \rangle = \delta_{ij}$. Die für einen solchen Superpositionszustand resultierenden Mittelwerte $\langle X \rangle$ nennen wir im Folgenden *unscharf*. Die *Unschärfe* des Mittelwerts ist nichts Mystisches, sondern einfach die aus der Statistik wohlbekannte *Streuung* des Mittelwerts, das heißt im Wesentlichen die Breite der Verteilungsfunktion:

$$\Delta X = \left(\langle (X - \langle X \rangle)^2 \rangle \right)^{1/2} = \left(\langle X^2 \rangle - \langle X \rangle^2 \right)^{1/2} \geq 0 \qquad (2.5)$$

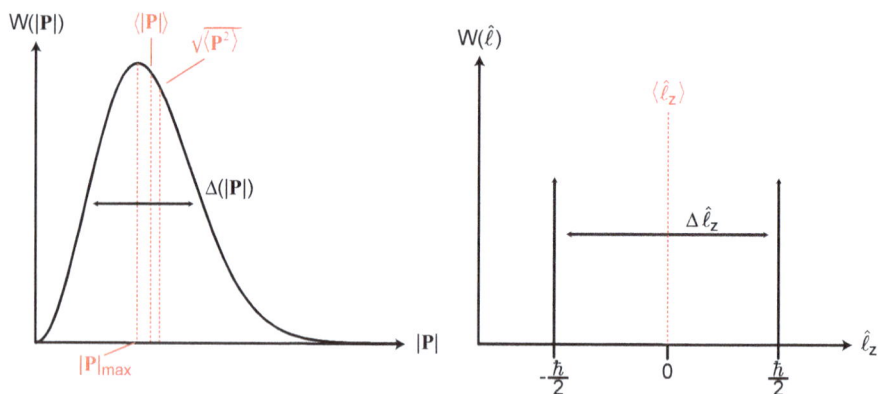

Abb. 2.2. Beispiele für Wahrscheinlichkeitsverteilungen: a) (Quasi)-kontinuierliche Verteilung der Eigenwerte des Impulsbetrags für ein Teilchen im Kasten (nach MAXWELL, Abschnitt I-3.5). b) Diskrete Wahrscheinlichkeitsverteilung der Eigenwerte der z-Komponente des Elektronenspins in einen $\hat{\ell}_x$-Eigenzustand.

Das Quadrat $(\Delta X)^2$ der Unschärfe nennt man auch die zum Mittelwert $\langle X \rangle$ gehörige *quadratische Streuung* oder die *Varianz*.

In der Regel haben Quantensysteme mehrere extensive Größen, deren Operatoren nicht miteinander vertauschen, das heißt, die kein gemeinsames System von Eigenvektoren besitzen. Misst man zwei nicht-vertauschbare Größen hintereinander, so befindet sich das System nach Messung der ersten Größe nicht in einem Eigenzustand der zweiten Größe und muss daher einen unscharfen Mittelwert haben. Dies ist der Ursprung der berühmten HEISENBERG'schen Unschärfe-Relationen. Die in der Quantentheorie unvermeidbar auftretenden Unschärfen stehen im scharfen Gegensatz zur klassischen Physik, wo Streuungen der Messwerte stets als Folge von unvollkommenen Messungen angesehen werden, die mit zunehmender Genauigkeit der Messungen beliebig klein werden müssen.

Heute ist allgemein akzeptiert, dass es im Rahmen der Quantenphysik und der Thermodynamik Systeme gibt, die Zustände besitzen, in denen statistische Schwankungen der Messwerte auch bei einer idealen Messung auftreten und daher eine fundamentale Eigenschaft sind. Bei physikalischen Größen mit einem diskreten Eigenwertspektrum kann es vorkommen, dass der Mittelwert mit keinem der Eigenwerte übereinstimmt. Ein in dieser Hinsicht besonders drastisches Beispiel ist das Spin-1/2-System, bei dem die Komponenten des Drehimpulses pro Teilchen $\hat{\ell}_x, \hat{\ell}_y$ und $\hat{\ell}_z$ nur die Eigenwerte $\pm \hbar/2$ besitzen. Wenn wir annehmen, dass sich ein System in einem Eigenzustand von $\hat{\ell}_z$, zum Beispiel mit dem Eigenwert $\hbar/2$, befindet, so sind die Werte[4] $\langle \hat{\ell}_x \rangle$ und $\langle \hat{\ell}_y \rangle$ der anderen beiden Drehimpulskomponenten gleich Null und maximal

---

[4] In der Quantenmechanik ist es üblich, die Mittelwerte $\langle X \rangle$ als *Erwartungs*-Werte zu bezeichnen. Hinter dieser Bezeichnung steckt die alte (klassische) Vorstellung, dass die Unschärfen im Idealfall

unscharf. Die Unschärfen dieser beiden Komponenten betragen in diesem Zustand $\Delta\hat{\ell}_x = \Delta\hat{\ell}_y = \hbar/2$ und sind damit gleich unendlich viel größer als die zugehörigen Mittelwerte! Aus Gl. 2.5 lässt sich damit ablesen, dass die Mittelwerte $\langle\hat{\ell}_{x,y}^2\rangle = (\Delta\hat{\ell}_{x,y})^2$ sind. Dies ist auch der Grund dafür, dass die Eigenwerte des Drehimpuls-Quadrats $\langle\hat{\ell}^2\rangle$ $\hbar^2\, l(l+1)$ ($= 3/4\,\hbar^2$ für $l = 1/2$) und nicht einfach $(\hbar l)^2$ betragen.

Kohärente Überlagerungen von Zuständen *mit verschiedenen Energie-Eigenwerten* ε_i spielen eine Sonderrolle in der Quantenmechanik, weil die Wahrscheinlichkeitsamplitude $c_i(t)$ jedes dieser Zustände nach der zeitabhängigen SCHRÖDINGER-Gleichung gemäß

$$c_i(t) = c_i(t = 0) \cdot \exp\left(-\frac{i}{\hbar}\varepsilon_i t\right) \tag{2.6}$$

von der Zeit abhängt. Da die zeitliche Änderung der Phase für die verschiedenen Energieeigenwerte unterschiedlich schnell ist, kommt es zu einer zeitlichen Veränderung der Mittelwerte derjenigen physikalischen Größen, die nicht mit der Energie vertauschbar sind. Das bedeutet, dass kohärente Überlagerungen von Zuständen mit verschiedenen Energieeigenwerten keine *stationären* Zustände, das heißt zeitlich nicht stabil sind, sondern sich im Laufe der Zeit entwickeln. Die Energie-Eigenzustände sind dagegen stationär. Weil die quantenmechanische Zeitentwicklung auf den deterministischen (!) Veränderungen der Phasendifferenzen[5] der Wahrscheinlichkeits-Amplituden c_i beruht, lässt sich die Zeitentwicklung als *Interferenz-Effekt* interpretieren.

Zustände, die sich durch einen Zustands-*Vektor* repräsentieren lassen, werden *reine* Zustände genannt. Wie wir in Abschnitt 3.11 sehen werden, haben solche Zustände stets die Entropie $S = 0$. Aus diesem Grund sind sie zur Beschreibung der thermischen Eigenschaften von Quantensystemen ungeeignet. Andererseits wissen wir beispielsweise aus der Optik, dass es auch *inkohärente* Überlagerungen von Photonenzuständen gibt. Diese zeichnen sich dadurch aus, dass es zwischen ihnen (zumindest auf Zeitskalen, die größer als die Kohärenzzeit sind) *keine* feste Phasenbeziehung gibt. Daher zeigen inkohärente Überlagerungen in der Regel keine oder nur schwache Interferenzen. Statistische Schwankungen der Phase sind genau die Eigenschaft, die Zustände mit von Null verschiedener Entropie und damit Systeme bei endlichen Temperaturen auszeichnet!

Um Quantenphysik bei endlichen Temperaturen betreiben zu können, benötigen wir also eine geeignete mathematische Darstellungsform für eine Erweiterung des Zu-

---

verschwinden und dass der Mittelwert zugleich stets der wahrscheinlichste Wert sein sollte. In unserem Beispiel zeichnen sich die Eigenzustände von σ_z durch $\langle\sigma_{x,y}\rangle = 0$ aus, wohingegen die Resultate der Einzelmessungen bekanntlich nur $\pm\hbar/2$ sein können. Der „Erwartungswert" der Observablen wird in diesen Zuständen also *nie* erwartet! Dieses Beispiel zeigt, dass die Bezeichnung „Erwartungswert" sehr irreführend sein kann.

5 Ein globaler, das heißt allen c_i gemeinsamer Phasenfaktor fällt bei der Bildung der Mittelwerte nach Gl. 2.2 heraus!

standsbegriff, die es erlaubt, auch *inkohärente* Überlagerungen von Zuständen zu beschreiben. Im Extremfall vollständig inkohärenter Überlagerung darf die mathematische Darstellung der Zustände gar keine Phaseninformation enthalten. Dieses lässt sich erreichen, wenn wir die Zustände nicht durch Vektoren, sondern durch *Projektionsoperatoren*, kurz *Projektoren* darstellen:

$$\hat{P}_i = |\phi_i\rangle\langle\phi_i| \tag{2.7}$$

In dieser Darstellung der Zustände ist keine Phaseninformation mehr enthalten, weil der Phasenfaktor der Ket-Vektoren $|\phi_i\rangle$ zu denen der zugehörigen Bra-Vektoren $\langle\phi_i|$ komplex konjugiert ist und sie sich daher gegenseitig aufheben. Die Projektionsoperatoren sind ein genaues Abbild der Wirkung einer *idealen* Messapparatur auf ein System im Zustand $|\phi\rangle$ – sie stellen bei ihrer Anwendung auf $|\phi\rangle$ einen der Eigenzustände $|\phi_i\rangle$ der gemessenen Größe her:

$$\hat{P}_i|\phi\rangle = |\phi_i\rangle \sum_j c_j \underbrace{\langle\phi_i|\phi_j\rangle}_{\delta_{ij}} = c_i|\phi_i\rangle \ . \tag{2.8}$$

Der (Mess-)Wert des Projektors $\hat{P}_i$ ist die Wahrscheinlichkeit $|c_i|^2$, nach der Messung den Eigenwert X_i der Größe X zu finden:

$$\langle\hat{P}_i\rangle = \langle\phi|\hat{P}_i|\phi\rangle = \sum_{jk} c_k^* c_j \underbrace{\langle\phi_k|\phi_i\rangle\langle\phi_i|\phi_j\rangle}_{\delta_{ij}\delta_{ik}} = |c_i|^2 = w_i \ . \tag{2.9}$$

Die wiederholte Anwendung eines Projektors ändert das Messergebnis nicht:

$$\hat{P}_i^2, |\phi\rangle = |\phi_i\rangle \underbrace{\langle\phi_i|\phi_i\rangle}_{1} \sum_j c_j \underbrace{\langle\phi_i|\phi_j\rangle}_{\delta_{ij}} = c_i|\phi_i\rangle \quad \Longrightarrow \quad \hat{P}_i^2 = \hat{P}_i \ . \tag{2.10}$$

Mit Hilfe der Projektoren können wir nun mittels

$$\hat{W} := \sum_i W_i \hat{P}_i = \sum_i W_i|\phi_i\rangle\langle\phi_i| \tag{2.11}$$

einen *Zustandsoperator* $\hat{W}$ definieren, der geeignet ist, sowohl *reine* als auch *gemischte* Zustände darzustellen. Letztere werde auch *statistische Gemische* genannt und bilden die gewünschten *inkohärenten* Überlagerungen von reinen Zuständen. $\hat{W}$ wird auch der *statistische* Operator genannt. Die W_i bezeichnen das statistische Gewicht der *reinen* Zustände $|\phi_i\rangle$ in $\hat{W}$. Wir betonen, dass $\hat{W}$, obwohl mathematisch ein Operator, *keine* physikalische Größe ist, sondern den Zustand des Systems repräsentiert!

Die Mittelwerte der physikalischen Größen X im Zustand $\hat{W}$ werden dann über die Vorschrift

$$\langle X\rangle = \text{Spur}(\hat{W} X) = \sum_i \langle\phi_i|\hat{W}X|\phi_i\rangle \tag{2.12}$$

definiert, wobei Spur(O) die *Spur*, das heißt die Summe der Diagonalelemente des Operators O ist. Auf diese Weise wird eine kombinierte Mittelung über das statistische Gewicht W_i der reinen Zustände in $\hat{W}$ und das statistische Gewicht w_i der Eigenwerte X_i von X in den reinen Zuständen $|\phi_i\rangle$ durchgeführt. Die korrekte Normierung der Wahrscheinlichkeiten wird durch die Bedingungen Spur($\hat{W}$) = 1 beziehungsweise $\sum_i W_i = 1$ und $\langle \phi | \phi \rangle = 1$ sichergestellt. Hat der HILBERT-Raum des physikalischen Systems endlich viele Dimensionen, so lässt sich $\hat{W}$ als Matrix darstellen und wird auch die *Dichtematrix* genannt.

Werden die Zustände $|\phi_i\rangle$ in einer beliebigen Basis dargestellt, so ist $\hat{W}$ im allgemeinen nicht diagonal. Ein reiner Zustand kann aber in jeder Basis dadurch identifiziert werden, dass er stets die Bedingung $\hat{W}^2 = \hat{W}$ erfüllen muss (Gl. 2.10).

Da in der Thermodynamik in der Regel stationäre Zustände ohne Zeitentwicklung betrachtet werden, handelt es sich dabei um statistische Gemische aus den Eigenzuständen $|\psi\rangle$ der Energie, die der zeitunabhängigen SCHRÖDINGER-Gleichung

$$\mathcal{H}|\psi_i\rangle = \varepsilon_i |\psi_i\rangle$$

genügen. In der Basis der Energie-Eigenzustände ist $\hat{W}$ dann stets diagonal. In diesem Fall braucht uns die Operator-Natur von $\hat{W}$ nicht weiter zu kümmern, und wir können allein mit den Wahrscheinlichkeiten W_i der Energieeigenzustände operieren. Dabei wird sich (zur Freude des Experimentalphysikers) herausstellen, dass für die thermodynamischen Eigenschaften nur die Eigenwerte der physikalischen Größen und nicht die komplizierte mathematische Maschinerie des HILBERT-Raums benötigt werden.

Schließlich wollen wir festhalten, dass die (Mittel-)Werte der physikalischen Größen auch in der Quantenphysik *stetig variabel* sind, obwohl ihre Eigenwerte in vielen Fällen *diskret* sind.[6] Das liegt daran, dass die Mittelwerte nicht nur durch die in der Regel diskreten Eigenwerte, sondern auch durch die kontinuierlich variablen Wahrscheinlichkeiten bestimmt werden. Dies bedeutet, dass wir erwarten können, mit den (Mittel-)Werten in gewohnter Weise Differenzialrechnung betreiben zu können, was Voraussetzung für die in der Thermodynamik notwendigen Rechenoperationen ist.

Unsere zentrale Aufgabe bei der thermodynamischen Behandlung von Quantensystemen ist daher die Bestimmung der Wahrscheinlichkeiten W_i, mit denen die reinen Zustände $|\psi_i\rangle$ in $\hat{W}$ auftreten. Dieser Aufgabe wollen wir uns in den folgenden Abschnitten widmen. Mit Hilfe der Wahrscheinlichkeiten können dann die Mittelwerte der physikalischen Größen (und damit die thermodynamischen Zustandsgleichungen des Systems) aus den Modellvorstellungen berechnet werden. Um das Prinzip zu verdeutlichen, wollen wir zunächst das konkrete Beispiel eines Systems von Spin-1/2-Teilchen untersuchen, bevor wir eine allgemeine Strategie zur Berechnung der W_i beschreiben.

2.3 Zustände und Zufallsgrößen des Spin-1/2-Systems

Das einfachste Quantensystem hat nur zwei linear unabhängige Zustände. Zwei-Zustands-Systeme sind in der Natur vielfach realisiert. Ein handliches Beispiel sind

---

6 Diese Eigenschaft gibt bekanntlich zu der Bezeichnung *Quanten*-Physik Anlass.

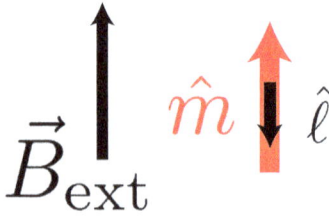

Abb. 2.3. Externes Magnetfeld $\vec{B}_{\text{ext}}$, magnetisches Moment $\hat{m}$ und Drehimpuls (Spin) $\hat{\ell}$ eines Teilchens mit dem Spin $\hat{\ell} = \pm 1/2$.

an einem Ort lokalisierte Teilchen mit dem Spin 1/2, wie sie beispielsweise in paramagnetischen Festkörpern auftreten.

Betrachten wir ein einzelnes solches Teilchen, so stellen wir fest, dass es sich um eine quantenmechanische Variante des archetypischen Systems „Rotator" handelt, welches aber insofern speziell ist, als dass es nur zwei Zustände mit den Drehimpuls-Eigenwerten $\hat{\ell}_z = \pm\hbar/2$ besitzt. Das Quadrat des Spins pro Teilchen $\langle \hat{\ell}^2 \rangle = 3/4\,\hbar^2$ ist dabei eine Systemkonstante. Die z-Richtung sei durch ein nach oben orientiertes externes Magnetfeld $\vec{B}_{\text{ext}}$ ausgezeichnet. Auf diese Weise sind die Eigenzustände von $\hat{\ell}_z$ zugleich auch die Eigenzustände der Energie. Für dieses System ist also der Drehimpuls eine Zufallsgröße, deren Werte durch die Wahrscheinlichkeiten $W_\downarrow$ und $W_\uparrow$ festgelegt werden:

$$\langle \hat{\ell}_z \rangle = W_\downarrow(-\hbar/2) + W_\uparrow \hbar/2 = \left(W_\downarrow - W_\uparrow\right)\hbar/2 \;.$$

Bei den meisten Teilchen mit Spin ist der Drehimpuls pro Teilchen mit einem magnetischen Moment pro Teilchen $\hat{m}_z$ verknüpft:[7]

$$\hat{m}_{z,\downarrow,\uparrow} = -g\mu_B\left(\pm\frac{1}{2}\right) \;,$$

wobei

$$\mu_B = \frac{e\hbar}{2\hat{m}_{\text{el}}} = 9.274 \cdot 10^{-24}\,\text{J/(T Teilchen)} = 5.788 \cdot 10^{-5}\,\text{eV/(T Teilchen)}$$

das BOHR'sche Magneton, g das gyromagnetische Verhältnis und $\hat{m}_{\text{el}}$ die Ruhemasse des Elektrons ist. Für freie Elektronen gilt in guter Näherung $g = 2$, das heißt, $\hat{m}_{z,\uparrow} = \mu_B$ (Grundzustand) und $\hat{m}_{z,\downarrow} = -\mu_B$ (angeregter Zustand). Dabei gibt der Pfeil die Richtung des magnetischen Moments an: $\uparrow$ entspricht der parallelen und $\downarrow$ der anti-parallelen Orientierung des magnetischen Moments in Bezug auf das externe Magnetfeld.

2.4 Chemisches Gleichgewicht im Spin-1/2-System

Nun wollen wir einen kristallinen Festkörper betrachten, in dem N magnetische Atome mit dem Spin 1/2 eingebaut sind. Wir wollen annehmen, dass die Orientierung

---

7 In diesem Zusammenhang sollte keine Gefahr bestehen, das magnetische Moment pro Teilchen $\hat{m}$ mit der Masse pro Teilchen $\hat{m}$ zu verwechseln...

der einzelnen Spins frei umgekehrt werden kann, wenn das externe Magnetfeld verschwindet, und dass etwaige Wechselwirkungen zwischen den Spins vernachlässigt werden können. Der Wert[8] der z-Komponente des magnetischen Moments des Festkörpers beträgt dann

$$m_z = N \cdot \langle \hat{\mathcal{M}}_z \rangle = -N \cdot \frac{g\mu_B}{\hbar} \langle \hat{\ell}_z \rangle = N\mu_B (W_\uparrow - W_\downarrow) \,. \tag{2.13}$$

Dabei sind $\langle \hat{\mathcal{M}}_z \rangle$ und $\langle \hat{\ell}_z \rangle$ die Mittelwerte des Operators $\hat{\mathcal{M}}$ für das magnetische Moment pro Teilchen und des Drehimpulses pro Teilchen. Getreu der Auffassung, dass Teilchen in unterschiedlichen (orthogonalen!) Quantenzuständen als chemisch verschiedene Spezies anzusehen sind, wollen wir dieses System nun als *Gemisch* zweier Teilchensorten mit entgegengesetzten Spin-Orientierungen $\uparrow$ und $\downarrow$ auffassen und analog den Gasgemischen aus Kapitel I-7 thermodynamisch beschreiben. Dann sind $N_\uparrow = NW_\uparrow$ und $N_\downarrow = NW_\downarrow$ *stetige* Mengenvariablen im Sinne der Thermodynamik, weil die Wahrscheinlichkeiten $W_\uparrow$ und $W_\downarrow$ stetig variabel sind. Dagegen ist die Summe $N = N_\uparrow + N_\downarrow$ entsprechend der Zahl der Atome im Festkörper fest und fluktuiert nicht.

Unsere entscheidende Annahme ist, dass Entropie des Systems in derselben Weise wie die *Mischungsentropie* von Gasen in Kapitel I-7 mit den beiden Mengenvariablen $N_\uparrow$ und $N_\downarrow$ zusammenhängt:

$$S = -Nk_B \left[\frac{N_\uparrow}{N} \ln\left(\frac{N_\uparrow}{N}\right) + \frac{N_\downarrow}{N} \ln\left(\frac{N_\downarrow}{N}\right) \right] \,. \tag{2.14}$$

Diese Annahme ist zunächst vielleicht überraschend, weil die Spins in unserem Beispiel im Gegensatz zu den Gasmolekülen räumlich fixiert sind. Sie wird sich aber im Folgenden als Konstruktionsmittel ersten Ranges erweisen. Die intensiven und hier als unabhängig angenommenen Variablen des Systems sind die Temperatur T und das externe Magnetfeld $\boldsymbol{B}_{ext} = (0, 0, B_{ext})$.[9] Die für diesen Variablensatz zuständige Massieu-Gibbs-Funktion ist die *freie Energie im Magnetfeld* (Abschnitt I-6.5.2)

$$\mathcal{F}(T, B_{ext}, N_\uparrow, N_\downarrow) = \mathcal{U} - TS = E - TS - m_z B_{ext} \,.$$

Hierbei ist $E(T, m_z, N) = \langle \mathcal{H} \rangle$ die Energie des Spinsystems im Nullfeld,[10] während $\mathcal{U}(T, B_{ext}, N) = \langle \mathcal{H} - \mathcal{M}_z B_{ext} \rangle$ die bereits in Abschnitt I-6.5.1 eingeführte Energie im

---

8 Aus Gründen der kompakteren Schreibweise unterdrücken wir die Klammern $\langle \cdots \rangle$ bei den makroskopischen Größen $\boldsymbol{m}$, $\boldsymbol{L}$ und E, obwohl es sich auch bei diesen selbstverständlich um Mittelwerte handelt. Wie wir weiter unten sehen werden, ist deren relative Schwankungsbreite $\Delta X / \langle X \rangle$ für makroskopische Körper meist sehr klein.

9 Die im Prinzip ebenfalls vorhandene Abhängigkeit von V wollen wir in diesem Abschnitt außer Acht lassen, indem wir $p = 0$ annehmen. Damit fällt die V-Abhängigkeit aus allen thermodynamischen Relationen heraus.

10 Für wechselwirkungsfreie Spins ist $E(T, m_z, N)$ identisch Null, weil in Abwesenheit eines Magnetfeldes keine Richtung im Raum ausgezeichnet ist.

Magnetfeld (die LEGENDRE-Transformierte der Energie bezüglich m_z) und $\mathcal{M}_z$ der m_z repräsentierende Operator. Damit erhalten wir als MASSIEU-GIBBS-Funktion des Systems:

$$\mathcal{F}\left(T, B_{\text{ext}}, N_\uparrow, N_\downarrow\right) = -k_{\text{B}}T\left(N_\uparrow \ln \frac{N_\uparrow}{N} + N_\downarrow \ln \frac{N_\downarrow}{N}\right) - \mu_{\text{B}}B_{\text{ext}}\left(N_\uparrow - N_\downarrow\right) . \tag{2.15}$$

Durch Differenzieren nach T und B_{ext} gewinnen wir die kalorische und die magnetische Zustandsgleichung des Spinsystems:

$$-S = \frac{\partial \mathcal{F}(T, B_{\text{ext}}, N_\uparrow, N_\downarrow)}{\partial T} , \qquad -m_z = \frac{\partial \mathcal{F}(T, B_{\text{ext}}, N_\uparrow, N_\downarrow)}{\partial B_{\text{ext}}} . \tag{2.16}$$

Um eine Bestimmungsgleichung für das Verhältnis $N_\uparrow / N_\downarrow$ zu erhalten, differenzieren wir Gl. 2.15 nach $N_\uparrow$ und nach $N_\downarrow$. Damit erhalten wir ein Paar von „chemischen" Zustandsgleichungen, nämlich

$$\mu_\uparrow = \frac{\partial \mathcal{F}(T, B_{\text{ext}}, N_\uparrow, N_\downarrow)}{\partial N_\uparrow} = \underbrace{-\mu_{\text{B}}B_{\text{ext}}}_{\varepsilon_\uparrow} + k_{\text{B}}T \ln\left(\frac{N_\uparrow}{N}\right) , \tag{2.17}$$

$$\mu_\downarrow = \frac{\partial \mathcal{F}(T, B_{\text{ext}}, N_\uparrow, N_\downarrow)}{\partial N_\downarrow} = \underbrace{+\mu_{\text{B}}B_{\text{ext}}}_{\varepsilon_\downarrow} + k_{\text{B}}T \ln\left(\frac{N_\downarrow}{N}\right) . \tag{2.18}$$

Dabei sind $\mu_\uparrow$ und $\mu_\downarrow$ die zu beiden Teilchensorten gehörenden chemischen Potenziale sowie $\varepsilon_\uparrow$ und $\varepsilon_\downarrow$ die Eigenwerte des Operators $\mathcal{H} - \mathcal{M}_z B_{\text{ext}}$ für einen einzelnen Spin.

Wenn wir annehmen, dass sich ↑- und ↓-Spins unter Austausch von (zirkular polarisierten) Photonen oder Phononen frei ineinander umwandeln können, wird sich (wie bei allen chemischen Reaktionen) ein chemisches Gleichgewicht gemäß der folgenden Reaktionsgleichung zwischen beiden Teilchensorten einstellen:

$$|\uparrow\rangle \rightleftharpoons |\downarrow\rangle + \gamma^\circlearrowleft , \tag{2.19}$$

wobei das zirkular polarisierte Photon oder Phonon $\gamma^\circlearrowleft$ die Erhaltung von $\mathcal{U}$ und $\boldsymbol{L}$ bei den notwendigen Spinflip-Prozessen sicherstellt. Das chemische Potenzial thermisch angeregter Photonen ist identisch gleich Null (Abschnitt 5.1). Nach Gl. 1.33 erhalten wir daher als Bedingung für das chemische Gleichgewicht:

$$\mu_\uparrow - \mu_\downarrow = \varepsilon_\uparrow - \varepsilon_\downarrow + k_{\text{B}}T \ln\left(\frac{N_\uparrow}{N_\downarrow}\right) \overset{!}{=} 0 .$$

Aus der Gleichheit der chemischen Potenziale folgt für das Verhältnis $N_\uparrow / N_\downarrow$:

$$\ln\left(\frac{N_\uparrow}{N_\downarrow}\right) = -\frac{\varepsilon_\uparrow - \varepsilon_\downarrow}{k_{\text{B}}T}$$

und schließlich

$$\frac{N_\uparrow}{N_\downarrow} = \exp\left(-\frac{\varepsilon_\uparrow - \varepsilon_\downarrow}{k_B T}\right) . \tag{2.20}$$

Die Menge der durch das externe Magnetfeld bevorzugten $\uparrow$-Spins ist also stets größer als die der $\downarrow$-Spins. Im Grenzfall $T = 0$, das heißt im Grundzustand des Systems, gibt es nur $\uparrow$-Spins und keine $\downarrow$-Spins: $N_\uparrow = N$ und $N_\downarrow = 0$. Bei endlichen Temperaturen $T > 0$ ist es möglich, einen Teil der Spins thermisch anzuregen, und es gilt $N_\uparrow > N_\downarrow > 0$. Im Grenzfall $T \to \infty$ oder $B_{ext} \to 0$ ergibt sich schließlich Gleichbesetzung: $N_\uparrow = N_\downarrow = N/2$.

Im Fall von einem beliebigen Quantensystem mit einer festen Zahl N von unterscheidbaren[11] Teilchen, von denen sich jedes in einem von r linear unabhängigen Quantenzuständen befindet, lässt sich Gl. 2.20 leicht verallgemeinern. Zur Berechnung von μ_i ist dann

$$N_j = N - \sum_{k \ne j} N_k$$

zu setzen und nach N_i zu differenzieren. Wiederum durch die Annahme *chemischen Gleichgewichts* zwischen allen Teilchenspezies, das heißt durch paarweises Gleichsetzen von μ_i und μ_j, ergibt sich

$$N_j = N_i \cdot \exp\left(\frac{\varepsilon_i}{k_B T}\right) \cdot \exp\left(-\frac{\varepsilon_j}{k_B T}\right) . \tag{2.21}$$

Schließlich haben wir noch die Bedingung, dass die Summe aller Teilchenzahlen fest vorgegeben ist:

$$N = \sum_{j=1}^{r} N_j = N_i \exp\left(\frac{\varepsilon_i}{k_B T}\right) \cdot \underbrace{\sum_{j=1}^{r} \exp\left(-\frac{\varepsilon_j}{k_B T}\right)}_{Z(T)} . \tag{2.22}$$

Durch Kombination von (2.21) und (2.22) erhalten wir für die Absolutwerte der Teilchenzahlen und die gesuchten Wahrscheinlichkeiten:

$$W_i = \frac{N_i}{N} = \frac{1}{Z(T)} \cdot \exp\left(-\frac{\varepsilon_i}{k_B T}\right) . \tag{2.23}$$

Die auf der rechten Seite von Gl. 2.22 auftretende Summe der BOLTZMANN-Faktoren

$$\exp\left(-\frac{\varepsilon_i}{k_B T}\right)$$

über alle Zustände nennt man die *kanonische Zustandssumme* $Z(T)$. Damit haben wir ein zentrales Ergebnis der statistischen Thermodynamik, nämlich die zuerst von

---

11 Der Sinn dieser Einschränkung wird in Abschnitt 3.10 klar werden.

BOLTZMANN gefundene und nach ihm benannte Verteilungsfunktion für die Wahrscheinlichkeiten von Quantenzuständen in einem statistischen Gemisch hergeleitet. Das sogenannte „thermodynamische Gleichgewicht", für das die BOLTZMANN-Verteilung Gültigkeit beansprucht, entpuppt sich also als ein *chemisches* Gleichgewicht zwischen den verschiedenen Spinsorten.

Eine praktische Anwendung dieser Überlegungen ergibt sich in einem modernen Gebiet der Festkörperphysik, nämlich der *Spintronik*,[12] deren Ziel die Einbeziehung des Spin-Freiheitsgrads in die Halbleiter-Elektronik ist. Während die Spins der beweglichen Elektronen in den üblichen Halbleiterbauelementen unpolarisiert sind, interessiert man sich gegenwärtig sehr stark für *ferromagnetische* Halbleiter. Diese weisen eine spontane Spinpolarisation auf, wie sie in Abschnitt 2.7 besprochen wird. Bringt man einen unmagnetischen und einen ferromagnetischen Halbleiter in elektrischen Kontakt, so führt das Fließen eines elektrischen Stroms von einem Material ins andere zur Ausbildung einer Nichtgleichgewichtszone auf beiden Seiten der Grenzfläche. In dieser Zone ist das chemische Gleichgewicht gestört, das heißt die (elektro-)chemischen Potenziale $\mu_\downarrow$ und $\mu_\uparrow$ sind verschieden, weil die Konversion von einer Spinsorte in die andere mit einer endlichen Reaktionsrate, der Spin-Relaxationsrate, erfolgt. Dieses Beispiel illustriert, dass dieser an chemischen Reaktionen entwickelte Sprachgebrauch ausgezeichnet geeignet ist, die traditionelle Physik der Spinsysteme und modernste Forschungsaktivitäten im Gebiet der Spintronik in einer einheitlichen Weise zu beschreiben.

Schließlich wollen wir noch zeigen, welche physikalische Bedeutung die Zustandssumme hat. Dazu bilden wir zuerst den Logarithmus von Gl. 2.23

$$\ln \frac{N_i}{N} = -\frac{\varepsilon_i}{k_B T} - \ln Z(T)$$

und setzen diesen in $\mathcal{F}$ (Gl. 2.15) ein:

$$\mathcal{F}(T, B_{ext}, N) = \sum_i \varepsilon_i N_i + k_B T \sum_i N_i \ln \frac{N_i}{N}$$

$$= \underbrace{\sum_i \varepsilon_i N_i + \sum_i N_i (-\varepsilon_i)}_{=0} - k_B T \sum_i N_i \ln Z(T) \,.$$

Damit erhalten wir

$$\mathcal{F}(T, B_{ext}, N) = -N k_B T \cdot \ln Z(T, B_{ext}) \,, \tag{2.24}$$

wobei

$$Z(T, B_{ext}) = \sum_i \exp\left(-\frac{\varepsilon_i(B_{ext})}{k_B T}\right)$$

---

12 Dieses Kunstwort resultiert aus einer Verschmelzung der Worte „Spin" und „Elektronik".

die Zustandssumme für einen Einzelspin ist. Da die Spins als voneinander unabhängig angesehen werden, ist die freie Energie des N-Spinsystems einfach das N-fache der freien Energie des Einzelspinsystems. Da in das obige Resultat allein die Eigenwerte ε_i eingehen, können wir unseren Ansatz auf beliebige Quantensysteme mit *scharfer* (das heißt nicht fluktuierender) Teilchenzahl verallgemeinern. Die statistische Thermodynamik erlaubt es also, die MASSIEU-GIBBS-Funktionen solcher Systeme mit Hilfe von Modellen, welche deren Energie-Eigenwerte ε_i liefern, *theoretisch* zu berechnen! Damit haben wir einen völlig neuen Zugang zu den MASSIEU-GIBBS-Funktionen und somit zu allen thermodynamischen Eigenschaften, der den bisher von uns benutzten überwiegend empirischen Zugang ergänzt, Vorsagen für neue Experimente ermöglicht und unser Verständnis der untersuchten Systeme wesentlich vertieft.

2.5 Der ideale Spin- 1/2-Paramagnet

Auf der Basis der obigen allgemeinen Betrachtung sind wir nun in der Lage, die Zustandssumme für einen einzelnen Spin und $\mathcal{F}$ für das N-Spin-System anzugeben:[13]

$$
\begin{aligned}
Z(T, B_{ext}) &= \exp\left(-\frac{\mu_B B_{ext}}{k_B T}\right) + \exp\left(\frac{\mu_B B_{ext}}{k_B T}\right) \\
&= 2\cosh\left(\frac{\mu_B B_{ext}}{k_B T}\right) .
\end{aligned}
\tag{2.25}
$$

Die MASSIEU-GIBBS-Funktion des N-Spin-Systems erhalten wir nach Gl. 2.24:

$$
\mathcal{F}(T, B_{ext}, N) = -N k_B T \cdot \ln\left[2\cosh\left(\frac{\mu_B B_{ext}}{k_B T}\right)\right] .
\tag{2.26}
$$

In Abschnitt I-6.5.3 haben wir dieses Ergebnis durch die Integration der experimentell bestimmten magnetischen Zustandsgleichung gewonnen. Hier beschreiten wir jetzt den umgekehrten Weg, und leiten die Zustandsgleichungen aus Gl. 2.26 ab.

Um uns Schreibarbeit zu ersparen, benutzen wir im Folgenden die dimensionslose Variable $X = \mu_B B_{ext}/k_B T$ und deren Ableitungen nach T und B_{ext}:

$$
X = \frac{\mu_B B_{ext}}{k_B T} , \qquad \frac{\partial X}{\partial T} = -\frac{X}{T} , \qquad \frac{\partial X}{\partial B_{ext}} = \frac{X}{B_{ext}} .
\tag{2.27}
$$

Zur Bestimmung der thermodynamischen Eigenschaften eines Quantensystems stehen uns zwei äquivalente Rechenwege offen. Der erste benutzt den BOLTZMANN'-schen Ausdruck Gl. 2.23 für die Wahrscheinlichkeiten W_i, um damit die Mittelwerte

---

[13] Hier nehmen wir an, dass die betrachtete Probe die Gestalt eines dünnen Stabes hat und das Magnetfeld parallel zum Stab anliegt. Dann können wir die in Anhang F beschriebenen Entmagnetisierungseffekte vernachlässigen, die ansonsten eine Modifizierung der Zustandsgleichung bewirken.

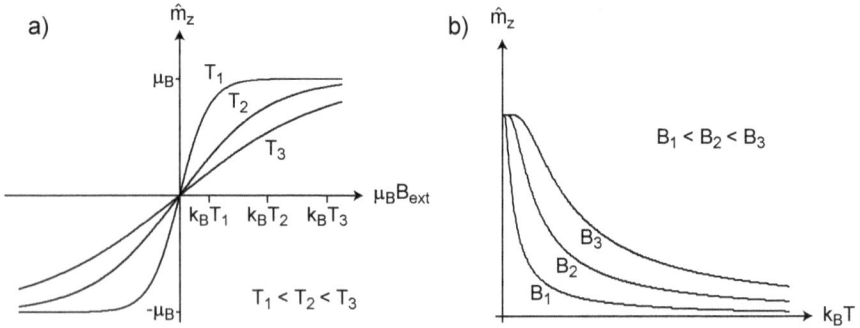

Abb. 2.4. Magnetische Zustandsgleichung des idealen Paramagneten. a) als Funktion von B_{ext} für verschiedene Temperaturen und b) als Funktion von T für verschiedene Magnetfelder.

$\langle U \rangle$ und $\langle m_z \rangle$ sowie S zu berechnen. Der zweite Weg benutzt die partiellen Ableitungen von $\mathcal{F}(T, B_{ext}, N)$ entsprechend Gl. 1.7 (Abschnitt I-6.5.2).

Mit Hilfe der W_i berechnen wir zunächst die *kalorische Zustandsgleichung* $\mathcal{U}(T, B_{ext}, N)$ des idealen Paramagneten:

$$\mathcal{U}(T, B_{ext}, N) = N \sum_i \varepsilon_i W_i = N \sum_i \varepsilon_i \frac{\exp\left(-\varepsilon_i/k_B T\right)}{Z^{(1)}(T, B_{ext})} \qquad \text{mit } \varepsilon_i = \mp \mu_B B_{ext}$$

$$= -N\mu_B B_{ext} \cdot \frac{\sinh X}{\cosh X}$$

und schließlich

$$\mathcal{U}(T, B_{ext}, N) = -N\mu_B B_{ext} \tanh\left(\frac{\mu_B B_{ext}}{k_B T}\right) . \tag{2.28}$$

Bei $T = 0$ ist $\mathcal{U}$ entsprechend der Energie der vollständig parallel zum Magnetfeld ausgerichteten magnetischen Momente (↑) zunächst negativ und steigt mit zunehmender Temperatur in dem Maße, in dem die thermische Anregung von Momenten mit anti-paralleler Ausrichtung (↓) wahrscheinlicher wird. Im Grenzfall $T \to \infty$ kann das Spinsystem keine weitere Energie aufnehmen, weil die BOLTZMANN-Verteilung höchstens eine Gleichverteilung der Spins auf die Energieniveaus, aber keine *Besetzungsinversion* mit $W_\downarrow > W_\uparrow$ erlaubt. Bei sehr kleinen Magnetfeldern erfolgt die thermische Anregung der Spins in einem entsprechend kleinen Temperaturintervall. Die *magnetische Zustandsgleichung* des Spinsystems bestimmen wir zur Abwechslung aus der magnetischen freien Energie $\mathcal{F}$:

$$m_z(T, B_{ext}, N) = -\frac{\partial \mathcal{F}(T, B_{ext}, N)}{\partial B_{ext}} = N k_B T \frac{\sinh X}{\cosh X} \cdot \frac{X}{B_{ext}}$$

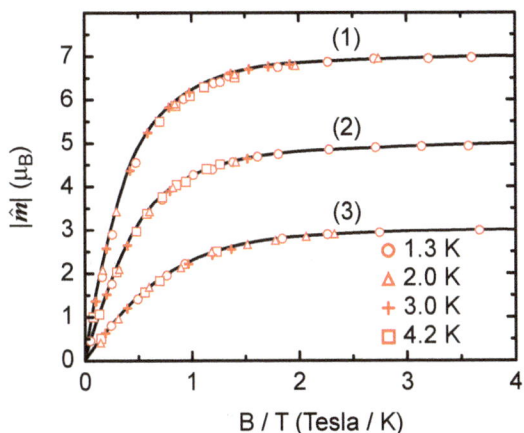

Abb. 2.5. Magnetisches Moment pro Ion für (1) Gd-Sulfat, (2) FeNH$_3$-Alaun und (3) KCr-Alaun als Funktion von B_{ext}/T. Die durchgezogenen Linien geben die BRILLOUIN-Funktion für verschiedene Spinmomente l an (Gd: $l = 7/2$, Fe: $l = 5/2$, Cr: $l = 3/2$) (nach W. E. Henry, Phys. Rev. **88**, 559 (1952).

$$m_z = N\mu_B \cdot \tanh\left(\frac{\mu_B B_{ext}}{k_B T}\right) \qquad (2.29)$$

Der Verlauf des magnetischen Moments pro Teilchen als Funktion von T und B_{ext} ist in Abb. 2.4 dargestellt. Als Funktion des Magnetfeldes steigt $\hat{m}_z$ von Null an und sättigt in hohen Feldern bei $\hat{m}_z = \mu_B$. Als Funktion der Temperatur sind die Spins bei $T = 0$ zunächst vollständig ausgerichtet. Bei endlichen Temperaturen nimmt das magnetische Moment ab, bis im Grenzfall sehr hoher Temperaturen der ↑- und der ↓-Zustand mit gleicher Wahrscheinlichkeit besetzt sind und $\hat{m}_z$ verschwindet.

Wir stellen fest, dass beide Zustandsgleichungen bis auf den Faktor $-B_{ext}$ identisch sind, nämlich dass gilt:

$$\mathcal{U} = -m_z B_{ext} , \qquad (2.30)$$

wie wir das von der Seite der Elektrodynamik her auch erwarten. Die faktische Äquivalenz der Zustandsgleichungen ist eine Besonderheit des idealen Paramagneten, die sich auch darin widerspiegelt, dass $\mathcal{F}/N$ nur von B_{ext}/T, das heißt eigentlich nur von einer Variablen abhängt. Wie wir weiter unten sehen werden, wird diese Besonderheit beseitigt, wenn wir eine beliebig schwache Wechselwirkung der Spins untereinander annehmen.

Die Verallgemeinerung der magnetischen Zustandsgleichung auf höhere Werte von $\hat{\ell}^2$ mit $r = 2l + 1$ Eigenzuständen vom $\hat{m}_z$ (Aufgabe 2.3) hat die Form

$$m_z(T, B_{ext}, N) = Ng\mu_B \cdot l\,\mathcal{B}_l\left(\frac{g\mu_B B_{ext}}{k_B T}\right) , \qquad (2.31)$$

$$\text{wobei} \quad \mathcal{B}_l(X) := \frac{2l+1}{2}\coth\left(\frac{2l+1}{2}X\right) - \frac{1}{2}\coth\left(\frac{X}{2}\right) \qquad (2.32)$$

die BRILLOUIN-Funktion genannt wird. Die Messungen in Abb. 2.5 zeigt, dass die Magnetisierungskurven durch Gl. 2.31 ausgezeichnet wiedergegeben werden.

Der Grenzfall großer Spins ($l \to \infty$) wird der klassische Grenzfall genannt, weil dann die Quantisierung der m_z-Eigenwerte nicht ins Gewicht fällt und die BRILLOUIN-Funktion in die nach LANGEVIN benannte Funktion

$$\mathcal{L}(X) := \coth(X) - \frac{1}{X} \qquad (2.33)$$

übergeht. Dieser Funktion werden wir im Zusammenhang mit Polymeren in Abschnitt 3.3 wieder begegnen.

Aus der magnetischen Zustandsgleichung gewinnen wir durch nochmaliges Differenzieren nach B_{ext} die *magnetische Suszeptibilität* (pro Teilchen)[14] des idealen Paramagneten:

$$\hat{\chi}_m = \frac{1}{N} \frac{\mu_0 \, \partial m_z(T, B_{\text{ext}}, N)}{\partial B_{\text{ext}}} = \mu_0 \mu_B \frac{\partial \tanh X}{\partial B_{\text{ext}}} = \frac{\mu_0 \mu_B^2}{k_B T} \frac{1}{\cosh^2 X}, \qquad (2.34)$$

wobei μ_0 die magnetische Feldkonstante ist. Bei kleinen Magnetfeldern ($X \to 0$, $\cosh X \to 1$) erhalten wir das CURIE-Gesetz:

$$\hat{\chi}_{\text{Curie}} = \frac{\mu_0 \mu_B^2}{k_B T}, \qquad (2.35)$$

beziehungsweise für beliebige Drehimpuls-Quantenzahlen l:

$$\hat{\chi}_{\text{Curie}} = \mu_0 (g\mu_B)^2 \frac{l(l+1)}{3k_B T}. \qquad (2.36)$$

Abbildung 2.6a zeigt die für $B_{\text{ext}} = 0$ und tiefe Temperaturen typische Divergenz der CURIE-Suszeptibilität für $l = 1/2$ und $l = 3/2$. Die endliche Steigung der Magnetisierungskurve in Abbildung 2.4a zeigt, dass die Divergenz von $\hat{\chi}_m$ bei endlichen Magnetfeldern abgeschnitten wird. Im Grenzfall hoher Magnetfelder ($X \to \infty$, $\cosh X \to \frac{1}{2} \exp X$) sinkt die Suszeptibilität wieder auf Null, weil das Spinsystem bei tiefen Temperaturen nahezu vollständig polarisiert ist.

Aus der kalorischen Zustandsgleichung 2.28 folgt nach unseren Überlegungen in Abschnitt I-6.5.1 für die molare Wärmekapazität bei konstantem Magnetfeld (analog $\hat{c}_p$ beim idealen Gas):

$$\hat{c}_B = \frac{1}{N} \frac{\partial \mathcal{U}(T, B_{\text{ext}}, N)}{\partial T} = \frac{k_B X^2}{\cosh^2 X}. \qquad (2.37)$$

Wie in Abb. 2.6b illustriert wird, weist die Wärmekapazität des Spinsystems einen charakteristischen, nichtmonotonen Verlauf auf, der unter dem Namen SCHOTTKY-Anomalie bekannt ist. Im Grenzfall hoher Temperaturen lässt sich Gl. 2.37 gemäß

$$\hat{c}_B \longrightarrow k_B X^2 = k_B \left(\frac{\mu_B B_{\text{ext}}}{k_B T} \right)^2,$$

---

14 Die Suszeptibiltät pro Teilchen hat die Einheit eines Volumens/Teilchen. Oft wird die dimensionslose magnetische Suszeptibilität pro Volumen betrachtet: $\chi_m = n \hat{\chi}_m$, wobei n die Teilchendichte ist.

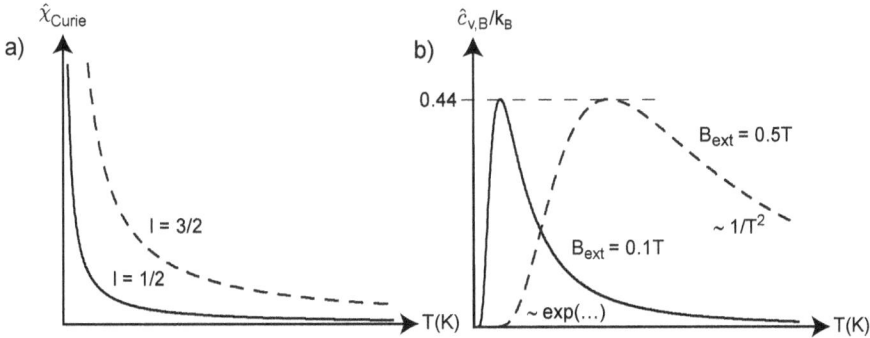

Abb. 2.6. a) Temperaturabhängigkeit der molaren magnetischen Suszeptibilität idealer Paramagnete mit Spin 1/2 und Spin 3/2. b) Molare Wärmekapazität (pro Teilchen) eines idealen Paramagneten. Das charakteristische Maximum bei $k_B T \simeq \mu_B B_{ext}$ wird in Systemen mit freien Spins beobachtet und als SCHOTTKY-Anomalie bezeichnet. Bei hohen Temperaturen $k_B T \gg \mu_B B_{ext}$ treten die Spins nicht in der Wärmekapazität, wohl aber im Absolutwert der Entropie in Erscheinung (gestrichelte Linie in Abb. 3.17).

annähern und strebt gegen Null, weil die Spins für $k_B T \gg \varepsilon_\uparrow - \varepsilon_\downarrow$ keine weitere Energie und Entropie mehr aufnehmen können. Im Grenzfall tiefer Temperaturen ergibt sich

$$\hat{c}_B \longrightarrow 4k_B X^2 \exp(2X) \propto \frac{1}{T^2} \exp\left(-\frac{\varepsilon_\downarrow - \varepsilon_\uparrow}{k_B T}\right) .$$

Ein solcher exponentieller Abfall der Wärmekapazität mit $1/T$ ist typisch für Systeme mit einer Energielücke $\Delta\varepsilon = \varepsilon_\uparrow - \varepsilon_\downarrow$ im Anregungsspektrum, deren angeregte Zustände für $k_B T \ll \Delta\varepsilon$ nur wenig thermische Anregung erlauben.

Wir berechnen die Entropie durch Ableitung von $\mathcal{F}$ nach T:

$$S(T, B_{ext}, N) = -\frac{\partial \mathcal{F}(T, B_{ext}, N)}{\partial T} = Nk_B\left[\ln 2 + \ln\left(\cosh X\right) - X \tanh X\right] \qquad (2.38)$$

Der Verlauf von $\hat{s}(T, B_{ext})$ ist als Funktion von T und B_{ext} in Abb. 2.7 dargestellt. Der rote Doppelpfeil in zeigt an, dass bei isentroper Prozessführung eine Erhöhung des Magnetfeldes mit einer Temperaturerhöhung verbunden ist (magnetokalorischer Effekt). Umgekehrt führt eine isentrope Verringerung des Magnetfeldes zur Abkühlung. Die Fähigkeit des Paramagneten, Entropie zu speichern, nimmt mit zunehmendem Magnetfeld sehr stark ab, weil die Spins mehr und mehr ausgerichtet werden. Eine wichtige Anwendung dieser Eigenschaften ist das in Abschnitt I-6.5.4 dargestellten Verfahren der magnetischen Kühlung und der magnetischen Thermometrie.

Schließlich wollen wir die Entropie des idealen Paramagneten noch als Funktion der Energie im Magnetfeld $\mathcal{U} = -m_z B_{ext}$ ausdrücken. $S(\mathcal{U}, N)$ ist ebenfalls eine MASSIEU-GIBBS-Funktion des idealen Paramagneten, wie wir in Abschnitt I-5.5 gesehen haben. Zur Bestimmung von $S(\mathcal{U}, N)$ machen wir uns klar, dass die Wahrscheinlichkeiten nach Gl. 2.13 und Gl. 2.30 mit der Energie über

$$W_{\uparrow,\downarrow} = \frac{(1 \mp \langle\sigma\rangle)}{2} = \frac{1}{2}\left[1 \mp \left(\frac{\mathcal{U}}{N\mu_B B_{ext}}\right)\right]$$

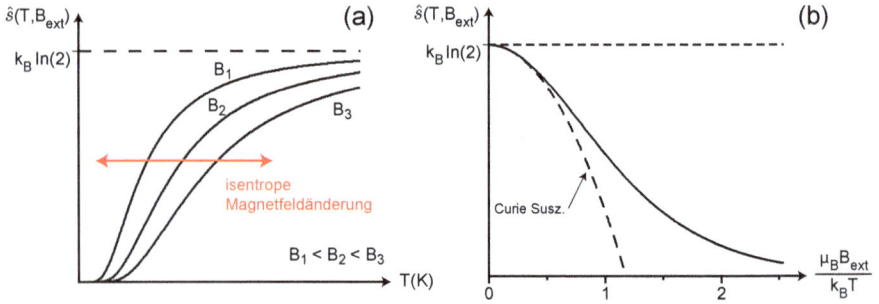

Abb. 2.7. Molare Entropie eines idealen Paramagneten mit Spin 1/2 a) als Funktion der Temperatur bei konstantem Magnetfeld. b) Molare Entropie als Funktion des Magnetfeldes bei konstanter Temperatur. Gestrichelt ist der quadratische Verlauf angegeben, der mit Hilfe der MAXWELL-Relation für $\partial \hat{s}(T, B_{ext})/\partial B_{ext}$ aus dem CURIE-Gesetz für $B_{ext} \rightarrow 0$ folgt. Danach wird $\hat{s}$ bei höheren Magnetfeldern negativ, was anzeigt, dass das CURIE-Gesetz mit dem 3. Hauptsatz unvereinbar ist.

zusammenhängen, wobei $\langle \sigma \rangle = \mathcal{U}/(N\mu_B B_{ext})$ die Mittelwerte der z-Komponente der den Spin repräsentierenden PAULI-Matrix bezeichnet ($-1 \leq \langle \sigma \rangle \leq 1$). Damit erhalten wir durch Einsetzen der kalorischen Zustandsgleichung 2.28 in Gl. 2.14:

$$S(\mathcal{U}, N) = -Nk_B \left[\frac{1 - \langle \sigma \rangle}{2} \ln \left(\frac{1 - \langle \sigma \rangle}{2} \right) + \frac{1 + \langle \sigma \rangle}{2} \ln \left(\frac{1 + \langle \sigma \rangle}{2} \right) \right] . \tag{2.39}$$

Dieses Ergebnis ist in Abb. 2.8a dargestellt.[15] Wir erhalten die inverse Temperatur $1/T$ durch Differenzieren von S nach $\mathcal{U}$:

$$\frac{1}{T}(\mathcal{U}, N) = \frac{\partial S(\mathcal{U}, N)}{\partial \mathcal{U}} .$$

Interessant ist hier, dass $S(\mathcal{U}, N)$ nicht monoton wachsend ist, sondern über ein Maximum geht (Abb. 2.8). Entsprechend zerfällt $1/T$ für positive und negative $\mathcal{U}$ in zwei Zweige mit positiver und *negativer* Temperatur ($\partial S/\partial \mathcal{U}$ ist für $\mathcal{U} > 0$ negativ). Sind beide Zustände bei $\mathcal{U} = 0$ gleichbesetzt, ist das System immer noch im Stande, Energie aufzunehmen – allerdings muss es dafür Entropie *abgeben*, während seine Temperatur beim Nulldurchgang von $\mathcal{U}$ auf $-\infty$ springt (Abb. 2.8b)!

Experimentell werden Zustände mit negativen Temperaturen entweder durch eine schnelle Umkehr des Magnetfeldes oder mit Spinresonanzverfahren[16] hergestellt. Die *Inversion* der Wahrscheinlichkeitsverteilung der Zustände erzeugt einen Zustand mit $W_\downarrow > W_\uparrow$. Ein solches Verhalten ist in der Regel nur bei Systemen möglich, deren Energiespektrum nach oben beschränkt ist.

---

15 Es ist eine Übung in Algebra, zu zeigen, dass sich der komplizierte Ausdruck 2.28 tatsächlich auf Gl. 2.14 reduziert, wenn die kalorische Zustandsgleichung 2.29 nach $\mathcal{U}$ aufgelöst und durch die Wahrscheinlichkeiten $W_{\uparrow,\downarrow}$ ausgedrückt wird.

16 Dazu wird entweder das Magnetfeld schnell umgekehrt oder ein sogenannter π-Puls mit der Resonanzfrequenz $(\varepsilon_\uparrow - \varepsilon_\downarrow)/\hbar$ eingestrahlt, der alle Spins um 180° dreht.

a)

b)

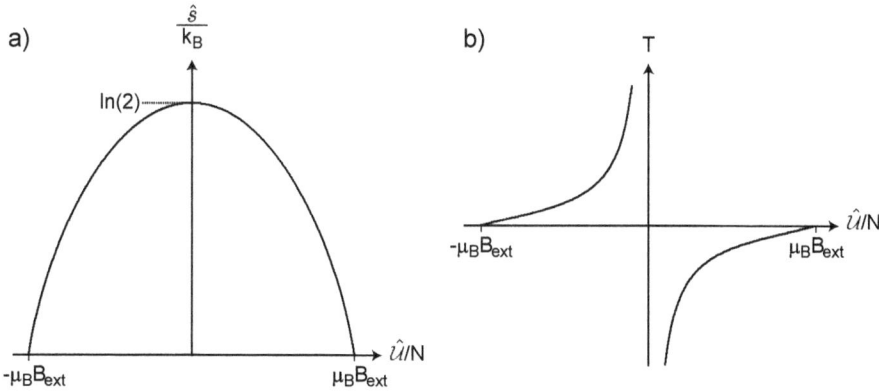

Abb. 2.8. a) Die Entropie des idealen Paramagneten als Funktion der Energie im Magnetfeld $\mathcal{U}$. b) Die Temperatur des idealen Paramagneten. Die Energie der Zustände mit negativer Temperatur ist größer als die maximale durch „Heizen" (Entropiezufuhr) erreichbare Energie.

2.6 Thermische Schwankungen

Entsprechend dem Homogenitätspostulat (Abschnitt 1.1) muss die magnetische freie Energie $\mathcal{F}(T, B_{ext}, N)$ eine *homogene* Funktion der extensiven Variablen sein. Da außer N nur intensive Variablen auftreten, muss $\mathcal{F}(T, B_{ext}, N)$ *proportional* zu N sein. Es ist daher grundsätzlich auch möglich, den Extremfall $N = 1$ zu betrachten.[17]

Die Idee, einem an ein Wärmereservoir angekoppelten Einzelspin die Fähigkeit zuzubilligen, einen gewissen Entropiebetrag (maximal $k_B \ln 2$) zu speichern und ihm eine damit verbundene Temperatur zuzuschreiben, ist zunächst etwas gewöhnungs-bedürftig. Unser durch das klassische Verhalten makroskopischer Körper geprägtes Vorstellungsvermögen besteht (oft unbewusst) hartnäckig darauf, den Einzelspins (zumindest für einen gewissen Zeitpunkt) einen *reinen Zustand*, das heißt eine wohl-definierte Orientierung zuzuschreiben. Ein solcher Zustand hätte aber sowohl die Entropie als auch die Temperatur Null.

Wir sind es gewohnt, die Kopplung an und die Entkopplung von einem Wärme-bad als typische Operationen bei thermodynamischen Prozessen anzusehen. Für das Verständnis der statistischen Thermodynamik ist es aber wichtig sich klarzumachen, dass solchen Operationen prinzipielle und praktische Grenzen gesetzt sind. So wäre es unphysikalisch anzunehmen, dass wir unser Spinsystem isoliert betrachten könn-ten. Selbst wenn wir in einem Gedankenexperiment annehmen, dass wir das von dem Spinsystem eingenommene Volumen über eine perfekte thermische Isolation, zum Beispiel einen im Vakuum schwebenden, innen perfekt verspiegelten Kasten, vom

---

17 Der hier gewählte Zugang zur statistischen Thermodynamik ist nicht an große Teilchenzahlen, das heißt an den sogenannten „thermodynamischen Limes" gebunden, den wir in Abschnitt 4.8 diskutie-ren werden.

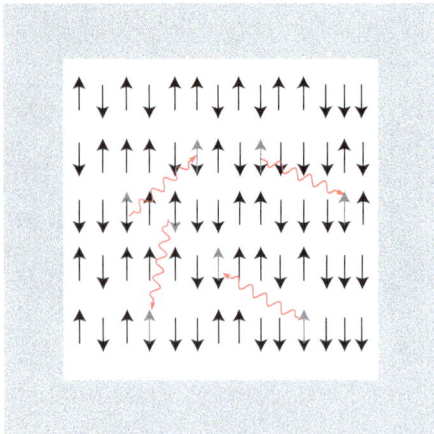

Abb. 2.9. Thermisch isoliertes Spinsystem bei einer endlichen Temperatur: Durch den Austausch von thermischen Photonen oder Phononen (rot) schalten einzelne Spin unregelmäßig zwischen verschiedenen Zuständen hin und her. Dies führt zu einem thermischen Rauschen der Magnetisierung, welches gemäß Gl. 2.42 proportional zur magnetischen Suszeptibilität ist.

Rest der Welt isolieren könnten, gibt es zumindest zwei weitere Systeme, mit welchen sich das Spinsystem dieses Volumen teilen muss: das Gittersystem der die Spins tragenden Atome und das elektromagnetische Feld!

Wie wir in Abschnitt 5.1 sehen werden, steht das elektromagnetische Feld in jedem Raumbereich, in dem ein Stück Materie mit der Temperatur T eingeschlossen ist, nach einiger Zeit mit diesem Stück Materie im thermischen Gleichgewicht. Dies bedeutet, dass in diesem Volumen thermisch angeregte Photonen gibt, welche die *thermische Strahlung* bilden. Das Phononensystem bildet ein weiteres *Wärmebad*, in welches das Spinsystem unvermeidbar eingebettet ist. Es sind die Photonen und Phononen, welche in die Reaktionsgleichung 2.19 eingehen und die Einstellung des thermischen und chemischen Gleichgewichts im Spinsystem ermöglichen (Abb. 2.9). Gibt man an einem Ort des Spinsystems einen Heizpuls (zum Beispiel mit Hilfe eines elektrischen Heizers), der die Temperatur dort lokal erhöht, so wird diese Information über die thermischen Photonen von einem Spin zum nächsten weitergeben, und nach einer gewissen Zeit, die von der Zahl der verfügbaren Photonen abhängt, wird sich wieder thermisches Gleichgewicht einstellen. Obwohl die Spins im Kristallgitter fest eingebaut und zum Teil weit voneinander entfernt sind, ist es prinzipiell unvermeidbar, dass sie über das elektromagnetische Feld miteinander kommunizieren, selbst wenn keine *statische* Wechselwirkung zwischen ihnen besteht. Die thermischen Anregungen des Kristallgitters, die Phononen, spielen eine analoge Rolle.

Da der Prozess der Absorption und Emission von Photonen und Phononen ein statistischer ist, erwarten wir thermisch induzierte Schwankungen der Orientierung der einzelnen Spins. Die Existenz dieser Dynamik lässt sich in empfindlichen Messungen als ein *thermisches Rauschen* der lokalen Magnetisierung und des makroskopischen magnetischen Moments um seinen Mittelwert m_z auch experimentell nachweisen. Dieses Rauschen ist die magnetische Variante der bekannten BROWN'schen Molekularbewegung in Flüssigkeiten und Gasen. Die Rauschamplitude ist nichts anderes als die Unschärfe Δm_z von m_z. Dies wollen wir anhand der quadratischen Streuung $(\Delta \hat{m}_z)^2$ des magnetischen Moments eines Einzelspins illustrieren. Dafür müssen wir zunächst den Mittelwert von $\hat{m}_z^2$ berechnen:

$$\langle \hat{m}_z^2 \rangle = \sum_i \hat{m}_{z,i}^2 W_i$$

$$= \frac{1}{Z(T, B_{ext})} \left[\mu_B^2 \exp\left(-\frac{\varepsilon_\uparrow}{k_B T}\right) + (-\mu_B)^2 \exp\left(-\frac{\varepsilon_\downarrow}{k_B T}\right) \right]$$

$$= \frac{\mu_B^2}{Z(T, B_{ext})} 2 \cosh X$$

Aus Gl. 2.25 folgt dann $\hat{m}_z^2 = \mu_B^2$ und wir erhalten für die quadratische Streuung von $\hat{m}_z$ mit Gl. 2.29:

$$(\Delta \hat{m}_z)^2 = \langle \hat{m}_z^2 \rangle - \langle \hat{m}_z \rangle^2 = \mu_B^2 \left(1 - \tanh^2 X\right)$$

$$= \frac{\mu_B^2}{\cosh^2 X} = \frac{k_B T}{\mu_0} \cdot \hat{\chi}_m \,. \tag{2.40}$$

Die Unschärfe des magnetischen Moments $m_z^{(j)}$ eines Einzelspins beträgt bei $B_{ext} = 0$ also μ_B, während der Mittelwert verschwindet! Mit zunehmendem Verhältnis B_{ext}/T wächst der Mittelwert dagegen an und die Streuung verschwindet, wie in Abb. 2.10 dargestellt ist. Die *relative* Streuung $\Delta m_z^{(j)}/\langle m_z^{(j)}\rangle$ kann für $T \to \infty$ sogar divergieren. Betrachten wir dagegen die Gesamtheit aller Spins, so wird die *relative Streuung* $\Delta m_z/m_z$ des makroskopischen Moments mit zunehmender Teilchenzahl sehr schnell klein. Das liegt daran, dass sich die statistisch unabhängigen Fluktuationen $\delta m_z^{(j)} = m_z^{(j)} - \langle \hat{m}_z \rangle$ der Einzelspins zunehmend gegenseitig herausmitteln. Nach Anhang B erhalten wir

$$(\Delta m_z)^2 = N \cdot \langle \hat{m}_z \rangle^2 = N\mu_B^2 \left(1 - \tanh^2 X\right) \,.$$

Damit folgt, dass die relative Schwankung des Gesamtmoments

$$\frac{\Delta m_z}{|m_z|} = \frac{\sqrt{N\left(1 - \tanh^2 X\right)}}{N \tanh X} = \frac{1}{\sqrt{N}} \frac{1}{\sinh X}$$

proportional zu $1/\sqrt{N}$ abnimmt und bei makroskopischen Körpern, für die $N \approx 10^{23}$ ist, nicht ins Gewicht fällt.

Die Temperaturabhängigkeit des makroskopischen magnetischen Moments eines Paramagneten als Folge der Verschiebung eines chemischen Gleichgewichts zwischen den ↑- und den ↓-Teilchen ist analog der durch das Massenwirkungsgesetz (Abschnitt I-7.7) geregelten Verschiebung des chemischen Gleichgewichts in einem reaktiven Gasgemisch bei Variation der Temperatur oder des Drucks. Den Quantenübergängen, das heißt den Spinflip-Prozessen im Paramagneten, entsprechen dabei die Kollisionen der Gasmoleküle und die dadurch induzierten Reaktionen zwischen den verschiedenen chemischen Spezies. Obwohl die Mittelwerte der Konzentrationen

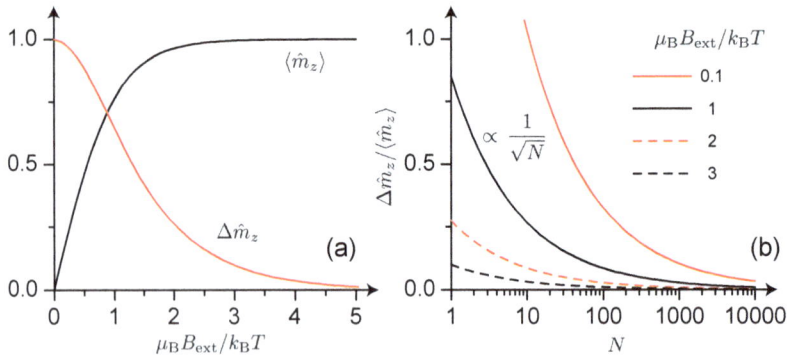

Abb. 2.10. a) Mittelwert und Unschärfe des magnetischen Moments für einen Einzelspin in Einheiten von μ_B. b) Ensemble-Mittelung der relativen Unschärfe $\Delta m_z/m_z$ als Funktion der Teilchenzahl N für verschiedene B_{ext}/T.

der reagierenden Gase im chemischen Gleichgewicht zeitlich konstant sind, kommt es auch dort zu lokalen Fluktuationen der Teilchendichten n_i der verschiedenen Spezies.

Die zeitliche Konstanz der Mittelwerte wird durch das Prinzip des *detaillierten Gleichgewichts* sichergestellt, welches besagt, dass die Teilchendichten n_i und n_k sowie die Reaktionsraten $\Sigma_{i\to k}$ der „chemisch" verschiedenen Spezies im Gleichgewicht der Bedingung

$$n_i \Sigma_{i\to k} = n_k \Sigma_{k\to i} \tag{2.41}$$

genügen müssen. Aus Gleichung 2.40 können wir ablesen, dass $(\Delta\hat{m}_z)^2$ und die magnetische Suszeptibilität $\hat{\chi}_m$ offenbar eng miteinander zusammenhängen:

$$(\Delta\hat{m}_z)^2 = \frac{k_B T}{\mu_0} \cdot \hat{\chi}_m . \tag{2.42}$$

Die Tatsache, dass das Schwankungsquadrat $(\Delta\hat{m}_z)^2$ stets positiv ist, passt sehr gut mit den Stabilitätsbedingungen der Thermodynamik zusammen, die ebenfalls fordern, dass $\hat{\chi}_m$ stets positiv ist.

Identitäten des durch Gl. 2.42 gegebenen Typs sind kein Zufall oder eine spezielle Eigenschaft unseres Beispiels. Ein derartiger Zusammenhang gilt für *jedes* thermodynamische System mit einer oder mehreren Zufallsvariablen. Dass sich sowohl m_z als auch (Δm_z) durch Differenzieren von $-k_B T \ln Z$ gewinnen lassen, ist Konsequenz der Tatsache, dass die Zustandssumme Z die sogenannte *charakteristische Funktion* und $\ln Z$ die *Kumulantenfunktion* der Wahrscheinlichkeitsverteilung $\{W_i\}$ sind. Diese in Anhang G beschriebenen Funktionen sind der Wahrscheinlichkeitsverteilung äquivalent und erlauben es, die *Momente*, das heißt die Mittelwerte $\langle X^n \rangle$ einer Zufallsgröße X durch Ableiten von Z zu gewinnen. Es ist diese strukturelle Ähnlichkeit zwischen der Wahrscheinlichkeitsrechnung einerseits und der Thermodynamik andererseits, die eine Darstellung der Thermodynamik als einer *Theorie von Zufallsgrößen* möglich macht. Dass eine solche Verknüpfung physikalisch sinnvoll ist, wird nicht nur durch die Quantentheorie nahegelegt, sondern auch experimentell durch die Existenz *kriti-scher Fluktuationen* in der Nähe von Singularitäten der Suszeptibilitäten, das heißt an den Stabilitätsgrenzen des betrachteten Systems, demonstriert. Ein Beispiel, das wir bereits kennen, ist das Phänomen der *kritischen Opaleszenz* am kritischen Punkt realer Gase, an dem die Divergenz der Kompressibilität in der Nähe der Phasenübergangs durch die dabei auftretenden Dichtefluktuationen direkt beobachtet werden kann. Im folgenden Abschnitt werden wir das entsprechende magnetische Analogon bei magnetischen Phasenübergängen kennenlernen.

Abschließend wollen wir noch die Frage diskutieren, inwieweit die Beschreibung physikalischer Systeme durch die MASSIEU-GIBBS-Funktionen beziehungsweise der dazu äquivalenten Wahrscheinlichkeitsverteilung vollständig ist, oder ob es eine darunter liegende deterministische Beschreibung gibt. In vielen Büchern ist zu lesen, dass der mit der Entropie[18] verknüpfte statistische Charakter der Aussagen der Thermodynamik allein Ausdruck unseres Unwissens über den genauen Zeitablauf der unüberschaubar vielen mikroskopischen Freiheitsgrade eines makroskopischen Systems ist.

Diese Frage erinnert stark an eine analoge Debatte in der Frühzeit der Quantentheorie, in der die statistische Interpretation der Wellenfunktion als *Wahrscheinlich-keitsamplitude* zu erbitterten Diskussionen Anlass gegeben hat. Damals gab es zahlreiche Versuche, Theorien mit sogenannten *verborgenen Parametern* zu formulieren, welche die statistischen Aussagen der Quantentheorie als Resultat einer verborgenen deterministischen Dynamik zu erklären. Diese Versuche führten entweder zu krassen Widersprüchen mit den experimentellen Beobachtungen oder zu Theorien, deren Aussagen denen der Quantentheorie so ähnlich sind, dass sie gegenüber der konventionellen Quantentheorie keinen Erkenntnisgewinn bedeuten.

Die für Physik bei endlichen Temperaturen und damit bei endlichen Werten der Entropie charakteristischen *thermischen Fluktuationen* der physikalischen Größen werden durch die aus Gl. 2.14 abgeleitete Wahrscheinlichkeitsverteilung (Gl. 2.23) jedenfalls vollständig beschrieben. Aus diesem Grunde werden wir Gl. 2.14 im Folgenden zu einem fundamentalen Prinzip erheben, welches wir in den folgenden Kapiteln als Grundlage für die weitere Diskussion der statistischen Thermodynamik verwenden.

Bevor wir dies tun, wollen wir jedoch noch den Effekt von Wechselwirkungen zwischen den Einzelspins untersuchen. Dabei wird sich zeigen, dass eine Reihe von pathologischen Eigenschaften des idealen Paramagneten, insbesondere die Divergenzen seiner Suszeptibilitäten im Grenzfall $T \to 0$ und $B_{ext} \to 0$, von der Vernachlässigung der Wechselwirkungseffekten, das heißt von der Annahme der *Idealität*, her-

---

[18] In manchen Büchern wird gar die Entropie selbst als Maß dieses Unwissens interpretiert. Es wäre allerdings überraschend, wenn etwas so Subjektives wie unser Unwissen imstande wäre, eine Wärmekraftmaschine zu betreiben...

rührt. Diese wollen wir im nächsten Abschnitt im Rahmen der sogenannten *Moleku-larfeldnäherung* diskutieren.

♞ 2.7 Ferromagnetismus in der Molekularfeld-Näherung

Wie bei Gasen müssen auch in magnetischen Systemen bei hinreichend tiefen Temperaturen Wechselwirkungs- oder Entartungseffekte auftreten, um bei $B_{ext} = 0$ nicht in Konflikt mit dem 3. Hauptsatz zu geraten. Ein offensichtlicher Kandidat für Wechselwirkungs-Phänomene ist die im allgemeinen sehr schwache magnetische Dipol-Dipol-Wechselwirkung. Diese ist beispielsweise für die magnetische Ordnung in Kernspin-Systemen verantwortlich. Es zeigt sich aber, dass in elektronischen Spin-Systemen noch ein anderer Typ von Wechselwirkung existiert, der schon bei wesentlich höheren Temperaturen wirksam wird. Es ist dies die sogenannte *Austausch-Wechselwirkung*. Der etwas kuriose Name rührt daher, dass die Elektronen in einem Festkörper nicht auf einzelne Atome lokalisiert sind, sondern über eine endliche Tunnelwahrscheinlichkeit an ihren Nachbarn im Kristallgitter gekoppelt sind, also zwischen den Gitterplätzen *ausgetauscht* werden können.

Wie wir in Abschnitt 4.1 noch genauer erläutern werden, ist die Vertauschung zweier Elektronen mit einem Vorzeichenwechsel der Vielteilchen-Wellenfunktion verbunden. Da letztere zumindest näherungsweise als Produkt eines spinabhängigen und eines ortsabhängigen Anteils geschrieben werden kann, verbindet diese Austausch-Symmetrie die Symmetrieeigenschaften des Spin-Anteils mit denen des Ortsanteils. Sind beispielsweise anti-symmetrische Ortswellenfunktionen energetisch günstiger, weil diese eine niedrigere COULOMB-Wechselwirkung aufweisen, so sind automatisch symmetrische Spin-Zustände und damit eine Parallelstellung der Spins bevorzugt. Da parallel orientierte Spins auch in Abwesenheit eines externen Magnetfeldes zu einem makroskopischen magnetischen Moment führen, wie dies zum Beispiel bei Eisen beobachtet wird, wird eine solche effektive Spin-Spin-Kopplung *ferromagnetisch* genannt. Es existieren aber auch anti-ferromagnetische Kopplungen, bei denen eine antiparallele Ausrichtung benachbarter Spins energetisch bevorzugt wird, oder noch kompliziertere spiralförmige Kopplungstypen. Die Austausch-Wechselwirkung ist meist um Größenordnungen stärker als die direkte magnetische Wechselwirkung über das Dipolfeld der Spins.

Um das Spin-System unabhängig von den elektronischen und den Vibrations-Eigenschaften des Kristalls zu untersuchen, ist es zweckmäßig, einen *effektiven* HAMILTON-Operator für das Spinsystem zu definieren, in dem der komplizierte elektronische Ursprung der Austauschkopplung durch eine phänomenologische *Austausch-konstante* J_{ij} quantifiziert wird:

$$\mathcal{H}_{spin} = -\frac{1}{2} \sum_{i \neq j} J_{ij} \boldsymbol{S}_i \cdot \boldsymbol{S}_j \,, \tag{2.43}$$

wobei S_i der Spinvektor am i-ten Gitterplatz ist und die Doppelsumme über alle Paare $\{i, j\}$ von Gitterplätzen läuft. Dieser HAMILTON-Operator definiert das HEISENBERG-Modell des Magnetismus, den Prototyp aller Modellsysteme zum Studium der magnetischen Ordnung.

Um eine MASSIEU-GIBBS-Funktion für den HEISENBERG-Magneten zu gewinnen, betrachten wir ein Spin-1/2-System in einem externen Magnetfeld mit dem HAMILTON-Operator

$$\mathcal{H}_{\text{spin}} - \mathcal{M} \cdot B_{\text{ext}} = -\frac{\hbar^2}{8} \sum_{i \neq j} J_{ij} \boldsymbol{\sigma}_i \cdot \boldsymbol{\sigma}_j - \boldsymbol{b} \sum_i \boldsymbol{\sigma}_i \tag{2.44}$$

mit $S = (\hbar/2)\boldsymbol{\sigma}$, wobei die Komponenten des Vektors $\boldsymbol{\sigma}$ die aus der Quantenmechanik bekannten PAULI-Matrizen[19] sind, $\boldsymbol{b} = -g\mu_B \boldsymbol{B}_{\text{ext}}$ proportional zum externen Magnetfeld ist sowie $\mu_B = e\hbar/2\hat{m}_{\text{el}}$ das BOHR'sche Magneton bezeichnet. Man beachte, dass für verschwindende J_{ij}, das heißt für wechselwirkungsfreie Spins, $\mathcal{H}_{\text{spin}} \equiv 0$ ist.

Die exakte Berechnung der Eigenwerte von $\mathcal{H}_{\text{spin}} - \mathcal{M} \cdot B_{\text{ext}}$ für das HEISENBERG-Modell stellt eines der fundamentalen Probleme der Vielteilchen-Physik dar und ist bis heute nicht gelungen. Für die Zwecke dieses Buches wollen wir nur die einfachstmögliche Näherungslösung diskutieren, an der sich bereits viele grundsätzliche Züge der modellhaften Beschreibung von Phasenübergängen qualitativ illustrieren lassen. Die zentrale Idee der *Molekularfeld-Näherung* besteht darin, einen Spin herauszugreifen und die Wechselwirkung mit seinen Nachbarn durch ein effektives Magnetfeld – das *Molekularfeld* – zu modellieren, dessen Stärke durch den *Mittelwert* des gesamten magnetischen Moments $\langle m \rangle$ gegeben ist.

Wenn das System homogen magnetisiert ist,[20] so können wir die Summe über alle Spins bereits durch $N\langle \boldsymbol{\sigma} \rangle$ ersetzen, wobei $\langle \boldsymbol{\sigma} \rangle$ den Mittelwert eines Einzelspins darstellt. Dann erhalten wir für das magnetische Moment:

$$m = -\mu_B \left\langle \sum_i \boldsymbol{\sigma}_i \right\rangle = -\mu_B N \langle \boldsymbol{\sigma} \rangle \, .$$

In Abwesenheit von *magnetischer Anisotropie*, das heißt von bevorzugten Richtungen für die Richtung der Magnetisierung im Kristall, können wir den Vektorcharakter von $\boldsymbol{\sigma}$ vernachlässigen und nur die Komponente σ parallel zum externen Magnetfeld betrachten. Dann ist $\boldsymbol{b} \cdot \boldsymbol{\sigma} = b\sigma$ mit $b = |\boldsymbol{b}|$.

Die entscheidende Vereinfachung besteht nun darin, in der Doppelsumme in Gl. 2.44 einen der beiden Spin-Operatoren durch seinen thermischen Mittelwert zu

---

19 Die PAULI-Matrizen lauten: $\sigma_x = \begin{pmatrix} 0 & 1 \\ 1 & 0 \end{pmatrix}$, $\sigma_y = \begin{pmatrix} 0 & -i \\ i & 0 \end{pmatrix}$, $\sigma_z = \begin{pmatrix} 1 & 0 \\ 0 & -1 \end{pmatrix}$

20 Wenn der Kristall groß genug ist, neigen viele Ferromagnete zur Ausbildung von *ferromagnetischen Domänen*, um die Energie des von den magnetischen Momenten außerhalb des Kristalls erzeugten Magnetfeldes zu minimieren. Jede Domäne stellt für sich aber wieder einen homogen magnetisierten Ferromagneten dar.

ersetzen, indem wir das Produkt $\sigma_i \cdot \sigma_j$ in seinen Mittelwert $\langle \sigma_i \rangle$ und die Fluktuationen $\delta \sigma_i = \sigma_i - \langle \sigma_i \rangle$ um diesen Mittelwert zerlegen:

$$\sigma_i \cdot \sigma_j = (\langle \sigma_i \rangle + \delta \sigma_i)(\langle \sigma_j \rangle + \delta \sigma_j)$$
$$= \langle \sigma_i \rangle \langle \sigma_j \rangle + \langle \sigma_i \rangle \delta \sigma_j + \langle \sigma_j \rangle \delta \sigma_i + \delta \sigma_i \delta \sigma_j$$

und den Term $\delta \sigma_i \delta \sigma_j$ zu vernachlässigen, der die gegenseitigen *Korrelationen* der Fluktuationen beschreibt:[21]

$$\sigma_i \cdot \sigma_j \approx \langle \sigma_i \rangle \langle \sigma_j \rangle + \langle \sigma_i \rangle (\sigma_j - \langle \sigma_j \rangle) + \langle \sigma_j \rangle (\sigma_i - \langle \sigma_i \rangle)$$
$$\approx -\langle \sigma \rangle^2 + 2 \langle \sigma \rangle \sigma$$

Die Schreibweise ohne Indices im letzten Schritt bringt zum Ausdruck, dass sich im Rahmen der Molekularfeldnäherung alle Spins im Mittel gleich verhalten.

Der Einfachheit halber beschränken wir die Doppelsumme auf die nächsten Nachbarn (NN) und nehmen an, dass die J_{ij} alle gleich sind. Wenn wir noch vernachlässigen, dass die Spins an der Oberfläche des Kristalls weniger nächste Nachbarn als die im Inneren des Kristalls haben, erhalten wir mit der Abkürzung

$$J := \frac{\hbar^2}{4} \sum_{\text{NN}} J_{ij}$$

schließlich den HAMILTON-Operator in der Molekularfeld-Näherung:

$$\mathcal{H}_{\text{spin}} - \mathcal{M} \cdot B_{\text{ext}} = N \left[\frac{1}{2} J \langle \sigma \rangle^2 - \left(J \langle \sigma \rangle + b \right) \sigma \right] . \tag{2.45}$$

Dabei haben wir ausgenutzt, dass sich der Mittelwert der Summe über alle Spins auf $N \langle \sigma \rangle$ reduziert. $\langle \sigma \rangle$ ist der Mittelwert der z-Komponente eines beliebigen Einzelspins, der als repräsentativ für alle Spins angesehen werden kann. Das *Molekularfeld*

$$b_{\text{MF}} := J \langle \sigma \rangle \tag{2.46}$$

spielt die Rolle eines effektiven Magnetfeldes, welches den Effekt der Wechselwirkung auf einen beliebig herausgegriffenen Einzelspin mit seinen Nachbarn näherungsweise beschreibt. Damit haben wir das komplexe Vielteilchen-Problem auf ein effektives Ein-Teilchenproblem reduziert, welches sich analog zum idealen Paramagneten behandeln lässt. Der einzige Unterschied besteht darin, dass anstatt des externen Magnetfelds jetzt das effektive Feld

$$B_{\text{eff}} = \frac{b + J \langle \sigma \rangle}{g \mu_{\text{B}}} \tag{2.47}$$

---

[21] Die Vernachlässigung dieser Korrelationen ist gleichzeitig die wesentliche Schwäche der Molekularfeld-Näherung. Die Entwicklung besserer Näherungsverfahren zur Beschreibung des in Abschnitt I-9.7.2 bereits erwähnten *kritischen Verhaltens* bildete einen Schwerpunkt der Physik der 70er und 80er Jahre des letzten Jahrhunderts – diese Methoden gehen jedoch über den Rahmen einer Einführung hinaus.

das Spinsystem magnetisch polarisiert.

Um die thermodynamischen Eigenschaften des HEISENBERG-Magneten in der Molekularfeld-Näherung abzuleiten, betrachten wir wie in Abschnitt 2.25 die Zustandssumme für einen Einzelspin im effektiven Magnetfeld B_{eff}:

$$
\begin{aligned}
Z(T, B_{\text{ext}}) &= \exp\left(-\frac{\varepsilon_\uparrow}{k_B T}\right) + \exp\left(-\frac{\varepsilon_\downarrow}{k_B T}\right) \\[2mm]
&= \exp\left(-\frac{J\langle\sigma\rangle^2}{2k_B T}\right) \cdot \left[\exp\left(-\frac{b + J\langle\sigma\rangle}{k_B T}\right) + \exp\left(\frac{b + J\langle\sigma\rangle}{k_B T}\right)\right] \\[2mm]
&= 2\exp\left(-\frac{J\langle\sigma\rangle^2}{2k_B T}\right) \cdot \cosh\left(\frac{J\langle\sigma\rangle + b}{k_B T}\right)
\end{aligned}
\tag{2.48}
$$

des Systems und gewinnen dessen *magnetische Zustandsgleichung* durch Differenzieren nach b:

$$
\langle\sigma\rangle = k_B T \frac{\partial \ln Z^{\text{MF}}}{\partial b} = \tanh\left(\frac{J\langle\sigma\rangle + b}{k_B T}\right)
\tag{2.49}
$$

und damit

$$
m_z(T, b) = -N\mu_B\langle\sigma\rangle = -N\mu_B \tanh\left(\frac{J\langle\sigma\rangle + b}{k_B T}\right) .
\tag{2.50}
$$

Das Besondere an diesem Resultat besteht darin, dass es den Mittelwert des Spins – den sie ja erst liefern soll – auch auf der rechten Seite enthält. Gleichung 2.49 stellt damit eine *Selbstkonsistenz-Relation* dar, die typisch für das Verfahren der Molekularfeld-Näherung ist. Der Wert des Molekularfelds b_{MF} muss mit der resultierenden Spin-Polarisation $\langle\sigma\rangle$ konsistent sein.

Je nach dem, ob die Austausch-Konstante J positiv oder negativ ist, verstärkt oder reduziert das Austausch-Feld den Effekt des lokalen Magnetfeldes b.[22] Um die Konsequenzen dieses Resultats zu übersehen, lösen wir Gl. 2.50 nach $b/k_B T$ auf

$$
\frac{b}{k_B T} = \text{Artanh}\langle\sigma\rangle - \frac{T_C}{T}\langle\sigma\rangle
\tag{2.51}
$$

und tragen $\langle\sigma\rangle$ über $b/k_B T$ in Abb. 2.11a für verschiedene Werte von T_C/T auf. Dabei ist die CURIE-Temperatur

$$
T_C = \frac{J}{k_B}
$$

die *kritische Temperatur* für das Auftreten von magnetischer Ordnung.

---

[22] Falls die Form der Probe von einem parallel zum externen Feld liegenden langen Zylinder abweicht, wird das extern angelegte Feld durch das Eigenfeld der Probe reduziert. Für ellipsoidisch geformte Proben lässt sich dies durch den *Entmagnetisierungfaktor* (Anhang F) berücksichtigen.

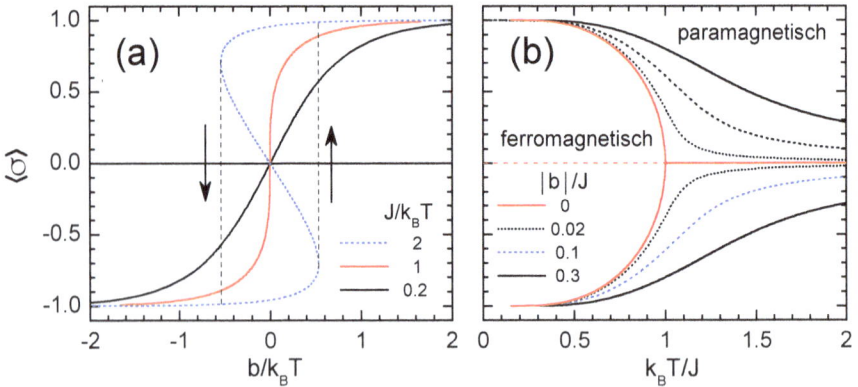

Abb. 2.11. Spinpolarisation eines eindomänigen Ferromagneten nach der Molekularfeld-Theorie: a) Magnetfeldabhängigkeit für verschiedene Temperaturen. Unterhalb einer kritischen Temperatur $T_C = J/k_B$ wird die Magnetisierungskurve mehrdeutig und weist einen instabilen Bereich auf, der zu einem hysteretischen Schalten der Magnetisierung führt. b) Temperaturabhängigkeit für verschiedene Magnetfelder. Im Grenzfall $B \rightarrow 0$ (rote Kurven) verschwindet die Magnetisierung für $T \geq J/k_B$ stetig, aber mit einer senkrechten Tangente. Dies ist die Signatur eines Phasenübergangs zweiter Ordnung. Die gestrichelte rote Linie entspricht einem Phasenübergang 1. Ordnung zwischen der ↑- und der ↓-magnetisierten Phase. Ein externes Magnetfeld bewirkt eine „Ausschmierung" des Phasenübergangs.

Man erkennt, dass die Magnetisierungskurve $m_z(T, b)$ für $T < T_C$ Mehrdeutigkeiten und einen instabilen Bereich mit negativer Steigung entwickelt, ähnlich wie wir dies in Abb. I-9.19 für die Zustandsgleichung des VAN DER WAALS-Gases gesehen haben. Die Temperatur T_C wird auch die CURIE-Temperatur genannt. Das System entwickelt bei hinreichend tiefen Temperaturen also eine *magnetische Instabilität*, welche für den Übergang in eine *magnetisch geordnete* Phase verantwortlich ist. Der Übergang entsteht durch eine Art Rückkopplungseffekt: Unterhalb T_C vergrößert das sich in einem beliebig kleinen Magnetfeld aufbauende Molekularfeld die Spinpolarisation, welche wiederum das Molekularfeld verstärkt. Dieses Verhalten ist typisch für magnetische Instabilitäten. Aufgrund der Bi-Stabilität der Zustandsgleichung tritt für $T < T_C$ beim Hoch- und Herunterfahren des Magnetfeldes ein hysteretisches Schalten der Magnetisierung auf. Unter diesen Bedingungen ist das Umlaufintegral

$$\Delta E = \oint B \, dm \neq 0$$

von Null verschieden, was einer Energiezufuhr in das Spinsystem über den magnetischen Kanal entspricht. Die durch das hysteretische Schalten dissipierte Energiemenge $\Delta E = T \Delta S_{erzeugt}$ entspricht den Ummagnetisierungsverlusten beim Durchlaufen der Hystereseschleife.

Abbildung 2.11b zeigt dieselben Daten als Funktion der Temperatur. In Abwesenheit eines Magnetfelds tritt bei T_C ein scharfer Knick in der Magnetisierung auf, der charakteristisch für Phasenübergänge 2. Art charakteristisch ist. Bei endlichen Ma-

gnetfeldern wird dieser Knick ausgeschmiert. Wie beim VAN DER WAALS-Gas überträgt sich Mehrdeutigkeit der Magnetisierung auf die Entropie (Abb. 2.12 und Aufgabe
2.6). Das Schalten der Magnetisierung führt auch zu einer sprunghaften Abnahme der
Entropie, die sich in einem magnetokalorischen Effekt, das heißt einer Erwärmung des
Ferromagneten beim Durchlaufen der Ummagnetisierungskurve, bemerkbar macht.

In der Realität sind die Entropie, die Wärmekapazität und auch die Magnetisierung eines Ferromagneten nicht allein durch die Einteilchen-Anregungen (spin-flips
gegen B_{eff}), sondern auch durch kollektive Anregungen (Spinwellen) bestimmt. Spinwellen entstehen, wenn benachbarte Spins nur wenig durch das Austauschfeld aus-
gelenkt werden, so dass über lange Abstände ein Wellenmuster in der Spinverteilung
entsteht – ähnlich den Wellen, die in einem Lattenzaun bei periodischer Auslenkung einer Latte angeregt werden können. Dies erfordert die Aufnahme eines Terms
$\propto (\text{grad}\langle\sigma\rangle)^2$ in Gl. 2.45. In einem isotropen Ferromagneten und $B_{\text{ext}} = 0$ geht die
entsprechende Anregungsenergie für ein Quantum dieser Wellen – die *Magnonen* –
bei großen Wellenlängen gegen Null – diese sind daher viel leichter anzuregen als die
Einzelspins. Die Beschreibung der Spinwellen geht über den Rahmen dieses Buches
hinaus. Mehr dazu findet sich in den weiterführenden Lehrbüchern der Festkörperphysik [4; 5] und statistischen Physik [6; 7].

In Tabelle 2.1 sind experimentelle Werte für die CURIE-Temperaturen, die Moleku-
lar- oder Austauschfelder sowie die magnetischen Momente angegeben. Man erkennt,
dass die Austauschfelder für die üblichen Magnete viel höher als üblicherweise experimentell realisierbare Werte für das externe Magnetfeld sind. Außerdem sind die Werte der CURIE-Temperatur und des magnetischen Moments nicht korreliert. Dies bestätigt die bereits aufgrund der Stärke der Wechselwirkung geäußerte Vermutung, dass
die Spins nicht über ihr (um viele Größenordnungen kleineres) magnetisches Dipolfeld miteinander gekoppelt sind.[23] Außerdem treten bei einigen magnetischen Metallen „krumme" Werte von $\hat{m}/\mu_B$ auf – dies ist in dem hier betrachteten Bild lokalisierter
Momente nicht zu verstehen, da der Spin und damit auch das magnetische Moment
quantisiert sein sollten. Bei diesen Materialien handelt es sich um sogenannte *Band-
Ferromagnete*, die wir in Abschnitt 6.3.1 und Aufgabe 6.2 kurz behandeln werden.
Wenn wir Gl. 2.51 nach T auflösen, erhalten wir die Umkehrfunktion der Temperaturabhängigkeit der Magnetisierung:

$$\frac{k_B T}{J} = \frac{\langle\sigma\rangle + b/J}{\text{Artanh}\langle\sigma\rangle} \; . \tag{2.52}$$

Tragen wir dann $\langle\sigma\rangle$ für verschiedene Werte von $|b|/J$ gegen T auf, bekommen wir die
in Abb. 2.11b gezeigte Kurvenschar. Nahe T_C sind die Werte von $\langle\sigma\rangle$ klein, und wir er-

---

[23] Bei den Kernspins ist dies anders: Für diese ist der Austausch, aber auch das magnetische Moment viel kleiner – entsprechend liegen die gemessenen magnetischen Ordnungstemperaturen für
die Kernmomente im Piko- bis Nanokelvin-Bereich.

halten aus Gl. 2.51 näherungsweise

$$b = k_B T \cdot (\langle \sigma \rangle + \langle \sigma \rangle^3/3 + \dots) - J\langle \sigma \rangle = \langle \sigma \rangle [(k_B T - J) + k_B T \langle \sigma \rangle^2/3] \, .$$

Damit resultieren für $b = 0$ die beiden, nahe T_C gültigen Lösungen:

$$\langle \sigma \rangle = \begin{cases} \sqrt{\dfrac{3(T_C - T)}{T_C}} & \text{für } T < T_C \\ 0 & \text{für } T > T_C \, . \end{cases} \tag{2.53}$$

Damit haben wir auch analytisch gezeigt, dass $\langle \sigma \rangle$ bei $T = T_C$ stetig, aber mit einer senkrechten Tangente verschwindet (Abb. 2.11b). Wie bereits erwähnt, ist dies die Signatur eines Phasenübergangs zweiter Ordnung. Die gestrichelte rote Linie entspricht einem Phasenübergang 1. Ordnung zwischen der ↑- und der ↓-magnetisierten Phase. Diese Phasen können koexistieren und entsprechen *ferromagnetischen Domänen*.

Im Rahmen der Molekularfeld-Näherung ist ein einzelner Spin repräsentativ für alle und der Erwartungswert $\langle \sigma \rangle$ ist allein durch die Wahrscheinlichkeiten $W_\uparrow$ und $W_\downarrow$ kontrolliert. Die Entropie des Spins hängt ebenfalls nur von den Wahrscheinlichkeiten ab und ist wie bei unabhängigen Spins durch Gl. 2.39 gegeben. Deshalb lassen sich die Wahrscheinlichkeiten $W_{\uparrow,\downarrow}(\langle \sigma \rangle)$ als Funktion von $\langle \sigma \rangle$ ausdrücken. Setzt man für $\langle \sigma \rangle$ die Lösung von Gl. 2.51 (Abb. 2.11) in die Wahrscheinlichkeiten, und diese wieder in Gl. 2.39 ein, so erhält man die Abhängigkeit der Entropie von b und T. Die in Abbildung 2.12a dargestellte Magnetfeldabhängigkeit zeigt ein ähnliches hysteretisches Schalten der Entropie wie die Magnetisierung – dieses äußert sich in magnetokalorischen Effekten beim Ummagnetisieren. Die entsprechende Temperaturabhängigkeit ist in Abb. 2.12b gezeigt. Hier ist auffällig, dass die Entropie bei $\boldsymbol{B}_{\text{ext}} = 0$ und $T = T_C$ einen Knick aufweist, der einem Sprung in der Wärmekapazität entspricht. Dieses Verhalten ist ein Charakteristikum der Molekularfeld-Näherung, das uns im Zusammenhang mit den Eigenschaften von Supraleitern (Abschnitt 6.6.2) wieder begegnen wird.

Durch Ableiten von Gl. 2.51 nach $\langle \sigma \rangle$ erhalten wir die inverse magnetische Suszeptibilität

$$\left(\frac{\hat{\chi}_m}{\mu_0 \mu_B^2} \right)^{-1} = \frac{\partial b(T, \langle \sigma \rangle)}{\partial \langle \sigma \rangle} = \frac{k_B T}{1 - \langle \sigma \rangle^2} - J = J \cdot \left(\frac{T/T_C}{1 - \langle \sigma \rangle^2} - 1 \right)$$

Tab. 2.1. CURIE-Temperaturen T_C, daraus abgeleitete Austauschfelder B_{MF}, Sättigungs-Magnetisierung $|\mu_0 \boldsymbol{M}_S|$ und magnetisches Moment $|\hat{\boldsymbol{m}}|$ einiger ferromagnetischer Stoffe:

Stoff	Fe	Co	Ni	Gd	MnSb	EuO	EuS
T_C (in K)	1043	1394	631	289	587	70	16.5
B_{MF} (in T)	1546	2066	935	428	870	104	24.5
$\|\mu_0 \boldsymbol{M}_S\|$ (in T)	2.20	2.00	0.64	2.59	0.89	2.36	1.49
$\|\hat{\boldsymbol{m}}\|$ (in μ_B)	2.22	1.72	0.61	7.5	3.5	6.9	6.9

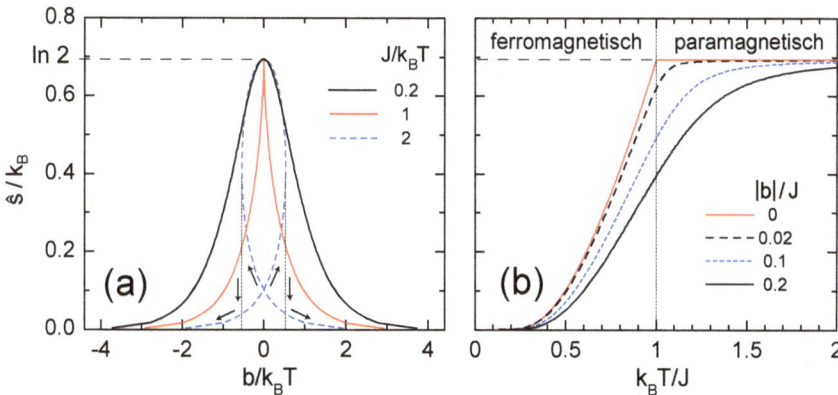

Abb. 2.12. Entropie eines eindomänigen Ferromagneten nach der Molekularfeld-Theorie: a) Magnet-feldabhängigkeit der Entropie für verschiedene Temperaturen. Unterhalb der kritischen Temperatur $T_C = J/k_B$ wird die Entropie mehrdeutig und weist einen instabilen Bereich auf, der zu einem hysteretischen Sprung in der Entropie führt. b) Temperaturabhängigkeit für verschiedene Magnetfelder. Im Grenzfall $B \to 0$ (rote Kurve) weist die Entropie bei $T_C = J/k_B$ einen Knick auf, der einem Sprung in der Wärmekapazität entspricht. Dies ist die Signatur eines Phasenübergangs zweiter Ordnung. Ein externes Magnetfeld bewirkt eine „Ausschmierung" des Phasenübergangs.

und daraus nach Einsetzen der $\langle\sigma\rangle$-Werte aus Gl. 2.53 die CURIE-WEISS-*Suszeptibilität*

$$
\hat{\chi}_m(T) = \begin{cases} -\dfrac{2\mu_0\mu_B^2}{k_B(T - T_C)} & \text{für } T < T_C \\[2mm] \dfrac{\mu_0\mu_B^2}{k_B(T - T_C)} & \text{für } T > T_C \end{cases} \tag{2.54}
$$

welche sich von der CURIE-Suszeptibilität nicht-wechselwirkender Spin-Systeme (Gl. 2.34) dadurch unterscheidet, dass bei der CURIE-Temperatur T_C eine *Divergenz* auftritt. Diese kommt dadurch zustande, dass das Molekularfeld $b_{MF} = J\langle\sigma\rangle$ für $T = T_C$ verschwindet. In Abbildung 2.13a ist $\hat{\chi}_m$ und in Abb. 2.13b $\hat{\chi}_m^{-1}$ als Funktion der Temperatur aufgetragen. Der Vorfaktor von $\hat{\chi}_m$ ist auf beiden Seiten des Phasenübergangs betragsmäßig unterschiedlich (hier 2:1). Die Divergenz der Suszeptibilität entspricht nach Gl. 2.42 *kritischen Fluktuationen* in der Nähe des Phasenübergangs, die das zur kritischen Opaleszenz bei Gasen analoge Phänomen darstellen. Die Fluktuationen werden im Magnetfeld unterdrückt. Die Exponenten der Potenzgesetze für $\langle\sigma\rangle(T)$ und $\hat{\chi}_m(T)$ (hier 1/2 und -1) nennt man die *kritischen Exponenten* (Aufgabe I-9.12).

Die Tendenz zur magnetischen Ordnung macht sich bereits bei Temperaturen weit oberhalb des Phasenübergangs bemerkbar. Aus dem CURIE-WEISS-Gesetz folgt, dass die *inverse* Suszeptibilität $\hat{\chi}_m^{-1}$ zwar wie beim Paramagneten linear, entsprechend Abb. 2.13 b) aber im ganzen Temperaturbereich nach unten verschoben ist. Aus der Verschiebung kann die CURIE-Temperatur T_C abgeschätzt werden. Im Gegensatz dazu bewirkt eine *anti-ferromagnetische* Kopplung mit negativer Austauschkonstante $J < 0$

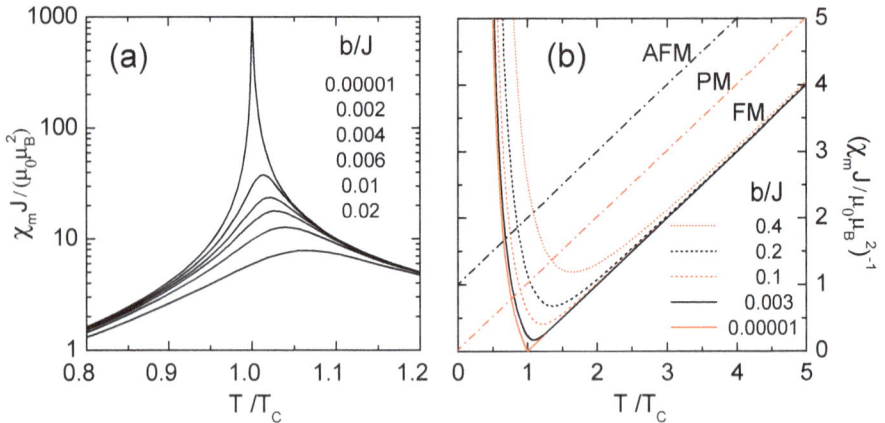

Abb. 2.13. a) Divergenz der magnetischen Suszeptibilität bei $T = T_C$. Bereits relativ kleine Magnetfelder führen zu einer Ausschmierung der Divergenz. b) Hochtemperaturverhalten der *inversen* Suszeptibilität. Der Schnittpunkt mit der T-Achse liefert eine Abschätzung für T_C. Die rote strichpunktierte Linie entspricht dem CURIE-Gesetz für Spinsysteme ohne Wechselwirkung. Die schwarze strich-punktierte Linie entspricht anti-ferromagnetischem Verhalten mit $J < 0$.

(die sich auch in der magnetisch geordneten Phase nicht in einem makroskopischen magnetischen Moment bemerkbar macht) eine Verschiebung von $\hat{\chi}_m^{-1}$ nach oben.

Magnetische Phasenübergänge machen sich auch in allen anderen Suszeptibilitäten, wie der Wärmekapazität und der thermischen Ausdehnung bemerkbar, weil die magnetischen Freiheitsgrade über das Phänomen der Spin-Bahn-Kopplung an das Kristallgitter gekoppelt sind. Besonders dramatisch tritt die Kopplung von magnetischen und Gittereigenschaften bei Experimenten unter hohem Druck in Erscheinung, bei denen die Gitterabstände und damit die Austauschkonstante geändert werden können.[24] In Systemen mit einer kleinen Austausch-Konstanten, wie zum Beispiel in MnSi, kann die Übergangstemperatur sogar bis nach Null verschoben werden und nur durch Druck ein Phasenübergang induziert werden. Bei sehr tiefen Temperaturen sind für den Phasenübergang dann nicht mehr nur thermische Fluktuationen wichtig, sondern auch Quantenfluktuationen. Dies führt zu einer neuen Klasse von Quantenphänomenen, den *Quantenphasenübergängen*, welche gegenwärtig ein wichtiges Forschungsgebiet darstellen.

Die Molekularfeldtheorie versagt sowohl bei tiefen Temperaturen, wo Magnonen die dominanten Anregungszustände sind, als auch in der Nähe der CURIE-Temperatur, weil dort die in Gl. 2.45 vernachlässigten Korrelationsterme $\delta\sigma_i\delta\sigma_j$ wichtig werden. Diese führen ähnlich wie bei realen Gasen zu einer Divergenz in der Wärmekapazität bei T_C und zu Modifikationen der kritischen Exponenten.

---

24 Das liegt daran, dass die elektronischen Wellenfunktionen und ihr Überlapp, der die Austauschkonstante bestimmt, exponentiell vom Gitterabstand abhängen.

Übungsaufgaben

2.1. Organischer Paramagnet

Ein Beispiel für einen Spin-1/2-Paramagneten ist die organische Substanz DPPH (α, α'-Diphenyl-β-Picrylhydrazyl), die im Inneren ein Stickstoffatom mit einem ungepaarten Elektron enthält.

Berechnen Sie die Energie, Magnetisierung und Entropie pro Spin bei einem Magnetfeld von B_{ext} = 2 T und einer Temperatur von T = 2.2 K. Welches Magnetfeld wäre bei 2.2 K und welche Temperatur wäre bei 2 T nötig, um 99% der Sättigungsmagnetisierung zu erreichen?

2.2. Wärmekapazität eines Spin-Systems

Berechnen Sie den Spin-Beitrag zur molaren Wärmekapazität $\hat{c}_V$ von Gadolinium-Sulfat (Spin 7/2) bei 1.5 K und 5 T. Ist es möglich, den Spin- und den Gitterbeitrag zu $\hat{c}_V$ experimentell zu trennen, wenn Sie den Magnetfeld-unabhängigen Gitterbeitrag aus Abb. I-6.15 abschätzen?

2.3. BRILLOUIN-Funktion

a) Berechnen Sie die Zustandssumme für einen Spin-l-Einzelspin.

b) Gewinnen Sie aus der Zustandssumme die magnetische Zustandsgleichung und verifizieren Sie die Darstellung der BRILLOUIN-Funktion in (Gl. 2.32).

2.4. Magnetische Kühlung II

In einem adiabatischen Entmagnetisierungs-Experiment befinden sich 0.1 Mol eines paramagnetischen Salzes mit dem Spin 1/2 bei T = 0.5 K in einem magnetischen Feld von 1 T.

a) Berechnen Sie die im Idealfall erwartete Temperatur T_S des Spinsystems nach einer Reduktion des Magnetfeldes auf 0.1 T, wenn die thermische Kopplung der Spins an das Kristallgitter vernachlässigt werden kann.

b) Wie viel Energie und Entropie sind pro Spin und insgesamt notwendig, um das Spinsystem anschließend auf 0.1 K und auf 0.3 K zu erwärmen?

c) Wie viel Energie und Entropie Spin müssen dazu dem Gittersystem pro Spin entnommen werden, wenn dessen Wärmekapazität durch die DEBYE-Formel gegeben ist:

$$\hat{c}_v(T) = \frac{12\pi^4}{5} k_B \left(\frac{T}{\Theta_D} \right)^3 \tag{2.55}$$

und seine DEBYE-Temperatur 300 K beträgt ?

d) Berechnen Sie die Endtemperatur T_G des Kristalls, nachdem die Spin- und Gitter-Teilsysteme ins thermische Gleichgewicht relaxiert sind. Wie viel Entropie wurde bei dem Temperaturausgleich erzeugt? Nehmen Sie an, dass T_L während der Entmagnetisierung konstant bleibt, das heißt, dass die Spin-Gitter-

Relaxationszeit groß gegen die Entmagnetisierungszeit ist, und lösen Sie die resultierende Gleichung graphisch.

2.5. Kernspin-Magnetisierung

Im Jahr 1951 haben POUND und PURCELL mittels resonanter Emission und Absorption von Mikrowellen die Magnetisierung des Kernspin-Systems von Lithium bei Zimmertemperatur vermessen. Das verwendete Magnetfeld betrug 0.63 T.

a) Nehmen Sie an, dass Lithium einen Kernspin 1/2 mit einem magnetischen Moment von 50 neV/(T Teilchen) hat (tatsächlich beträgt der Kernspin 3/2) und berechnen Sie das magnetische Moment pro Teilchen.

b) Berechnen Sie die Photonen-Energie und die zugehörige Frequenz und Wellenlänge, die für einen Spin-Flip-Prozess erforderlich sind.

In diesem Experimente wurden zum ersten Mal negative Temperaturen nachgewiesen – dabei waren die Kernspins innerhalb von 10 μs untereinander im thermischen Gleichgewicht, während die Wiederherstellung des thermischen Gleichgewichts mit dem Gitter etwa 5 min erforderte [8].

2.6. Die Entropie eines Ferromagneten in der Molekularfeld-Näherung

a) Berechnen Sie zunächst die Energie im Magnetfeld

$$\mathcal{U}(\langle\sigma\rangle, B_{\text{ext}}) = \langle\mathcal{H}_{\text{spin}} - \mathcal{M} \cdot B_{\text{ext}}\rangle \ .$$

b) Begründen Sie, warum die Entropie des Ferromagneten in der Molekularfeld-Näherung wie bei einem Paramagneten allein vom Wert der Spinpolarisation $\langle\sigma\rangle$ abhängt, und geben Sie die Funktion $S(\langle\sigma\rangle)$ an. Stellen Sie das Resultat mit Hilfe eines Graphikprogramms dar.

c) Benutzen Sie das Ergebnis aus b), um dann $S(\mathcal{U}, B_{\text{ext}})$ mit Hilfe eines Graphikprogramms graphisch darzustellen.
Hinweis: Erstellen Sie eine Wertetabelle für $\langle\sigma\rangle, S(\langle\sigma\rangle)$ und $\mathcal{U}(\langle\sigma\rangle, B_{\text{ext}})$ und tragen Sie dann S und $\mathcal{U}$ gegeneinander auf.

2.7. Magnetische Dipol-Wechselwirkungen

Schätzen Sie die kritische Temperatur für Dipol-Dipol-Wechselwirkung in einem Kristall mit einem Gitterabstand $a \simeq 0.3$ nm für Elektronenspins und Kernspins mit $l = 1/2$ ab.
Hinweis: Die für Kernspins angemessene Einheit ist das Kernmagneton $\mu_K \simeq 5.05 \cdot 10^{-27}$ J/T, das sich von μ_B durch das Verhältnis von Elektronen- und Protonenmasse unterscheidet.

3 Einfache Quantensysteme

In diesem Kapitel wollen wir zeigen, dass sich der zunächst sehr speziell anmutende Ausdruck für die Mischungsentropie, Gl. 2.14, als Grundlage für eine quantenstatistische Beschreibung der thermischen Eigenschaften von Quantensystemen verwenden lässt. Wir erhalten auf direktem Wege die BOLTZMANN'sche Wahrscheinlichkeitsverteilung für Quantenzustände im thermischen Gleichgewicht. Sowohl für die Berechnung der Wahrscheinlichkeiten als auch für die thermodynamischen Größen ist die *Zustandssumme* von zentraler Bedeutung. Wir berechnen die Zustandssumme und die thermodynamischen Eigenschaften für eine Reihe von archetypischen Quantensystemen. Die Ergebnisse werden anhand von experimentellen Daten für Festkörper und zweiatomige Gase illustriert. Dabei zeigt sich, dass das der klassischen Physik fremde Konzept der *Nichtunterscheidbarkeit* von Teilchen einen wesentlichen Einfluss auf die Absolutwerte der Entropie von Systemen aus identischen Teilchen hat. Den Abschluss bildet eine Diskussion des dritten Hauptsatzes aus der Perspektive der Quantenphysik.

3.1 Die BOLTZMANN-Verteilung

Wir betrachten zunächst ein durch die *Einteilchen*-SCHRÖDINGER-Gleichung

$$\mathcal{H}^{(1)}|\psi_i\rangle = \varepsilon_i\,|\psi_i\rangle$$

beschriebenes *Einteilchen*-Quantensystem mit Ω Energie-Eigenzuständen $|\psi_i\rangle$ und den Energie-Eigenwerten ε_i. Solche Systeme bilden den Grundbaustein für makroskopische Systeme, die aus einer Vielzahl (typischerweise $\approx 10^{23}$) von gleichartigen Systemen aufgebaut sind. Die Rückführung eines Vielteilchen-Systems auf gleichartige Einteilchen-Systeme ist dann möglich, wenn die Werte der physikalischen Größen der Einteilchen-Systeme voneinander *statistisch unabhängig* sind. In diesem Fall kann die Wahrscheinlichkeitsverteilung der Zufallsgrößen des Vielteilchen-Systems in die der Einteilchen-Systeme *faktorisiert* werden (Abschnitt 3.8, Anhang B). Die in der Wahrscheinlichkeitsverteilung des Einteilchen-Systems zusammengefassten statistischen Eigenschaften des Einteilchen-Systems sind dann repräsentativ für das N Teilchen enthaltende Vielteilchen-System.

Aus diesem Grund stellen die aus der Einteilchen-SCHRÖDINGER-Gleichung gewonnenen (Eigen-)Werte der extensiven physikalischen Größen (insbesondere die Energien ε_i, die Impulse $\hbar k_i$ und die Drehimpulse $\hat{\ell}_i$) *Größen pro Teilchen* beziehungsweise *molare* Größen dar. Als Konsequenz dieser zunächst überraschend anmutenden Feststellung folgt, dass sämtliche in den HAMILTON-Operator $\mathcal{H}^{(1)}$ eingehenden Systemparameter und Maßsystemkonstanten ($\hbar, \hat{q}, \mu_B, \hat{m}$) *Größen pro Teilchen* sind.

Die Bemühungen von BOLTZMANN, GIBBS, PLANCK, VON NEUMANN und anderen um eine Grundlegung der statistischen Thermodynamik lassen sich in dem folgenden

https://doi.org/10.1515/9783110560329-079

Postulat zusammenfassen, welches (wie die Hauptsätze) eine unbeweisbare Verallgemeinerung unserer bisherigen experimentellen Erfahrung darstellt:

! Die Entropie eines inkohärenten Gemisches von Ω orthogonalen Zuständen[1] eines Einteilchen-Quantensystems mit den Wahrscheinlichkeiten W_i ist ein *Funktional*[2] der $\{W_i\}$ und beträgt:

$$\hat{s}[W_i] = -k_B \sum_{i=1}^{\Omega} W_i \ln W_i \qquad \text{BOLTZMANN'sches Prinzip.} \qquad (3.1)$$

Dieser Ausdruck ist mit dem in Kapitel 2 verwendeten Ausdruck für die Mischungsentropie identisch, wenn wir die Molenbrüche N_i/N der in dem statistischen Gemisch auftretenden Quantenzustände $|i\rangle$ mit den Wahrscheinlichkeiten W_i identifizieren.

Das Auftreten der Einheit „Mol" in der Gaskonstante R beziehungsweise „Teilchen" in der BOLTZMANN-Konstante impliziert, dass es sich bei der so gewonnenen Entropie ebenfalls um eine Entropie *pro Menge* (Mol oder Teilchen) handeln muss. Im Folgenden werden wir sehen, dass sich aus den Lösungen der Einteilchen-SCHRÖDINGER-Gleichung kombiniert mit dem BOLTZMANN'schen Prinzip thermodynamische Relationen für *molare* Größen gewinnen lassen.

Zur Bestimmung derjenigen Wahrscheinlichkeiten W_i, die mit der GIBBS'schen Fundamentalform (und damit mit der Thermodynamik insgesamt) verträglich sind, kombinieren wir nun das Konzept der Zufallsgrößen, das BOLTZMANN'sche Prinzip und die GIBBS'sche Fundamentalform. Wir nehmen an, dass die Energie die einzige thermodynamisch relevante Zufallsgröße des Systems ist, dass ihre Eigenwerte ε_i bekannt und fest vorgegeben sind und dass die W_i den Zustand des Systems bei der Temperatur T festlegen.[3] Dann gilt:

$$\hat{e}[W_i] = \langle \mathcal{H}^{(1)} \rangle = \sum_i \varepsilon_i W_i .$$

---

1 Viele Modellsysteme (Freier Körper, Oszillator, Rotator) besitzen unendlich viele Zustände. Wie sich zeigen wird, stellt die nachfolgend abgeleitete Form der W_i sicher, dass die durch Gl. 3.1 gegebene unendliche Reihe konvergiert, sofern die Folge der ε_i keinen Häufungspunkt bei endlicher Energie aufweist. Diese Forderung wird durch eine Reihe anderer Modellsysteme (Atome und Moleküle, wie atomarer und molekularer Wasserstoff H und H_2) verletzt, welche das Phänomen der Dissoziation (Ionisation) aufweisen. In der Praxis ist es meist ausreichend, die Folge der ε_i bei einem Zustand $|i\rangle$ abbrechen zu lassen, bei dem die räumliche Ausdehnung der zugehörigen Wellenfunktion mit dem Atomabstand vergleichbar wird. Für kleinere Abstände lassen sich die Atome oder Moleküle nicht mehr in unabhängige Einheiten separieren.

2 Die Schreibweise $\hat{s}[W_i]$ bedeutet, dass $\hat{s}$ nicht nur von einem der W_i, sondern von *allen* W_i abhängt.

3 In den nachfolgenden Kapiteln werden wir Erweiterungen vorstellen, bei denen neben der Energie auch die Teilchenzahl (Kapitel 4) und der Impuls (Abschnitt 5.4.4) thermodynamisch relevante Zufallsgrößen sind.

Wir können die Differenziale $d\hat{e}[W_i]$ und $d\hat{s}[W_i]$ durch die ε_i und die Differenziale der Wahrscheinlichkeiten ausdrücken:

$$d\hat{e}[W_i] = \sum_i \varepsilon_i\, dW_i$$

$$d\hat{s}[W_i] = -k_B \sum_i \left(\ln W_i\, dW_i + W_i \frac{dW_i}{W_i} \right)$$

$$= -k_B \left(\sum_i \ln W_i\, dW_i + \sum_i dW_i \right) .$$

Aufgrund der Normierung der Wahrscheinlichkeiten

$$\sum_i W_i = 1 = \text{const.}$$

verschwindet der zweite Ausdruck in der Klammer und wir erhalten

$$d\hat{s}[W_i] = -k_B \sum_i \ln W_i dW_i .$$

Diese Ausdrücke setzen wir in die (unter diesen Umständen sehr einfache[4]) Gibbs'-sche Fundamentalform ein:

$$d\hat{e}[W_i] - T\, d\hat{s}[W_i] \overset{!}{=} 0 .$$

Ist die Temperatur konstant, so erhalten wir nach der Definition der *freien Energie* (Abschnitt 1.1)

$$\hat{f}[W_i] := \hat{e}[W_i] - T\hat{s}[W_i]$$

ein *Extremwertproblem*

$$d\hat{f}[W_i] = \sum_i \left\{ \varepsilon_i + k_B T \ln W_i \right\} dW_i \overset{!}{=} 0 \qquad (3.2)$$

für die freie Energie pro Teilchen $\hat{f}[W_i]$ bezüglich der Variation der W_i. Die W_i müssen der Nebenbedingung genügen, dass die Wahrscheinlichkeiten W_i stets korrekt normiert sein sollen:

$$\sum_i W_i = 1 .$$

---

4 Die Verhältnisse werden etwas komplizierter, wenn die ε_i noch von einer weiteren Größe, zum Beispiel bei magnetischen Systemen vom externen Magnetfeld B_{ext}, abhängen. In diesem Fall lautet die Energie pro Teilchen im Magnetfeld $\hat{u} = \sum_i \varepsilon_i(B_{ext})W_i$, und es gilt $d\hat{u} = \sum_i (\varepsilon_i\, dW_i + W_i\, d\varepsilon_i) = \sum_i (\varepsilon_i\, dW_i - W_i \hat{m}_i\, dB_{ext})$. Dabei ist $\hat{m}_i$ das zum Zustand i gehörige magnetische Moment pro Teilchen. Andererseits lautet das Differenzial von $\hat{u}$ nach Abschnitt I-6.5.1 (Gl. I-6.72): $d\hat{u} = Td\hat{s} - \hat{m}\, dB_{ext}$. Wegen $dB_{ext} = 0$ gilt dann:

$$d\hat{\mathcal{F}}[W_i] = d\hat{u}[W_i] - T\, d\hat{s}[W_i] = \sum_i \left\{ \varepsilon_i + k_B T \ln W_i \right\} dW_i \overset{!}{=} 0 ,$$

was mit 3.2 entspricht. Für wechselwirkungsfreie Spins ist das Ergebnis der nachfolgenden Rechnung identisch mit dem von Abschnitt 2.4.

Zur Lösung dieses Extremalproblems wenden wir die Methode der *LAGRANGE'schen Multiplikatoren* an. Letztere besteht darin, nicht $\hat{f}[W_i]$, sondern

$$\hat{f}[W_i] - \lambda\left(\sum_i W_i - 1\right)$$

bezüglich des um die Hilfsgröße λ erweiterten Variablensatzes $\{W_i, \lambda\}$ zu extremalisieren. Die partielle Ableitung nach dem LAGRANGE-Multiplikator λ liefert dabei die Nebenbedingung. Damit erhalten wir das Gleichungssystem

$$d\left[\hat{f}[W_i] - \lambda\left(\sum_i W_i - 1\right)\right] = \sum_i \left\{\varepsilon_i + k_B T \ln W_i + \lambda\right\} dW_i \stackrel{!}{=} 0$$

$$\text{und} \quad \left\{\sum_i W_i - 1\right\} d\lambda \stackrel{!}{=} 0 \, .$$

(3.3)

Da die W_i (und λ) nun als voneinander unabhängig angesehen werden können, müssen die Ausdrücke in den geschwungenen Klammern einzeln verschwinden. Die zweite Gleichung reproduziert dann einfach die Normierungsbedingung. Setzen wir die geschweifte Klammer in Gl. 3.3 gleich Null und lösen nach den W_i auf, so resultiert

$$\ln W_i = -\frac{\varepsilon_i}{k_B T} - \frac{\lambda}{k_B T}$$

$$W_i = \exp\left(-\frac{\varepsilon_i}{k_B T}\right) \cdot \exp\left(-\frac{\lambda}{k_B T}\right)$$

Der zweite Faktor ist der BOLTZMANN-Faktor. Summieren wir über alle i, so erhalten wir:

$$\sum_i W_i = \exp\left(-\frac{\lambda}{k_B T}\right) \cdot \underbrace{\sum_i \exp\left(-\frac{\varepsilon_i}{k_B T}\right)}_{Z(T)} \stackrel{!}{=} 1 \, .$$

Lösen wir diesen Ausdruck nach $\exp(\lambda/k_B T)$ auf, so erhalten wir die *kanonische Zustandssumme*

$$Z(T) := \sum_i \exp\left(-\frac{\varepsilon_i}{k_B T}\right) = \exp\left(\frac{\lambda}{k_B T}\right)$$

(3.4)

als Normierungsfaktor für die Wahrscheinlichkeiten. Diese Wahl des LAGRANGE-Parameters stellt sicher, dass die Normierungsbedingung erfüllt werden kann. Damit erhalten wir für die gesuchten Wahrscheinlichkeiten

$$W_i(T) = \frac{\exp\left(-\varepsilon_i/k_B T\right)}{Z(T)} \qquad \text{BOLTZMANN-Verteilung} \, .$$

(3.5)

Das Ergebnis stimmt mit dem in Gl. 2.23 in Abschnitt 2.4 überein, welches aus der Bedingung chemischen Gleichgewichts zwischen Teilchen mit verschiedenen ε_i gewonnen wurde.

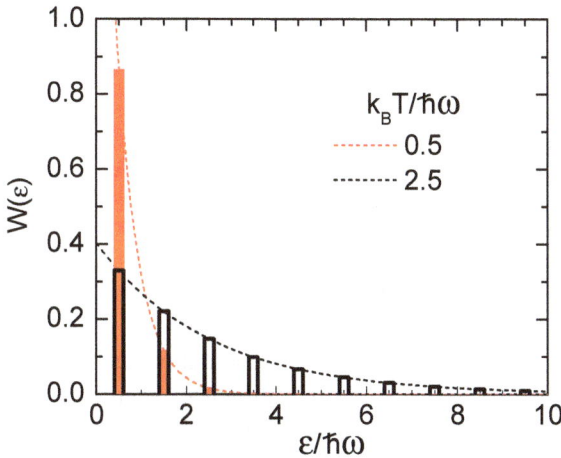

Abb. 3.1. Boltzmann'sche Verteilungsfunktion für die Wahrscheinlichkeiten der niederenergetischen Zustände des harmonischen Oszillators für niedrige und hohe Temperaturen (Abschnitt 3.4). Die Energie-Eigenwerte betragen $\varepsilon_i = \hbar\omega(i+1/2)$ und die Summe der Wahrscheinlichkeiten ist für alle Temperaturen stets gleich eins.

Die Boltzmann-Verteilung stellt ein ganz zentrales Ergebnis der statistischen Thermodynamik dar, weil die konkrete Kenntnis der Wahrscheinlichkeiten es jetzt erlaubt, die Mittelwerte der Zufallsgrößen des Systems gemäß

$$\langle \hat{x} \rangle = \sum_i x_i\, W_i$$

aus ihren Werten x_i in den Zuständen $|\phi_i\rangle$ zu berechnen. Anstatt für jede physikalische Größe $\hat{x}$ die Summe neu auszuwerten, wollen wir nun zeigen, dass die gesamte Information über die Wahrscheinlichkeitsverteilung bereits in der Zustandssumme enthalten ist. Dazu wollen wir zunächst die physikalische Bedeutung der Zustandsumme $Z(T)$ deutlich machen. Wir setzen die mit Hilfe von $Z(T)$ (Gl. 3.4) korrekt normierten Wahrscheinlichkeiten in den Boltzmann'schen Ausdruck für die Entropie ein:

$$\hat{s} = -k_B \sum_i W_i \ln W_i$$

$$= -k_B \sum_i \left\{ W_i \cdot \left[-\frac{\varepsilon_i}{k_B T} - \ln Z(T) \right] \right\}$$

$$= \frac{\hat{e}}{T} + k_B \ln Z(T) .$$

Lösen wir diese Gleichung nach $\ln Z$ auf, so erhalten wir die ziemlich allgemeine, das heißt für *alle* Quantensysteme, bei denen die Energie die einzige relevante Zufallsvariable ist, gültige Beziehung zwischen der Zustandssumme und der freien Energie:

$$\hat{f}(T) = \hat{e} - T\hat{s} = -k_B T \ln Z(T) . \tag{3.6}$$

Gelingt es uns, die Zustandssumme für ein konkretes Quantensystem auszuwerten, so haben wir über die Ableitungen der freien Energie Zugang zu allen thermodynamischen Eigenschaften des Systems. Auch die Ableitungen der Zustandssumme selbst liefern nützliche Relationen und interessante Einsichten. Um diese zu gewinnen, suchen wir zunächst einen Zusammenhang zwischen der Energie und der freien Energie:[5]

$$\hat{e} = \hat{f} + T\hat{s} = \hat{f} - T\frac{\partial \hat{f}}{\partial T} = T^2\left(\frac{\hat{f}}{T^2} - \frac{1}{T}\frac{\partial \hat{f}}{\partial T}\right) = k_{\mathrm{B}}T^2\frac{\partial}{\partial T}\left(-\frac{\hat{f}}{k_{\mathrm{B}}T}\right)$$

Zusammen mit Gl. 3.6 erhalten wir daraus die Beziehung

$$\hat{e}(T) = k_{\mathrm{B}}T^2\frac{\partial \ln Z(T)}{\partial T} . \tag{3.7}$$

Neben dem Mittelwert $\hat{e}(T) = \langle \varepsilon_i \rangle$ können wir aus der Zustandssumme auch die quadratische Streuung $(\Delta\varepsilon)^2 = \langle \varepsilon_i^2 \rangle - \langle \varepsilon_i \rangle^2$ der Energie um den Mittelwert gewinnen. Dazu setzen wir die BOLTZMANN-Verteilung in die Definition des Mittelwerts ein

$$\hat{e}(T) = \sum_i \varepsilon_i W_i = \frac{1}{Z}\sum_i \varepsilon_i \exp\left(-\frac{\varepsilon_i}{k_{\mathrm{B}}T}\right) ,$$

multiplizieren die Gleichung mit Z und leiten nach T ab:

$$\frac{\partial}{\partial T}\left[\hat{e}(T)\cdot\sum_i \exp\left(-\frac{\varepsilon_i}{k_{\mathrm{B}}T}\right)\right] = \frac{\partial}{\partial T}\left[\sum_i \varepsilon_i \exp\left(-\frac{\varepsilon_i}{k_{\mathrm{B}}T}\right)\right]$$

Dividieren wir nach dem Ableiten wieder durch $Z(T)$, so erhalten wir

$$\frac{\partial \hat{e}(T)}{\partial T} + \frac{\hat{e}(T)}{k_{\mathrm{B}}T^2}\underbrace{\sum_i \varepsilon_i W_i}_{=\,\hat{e}(T)} = \frac{1}{k_{\mathrm{B}}T^2}\sum_i \varepsilon_i^2 W_i = \frac{\langle \varepsilon_i^2 \rangle}{k_{\mathrm{B}}T^2} .$$

Schließlich resultiert (analog zu Abschnitt 2.6) die interessante Relation:

---

[5] Der tiefere Grund für diesen Zusammenhang, besteht darin, dass sich der Logarithmus der Zustandsumme wegen

$$\hat{f}_M = \hat{s} - \frac{\hat{e}}{T} = -\frac{\hat{f}}{T} = k_{\mathrm{B}} \ln Z(T)$$

auch direkt als *entropieartige* MASSIEU-GIBBS-Funktion (Abschnitte 1.1 und I-5.5), nämlich als das durch LEGENDRE-Transformation von $\hat{s}(\hat{e}, \hat{v})$ bezüglich $\hat{e}$ gewonnene MASSIEU'sche Potenzial $\hat{f}_M$ auffassen lässt. Dann erhalten wir $-\hat{e}$ durch Ableitung von $\hat{f}_M$ nach $1/T$:

$$\frac{\partial \hat{f}_M}{\partial(1/T)} = -T^2\frac{\partial \hat{f}_M}{\partial T} = -\hat{e} .$$

Die Variable $\beta = 1/k_{\mathrm{B}}T$ ist für manche Fragestellungen in der statistischen Thermodynamik die natürlichste Wahl.

$$(\Delta\varepsilon)^2 = \langle\varepsilon_i^2\rangle - \langle\varepsilon_i\rangle^2 = k_B T^2 \frac{d\hat{e}(T)}{dT} = k_B T^2 \hat{c}(T) . \qquad (3.8)$$

Damit haben wir ein weiteres Beispiel für den Zusammenhang zwischen der thermischen Schwankungsbreite von Zufallsgrößen (hier der Energie) und gewissen *Suszeptibilitäten* des Systems gefunden.

Wie in Abschnitt 2.6 stimmen die Stabilitätsbedingungen der Thermodynamik und Statistik in der Forderung nach Positivität von $(\Delta\varepsilon)^2$ und $\hat{c}$ überein. Der Grund für die strukturelle Ähnlichkeit zwischen der Thermodynamik und der Wahrscheinlichkeitsrechnung ist in Anhang G beschrieben.

Zusammenfassend halten wir fest, dass die BOLTZMANN-Verteilung und die Mischung von Teilchen in verschiedenen Quantenzuständen nach Kapitel 2 zu völlig identischen Resultaten führen. Dies illustriert die These, dass Teilchen in verschiedenen Quantenzuständen als thermodynamisch verschiedene Stoffe anzusehen sind.

In den nachfolgenden Abschnitten wollen wir diesen Formalismus auf (im Sinne von Abschnitt I-1.4) *archetypische* Quantensysteme anwenden.

3.2 Das allgemeine Zwei-Niveau-System - Gläser

Der Spin 1/2 ist nicht das einzige Zwei-Niveau-System von praktischer Bedeutung. Bei tiefen Temperaturen lassen sich aus dem unendlich-dimensionalen HILBERT-Raum eines komplexen Quantensystems die beiden Zustände mit der niedrigsten Energie herausgreifen, wenn deren Energiedifferenz $\Delta\varepsilon$ sehr viel kleiner ist als der energetische Abstand zu dem nächst-höheren Anregungszustand. In diesem Fall bestimmen nur diese beiden Zustände das Tieftemperaturverhalten des Systems.

Ein wichtiger Spezialfall ist der eines Teilchens in einem *Doppelmulden*-Potenzial $V(x)$,[6] bei dem zwei Potenzialmulden durch eine zunächst sehr hohe Barriere voneinander getrennt sind (Skizze in Abb. 3.2a). Die genaue Form der Mulden und der Barriere[7] spielen für unsere Zwecke keine wesentliche Rolle, wenn nur die Energien der Grundzustände der Teilchens in beiden Mulden energetisch dicht beieinander liegen oder sogar exakt gleich (also entartet) sind. Bei sehr hoher Barriere sind die beiden Mulden völlig voneinander getrennt. Wird nun die Barriere abgesenkt, so entsteht für ein in einer der Mulden sitzendes Teilchen eine endliche Tunnelwahrscheinlichkeit, mit der es in die andere Mulde tunneln kann. Natürlich kann es mit derselben

---

6 Die Koordinate x steht hier für die Position eines Atoms, einer ganzen Gruppe von Atomen oder für den Winkel einer rotierenden Atomgruppe beim „Rotations"tunneln. Bei Erweiterung des Modells auf nicht-mechanische Systeme kann x auch für eine makroskopische Variable, wie den magnetischen Fluss in einen supraleitenden Ring oder die Phasendifferenz eines JOSEPHSON-Kontakts, stehen.

7 Diese bestimmen natürlich die Energien der links und rechts lokalisierten Zustände sowie die Stärke der Tunnel-Kopplung durch die Barriere.

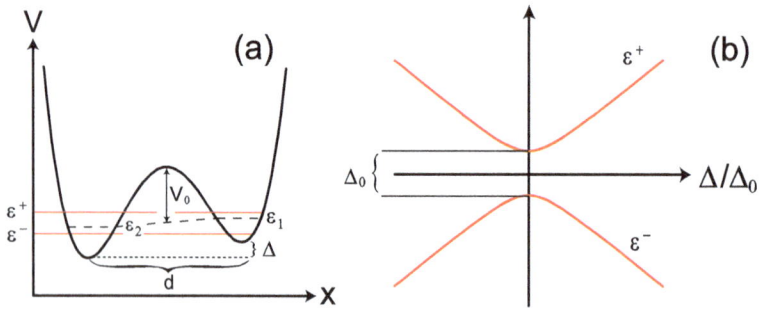

Abb. 3.2. a) Doppelmuldenpotenzial mit der Barriere V_0 und dem Tunnelabstand d. Die Einzelmuldenenergien betragen ε_1, ε_2 (gestrichelt) und die Energieeigenwerte des gekoppelten Systems ε^+ und ε^- (rot). Der Parameter Δ bezeichnet die Asymmetrie des Potenzials. b) Energieeigenwerte des gekoppelten Systems ε^+ und ε^- als Funktion der Asymmetrie Δ.

Wahrscheinlichkeit auch wieder zurücktunneln, sodass das Teilchen im Ergebnis über beiden Mulden *delokalisiert* wird. Im delokalisierten Zustand ist das dem Teilchen zur Verfügung stehende Volumen größer und seine *Lokalisierungs*energie ist damit erniedrigt. Die Delokalisierung führt damit zu einer Energie-Absenkung und damit zu einer Bindungsenergie zwischen beiden Potenzialmulden. Dieses Phänomen liegt beispielsweise der kovalenten chemischen Bindung zugrunde. Im einfachen Fall des H^+-Molekül-Ions ist ein Elektron zwischen zwei Protonen delokalisiert.

Die HAMILTON-Matrix des Systems ist in der Basis der rechts und links lokalisierten Zustände $\psi_{1,2}$ durch

$$\mathcal{H} = \frac{1}{2} \begin{pmatrix} \varepsilon + \Delta & -\Delta_0 \\ -\Delta_0 & \varepsilon - \Delta \end{pmatrix} \tag{3.9}$$

gegeben, wobei $\varepsilon = \varepsilon_1 + \varepsilon_2$ die Summe der Energieniveaus $\varepsilon_1, \varepsilon_2$ der Einzelmulden ist. Der *Kopplungs*-Parameter Δ_0 ist durch die Tunnelrate,[8] und der *Asymmetrie*-Parameter Δ durch $\Delta = \varepsilon_2 - \varepsilon_1$ gegeben.

Selbst, wenn die Form des Potenzials symmetrisch ist und damit die Energien ε_1 und ε_2 eines in der einen oder in der anderen Mulde lokalisierten Teilchens exakt gleich sind, sorgt eine beliebig schwache Tunnel-Kopplung Δ_0 zwischen den beiden Mulden dafür, dass die auf einer Seite der Barriere lokalisierten Wellenfunktionen $\psi_1(x)$ und $\psi_2(x)$ entsprechenden Zustände *instabil* sind. Daher können sie *keine* Energie-Eigenzustände des Systems sein und werden sich daher gemäß unserer Diskussion in Abschnitt 2.2 in der Zeit entwickeln müssen. Nach den Regeln der Quantenmechanik ist die resultierende Zeitabhängigkeit *periodisch* mit der Frequenz $\omega = \Delta\varepsilon/\hbar$. Damit oszillieren die Mittelwerte aller physikalischer Größen des Systems mit die-

---

8 Mit Hilfe der WKB-Näherungsmethode lässt sich zeigen, dass $\Delta_0 \approx \hbar\Omega \exp(d\sqrt{2MV_0}/2\hbar)$ für Potenziale der in Abb. 3.2a gezeigten Art, wobei Ω der Eigenfrequenz der Potenzialmulde, V_0 die Barrierenhöhe, d der Tunnelabstand und M die Masse des tunnelnden Teilchens sind.

ser Frequenz, solange kein *Relaxations-Prozess* stattfindet, bei dem das System unter Energieabgabe in den Grundzustand relaxiert. Die Tunnelkopplung bewirkt, dass die Eigenzustände eines symmetrischen Doppelmulden-Potenzials Linearkombinationen

$$|\psi^{\pm}\rangle = \frac{1}{\sqrt{2}} \left(|\psi_1\rangle \pm |\psi_2\rangle \right)$$

der links und rechts lokalisierten Zustände $\psi_1(x)$ und $\psi_2(x)$ sind. Dabei hat die antisymmetrische Kombination $|\psi^-\rangle$ von $|\psi_1\rangle$ und $|\psi_2\rangle$ die niedrigere Energie, weil die entsprechende Wellenfunktion $\psi^-(x) = \langle x|\psi^-\rangle$ am Ort der Tunnelbarriere einen Knoten und damit ein Minimum der Aufenthaltswahrscheinlichkeit $|\psi^-(x)|^2$ hat. Damit resultiert für $|\psi^-\rangle$ ein geringer Werte der potenziellen Energie

$$\langle E_{\text{pot}} \rangle = \int d^3x\, \psi^*(x)V(x)\psi(x) = \int d^3x\, |\psi(x)|^2 V(x) \,.$$

Man nennt $|\psi^-\rangle$ auch den *bindenden* und $|\psi^+\rangle$ entsprechend den *anti-bindenden* Zustand. Letzterer hat eine höhere Energie, da seine Wellenfunktion $\psi^+(x)$ ein Maximum der Aufenthaltswahrscheinlichkeit am Ort der Barriere aufweist. Die Diagonalisierung von $\mathcal{H}$ liefert die zu den Eigenzuständen $\psi^{\pm}$ gehörenden Eigenwerte

$$\varepsilon^{\pm} = \frac{\varepsilon \pm \sqrt{\Delta^2 + \Delta_0^2}}{2} \,.$$

Für symmetrische Tunnelsysteme ist die resultierende Energiedifferenz

$$\varepsilon^+ - \varepsilon^-\big|_{\Delta=0} = \Delta_0$$

gleich dem Kopplungsparameter Δ_0 und wird *Tunnelaufspaltung* genannt. Die Zustandssumme des Systems lautet damit

$$Z(T) = g^- \exp\left(- \varepsilon^-/k_{\text{B}}T \right) + g^+ \exp\left(- \varepsilon^+/k_{\text{B}}T \right), \tag{3.10}$$

wobei g^- und g^+ ganze Zahlen sind, die den quantenmechanischen Entartungsgrad[9] der beiden Zustände $|\psi^+\rangle$ und $|\psi^-\rangle$ angeben. Durch Ableiten von $\ln Z$ nach T gewinnen wir zunächst die Energie und dann die Wärmekapazität.

Eine Asymmetrie Δ des Doppelmuldenpotenzials erhöht den Beitrag des stärker auf der niederenergetischen Seite lokalisierten Zustands zum bindenden und des mehr auf der hochenergetischen Seite lokalisierten zum anti-bindenden Zustand und macht sich in einer Vergrößerung der Energiedifferenz zwischen $|\psi^-\rangle$ und $|\psi^+\rangle$ bemerkbar. Asymmetrische Tunnelsysteme mit einer hohen Barriere können auf der

---

9 Unter *Entartung* versteht man in der Quantenmechanik das Phänomen, dass mehrere linear unabhängige Eigenzustände einer Größe X denselben Eigenwert x_i besitzen. Sind g_i Eigenzustände zum Eigenwert x_i vorhanden, so spricht man von einer g_i-fachen Entartung von x_i.

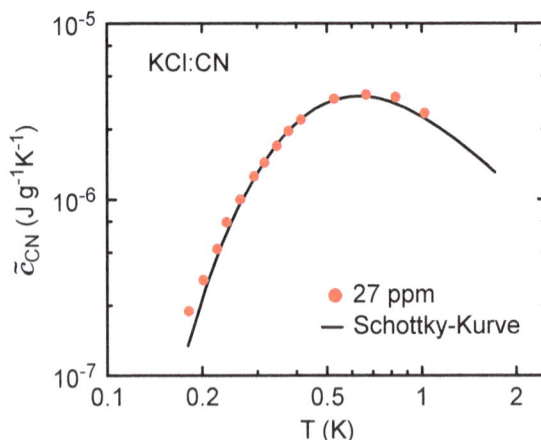

Abb. 3.3. Spezifische Wärmekapazität eines mit einer geringen Menge von CN⁻-Ionen dotierten KCl-Kristalls bei tiefen Temperaturen. Der Phononenbeitrag (Abschnitt 5.2) zur spezifischen Wärmekapazität wurde abgezogen. Die durchgezogene Linie entspricht einer modifizierten Schottky-Anomalie (Gl. 2.37) mit der Anregungsenergie $\Delta\varepsilon/k_B = 1.55$ K, die der Tatsache Rechnung trägt, dass die CN⁻-Ionen mehrere äquivalente Gitterplätze im KCl-Wirtskristall einnehmen können und der erste angeregte Zustand daher dreifach entartet ist [nach P. P. Peressini, J. P. Harrison, R. O. Pohl, Phys. Rev. **82** (1969)].

höherliegenden Seite in einem metastabilen Zustand mit extrem hoher Lebensdauer vorliegen. Es sind diese langen Lebensdauern, die für die weiter unten in diesem Abschnitt kurz diskutierten Langzeit-Relaxationseigenschaften in ungeordneten Systemen verantwortlich sind (siehe Abschnitt 3.11).

Die thermodynamischen Eigenschaften eines einzelnen Tunnelsystems sind zu denen des Spin-1/2-Systems isomorph. So weist insbesondere die spezifische Wärmekapazität ein Maximum bei der Temperatur $\Delta\varepsilon/k_B$, das heißt eine Schottky-Anomalie (siehe Gl. 2.37) auf. Im Unterschied zum Spin ist die Anregungsenergie nicht über das Magnetfeld einstellbar, sondern durch die Struktur, das heißt die Form des Doppelmulden-Potenzials und die Massen der beteiligten Teilchen gegeben.[10] Enthält der Festkörper eine nicht zu große Zahl gleichartiger Tunnelsysteme mit derselben Tunnelaufspaltung $\Delta\varepsilon$, so zeigt auch die Wärmekapazität eines makroskopischen Festkörpers bei $T \simeq \Delta\varepsilon/k_B$ eine den Spin-Systemen analoge Schottky-Anomalie. Die ist für das Beispiel eines mit CN⁻-Ionen dotierten KCl-Kristalls in Abb. 3.3 gezeigt (siehe Kap. 9 in [26] für Details).

Bei höherer Dichte der CN⁻-Defekte treten Wechselwirkungen zwischen den Tunnelsystemen auf, die zu einer breiten Verteilung $P(\Delta\varepsilon)$ der Anregungsenergien $\Delta\varepsilon$ füh-

---

10 Über mechanische Verspannungen des Glases lassen sich die Tunnelaufspaltungen der Defekte etwas beeinflussen.

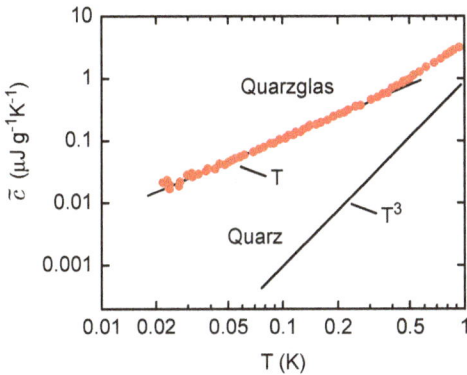

Abb. 3.4. Wärmekapazität von Quarzglas und kristallinem Quarz bei tiefen Temperaturen. Während kristalliner Quarz das für die Gitterschwingungen typische T^3-Verhalten zeigt (siehe Abschnitt 5.2), liegen die Messdaten von Quarzglas deutlich höher und zeigen eine lineare T-Abhängigkeit [nach J. C. Lasjaunias, A. Raver, M. Vandorpe, S. Hunklinger, Sol. Stat. Comm. **17**, 1045 (1975)].

ren. Eine solche breite Verteilung ist auch für andere Realisierungen von Tunnelsystemen in Festkörpern charakteristisch. Insbesondere bestimmen Tunnelsysteme die Tieftemperatureigenschaften von ungeordneten oder glasartigen[11] Festkörpern. Diese zeichnen sich durch eine metastabile Anordnung der Atome oder Moleküle aus, die nicht dem in der Regel geordneten Zustand niedrigster Energie entspricht. Die im Alltag bekanntesten Vertreter solcher Systeme sind Silikat-Gläser (Fensterglas) und Kunststoffe (Polymere).

Nimmt man im einfachsten Fall an, dass $P(\Delta\varepsilon) = P_0$ eine Konstante ist, so ergibt die Superposition vieler SCHOTTKY-Anomalien eine *lineare* Variation der Wärmekapazität mit der Temperatur. Da eine solche Temperaturabhängigkeit (wie wir in Abschnitt 6.2.1 sehen werden) normalerweise den Elektronen in Metallen vorbehalten ist, hat es eine große Überraschung ausgelöst, ein solches Verhalten in amorphen Isolatoren zu beobachten. Abbildung 3.4 zeigt die spezifische Wärmekapazität von kristallinem Quarz und Quarzglas. Während kristalliner Quarz eine bei tiefen Temperaturen mit T^3 variierende Wärmekapazität aufweist, ist die Wärmekapazität von Quarzglas wesentlich höher und variiert linear mit T. Dies sowie die empirische Tatsache, dass die Zahlenwerte von P_0 in unterschiedlichen Systemen sehr ähnlich ausfallen, hat über einen gewissen Zeitraum zu einem regelrechten Boom der Physik der Gläser geführt.[12]

Das allgemeine Zwei-Niveau-System ist eines der wichtigsten archetypischen Systeme der Quantenphysik. Seine Anwendungen reichen von der chemischen Bindung über die Gläser bis hin zu dem aktuellen Gebiet der Quanten-Informationsver-

---

11 Unter einem glasartigen oder amorphen Festkörper versteht man eine unterkühlte Flüssigkeit, die in kürzerer Zeit abgekühlt wurde, als für das Wachstum eines wohlgeordneten Kristallgitter notwendig ist. Der entstehende Festkörper weist im Gegensatz zu Kristallen keine Gitter-Periodizität auf und zeigt in der Röntgenbeugung keine scharfen Gitterreflexe, sondern ähnlich wie eine Flüssigkeit nur breite Maxima, die nur noch eine Nahordnung anzeigen.
12 Weitere Details zu diesem Thema finden sich in Kapitel 9 des Buches „Tieftemperaturphysik" von C. Enss und S. Hunklinger [26].

arbeitung, bei dem die universelle Dynamik von künstlichen, mikrostrukturierten Zwei-Niveau-Systemen ausgenutzt wird, um diese als *Quanten-Bits* einzusetzen. Ein Quanten-Bit ist die quantenmechanische Variante des „Flip-Flop"s, eines elektronischen Schaltkreises, der die logischen Zustände „0" und „1" der Informatik realisiert. Ein Quanten-Bit ist also ein Flip-Flop, welches nicht nur „0" und „1", sondern auch deren *quantenmechanische Superpositionen* zulässt! Gegenwärtig werden große Anstrengungen unternommen, solche Systeme verlässlich (und in großen Zahlen) herzustellen und zu steuern. Eine entscheidende Voraussetzung des Quantenrechnens ist eine ausreichende Lebensdauer der quantenkohärenten Superpositions-Zustände solcher Schaltkreise. Die Kohärenz wird durch unerwünschte Quanten-Übergänge zerstört, welche durch Umgebung des Zwei-Niveau-Systems hervorgerufen werden. Dabei handelt es sich um Prozesse, welche kohärente in inkohärente Überlagerungen von Zuständen überführen und daher mit der Erzeugung von Entropie verbunden sind.

Neben der möglichen (und durch die potenziellen Anwendungen motivierte) Realisierung von „Quantenrechnern" erlaubt das Studium von Quanten-Bits in Zukunft möglicherweise ein tieferes Verständnis der Entropie-Erzeugung und anderer Grundlagenfragen der Thermodynamik.

3.3 Polymere

In diesem Abschnitt wollen wir auf die in Abschnitt I-4.4 als Beispiel diskutierte thermoelastische Kopplung in Polymeren zurückkommen. Wie wir dort gesehen haben, bestehen Polymere aus langen Ketten mit N molekularen Einheiten, den *Monomeren*. Polymere zeichnen sich dadurch aus, dass sie sich bei Verstreckung erwärmen beziehungsweise bei Erwärmung im gestreckten Zustand zusammenziehen. Hierbei handelt es sich um ein Beispiel, bei dem sich zeigt, dass die Methoden der statistischen Thermodynamik unter bestimmten Bedingungen auch auf „klassische" Systeme angewendet werden können.

Die einfachste Situation liegt vor, wenn sich die Polymere in einer Lösung befinden oder mit einem „Weichmacher" benetzt sind. In diesem Fall können wir die attraktiven Wechselwirkungen zwischen den einzelnen Polymerketten weitgehend vernachlässigen (wir machen wiederum vom Konzept der Idealität Gebrauch), weil das Lösungsmittel, beziehungsweise der Weichmacher als eine Art Schmiermittel wirken, welches verhindert, dass die Polymerketten agglomerieren und ein Hartplastik bilden. Wenn wir also annehmen können, dass sich die einzelnen Polymerketten frei bewegen können, wird die BROWN'sche Bewegung thermische Fluktuationen der Konfiguration, das heißt der Geometrie des Kettenverlaufs, verursachen. Weiterhin nehmen wir an, dass die Enden der Kette in einem gewissen Abstand x fixiert sind. Die Diffusion der Kette in dem Lösungsmittel sorgt nun dafür, dass jede Kettenkonfiguration mit einer gewissen Wahrscheinlichkeit eingenommen wird. Typisch für Polymere ist

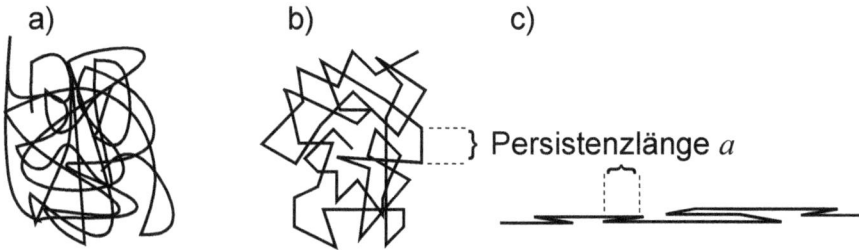

Abb. 3.5. a) Polymere sind molekulare Ketten, die viele verschiedene räumliche Konfigurationen einnehmen können. Im einfachsten Fall sind die Ketten unverzweigt und Wechselwirkungen zwischen verschiedenen Kettensegmenten können vernachlässigt werden. b) Modellierung der elastischen Eigenschaften der Polymerkette durch die *Persistenzlänge a* in drei Dimensionen. Die Winkel zwischen den Kettensegmenten sind beliebig. c) Modellierung in einer Dimension: Der Winkel zwischen den Kettensegmenten kann nur 0 oder 180° betragen. Daraus folgt die im Text beschriebene mathematische Isomorphie zum Spin-1/2-System.

nun, dass ihre elastischen Eigenschaften durch eine charakteristische Längenskala, die *Persistenzlänge a*, näherungsweise beschrieben werden. Diese ist so definiert, dass der Energieaufwand für eine Krümmung der Polymerkette mit einem Krümmungsradius $R > a$ vernachlässigbar ist. Wir können damit näherungsweise annehmen, dass eine Kette der Länge L aus $N = L/a$ starren Segmenten besteht, die frei, das heißt ohne Energieaufwand, gegeneinander verkippt werden können. Sofern wir neben den attraktiven auch die repulsiven Wechselwirkungen der Kette (das Eigenvolumen der Kette) vernachlässigen, sind alle Konfigurationen, die sich durch unterschiedliche Verkippungen der Segmente unterscheiden, energetisch gleichwertig.

Es ist interessant festzustellen, dass diese Situation zu dem bereits besprochenen Beispiel des idealen Spin-1/2-Paramagneten mathematisch und physikalisch *isomorph* ist, wenn wir uns auf eine Raumdimension beschränken. Dazu identifzieren wir die statistische Orientierung der flexiblen Kettensegmente mit der Orientierung der Einzelspins, die Persistenzlänge a mit μ_B, den mittleren Abstand der Kettenendpunkte x mit dem Mittelwert des magnetischen Moments m_z und die Kraft zwischen den Kettenenden $-F_{ext}$ mit dem externen Magnetfeld B_{ext}. Den beiden Einstellrichtungen des Spins entsprechen die beiden möglichen Knickwinkel 0 und π. Bei vorgegebener äußerer Kraft F_{ext} wird sich die mittlere Kettenlänge x über die Wahrscheinlichkeitsverteilung der Knickwinkel so einstellen, dass die *freie Enthalpie*

$$G(T, F_{ext}, N) = E - TS + F_{ext}x$$

der Kette ein Minimum annimmt. Dabei bildet das Lösungsmittel, in dem sich die Polymerkette bewegt, zugleich das die Temperatur definierende Wärmebad. Übersetzen wir die in der thermischen Zustandsgleichung 2.29 des idealen Paramagneten enthaltenen Größen in die der Polymerkette, so erhalten wir als thermische Zustandsgleichung des Polymers:

$$x(T, F_{\text{ext}}) = -Na \tanh \frac{a F_{\text{ext}}}{k_B T} \ . \tag{3.11}$$

Für kleine Abstände der Kettenenden ergibt sich ein lineares Kraft-Abstand-Gesetz mit der Federkonstanten

$$\mathcal{K} = \frac{k_B T}{Na^2} \ .$$

Eine Messung der Federkonstanten liefert bei bekannter Länge $L = Na$ der Polymerkette eine Abschätzung der Persistenzlänge a. Bei höheren Kräften gibt es Abweichungen von der Linearität, die daher rühren, dass x natürlich durch die Kettenlänge nach oben beschränkt ist. Bemerkenswert ist, dass die zwischen den Enden der Polymerkette auftretende Kraft (mit Ausnahme des Wertes der Persistenzlänge) nichts mit den elastischen Eigenschaften der Kette und auch nichts mit deren elastischer Energie, sondern allein mit dem durch die Konfigurations-*Entropie* gegebenen entropischen Beitrag zur freien Energie gegeben ist. Aus diesem Grund spricht man in Analogie zum idealen Gas auch von *entropischen* Kräften.

Umgekehrt hat eine Streckung der Polymerkette auch kalorische Effekte: Wird die Kette durch die externe Kraft verstreckt, so muss ihre Entropie abnehmen und an die Umgebung abgegeben werden. Lässt man die Kette aus dem verstreckten Zustand kontrahieren, so muss sie aus der Umgebung Entropie aufnehmen und eine Abkühlung bewirken. Dies ist das Analogon zur adiabatischen Entmagnetisierung des Spinsystems und die Ursache der in Abschnitt I-4.4 bereits angesprochenen starken thermoelastischen Kopplung in Polymeren.

Eine Verallgemeinerung des Modells auf drei Dimensionen stößt auf die Schwierigkeit, dass in diesem Fall die Bindungswinkel zwischen den als starr angenommenen Polymersegmenten der Länge a nicht nur 0 und π betragen, sondern *kontinuierlich* variieren können. Wir können dieser Tatsache durch eine Verallgemeinerung der Zustands*summe* auf ein Zustands*integral*

$$Z(T, |\boldsymbol{F}_{\text{ext}}|) = \frac{1}{4\pi} \int_0^{2\pi} \int_0^{\pi} \exp\left(-\frac{a|\boldsymbol{F}_{\text{ext}}| \cos\theta}{k_B T}\right) \sin\theta \, d\theta \, d\phi = \frac{\sinh X}{X} \tag{3.12}$$

über alle Winkel Rechnung zu tragen. Dabei ist $X = a|\boldsymbol{F}_{\text{ext}}|/k_B T$. Berechnen wir daraus das Kraft-Abstandsgesetz (die *thermische Zustandsgleichung* der Polymerkette), so ergibt sich

$$x(T, |\boldsymbol{F}_{\text{ext}}|) = -Na\left(\coth X - \frac{1}{X}\right) \tag{3.13}$$

und in linearer Näherung die Federkonstante

$$\mathcal{K} = \frac{3k_B T}{Na^2} \ .$$

Gleichung 3.13 ist aus dem Bereich des Magnetismus als LANGEVIN-Funktion bekannt. Das Kraftgesetz für den Bereich kleiner Auslenkungen wird aber in der Polymerphysik üblicherweise aus „random walk"-Modellen abgeleitet, welche die diffusive Dynamik der Polymerkette abbilden. Berechnet man aus Gl. 3.12 als nächstes die Entropie

$S(T, |F_{\text{ext}}|) = -\partial G(T, |F_{\text{ext}}|)/\partial T$ und dann die Wärmekapazität bei konstanter Kraft, so erhält man in Übereinstimmung mit dem Gleichverteilungssatz: $C_F = Nk_B$. Alternativ können wir durch Ableiten der Zustandssumme nach der Temperatur auch die Enthalpie $H = E + F_{\text{ext}}x = Nk_BT$ und daraus die Wärmekapazität berechnen.

Natürlich ergeben sich in drei Dimensionen zusätzliche Komplikationen. Insbesondere können sich in der Kette Knoten und Verschlaufungen bilden, welche die Einstellung eines inneren Gleichgewichtszustands behindern. Dies führt zu metastabilen Zuständen, die dann bei kritischen Werten der externen Kraft instabil werden und die Verschlaufung ruckartig lösen. Derartige sogenannte „slip-stick"-Bewegungen resultieren in einem hysteretischen Verhalten der Kraft-/Abstandskurve.[13]

Im Grenzfall $T \to 0$ stößt man allerdings auf das fundamentale Problem jeder *klassischen* Statistik: Hier divergiert die Entropie $S \to -\infty$! Im Zusammenhang mit Polymeren ist diese Einschränkung allerdings wenig relevant, da diese bei tiefen Temperaturen einen sogenannten *Glasübergang* zeigen, bei dem die attraktiven Wechselwirkungen zwischen den Ketten dominant werden und eine extreme Verlangsamung der Dynamik der Polymerketten bewirken. Das Polymer geht dann in einen glasartigen Zustand über, der eher einer unterkühlten Flüssigkeit ähnlich ist. Dieser Zustand ist metastabil, die thermische Unordnung ist „eingefroren", das heißt alle Konfigurationsänderungen erfolgen extrem langsam. Das Auftreten extrem langer Relaxationszeiten ist auch für andere Gläser typisch und lässt sich, wie im vorangegangenen Abschnitt 3.2 durch (seltene) Tunnelprozesse zwischen verschiedenen, metastabilen Molekül-Konfigurationen verstehen.

3.4 Der harmonische Oszillator

Nach dem Zwei-Niveau-System ist der harmonische Oszillator mit der Schwingungsfrequenz ω das nächst-einfachste archetypische Quantensystem. Beschränken wir uns auf eine Raumdimension, so werden die Zustände des quantenmechanischen Oszillators durch nur eine Quantenzahl $n = 0, 1, 2, \cdots$ charakterisiert. Die Energie-Eigenwerte lauten:

$$\varepsilon_n = \hbar\omega\left(n + \frac{1}{2}\right) = k_B\Theta_{\text{vib}}\left(n + \frac{1}{2}\right),$$

wobei ω die Eigenfrequenz des Oszillators und Θ_{vib} die dieser Frequenz entsprechende charakteristische Temperatur ist. Die Zustände sind beim eindimensionalen Oszillator nicht entartet und die Zustandssumme lautet daher einfach:

$$Z(T) = \exp\left(-\frac{\Theta_{\text{vib}}}{2T}\right) \cdot \sum_n \exp\left(-n \cdot \frac{\Theta_{\text{vib}}}{T}\right). \tag{3.14}$$

---

[13] Mehr über das interessante Gebiet der *weichen Materie* unter der Betonung fachübergreifender Gesichtspunkte findet sich in dem exzellenten Buch „Physik kondensierter Materie" von G. Strobl [9].

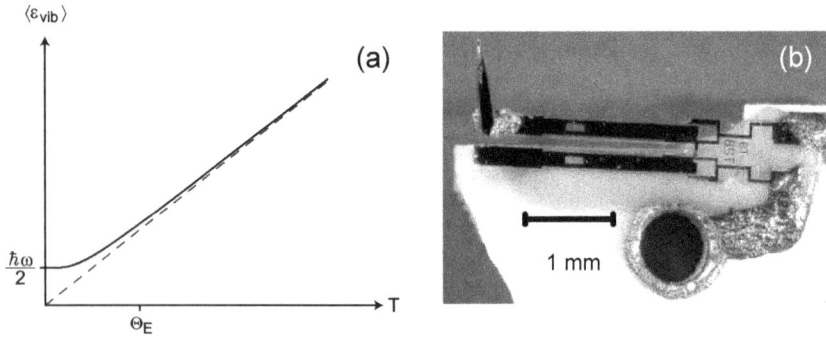

Abb. 3.6. a) Mittelwert der Energie eines thermisch angeregten harmonischen Oszillators. Im Grenzfall $T \to 0$ strebt die Energie des Oszillators gegen die quantenmechanische Nullpunktsenergie. b) Photographie eines Quarzoszillators, wie er üblicherweise in Armbanduhren verwendet wird und darüber hinaus in der Rasterkraftmikroskopie eingesetzt werden kann (Photo Q$^+$-Sensor mit Spitze: F. Giessibl).

Da es sich bei dieser Summe offenbar um eine geometrische Reihe

$$\sum_{n=0}^{\infty} a^n = \frac{1}{1-a} ,$$

mit $a = \exp(-\Theta_{vib}/T)$ handelt, erhalten wir, wenn wir noch mit $\exp(\Theta_{vib}/2T)$ erweitern:

$$Z_{vib}(T) = \frac{\exp(-\Theta_{vib}/2T)}{1 - \exp(-\Theta_{vib}/T)} = \frac{1}{2\sinh(\Theta_{vib}/2T)} . \tag{3.15}$$

Kürzen wir $X = \Theta_{vib}/2T$ ab, so gilt $dX/dT = -\Theta_{vib}/2T^2$. Im Grenzfall hoher Temperaturen $k_B T \gg \hbar\omega$, entsprechend $X \to 0$, erhalten wir wegen $\sinh X \to X$ das Resultat des Gleichverteilungssatzes:

$$Z_{vib}(T \to \infty) = \frac{T}{\Theta_{vib}} . \tag{3.16}$$

Mit Gleichung 3.7 gewinnen wir den Mittelwert der Energie pro Oszillator durch Ableiten von $\ln Z_{vib}(T)$

$$\hat{e}_{vib}(T) = k_B T^2 \frac{d\ln Z(T)}{dT} = -k_B T^2 2\sinh(X) \frac{\cosh(X)}{2\sinh^2(X)} \frac{dX}{dT}$$

$$= \frac{k_B \Theta_{vib}}{2\tanh(\Theta_{vib}/2T)} = \frac{\hbar\omega}{2} + \frac{\hbar\omega}{\exp(\hbar\omega/k_B T) - 1} . \tag{3.17}$$

Der Verlauf von $\hat{e}(T)$ ist zusammen mit dem klassischen Ergebnis aus Abschnitt I-3.7 in Abb. 3.6a dargestellt. Man erkennt, dass die Energie des Oszillators bei tiefen Temperaturen nicht Null wird, sondern gegen die bekannte quantenmechanische Nullpunktsenergie $\varepsilon_0 = \hbar\omega/2$ strebt.

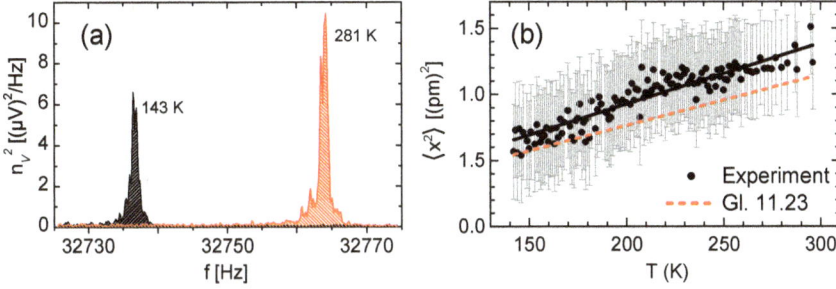

Abb. 3.7. a) Spektrale Dichte des thermisch angeregten piezoelektrischen Spannungsrauschens eines Quarzoszillators bei 143 K und 281 K. Die Verschiebung des Maximums zu tieferen Resonanzfrequenzen zeigt eine Reduktion der Federkonstanten ($\mathcal{K} \approx 1.8\,\mathrm{N/mm}$ bei 300 K) an. Die Fläche unter den Kurven entspricht dem thermischen Mittelwert $\langle V^2 \rangle$ des Quadrats des Spannungsrauschens. b) Temperaturabhängigkeit des mittleren Amplitudenquadrats der thermisch induzierten Schwingung als Funktion der Temperatur. Die durchgezogene Linie ist eine lineare Interpolation der Daten. Die rote gestrichelte Linie entspricht der Vorhersage des Gleichverteilungssatzes [J. Welker, F. de Faria Elsner, und F. J. Giessibl, Appl. Phys. Lett. **99**, 084102 (2011)].

Wenn wir $\hat{e}_{\mathrm{vib}}(T)$ wieder nach T differenzieren, bekommen wir den Schwingungsbeitrag eines eindimensionalen Oszillators zur Wärmekapazität:

$$\hat{c}_{\mathrm{vib}}(T) = k_{\mathrm{B}} \left[\frac{\hbar\omega/k_{\mathrm{B}}T}{2\sinh(\hbar\omega/2k_{\mathrm{B}}T)} \right]^2 \tag{3.18}$$

Bei tiefen Temperaturen ergibt sich wegen der endlichen Anregungsenergie $\hbar\omega$ ein exponentieller Abfall der Wärmekapazität, während $\hat{c}_{\mathrm{vib}}$ bei hohen Temperaturen $k_{\mathrm{B}}T \gg \hbar\omega$ (wieder im Einklang mit dem Resultat des Gleichverteilungssatzes) gegen k_{B} strebt.

Diese Ergebnisse wenden wir zunächst auf einen einzelnen *makroskopischen* Oszillator an, der durch einen gabelförmigen Quarzkristall realisiert ist, wie er in elektronischen Uhren verwendet wird (siehe Abb. 3.6b). Da Quarz ein piezoelektrisches Material ist, bei dem sich mechanische Deformationen durch elektrische Spannungen äußern, können die Auslenkungen der beiden Arme des Sensors elektrisch detektiert und mit Hilfe eines FOURIER-Analysators spektral zerlegt werden. In Abb. 3.7 sind das FOURIER-Spektrum (a) und die Temperaturabhängigkeit des gemessenen mittleren Auslenkungsquadrats $\langle x^2 \rangle (T)$ (b) gezeigt. Der zeitliche Verlauf $x(t)$ der Auslenkung des Oszillators ist, wie für thermische Schwankung typisch, rein statistisch. Die Wahrscheinlichkeitsverteilung der FOURIER-Koeffizienten von $x(t)$ spiegelt jedoch die Eigenfrequenz des Oszillators wider: Die Auslenkung ist um die Resonanzfrequenz zentriert. Das Auslenkungsquadrat liefert zusammen mit der Federkonstanten $\mathcal{K} = 1.8\,\mathrm{N/mm}$ bei 300 K gerade die Hälfte der thermischen Energie des Oszillators; die andere Hälfte ist durch die kinetische Energie der schwingenden Arme gegeben:

$$\hat{e}(T) = \frac{\langle P_x^2 \rangle}{2M} + \frac{\mathcal{K}}{2}\langle x^2 \rangle = \frac{1}{2}k_{\mathrm{B}}T + \frac{1}{2}k_{\mathrm{B}}T \quad \Longrightarrow \quad \langle x^2 \rangle = \frac{k_{\mathrm{B}}T}{\mathcal{K}}. \tag{3.19}$$

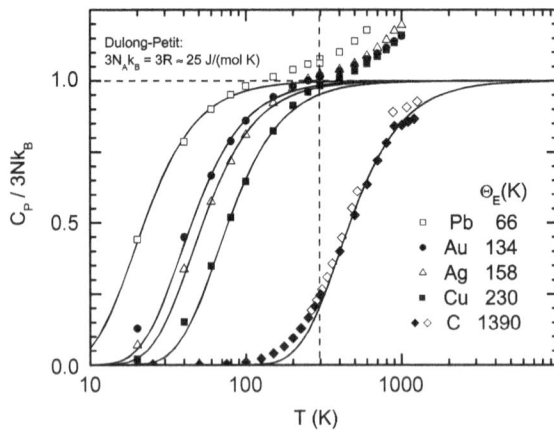

Abb. 3.8. Messdaten der spezifischen Wärmekapazität (bei konstantem Druck) von verschiedenen Festkörpern. Die durchgezogenen Linien sind Anpassungen nach dem EINSTEIN-Modell (Gl. 3.18). Die gestrichelten Linien entsprechen dem DULONG-PETIT-Grenzfall (horizontal) beziehungsweise der Lage der Zimmertemperatur (vertikal). Die Abweichungen vom DULONG-PETIT-Grenzfall bei hohen Temperaturen sind eine Konsequenz der dort spürbaren thermischen Ausdehnung des Festkörpers (Abschnitt I-6.4.2). Diese bewirkt gemäß Gl. I-3.23 eine messbare Differenz zwischen $\hat{c}_p$ und $\hat{c}_V$. Auch bei tiefen Temperaturen treten Abweichungen auf, deren Ursprung in Abschnitt 5.2 geklärt wird (Daten nach [2]).

Bei Zimmertemperatur und einer Resonanzfrequenz von etwa 32.76 kHz sind etwa 10^9 Schwingungsquanten angeregt, was einer Unschärfe der Auslenkung im Picometer-Bereich entspricht. In jüngster Zeit laufen große experimentelle Anstrengungen, mechanische Resonatoren mit Massen im Picogramm- und Eigenfrequenzen im MHz-Bereich bis in die Nähe des quantenmechanischen Grundzustands abzukühlen. Diese Bemühungen zeigen, dass es sinnvoll ist, nach den thermodynamischen Eigenschaften einzelner quantenmechanischer Objekte zu fragen.[14]

Von großer historischer Bedeutung war der im Ansatz richtige Erklärungsversuch der Temperaturabhängigkeit der spezifischen Wärmekapazität von Festkörpern durch EINSTEIN, der 1907 feststellte, dass die gemessene Wärmekapazität von Diamant bis auf Abweichungen bei tiefen Temperaturen recht gut durch die Gl. 3.18 beschrieben wird. Dieses Modell – die erste Anwendung der Quantenhypothese auf die Festkörperphysik – ist sehr grob, weil es annimmt, dass im Kristallgitter nur *eine* charakteristische Schwingungsfrequenz ω_E entsprechend der EINSTEIN-Temperatur $\Theta_E = \hbar\omega_E/k_B$ existiert.

---

14 Die aktuelle Forschung zeigt also, dass die thermodynamischen Begriffe im Bereich einzelner Quantensysteme keineswegs ihre Anwendbarkeit verlieren, dass also kein grundsätzlicher Unterschied zwischen der Beschreibung von Makro-Systemen einerseits und Mikro-Systemen andererseits besteht.

Das EINSTEIN-Modell für den Festkörper liefert die Wärmekapazität pro Teilchen

$$\hat{c}_{\text{Einstein}}(T) = 3k_B \left[\frac{\Theta_E/T}{2\sinh(\Theta_E/2T)} \right]^2 , \tag{3.20}$$

wobei der Faktor 3 der Tatsache geschuldet ist, dass die Atome in drei Raumrichtungen schwingen. Darüber hinaus können wir auch die in Abschnitt I-6.4.1 eingeführte Funktion

$$\Phi(T/\Theta_E) = 3\ln Z_{\text{vib}}(T/\Theta_E) = 3\ln \left[2\sinh(\Theta_E/2T) \right] . \tag{3.21}$$

für das EINSTEIN-Modell des Festkörpers angeben.

Wie bereits bei gekoppelten Pendeln offenbar wird, bewirkt die Kopplung zweier identischer Oszillatoren eine Aufspaltung der Eigenfrequenzen, ähnlich wie bei der Tunnelkopplung zweier Potenzialtöpfe. Wie Abb. 3.8 illustriert, beschreibt das Modell die zu EINSTEINS Zeit bekannten Messwerte der Wärmekapazität von Diamant (offene Symbole) trotz dieser groben Vereinfachung erstaunlich gut. Das Modell reproduzierte insbesondere auch die Tatsache, dass das Quantenverhalten der atomaren Vibrationen besonders bei den *leichten* Atomen zutage tritt, welche gemäß $k_B\Theta_E = \hbar\omega = \hbar\sqrt{\mathcal{K}/\hat{m}}$ besonders hohe Eigenfrequenzen mit $\Theta_E \gg 300\,\text{K}$ aufweisen. Bei Diamant trifft die niedrige Masse auf eine besonders hohe Federkonstante und bedingt eine sehr hohe EINSTEIN-Temperatur, während Blei mit hohem Atomgewicht und weichem Gitter den entgegengesetzten Grenzfall $\Theta_E \ll 300\,\text{K}$ darstellt.

Eine weitere wichtige Anwendung des harmonischen Oszillators sind die Vibrationsanregungen in Molekülen. Moleküle stellen wechselwirkende Zwei-Körper-Systeme dar, die gemäß Anhang E in zwei unabhängige Ein-Körper-Systeme zerlegt werden können. Das eine repräsentiert die Translationsfreiheitsgrade der Moleküle, das andere die inneren Freiheitsgrade, welche wiederum in einen Rotationsanteil und einen Schwingungsanteil zerlegt werden können. Die Vibrationsanregungen werden durch die charakteristische Energie $\hbar\omega = k_B\Theta_{\text{vib}} = \hbar\sqrt{\mathcal{K}/\hat{m}_{\text{red}}}$ kontrolliert, wobei $\hat{m}_{\text{red}}$ die reduzierte Masse des Zwei-Körper-Problems ist (siehe Anhang E). Bei den leichteren Gasen (H_2, F_2, N_2, O_2, etc.) sind die Vibrationstemperaturen Θ_{vib} zu hoch, um bei Zimmertemperatur spürbare Beiträge zur Entropie und zur Wärmekapazität zu liefern (Abb. 3.13a).

Bei den schwereren zweiatomigen Gasen verursachen die Vibrationsanregungen jedoch merkliche Abweichungen der Standardentropiewerte der idealen Gase von den durch die Entropie der Translations- und Rotationsfreiheitsgrade gegebenen Beträgen. Um dies experimentell zu illustrieren, müssen wir zuvor noch die Rotationsbeiträge quantitativ verstehen, die wir im nachfolgenden Abschnitt besprechen werden (Abb. 3.14a). Noch deutlicher ist der Beitrag der Schwingungen zur molaren Wärmekapazität. In Abb. 3.14b ist die Vorhersage von Gl. 3.18 zusammen mit den Standardwerten der Wärmekapazität für verschiedene Gase aufgetragen. Die experimentellen Beispiele decken den ganzen Bereich von $T° = 300\,\text{K} \ll \Theta_{\text{vib}}$ (für Wasserstoff) bis $T° > \Theta_{\text{vib}}$ (für Jod) ab.

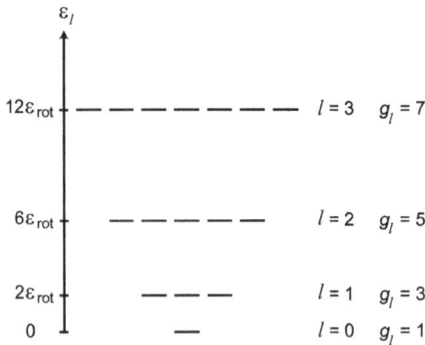

Abb. 3.9. Energieniveaus und Entartungsgrad des starren Rotators.

3.5 Rotationsanregungen von Molekülen

Ein weiteres archetypisches Quantensystem ist der freie Rotator. Wie in Anhang E dargestellt, tritt dieser als Teilsystem bei der Zerlegung des Zwei-Körper-Problems in der Form

$$E(\boldsymbol{L}) = \frac{\boldsymbol{L}^2}{2J} = \frac{\boldsymbol{L}^2}{2\hat{m}_{\mathrm{red}}R^2}$$

auf, wobei J das Trägheitsmoment, R der Gleichgewichtsabstand und $\hat{m}_{\mathrm{red}}$ die reduzierte Masse des Zwei-Körper-Systems ist. Das quantenmechanische Gegenstück zur Energie als MASSIEU-GIBBS-Funktion des Rotators ist der *Hamilton-Operator*

$$\mathcal{H} = \frac{\hat{\boldsymbol{\ell}}^2}{2J} \ .$$

Der Bahndrehimpuls $\hat{\boldsymbol{\ell}}$ unterscheidet sich vom Spin dadurch, dass der Wert seines Quadrats nicht festgelegt, sondern variabel ist. Die Eigenwerte des Drehimpuls-Quadrats $\hat{\boldsymbol{\ell}}_l^2 = \hbar^2 \, l(l+1)$ werden durch die Quantenzahl $l = 0, 1, 2, \ldots$ parametrisiert. Bezeichnen wir

$$\varepsilon_{\mathrm{rot}} = \hbar^2/2J$$

als die *Rotations-Energie*, so betragen die für die thermodynamischen Eigenschaften ausschlaggebenden Eigenwerte von $\mathcal{H}$

$$\varepsilon_l = \varepsilon_{\mathrm{rot}} \cdot l(l+1) = k_{\mathrm{B}}\Theta_{\mathrm{rot}} \cdot l(l+1) = \frac{\hbar^2}{2J} \cdot l(l+1) \ ,$$

wobei Θ_{rot} die der Rotations-Energie entsprechende charakteristische Temperatur des Systems ist. Zu jedem Energie-Eigenwert ε_l gehören $g_l = 2l + 1$ Zustände mit verschiedenen Eigenwerten von $\hat{\ell}_z$. Man sagt auch, dass die Eigenwerte ε_l g_l-fach *entartet* seien und nennt g_l den *Entartungsgrad*. Das Niveauschema und die Entartung sind in Abb. 3.9 dargestellt.

Experimentell werden die Werte von $\varepsilon_{\mathrm{rot}}$ aus den Linien-Abständen in den Molekülspektren bestimmt. Die Positionen der Linien im Spektrum entsprechen den

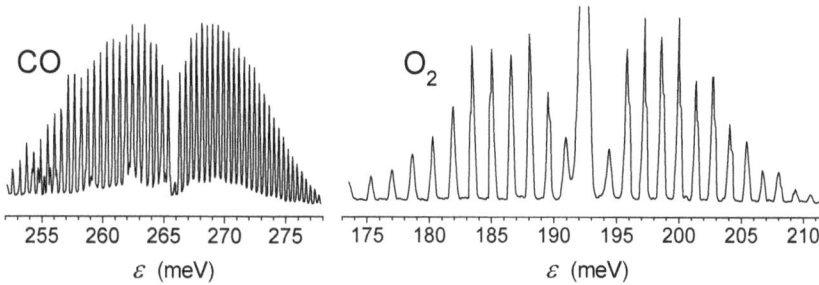

Abb. 3.10. Gemessene Spektren der Rotationsanregungen von CO und O_2 in der Nähe der ersten Vibrationsanregung [11]. Der Abstand der äquidistanten Linien entspricht der Energiedifferenz $\Delta\varepsilon_l$ zweier benachbarter Anregungszustände. Bei CO beträgt der Abstand zwischen benachbarten Rotationslinien $\Delta\varepsilon_l = 2k_B\Theta_{rot}$, bei O_2 wegen des Prinzips der *Nichtunterscheidbarkeit* dagegen $\Delta\varepsilon_l = 4k_B\Theta_{rot}$ (nach [10]).

Energie-Differenzen zwischen benachbarten ($\Delta l = 1$) Rotationszuständen

$$h\nu = \varepsilon_{l+1} - \varepsilon_l = \left[(l+1)(l+2) - l(l+1)\right]k_B\Theta_{rot} = 2(l+1)\,k_B\Theta_{rot}\,,$$

wobei ν die Frequenz der absorbierten oder emittierten Photonen ist.

Dies resultiert in den für Rotationsanregungen typischen regelmäßigen Linienmustern mit dem Linienabstand $\Delta h\nu = 2k_B\Theta_{rot}$, wie sie in Abb. 3.10 im Spektrum des Kohlenmonoxids (CO) gezeigt sind. Zusätzlich ist eine Messung des Rotationsspektrums von Sauerstoff (O_2) gezeigt, bei dem die Linienabstände bei ähnlichen Rotationstemperaturen etwa doppelt so groß wie bei CO sind. In dieser Verdoppelung manifestiert sich die *Nichtunterscheidbarkeit* identischer Teilchen, die für die Thermodynamik von Quantensystemen eine große Rolle spielt und im Folgenden genauer besprochen wird.

Teilchen, wie Atome im Grundzustand oder Elektronen mit gleichem Spin, die sich im gleichen „inneren" Zustand befinden, sind *nicht unterscheidbar*, weil sie über keinerlei Merkmale verfügen, an denen sie zu unterscheiden wären. Könnte man sie, gemäß der klassischen Anschauung, noch auf ihren Bahnen verfolgen, so wäre dies eine weitere Möglichkeit, Individuen zu unterscheiden. Genau dieser klassische Bahnbegriff ist nach der Aussage der Quantentheorie aber unhaltbar! Ist die Bewegung der Teilchen unterdrückt, wie bei den Atomen in einem Kristallgitter, so lassen sich diesen immerhin noch „Hausnummern", das heißt die Koordinaten von Gitterplätzen zuweisen. Bei beweglichen Teilchen verschwindet diese Unterscheidungsmöglichkeit. Daher müssen die Mehrteilchen-Zustände in Systemen mit identischen Teilchen der folgenden Bedingung genügen:

In Systemen mit identischen Teilchen muss jeder Mehrteilchen-Zustand invariant **!** unter der Vertauschung zweier beliebiger Teilchen sein. Das heißt, die Vertauschung zweier Teilchen darf keinen neuen Zustand erzeugen.

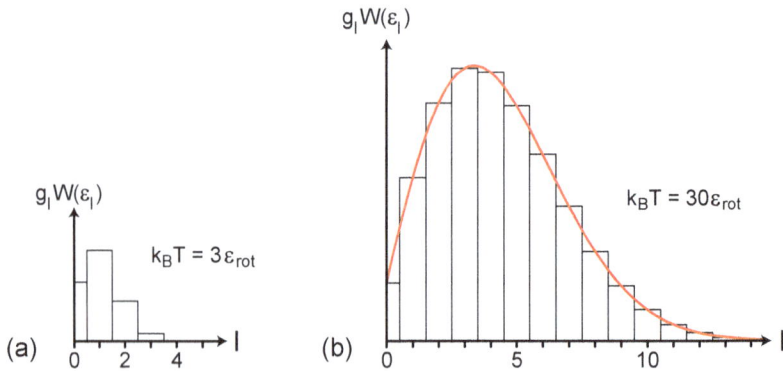

Abb. 3.11. Relevante Terme der Zustandssumme des starren Rotators für a) niedrige und b) hohe Temperaturen. Für hohe Temperaturen kann die Zustands-*Summe* durch das Integral über die rote Linie genähert werden. Das in b) aufgetragene Gewicht $g_l W(\varepsilon_l)$ der Zustände für jedes l reproduziert die gemessenen relativen Intensitäten der Linien der Rotationsspektren in Abb. 3.10. Die rote Linie stellt den Fall eines kontinuierlichen Spektrums von l-Werten dar.

Man nennt diese Eigenschaft auch die *Austauschsymmetrie* des Zweiteilchen-Zustands.

Vergleichen wir das O_2 und das CO-Molekül, so führt der Austausch der beiden Atome im Molekül, zum Beispiel eine Drehung um 180° um eine zur Molekülbindung senkrechte Achse, das O_2-Molekül in sich über, das CO-Molekül dagegen nicht. Das bedeutet, dass Zustände des O_2-Moleküls, die durch einen solchen Austausch-Prozess auseinander hervorgehen, nur für unsere klassische Anschauung, nicht aber in der physikalischen Realität verschieden sind.

Das in Abb. 3.10 gezeigte Rotations-Spektrum des Sauerstoffs ($^{16}O_2$) bildet eine experimentelle Demonstration dieses Prinzips. Berücksichtigt man die unterschiedlichen Trägheitsmomente der Moleküle, so ist der Linienabstand bei symmetrischen Molekülen wie $^{16}O_2$ mit $\Delta\varepsilon_l = 4k_B\Theta_{rot}$ doppelt so groß wie der bei asymmetrischen Molekülen wie CO oder $^{16}O^{18}O$. Bei $^{16}O_2$ *existieren also keine Rotationszustände mit geraden l*. Wie wir in Abschnitt 4.1 genauer besprechen werden, ist dies eine Konsequenz der Tatsache, dass Sauerstoffatome *Bosonen* und die für die chemische Bindung des O_2-Moleküls verantwortlichen Zustände *p*-Zustände mit der Drehimpulsquantenzahl $l = 1$ und negativer Parität sind. Um insgesamt zu der für Bosonen geforderten positiven Parität zu kommen, müssen die Rotationszustände ebenfalls negative Parität besitzen, und es sind nur ungerade l erlaubt. Besonders drastisch ist dieser Effekt, wenn das Molekül durch zwei verschiedene Isotope desselben Elements gebildet wird, welche bezüglich der elektronischen Eigenschaften identisch sind, sich in den Spektren aber klar unterscheiden.

Aus den Energieeigenwerten ε_l erhalten wir für die Zustandssumme des Rotators:

$$Z_{\text{rot}}(T) = \sum_{l=0}^{\infty} g_l \, \exp\left(-\frac{\Theta_{\text{rot}}}{T} \, l(l+1)\right)$$

$$= 1 + 3 \, \exp\left(-\frac{2\,\Theta_{\text{rot}}}{T}\right) + 5 \, \exp\left(-\frac{6\,\Theta_{\text{rot}}}{T}\right) + \dots \tag{3.22}$$

Diese Zustandssumme lässt sich nicht mehr durch elementare Funktionen ausdrücken. Für niedrige Temperaturen $k_B T \lesssim \varepsilon_{\text{rot}}$ konvergiert die Zustandssumme des Rotators sehr schnell. In diesem Fall genügt es, nur die ersten Terme in der Summe zu berücksichtigen (Abb. 3.11a).

Im Grenzfall hoher Temperaturen $T \gg \Theta_{\text{rot}}$ dagegen ist der Abstand $\Delta\varepsilon_l$ der Energie-Eigenwerte gegen die Temperatur vernachlässigbar. In diesem Fall können wir eine *Kontinuumsnäherung* anwenden und die Summe in Gl. 3.22 durch ein Integral mit kontinuierlich variierendem l annähern (Abb. 3.11b). Mit den Definitionen

$$x = l(l+1)\frac{\Theta_{\text{rot}}}{T} \qquad \text{und} \qquad dx = (2l+1)\frac{\Theta_{\text{rot}}}{T}\,dl$$

erhalten wir zunächst:

$$Z_{\text{rot}}(T) \approx \int_0^{\infty} (2l+1)\, \exp\left(-\frac{l(l+1)\,\Theta_{\text{rot}}}{T}\right) dl$$

$$\approx \frac{T}{\Theta_{\text{rot}}} \int_0^{\infty} \exp(-x)\,dx = \frac{T}{\varepsilon_{\text{rot}}} \left(-\exp(-x)\Big|_0^{\infty}\right) = \frac{T}{\Theta_{\text{rot}}}\,.$$

Damit erhalten wir für den Grenzwert der Zustandssumme bei hohen Temperaturen:

$$Z_{\text{rot}}(T \to \infty) = \frac{T}{\Theta_{\text{rot}}}\,. \tag{3.23}$$

Den Mittelwert der Energie pro Rotator gewinnen wir wieder nach Gl. 3.7 durch Ableitung der Zustandssumme:

$$\hat{e}_{\text{rot}}(T) = k_B T^2 \frac{d \ln Z(T)}{dT} = k_B T^2 \frac{\Theta_{\text{rot}}}{T} \frac{d}{dT}\left(\frac{T}{\Theta_{\text{rot}}}\right) = k_B T\,. \tag{3.24}$$

Als Beitrag der Rotationsanregungen zur molaren Wärmekapazität erhalten wir:

$$\hat{c}_{\text{rot}}(T) = \frac{d\hat{e}_{\text{rot}}(T)}{dT} = k_B\,. \tag{3.25}$$

Diese im Grenzfall hoher Temperaturen gültigen Ergebnisse entsprechen denen des Gleichverteilungssatzes, den wir in Abschnitt I-3.7 als Resultat der klassischen MAXWELL-Verteilung ganz anders motiviert haben! Allgemein können wir festhalten,

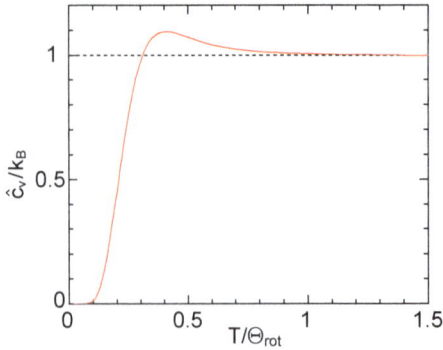

Abb. 3.12. Numerisch berechneter Verlauf der Wärmekapazität eines einzelnen Rotators.

dass der sogenannte „klassische Grenzfall"[15] vorliegt, wenn die Temperatur groß gegen den Abstand der Energieniveaus wird.

In Abbildung 3.12 ist das Ergebnis einer numerischen Berechnung der Zustandssumme in Gl. 3.22 und ihrer Auswertung mittels der Gln. 3.24 und 3.25 für den gesamten Temperaturbereich gezeigt. Die Wärmekapazität geht bei $T/\Theta_{\mathrm{rot}} \simeq 0.4$ über ein Maximum von etwa 10 % (Aufgabe 3.5). Verglichen mit dem Fall des Oszillators zeigt die Wärmekapazität bereits bei $T/\Theta_{\mathrm{rot}} \simeq 0.25$ eine scharfe Stufe.

Die Rotationstemperaturen Θ_{rot} sind durch das Trägheitsmoment $J = \hat{m}_{\mathrm{red}} R^2$ gegeben, wobei $\hat{m}_{\mathrm{red}}$ wieder die reduzierte Masse des Zwei-Körper-Systems ist (siehe Anhang E und auch die Diskussion in Abschnitt I-3.7) und R den Bindungsabstand, das heißt die Entfernung zwischen den Atomkernen im Molekül, bezeichnet. Bei konstantem Bindungsabstand erwartet man, dass $\Theta_{\mathrm{rot}} \propto 1/\hat{m}_{\mathrm{red}}$ ist. Die mit Hilfe der Molekülspektroskopie gewonnenen experimentellen Daten [2] in Abb. 3.13b liefern in der Tat eine solche Abhängigkeit. Bei annähernd konstanter reduzierter Masse (beispielsweise bei den Wasserstoff-Halogeniden HF, HCl, HBr und HJ, bei denen die reduzierte Masse durch das leichte H-Atom bestimmt wird) ist eine Abnahme von Θ_{rot} zu beobachten, welche die Zunahme der Bindungslänge mit zunehmendem Atomradius widerspiegelt.

In dieser Form ist das Ergebnis auf die Rotationsanregungen asymmetrischer Moleküle wie HCl, CO oder HD anwendbar. Bei symmetrischen Molekülen wie H_2, O_2, N_2 oder NH_3 treten die im Zusammenhang mit den Rotationsspektren bereits erwähnten Komplikationen durch Nicht-Unterscheidbarkeit der beiden Partner des Moleküls auf. In den thermodynamischen Eigenschaften äußert sich dies dadurch, dass in der Regel die Zustände *gerader Parität*, das heißt die mit geraden l, aus der Zustandssumme herausfallen, sofern die Atome Fermionen sind. Bei Bosonen fallen dagegen die Zustän-

---

15 Wie wir gleich sehen werden, sind in diesem Grenzfall keineswegs alle Spuren der Quantenphysik aus den beobachtbaren Größen getilgt, weil die Werte der Entropie im Gegensatz zur Energie und der Wärmekapazität auch bei hohen Temperaturen durch die quantenmechanischen Systemparameter sowie das Prinzip der Nicht-Unterscheidbarkeit bestimmt werden.

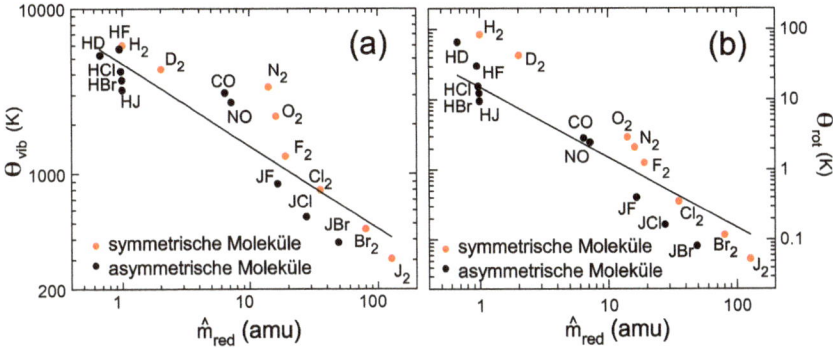

Abb. 3.13. a) Vibrationstemperaturen Θ_{vib} zweiatomiger Gase als Funktion von $\hat{m}_{red}$. Die durchgezogene Linie ist eine Anpassung gemäß der erwarteten Abhängigkeit $k_B\Theta_{vib} = \hbar\sqrt{\mathcal{K}/\hat{m}_{red}} = A'/\sqrt{\hat{m}_{red}}$ und liefert eine typische molekulare Federkonstante von $\mathcal{K} = 1.2\,\text{nN/pm}$, die erstaunlich nah an dem Wert für den makroskopischen Oszillator in Abb. 3.6 liegt. Die Streuung der Daten entspricht der Variation der Federkonstanten der verschiedenen Moleküle. b) Rotationstemperaturen Θ_{rot} als Funktion der reduzierten Masse $\hat{m}_{red} = (1/\hat{m}_1 + 1/\hat{m}_2)^{-1}$ [2]. Die durchgezogene Linie ist eine Anpassung gemäß der erwarteten Abhängigkeit $k_B\Theta_{rot} = \hbar^2/2J = A/\hat{m}_{red}$. Der so erhaltene Wert von A liefert einen typischen Kernabstand von $R \approx 130\,\text{pm}$. Die Streuung der Daten spiegelt die unterschiedlichen Bindungsabstände der verschiedenen Moleküle wider (Daten nach [2]).

de *ungerader Parität* (mit ungeraden l) aus der Zustandssumme heraus.[16] Im Grenzfall hoher Temperaturen fällt der Unterschied der erlaubten Zustände für Bosonen und Fermionen nicht ins Gewicht; in beiden Fällen enthält die Zustandssumme nur halb soviele Terme wie bei asymmetrischen Molekülen, und die Symmetrie-Eigenschaften lassen sich einfach durch einen sogenannten *Symmetriefaktor* z_S in der Zustandssumme berücksichtigen [12]:

$$Z_{rot}(T \to \infty) = \frac{T}{z_S\Theta_{rot}} . \tag{3.26}$$

Für zweiatomige symmetrische Moleküle ist $z_S = 2$, bei mehratomigen Molekülen, wie NH_3 ($z_S = 3$) können auch höhere Werte von z_S auftreten. Mit Hilfe der Zustandssumme können wir die molare Entropie des Systems „Rotator" leicht berechnen und erhalten im Grenzfall $k_BT \gg \varepsilon_{rot}$:

$$\hat{s}_{rot} = -\frac{\partial}{\partial T}\left(-k_BT\ln Z_{rot}(T)\right) = \frac{\partial}{\partial T}\left(-k_BT\ln\frac{T}{\Theta_{rot}}\right)$$

$$= k_B \cdot \left(\ln\frac{T}{z_S\Theta_{rot}} + 1\right) . \tag{3.27}$$

---

16 Das Beispiel des Sauerstoffs $^{16}O_2$ zeigt, dass die Verhältnisse noch komplizierter liegen, wenn der elektronische Bindungszustand *negative* Parität hat: In diesem Fall muss auch die Wellenfunktion der Atomkerne negative Parität haben. Im Spektrum des Sauerstoffs fehlen daher die Zustände mit geraden l. Außerdem besitzen manche Moleküle (zum Beispiel H_2 und N_2) auch noch Paare von Kernspins, für die ebenfalls symmetrische und antisymmetrische Kombinationen möglich sind.

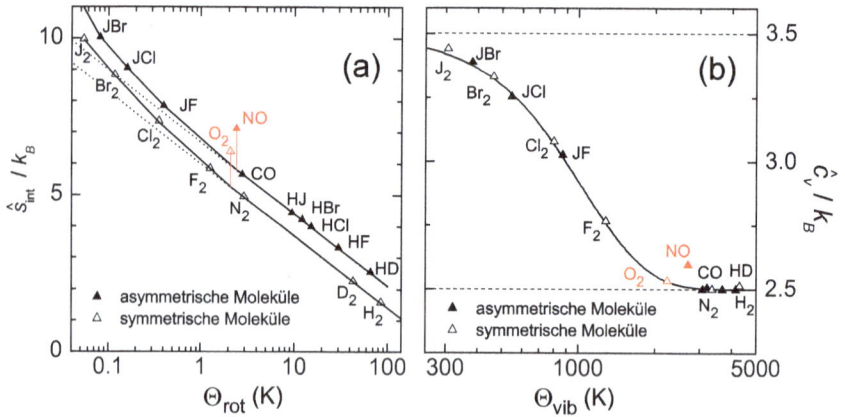

Abb. 3.14. a) Standardwerte ($T = 298.15\,$K, $p = 1013\,$mbar) der molaren Entropie der inneren Anregungen von symmetrischen und asymmetrischen zweiatomigen Molekülgasen als Funktion der Rotationstemperaturen Θ_{rot} (siehe Tabelle 3.1). Der Translationsbeitrag zur molaren Entropie (entsprechend der nachfolgenden Diskussion in Abschnitt 3.7 und Gl. 1.8 mit der chemischen Konstante j_{trans} (Gl. I-6.7) wurde abgezogen. Die gestrichelten Linien geben den Rotationsbeitrag zu $\hat{s}_{int}$ an; die durchgezogenen Linien berücksichtigen auch den im vorangegangen Abschnitt besprochenen Schwingungsanteil, der bei den schweren Molekülen schon bei Zimmertemperatur spürbar ist. Die Werte für O_2 und NO liegen oberhalb dieser theoretischen Erwartung: Die Bindungselektronen des Sauerstoffs bilden einen Triplett von Spin-Zuständen, wobei die Energiedifferenzen innerhalb des Tripletts nur etwa 3 K betragen. Bei Temperaturen über 10 K ist dies vernachlässigbar, weshalb der Spin des O_2-Moleküls einen weitgehend T-unabhängigen Zusatzbeitrag von $\hat{s}_{spin} = k_B \ln 3$ zur molaren Entropie liefert. Bei NO beträgt der Zusatzbeitrag etwa $k_B \ln 4$, was wegen der Kombination eines Bahndrehimpulses ($L = 1$) mit dem Spin des ungepaarten Elektrons des Stickstoffs zu zwei Feinstrukturkomponenten mit den Gesamtdrehimpulsen $J = 1/2$ und $J = 3/2$ zurückzuführen ist (Daten nach [2; 13]). Nach der 3. HUND'schen Regel hat der 4-fach entartete Zustand mit $J = 3/2$ die niedrigste Energie.
b) Gemessene Standardwerte der molaren Wärmekapazität derselben Gase als Funktion der Vibrationstemperatur Θ_{vib}. Die gestrichelten Linien entsprechen den Grenzfällen [$\Theta_{vib} \ll 300\,$K, $\hat{c} = 7/2 \cdot k_B$ und $\Theta_{vib} \ll 300\,$K, $\hat{c} = 5/2 \cdot k_B$]. Die durchgezogene Linie ist die Wärmekapazität eines EINSTEIN-Oszillators und wurde nach Gl. 3.18 berechnet. Der $\hat{c}_V$-Wert von NO ist bei Zimmertemperatur gegenüber der durchgezogenen Linie etwas erhöht, was an der relativ hohen Energiedifferenz von 174 K zwischen den Komponenten des Feinstruktur-Multipletts liegt (Daten nach [2; 13]).

Bei hohen Temperaturen zeigt sich das quantenmechanische Charakteristikum der Nicht-Unterscheidbarkeit in der *Entropie*, nicht aber in der Energie und in der Wärmekapazität. Die höhere Symmetrie der Moleküle mit identischen Teilchen bewirkt eine geringere Zahl der Terme in der Zustandssumme und damit eine im Vergleich mit dem asymmetrischen Fall *reduzierte* Entropie. Experimentell offenbart sich dies in den in Abbildung 3.14a gezeigten Absolutwerten der molaren Entropie, die sich für symmetrische und asymmetrische Moleküle genau um den Wert $k_B \ln 2$, also um den Symmetriefaktor $z_S = 2$, unterscheiden. In Tabelle 3.1 sind die Rotationstemperaturen und Symmetriefaktoren für eine Reihe von Molekülen zusammengestellt.

Schließlich sind wir nun in der Lage, die beiden in Gln. 1.8 eingehenden System-konstanten $\varkappa_2 = \hat{c}_v/k_B$ und j_2 (chemische Konstante) eines zweiatomigen idealen Ga-ses mit konstanter Wärmekapazität anzugeben:

$$\varkappa_2 = \frac{5}{2}, \qquad j_2 = \frac{z j_{trans}}{z_S \Theta_{rot}} \quad \text{für} \quad \Theta_{rot} \ll T \ll \Theta_{vib}, \Theta_{el} \qquad (3.28)$$

und

$$\varkappa_2 = \frac{7}{2}, \qquad j_2 = \frac{z j_{trans}}{z_S \Theta_{rot} \Theta_{vib}} \quad \text{für} \quad \Theta_{rot}, \Theta_{vib} \ll T \ll \Theta_{el}, \qquad (3.29)$$

wobei Θ_{el} die charakteristische Temperatur der elektronischen Freiheitsgrade des Mo-leküls und z die Multiplizität des molekularen Grundzustands ist.

3.6 Innere Freiheitsgrade von Atomen

Die Atome besitzen selbstverständlich auch innere Freiheitsgrade. Im einfachsten Mo-dell, welches nur die orbitalen Freiheitsgrade der Elektronen berücksichtigt, erwar-tet man zunächst, dass die entsprechenden Energiedifferenzen deutlich oberhalb der Zimmertemperatur liegen. Berücksichtigt man jedoch auch den Elektronen-Spin und die *Feinstruktur* der atomaren Zustände, so findet man auch sehr kleine Anregungs-energien. Daher können bei vielen Atomen auch deren innere Freiheitsgrade bereits bei Zimmertemperatur thermisch angeregt sein und zur Standard-Entropie des Gases beitragen. In Tabelle 3.2 sind die Elektronenkonfigurationen für die Hauptgruppen des Periodensystems, einiger Übergangsmetalle sowie einiger der Seltenen Erden zu-sammen mit den niedrigsten Anregungsenergie und den Entartungsgraden[17] angege-ben. Die Termsymbole der Form $^{2S+1}L_J$ fassen die Spinmultiplizität $g_s = 2s + 1$, den Bahndrehimpuls L sowie den Gesamtdrehimpuls J zusammen. Die Entartungsgrade der Elektronenzustände hängen von den Werten der Drehimpulsquantenzahlen ab.

Der Beitrag der inneren Freiheitsgrade der Atome zu den Standard-Werten der mo-laren Entropie sind in Abbildung 3.15a aufgetragen. Besonders einfach liegen die Ver-hältnisse für die ersten beiden Hauptgruppen des Periodensystems sowie für die Edel-metalle. Wie in Abschnitt I-6.2.1 bereits erwähnt, bewirkt der Spinfreiheitsgrad des einzelnen Valenzelektrons bei den Dämpfen der Elemente der ersten Hauptgruppe (H, Li, Na, K, Rb, Cs) und der Edelmetalle (Cu, Ag, Au), dass der atomare Grundzustand doppelt entartet ist. Im Absolutwert der molaren Entropie macht sich dies durch einen zusätzlichen Beitrag von $\hat{s}_{int} = k_B \ln 2$ bemerkbar (siehe Abb. I-6.3). Die Elemente der zweiten Hauptgruppe (Be, Mg, Ca, Sr, Ba, Ra) besitzen dagegen zwei Valenzelektro-nen, welche in einem Spin-Singulett-Zustand ohne Entartung vorliegen, der nicht zur molaren Entropie beiträgt. Der erste angeregte Zustand ist bei all diesen Elementen ein p-Zustand ($L = 1$), der energetisch so weit über dem Grundzustand liegt, dass er bei

---

[17] In der Atomphysik wird der Entartungsgrad auch als *Multiplizität* bezeichnet.

Tab. 3.1. Spektroskopische Daten und charakteristische Temperaturen einiger zweiatomiger Gase (Daten nach [2; 13]).

Molekül	$\hat{m}$ (u)	m_{red} (u)	k_{vib} (cm⁻¹)	ν_{vib} (THz)	R (pm)	$\mathcal{K}$ (N/m)	k_{rot} (cm⁻¹)	$\Delta\varepsilon_{dis}$ (kJ/mol)	$\Delta\varepsilon_{dis}$ (eV)	$\Theta_{rot}^{(spec)}$ (K)	$\Theta_{rot}^{(cal)}$ (K)	$\Theta_{vib}^{(spec)}$ (K)	$\Theta_{vib}^{(cal)}$ (K)	z_S
H_2	2	1	4401	132	74.1	575	60.85	432	4.48	87.6	85.3	6334	5995	2
D_2	4.03	2.015	3115	93.3	74.2	577	30.44	439	4.55	43.8	43.0	4483	4300	2
$^{14}N_2$	28	14	2359	70.7	110	2295	1.9982	945	9.81	2.88	2.92	3395	3352	2
$^{16}O_2$	32	16	1580	47.4	121	1177	1.4456	498	5.17	2.08	2.11	2274	2238	2
$^{19}F_2$	38	19	916.6	27.5	141	470	0.8902	159	1.65	1.28	1.27	1319	1283	2
$^{35}Cl_2$	70.91	35.46	559.7	16.8	199	323	0.244	243	2.52	0.35	0.356	806	801	2
$^{79}Br_2$	159.8	79.9	325.3	9.75	228	246	0.0821	193	2.00	0.118	0.118	468	463	2
$^{127}J_2$	253.8	126.9	214.5	6.43	267	172	0.0374	151	1.57	0.0538	0.054	309	306.4	2
HD	3.02	0.669	–	–	–	–	–	–	–	–	65.96	–	5219	1
$H^{19}F$	20	0.95	4138	124.1	91.68	966	21.0	570	5.91	30.16	30.1	5955	5692	1
$H^{35}Cl$	36.47	0.973	2991	89.7	127.5	516	10.6	432	4.48	15.25	15.34	4304	4160	1
$H^{81}Br$	80.92	0.988	2649	79.4	141.4	412	8.46	366	3.80	12.2	12.18	3812	3680	1
$H^{127}I$	127.9	0.992	2309	69.2	160.92	314	6.43	298	3.09	9.25	9.48	3323	3207	1
$^{12}C^{16}O$	28.01	6.433	2170	25.6	112.8	1902	1.93	1080	11.18	2.815	2.78	3123	3081	1
NO	30.01	7.204	–	–	–	–	–	–	–	2.45	2.45	–	2701	1
JF	146	16.60	–	–	–	–	–	–	–	0.402	0.402	–	869	1
JCl	162.5	27.80	378	–	–	–	–	–	–	0.162	0.162	544	545.4	1
JBr	207	49.10	278	–	–	–	–	–	–	0.081	0.081	400	382.3	1

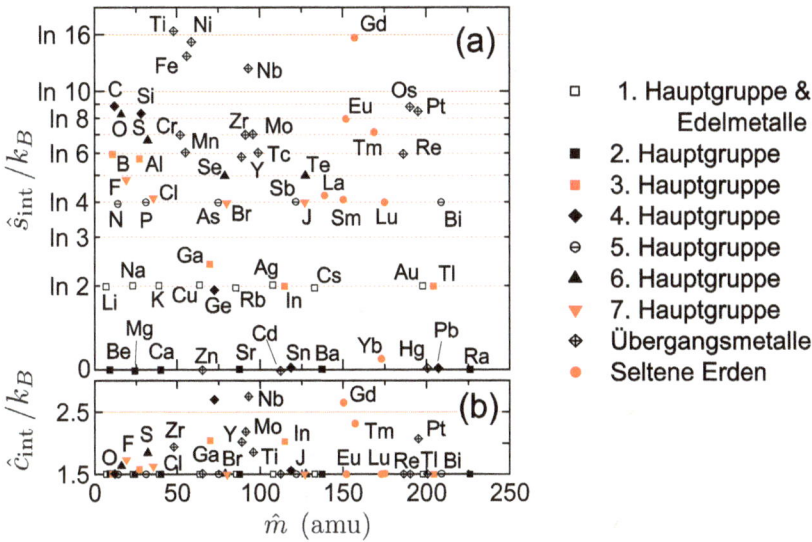

Abb. 3.15. Messwerte der Entropie $\hat{s}_{int}/k_B = (\hat{s}° - \hat{s}°_{trans})/k_B$ der inneren Freiheitsgrade der Elemente im idealen Gaszustand unter Standardbedingungen. Wenn die innere Zustandssumme ausschließlich entartete Zustände enthält, so entspricht $\hat{s}_{int}/k_B T$ dem Logarithmus des Entartungsgrads. Bei einigen Atomen bedingt die aus der Spin-Bahn-Wechselwirkung resultierende Feinstrukturaufspaltung des Grundzustands die Existenz von niedrig liegenden elektronischen Anregungszuständen, die sich in nicht-ganzzahligen Werten der Zustandssumme äußern. Am ausgeprägtesten ist dies bei Ge, Nb und Gd, welche in den atomaren Konfigurationen mit hoher Werten von S und L vorliegen und für die das Maximum der SCHOTTKY-Anomalie in $\hat{c}_V(T)$ (siehe Fig. 2.6b) nahe bei Zimmertemperatur liegt. Andere Elemente, wie C, Fe, oder Os, weichen trotz ihres hohen Entropiewertes in der spezifischen Wärmekapazität nicht wesentlich von $\varkappa = 3/2$ ab, weil die Anregungsenergie deutlich unterhalb Zimmertemperatur liegt (Daten nach [2]).

Zimmertemperatur nicht zur molaren Entropie beträgt. Dies gilt auch für die meisten anderen elektronischen Anregungszustände.

Die fünfte Hauptgruppe (N, P, As, Sb, Bi) und die Übergangsmetalle Cr, Mo sowie Mn, Tc und Re weisen im Grundzustand ebenfalls ein reines Spin-Moment mit $S = 3/2, 5/2, 3$ und den Spin-Multiplizitäten 4, 6 und 7 auf, wohingegen der Bahn-Drehimpuls $L = 0$ ist. Der erste angeregte Zustand ist wieder ein p-Zustand mit hoher Anregungsenergie. Zum großen Teil sind die Werte der inneren Zustandssumme ganzzahlig und spiegeln den Entartungsgrad des atomaren Grundzustands wieder. Allein die *Feinstruktur* des Grundzustandes liefert Energiedifferenzen zwischen Zuständen mit verschiedenen Drehimpulswerten (J), welche mit Zimmertemperatur vergleichbar und damit für die Standardwerte der Entropie und der Wärmekapazität relevant sind. In besonderem Maße gilt dies für die leichten Elemente mit endlichem Bahndrehimpuls, bei denen die für die Feinstrukturaufspaltung verantwortliche Spin-Bahn-Wechselwirkung besonders klein ist. Bei den Hauptgruppen 3, 4 und 6 äußert

Tab. 3.2. Multiplizitäten und einige der Anregungsenergien $\Delta\varepsilon/k_B$ (in K) der drei niedrigsten Quantenzustände einiger Elemente.

Gruppe	GZ					
3. Hauptgruppe	$^2P_{1/2}$	B	Al	Ga	In	Tl
Multiplizität		2, 4	2, 4	2, 4	2	2
$\Delta\varepsilon/k_B$ (K)		–	160.5	–	–	–
4. Hauptgruppe	$^3P_0$	C	Si	Ge	Sn	Pb
Multiplizität		1, 3, 5	1, 3, 5	1, 3	1	1
$\Delta\varepsilon/k_B$ (K)		21.3; 61	111; 321	–	2434	–
5. Hauptgruppe	$^4S_{3/2}$	N	P	As	Sb	Bi
Multiplizität		4	4	4	4	4
6. Hauptgruppe	$^3P_2$	O	S	Se	Te	
Multiplizität		5, 3, 1	5, 3, 1	5	5	
$\Delta\varepsilon/k_B$ (K)		227.5; 326.3	573; 824	–	–	
7. Hauptgruppe	$^2P_{3/2}$	F	Cl	Br	J	
Multiplizität		4, 2	4, 2	4		
$\Delta\varepsilon/k_B$ (K)		581.3	1268	5302	–	
Übergangsmetalle	Cr	Zr	Mo	Mn	Tc	Re
Grundzustand	$^7S_3$	$^3F_2$	$^7S_3$	$^6S_{5/2}$	$^6S_{5/2}$	$^6S_{5/2}$
Multiplizität	7	7	7	6	6	6
Übergangsmetalle	Ti	Nb	Fe	Os	Pt	
Grundzustand	$^3F_2$	$^6D_{1/2}$	$^5D_4$	$^5D_4$	$^3D_3$	
Multiplizität	9,7	–	9,7	9,7	–	
$\Delta\varepsilon/k_B$ (K)	–	598.5	–	–		
Seltene Erden	La	Eu	Gd	Tm	Yb	Lu
Grundzustand	$^2D_{3/2}$	$^8S_{7/2}$	$^9D_2$	$^2F_{7/2}$	$^1S_0$	$^2D_{3/2}$
Multiplizität	4	8	9,7	8	1	4

sich dies in einem kontinuierlichen Abfall der Entropiewerte, weil mit zunehmender Anregungsenergie immer weniger thermische Aktivierung möglich ist.

Die übrigen Beispiele weisen gemischte Zustände mit endlichen L und S auf, bei denen die *Spin-Bahn-Wechselwirkung* für kleine Aufspaltungen von Zuständen mit verschiedenen Gesamtdrehimpulsen J sorgt. Die leichten Elemente zeigen Aufspaltungen im meV-Bereich und sind damit bereits bei Zimmertemperatur thermisch angeregt. Mit zunehmender Kernladungszahl nimmt die Stärke der Spin-Bahn-Wechselwirkung zu, sodass nur der niedrigste Zustand des J-Multipletts zur Zustandssumme beiträgt. Dieser Trend äußert sich in der Abnahme von $\hat{s}_{\text{int}}^{\circ}$ in Abbildung 3.15 beispielsweise für die 3. Hauptgruppe (B, Al, Ga, In, Tl), wo bei In und Tl nur der $J = 1/2$-Zustand sichtbar bleibt, oder bei der 4. Hauptgruppe (C, Si, Ge, Sn, Pb), wo nur ein nicht entartetes Spin-Singulett übrig bleibt. Bei den Elementen, bei denen eine der Anregungsenergien im Bereich der Zimmertemperatur liegt, wie beispielsweise beim Schwefel, ist auch die Wärmekapazität $\hat{c}_v$ deutlich höher als $3k_{\text{B}}/2$. Am höchsten ist der Beitrag der inneren Freiheitsgrade zur molaren Entropie bei den Atomen, bei denen ein hohes Spinmoment mit einem hohen Bahnmoment kombiniert ist, wie Ti ($L = 4$, $S = 2$), Fe ($L = 4$, $S = 2$) oder Gd ($L = 2$, $S = 4$). In diesen Fällen trägt nicht nur der Grundzustand, sondern auch in der Nähe liegende angeregte Zustände mit hoher Multiplizität zur molaren Standard-Entropie bei.

Diese Beispiele illustrieren, dass die spezifische Wärmekapazität einatomiger Gase keineswegs immer $\hat{c}_v = 3k_{\text{B}}/2$ beträgt, wenn die Atome niederenergetische Anregungszustände besitzen. In diesem Fall ist die spezifische Wärmekapazität wie bei den Tunnelzentren in dotierten Salzen (siehe Abschnitt 3.2) durch eine Variante der Schottky-Anomalie gegeben, bei der die Entartungsfaktoren von Grund- und angeregten Zuständen deutlich größer als 1 sein können.

3.7 Zerlegung idealer Gase in Teilsysteme

In diesem Abschnitt wollen wir zeigen, unter welchen Bedingungen sich Gase (allgemeiner: Vielteilchensysteme) im Sinne von Gl. 1.30 und Abschnitt I-7.2 in Teilsysteme zerlegen lassen.

Wir betrachten noch einmal die bereits in Abschnitt I-3.7 diskutierte Temperaturabhängigkeit der Wärmekapazitäten der Gase. Wie in Abb. 3.16 gezeigt, weisen mehratomige Gase einen stufenweisen und zum Teil auch kontinuierlichen Variation der Wärmekapazität auf, die mit dem Gleichverteilungssatz unvereinbar ist. Diese findet eine zwanglose Erklärung, wenn wir annehmen, dass sich der Translationsbeitrag $\hat{c}_v = 3k_{\text{B}}/2$ und die Beiträge der inneren Freiheitsgrade zur Wärmekapazität additiv verhalten. Wie wir in den vorangegangen Abschnitten gesehen haben, resultiert die Temperaturabhängigkeit daher, dass die inneren Anregungen eine Minimalenergie wie ε_{rot} oder ε_{vib} erfordern, die aufgrund der exponentiellen Temperaturabhängigkeit der Boltzmann-Verteilung bei tiefen Temperaturen nicht mehr verfügbar ist (Abb. 3.12).

In Abb. 3.17 sind die experimentellen Werte der Standardentropien der Gase als Funktion der Molmasse aufgetragen. Man erkennt, dass die Entropiewerte auf oder oberhalb der durchgezogenen Linie liegen, welche die chemische Konstante j_{trans} für ein Gas ohne innere Freiheitsgrade entspricht. Die Anpassung eines Potenzgesetzes $j_{\text{trans}} = A\hat{m}^{3/2}$ an deren experimentelle Daten (durchgezogene Linie) liefert den Zah-

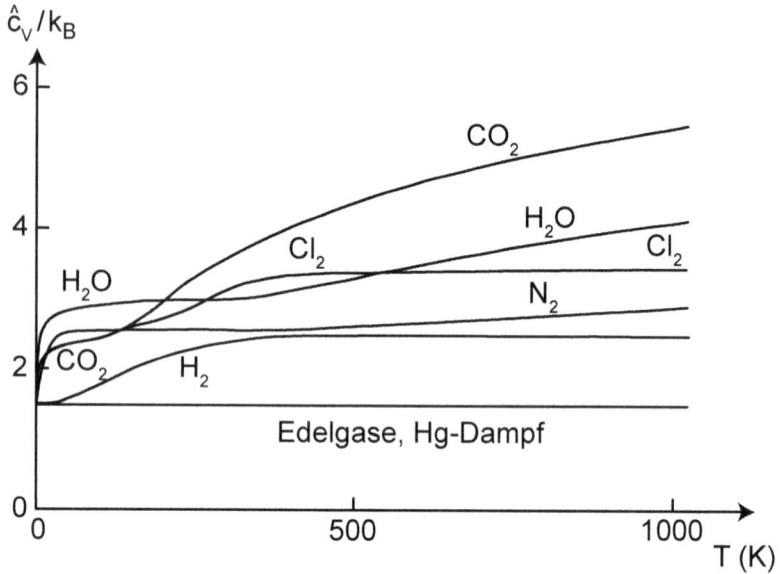

Abb. 3.16. Molare Wärmekapazitäten $\hat{c}_v$ für verschiedene Gase als Funktion der Temperatur. Mit Ausnahme von H_2 sind die Rotationsanregungen der zweiatomigen Moleküle bei Zimmertemperatur bereits voll angeregt. Die Schwingungsanregungen machen sich in vielen Fällen erst bei höheren Temperaturen bemerkbar (nach [15]).

lenwerte der chemischen Konstante[18]

$$j_{\text{trans}}(\hat{m}) = A\hat{m}^{3/2} = \hat{m}^{3/2} \cdot (1.88 \pm 0.01) \cdot 10^{26} \cdot \hat{m}^{3/2} \frac{\text{Teilchen}}{\text{u}^{3/2} \text{ K}^{3/2} \text{ m}^3}$$

(3.30)

$$j_{\text{trans}}^{*}(\hat{m}) = j_{\text{trans}}/N_A = \hat{m}^{3/2} \cdot (312 \pm 1) \frac{\text{mol}}{\text{u}^{3/2} \text{ K}^{3/2} \text{ m}^3} \, ,$$

den wir im Folgenden theoretisch verstehen wollen.

Die Abweichungen der Entropiewerte von dieser Linie entspricht dem Beitrag der inneren Freiheitsgrade zur molaren Entropie. Im einfachsten Fall (gestrichelte Linie) ist dies der Beitrag $k_B \ln 2$ eines ungepaarten Elektronen- oder Kernspins zur molaren Entropie. Bei den Molekülen und komplexeren Atomen liegen größere Abweichungen durch die Schwingungs-, Rotations-, und elektronischen Beiträge vor, die wir in den vorangegangenen Abschnitten im Einzelnen besprochen haben. Insgesamt lässt sich also Ordnung in die auf den ersten Blick zufällig verteilten Entropiewerte in Abb. 3.17 bringen, wenn die jeweils relevanten Energieskalen berücksichtigt werden.

Die quantitative Übereinstimmung der experimentellen Daten der zweiatomigen Gase mit den Ergebnissen der in den vorangegangenen Abschnitten dargestellten einfachen Modellrechnungen zeigt also, dass wir die Energie, die Wärmekapazität und

---

18 Dabei wird $\hat{m}$ in Atommasseneinheiten gemessen: $1 \text{ u} \,\hat{=}\, 1.6605 \cdot 10^{-27}$ kg/Teilchen = 1 g/mol .

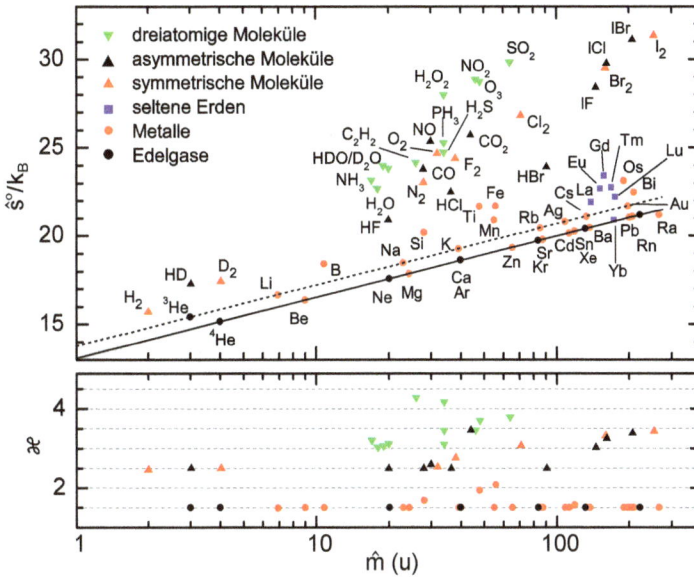

Abb. 3.17. Oben: Experimentelle Werte der molaren Entropien $\hat{s}°$ verschiedener Gase unter Standardbedingungen (bei $T° = 298\,\text{K}$ und $p° = 1013\,\text{mbar}$) als Funktion des Atom- oder Molekülgewichts. Die Linien entsprechen $j = A\hat{m}^{3/2}$ (durchgezogen) und $j = 2A\hat{m}^{3/2}$) (gestrichelt). Unten: Gemessene $\varkappa$-Werte dieser Gase. Für die einatomigen Gase ist $\varkappa = 3/2$ (Daten aus [2]).

die Entropie pro Teilchen $\hat{s}$ eines ein- oder zweiatomigen Gases in mehrere Summanden zerlegen können:

$$\hat{s} = \hat{s}_{\text{trans}} + \hat{s}_{\text{int}} = \hat{s}_{\text{trans}} + \hat{s}_{\text{rot}} + \hat{s}_{\text{vib}} + \hat{s}_{\text{el}} \,.$$

Dabei ist $\hat{s}_{\text{trans}}$ der Translationsbeitrag und $\hat{s}_{\text{int}}$ der Beitrag der inneren Anregungen zur molaren Entropie. Der Beitrag der inneren Freiheitsgrade setzt sich additiv aus Rotations-, Vibrations- und den elektronischen[19] Anteil $\hat{s}_{\text{el}}$ zusammen, sofern das Molekül als *starrer* Rotator approximierbar ist und damit die Rotations- und Vibrations- und elektronischen Freiheitsgrade als wechselwirkungsfrei und voneinander unabhängig angesehen werden können.[20] Dann lassen sich auch die molare Energie $\hat{e}$ und die molare freie Energie $\hat{f}$ in analoge Summanden separieren:

$$\hat{f} = \hat{f}_{\text{trans}} + \hat{f}_{\text{int}} = \hat{f}_{\text{trans}} + \hat{f}_{\text{rot}} + \hat{f}_{\text{vib}} + \hat{f}_{\text{el}} \,.$$

---

19 Wie wir gesehen haben, ist der elektronische Beitrag bei nicht zu hohen Temperaturen durch den Gesamtdrehimpuls $J = L + S$ bestimmt.

20 Bei starker Anregung der Schwingungsfreiheitsgrade, das heißt bei Temperaturen $k_B T \gg \hbar\omega$, bricht diese Approximation zusammen, da in diesem Fall der Atomabstand und damit das Trägheitsmoment J des Moleküls mit T *zunimmt*. In diesem Fall erhält man einen Kopplungsterm zwischen Rotations- und Vibrations-Freiheitsgraden, der Rotator kann nicht länger als *starr* angesehen werden (Anhang E). Dies macht sich in den Spektren durch nicht-äquidistante Linien bemerkbar.

Damit können wir das System „ideales Gas" in zwei Teilsysteme, nämlich das System der *Translationsfreiheitsgrade* mit der freien Energie (siehe Gl. 1.16 und Abschnitt I-6.2.2)

$$\hat{f}_{trans}(T, V/N) = \hat{e}_{0,trans} - k_B \ln\left[\left(\frac{j_{trans} V T^{3/2}}{N}\right) + 1\right],$$ (3.31)

sowie das System der *inneren Freiheitsgrade* mit

$$\hat{f}_{int} = -k_B T \ln Z_{int}(T)$$ (3.32)

zerlegen.[21] Das System der inneren Freiheitsgrade zerfällt wiederum in die Systeme „Rotations-Anregungen", „Schwingungs-Anregungen" und „Elektronische Anregungen". Der Addition der freien Energien der inneren Freiheitsgrade bei der Systemzusammensetzung spiegelt sich in der Multiplikation der entsprechenden Zustandssummen wider:

$$Z_{int}(T) = Z_{rot}(T) \cdot Z_{vib}(T) \cdot Z_{el}(T) .$$ (3.33)

Ebenso könnten wir noch den Beitrag des Kernspins hinzufügen, den wir hier aber ignorieren, weil er nur in wenigen Fällen experimentell sichtbar wird.[22]

Zusammenfassend halten wir fest, dass die Verallgemeinerung des in Gl. 1.16 (Abschnitt I-6.2.2) angegebenen Ausdrucks für die freie Energie idealer Gase mit konstanter Wärmekapazität auf mehratomige ideale Gase durch die Ergänzung der Zustandssumme Z_{int} der inneren Freiheitsgrade der Moleküle im Argument des Logarithmus erfolgt:

$$F(T, V, N) = E_0 - N k_B T \left\{\ln\left(\frac{j_{trans} V T^{3/2}}{N} \cdot Z_{int}(T)\right) + 1\right\}$$ (3.34)

Die besprochenen Beispiele für innere Anregungen wie Rotationen, Schwingungen oder elektronische Anregungen, lassen sich (bis auf Korrekturen durch die intermolekularen Wechselwirkungen) aufgrund des mikroskopischen Ausdrucks $j(T) := j_{trans} Z_{int}(T)$ für die (verallgemeinerte) chemische „Konstante" mit dem quantitativ korrekten Absolutwert der Entropie beschreiben.

Die Temperaturabhängigkeit aller thermodynamischen Größen der Gase kann nun quantitativ verstanden werden, da die hierzu notwendigen Systemkonstanten, wie ε_{rot} oder ε_{vib}, mit Hilfe der Molekülspektroskopie unabhängig zu beschaffen sind. Diese Ergebnisse sind von großer Bedeutung für die theoretische Vorhersage der Gleichgewichtskonstanten chemischer Reaktionen in Gasgemischen (siehe Abschnitt

---

21 Für Gase aus *relativistischen* Teilchen ist eine solche Separation von „inneren" und Translationsfreiheitgraden allerdings nicht möglich.

22 Die Kernspin-Beiträge sind für kalorimetrische Experimente im Allgemeinen unzugänglich, weil sie mit wenigen Ausnahmen erst bei extrem tiefen Temperaturen in Nano- und Pikokelvin-Bereich ausfrieren. Wichtige Ausnahmen sind Wasserstoff (H_2) und das Isotop ^{3}He mit dem Kernspin 1/2 pro Atom sowie schwerer Wasserstoff (D_2), mit dem Kernspin 1 pro Atom.

I-7.7). Die Anwendung dieser Prinzipien stellte einen Durchbruch für die physikalische Chemie dar.

Das Gesamtsystem befindet sich im *inneren* Gleichgewicht, wenn die Untersysteme miteinander im Gleichgewicht stehen, das heißt alle intensiven Größen der Untersysteme dieselben Werte haben. Letzteres ist allerdings nicht notwendig – der experimentelle Beweis der Zerlegbarkeit eines Systems besteht darin, zu zeigen, dass das innere Gleichgewicht zwischen den Teilsystemen gestört werden kann. Die physikalischen Größen der Teilsysteme können somit unabhängig voneinander variiert werden.[23]

Im folgenden Abschnitt wollen wir nun die Systeme der Spin-, Rotations- und Vibrationszustände weiter zerlegen. Dazu nutzen wir aus, dass die Messwerte der Energie, Wärmekapazität und Entropie *pro Teilchen* sehr gut mit den Ergebnissen der Modellrechnungen für einen *einzelnen* Rotator, Oszillator oder Einzelspin übereinstimmen. Offenbar ist es möglich, einen Rotator, Oszillator oder Einzelspin repräsentativ für alle Moleküle des Gases herauszugreifen und die thermodynamischen Eigenschaften des Gesamtsystems der Rotationszustände aller Moleküle des Gases durch Multiplikation mit der Teilchenzahl N zu erhalten. Dies ist nicht überraschend, denn wir erwarten, dass sich das System der inneren Anregungen der Gasteilchen aus denen seiner elementaren Konstituenten – den Atomen oder Molekülen – aufbauen lässt.

Auf diese Weise wollen wir versuchen, der geläufigen Anschauung, dass das System „ideales Gas" in demselben Sinne aus „Teilchen" bestehe, wie ein Sandhaufen aus Sandkörnern besteht, eine präzise Bedeutung zu geben, indem wir das Gas in Teilsysteme mit *einem* Teilchen[24] *zerlegen* und so „Teilchen" als die elementaren Bausteine der Materie identifizieren. In gewissem Sinne verbirgt sich hinter der Eigenschaft der Zerlegbarkeit die *Homogenität* des Gesamtsystems (Abschnitt 1.1), welche es erlaubt, eine beliebige Teilmenge des Gases als repräsentativ für das gesamte Gas aufzufassen. Die „Atomistik" erhalten wir dann aus der Annahme, dass N nur die *quantisierten* Werte $0, 1, 2, 3, \ldots$ annehmen kann.

Hier zeigt sich, dass zwei konzeptionell sehr verschiedene Sichtweisen der Teilchenzahl N existieren:

Zum einen wird N als diskrete dimensionslose *Stückzahl* von Teilsystemen aufgefasst, zum anderen haben wir N bisher als physikalischen Größe mit einem konti-

---

23 Werden beispielsweise gleiche Mengen ^{3}He-Gas auf der Temperatur T_1 und ^{4}He-Gas auf der Temperatur T_2 (irreversibel) miteinander gemischt, so kommt das System der Translationsanregungen wegen der sehr schwachen Kopplung der Kernspins an die Umgebung sehr viel schneller ins thermische Gleichgewicht, als das Kernspin-System. Dann ist die Temperatur des Spinsystems für Zeitspannen von der Größenordnung der Kernspin-Bahn-Relaxationszeit höher als die Temperatur des Systems der Translationsanregungen. Wegen der bei Zimmertemperatur völlig vernachlässigbaren (warum?) Wärmekapazität des Spinsystems macht sich die Angleichung der Spin- an die Translationstemperatur allerdings nicht in der Gleichgewichtstemperatur bemerkbar.
24 Dies sind Systeme, welche durch eine Einteilchen-SCHRÖDINGER-Gleichung beschrieben werden.

nuierlichen Wertevorrat und einer Einheit („Mol" oder „Teilchen") angesehen. Dieser Gegensatz ist letztlich nicht zu überbrücken – man muss sich für eine dieser beiden Auffassungen entscheiden. Da wir in den nachfolgenden Abschnitten sehen werden, dass die Eigenschaft der Nichtunterscheidbarkeit die Zerlegung eines Gases in N statistisch unabhängige Einteilchen-Systeme unmöglich macht, werden wir uns in dieser Darstellung ab Kapitel 4 für die zweite Alternative entscheiden.

3.8 Zusammengesetzte Quantensysteme

Auf der Basis der betrachteten Beispiele können wir jetzt die folgende allgemeine Definition der Zerlegbarkeit eines Quantensystems in *unabhängige Teilsysteme* im Sinne des allgemeinen Systembegriffs in Abschnitt I-7.2 geben. Dabei gehen wir davon aus, dass die Zustandsmenge eines Quantensystems durch einen Vektorraum mit der orthonormalen Basis $\{\psi_1, \psi_2 ...\}$ von Zuständen beschrieben wird.

! **Definition:** Zwei Quantensysteme mit den stationären Zuständen $\{\psi_1^A, \psi_2^A, ...\}$ und $\{\psi_1^B, \psi_2^B, ...\}$ sowie den zugehörigen Energie-Eigenwerten $\{\varepsilon_1^A, \varepsilon_2^A, ...\}$ und $\{\varepsilon_1^B, \varepsilon_2^B, ...\}$ heißen unabhängig (unterscheidbar) und wechselwirkungsfrei, wenn die Energie-Eigenwerte des zusammengesetzten Systems durch $\varepsilon_{ij} = \varepsilon_i^A + \varepsilon_j^B$ gegeben sind und keine Einschränkungen bezüglich der Kombinationen von i und j bestehen.

Mathematisch bedeutet dies, dass der Zustandsraum des zusammengesetzten Systems das *Tensor-Produkt* $\mathcal{AB} = \mathcal{A} \otimes \mathcal{B}$ der Zustandsräume $\mathcal{A}$ und $\mathcal{B}$ der Teilsysteme A und B ist. Die Zustandssumme des aus den Teilsystemen A und B zusammengesetzten Systems AB lautet dann:

$$Z^{(AB)} = \sum_{i,j} \exp\left(-\frac{\varepsilon_i^A + \varepsilon_j^B}{k_B T} \right) = \sum_{i} \exp\left(-\frac{\varepsilon_i^A}{k_B T} \right) \cdot \sum_{j} \exp\left(-\frac{\varepsilon_j^B}{k_B T} \right)$$

$$= Z^{(A)} \cdot Z^{(B)} . \tag{3.35}$$

Vom Standpunkt der Wahrscheinlichkeitsrechnung aus (siehe Anhang G) bedeutet die Zerlegbarkeit eines Systems in unabhängige Teilsysteme, dass die Zustandssumme des Gesamtsystems in die Zustandssummen der Teilsysteme *faktorisierbar* ist, wie wir dies am Beispiel der inneren Anregungen von Gasen bereits gesehen haben (Gl. 3.33).

Wenn die Zustandssumme faktorisiert werden kann, bedeutet dies, dass die Wahrscheinlichkeiten der Zustände der Teilsysteme voneinander statistisch unabhängig sind. Dies beinhaltet auch, dass keine Korrelationen zwischen zwei Zufallsvariablen X_A und X_B der Teilsysteme A und B vorhanden sind. Mathematisch bedeutet dies, dass der Mittelwert des Produkts $\delta X_A \cdot \delta X_B$ der Abweichungen $\delta X = X - \langle X \rangle$ von den

Mittelwerten $\langle X \rangle$ stets verschwindet:

$$\langle \delta X_\text{A} \cdot \delta X_\text{B} \rangle = 0 \, .$$

In Einklang mit unseren Überlegungen in Abschnitt I-7.2 spiegelt sich die Möglichkeit der Zerlegung eines gegebenen Systems also darin wider, dass sich seine MASSIEU-GIBBS-Funktionen, zum Beispiel die freie Energie, zumindest approximativ in unabhängige Summanden zerlegen lassen. Ein Quantensystem ist in unabhängige Teilsysteme zerlegbar, wenn gilt:

$$F_\text{AB} = -k_\text{B} T \ln \left(Z^{(\text{AB})} \right) = -k_\text{B} T \ln \left(Z^{(\text{A})} \cdot Z^{(\text{B})} \right)$$
$$= -k_\text{B} T \ln Z^{(\text{A})} - k_\text{B} T \ln Z^{(\text{B})} = F_\text{A} + F_\text{B} \, . \tag{3.36}$$

Bisher haben wir für die inneren Freiheitsgrade die gemessene Entropie pro Teilchen mit der Entropie *eines einzelnen* Rotators, Vibrators und Elektronen-Gesamtdrehimpulses betrachtet. Um den Beitrag S_int der inneren Freiheitsgrade zum Entropieinhalt einer gewissen Gasmenge der Teilchenzahl N zu erhalten, müssen wir mit N multiplizieren:

$$S_\text{int} = N \cdot \hat{s}_\text{int} \, .$$

Analog gilt für die freie Energie F_int des N-Teilchen-Systems:

$$F_\text{int} = -k_\text{B} T \ln Z_\text{int}^{(N)}(T) = N \cdot \hat{f}_\text{int} = -N k_\text{B} T \ln Z_\text{int}^{(1)}(T) \, ,$$

wobei $Z_\text{int}^{(N)}(T) = \left(Z_\text{int}^{(1)}(T) \right)^N$ und $Z_\text{int}^{(1)}(T)$ die Zustandssummen des N- und des 1-Teilchens-Systems sind. Das System der inneren Freiheitsgrade lässt sich also in N-Teilsysteme entsprechend den N Teilchen des Gases zerlegen.[25] In dieser Betrachtung wird offensichtlich, dass physikalische Systeme *Mengen*[26] *von Zuständen*, nämlich die Menge der möglichen Spin-, Rotations-, Vibrations- oder Translations-Zustände, repräsentieren. Entsprechend würde man erwarten, dass sich die freie Energie der Translationsfreiheitsgrade in N Einteilchen-Zustandssummen von der in Gl. 3.39 gegebenen Form faktorisieren lässt. Dieser Erwartung werden wir im nachfolgenden Abschnitt nachgehen.[27]

---

[25] Hier wird also die stillschweigende Annahme gemacht, dass die thermischen Fluktuationen der inneren Freiheitsgrade der verschiedenen Atome des Gases voneinander statistisch unabhängig sind. Bei niedrigen Dichten, also in der Gasphase, ist diese Annahme sicher gerechtfertigt, bei Flüssigkeiten oder überkritischen Dichten in der Regel nicht.

[26] Hier sind Mengen im Sinne der Mathematik (Mengenlehre) gemeint.

[27] Alternativ lässt sich ein Gas aus Atomen mit $r - 1$ Angeregungszuständen als ein *Gemisch* von r *Elementar*-Gasen mit $\varkappa = 3/2$ auffassen, welche sich durch den inneren Zustand der Atome unterscheiden und untereinander im chemischen Gleichgewicht stehen. Thermodynamisch unterscheiden sich diese Gase nur in der Molmasse $\hat{m}_i = \hat{m}_0 + \varepsilon_i / c^2$ und damit (geringfügig) in den chemischen Konstanten. Ganz analog zu der Betrachtung für Spinsysteme in Abschnitt 2.3 resultiert die BOLTZMANN-Verteilung

Neben den Gasen lassen sich zur Illustration der System-Zerlegung auch die *lokalisierten* Spins in paramagnetischen Festkörpern heranziehen. Der HAMILTON-Operator $\mathcal{H} - \mathcal{M}B_{\text{ext}}$ eines N-Spinsystems im Magnetfeld lässt sich in die Beiträge der Einzelspins zerlegen:

$$\mathcal{H}_{\text{spin}} - \mathcal{M}\boldsymbol{B}_{\text{ext}} = -\sum_j \hat{m}_z^{(j)} B_{\text{ext}} = -N\hat{m}_z B_{\text{ext}} \,,$$

solange Wechselwirkungen zwischen den Spins vernachlässigbar sind. Die Zustandssumme des Einzelspins lautet nach Abschnitt 2.3:

$$Z_{\text{spin}}^{(1)} = 2\cosh\left(\frac{\mu_B B_{\text{ext}}}{k_B T}\right) \,.$$

Sind T und B_{ext} für alle Einzelspins gleich, so resultiert aus dem Produkt der Zustandssummen aller Einzelspins

$$Z_{\text{spin}}^{(N)} = \left(Z_{\text{spin}}^{(1)}\right)^N = \left[\, 2\cosh\left(\frac{\mu_B B_{\text{ext}}}{k_B T}\right)\right]^N$$

die (magnetische) freie Energie des Gesamtsystems:

$$\mathcal{F}_{\text{spin}} = N \cdot \hat{f}_{\text{spin}}^{(1)} = -Nk_B T \ln Z_{\text{spin}}^{(1)} \,.$$

Selbstverständlich steht es uns frei, die N Spins in zwei Untergruppen von N_A und N_B Spins mit *unterschiedlichen* Temperaturen T_A und T_B zu zerlegen. Analog zu unserer elementaren Betrachtung in Abschnitt I-2.9 können wir fragen, welche Endtemperatur resultiert, wenn wir beide Systeme in thermischen Kontakt bringen, und wieviel Entropie dabei erzeugt wird.

3.9 Die Translationsfreiheitsgrade eines idealen Gases

Nehmen wir im Rahmen unserer bisherigen Modellvorstellungen an, dass sich ein ideales Gas in N Teilsysteme vom Typ „Freier Körper" zerlegen lässt, so liegt es nahe, als ersten Schritt die Zustandsumme eines *einzelnen* Teilchens in einem quaderförmigen Kasten mit den Kantenlängen L_x, L_y, L_z und dem Volumen $V = L_x L_y L_z$ zu

---

aus der Annahme *chemischen* Gleichgewichts zwischen den Teilgasen. In reaktiven Gasgemischen entsprechen die verschiedenen Reaktionspartner (zum Beispiel H_2 und atomarer Wasserstoff) den gebundenen und dissoziierten Zuständen des Systems „gasförmiger Wasserstoff (Abbildung 2.1 und Aufgabe 3.9)". Wir erkennen, dass die chemische Reaktion „thermische Dissoziation von Wasserstoff" und ebenso die thermische Ionisierung sich ganz natürlich als Quantenübergang zwischen den gebundenen und den Streuzuständen der H-Moleküle, beziehungsweise der H-Atome verstehen lässt. Es bedarf daher nur einer geringen Abstraktion, *jeden* Quantenübergang als chemische Reaktion und damit Systeme in unterschiedlichen Quantenzuständen als verschiedene Stoffe aufzufassen.

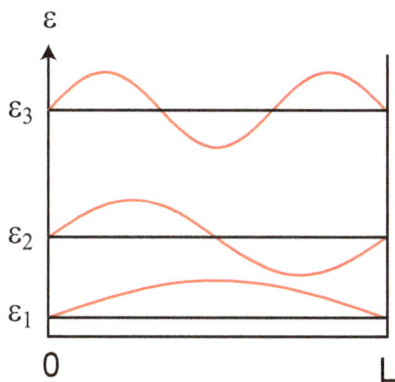

Abb. 3.18. Wellenfunktionen und Energieniveaus ε_l eines freien Teilchens in einem Kasten. Bei endlicher Größe des Kastens sind die möglichen Energien aufgrund der Randbedingungen diskret.

berechnen. Die stationären (zeitunabhängigen) Zustände $|\mathbf{k}\rangle$ des Teilchens sind stehende Wellen[28] (Abb. 3.18) mit den Wellenfunktionen

$$\psi_{\mathbf{k}}(\mathbf{x}) = \langle \mathbf{x}|\mathbf{k}\rangle = \frac{1}{\sqrt{V}} \exp(i\mathbf{k}\mathbf{x})$$

mit dem Wellenvektor $\mathbf{k} = (k_x, k_y, k_z)$. Bei periodischen Randbedingungen[29] für die Wellenfunktionen ergeben sich als erlaubte Wellenvektoren und zugehörige Energie-Eigenwerte

$$\mathbf{k}_{lmn} = \frac{2\pi}{L} \begin{pmatrix} l \\ m \\ n \end{pmatrix} \quad \text{und} \quad \varepsilon_{lmn} = \varepsilon_0 + \frac{(\hbar \mathbf{k}_{lmn})^2}{2\hat{m}} \,,$$

wobei l, m und n ganze Zahlen sind und $\hat{m}$ die Masse pro Teilchen ist.[30] In der Zustandssumme macht sich eine von Null verschiedene Ruhenergie durch einen zusätzlichen Faktor $\exp(-\varepsilon_0/k_B T)$ bemerkbar, der eine Erhöhung der Größen $\hat{e}, \hat{h}, \hat{f}$ und μ um den Wert ε_0 bewirkt.

Wie in Abb. 3.19a illustriert, liegen die Energie-Eigenwerte ε_{lmn} für makroskopische Volumina extrem eng beieinander. Aus diesem Grund ist ähnlich wie beim „klas-

---

28 Die räumliche Konstanz der Aufenthaltswahrscheinlichkeit $|\psi_{\mathbf{k}}|^2 = 1/V$ einer ebenen Welle impliziert, dass die Teilchen gleichmäßig über das gesamte Volumen V *delokalisiert* sind.

29 Man unterscheidet feste und periodische Randbedingungen. Bei den in der Abb. 3.18 gezeigten festen Randbedingungen ($\psi(0) = \psi(L) = 0$) sind die Wellenfunktionen reell (und daher leichter zu zeichnen). Bei periodischen Randbedingungen ergeben sich auch laufende Wellen, mit positiven und negativen Wellenvektoren. Wegen des Superpositionsprinzips (mit komplexen Koeffizienten) ist der Zustandsraum für beide Typen von Randbedingungen jedoch praktisch identisch.

30 Zur Vereinfachung der Schreibweise wird im folgenden gelegentlich nur die kinetische Energie der Gasteilchen berücksichtigt und die Ruhenergie ε_0 ignoriert. Es gibt jedoch eine Reihe von Situationen in denen berücksichtigt werden muss, dass ε_0 von Null verschieden ist (chemische Reaktionen, Halbleiter, Nanostrukturen...).

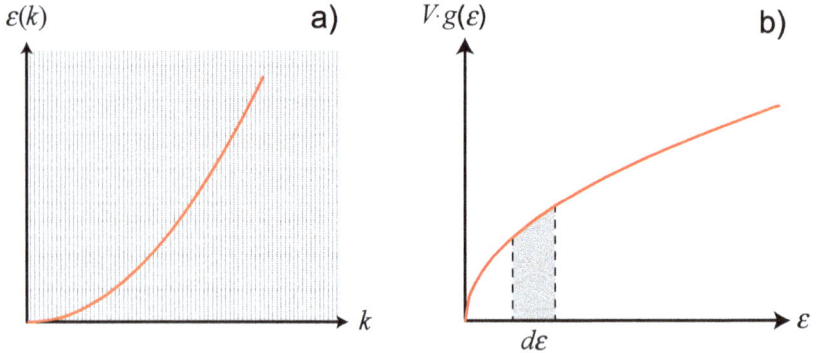

Abb. 3.19. a) Dispersionsrelation nicht-relativistischer freier Teilchen der Masse $\hat{m}$. Die erlaubten k-Werte sind durch gestrichelte Linien angedeutet. b) Zugehörige Zustandsdichte auf der Energieskala. Im Energieintervall $d\varepsilon$ befinden sich $g(\varepsilon) \cdot V \cdot d\varepsilon$ Zustände (grau hinterlegte Fläche).

sischen" Rotator (siehe Abschnitt 3.5) eine Kontinuumsnäherung zulässig:

$$\sum_{k_x,k_y,k_z} = \frac{L_x L_y L_z}{(2\pi)^3} \int_{-\infty}^{+\infty} d^3k = \frac{V}{(2\pi)^3} \int_0^\infty 4\pi k^2 dk \tag{3.37}$$

Der beim Übergang auftretende Faktor $V/(2\pi)^3$ stellt die Dichte der erlaubten Zustände im Raum der Wellenvektoren (kurz: $\boldsymbol{k}$-Raum) dar. Glücklicherweise ist der Grenzübergang zum Kontinuum bei hinreichend großen Volumina nicht an die Quaderform gebunden, da die Zahl der möglichen Zustände nur vom Volumen abhängt. Als nächstes nutzen wir aus, dass die Funktion $\varepsilon(\boldsymbol{k})$ nur vom Betrag und nicht von der Richtung von $\boldsymbol{k}$ abhängt und substituieren $k = |\boldsymbol{k}|$ durch ε:

$$k(\varepsilon) = (k_x^2 + k_y^2 + k_z^2)^{1/2} = \frac{1}{\hbar}\sqrt{2\hat{m}(\varepsilon - \varepsilon_0)},$$

$$dk = \frac{1}{\hbar}\frac{2\hat{m}}{2\sqrt{2\hat{m}(\varepsilon - \varepsilon_0)}}\,d\varepsilon = \frac{1}{\hbar}\sqrt{\frac{\hat{m}}{2(\varepsilon - \varepsilon_0)}}\,d\varepsilon\,.$$

Fassen wir dann alle Faktoren im Integranden von Gl. 3.37 zusammen, so erhalten wir:

$$\frac{1}{2\pi^2}k^2 dk = \frac{2\hat{m}(\varepsilon - \varepsilon_0)}{2\pi^2\hbar^3}\sqrt{\frac{\hat{m}}{2(\varepsilon - \varepsilon_0)}}\,d\varepsilon = \frac{\hat{m}^{3/2}}{\sqrt{2}\pi^2\hbar^3}\sqrt{\varepsilon - \varepsilon_0}\,d\varepsilon$$

Damit können wir die Summe über alle Zustände näherungsweise durch das folgende Integral ersetzen:

$$\sum_{k_x,k_y,k_z} \hat{=} V \cdot \int_{\varepsilon_0}^\infty d\varepsilon\, g(\varepsilon) \quad \text{wobei} \quad g(\varepsilon) = \frac{\hat{m}^{3/2}}{\sqrt{2}\pi^2\hbar^3}\sqrt{\varepsilon - \varepsilon_0}\,. \tag{3.38}$$

Die Funktion $g(\varepsilon)$ nennt man die *Zustandsdichte*. Sie ist für unser Beispiel in Abb. 3.19b skizziert. Sie bezeichnet die Zahl der Einteilchenzustände im Energieintervall $d\varepsilon$ pro Volumen.[31] Sie stellt eine Verallgemeinerung des Entartungsfaktors g_l auf das Kontinuum dar und wird uns von nun an sehr häufig begegnen, weil sie bei der Berechnung aller möglichen thermodynamischen Größen auftritt.

Jetzt können wir die Translations-Zustandssumme für *ein* Teilchen im Kasten berechnen und erhalten unter Verwendung der Γ-Funktion (Anhang C):

$$Z^{(1)}_{\text{trans}}(T, V) = \frac{V}{\sqrt{2}\pi^2} \left(\frac{\hat{m}k_{\text{B}}T}{\hbar^2} \right)^{3/2} \exp\left(-\frac{\varepsilon_0}{k_{\text{B}}T} \right) \underbrace{\int_0^\infty \sqrt{x}\exp(-x)\,dx}_{\Gamma(3/2)=\sqrt{\pi}/2} \tag{3.39}$$

$$= V \left(\frac{\hat{m}k_{\text{B}}T}{2\pi\hbar^2} \right)^{3/2} \cdot \exp\left(-\frac{\varepsilon_0}{k_{\text{B}}T} \right)$$

$$= \frac{V}{(\lambda_T)^3} \cdot \exp\left(-\frac{\varepsilon_0}{k_{\text{B}}T} \right), \tag{3.40}$$

wobei die Größe

$$\lambda_T = \frac{2\pi\hbar}{\sqrt{2\pi\hat{m}k_{\text{B}}T}} \tag{3.41} \quad \blacksquare$$

die Wellenlänge von Teilchen mit der Energie $k_{\text{B}}T$ angibt und daher die *thermische* DE BROGLIE-*Wellenlänge* genannt wird. Für N_2 bei 300 K erhält man beispielsweise $\lambda_T \approx 2 \cdot 10^{-11}$ m. Unter *Standardbedingungen* ist λ_T bei Atom- und Molekülgasen viel kleiner als der mittlere Teilchenabstand:

$$\lambda_T \gg \hat{v}^{1/3} .$$

Die mittlere Energie bekommen wir wieder durch Ableiten von $\ln Z^{(1)}_{\text{trans}}(T)$ nach T:

$$\hat{e}_{\text{trans}}(T) = k_{\text{B}}T^2 \frac{d}{dT} \ln\left[T^{3/2} \exp\left(-\frac{\varepsilon_0}{k_{\text{B}}T} \right) \right] = \varepsilon_0 + \frac{3}{2} k_{\text{B}}T .$$

Damit haben wir auch für diesen Fall das Resultat des Gleichverteilungssatzes Gl. I-3.10 aus Abschnitt I-3.4 bestätigt.

Die naheliegende Frage, ob sich auch die Entropie pro Teilchen $\hat{s}_{\text{trans}}$ durch die Einteilchen-Zustandssumme (Gl. 3.40) ausdrücken lässt, führt auf überraschende Komplikationen. Im nächsten Abschnitt werden wir feststellen, dass die Zerlegung eines Gases in *unabhängige Teilchen* wesentlich weniger trivial ist, als dies der bisherige Erfolg unserer atomistischen Modelle erwarten lässt.

---

31 Manche Autoren schlagen das Volumen auch der Zustandsdichte zu, anstatt sie vor das Integral zu ziehen. In der Thermodynamik ist das aber ungünstig, weil die Volumenabhängigkeit besser explizit gemacht werden sollte.

3.10 Das „klassische" ideale Gas

Kein anderes Begriffspaar wird in der Physik so inflationär verwendet wie die Worte „klassisch" und „quanten-…". Entsprechend stark schwankt die Bedeutung dieser Begriffe in den verschiedenen Zusammenhängen. Im letzten Abschnitt haben wir drei Beispiele für die „klassische" Statistik, nämlich die Systeme „Polymer-Molekül", „Rotator" und „Oszillator" im Grenzfall $T \gg \Theta_{\text{rot}}, \Theta_{\text{vib}}$ besprochen. Im folgenden Abschnitt wollen wir eine erste quantenmechanische Behandlung der Translationsfreiheitsgrade des idealen Gases versuchen. Es wird sich herausstellen, dass sich die quantenmechanische Eigenschaft der *Nichtunterscheidbarkeit* nur „von Hand" in die Theorie einbauen lässt. Im Grenzfall hoher Temperaturen ergeben sich aber trotzdem die korrekten Zustandsgleichungen des idealen Gases. Aus diesem Grund wird der Hochtemperaturbereich des idealen Gases ebenfalls der „klassische" Bereich genannt.

Wir untersuchen nun die Frage, ob sich die Zustandssumme der *Translationsanregungen* eines idealen Gases in derselben Weise wie die Zustandsumme der inneren Freiheitsgrade in N Einteilchen-Zustandssummen faktorisieren lässt. Da sich der Hamiltonoperator eines Systems mit N freien Teilchen

$$\mathcal{H} = \sum_{i=1}^{N} \frac{\mathbf{P}_i^2}{2\hat{m}} = \sum_{i=1}^{N} \mathcal{H}_i \tag{3.42}$$

in eine Summe von N HAMILTON-Operatoren für jeweils ein freies Teilchen zerlegen lässt, haben wir aufgrund des bisherigen Erfolgs dieses Modells allen Anlass zu erwarten, dass dies möglich ist. Daher machen wir versuchsweise den *Ansatz*

$$Z^{(N)} \overset{?}{=} \left(Z^{(1)}\right)^N = \left(\frac{V}{\lambda_T^3}\right)^N \cdot \exp\left(-\frac{N\varepsilon_0}{k_{\text{B}}T}\right)$$

und erhalten

$$F(T, V, N) \overset{?}{=} E_0 - Nk_{\text{B}}T \ln\left(\frac{V}{\lambda_T^3}\right) = E_0 - Nk_{\text{B}}T \ln\left(\alpha V T^{3/2}\right) \tag{3.43}$$

mit $E_0 = N\varepsilon_0$ und der Konstanten

$$\alpha = \left(\frac{\hat{m}k_{\text{B}}}{2\pi\hbar^2}\right)^{3/2} .$$

Vergleichen wir das Ergebnis in Gl. 3.40 mit der durch die Zustandsgleichungen experimentell gesicherten Formel 1.16 für die freie Energie eines einatomigen idealen Gases mit $\varkappa = 3/2$, so stellen wir fest, dass dieses Resultat nicht richtig sein kann, weil es die Forderung nach *Homogenität* der freien Energie verletzt – im Vergleich zu Gl. 1.16 fehlt in Gl. 3.43 der Faktor $1/N$ im Argument des Logarithmus!

Dies ist kein kleiner Fehler, da N leicht Werte von $\approx 10^{23}$ und entsprechend $\ln N \approx 55$

erreicht. Dies ist mit Messdaten in Abb. 3.17 in keiner Weise verträglich! Wo liegt also das Problem?

Wie bei der Behandlung der Rotationsfreiheitsgrade symmetrischer zweiatomiger Gase muss auch für die Translationsfreiheitsgrade das Prinzip der *Nichtunterscheidbarkeit* identischer Atome berücksichtigt werden. Sieht man die Atome als (mindestens durch die Nummer i im HAMILTON-Operator) unterscheidbare Individuen an, so resultiert eine Überschätzung der Zahl der physikalisch relevanten Zustände. Im Fall der Rotationsanregungen besteht die Diskrepanz nur in einem Faktor $1/2$, bei einem Gas mit $N \approx 10^{23}$ Teilchen ist die Diskrepanz viel dramatischer.

Wir haben zwei Fragen zu beantworten:
- Gibt es eine Möglichkeit, unseren Ansatz für die Vielteilchen-Zustandssumme so zu modifizieren, dass die Forderung nach Homogenität erfüllt ist?
- Gibt es eine andere Möglichkeit, ein Gas in elementare Teilsysteme zu zerlegen?

Die Beantwortung der zweiten Frage ist Gegenstand des nächsten Kapitels. Um die erste Frage zu beantworten, schreiben wir uns die möglichen Mehrteilchen-Zustände für das einfachste Beispiel eines Zwei-Teilchen Systems einmal auf:

$$\left\{ \begin{array}{cccc} |11\rangle & |12\rangle & |13\rangle & \cdots \\ |21\rangle & |22\rangle & |23\rangle & \cdots \\ |31\rangle & |32\rangle & |33\rangle & \cdots \\ \cdots & \cdots & \cdots & \cdots \end{array} \right\} \implies \left\{ \begin{array}{cccc} |11\rangle & |12\rangle & |13\rangle & \cdots \\ - & |22\rangle & |23\rangle & \cdots \\ - & - & |33\rangle & \cdots \\ - & - & - & \cdots \end{array} \right\} \quad (3.44)$$

Dabei bezeichnet $|ij\rangle$ einen Zustand, bei dem sich Teilchen A im Zustand $|i\rangle$ und Teilchen B sich im Zustand $|j\rangle$ befindet. Die Zweiteilchen-Zustandssumme ist eine Doppelsumme, die alle Kombinationen $|ij\rangle$ von Einteilchen-Zuständen $|i\rangle$ und $|j\rangle$ enthält. Sind die Teilchen nicht unterscheidbar, so sind aber die Zustände $|ij\rangle$ oberhalb und $|ji\rangle$ unterhalb der Diagonalen *identisch*. Das bedeutet, dass wir bei der Berechnung der Zweiteilchen-Zustandssumme fast alle möglichen Zustände *doppelt zählen*! Allein die Zustände auf der Diagonalen treten nur einfach auf; ihre Zahl wächst bei Vergrößerung der Zahl der Einteilchenzustände des Systems (zum Beispiel durch die Vergrößerung des Volumens) aber linear, und nicht wie die der anderen Zustände quadratisch. Daher fallen sie bei einer hinreichend großen Zahl von Einteilchen-Zuständen nicht ins Gewicht. Um den Effekt der Nichtunterscheidbarkeit näherungsweise zu berücksichtigen, müssen wir die resultierende Zweiteilchen-Zustandssumme also durch 2 dividieren, so wie wir das durch die Einführung des Symmetriefaktors z_s für die Rotationsanregungen zweiatomiger Gase in Abschnitt 3.5 (Gl. 3.26) bereits getan haben.

Betrachten wir allgemeiner ein N-Teilchensystem, so sind alle Zustände $|ijklmn\ldots\rangle$ identisch, die sich nur durch eine Permutation der Quantenzahlen zweier Teilchen unterscheiden. Da die Zahl der möglichen Permutationen $N!$ beträgt, kann die Nichtunterscheidbarkeit von N Teilchen dadurch näherungsweise berücksichtigt werden, dass die N-Teilchen-Zustandssumme durch $N!$ dividiert wird.[32]

Daher testen wir jetzt, ob der entsprechend modifizierte Ansatz

$$Z_{\text{trans}}^{(N)}(T, V, N) \overset{?}{=} \frac{\left(Z_{\text{trans}}^{(1)}(T, V)\right)^N}{N!} \tag{3.45}$$

zu einem mit Gl. 1.16 verträglicheren Ergebnis führt:

$$F_{\text{trans}}(T, V, N) \overset{?}{=} -k_B T \left\{ N \ln Z_{\text{trans}}^{(1)} - \ln N! \right\}$$

Zur Auswertung dieses Ausdrucks benutzen wir die für große N gültige STIRLING'sche Näherung:

$$\ln N! = N \ln N - N + \cdots$$

und erhalten

$$F_{\text{trans}}(T, V, N) = E_0 - N k_B T \left\{ \ln \frac{V}{\lambda_T^3} - \ln N + 1 \right\}$$

$$= E_0 - N k_B T \left\{ \ln \left(\frac{V}{N \lambda_T^3} \right) + 1 \right\} \tag{3.46}$$

Dieses Ergebnis entspricht der SACKUR-TETRODE-Gleichung für die Entropie eines einatomigen idealen Gases, die wir durch Differenzieren nach T erhalten. Es wird nicht nur der Forderung nach Homogenität gerecht, sondern liefert mit Gl. 3.41 beim Vergleich mit Gl. 1.16

$$F_{\text{trans}}(T, V, N) = E_0 - N k_B T \left\{ \ln \left(\frac{V T^{3/2} j_{\text{trans}}}{N} \right) + 1 \right\}$$

auch den korrekten Zahlenwert für die aus Abb. 3.17 bereits empirisch bestimmte *chemische Konstante* der einatomigen idealen Gase ohne innere Freiheitsgrade:

$$j_{\text{trans}} = \tau_N \left(\frac{\hat{m} k_B}{2 \pi \hbar^2} \right)^{3/2} = 1.88 \cdot 10^{26} \cdot \hat{m}^{3/2} \frac{\text{Teilchen}}{(\text{u} \cdot \text{K})^{3/2} \text{m}^3} \cdot \tag{3.47}$$

Die chemische Konstante hängt mit der DE BROGLIE-Wellenlänge und der Entartungsdichte (Gln. 1.11 und I-6.12) über

$$n_c(T) = \frac{1}{\lambda_T^3} = T^{3/2} j_{\text{trans}}$$

---

[32] Zustände, bei denen zwei oder mehr Quantenzahlen gleich sind, fallen nicht ins Gewicht, solange die Zahl der verfügbaren Einteilchen-Zustände viel größer als N ist. Bei höheren Dichten müssen aber auch diese Zustände berücksichtigt werden.

zusammen. Unter Standardbedingungen beträgt $\lambda_T \approx 20\,\mathrm{pm}$ für Stickstoff. Vergleichen wir dies mit dem mittleren Teilchenabstand von $\approx 3\,\mathrm{nm}$, so erhalten wir aus unserem Ausdruck für die molare Entropie der Gase die *Entartungsbedingung*:

$$\frac{n}{n_c(T)} = n\lambda_T^3 \approx 3 \cdot 10^6 \ggg 1 \,, \tag{3.48}$$

bei deren Verletzung (bis auf einen Faktor $\exp 5/3$ in der Temperatur) Gl. 1.8 negative
Werte der Entropie des Gases vorhersagt (siehe auch die Diskussion in Abschnitt 4.6).
Konventionelle Gase sind unter Standardbedingungen weit vom Grenzfall der Entartung entfernt. Aus Sicht der BOLTZMANN'schen Theorie stellt dies sicher, dass die Terme mit gleichen Quantenzahlen in $Z^{(N)}$ tatsächlich vernachlässigt werden können.

Die obige Ableitung der freien Energie des idealen Gases bildet einen Meilenstein
in der Geschichte der statistischen Physik, weil sie erstmals[33] erlaubte die thermodynamischen Eigenschaften eines physikalischen Systems im Rahmen eines mikroskopischen Modells zu gewinnen.

An dieser Stelle wird außerdem deutlich, dass Atome und Moleküle von makroskopischen Systemen vom Typ „freier Körper" fundamental verschieden sein müssen.
Während sich makroskopische Körper stets auf irgendeine Weise kennzeichnen lassen
und damit als *Individuum identifizierbar sind*, sind Atome und Moleküle *identisch und
damit prinzipiell nicht unterscheidbar*! Obwohl sie so heißen,[34] sind Atome *keine Individuen*! Dieser Aspekt der Quantenmechanik ist nach Einschätzung des Verfassers ein
wesentlich schwerer nachzuvollziehender Schritt im Verständnis der modernen Physik und der Quantentheorie als der bloße Übergang vom Teilchen- zum Wellenbild. Da
Wellen in unserer Alltagswelt (zum Beispiel in Form von Wasserwellen) vorkommen,
fällt deren Veranschaulichung sehr viel leichter als die von „Nicht-Individuen", die in
keiner Weise von anderen „Nicht-Individuen" der gleichen Spezies unterschieden werden können.[35] „Nicht-Individuen" haben keinerlei Gegenstück in unserer Alltagswelt,
wo jeder Gegenstand zu seiner Identifikation mit einem Farbklecks versehen werden
und notfalls mit dem Auge auf seiner Bahn verfolgt werden kann. Wir schließen dieses

---

[33] Im Rahmen des BERNOULLI-Modells in Abschnitt I-3.4 lässt sich die kalorische Zustandsgleichung
nur dann begründen, wenn man die thermische Zustandsgleichung als gegeben voraussetzt. Letztere
ist jedoch eine Zusatzinformation aus dem Experiment und keine Folgerung aus dem Modell.

[34] Das Adjektiv „individuus" ist die lateinische Übersetzung des griechischen Worts „atomos", welches „unteilbar" bedeutet. Im Laufe der Zeit hat sich der Schwerpunkt des Wortes „Individuum" vom
Aspekt der Unteilbarkeit auf den der Identifizierbarkeit persönlicher Eigenarten verschoben, wie die
Redewendung vom „Streben nach Individualität in der (Massen-)Gesellschaft" illustriert. Das Wort
„Atom" drückte dagegen bis zum Anfang des 20. Jahrhunderts die Eigenschaft Unteilbarkeit aus. Heut-
zutage ist diese Eigenschaft den sogenannten „Elementar"teilchen vorbehalten – wobei die Antwort
auf die Frage, welche Teilchen als elementar anzusehen seien, seit den Anfängen der Atomphysik
häufig aktualisiert werden musste.

[35] Wir betonen, dass Atome oder Moleküle, die sich nicht im gleichen Quantenzustand befinden,
sehr wohl voneinander unterschieden werden können – die Nicht-Unterscheidbarkeit betrifft allein
Teilchen, die sich im gleichen Quantenzustand befinden.

Kapitel mit einem Fazit der Erfolge und Unzulänglichkeiten der kanonischen Verteilung:

Erfolge
- Die kanonische Verteilung erlaubt die Berechnung der MASSIEU-GIBBS-Funktionen von Quantensystemen mit fester[36] Teilchenzahl und stellt damit ein mächti-
  ges Werkzeug zur Vereinigung von Makro- und Mikrophysik, das heißt zur theoretischen Vorhersage der thermodynamischen Eigenschaften von Quantensystemen dar.
- Die Thermodynamik idealer Gase wird auf die Quantenmechanik des archetypischen Systems „freies Teilchen" zurückgeführt – allerdings ist die dabei benutzte
  Methode zur Berücksichtigung der Ununterscheidbarkeit nur für „große" Systeme ($N \gg 1$) anwendbar. Dabei ist die Teilchenzahl N keine physikalische Größe,
  sondern eine dimensionslose *Zahl*.

Unzulänglichkeiten
- Die von der Quantenmechanik nicht unterscheidbarer Teilchen geforderte Identität von Zuständen, die sich nur durch Permutationen von Teilchen unterscheiden,
  erfordert die *Löschung* gewisser Terme in der Vielteilchen-Zustandssumme. Damit
  ist letztere entgegen unserer Erwartung *nicht mehr als Produkt von Einteilchen-
  Zustandssummen darstellbar*! Das bedeutet, dass das ideale Gas *nicht in N unabhängige Teilsysteme vom Typ „freies Teilchen" zerlegbar ist*, beziehungsweise, dass
  der HAMILTON-Operator eines idealen Gases *nicht* die Form 3.42 haben kann!
- Die pauschale Vernachlässigung von Termen mit Teilchen im gleichen Zustand
  hat zur Folge, dass für einatomige ideale Gase eine *temperaturunabhängige* molare Wärmekapazität ($\hat{c}_v = 3/2k_B$) vorhergesagt wird. Dies führt für $T \to 0$ zur Divergenz der Entropie und verletzt somit den 3. Hauptsatz, wie wir seit Abschnitt I-2.3
  wissen. Diese Beschreibung muss also im Grenzfall tiefer Temperaturen oder hoher Dichten zusammenbrechen!

Nun könnte man meinen, dass die Frage nach dem Tieftemperaturverhalten idealer
Gase ganz irrelevant ist, weil wir wissen, dass die Wechselwirkungen zwischen den
Gasmolekülen normalerweise (wenn dies nicht durch besondere Anstrengungen un-
terbunden wird) zur *Kondensation* des Gases führen. Allerdings wird sich im folgenden zeigen, dass es neben den konventionellen Gasen noch ganz andere Systeme gibt,
auf die das Konzept der *Idealität* im Sinne (fast) wechselwirkungsfreier Teilchen anwendbar ist und die damit als ideale Gase aufgefasst werden können. Wir meinen damit die thermische Strahlung (Photonengas), die Gitterschwingungen in Festkörpern
(Phononengas), die Leitungselektronen in Metallen und Halbleitern (Elektronengas)
und generell alle *wellenartigen* Anregungszustände im Vakuum und in Festkörpern.
Diese Systeme erfordern die in der ganzen Physik fundamentale Unterscheidung zwi-

---

36 Damit ist gemeint, dass N *keine Zufallsgröße* ist.

schen Fermionen und Bosonen und haben in der Physik der kondensierten Materie überragende Bedeutung erlangt. Ihnen wollen wir uns im Folgenden zuwenden.

Darüber hinaus ist es in jüngster Zeit gelungen, auch konventionelle Atom- und Molekülgase – unter *Vermeidung der Kondensation* – bis hin zu ultratiefen Temperaturen im Piko(!)Kelvin-Bereich abzukühlen und damit die Frage nach dem Tieftemperaturverhalten der Gase experimentell neu anzugehen. Die dabei auftretenden spektakulären Erscheinungen, wie die BOSE-EINSTEIN-Kondensation und ähnliche Phänomene wie die Superfluidität und Supraleitung in kondensierten Systemen, erlauben die experimentelle Untersuchung von Quantenphänomenen auf der *makroskopischen* Ebene.

3.11 Der dritte Hauptsatz in der Quantenphysik

Bevor wir dieses Kapitel schließen, wollen wir noch auf eine weitere Konsequenz des BOLTZMANN'schen Prinzip hinweisen. Dieses erlaubt es, den *dritten Hauptsatz* der Thermodynamik mit Hilfe quantenphysikalischer Begriffe umzuformulieren. Wie bereits in Abschnitt I-2.5 festgestellt, besagt der dritte Hauptsatz, dass für alle physikalischen Systeme im inneren Gleichgewicht im Grenzfall

$$T \to 0 \quad \text{auch} \quad S \to 0 \quad \text{gilt.}$$

Zusammen mit dem BOLTZMANN'schen Prinzip legt der 3. Hauptsatz nahe:

> Der Grundzustand jedes physikalischen Systems ist nicht entartet.   **!**

Da Entartungen, das heißt, die Existenz verschiedener Energie-Eigenzustände mit demselben Energie-Eigenwert, stets Folge von *Symmetrien* sind, lautet die Aussage des dritten Hauptsatzes letztlich, dass die Natur offenbar Wege findet, Symmetrien, die zur Entartung des Grundzustandes physikalischer Systeme führen, zu *brechen*. Natürlich ist dies nicht generell zu beweisen, weil leicht Modellsysteme konstruiert werden können, welche derartige Symmetrien aufweisen.

Zumindest bei makroskopischen Stoffmengen scheint die Natur jedoch dem 3. Hauptsatz weitgehend zu folgen. Ein Beispiel dafür sind die paramagnetischen Systeme, wie im letzten Kapitel erläutert wurde: Die zunächst unvermeidbar erscheinende Entartung von Spin-Zuständen bei $B_{ext} = 0$ wird schließlich durch die (unter Umständen extrem schwache) Wechselwirkung zwischen den Spins aufgehoben. Bei den Kernspins des Helium-Isotops ^{3}He sorgt ein anderer Effekt – die in Abschnitt 6.3.1 vorgestellte FERMI-Entartung – dafür, dass die Entropie des Kernspin-Systems bei Annäherung an den absoluten Nullpunkt verschwindet.

Für die Praxis lässt sich die Aussage des dritten Hauptsatzes dahingehend abwandeln, dass man postuliert, dass S für $T \to 0$ gegen einen *konstanten, in manchen Fällen aber endlichen* Wert strebt. Dies ist dann gerechtfertigt, wenn es in dem System eine Untermenge von Zuständen gibt, deren Energiedifferenzen $\Delta\varepsilon/k_B$ klein gegen die experimentell zugänglichen Temperaturen sind, sodass die Wahrscheinlichkeiten dieser Zustände gleich sind. Das Gesamtsystem zerfällt dann in zwei Teilsysteme, von denen eines sich in sehr guter Näherung im Grundzustand befindet und nicht merklich zur Entropie des Gesamtsystems beiträgt, während sich das andere nicht im Grundzustand (und möglicherweise auch nicht im thermischen Gleichgewicht mit der Umgebung) befindet. Ein Beispiel für das letztere Teilsystem sind die Kernspins in Festkörpern, deren magnetisches Moment etwa 2000-mal kleiner als das der Elektronenspins ist, was auch im Magnetfeld Temperaturen im Mikro- und Nanokelvinbereich entspricht, welche üblicherweise schwer erreichbar sind.

Ein weiteres Beispiel manifestiert sich in dem Tieftemperaturverhalten von Gläsern und anderen Systemen mit „eingefrorener Unordnung", die auch bei sehr tiefen Temperaturen nicht dem Zustand niedrigster Energie zustreben, sondern in metastabilen Zuständen mit höherer Energie verharren. Dies wird unter anderem durch Festkörper aus asymmetrischen zweiatomigen Molekülen wie zum Beispiel Kohlenmonoxid (CO) illustriert. Nach der klassisch-mechanischen Sichtweise erwartet man, dass sich beim Gefrieren von CO und ähnlichen Substanzen Kristalle mit einer zufälligen Orientierung der verschiedenen CO-Moleküle ausbilden. Die zufällige Orientierung ist mit einem gewissen Entropiebetrag S_0 (bei zwei Einstellmöglichkeiten $Nk_B \ln 2$) verbunden. Tatsächlich zeigen kalorimetrische Messungen, dass zum Schmelzen oder zur Sublimation solcher Substanzen etwa 4.6 J/(mol K) entsprechend $k_B \ln 1.7$ pro Teilchen weniger Entropie von außen zugeführt werden muss, als dies bei Kristallen aus symmetrischen Molekülen wie zum Beispiel N_2 der Fall ist, welches dasselbe Molekulargewicht wie CO hat. Auch die theoretische Berechnung der chemischen Konstanten aus den molekülspektroskopischen Daten lässt einen höheren Wert der molaren Entropie im Gaszustand erwarten, als nach der in Abschnitt I-9.3.5 beschriebenen Methode kalorimetrisch gemessen wird.

Aus quantenphysikalischer Sicht kann diese Beobachtung so gedeutet werden, dass die beiden Molekül-Orientierungen durch (Rotations-)Tunnelprozesse ineinander übergehen können. Die resultierende Tunnelaufspaltung der Energien der beiden Energie-Eigenzustände dieses System ist aufgrund der hohen Barriere, die zu durchtunneln ist, extrem klein. Das hat zur Folge, dass extrem niedrige Temperaturen erforderlich sind, um den angeregten Zustand bei dieser kleinen Aufspaltung zu entvölkern. Da in der Chemie kalorimetrische Experimente in der Regel nur bis herab zu einigen Kelvin erfolgen und der weitere Verlauf der Wärmekapazität in der Regel mit Hilfe des in Abschnitt 5.2 besprochenen DEBYE-Modells für die Entropie von isolierenden Festkörpern zu $T = 0$ hin extrapoliert wird, ist nicht verwunderlich, dass bei derart hohen Mess-Temperaturen die beiden Orientierungszustände nach der BOLTZMANN-Verteilung noch gleichbesetzt sind und daher die diesen Freiheitsgraden entsprechende Entropie noch weitgehend im System ist. Bei hinreichend tiefen Temperaturen sollte man grundsätzlich auch bei diesen Systemen die Einstellung des quantenmechanischen Grundzustandes und damit ein Abführen der scheinbar eingefrorenen Entropie und die Erfüllung der Vorhersage des dritten Hauptsatzes erwarten.

Auch bei Substanzen, die beim langsamen Abkühlen Kristalle bilden, kann man glasartige Zustände durch schnelles Abschrecken aus der Schmelze oder der Gasphase einfrieren. Der resultierende ungeordnete Zustand ist metastabil, weil die Atome und Moleküle keine Zeit haben die Konfiguration mit dem absoluten Minimum der Energie zu finden, sondern lokale Gleichgewichtslagen einnehmen. In der Literatur findet man auch in diesem Fall die Vorstellung, dass die im amorphen Zustand eingefrorene Unordnung einer „eingefrorenen" Entropie entspricht. Auch aus diesem Grund wird der *dritte Hauptsatz* auch so formuliert, dass der Wert $S = 0$ nur angenommen wird, wenn tatsächlich das *absolute* Minimum der freien Enthalpie vorliegt. Zumindest im Grenzfall langer Zeiten erscheint diese Vorstellung fragwürdig, weil Entropie nach der BOLTZMANN-Verteilung auf thermisch *angeregte* Zustände zurückzuführen ist. Falls die Atome in einer metastabilen Konfiguration eingefroren sind, werden Schwingungen um diese metastabile Gleichgewichtslage auftreten. Diesen angeregten Schwingungen kann ein gewisser Wert der Entropie zugeordnet werden. Mit abnehmender Temperatur werden diese Schwingungsanregungen jedoch aussterben und die mit ihnen verbundene Entropie wird mit $T \to 0$ wiederum gegen Null streben.

Die Metastabilität des Glas-Zustandes bringt es mit sich, dass glasartige Systeme ein sehr breites Spektrum von Relaxationszeiten aufweisen, die von Nanosekunden bis hin zu Jahrtausenden reichen. Die Existenz solcher langlebiger, da extrem schwach gekoppelter Zustände macht es eigentlich unmöglich, einem Glas bei sehr tiefen Temperaturen eine einheitliche Temperatur zuzuschreiben. Selbst wenn der Probenträger, an dem das Glas befestigt ist, und das Thermometer, welches auf dem Glas sitzt, eine wohldefinierte Temperatur aufweisen, weil diese viel leichter ins thermische Gleichgewicht geraten, müssen die langsam relaxierenden Zwei-Niveausysteme im Inneren des Glases noch lange nicht im thermischen Gleichgewicht mit ihrer Umgebung sein. In der Tat wurde bei der Abkühlung von Gläsern beobachtet, dass diese bei Ankopplung an ein kaltes Wärmereservoir über lange Zeit (in Extremfällen über mehrere 100 Stunden) kontinuierlich Energie und Entropie abgeben. Derartige Langzeit-Relaxationsphänomene zeigen, dass die extrem schwache Kopplung der Zwei-Niveausysteme in Gläsern an andere Freiheitsgrade wie die Phononen die Einstellung eines üblichen thermodynamischen Gleichgewichtszustands, der mit wenigen makroskopischen Variablen beschrieben werden kann, de facto verhindert. In der Praxis wird der Betrag der experimentell resultierenden Restentropie also dadurch bestimmt, welcher Bruchteil aller Tunnelsysteme eine Energieaufspaltung hat, die ausreichend groß gegen die erreichte Temperatur ist und welcher Anteil dieser Systeme außerdem so lange Relaxationszeiten aufweist, dass sie auf der Zeitskala des Experiments nicht in Gleichgewicht relaxieren können. Der in Abb. 3.4 beobachtete lineare Beitrag in der Wärmekapazität von Gläsern reflektiert gerade das Ausfrieren eines erheblichen Teils der Tunnelsysteme und lässt erwarten, dass der Beitrag der

Restentropie bei hinreichend tiefer Temperatur wesentlich kleiner ist, als die Anzahl der Tunnelsysteme vermuten lässt.

Werden Gläser nach dem Einfrieren über die *Kristallisations-Temperatur* hinaus erwärmt, gehen die Atome oder Moleküle in die Konfiguration mit dem absoluten Minimum der freien Enthalpie, nämlich in die kristalline Phase über. Statt anzunehmen, dass die „eingefrorene" Entropie bei dem Kristallisationsprozess frei wird, ist es sehr viel natürlicher zu sagen, dass die bei der Kristallisation frei gewordene Energie unter Erzeugung von Entropie dissipiert wird, wie dies bei jeder irreversiblen Einstellung eines Gleichgewichts der Fall ist. Die gemeinsam mit der bei der Kristallisation erzeugten Entropie abfließende Energie nennt man auch die Kristallisations„wärme".

3.12 Kanonische oder Mikrokanonische Verteilung?

Die historische Entwicklung der statistischen Thermodynamik nahm natürlich einen wesentlich komplexeren Weg als den hier vorgestellten. Zu BOLTZMANNS Zeit standen vor allem *Gase* in Zentrum des Interesses. Er ging von dem in Abschnitt I-3.4 skizzierten kinetischen Gasmodell aus, nach dem ein Gas einfach als eine gewisse Zahl N in einem Volumen V eingeschlossener Teilchen aufgefasst werden kann, deren Geschwindigkeiten entsprechend der MAXWELL'schen Verteilungsfunktion statistisch verteilt sind. BOLTZMANN wollte nun neben der Energie E auch die Entropie in dieses Modell integrieren. Wie in der Mechanik üblich, verstand er unter dem Zustand des Systems die Gesamtheit $\{x_i, P_i\}$ der Werte von Ort und Impuls der Teilchen, aus denen das System zusammengesetzt ist. Einen solchen Zustand nannte er einen *Mikrozustand*, weil er durch Angaben zu den mikroskopischen Konstituenten des Gases charakterisiert wird. In diesem Modell entwickeln sich die Mikrozustände gemäß den HAMILTON'schen Bewegungsgleichungen in der Zeit. Die für Gase charakteristischen thermischen Fluktuationen der Teilchendichte werden als Folge der (im Prinzip deterministischen) Bewegung sehr vieler Teilchen interpretiert.

BOLTZMANN versuchte zu verstehen, warum das Verhalten von Gasen mit einer für makroskopische Stoffmengen ($N \approx 10^{23}$) extrem hohen Zahl Ω von denkbaren Mikrozuständen durch die Werte von so wenigen makroskopischen und zeitunabhängigen Größen wie E, V und N charakterisiert werden kann. Er machte die plausible, aber nicht auf andere Tatsachen zurückführbare Annahme, dass ein Gas im thermodynamischen Gleichgewicht durch die *gleiche a-priori-Wahrscheinlichkeit* aller Ω Mikrozustände des Gases charakterisiert werden kann. Diese gleichmäßige Verteilung der Mikrozustände wird die *mikrokanonische Verteilung* genannt, nach der die Wahrscheinlichkeit W_i für jeden Mikrozustand $|i\rangle$ einfach $1/\Omega$ beträgt. In diesem Spezialfall erhält man aus Gl. 3.1 für die Entropie des Gases im Gleichgewicht:

$$S = k_B \ln \Omega \tag{3.49}$$

Gelingt es nun, die Zahl Ω der mit den Werten von E, V und N kompatiblen Mikrozustände des Gases zu bestimmen, so stellt die Funktion

$$S(E, V, N) = k_B \ln \Omega(E, V, N)$$

eine der MASSIEU-GIBBS-Funktionen des Gases in der *Entropie*darstellung der GIBBS'schen Thermodynamik dar. Dieser (weitverbreitete) Zugang zur statistischen „Mechanik" hat den Vorteil, dass die Thermodynamik damit auf die Mechanik zurückgeführt erscheint, was dem Streben nach einem Verständnis der Natur in einem begrifflich einheitlichen Rahmen sehr entgegen kommt.

Nach Einschätzung des Verfassers hat dieser Zugang jedoch einige gravierende Nachteile. Der wichtigste ist die Tatsache, dass die Resultate dieser Rechnungen *nur im Grenzfall V, N* $\rightarrow \infty$ (dem sogenannten thermodynamischen Limes) korrekt sind.[37] Dies führt zu der verbreiteten Auffassung, dass die Thermodynamik *selbst* nur in diesem Grenzfall anwendbar ist! Weiterhin erweist es sich als nichttrivial, die fundamentale Eigenschaft der *Nichtunterscheidbarkeit* von Teilchen in der Quantentheorie in stringenter Weise einzubauen. Die Zerlegung eines Gases oder eines Festkörpers in klassische Teilchen kommt der Anschauung zunächst entgegen, erweist sich letztlich aber doch als unhaltbar. Daher setzen wir hier von vornherein konsequent auf die Quantentheorie und versuchen, uns die dadurch erforderlichen *Änderungen in unserer Begriffswelt* anschaulich zu machen.

Es ist möglich (und üblich), die BOLTZMANN-Verteilung aus der mikrokanonischen Verteilung abzuleiten. Auf diesem Weg gewinnt man zwar dieselben Formeln, aber um den Preis, dass die Thermodynamik den Charakter einer phänomenologischen Beschreibung makroskopischer Systeme bekommt, in der eine thermodynamische Beschreibung eines einzelnen Quantensystems sinnlos ist. Im Gegensatz dazu haben wir in den vorangegangenen Abschnitten zunächst die thermodynamischen Charakteristika des einzelnen Quantensystems berechnet und dann erst das Vielteilchensystem aus Einteilchensystemen zusammengesetzt.

Übungsaufgaben

3.1. Thermisch angeregter Wasserstoff
a) Berechnen Sie das Verhältnis der Wahrscheinlichkeiten dafür, dass sich ein Wasserstoffatom im ersten angeregten beziehungsweise im Grundzustand befindet. Berücksichtigen Sie dabei die Entartung des ersten angeregten Zustandes.

---

[37] „*It all works, because* AVOGADROS's *number is much closer to infinity than to 10*". [R. Baierlein, *American Journal of Physics* **46**, 1045 (1978)] – zitiert in [16].

b) Werten Sie das Ergebnis aus für 300 K, die Temperatur an der Sonnenoberfläche (5800 K), die Temperatur an der Oberfläche des heißeren Sterns γ Ursa Major (9500 K) und die Temperatur in der Sonnenatmosphäre (ca. 10^6 K).

c) Berücksichtigen Sie nun, dass beide Zustände wegen des Elektronen- und des Kernspins zusätzlich vierfach Spin-entartet sind. Warum ändert sich das Ergebnis nicht?

3.2. Kristallisation von Gläsern

Wird eine flüssige Silikatschmelze langsam unter die Schmelztemperatur T_S = 2011 K abgekühlt, so bildet sich unter Freisetzung der latenten Wärme ein Quarzkristall. Bei schneller Abkühlung wird die Flüssigkeit unterkühlt und erstarrt in einem metastabilen Zustand: Quarzglas. Bei $p = 0$ spielen Volumeneffekte keine Rolle und das System kann als ein Beispiel für einen heißen Körper angesehen werden (nach [17]).

a) Die spezifische Wärmekapazität von kristallinem Quarz hat bei tiefen Temperaturen die Form $\hat{c}_k = \alpha T^3$, während die von Quarzglas nach Abb.3.4 wie $\hat{c}_g = \beta T$ variiert. Die Konstanten $\alpha \approx 55\,\mu J/(mol K^4)$ und $\beta \approx 110\,\mu J/(mol K^2)$ können aus Abb. 3.4 bestimmt werden. Berechnen Sie die molare Entropie beider Phasen.

b) Berechnen Sie unter der Annahme, dass die Bindungsenergien $\hat{e}_B$ gleichgesetzt werden können, die Energie und mit Hilfe der Homogenitätsrelation das chemische Potenzial für beide Festkörper.

c) Nehmen Sie für den Schmelzpunkt chemisches Gleichgewicht zwischen beiden Phasen an, um die Schmelztemperatur T_S als Funktion von α und β zu berechnen.

d) Berechnen Sie die aus der Modellüberlegung resultierende molare Schmelzentropie $\Delta\hat{s}(T_S)$.

e) Sind die Resultate physikalisch sinnvoll? Wenn nicht, welche der zugrundeliegenden Annahmen können Sie als problematisch identifizieren?

f) Was ändert sich, wenn Sie die Wärmekapazität des Glases um den Term αT^3 ergänzen, der Schwingungsanregungen beschreibt?

3.3. Wärmekapazität eines Polymers

Berechnen Sie die Wärmekapazität C_x eines Polymerstrangs bei konstanter Auslenkung x.

3.4. Gleichverteilungssatz

Die Energie eines klassischen Systems sei durch $\varepsilon(q) = aq^2$ gegeben, wobei q eine kontinuierliche Variable und a eine Konstante ist. Wegen der quadratischen Abhängigkeit $\varepsilon(q)$ nennt man q auch einen harmonischen Freiheitsgrad (Abschnitt I-3.7).

a) Berechnen Sie das Zustandsintegral

$$Z(T) = \int_{-\infty}^{\infty} dq \, \exp\left(-\frac{\varepsilon(q)}{k_B T}\right) . \tag{3.50}$$

b) Berechnen Sie die mittlere Energie

$$\langle \varepsilon \rangle = \int_{-\infty}^{\infty} dq \, \varepsilon(q) \, \exp\left(-\frac{\varepsilon(q)}{k_B T}\right) \tag{3.51}$$

mit Hilfe der Integrale in Anhang C und verifizieren sie Gl. 3.7.

3.5. Rotations-Zustandssumme

a) Berechnen Sie mit Hilfe eines Computers die Rotations-Zustandssumme eines zweiatomigen idealen Gases bis zu Temperaturen $T = 10\Theta_{rot}$. Berücksichtigen Sie genügend Zustände, um die Konvergenz der Summe in diesem Temperaturbereich sicherzustellen.

b) Berechnen Sie aus $Z_{rot}(T)$ erst die molare Energie $\hat{e}_{rot}(T)$ und daraus die Wärmekapazität $\hat{c}_{rot}(T)$. Vergleichen Sie das Resultat mit Abb. 3.12, den experimentellen Daten in Abb. 3.16 und dem nebenstehenden Detailausschnitt. Wie erklären Sie die Unterschiede?

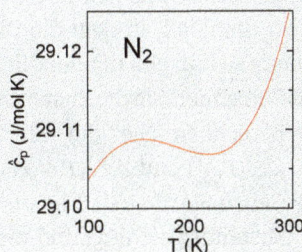

3.6. Chemische Konstante von CO_2

a) Zeigen Sie, mithilfe des aus Gl. 3.34 folgenden Ausdrucks für das chemische Potenzial, dass die chemische „Konstante" eines idealen Gases mit beliebigen inneren Freiheitsgraden die Form

$$j(T) = j_{trans} \cdot Z_{int}(T)$$

hat, wobei $Z_{int}(T)$ die kombinierte Zustandssumme aller inneren Freiheitsgrade der Gasmoleküle ist.

b) Berechnen Sie $j(T)$ für das lineare Molekül CO_2 unter Berücksichtigung des Symmetriefaktors z und unter der Annahme, dass die Schwingungen vernachlässigt werden können. Wie groß ist der Bindungsabstand der C-O–Bindung? *Hinweis*: Die Rotationstemperatur von CO_2 beträgt $\Theta_{rot} = 0.57$ K.

c) Bestimmen Sie für $T = 300$ K das Verhältnis der Beiträge der Translations- und der inneren Freiheitsgrade zur Entropie.

3.7. Zustandssumme und BOHR-SOMMERFELD-Quantisierung

Nach der klassischen Physik wird die Zustandsmenge (der Phasenraum) eines N-Teilchensystems durch die kontinuierlich variierenden Werte von $\boldsymbol{P}$ und $\boldsymbol{r}$ parametrisiert. Die historisch erste Quantisierungsmethode von BOHR und SOMMERFELD bestand darin, den Phasenraum in Zellen mit dem Volumen h^3 zu zerlegen und über diese zu mitteln. In diesem Geiste kann die Einteilchen-Zustandssumme eines idealen Gases gemäß

$$Z^{(1)}_{\text{trans}} = \frac{1}{(2\pi\hbar)^3} \int d^3r\, d^3P\, \exp\left(-\frac{\varepsilon(\boldsymbol{P})}{k_B T}\right).$$

angesetzt werden. Zeigen Sie, dass dieses Integral auf dasselbe Ergebnis wie Gl. 3.39 führt, wenn die Integration über die Ortskoordinaten auf das Volumen V beschränkt wird.

3.8. Ultrarelativistisches BOLTZMANN-GAS

Betrachten Sie ein ideales Gas nicht-unterscheidbarer Teilchen im ultrarelativistischen Grenzfall, in dem die Dispersionsrelation durch $\varepsilon(\boldsymbol{k})$ gegeben ist. Das Gas befinde sich in einem unendlich tiefen Potenzialkasten mit dem Volumen V.

a) Berechnen Sie die Zustandsdichte $g(\varepsilon)$.

b) Berechnen Sie die Ein-Teilchen- und die N-Teilchen-Zustandssummen $Z^{(1)}(T,V)$ und $Z^{(N)}(T,V,N)$.

c) Geben Sie die freie Energie $F(T,V,N)$ sowie die thermische und die kalorische Zustandsgleichung und vergleichen Sie mit dem nicht-relativistischen Fall.

3.9. Dissoziations- und Ionisations-Gleichgewicht von Wasserstoff

Bei hinreichend hohen Temperaturen dissoziiert Wasserstoffgas H_2 in H-Atome. Wird die Temperatur noch weiter erhöht, so dissoziieren die H-Atome in Elektronen und Protonen (Abbildung 2.1).

a) Berechnen Sie die Massenwirkungskonstante $K(T,p)$ (Gl. I-7.31) für die Dissoziation von H_2-Molekülen in H-Atomen unter der Annahme, dass die Ionisation der H-Atome vernachlässigt werden kann. Beginnen Sie mit dem einfacheren Fall, dass Sie für die innere Zustandssumme der Atome und Moleküle allein die Spinfreiheitsgrade der Atomkerne und Elektronen berücksichtigen. Was ändert sich, wenn Sie auch die Rotationen und Vibrationen in der inneren Zustandssumme berücksichtigen? Entnehmen Sie die benötigten Systemkonstanten der Tabelle 3.1.

b) Berechnen Sie daraus die Temperaturabhängigkeit der Teilchendichten n_{H_2} und n_H bei $p \approx 1$ bar und vergleichen Sie mit Abb. 2.1a.

c) Bestimmen Sie analog die Massenwirkungskonstante für die Ionisation von H-Atomen unter der Annahme, dass die Dichte der H_2-Moleküle vernachlässigt werden kann und die innere Zustandssumme wieder allein durch die Spins bestimmt wird.

d) Zeigen Sie, dass der Ionisationsgrad $\alpha = N_{H^+}/N_H$ der Wasserstoffatome durch die SAHA-Gleichung beschrieben wird (mit $g_{e^-} = 2$, $\hat{m}_{H^+} \simeq \hat{m}_H$):

$$\frac{\alpha^2}{1 - \alpha^2} = \frac{2g_{H^+}}{g_H} \left(\frac{\hat{m}_{e^-}}{2\pi\hbar^2} \right)^{3/2} \frac{(k_B T)^{5/2}}{p} \exp\left(\frac{\varepsilon_{0, H^+} - \varepsilon_{0, H}}{k_B T} \right)$$

e) Berechnen Sie daraus die Temperaturabhängigkeit der Teilchendichten n_H, n_{e^-} und n_{H^+} bei $p \simeq 1$ bar und vergleichen Sie wieder mit Abb. 2.1.

f) Begründen Sie, warum die thermische Dissoziation schon bei viel niedrigeren Temperaturen stattfindet, als man erwarten würde, wenn man die Bindungsenergien einfach in Temperaturen übersetzt.

g) Berechnen Sie mit Hilfe der Teilchendichten die Enthalpie und daraus die spezifische Wärmekapazität des Gemischs. Vergleichen Sie das Ergebnis mit Abb. 2.1b.

4 Ideale Gase bei tiefen Temperaturen

Wir haben gesehen, dass sich aus der BOLTZMANN-Verteilung unter gewissen Zusatzannahmen die MASSIEU-GIBBS-Funktionen des „klassischen" idealen Gases ableiten lassen. Die dafür notwendige Bedingung war, dass wir uns auf hohe Temperaturen und kleine Dichten beschränken. Dies lässt sich durch die bereits im Zusammenhang mit der Entropie des idealen Gases besprochenen *Entartungsbedingungen* (Gln. 1.11 und 3.48)

$$\frac{n}{n_c(T)} \lesssim 1 \quad \text{und} \quad \frac{T}{T_c(n)} \gtrsim 1 \,,$$

quantifizieren. Bei tiefen Temperaturen werden diese Bedingungen verletzt. Gase in diesem Zustandsbereich nennt man auch „entartete" Quantengase.[1] In diesem Zustandsbereich wird der Teilchenabstand mit der DE-BROGLIE-Wellenlänge der Teilchen vergleichbar, und die Forderung der Quantentheorie nach *Nicht-Unterscheidbarkeit* der Teilchen zeigt noch viel deutlichere Konsequenzen als bei hohen Temperaturen und kleinen Dichten.

Als didaktische Neuerung führen wir das Konzept der *elementaren* FERMI- und BOSE-Systeme ein, die eine flexible Basis für die Zerlegung komplexer quantenmechanischer Vielteilchensysteme in elementare, das heißt nicht weiter zerlegbare, Teilsysteme bilden. Diese sind nicht nur für die Beschreibung des Tieftemperaturverhaltens von Gasen, Festkörpern und (Quanten)-Flüssigkeiten geeignet, sondern erlauben darüber hinaus eine Erfassung der Transportphänomene bis hin zu dem in Kapitel 7 vorgestellten Transport in Nanostrukturen. Die für tiefe Temperaturen charakteristische niedrige Dichte von thermischen Anregungen erlaubt die Verallgemeinerung des Konzepts der *Idealität* auf Systeme von *Quasi-Teilchen*.

4.1 Fermionen und Bosonen

Jetzt wollen wir die Konsequenzen der Nichtunterscheidbarkeit in der Quantenmechanik genauer untersuchen. Die Forderung nach Ununterscheidbarkeit von Teilchen in identischen Zuständen verlangt *Permutations-Symmetrie*, das heißt, dass Zustän-

---

[1] Es lässt sich (wie bei dem Gegensatz von „nicht-relativistischen" und „relativistischen" Teilchen) darüber streiten, ob es sinnvoll ist, ein und dasselbe physikalische System in zwei verschiedenen Zustandsbereichen mit verschiedenen Namen zu bezeichnen. In einer solchen Nomenklatur drückt sich der Fortschritt des physikalischen Verständnisses aus, in dessen Verlauf wir immer wieder feststellen müssen, dass die Eigenschaften wohlvertrauter Systeme nur einen Grenzfall eines allgemeineren Verhaltens darstellen. Dies wird offenbar, wenn wir den vertrauten Parameterbereich durch neuartige Experimente verlassen. Solche Fortschritte zwingen uns gelegentlich zu einem radikalen Umbau unseres Verständnisses der Natur dieser Systeme, der nur sehr langsam in den Sprachgebrauch der Physiker und noch langsamer in die Lehrbücher eindringt.

https://doi.org/10.1515/9783110560329-135

de, die sich nur in einer Permutation der Quantenzahlen der einzelnen Teilchen unterscheiden, *identisch* sein müssen. Die Operation des Vertauschens zweier Teilchen kann mathematisch mittels des durch

$$\mathcal{P}_{ij} \, |1, 2, \ldots, i, \ldots, j, \ldots, N\rangle = |1, 2, \ldots, j, \ldots, i, \ldots, N\rangle$$

definierten *Permutationsoperator* $\mathcal{P}_{ij}$ formuliert werden. Die Identität der Zustände verlangt, dass die (Mittel)-Werte aller physikalischen Größen des Systems in dem betrachteten Vielteilchen-Zustand unter der Permutation invariant sein müssen. Die Permutationssymmetrie gestattet daher, den *Phasenfaktor* des zugehörigen Zustandsvektors bei der Permutation um $\exp(i\phi)$ zu ändern

$$\mathcal{P}_{ij} \, |1, 2, \ldots, i, \ldots, j, \ldots, N\rangle \;=\; e^{i\phi} \, |1, 2, \ldots, j, \ldots, i, \ldots, N\rangle \,,$$

da dieser aus allen Mittelwerten herausfällt. Zweimaliges Vertauschen zweier Teilchen entspricht der Identität $\mathcal{P}_{ij}^2 \;=\; \mathbf{1}$ und muss daher wieder denselben Zustandsvektor $|1, 2, \ldots, i, \ldots, j, \ldots, N\rangle$ liefern! Daraus folgt, dass

$$e^{i2\phi} = 1$$

sein muss und dass $e^{i\phi}$ nur die Werte $+1$ und -1 annehmen kann. Dies erlaubt die Unterscheidung von zwei[2] fundamental verschiedenen Typen von Teilchen: *Bosonen* und *Fermionen*.

Vielteilchenzustände in BOSE-*Systemen* sind invariant unter der Permutationsoperation

$$\mathcal{P}_{ij} \, |1, 2, \ldots, i, \ldots, j, \ldots, N\rangle \;=\; + \; |1, 2, \ldots, j, \ldots, i, \ldots, N\rangle \,,$$

während Vielteilchenzustände in FERMI-*Systemen* unter der Permutationsoperation

$$\mathcal{P}_{ij} \, |1, 2, \ldots, i, \ldots, j, \ldots, N\rangle \;=\; - \; |1, 2, \ldots, j, \ldots, i, \ldots, N\rangle$$

ihr Vorzeichen wechseln. Das sogenannte *Spin-Statistik*-Theorem[3] sagt uns, dass der Spin von Bosonen stets *ganzzahlig*, der von Fermionen dagegen stets *halbzahlig* ist.

Wichtige Beispiele für Fermionen sind Elektronen, Protonen, Neutronen, Neutrinos sowie deren Komposite (zum Beispiel ^{3}He-Atome), sofern letztere wieder einen *halb*zahligen Spin haben. Entsprechende Beispiele für Bosonen sind Photonen, Phononen (die Quanten der Gitterschwingungen in Festkörpern), Magnonen (quantisierte

---

2 Seit einigen Jahren wird die Möglichkeit diskutiert, dass es in Systemen mit nur zwei Raumdimensionen noch weitere Typen von Teilchen geben könnte, bei deren Vertauschung noch andere Werte der Phasendifferenz auftreten. Solche Teilchen werden *Anyonen* genannt und treten im Zusammenhang mit dem fraktionalen Quanten-Hall-Effekt als Quasiteilchen auf.
3 Der Autor wäre hocherfreut, eine qualitative Begründung für dieses Theorem zu erfahren...

Spinwellen) und andere, üblicherweise mit Feldern assoziierte quantisierte Anregungen sowie Fermion-Komposite mit *ganz*zahligem Spin (zum Beispiel ^{4}He-Atome oder atomarer Wasserstoff).

Die Phase ϕ tritt nicht in den Mittelwerten der physikalischen Größen für einen Vielteilchenzustand, sondern nur bei der Superposition solcher Zustände zutage. Dies äußert sich in der Regel in Interferenzeffekten, zum Beispiel beim Wirkungsquerschnitt für die Streuung identischer Teilchen. Aus diesen Überlegungen folgt, dass sich Fermionen und Bosonen bei der Besetzung von Einteilchen-Zuständen grundsätzlich unterscheiden:

- Zwei Fermionen mit gleichem Spin können sich nicht in demselben Einteilchen-Zustand befinden, weil der resultierende Mehrteilchen-Zustand invariant unter Vertauschung wäre. Daraus folgt das PAULI-*Prinzip*:
Von Fermionen besetzte Zustände müssen stets orthogonal sein. Mathematisch bedeutet dies, dass die Zustände der beiden Atome orthogonal sein müssen:

$$\langle \chi_i | \chi_j \rangle \cdot \int \psi_i^*(\boldsymbol{r} - \boldsymbol{r_i}) \psi_j(\boldsymbol{r} - \boldsymbol{r_j}) d^3 r \equiv 0 \, ,$$

wobei $|\chi_{i,j}\rangle$ die Spinzustände und $\psi_{i,j}$ die Wellenfunktionen sind.[4]
- Dagegen kennen Bosonen nicht nur keine Hemmungen, sich im Grenzfall $T \to 0$ allesamt in den energetisch tiefsten Einteilchen-Zustand zu drängeln, sondern tun dies ausgesprochen gerne. Dieser Tatsache liegt das später zu besprechende Phänomen der BOSE-EINSTEIN-Kondensation zugrunde.

Wie im letzten Kapitel bereits erwähnt, verhindert es die Unmöglichkeit, Teilchen auf ihrer Bahn zu verfolgen, ihnen Unterscheidungsmerkmale zuzuschreiben, welche über Unterschiede in ihrem inneren Zustand hinausgehen. Befinden sich zwei Teilchen daher im gleichen Einteilchen-Zustand, so müssen Vielteilchen-Zustände, die sich nur durch die Permutation dieser Teilchen unterscheiden, identisch sein. Durch die von der Quantentheorie geforderte Permutationssymmetrie verliert der Begriff des *Individuums* auf der mikroskopischen Ebene seinen Sinn. Andererseits neigt unsere Anschauung hartnäckig dazu, den *Teilchen* auch auf der mikroskopischen Ebene dieselbe Individualität zuzuschreiben, wie sie uns von makroskopischen Objekten her vertraut ist. Dies stellt unser Bedürfnis, für physikalische Vorgänge auf der mikroskopischen Ebene ein anschauliches Verständnis zu entwickeln, vor eine harte

---

4 Die daraus resultierende *Pauli-Abstoßung* wird durch den repulsiven Anteil des LENNARD-JONES-Potenzials (Abschnitt I-8.6) modelliert. Sie macht kondensierte Materie schwer kompressibel, weil ein Überlapp der Elektronen-Wellenfunktionen bei Annäherung zweier identischer Atome durch das PAULI-Prinzip verboten ist. Das bedeutet, dass die Wellenfunktionen der beiden Atome durch die Beimischung von Zuständen mit höherer Energie orthogonal gemacht werden muss, was mit einem dramatischen Anstieg der Energie des Zwei-Teilchensystems verbunden ist.

Herausforderung. Die Herausforderung ist wesentlich größer als diejenige, welche aus der Erkenntnis resultiert, dass Teilchen auch Welleneigenschaften haben – ja, dass Teilchen und Wellen zwei Seiten derselben Medaille *sind*. Wir können Scharen von klassischen Trajektorien mit einer Phase versehen und analog den Strahlenbündeln beim Übergang zwischen der geometrischen und der Wellenoptik miteinander interferieren lassen. Das Prinzip der Interferenz ist uns aufgrund der Existenz von Wellen auf der makroskopischen Ebene bereits vertraut. Das Konzept der Nichtunterscheidbarkeit hat dagegen kein Pendant auf der makroskopischen Ebene.

Andererseits zeigen Systeme wie das Lichtfeld, die sich in vielen Eigenschaften gut durch eine klassische Wellentheorie beschreiben lassen, Quantenphänomene wie beispielsweise den Photo-Effekt. Es stellt sich also die Frage, wie sich Teilchen- und Wellenaspekte der verschiedenen Systeme auf einer einheitlichen Grundlage beschreiben lassen. Die Lösung, die die moderne Physik für dieses Problem gefunden hat, besteht darin, *alle* physikalischen Systeme nicht durch Wellenfunktionen, sondern mittels *quantisierter Wellenfelder* zu beschreiben.[5] Die grundlegende Idee der Feldquantisierung, häufig auch *zweite Quantisierung* genannt, besteht darin, die Amplitude des Wellenfeldes mit einen *nicht*-HERMITE'schen Operator a_k zu identifizieren. Ein solcher Operator hat komplexe Mittelwerte, deren Phasenfaktor dem einer klassischen Welle entspricht. Mathematisch sind a_k und der zu a_k adjungierte Operator $a_k^\dagger$ von derselben Natur wie die vom harmonischen Oszillator her bekannten Leiteroperatoren [10]. Die Intensität der Quanten-Welle wird durch den HERMITE'schen Operator $a_k^\dagger a_k$ repräsentiert, der sich dadurch auszeichnet, dass er bei fermionischen Systemen nur die Eigenwerte 0 und 1 besitzt. Bei bosonischen Systemen besitzt der Operator $a_k^\dagger a_k$ dagegen die Eigenwerte 0, 1, 2, 3,..., ∞, sein Eigenwertspektrum ist also ganzzahlig, aber nach oben unbeschränkt.

Auf diese Weise lässt sich die physikalische Größe *Teilchenzahl*

$$\mathcal{N}_k = \tau_N a_k^\dagger a_k \tag{4.1}$$

mit der Intensität des quantisierten Wellenfeldes identifizieren. Hier ist $\tau_N = 1$ Teilchen $\cong 1.66 \cdot 10^{-24}$ mol das in Abschnitt I-3.1 definierte elementare Mengenquantum. Obwohl die Mittelwerte $\langle \mathcal{N}_k \rangle$ der Teilchenzahl wie die Intensität eines klassischen Wellenfeldes *stetig* variieren, reflektieren die bei Einzelmessungen der Teilchenzahl zutage tretenden ganzzahligen Eigenwerte $N_{k,i}$ von $\mathcal{N}_k$ die „körnige", durch das „Klick" in einem Detektor verkörperte Quantennatur aller Teilchen. Die prinzipielle Nichtunterscheidbarkeit der Teilchen ist hierbei von Anfang an eingebaut, weil sich das Beschreibungsverfahren der zweiten Quantisierung nur noch auf die Teilchenzahlen und die Modeneigenschaften, aber nicht mehr auf Größen „individueller" Teilchen stützt.

---

5 Für die mathematischen Details verweisen wir auf einführende Lehrbücher in den Formalismus der zweiten Quantisierung. Hier geht es uns um ein grundlegendes qualitatives Verständnis der Quantentheorie für Vielteilchen-Systeme.

Es ist bedeutsam, dass es die Quantentheorie erlaubt, komplexe, aus zahlreichen Teilchen zusammengesetzte Objekte bezüglich der Translationsfreiheitsgrade zumindest näherungsweise genauso wie „freie Teilchen" ohne innere Struktur zu behandeln. Dies ist ein Beispiel einer Systemzerlegung: Die inneren Freiheitsgrade dieser zusammengesetzten Teilchen bilden separat zu behandelnde (Teil)-Systeme, wie wir im letzten Kapitel am Beispiel der Atome und Moleküle gesehen haben.

Im Rahmen der Quantenfeldtheorie gewinnt das Wort „Teilchen" eine völlig neue Bedeutung: statt ein durch einen eigenen Hamilton-Operator (Gl. 3.42) charakterisiertes *Teilsystem* eines Gases zu bilden, wird es zum bloßen Anregungs-*Zustand* eines sehr viel größeren Systems, nämlich des quantisierten Materiefeldes degradiert.

Die räumliche Gestalt dieser Anregungszustände hängt wie bei klassischen Feldern stark von den an das Wellenfeld gestellten Randbedingungen ab. In der Regel gibt es einen ganzen Satz $\{q\}$ von Eigenmoden des Quantenfeldes. Hier beschränken wir uns auf den einfachsten Fall der Einschränkung des Volumens, auf einen Quader. In diesem Fall sind die Eigenmoden k des Feldes einfach ebene Wellen mit dem Wellenvektor $\boldsymbol{k}$.[6]

In der Darstellung der zweiten Quantisierung nimmt der Hamilton-Operator eines solchen Vielteilchen-Systems die Gestalt

$$\mathcal{H} = \sum_k \varepsilon(\boldsymbol{k}) \cdot \tau_N a_k^\dagger a_k \quad + \quad \text{Wechselwirkungsterme} \qquad (4.2)$$

an, wobei die Summe über alle mit den Randbedingungen verträglichen Wellenvektoren $\boldsymbol{k}$ läuft.

Die Wechselwirkungsterme lassen sich in wichtigen Fällen berücksichtigen, ohne die Natur des Systems allzu grundsätzlich zu verändern – nämlich dann, wenn sich der HAMILTON-Operator auf eine Form bringen lässt, die dem ersten Term in Gl. 4.2 entspricht. Dies bringt in der Regel eine Modifikation der *Dispersionsrelation* $\varepsilon(\boldsymbol{k})$ mit sich; manchmal werden dabei auch Fermionen zu Bosonen (oder umgekehrt), oder es tritt ein weiterer Term mit derselben Form hinzu.[7] Die verbleibende Wechselwirkung resultiert in einer endlichen Lebensdauer der Anregungszustände, die sich (nach der

---

6 Im Kristallgitter eines Festkörpers bilden die Atomrümpfe ein periodisches Potenzial für die Elektronen, welches für eine Modifikation der Dispersionsrelation $\varepsilon(\boldsymbol{k})$ (die *Bandstruktur* des Festkörpers) verantwortlich ist. Die Funktion $\varepsilon(\boldsymbol{k})$ zerfällt in mehrere Zweige (die Bänder) und ist dafür auf ein gewisses Teilvolumen des $\boldsymbol{k}$-Raumes eingeschränkt. Auf Längenskalen, die groß gegen die Elementarzelle des Kristallgitters sind, sind die resultierenden BLOCH-Wellen den ebenen Wellen aber sehr ähnlich. Für Details verweisen wir auch die Lehrbücher der Festkörperphysik.

7 Ein berühmtes Beispiel ist das FERMI-Gas mit COULOMB-Wechselwirkung, welches sich näherungsweise auf zwei neue schwach wechselwirkende Systeme, nämlich ein FERMI-Gas mit einer abgeschirmten Wechselwirkung (die zum Beispiel in THOMAS-FERMI-Näherung behandelt werden kann) und ein zusätzliches BOSE-Gas, die *Plasmonen*, abbilden lässt. Ein weiteres Beispiel ist die in Abschnitt 6.6.3 dargestellte BCS-Theorie der Quasiteilchen in einem Supraleiter.

Philosophie von Abschnitt 1.2) als Streuung mit einer mittleren freien Weglänge modellieren lässt.

Die funktionale Abhängigkeit der Anregungsenergie pro Teilchen $\varepsilon(\boldsymbol{k})$ vom Impuls pro Teilchen $\hbar\boldsymbol{k}$ ist ebenso wie seine FERMI- oder BOSE-Natur ein Charakteristikum der jeweils betrachteten Systems. Elektronen und ^{3}He-Atome im Grundzustand sind Anregungszustände von fermionischen Materiefeldern, bei denen jede Eigenmode in zwei Teilsysteme zerfällt, welche sich in der Spinquantenzahl unterscheiden und deren Dispersionsrelation für (kinetische) Energien $\varepsilon(\boldsymbol{k}) - \varepsilon_0 \ll \varepsilon_0$ durch

$$\varepsilon(\boldsymbol{k}) = \varepsilon_0 + \frac{(\hbar\boldsymbol{k})^2}{2\hat{m}} \tag{4.3}$$

gegeben ist. Dabei ist $\varepsilon_0 = \varepsilon(\boldsymbol{k} = 0) = \hat{m}c^2$ die minimale Anregungsenergie, nämlich die aus der Relativitäts-Theorie bekannte Ruhenergie (Abschnitt I-1.4) und c die Lichtgeschwindigkeit. Im Gegensatz zum klassischen System „freier Körper" (das nur beschleunigt oder abgebremst werden kann) sind die Teilchen des Materiefeldes nicht „immer da", sondern können (mittels der Operatoren $a^\dagger$ und a) aus dem Grundzustand (dem sogenannten Vakuumzustand) erzeugt oder vernichtet werden. Bei festen Randbedingungen stellen diese Operationen und deren Superpositionen zugleich die *einzigen* möglichen Zustandsänderungen des Materiefeldes dar, da sich jeder andere Operator durch $a^\dagger$ und a darstellen lässt. Sie sind geeignet, um die für die Quantenphysik typischen, diskontinuierlichen Zustandsänderungen (die „Quantensprünge") mathematisch abzubilden.

Für ein anderes solches System, das Lichtfeld, heißen die Feldquanten bekanntlich Photonen. Sie sind Bosonen, und für jede Eigenmode des Feldes gibt es zwei Gruppen von jeweils unendlich vielen Anregungszuständen, die sich in der Polarisation unterscheiden. Im freien Raum lautet die Dispersionsrelation der Photonen

$$\varepsilon(\boldsymbol{k}) = c\hbar|\boldsymbol{k}| . \tag{4.4}$$

In diesem Fall ist die minimale Anregungsenergie $\varepsilon(0) = 0$.

Von einigen Modifikationen von $\varepsilon(\boldsymbol{k})$ abgesehen, stellen diese beiden Beispiele die Prototypen für die Systeme dar, deren thermodynamische Eigenschaften Gegenstand der folgenden Kapitel sind.

Glücklicherweise ist für Thermodynamik nicht der ganze mathematische Apparat der Quantenfeld-Theorie erforderlich, sondern es genügen dazu die Eigenwerte der Operatoren $\mathcal{H}$ und $\mathcal{N}$. Die Teilchenzahl ist nun kein Systemparameter mehr, sondern eine neben der Energie, dem Impuls oder dem magnetischen Moment gleichberechtigt zu behandelnde *Zufallsvariable*. Weiterhin bietet der Hamiltonoperator 4.2 einen natürlichen Ansatz für eine alternative Zerlegung des Gesamtsystems in einfachere

Teilsysteme – dies sind die verschiedenen, durch den Wellenvektor $\boldsymbol{k}$ parametrisierten *Eigenmoden des Quantenfeldes.*[8]

Mit dem Aufkommen der Quantentheorie wurde offenbar, dass neben der Teilchenzahl noch andere physikalische Größen existieren, deren (Eigen-) Werte ganzzahlig quantisiert sind. Dies sind vor allem die elektrische Ladung Q (in Einheiten von e) und der Drehimpuls $\boldsymbol{L}$ (in Einheiten von $\hbar$). Die Energie, der Impuls und der magnetische Fluss sind dagegen nicht allgemein, sondern nur für bestimmte Systeme (den harmonischen Oszillator, das freie Teilchen und supraleitende Ringe) ganzzahlig quantisiert. Allerdings zeigte sich selbst für die Größen Q und L recht schnell, dass die fundamentale Einheit zu früh festgelegt wurde, weil bei manchen Systemen (fraktionaler Quanten-Hall-Effekt, Baryonen) auch gewisse Bruchteile der „natürlichen" Einheit als scharfe und damit messbare Werte dieser Größen auftreten können.

Wie bereits in Abschnitt I-3.1 diskutiert, hat sich (unter den Physikern) die Auffassung durchgesetzt, dass die Größe $N = \sum_k N_k$ als *dimensionslose Zahl* angesehen kann. Dafür ist weniger die Vereinfachung der Schreibweise als vielmehr die von der Alltagserfahrung suggerierte Auffassung verantwortlich, dass es sich bei der Teilchenzahl nicht um eine kontinuierliche Variable, sondern um eine wohldefinierte Anzahl von eindeutig voneinander abgrenzbaren *Objekten* handelt. Wie wir bereits mehrfach betont haben, ist letzteres im Bereich der Quantenphysik trotz der intuitiven Eingängigkeit nicht haltbar. Dennoch werden wir von nun an die Elementarmenge τ_N in der Definition des Teilchenzahl-Operators $\mathcal{N}$ in Gl. 4.1 weglassen, um auf die in der Literatur üblichen Formeln zu kommen – um den Preis, dass die zum Teil subtilen Unterschiede zwischen extensiven physikalischen Größen, Größen pro Teilchen und dimensionslosen Objekten wie der Zustandssumme oder den Wahrscheinlichkeiten verwischen.

4.2 Die Gɪʙʙs'sche Verteilung

Im Abschnitt 3.1 haben wir die Bᴏʟᴛᴢᴍᴀɴɴ-Verteilung aus dem Bᴏʟᴛᴢᴍᴀɴɴ'schen Prinzip und der Gɪʙʙs'schen Fundamentalform abgeleitet. Nun wollen wir in analoger Weise die Wahrscheinlichkeitsverteilung der Zustände mit scharfen Werten von E und N bestimmen. Dazu schreiben wir zunächst die Differenziale der thermodynamischen Größen auf:

$$E = \langle \mathcal{H} \rangle = \sum_i E_i W_i \,, \qquad\qquad dE = \sum_i E_i \, dW_i \,,$$

---

[8] Das Verfahren eignet sich nicht nur für delokalisierte, sondern auch für lokalisierte Zustände, wie zum Beispiel die einzelnen Moden in einem Laser-Resonator, die sich jeweils durch einen Hᴀᴍɪʟᴛᴏɴ-Operator der Gestalt

$$\mathcal{H}_q = \varepsilon_q \cdot \tau_N a_q^\dagger a_q \,,$$

darstellen lassen.

$$N = \langle \mathcal{N} \rangle = \sum_i N_i W_i , \qquad\qquad dN = \sum_i N_i \, dW_i ,$$

$$S = -k_B \sum_i W_i \ln W_i , \qquad\qquad dS = -k_B \sum_i (\ln W_i) \, dW_i .$$

Hierbei sind E_i und N_i die Eigenwerte von $\mathcal{H}$ und $\mathcal{N}$.[9] Weiterhin haben wir die implizite Annahme gemacht, dass die Operatoren $\mathcal{H}$ und $\mathcal{N}$ miteinander vertauschbar sind, also ein gemeinsames System $\{|i\rangle\}$ von Eigenzuständen besitzen.[10]

Im Gegensatz zu Kapitel 3, dessen Basis die Lösungen der *Einteilchen*-SCHRÖDINGER-Gleichung waren, gehen wir nun von einem echten Vielteilchen-System aus. In diesem Fall liefert das BOLTZMANN'sche Prinzip keine Entropie pro Teilchen, sondern die Entropie des Gesamt-Systems.[11]

Bemerkenswert ist die Tatsache, dass Entropie entsprechend dem BOLTZMANN'-schen Prinzip (Gl. 3.1) und im Gegensatz zur Energie und zur Teilchenzahl *nicht* mit dem Mittelwert einer durch einen Operator repräsentierten physikalischen Größe identifiziert werden kann, sondern allein durch die W_i gegeben ist.

Bringen wir alle Terme in der GIBBS'schen Fundamentalform[12]

$$dE = T \, dS - p \, dV + \mu dN$$

auf eine Seite, so erhalten wir unter der Annahme, dass das Volumen fest sei ($dV = 0$):

$$dE - TdS - \mu dN = 0 . \tag{4.5}$$

Diese Gleichung ist äquivalent zu einem Extremwertproblem für die in Abschnitt 1.1 eingeführte MASSIEU-GIBBS-Funktion

$$K[W_i] = E - TS - \mu N .$$

---

9 Die Eigenwerte E_i von $\mathcal{H}$ können wie bei der BOLTZMANN-Verteilung noch von weiteren Parametern wie dem Volumen oder dem Magnetfeld abhängen.

10 Im Prinzip ist hier neben E und N als weitere Zufallsvariable noch der Impuls $\boldsymbol{P}$ mit seinen Eigenwerten $\boldsymbol{P}_i$ zu berücksichtigen. Dieser liefert den Beitrag $\boldsymbol{v} \, d\boldsymbol{P}$ mit $d\boldsymbol{P} = \sum_i \boldsymbol{P}_i \, dw_i$ zur GIBBS'schen Fundamentalform. Wenn wir als Bezugssystem aber das Schwerpunkts-System wählen, so ist $\boldsymbol{v} = 0$ und der Impulsbeitrag zur GIBBS'schen Fundamentalform und zur Homogenitätsrelation fällt heraus. Von Bedeutung werden diese Terme bei *Strömungs*-Phänomenen, das heißt in der Hydrodynamik, wie wir in Abschnitt 5.4.4 bei der Diskussion von Quasiteilchen in suprafluidem ^{4}He sehen werden. Analoge Überlegungen für den Drehimpuls sind für rotierende Systeme relevant.

11 Strenggenommen müssten wir Gl. 3.1 um den Faktor τ_N ergänzen, um dimensionsmäßig korrekte Resultate zu erhalten: Wird die Teilchenzahl als dimensionslos angesehen, so ist $\tau_N = 1$ statt $\tau_N = 1$ Teilchen und diese Modifikation überflüssig. Allerdings zeigt unsere Diskussion der chemischen Konstanten in den Abschnitten I-6.2.1 und 3.10, dass die Wahl der Einheit von N („Mol" oder „Teilchen") sehr wohl eine Rolle spielt.

12 Bei *elektrisch geladenen Teilchen*, wie zum Beispiel Elektronen, muss das chemische Potenzial durch das elektrochemische Potenzial $\bar{\mu} = \mu + \hat{q}\phi_Q$ ersetzt werden, damit auch der Ladungsterm $\phi dQ = \hat{q}\phi dN$ in der GIBBS'schen Fundamentalform berücksichtigt wird.

Für das Differenzial von K erhalten wir nach Einsetzen der Differenziale für E, N und S in Gl. 4.5:

$$dK[W_i] = \sum_i \left\{ E_i + k_B T \ln W_i - \mu_i N_i \right\} dW_i \overset{!}{=} 0 \, .$$

Um die Normierungsbedingung $\sum_i W_i = 1$ für die Wahrscheinlichkeiten einzuarbeiten, wenden wir wieder die Methode der Lagrange'schen Multiplikatoren an und extremalisieren die Funktion

$$K[W_i] + \lambda \left(\sum_i W_i - 1 \right)$$

bezüglich der W_i und des Lagrange-Multiplikators λ. Damit ergibt sich die Bedingung

$$\sum_i \left\{ E_i + k_B T \ln W_i - \mu N_i + \lambda \right\} dW_i \overset{!}{=} 0 \, .$$

Da die Wahrscheinlichkeiten unabhängig voneinander variiert werden können, muss der Ausdruck in der Klammer verschwinden, und wir erhalten

$$\ln W_i = -\frac{E_i - \mu N_i}{k_B T} - \frac{\lambda}{k_B T} \, , \tag{4.6}$$

$$W_i = \exp\left(-\frac{\lambda}{k_B T}\right) \cdot \exp\left(-\frac{E_i - \mu N_i}{k_B T}\right) \, .$$

Der Wert des Lagrange-Parameters wird durch die Normierung der W_i bestimmt:

$$\sum_i W_i = \exp\left(-\frac{\lambda}{k_B T}\right) \cdot \sum_i \exp\left(-\frac{E_i - \mu N_i}{k_B T}\right) \overset{!}{=} 1 \, .$$

Damit resultieren schließlich die Wahrscheinlichkeiten

$$W_i(T, \mu) = \frac{\exp\left(-\dfrac{E_i - \mu N_i}{k_B T}\right)}{\mathcal{Z}(T, \mu)} \qquad \text{Gibbs'sche Verteilung} \tag{4.7}$$

!

mit der *großkanonischen Zustandssumme*

$$\mathcal{Z}(T, \mu) := \exp\left(\frac{\lambda}{k_B T}\right) = \sum_i \exp\left(-\frac{E_i - \mu N_i}{k_B T}\right) \tag{4.8}$$

als Normierungsfaktor. Die physikalische Bedeutung der großkanonischen Zustandssumme $\mathcal{Z}(T, \mu)$ machen wir uns wieder klar, indem wir den Ausdruck für $\ln W_i$ (Gl. 4.6) in die Entropie einsetzen:

$$S = -k_B \sum_i W_i \ln W_i$$

$$= -k_B \sum_i W_i \cdot \left(-\frac{E_i - \mu N_i}{k_B T} - \ln \mathcal{Z}(T, \mu) \right)$$

$$= k_B \left(\frac{E - \mu N}{k_B T} + \ln \mathcal{Z}(T, \mu) \right) \, .$$

Mit Hilfe der Homogenitätsrelation

$$E = TS - pV + \mu N$$

sehen wir schließlich, dass

!

$$K(T, V, \mu) = -k_B T \ln \mathcal{Z}(T, \mu) \tag{4.9}$$

$$= E - TS - \mu N$$

$$= -p(T, \mu) \cdot V \tag{4.10}$$

eng mit dem Druck zusammenhängt. Die großkanonische Zustandssumme muss also proportional zum Volumen sein, auch wenn dieses bisher nicht explizit aufgetaucht ist.[13] Dieses Ergebnis liefert uns direkt die in den Abschnitten 1.1 (Regeln 8 und 9) und I-5.4 skizzierte Darstellung der Thermodynamik in *Dichten*. Die MASSIEU-GIBBS-Funktion $K(T, V, \mu)$ wird auch das LANDAU-*Potenzial* oder das *großkanonische Potenzial* genannt.

Als nächstes wollen wir die Mittelwerte und Streuungen interessanter Größen berechnen. Dazu betrachten wir die Funktion

$$M := E - \mu N = K + TS . \tag{4.11}$$

Die Änderungen ΔM von M liefern die Änderungen ΔS der Entropie eines Systems bei konstanten V und μ:

$$\Delta M := \Delta E - \mu \Delta N = T \Delta S . \tag{4.12}$$

In Analogie zur Enthalpie (Abschnitte 1.1 und I-5.1.2) nennen wir M die *großkanonische Enthalpie*.[14] Ganz ähnlich wie bei der Herleitung von Gl. 3.7 gilt für $M(T, V, \mu)$:

$$M(T, V, \mu) = K - T\frac{\partial K}{\partial T} = T^2 \frac{\partial}{\partial T}\left(-\frac{K(T, V, \mu)}{T}\right) \tag{4.13}$$

und

$$\frac{\partial M(T, V, \mu)}{\partial T} = \frac{\partial(K + TS)}{\partial T} = -S + S + T\frac{\partial S}{\partial T} = C_{v,\mu}(T) . \tag{4.14}$$

Analog zu Gl. I-5.8 liefert die Ableitung von $M(T, V, \mu)$ nach T die Wärmekapazität bei konstanten V und μ.

Die Kombination der Gln. 4.13 und 4.9 liefert die *Zustandsgleichungen*

---

13 Das Volumen steckt in den mit den Randbedingungen verträglichen **k**-Werten, welche die einzelnen elementaren Teilsysteme nummerieren. In Zusammenhang mit dem Problem der thermischen Ausdehnung in Abschnitt 5.2.3 muss diese Abhängigkeit genauer untersucht werden.

14 Die Größe M besitzt in der Literatur keinen etablierten Namen. Sie wird uns bei der Betrachtung des Entropietransports in ballistischen Systemen in Kapitel 7 wiederbegegnen.

$$M(T,V,\mu) = E - \mu N = k_\mathrm{B}T^2\frac{\partial \ln \mathcal{Z}(T,\mu)}{\partial T} \qquad (4.15) \quad \boxed{!}$$

und

$$N(T,V,\mu) = k_\mathrm{B}T\frac{\partial \ln \mathcal{Z}(T,\mu)}{\partial \mu}\ . \qquad (4.16)$$

Damit lässt sich $\ln \mathcal{Z}$ als Kumulantenfunktion (Anhang G) der Momente E und N der großkanonischen Verteilung auffassen. Zur Berechnung der quadratischen Streuungen schreiben wir genau wie bei der Ableitung von Gl. 3.8

$$M = \sum_i (E_i - \mu N_i)W_i = \frac{1}{\mathcal{Z}}\sum_i (E_i - \mu N_i)\exp\left(-\frac{E_i - \mu N_i}{k_\mathrm{B}T}\right)\ ,$$

und gewinnen durch Ableiten nach T sowie mit Gl. 4.14:

$$(\Delta M)^2 = k_\mathrm{B}T^2\frac{\partial M(T,V,\mu)}{\partial T} = k_\mathrm{B}T^2 C_{v,\mu}(T)\ . \qquad (4.17)$$

Das Ableiten von Gl. 4.16 nach μ resultiert in der analogen Beziehung

$$(\Delta N)^2 = k_B T\frac{\partial N(T,\mu)}{\partial \mu} = (k_\mathrm{B}T)^2\frac{\partial^2 \ln \mathcal{Z}(T,\mu)}{\partial \mu^2} = \frac{k_\mathrm{B}TN^2}{V}\kappa_T \qquad (4.18)$$

zwischen der Teilchenkapazität (Gl. 1.29), der Kompressibilität (Gl. 1.28) und den Fluktuationen der Teilchenzahl N um ihren Mittelwert. Diese ist für das bei Annäherung an den kritischen Punkt auftretende Phänomen der kritischen Opaleszenz verantwortlich (Abschnitt I-9.7.2). Die sich anbahnende Instabilität des Systems äußert sich in starken Fluktuationen der Teilchendichte, die zur Streuung des Lichts führen, wenn die räumliche Korrelation der Fluktuationen in die Größenordnung der Wellenlänge des Lichts kommt.

Die gemischten 2. Ableitungen von $\ln \mathcal{Z}(T,\mu)$ beschreiben nach Anhang G die *Korrelationen* der Fluktuationen von E und N und hängen mit dem thermischen Ausdehnungskoeffizienten β_μ zusammen.

4.3 Elementare BOSE- und FERMI-Systeme

Nun wollen wir die durch die Form von Gl. 4.2 nahegelegte exakte Zerlegung idealer Gase in elementare Teilsysteme durchführen. Die in den einzelnen Summanden

$$\mathcal{H}_{\boldsymbol{k}} = \varepsilon(\boldsymbol{k})\mathcal{N}_{\boldsymbol{k}}, \qquad \mathcal{N}_{\boldsymbol{k}} = a_{\boldsymbol{k}}^\dagger a_{\boldsymbol{k}}$$

in der Summe Gl. 4.2 auftretenden Teilsysteme lassen sich in folgender Weise charakterisieren:

a) Es ist

$$E_k = \langle \mathcal{H}_k \rangle = \varepsilon(\boldsymbol{k}) \langle \mathcal{N}_k \rangle$$

in allen Zuständen eines elementaren Teilsystems. Dabei ist ε eine *Energie pro Teilchen*; im Gegensatz zu E_k ist $\varepsilon(\boldsymbol{k})$ kein Mittelwert, sondern eine charakteristische Konstante des durch $\boldsymbol{k}$ bezeichneten Systems. Bei Systemen von freien (Quasi)-Teilchen, die durch einen Wellenvektor $\boldsymbol{k}$ klassifiziert werden können, gilt nach DE BROGLIE für den Mittelwert des Impulses in diesem Teilsystem außerdem

$$\langle \mathcal{P}_k \rangle = \hbar \boldsymbol{k} \cdot \langle \mathcal{N}_k \rangle \; .$$

b) **Elementare FERMI-Systeme** besitzen zwei Eigenzustände von $\mathcal{H}_k$ und $\mathcal{N}_k$ mit den Eigenwerten $E_{i,k} = 0, \varepsilon(\boldsymbol{k})$, sowie $N_{i,k} = 0, 1$.
Die Zustandssumme lautet dann:

$$\mathcal{Z}_{\mathrm{F}}(T, \mu) = 1 + \exp\left(-\frac{\varepsilon(\boldsymbol{k}) - \mu}{k_{\mathrm{B}} T} \right) \; . \tag{4.19}$$

Damit erhalten wir für den Mittelwert der Teilchenzahl dieser Systeme

$$N_k^{(F)}(T, \mu) = \langle \mathcal{N}_k \rangle = \frac{\exp\left(-\frac{\varepsilon(\boldsymbol{k}) - \mu}{k_{\mathrm{B}} T} \right)}{1 + \exp\left(-\frac{\varepsilon(\boldsymbol{k}) - \mu}{k_{\mathrm{B}} T} \right)} \leq 1 \; .$$

Das Ergebnis

$$N_k^{(F)}(T, \mu) = \frac{1}{\exp\left[(\varepsilon(\boldsymbol{k}) - \mu)/(k_{\mathrm{B}} T) \right] + 1} \; . \tag{4.20}$$

wird als die FERMI-*Funktion* bezeichnet; sie gibt den Mittelwert der Teilchenzahl in einem elementaren FERMI-System an. Daneben ist auch die Bezeichnung FERMI-DIRAC-*Verteilung* üblich. Sie gibt an, wie die Gesamtzahl der Teilchen eines aus elementaren FERMI-Systemen zusammengesetzten Systems auf die einzelnen elementaren FERMI-Systeme verteilt ist. Der Wert der Teilchenzahl in einem elementaren FERMI-System variiert stetig zwischen 0 und 1.
Die zweite Ableitung der Zustandssumme nach μ liefert wieder die Unschärfe der Teilchenzahl:

$$(\Delta N_k)^2_{\mathrm{FERMI}} = (k_{\mathrm{B}} T)^2 \frac{\partial^2 \ln \mathcal{Z}_{\mathrm{F}}(T, \mu)}{\partial \mu^2} = N_k(1 - N_k) \; . \tag{4.21}$$

Die Schwankungen der Fermionenzahlen sind wegen der Beschränkung auf $N_k \leq 1$ stets relativ klein. Diese statistischen Schwankungen äußern sich experimentell zum Beispiel in dem JOHNSON-NYQUIST-Rauschen der Spannung an jedem elektrischen Widerstand (Abschnitt 7.3.4). Die Tatsache, dass der Wert von

N auf $N \leq 1$ beschränkt ist, reflektiert das Pauli-Prinzip.[15]

c) **Elementare Bose-Systeme** besitzen abzählbar-unendlich viele Eigenzustände von $\mathcal{H}_k$ und $\mathcal{N}_k$ mit den Eigenwerten $E_{i,k} = 0, \varepsilon(\boldsymbol{k}), 2\varepsilon(\boldsymbol{k}), 3\varepsilon(\boldsymbol{k}), \ldots$ sowie $N_{i,k} = 0, 1, 2, 3, \ldots$.

Die Zustandssumme dieser Systeme lautet in diesem Fall:

$$\mathcal{Z}_{\mathrm{B}} = 1 + \exp\left(-\frac{\varepsilon(\boldsymbol{k}) - \mu}{k_{\mathrm{B}}T}\right) + \exp\left(-2\frac{\varepsilon(\boldsymbol{k}) - \mu}{k_{\mathrm{B}}T}\right) + \ldots .$$

Dabei handelt es sich wie beim harmonischen Oszillator in Abschnitt 3.4 um eine geometrische Reihe, die leicht aufsummiert werden kann:

$$\mathcal{Z}_{\mathrm{B}}(T, \mu) = \frac{1}{1 - \exp\left(-\frac{\varepsilon(\boldsymbol{k}) - \mu}{k_{\mathrm{B}}T}\right)} . \tag{4.22}$$

Daraus ergibt sich nach Gl. 4.16 für den Mittelwert der Teilchenzahl:

$$\begin{aligned}
N_k^{(\mathrm{B})}(T, \mu) &= k_{\mathrm{B}}T \frac{\partial \ln \mathcal{Z}_{\mathrm{B}}}{\partial \mu} = k_{\mathrm{B}}T \frac{\partial}{\partial \mu}\left(\ln\left[1 - \exp\left(-\frac{\varepsilon(\boldsymbol{k}) - \mu}{k_{\mathrm{B}}T}\right)\right]\right) \\
&= k_{\mathrm{B}}T \frac{\exp\left(-\frac{\varepsilon(\boldsymbol{k}) - \mu}{k_{\mathrm{B}}T}\right)}{1 - \exp\left(-\frac{\varepsilon(\boldsymbol{k}) - \mu}{k_{\mathrm{B}}T}\right)} \frac{1}{k_{\mathrm{B}}T} .
\end{aligned}$$

Komplementär zu den Fermi-Systemen erhalten wir die Bose-Funktion:

$$N_k^{(\mathrm{B})}(T, \mu) = \frac{1}{\exp\left[(\varepsilon(\boldsymbol{k}) - \mu)/k_{\mathrm{B}}T\right] - 1} . \tag{4.23}$$

Der Mittelwert der Teilchenzahl in elementaren Bose-Systemen variiert stetig zwischen 0 und ∞ und wird auch als Bose-Einstein-*Verteilung* bezeichnet. Im Gegensatz zu Fermi-Systemen gibt es eine Einschränkung für die möglichen Werte des chemischen Potenzials, weil der Mittelwert der Teilchenzahl für $\varepsilon(\boldsymbol{k}) - \mu \to 0$ divergiert und für $\varepsilon(\boldsymbol{k}) - \mu < 0$ negativ wäre. Im nächsten Kapitel werden wir sehen, dass diese Divergenz zum Phänomen der Bose-Einstein-Kondensation führt. Für Bosonen ist also stets $\mu < \varepsilon(\boldsymbol{k})$.

---

15 In verbreiteter Terminologie wird die Fermi-Funktion nicht als Mittelwert der Teilchenzahl, sondern als *Wahrscheinlichkeit* dafür interpretiert, dass der „Einteilchenzustand" mit der Energie $\varepsilon(\boldsymbol{k})$ mit *einem* Teilchen „besetzt" ist. Dem liegt die in Abschnitt 3.12 dargestellte Boltzmann'sche Auffassung zugrunde, dass sich die Teilchen auf die Zustände (des Einteilchensystems) statistisch verteilen. In dieser Sprechweise wird die Rolle von System und Zustand also gerade vertauscht. Eine solche Wahrscheinlichkeitsinterpretation ist bei Bose-Systemen *nicht möglich*, weil bei diesen N_k größer als eins werden kann – ja sogar nach oben unbeschränkt ist.

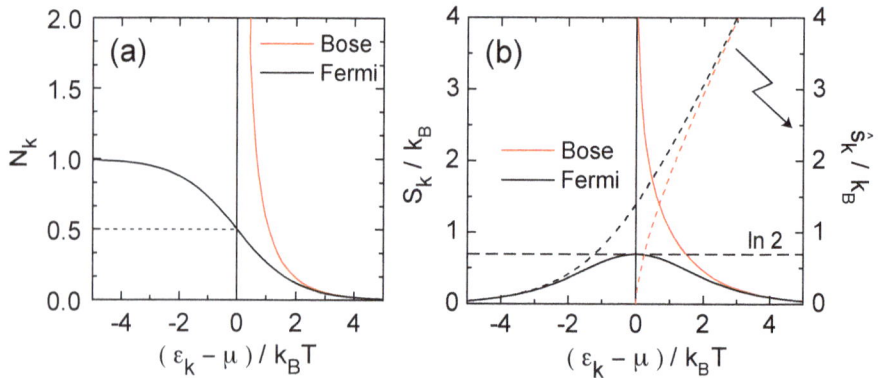

Abb. 4.1. a) BOSE- und FERMI-Funktion – Mittelwert der Teilchenzahl elementarer BOSE- und FERMI-Systeme. b) Entropie (durchgezogene Linie) und Entropie pro Teilchen (gestrichelte Linie) elementarer BOSE- und FERMI-Systeme.

Die zweite Ableitung der Zustandssumme nach μ liefert die Unschärfe der Teilchenzahl:

$$(\Delta N_k)^2_{\text{BOSE}} = (k_B T)^2 \frac{\partial^2 \ln \mathcal{Z}_B}{\partial \mu^2} = N_k (1 + N_k) \,. \tag{4.24}$$

Die Schwankungen ΔN_k der Bosonenzahlen können bei großen Teilchenzahlen mit N_k vergleichbar werden.

Als nächstes wollen wir die Entropie elementarer FERMI- und BOSE-Systeme berechnen. Wegen $K = E - TS - \mu N$ erhalten wir:

$$
\begin{aligned}
S_k^{(F,B)}(T, \mu) &= -\frac{K_k - [\varepsilon(\boldsymbol{k}) - \mu] N_k}{T} \\
&= \pm k_B \ln \left[1 \pm \exp(-Y_k) \right] + \frac{k_B Y_k}{\exp(Y_k) \pm 1}
\end{aligned} \tag{4.25}
$$

mit der Abkürzung $Y_k = [\varepsilon(\boldsymbol{k}) - \mu]/k_B T$. Das obere Vorzeichen gilt für FERMI- und das untere Vorzeichen für BOSE-Systeme. Dasselbe Resultat erhalten wir aus der thermodynamischen Relation

$$S_k(T, \mu) = -\frac{\partial K_k(T, \mu)}{\partial T} \,.$$

Die BOSE- sowie FERMI-Funktion und die Entropie elementarer BOSE- und FERMI-Systeme sind in Abb. 4.1 dargestellt.

Die Entropie elementarer FERMI-Systeme ist funktional identisch mit der des Spin-1/2-Systems in Abb. I-6.16 und der des Zwei-Niveau-Systems in Abschnitt 3.2. Bei elementaren BOSE-Systemen divergiert im Grenzfall $\varepsilon(\boldsymbol{k}) - \mu \to 0$ sowohl die Teilchenzahl als auch die Entropie, nicht aber die Entropie pro Teilchen $\hat{s}_k = S_k^B / N_k^{(B)}$, weshalb deren chemisches Potenzial stets kleiner als die charakteristische Energie $\varepsilon(\boldsymbol{k})$ sein muss.

Die Zustandssumme eines elementaren BOSE-Systems mit dem chemischen Potenzial $\mu = -\varepsilon/2$ ist identisch mit der Zustandssumme des harmonischen Oszillators.

Die so definierten elementaren Systeme wirken zunächst sehr abstrakt.[16] Tatsächlich stellen sie einen außerordentlichen Gewinn an Flexibilität und Allgemeinheit dar. Mit ihrer Hilfe ist nämlich eine allgemeine und quantitative Beschreibung von ganz verschiedenen Systemen mit wellenartigen Anregungszuständen möglich, wobei k den (mit den Randbedingungen verträglichen) Wellenvektor einer Anregungsmode und die Dispersionsrelation $\varepsilon(k)$ die zugehörige Anregungsenergie angibt.[17] Darüber hinaus werden wir sehen, dass die elementaren FERMI- und BOSE-Systeme nicht nur für die Thermodynamik im Gleichgewicht, sondern auch für die Transportphänomene im diffusiven und im ballistischen Grenzfall eine tragende Rolle spielen. Das Verfahren funktioniert für Wellen/Teilchen mit beliebiger Dispersionsrelation und ist keineswegs auf die für NEWTON'sche Teilchen übliche quadratische Dispersionsrelation beschränkt. Deshalb spricht man allgemeiner von *Quasiteilchen*.

Die Vorgabe von $\varepsilon(k)$ und der Teilchenstatistik, das heißt des FERMI- oder BOSE-Charakters, *definiert* Systeme von Quasiteilchen. Die Gesamtheit der elementaren FERMI-(BOSE-)Systeme mit den erlaubten k teilt sich in der Regel, aber nicht immer[18] dasselbe Volumen V und stehen untereinander in thermischem und chemischem Gleichgewicht. Die derart zusammengesetzten Systeme nennt man ideale FERMI- oder BOSE-*Gase*, oder einfach ideale *Quantengase*.[19]

---

16 Diese Sichtweise findet langsam Eingang in Lehrbücher, so zum Beispiel in das Buch von B. Cowan [18], S. 28, aus dem wir zitieren: „Now since the formalism of the grand potential is appropriate for systems that exchange particles and energy with their surroundings, we may now consider as our ‚system‘ the subsystem comprising the particles in a given state k". Der Verfasser hält diesen Übergang (oder sogar „Paradigmenwandel") weg von NEWTON'schen Teilchen und hin zu den Eigenmoden des Materiefeldes für so wichtig und fundamental, dass es geraten erscheint, seine Konsequenzen und Möglichkeiten ausführlich und nicht nur in einem Nebensatz darzustellen.

17 Das Konzept ist sogar noch viel allgemeiner, weil der Wellenvektor k hier nur als Beispiel für eine beliebige Quantenzahl, das heißt für eine *beliebige* Anregungsmode des Materiefeldes steht. Statt ebener Wellen können genauso gut Kugelwellen, BLOCH-Wellen in kristallinen Festkörpern oder auch lokalisierte Moden beschrieben werden.

18 Im Falle von kalten Atomgasen in einer Falle mit einem parabolischen Einschlusspotenzial ist dies nicht ganz richtig, weil die Wellenfunktionen mit höheren Energien in der Potenzialmulde ein größeres Volumen einnehmen als die mit niedrigeren Energien – dennoch spricht man auch in diesem Fall von Quantengasen.

19 Der Vollständigkeit halber halten wir noch fest, dass die Auffassung einer einzelnen Mode des Materiefeldes als eigenständiges System eine Besonderheit aufweist. Diese rührt daher, dass die Mittelwerte von N und E durch die Systemkonstante ε verknüpft, und daher nicht voneinander unabhängig sind. In diesem Fall sind auch T und μ voneinander abhängig, sondern durch die Relation $T/T' + \mu/\varepsilon = 1$ miteinander verknüpft. Dabei sind ε und T' Systemkonstanten.

Dies ändert sich in dem Augenblick, in dem thermisches und chemisches Gleichgewicht mit mindestens einer anderen Mode mit einem anderen ε vorliegt: während dieses zusammengesetzte System im Gleichgewicht immer noch nur zwei unabhängige intensive Variablen besitzt (T und μ) sind nun N

4.4 Ideale Quantengase

Die MASSIEU-GIBBS-Funktionen des *zusammengesetzten* Systems „Quantengas" lässt sich leicht angeben, wenn wir über alle elementaren Teilsysteme summieren. Mit

$$K(T, V, \mu) = -k_B T \sum_k \ln \mathcal{Z}_k^{(F,B)}(T, \mu) \tag{4.26}$$

erhalten wir

!

$$K^{(F,B)}(T, V, \mu) = \mp k_B T \sum_k \ln \left[1 \pm \exp \left(-\frac{\varepsilon(k) - \mu}{k_B T} \right) \right], \tag{4.27}$$

wobei das obere Vorzeichen für FERMI- und das untere Vorzeichen für BOSE-Gase gilt.

Zur Betrachtung von dreidimensional ausgedehnten Systemen (vgl. Abschnitt 3.9) schreiben wir die Dreifachsumme über die mit den Randbedingungen verträglichen Wellenvektoren k analog zu der Kontinuumsnäherung (Gl. 3.37) zunächst auf ein Dreifachintegral um. Dabei ergibt sich auch die durch das Homogenitätspostulat geforderte Proportionalität von $K^{(F,B)}(T, V, \mu)$ zum Volumen. Dann geht man von den drei k-Komponenten zu Kugelkoordinaten mit den Winkeln θ und ϕ sowie der Energie $\varepsilon(k)$ über und integriert über die Winkel. Die dabei auftretende Funktionaldeterminante $g(\varepsilon)$ wird ebenfalls „Zustandsdichte" genannt, obwohl es sich eher um die Dichte der elementaren FERMI/BOSE-Systeme auf der Energieskala handelt. Auf diese Weise können wir die Summe über die erlaubten k-Vektoren in der Regel[20] durch das Integral

$$K^{(F,B)}(T, V, \mu) = \mp V \cdot k_B T \int_{\varepsilon_0}^{\infty} d\varepsilon \, g(\varepsilon) \ln \left[1 \pm \exp \left(-\frac{\varepsilon - \mu}{k_B T} \right) \right]$$

$$\overset{!}{=} -V \cdot p(T, \mu) \tag{4.28}$$

über die Anregungsenergie ε zu ersetzen. Dabei ist ε_0 die charakteristische Energie des elementaren FERMI/BOSE-Systems mit niedrigstem Wert von $\varepsilon(k)$.

---

und E nicht mehr proportional, und damit voneinander unabhängig. Bei den im nächsten Abschnitt besprochenen Quantengasen stehen in der Regel $\simeq 10^{23}$ elementare Teilsysteme miteinander im thermischen und chemischen Gleichgewicht. Alternativ kann die Mode an ein Teilchen- oder Wärmereservoir angekoppelt werden. In diesem Fall kommt die Teilchenzahl oder Entropie des Reservoirs als unabhängige extensive Größe dazu. Dieser zweite Fall ist für die in Kapitel 7 diskutierten System von Bedeutung.

20 Die in Abschnitt 5.3.1 besprochene BOSE-EINSTEIN-Kondensation stellt eine spektakuläre Ausnahme von dieser Regel dar.

Die quantitative Auswertung der MASSIEU-GIBBS-Funktionen selbst überlassen wir stärker theoretisch orientierten Darstellungen. Für die praktischen Anwendungen sind meist die mit Hilfe der FERMI- und BOSE-Funktionen dargestellten *Zustandsgleichungen* des zusammengesetzten Systems nützlicher. Diese erhalten wir, wenn wir die Mittelwerte von Teilchenzahl und Energie oder die Entropie für alle elementaren FERMI- oder BOSE-Systeme aufaddieren:[21]

$$N(T,V,\mu) \;=\; V \cdot \int\limits_{\varepsilon_0}^{\infty} d\varepsilon\, g(\varepsilon) \cdot N_\varepsilon^{(F,B)}(T,\mu)\,,$$

thermische Zustandsgleichung (4.29)

$$n(T,\mu) \;=\; \int\limits_{\varepsilon_0}^{\infty} d\varepsilon\, g(\varepsilon) \cdot N_\varepsilon^{(F,B)}(T,\mu)\,,$$

sowie

$$E(T,V,\mu) \;=\; V \cdot \int\limits_{\varepsilon_0}^{\infty} d\varepsilon\, g(\varepsilon) \cdot N_\varepsilon^{(F,B)}(T,\mu) \cdot \varepsilon\,,$$

kalorische Zustandsgleichung (4.30)

$$e(T,\mu) \;=\; \int\limits_{\varepsilon_0}^{\infty} d\varepsilon\, g(\varepsilon) \cdot N_\varepsilon^{(F,B)}(T,\mu) \cdot \varepsilon\,,$$

wobei $n(T,\mu)$ und $e(T,\mu)$ die gesamte Teilchen- und die Energiedichte sowie

$$N_\varepsilon^{(F)} \;=\; \frac{1}{\exp\left(\frac{\varepsilon-\mu}{k_B T}\right)+1} \qquad \text{und} \qquad N_\varepsilon^{(B)} \;=\; \frac{1}{\exp\left(\frac{\varepsilon-\mu}{k_B T}\right)-1}$$

die FERMI- und die BOSE-Funktion sind. Dazu kommen die Entropie und die Entropiedichte

$$S(T,V,\mu) \;=\; V \cdot \int\limits_{\varepsilon_0}^{\infty} d\varepsilon\, g(\varepsilon) \cdot S_\varepsilon^{(F,B)}(T,\mu)\,,$$

entropische Zustandsgleichung (4.31)

---

21 Man sollte sich bewusst machen, dass wir in dieser Schreibweise unterdrückt haben, dass N und E als Summe beziehungsweise als Integral über $\langle N_\varepsilon \rangle$ eigentlich ebenfalls Mittelwerte sind. Die relativen Streuungen $\Delta N/N$ und $\Delta E/E$ dieser Mittelwerte gehen (im Gegensatz zu denen von $\langle N_\varepsilon \rangle$) für makroskopische Systeme genauso gegen Null wie die relative Streuung des magnetischen Moments eines makroskopischen Spinsystems (Abschnitt 2.6).

$$s(T,\mu) = \int\limits_{\varepsilon_0}^{\infty} d\varepsilon\, g(\varepsilon) \cdot S_{\varepsilon}^{(F,B)}(T,\mu)\,,$$

wobei $S_{\varepsilon}^{(F,B)}(T,\mu)$ die in Gl. 4.25 definierte Entropie eines elementaren FERMI/BOSE-Systems mit der charakteristischen Energie ε ist.

Systemspezifisch ist in diesen Ausdrücken neben der FERMI- oder BOSE-Natur nur noch die durch $\varepsilon(\boldsymbol{k})$ und die Dimensionalität des Systems bestimmte Zustandsdichte $g(\varepsilon)$. Oft wird die Energie pro Teilchen ε_0 des elementaren FERMI- oder BOSE-Systems mit der niedrigsten Anregungsenergie gleich Null gesetzt – meist ohne dies ausdrücklich zu erwähnen. Dies ist nicht immer trivial, da selbst in Abwesenheit von Wechselwirkungen die Ruheenergie $\hat{m}c^2$, die Bindungsenergie zusammengesetzter Teilchen und die durch die Vorgabe eines endlichen Volumens V unvermeidliche *Lokalisierungsenergie* auftritt. Dies entspricht einer Verschiebung des Nullpunkts des chemischen Potenzials $\mu' = \mu - \varepsilon_0$. Falls chemische Reaktionen, das heißt Erzeugungs- und Vernichtungsprozesse zwischen Systemen mit *verschiedenen* Werten von ε_0 auftreten, ist dies jedoch nicht möglich, da dann nach Abschnitt I-7.7.3 die *Absolutwerte* der chemischen Potenziale von Bedeutung sind.

Auf diese Weise lassen sich alle extensiven Größen des Gases als Summe ihrer Werte in den elementaren BOSE- und FERMI-Systemen darstellen. Dies gilt auch für die Entropie: Die Entropie der BOSE- und FERMI-Gase resultiert in dem hier gewählten Zugang offenbar nicht daraus, dass viele Teilchen mit verschiedenen $\boldsymbol{k}$-Richtungen durcheinanderwuseln, sondern aus der inkohärenten Mischung von Zuständen mit verschiedenen Teilchenzahlen *innerhalb* eines elementaren Systems mit dem Wellenvektor $\boldsymbol{k}$. Das bedeutet beispielsweise, dass sich eine einzelne Lasermode mit einem wohldefinierten Wert von $\boldsymbol{k}$ in einem *thermischen Zustand* befinden kann: Dieser Fall liegt für Pumpraten unterhalb der Laser-Schwelle vor.

Ihre überragende Bedeutung verdanken die idealen FERMI- und BOSE-Gase der Tatsache, dass sie nicht nur zur Beschreibung gasförmiger Stoffe taugen, sondern in sehr vielen Fällen auch für die *Anregungszustände kondensierter Phasen* geeignet sind, obwohl die Atome und Moleküle kondensierter Phasen in sehr starker Wechselwirkung miteinander stehen. Die Wechselwirkungen führen zur Ausbildung eines völlig neuen Grundzustands, nämlich zu dem nicht-angeregten Festkörper. Dieser bildet bei $T \to 0$ eine Art *Grundsystem* mit der Entropie 0. Das Grundsystem kann Teilchen mit dem System der thermisch angeregten Teilchen austauschen – mit steigender Temperatur ändert sich die Verteilung der fest vorgegebenen Zahl von Teilchen auf die elementaren FERMI- und BOSE-Systeme. Dieser Fall liegt zum Beispiel bei den in Abschnitt 5.3 vorgestellten ultrakalten BOSE-Gasen vor. Noch häufiger wird es sich als treffender erweisen zu sagen, dass mit steigender Temperatur *neue Quasiteilchen thermisch erzeugt werden*. In diesem Fall stellt das Grundsystem ein Quasi-Vakuum für thermisch angeregte Quasiteilchen dar, wobei die Quasiteilchen wenig oder nichts mit den Atomen und Molekülen, den Elektronen und Atomkernen gemein haben, die wir üblicherweise als die „Bausteine der Materie" ansehen.

Ein gutes Beispiel für die Transformation eines stark wechselwirkenden Vielteilchensystems in ein ideales BOSE-Gas bildet der Übergang vom EINSTEIN-Modell des Festkörpers, welches annimmt, dass ein Kristall in ungekoppelte Oszillatoren zerlegt werden kann, zu realistischeren Modellen. Das EINSTEIN-Modell nimmt an, dass die Atome nur paarweise (wie in den Molekülen eines zweiatomigen Gases) miteinander wechselwirken. Berücksichtigt man die Wechselwirkungen eines Atoms mit allen seinen Nachbarn, so stellt sich heraus, dass die kollektiven Schwingungen des Kristallgitters wieder durch ungekoppelte Oszillatoren beschrieben werden können – allein besitzen diese kollektiven Moden nicht dieselbe Eigenfrequenz ω, sondern die Diagonalisierung der Federkonstantenmatrix des Gitters führt zu einer *Dispersion* $\omega(\boldsymbol{k})$ der Eigenmoden, das heißt zu einer Abhängigkeit der Eigenfrequenzen vom Wellenvektor. Sind die Federkonstanten von der Auslenkung der Atome unabhängig, gibt es (genau wie bei den Eigenschwingungen des Lichtfeldes) keine Wechselwirkung zwischen den Eigenmoden. Da Anregungen mit einem Wellenvektor nach der Quantentheorie als Teilchen zu interpretieren sind, bilden die Schwingungsanregungen sowohl des Festkörpers als auch des Lichtfeldes in der Tat ein *ideales* Gas – das Phononen- beziehungsweise das Photonengas, wobei die Phononenzahl unabhängig von der Zahl der Atome des Festkörpers variiert werden kann. Diese Systeme haben wir auf einer empirischen Basis bereits im ersten Band (Abschnitte I-6.3 und I-6.4) diskutiert und werden sie in diesem Band in den Abschnitten 5.1 und 5.2 mit den in diesem Kapitel erarbeiteten Methoden genauer behandeln.

Ab einem gewissen Anregungsgrad, der einer hohen *Phononendichte* entspricht, kommt es zu anharmonischen Effekten, die *Streuprozessen* zwischen den Phononen entsprechen. Bei hinreichend hohen Temperaturen schmilzt der Festkörper. Interessanterweise bedeutet dies nicht das Ende des Quasiteilchenbilds – in neueren Arbeiten werden auch die thermischen Eigenschaften von Flüssigkeiten im Phononenbild interpretiert [21]. Dabei wird eine von FRENKEL eingeführte Zeitskala τ_F wichtig, auf welcher Scherspannungen in der Flüssigkeit durch Hüpfprozesse der Atome oder Moleküle abgebaut werden. Während sich die longitudinalen Schallwellen genauso wie im Festkörper verhalten, sind transversale Schallwellen in der Flüssigkeit nur auf Zeitskalen möglich, die kürzer als τ_F sind. Da τ_F, welches auch die Viskosität der Flüssigkeit bestimmt, mit zunehmender Temperatur stark abnimmt, muss die Wärmekapazität (im klassischen Regime) vom DULONG-PETIT-Grenzfall $\hat{c}_v = 3R$ auf $2R$ *abnehmen*, weil bei sehr hohen Temperaturen nur noch longitudinale Schallwellen existieren. Eine solche Abnahme der Wärmekapazität haben wir bereits in Abb. I-6.1 beobachtet – sie ist für einfache Flüssigkeiten typisch und wird in Abschnitt 5.2.4 genauer diskutiert. Ebenso bestimmen longitudinale Schallwellen das Tieftemperaturverhalten des suprafluiden Heliums (Abschnitt 5.4).

Die Zerlegung eines Systems in ein Grundsystem mit der Entropie Null und das System der thermischen Anregungen lässt sich für sehr viele andere Beispiele durchführen. Selbst wenn Wechselwirkungen zu einer drastischen Modifikation des *Viel-teilchen-Grundzustands* eines Quantensystems führen, so lassen sich die *Anregungs-zustände* des Grundsystems bei tiefen Temperaturen sehr oft als nahezu ideale FERMI- oder BOSE-Gase beschreiben. Die Aufgabe des Experimentators besteht darin, aus ge-nauen Messungen der beiden Zustandsgleichungen (oder deren Ableitungen, den Sus-zeptibilitäten $\hat{c}_v$, β_p, κ_T, oder χ_m) auf die Zustandsdichte $g(\varepsilon)$ und damit auf das *Anre-gungsspektrum* $\varepsilon(\boldsymbol{k})$ des Systems zurückzuschließen, um so Aufschluss über die Natur der Quasiteilchen zu gewinnen. Solche thermodynamischen Messungen haben in der Vergangenheit schon oft zu ersten Aufschlüssen über die Natur neuer Phänomene in der Physik der kondensierten Materie geführt. In vielen Fällen war deren Aufklärung mit Einführung neuer Quasiteilchen verbunden.[22] Den Rest dieses Buches werden wir der Darstellung solcher Phänomene widmen, von denen wir hier einige aufzählen:

- ^{3}He oder ultrakaltes ^{7}Li-Gas
- *Flüssiges* ^{3}He, weiße Zwerge und Neutronensterne
  (Achtung: die effektive Masse $\hat{m}$ kann erheblich von der Masse $\hat{m}_0$ isolierter Teil-chen im Vakuum abweichen – hier können Wechselwirkungseffekte unterge-bracht werden)
- Elektronen in Festkörpern – das „Bändermodell" des Festkörpers
- Photonen im Vakuum
- Phononen in Kristallen
- Polaritonen: gekoppelte Phonon/Photon-Anregungen in dielektrischen Festkör-pern
- Plasmonen: Elektronendichtewellen in Metallen
- Magnonen: Magnetisierungswellen in magnetischen Festkörpern
- BOGOLIUBOV-Quasiteilchen in Supraleitern sowie Phononen und Rotonen in su-praflüssigem ^{4}He

4.5 Transport von Energie, Entropie und Teilchen durch elementare FERMI- oder BOSE-Systeme

In diesem Abschnitt wollen wir allgemein gültige Ausdrücke für die Ströme von men-genartigen Größen wie E, S, N, oder $\boldsymbol{P}$ ableiten.

Dazu berechnen wir zunächst den Beitrag eines elementaren FERMI- oder BOSE-Systems mit der Teilchenzahl $N_\Psi = 1$ zum Gesamtstrom. Nach der Einteilchen-Quan-tentheorie[23] gilt für den Beitrag eines elementaren FERMI- oder BOSE-System mit der

---

22 Die Erfindung neuer Teilchen zur Erklärung neuer Phänomene ist also keineswegs ein Privileg der Hochenergiephysiker…

23 Auf der Ebene der *zweiten Quantisierung* ist $\Psi(\boldsymbol{r})$ als *Feldoperator* aufzufassen, und Gl. 4.32 reprä-sentiert eine Gleichung zwischen Operatoren. Deren Erwartungswerte entsprechen dann den beob-achtbaren *Mittelwerten* der Teilchenstromdichte.

Wellenfunktion $\Psi(r) = |\Psi(r)| \exp[i\varphi(r)]$ zur lokalen Gesamtstromdichte *pro Teilchen* (in Abwesenheit eines Magnetfeldes):

$$\hat{j}_{\Psi}(r) = \frac{\hbar}{2i\hat{m}}\left(\Psi^*(r)\operatorname{grad}\Psi(r) - \Psi(r)\operatorname{grad}\Psi^*(r)\right)$$

$$= |\Psi(r)|^2 \cdot \frac{\hbar}{\hat{m}}\operatorname{grad}\varphi(r)\,, \tag{4.32}$$

wobei $\varphi(r)$ die ortsabhängige *Phase* der Wellenfunktion ist. Eine Gleichung von diesem Typ bezeichnet man als *Strom-Phasen-Relation*; sie stellt die Grundlage für die Beschreibung von Transportprozessen in der Quantenphysik dar. Da $|\Psi(r)|^2$ als lokale Teilchendichte zu interpretieren ist, erlaubt Gleichung 4.32 eine Definition der lokalen Transportgeschwindigkeit in diesem elementaren FERMI- oder BOSE-System durch

$$v_{\Psi}(r) = \frac{\hbar}{\hat{m}}\operatorname{grad}\varphi(r)\,. \tag{4.33}$$

Gleichung 4.32 entspricht dann unserem gewohnten Ausdruck $j_N = n\langle v\rangle$ (Gl. I-8.20) für die Stromdichte. Für eine ebene Welle mit dem Wellenvektor k gilt

$$\psi(r) = |\psi(r)|\exp(ikr)\,, \quad \operatorname{grad}\varphi(r) = k\,, \quad |\Psi(r)|^2 = 1/V = \text{const.}\,,$$

und damit

$$\hat{j}_k = \frac{1}{V}\frac{\hbar k}{\hat{m}} = \frac{1}{V}\cdot v_k\,. \tag{4.34}$$

Falls die Wellenfunktionen keine ebenen Wellen, sondern beispielsweise BLOCH-Wellen im Festkörper sind, so beträgt der Erwartungswert der dynamischen Geschwindigkeit nach dem EHRENFEST-Theorem[24]

$$v_k = \left\langle\Psi\left|\frac{\partial\mathcal{H}}{\partial\mathcal{P}}\right|\Psi\right\rangle = \frac{\partial\varepsilon(k)}{\partial\hbar k}\,.$$

Damit haben wir die dynamische Definition der Geschwindigkeit aus Gl. I-1.3 reproduziert. Für Blochwellen muss $|\Psi(r)|^2$ über eine Elementarzelle gemittelt werden und liefert dann ebenfalls $1/V$.

Um den Gesamtstrom einer mengenartigen Größe X zu bekommen, müssen wir einfach über die Beiträge aller elementaren FERMI/BOSE-Systeme summieren. Für den Teilchenstrom erhalten wir damit:

---

[24] Das EHRENFEST-Theorem besagt, dass quantenmechanische Erwartungswerte der physikalischen Größen den klassischen HAMILTON'schen Bewegungsgleichungen genügen. Die Ableitung des HAMILTON-Operators $\mathcal{H}$ nach dem Impulsoperator $\mathcal{P}$ ist durch die Kommutator-Relation

$$\frac{\partial\mathcal{H}}{\partial\mathcal{P}} = \frac{i}{\hbar}[\mathcal{H},\mathcal{X}]$$

gegeben, wobei $\mathcal{X}$ der Ortsoperator ist.

!

$$j_N = \frac{1}{V} \sum_k v_k \cdot N_k \,. \tag{4.35}$$

Gegenüber der Relation $j_N = n \cdot \langle v \rangle$ (Gl. I-8.20) stellen diese Gleichungen eine wichtige Verallgemeinerung dar, weil die Transport-Geschwindigkeiten v_k für die verschiedenen elementaren FERMI- oder BOSE-Systeme unterschiedlich sein können. Damit werden wir frei von der Voraussetzung einer einheitlichen mittleren Transportgeschwindigkeit $\langle |v| \rangle$ für alle Energien, welche die Gültigkeit unserer Ergebnisse in Abschnitt 1.2 (Kapitel (I-8) teilweise eingeschränkt hat. Analog lautet das Ergebnis für den Energie- und den Entropiestrom:

$$j_E = \frac{1}{V} \sum_k v_k \cdot \varepsilon(k) \cdot N_k \,, \qquad j_S = \frac{1}{V} \sum_k v_k \cdot S_k \,. \tag{4.36}$$

Wir können nun die Stromdichten aller mengenartigen Größen des betrachteten Systems berechnen, sofern die Dispersionsrelation $\varepsilon(k)$ der FERMI/BOSE-Systeme bekannt ist. Die Beziehungen (4.35) und (4.36) stellen die Grundlage für unsere weitere Beschreibung von Transportphänomenen sowohl auf der makroskopischen Ebene (Kap. 5 und Kap. 6) als auch in Nanostrukturen (Kap. 7) im Rest des Buches dar.

Eine direkte Konsequenz der Gleichungen 4.35 und 4.36 ist die Tatsache, dass die Zustände thermodynamischen Gleichgewichts stromlos sind – wenn $\varepsilon(k)$ gerade in k ist, so sind $N_k^{(F,B)}(T, \mu)$, $E_k^{(F,B)}(T, \mu)$ und $S_k^{(F,B)}(T, \mu)$ ebenfalls gerade Funktionen in k, weil diese im Gleichgewicht nur von $\varepsilon(k)$ abhängen. Im „Gleichgewicht" bedeutet dabei, dass die Werte von T und μ für alle k gleich sind. Dies bedeutet, dass sich alle elementaren Teilsysteme des Quantengases untereinander im thermischen und chemischen Gleichgewicht befinden. Andererseits muss $\partial\varepsilon(k)/\partial k$ ungerade sein, und daher müssen die Summen in 4.35 und 4.36 verschwinden.

Endliche Transportströme treten dann auf, wenn das Gesamtsystem der elementaren FERMI- oder BOSE-Systeme in zwei oder mehr Gruppen (zum Beispiel in nach links laufende und nach rechts propagierende Systeme) zerlegt werden kann, die jeweils von *Reservoiren* (welche sich definitionsgemäß in einem *Gleichgewichts*-Zustand befinden) mit *unterschiedlichen* $\{T, \mu\}$ bevölkert werden. In den nachfolgenden Kapiteln werden zahlreiche Beispiele für Situationen illustriert, bei denen eine solche Zerlegung möglich ist. In diesen Fällen ist eine quantitative Beschreibung des *Nichtgleichgewichts*-Zustands mit Hilfe der aus dem LANDAU-Potenzial $K(T, V, \mu)$ folgenden Zustandsgleichungen $N_k = N_k(T, \mu)$, $E_k = E_k(T, \mu)$ und $S_k = S_k(T, \mu)$ möglich. Dies gilt insbesondere auch für den Fall diffusiver Systeme, wie wir sie bereits in Kapitel I-8 betrachtet haben!

Damit bietet sich die folgende Veranschaulichung des Quantentransports an:

> Die einzelnen elementaren FERMI/BOSE-Systeme stellen eine Art von *Förderbändern* dar, die Energie, Entropie, Impuls, Drehimpuls (Spin) und Teilchen in Richtung und mit der Geschwindigkeit v_k transportieren. **!**

Der Unterschied zur klassischen Beschreibung der Transportphänomene mit Hilfe von auf klassischen Trajektorien laufenden Teilchen besteht darin, dass die elementaren FERMI- und BOSE-Systeme gleichermaßen Teilchen, elektrische Ladung, Entropie, Energie, Impuls, Drehimpuls, magnetische Momente und alle möglichen anderen mengenartigen Größen transportieren, anstatt den Teilchen eine Sonderrolle als „Träger" der anderen mengenartigen Größen zu geben.[25] Diese Art der Anschauung ist unabhängig von der Existenz lokalisierter unterscheidbarer Teilchen und daher geeignet, eine weitgehend korrekte und konkrete Vorstellung von Quantentransport-Phänomenen zu vermitteln. Quantenmechanische Streuprozesse führen zu einem *Transfer* von all diesen physikalischen Größen von einem elementaren FERMI/BOSE-System in andere mit einer anderen Transportrichtung. Dies führt zu einem System von gekoppelten *kinetischen Gleichungen*, die den Raten-Gleichungen für chemische Reaktionen ähnlich sind.

Für klassische Teilchen hätten wir Gl. 4.35 direkt hinschreiben können. Die Leistungsfähigkeit unseres Zugangs äußert sich aber darin, dass *dieselben* Formeln nicht nur für klassische Teilchen, sondern für alle am Ende des letzten Abschnitts aufgeführten *Quasiteilchen* gelten, unabhängig davon, ob diese klassischen Bewegungsgleichungen genügen oder nicht. Weiterhin sind alle Effekte der Quantenstatistik bereits eingebaut! In Kapitel 7 werden wir darüber hinaus feststellen, dass die Kontinuum-Näherung, welche dem Übergang zwischen Gl. 4.27 und Gl. 4.28 zugrunde liegt, in eingeschränkten Dimensionen nur noch teilweise gültig ist. Zur Beschreibung eines Quantendrahtes muss die diskrete Summe über k_y, k_z in Gln. 4.35 und 4.36 beibehalten werden, wenn dessen Durchmesser mit der Wellenlänge der zum Transport beitragenden Moden vergleichbar wird. Dagegen weisen die in der Transportrichtung liegenden Moden weiterhin ein quasi-kontinuierliches Spektrum von k_x-Werten auf, wenn das Elektronensystem in dieser Richtung groß gegen die Wellenlänge ist. In unserer Behandlung quasi-eindimensionaler Quantendrähte in Kapitel 7 werden wir genau dieses Programm durchführen.

---

25 Diese verbreitete Auffassung spiegelt sich beispielsweise in dem in der Halbleiterphysik viel verwendeten Wort „Ladungsträger" wieder.

4.6 Der „klassische" Grenzfall

Wir wollen nun zur Betrachtung der Thermodynamik im Gleichgewicht zurückkehren und die in Abschnitt 4.3 erhaltenen Resultate mit denen der „klassischen" Statistik aus Abschnitt 3.8 vergleichen. Wenn, wie behauptet, die GIBBS'sche Verteilung eine realistischere Beschreibung der Natur darstellt als die BOLTZMANN'sche Verteilung, dann sollten sich bei hohen Temperaturen oder geringen Dichten ohne weitere Annahmen die korrekten Zustandsgleichungen ergeben. Um uns davon zu überzeugen, betrachten wir die thermische Zustandsgleichung Gl. 4.29 für die Teilchendichte[26] und vergleichen sie mit der entsprechenden, aus der makroskopischen Thermodynamik gewonnenen Beziehung (Gl. 1.12) für das ideale Gas. Dazu müssen wir die thermische Zustandsgleichung

$$n(T, \mu) = \int_{\varepsilon_0}^{\infty} d\varepsilon \, g(\varepsilon) \cdot N_{\varepsilon}^{(\mathrm{F,B})}(T, \mu)$$

explizit auswerten. Die Zustandsdichte für eine quadratische Dispersionsrelation in drei Dimensionen haben wir bereits in Abschnitt 3.10 (Gl. 3.38) berechnet. Da eine geschlossene Darstellung des Integrals in diesem Fall nicht möglich ist, entwickeln wir für die Untersuchung des Hochtemperatur-Grenzfalls die BOSE- und die FERMI-Funktion in eine Potenzreihe in der Größe z/α, wobei

$$\alpha = \exp\left(\frac{\varepsilon - \varepsilon_0}{k_{\mathrm{B}}T}\right) \quad \text{und} \quad z = \exp\left(\frac{\mu - \varepsilon_0}{k_{\mathrm{B}}T}\right)$$

die in Abschnitt I-6.2.3 eingeführte Fugazität ist. Damit erhalten wir:

$$N_{\varepsilon}^{(\mathrm{F,B})}(T, \mu) = \frac{1}{\exp\left(\dfrac{\varepsilon - \mu}{k_{\mathrm{B}}T}\right) \pm 1}$$

$$= \frac{1}{\alpha/z \pm 1} = \frac{z}{\alpha} \frac{1}{1 \pm z/\alpha} = \frac{z}{\alpha} \mp \left(\frac{z}{\alpha}\right)^2 + \mathcal{O}\left(\frac{z}{\alpha}\right)^3 .$$

Weil $\mu - \varepsilon_0$ bei hohen Temperaturen und geringen Dichten stark negativ ist (Gl. 1.12), ist z/α sehr klein. Der Term erster Ordnung in z/α liefert die BOLTZMANN-Verteilung in Abschnitt 3.1. Die folgenden Terme beschreiben Korrekturen zur BOLTZMANN-Verteilung, die wir bis zur zweiten Ordnung in z/α auswerten wollen:

$$n(T, \mu) = z \int_{\varepsilon_0}^{\infty} d\varepsilon \, g(\varepsilon - \varepsilon_0) \exp\left[-\frac{\varepsilon - \varepsilon_0}{k_{\mathrm{B}}T}\right] \mp z^2 \int_{\varepsilon_0}^{\infty} d\varepsilon \, g(\varepsilon - \varepsilon_0) \exp\left[-\frac{2(\varepsilon - \varepsilon_0)}{k_{\mathrm{B}}T}\right].$$

---

[26] Die Gleichung ist zum idealen Gasgesetz Gl. I-3.3 äquivalent, wenn wie in Abschnitt I-6.2.3 μ und nicht p als unabhängige Variable verwendet wird.

Die auftretenden Integrale sind für eine quadratische Dispersionsrelation (fast) identisch mit dem in der Translations-Zustandssumme in Gl. 3.39, und wir erhalten das für kleine Werte der Fugazität $z(T,\mu) \ll 1$, das heißt für große Werte von $\varepsilon_0 - \mu$, gültige Resultat

$$ n(T,\mu) = \frac{z(T,\mu)}{\lambda_T^3} \left(1 \mp \frac{z(T,\mu)}{2^{2/3}} + \cdots \right) , \qquad (4.37) $$

wobei $\lambda_T = 2\pi\hbar/\sqrt{2\pi\tilde{m}k_\mathrm{B}T}$ wieder die thermische DE BROGLIE-Wellenlänge ist. Das Minus-Zeichen gilt für Fermionen und das Plus-Zeichen für Bosonen. Dieses Resultat stimmt in erster Ordnung in z tatsächlich mit der thermischen Zustandsgleichung Gl. 1.12 überein und ergibt dann denselben Wert für die chemische Konstante j_trans (Gl. 3.30) der Translationsfreiheitsgrade wie unsere frühere Rechnung auf der Basis der kanonischen Verteilung in Abschnitt 3.8, ohne dass eine der STIRLING'schen Näherung vergleichbare Approximation notwendig ist.

Darüber hinaus zeigt sich, dass in der nächsthöheren Ordnung in z Abweichungen vom klassischen Grenzfall auftreten, die für BOSE- und für FERMI-Gase in entgegengesetzte Richtungen gehen: Bei gleichen Werten von T und μ zeigen BOSE-Gase eine *höhere* und FERMI-Gase eine *niedrigere* Dichte als nach dem idealen Gasgesetz erwartet. Die Abweichungen werden wichtig, wenn die Fugazität nicht mehr klein gegen 1 ist. Wie wir aus Gl. 4.37 ablesen, liegt dieser Fall vor, wenn

$$ z(T,\mu) = n\lambda_T^3 = \frac{n}{T^{3/2} \, j_\mathrm{trans}} \gtrsim 1 , \qquad (4.38) $$

also dann, wenn der mittlere Teilchenabstand $(V/N)^{1/3}$ mit λ_T vergleichbar und die Entartungsbedingung 1.11 und 3.48) erfüllt ist. In diesem Fall spricht man von BOSE- oder FERMI-*Entartung*.

In den Abweichungen zwischen Gl. 4.37 und der Zustandsgleichung des „klassischen" idealen Gases äußern sich die nach der Quantenmechanik für Fermionen und Bosonen typischen räumlichen *Korrelationen*, wonach die Wahrscheinlichkeit, zwei Bosonen am selben Ort anzutreffen, erhöht ist, während die gleiche Wahrscheinlichkeit für Fermionen reduziert ist. Bildhaft gesprochen, können wir sagen, dass sich Bosonen gern gegenseitig auf dem Schoß sitzen, während sich Fermionen (mit gleicher Spinquantenzahl) anti-sozial aus dem Wege gehen. Dies sind kontra-intuitive Konsequenzen der Nicht-Unterscheidbarkeit, die sich qualitativ ähnlich wie attraktive und repulsive Wechselwirkungen zwischen den Teilchen äußern, *obwohl es sich um ideale Systeme handelt!* Allerdings sind die durch die molekularen Wechselwirkungen bedingten Korrekturen zur idealen Gasgleichung (wie sie etwa durch die VAN DER WAALS-Gleichung beschrieben werden) in aller Regel wesentlich größer als die durch die Nicht-Unterscheidbarkeit gegebenen Quantenkorrekturen.[27] Das bedeutet,

---

27 Eine Ausnahme bilden Wasserstoff und die Helium-Isotope ^{3}He und ^{4}He, für die merkliche Quantenkorrekturen zu den Virial-Koeffizienten (Abb. I-9.14d) auftreten. Für die moderne Physik ebenso

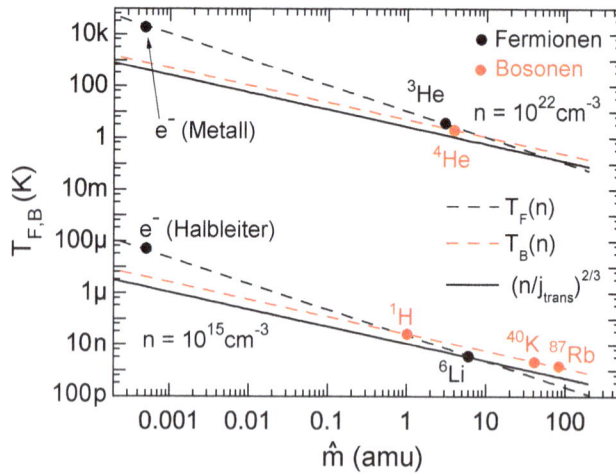

Abb. 4.2. Entartungstemperaturen T_F und T_B für ideale FERMI- und BOSE-Gase sowie die aus der chemischen Konstanten j_{trans} für „klassische" ideale Gase abgeschätzte Entartungstemperatur $T_c = (n/j_{trans})^{2/3}$ als Funktion der Masse für zwei typische Dichten. Die Punkte markieren die Entartungstemperaturen für Elektronen, die Heliumflüssigkeiten und einige experimentell realisierte Atomgase.

dass das Gas üblicherweise kondensiert, bevor die Quantenkorrekturen gravierend werden – es sei denn, dies wird durch besondere Mittel vermieden. Wir kehren zu diesem Punkt in Abschnitt 5.3.1 zurück.

4.7 Vergleich von BOSE- und FERMI-Gasen

Um ein Gefühl für die Zustandsbereiche zu bekommen, in denen der Unterschied zwischen Fermionen und Bosonen zutage tritt, stellen wir die Entartungstemperaturen als Funktion der Molmasse in Abb. 4.2 dar. Neben der Teilchendichte des Gases bestimmt insbesondere die Molmasse $\hat{m}$ die Entartungstemperatur. Wie in den Abschnitten 5.3.1 und 6.1 gezeigt wird, sind die für BOSE- und FERMI-Gase charakteristischen Temperaturen

$$T_B(n) = \left(\frac{n}{2.612\, j_{trans}} \right)^{2/3} \quad \text{und} \quad T_F(n) = \frac{\hbar^2 (3\pi n)^{2/3}}{2\hat{m}}$$

etwas verschieden. Sie hängen in gleicher Weise von der Teilchendichte, aber in unterschiedlicher Weise von der Molmasse ab. Leichte Teilchen, insbesondere Elektronen,

---

wichtig ist das System der Leitungselektronen in Festkörpern, die aufgrund der *Abschirmung* (Abschnitt I-8.4.3) der COULOMB-Wechselwirkung nur sehr schwach miteinander wechselwirken. In Metallen kann die Elektron-Elektron-Wechselwirkung sogar attraktiv werden – dies führt zum Phänomen der Supraleitung, bei der es sich um ein Kondensations-Phänomen handelt, welches das fermionische Gegenstück zu der nachfolgend beschriebenen BOSE-EINSTEIN-Kondensation ist.

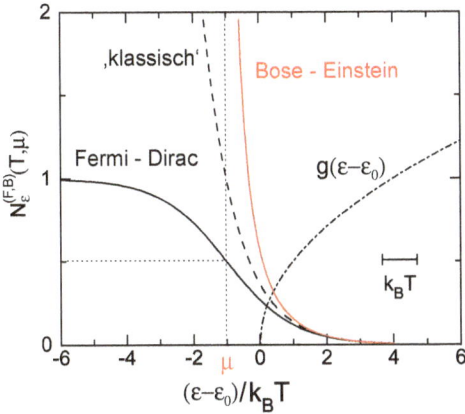

Abb. 4.3. FERMI-, BOLTZMANN und BOSE-Funktion für entartete Quantengase mit $\mu/k_B T = -1$ und $z = \exp(-1)$. Die Zustandsdichte $g(\varepsilon - \varepsilon_0)$ ist nur für $\varepsilon \geq \varepsilon_0$ von Null verschieden. Im Bereich niedriger Energien treten Abweichungen zwischen den Verteilungsfunktionen auf, die für $\varepsilon \gg \mu$ verschwinden („klassischer" Grenzfall).

liegen besonders häufig in entarteten Zuständen vor; bei metallischen Dichten beträgt deren Entartungstemperatur sogar Tausende von Kelvin!

Wir illustrieren diese Charakteristika noch in Abb. 4.3, wo die drei Teilchenzahlen zusammen mit der Zustandsdichte für nicht-relativistische Teilchen eingezeichnet sind. „Klassisches" Verhalten tritt dort auf, wo alle drei Verteilungsfunktionen zusammenfallen. Verschiebt sich das chemische Potenzial bei Erhöhung der Teilchendichte hin zu positiven Energien, so werden die Unterschiede zwischen Fermionen und Bosonen wichtig. Sie werden dramatisch, wenn sich μ in BOSE-Systemen seinem Grenzwert $\mu = \varepsilon_0$ nähert, wo die BOSE-Funktion divergiert. Bei FERMI-Systemen kann μ bei hinreichender Kompression auch größer als ε_0 werden. Entsprechend sind die im Grenzfall hoher Dichten oder tiefer Temperaturen auftretenden Grundzustände für beide Typen von Systemen völlig verschieden. Bevor wir die detaillierte Auswertung der Zustandsgleichungen für die wichtigsten Beispiele in den kommenden Kapiteln vorstellen, wollen wir einen vergleichenden Überblick über die Resultate für den Fall massiver Teilchen geben, die sich aus der numerischen Integration der Zustandsgleichungen ergeben. In Abbildung 4.4a und 4.4b sind die Energie und die Wärmekapazität im Grenzfall $V \to \infty$ als Funktion der mit der jeweiligen Entartungstemperatur $T_{F,B}(n)$ normierten Temperatur dargestellt. Während die Energie des FERMI-Gases wegen der durch das PAULI-Prinzip beschränkten Teilchenzahlen der elementaren FERMI-Systeme stets größer als die des „klassischen" idealen Gases bleibt und gegen eine endliche Nullpunktsenergie (und einen endlichen Nullpunktsdruck) strebt, liegt die Energie des BOSE-Gases stets unterhalb der des „klassischen" idealen Gases. In beiden Fällen läuft die Energie mit einer horizontalen Tangente auf den absoluten Nullpunkt zu, was das Verschwinden der Wärmekapazität für $T \to 0$ und damit die Erfüllung des dritten Hauptsatzes garantiert.

Abbildung 4.4b zeigt, dass die Wärmekapazität des FERMI-Gases mit fallender Temperatur monoton fällt und bei tiefen Temperaturen linear gegen Null strebt, während die des BOSE-Gases zunächst ansteigt, bevor sie bei $T = T_B(n)$ abrupt abfällt, um dann nach einem Potenzgesetz zu verschwinden. Die Spitze der Wärmekapazität bei

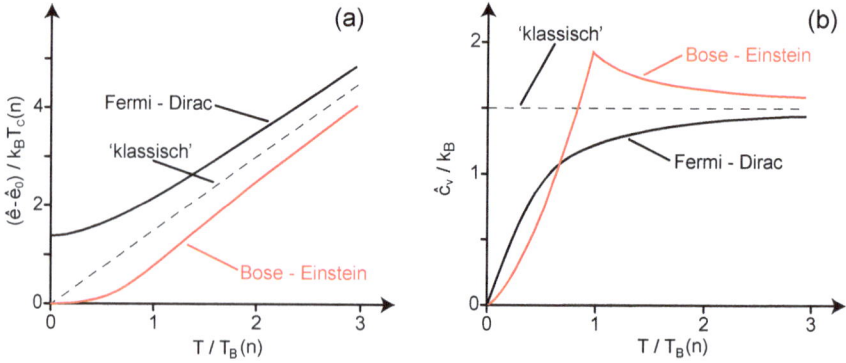

Abb. 4.4. Molare Energie und molare Wärmekapazität für FERMI- und BOSE-Gase aus massiven Teilchen. Die Temperaturen wurden auf die Entartungstemperatur des BOSE-Gases $T_B(n) = (n/2.612 j_{trans})^{2/3}$ normiert (Abschnitt 5.3.1). Die molare Energie ist bis auf einen Faktor $2/3n$ identisch mit dem Druck.

$T_B(n)$ markiert das Auftreten des BOSE-EINSTEIN-Kondensats, bei dem ein makroskopischer Bruchteil der Teilchen in das elementare BOSE-System mit der niedrigsten Energie „kondensiert", weil die fest vorgegebene Teilchenzahl in den elementaren BOSE-Systemen mit $\varepsilon > \varepsilon_0$ nicht mehr untergebracht werden kann. Die bisher experimentell realisierten BOSE-EINSTEIN-Kondensate haben Durchmesser von einigen 10 bis einigen 100 μm und Teilchenzahlen bis zu einigen 10^5 Teilchen (Abschnitt 5.3.2). Sie sind damit makroskopische Quantenobjekte, die im Prinzip mit einer Lupe beobachtet werden können.

In Abbildung 4.5a und 4.5b sind die Entropie und das chemische Potenzial des BOSE- und des FERMI-Gases normierten Temperatur dargestellt. Die Entropie des BOSE-Gases ist stets kleiner als die des FERMI-Gases. Die (unphysikalische) konstante Wärmekapazität des „klassischen" idealen Gases ist für die negativen Werte der Entropie und die positive Steigung des chemischen Potenzials unterhalb der Ent-

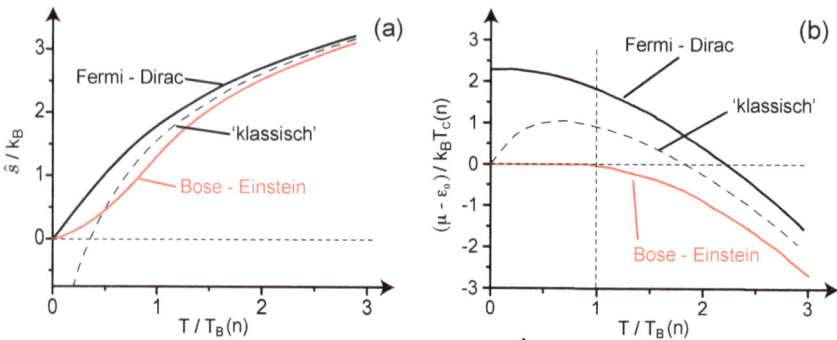

Abb. 4.5. Molare Entropie und chemisches Potenzial für FERMI- und BOSE-Gase aus massiven Teilchen.

artungstemperatur verantwortlich. Bei Temperaturen $T < T_B(n)$ ist das chemische Potenzial des BOSE-Gases fast konstant und liegt sehr knapp unter ε_0. Dieser extrem flache Verlauf ähnelt der Konstanz des Drucks beim Verdampfungsprozess, das heißt beim Transfer von Teilchen zwischen dem BOSE-EINSTEIN-Kondensat und der es umgebenden „thermischen Wolke". Die Zerlegung eines Gases in elementare FERMI- oder BOSE-Systeme behebt die unphysikalischen Konsequenzen der pauschalen Behandlung der Nichtunterscheidbarkeit in der kanonischen Zustandssumme $Z^{(N)}$ des idealen Gases (Gl. 3.45).

Die quantisierten Anregungszustände (das heißt die „Teilchen") von Gasen aus massiven Bosonen sind aus *Fermionen* aufgebaut. Beispiele sind atomarer Wasserstoff, ^{4}He und andere Atome und Moleküle mit ganzzahligem Gesamt-Spin. Die Gesamtzahl dieser Anregungen ist bei allen Prozessen *konstant*, solange keine korrespondierenden *Anti-Teilchen* auftreten, deren Anwesenheit die Vernichtung von Paaren aus Teilchen und Anti-Teilchen erlauben würde. Auch die Erzeugung von Fermionen kann immer nur gemeinsam mit ihren Anti-Teilchen erfolgen. Daraus folgt, dass die Teilchenzahl von Gasen aus massiven Bosonen in der Regel von der Temperatur unabhängig ist. Ihr chemisches Potenzial hängt dann von der Teilchendichte ab und strebt bei Annäherung an den absoluten Nullpunkt gegen ε_0.

Wie bereits erwähnt, gibt es noch einen zweiten Typ von BOSE-Gasen, der ein (auf den ersten Blick) ganz unterschiedliches Verhalten ihrer Teilchenzahl bei Annäherung an den absoluten Nullpunkt aufweist. Dies sind Gase aus „elementaren" – also nicht aus Fermionen zusammengesetzten – Bosonen. Diese Bosonen zeigen oft eine lneare Dispersionsrelation ($\varepsilon(\boldsymbol{k}) = c|\boldsymbol{k}|$) und ihre Teilchenzahl geht bei Annäherung an den absoluten Nullpunkt gegen Null. *Für diese Gase ist das chemische Potenzial unabhängig von der Teilchendichte und Temperatur identisch gleich* ε_0.

Gase vom zweiten Typ verhalten sich wie die das BOSE-EINSTEIN-Kondensat umgebende thermische Wolke eines massiven BOSE-Gases, die unterhalb der BOSE - Temperatur $T_B(n)$ ebenfalls verschwindet. Beispiele für masselosen Bosonen sind insbesondere die *Photonen*, das heißt die Anregungszustände des elektromagnetischen Feldes, aber auch die bosonischen Anregungszustände von Festkörpern, wie *Phononen*, *Plasmonen* oder *Magnonen*.

Insgesamt bildet die GIBBS'sche Verteilung die Grundlage für die modellhafte Beschreibung von Systemen mit hoher Teilchendichte vom flüssigen Helium über die Festkörperphysik, über die Materie in Atomkernen bis hin zur Astrophysik.

4.8 Ensembles in der statistischen Physik

In der Literatur findet man für die kanonische und die großkanonische Verteilung auch die Bezeichnungen kanonisches und großkanonisches „Ensemble". Die Wahrscheinlichkeitsaussagen der statistischen Thermodynamik lassen sich so interpretieren, dass man sich eine sehr große Zahl von Kopien des betrachteten Systems (sagen wir eines Gases) denkt, welche in den Werten der makroskopischen Observablen, nicht aber in ihren *Mikrozuständen* (Abschnitt 3.12) übereinstimmen. Die Gesamtheit der Kopien bildet ein statistisches Ensemble. Die Wahrscheinlichkeitsaussagen reduzieren sich damit auf das Unwissen, in welchem Mikrozustand sich das betrachtete Objekt momentan befindet, das heißt mit welchem Mitglied des Ensembles es momentan zu identifizieren ist.

Dies kann nach Einschätzung des Verfassers dazu verleiten, die Wahrscheinlichkeitsaussagen der statistischen Thermodynamik nicht als physikalische Realität ernst zu nehmen. Denn aus der Perspektive der klassischen Physik besteht kein Zweifel daran, dass der Mikrozustand des Gases wohldefiniert ist, das heißt, dass sich die vielen verschiedenen Teilchen in jedem Augenblick an einem wohldefinierten Ort befinden. Aus dieser Perspektive sind Wahrscheinlichkeiten grundsätzlich eine Folge von Messfehlern, beziehungsweise unserer Unfähigkeit, die Datenmenge, die mit der Verfolgung von 10^{23} Teilchen auf ihren Bahnen verbunden ist, zu erfassen. Danach hat die Statistik allein den Zweck, diese unüberschaubare, prinzipiell aber zugängliche Datenmenge durch die Betrachtung von Mittelwerten auf ein handhabbares Maß zurück zu stutzen. An der Überzeugung, dass der Mikrozustand im Prinzip wohldefiniert ist, ändert sich auch durch den Übergang zur Quantentheorie nichts wesentliches – allein wird dieser jetzt durch die Lösung der N-Teilchen-SCHRÖDINGER-Gleichung bestimmt, die wegen der Datenmenge und der Komplexität des Problems aus praktischen (nicht aus grundsätzlichen) Gründen aber ebenso unzugänglich ist wie die Lösung der klassischen Bewegungsgleichungen. Da die Mikrozustände durch rein (quanten)-mechanische und elektrodynamische Größen wie P, r, E und B bestimmt sind, entsteht der Eindruck, dass die Begriffe Temperatur, Entropie und chemisches Potenzial auf der mikroskopischen Ebene keine Relevanz besitzen.

Eine zweite Möglichkeit, die in der Thermodynamik auftretenden statistischen Schwankungen im Rahmen eines klassischen Modells zu erklären, besteht in der Ankoppelung von Reservoiren an das betrachtete System. Diese erlauben, dass als Funktion der Zeit und als Folge der mikroskopischen Dynamik Energie (im Rahmen der BOLTZMANN-Verteilung) und eventuell auch Teilchen (im Rahmen der GIBBS'schen Verteilung) zwischen dem System und den Reservoiren ausgetauscht werden können. Die statistische Natur der Schwankungen wird damit auf die (praktisch unzugängliche) Lösung der klassischen Bewegungsgleichungen zurückgeführt. Dabei werden die Werte von Energie und Teilchenzahl für jeden Zeitpunkt als wohl wohldefiniert angesehen. Die Äquivalenz der beiden Zugänge wird durch die sogenannte *Ergoden-Hypothese* sichergestellt, welche behauptet, dass unter bestimmten Bedingungen das betrachtete Objekt alle Mikrozustände des Ensembles durchläuft – wenn man nur lange genug wartet.

Traditionell wird der *thermodynamische Limes* als eine wesentliche Voraussetzung für die Gültigkeit der thermodynamischen Beschreibung angesehen. Dies ist der Grenzfall, in dem sowohl das Volumen, als auch die Teilchenzahl bei konstanter Teilchendichte $n = N/V$ gegen unendlich gehen. Nur in diesem Grenzfall liefern die verschiedenen Ensembles und die dazugehörigen Statistiken identische Ergebnisse – das heißt, nur dann gehen die aus den verschiedenen Statistiken gewonnenen MASSIEU-GIBBS-Funktionen $S(E, V, N)$, $F(T, V, N)$ und $K(T, V, \mu)$ durch LEGENDRE-Transformation auseinander hervor, und beschreiben tatsächlich dasselbe System. Außerdem werden die *relativen* statistischen Schwankungen im thermodynamischen Limes beliebig klein.[28]

In dem hier gewählten Zugang zur statistischen Thermodynamik sind die Prinzipien der thermodynamischen Beschreibungsweise von der „Größe" der betrachteten Systeme *unabhängig*, da die statistische Beschreibung bereits auf der Ebene der nicht weiter zerlegbaren elementaren Teilsysteme erfolgt. Die Erfassung der thermischen Eigenschaften elementarer Quantensysteme durch die Zustandssumme und das in den Abschnitten I-7.2 und 3.8 dargestellte Verfahren der System-Zusammensetzung ermöglicht es, die MASSIEU-GIBBS-Funktionen von komplexen Vielteilchensystemen auf der Basis der Quantentheorie zu berechnen. Das thermodynamische Beschreibungsverfahren ist sowohl auf einfache Quantensysteme (Mikrosysteme) als auch auf die daraus aufgebauten Vielteilchensysteme (Makrosysteme) in gleicher Weise anwendbar. Damit besteht zwischen Makro- und Mikrosystemen kein prinzipieller Unterschied. Wohl aber besteht ein Unterschied zwischen Systemen, in denen nur die Energie, aber nicht die Teilchenzahl eine Zufallsvariable ist (das System der thermischen Anregungen von Atomen und Molekülen) und die sich daher mit Hilfe einer kanonischen Zustandssumme beschreiben lassen, und solchen bei denen die Teilchenzahl ebenso wie die Energie eine Zufallsvariable ist (elementare FERMI- und BOSE-Systeme) und daher eine großkanonische Statistik erfordern.

Inzwischen rückt die die Physik an der Grenze zwischen der mikroskopischen und der makroskopischen Welt in den Bereich der aktuellen Forschung. Inzwischen sind Untersuchungen an einzelnen Molekülen oder einzelnen Elektronen in Quantenpunkten möglich, die sich ganz sicher nicht im thermodynamischen Limes befinden. In diesem Bereich existieren ebenfalls thermische und entropische Effekte, die zunehmendes Interesse erregen. Dies gilt auch für den Bereich biologischer Systeme, wo inzwischen physikalische Messverfahren auf biologische Fragestellungen angewandt und mit den Methoden der Biologie und Biochemie kombiniert werden. Hier hat sich an der Schnittstelle zwischen den Naturwissenschaften ein interdisziplinäres Forschungsfeld eröffnet.

---

28 Der einzige Punkt, an dem der Übergang zum thermodynamischen Limes unverzichtbar erscheint, ist der kritische Punkt bei Phasenübergängen 2. Ordnung. Die hier auftretende *Divergenz* der Suszeptibilitäten nach bestimmten Potenzgesetzen lässt sich aus der Theorie nur erhalten, wenn die Zustandssumme nicht eine Summe mit endlich vielen Gliedern, sondern eine unendliche Reihe ist. Andererseits ist aus experimentellen Untersuchungen an nanometer-großen Clustern und numerischen Berechnungen im Rahmen der Theorie bekannt, dass Phasenübergänge in Systemen *endlicher* Größe stets verbreitert sind und *keine* Singularitäten mehr aufweisen. In praxi sind die Verbreiterung eines Phasenübergangs durch die Systemgröße und durch Material-Inhomogenitäten sehr ähnlich.

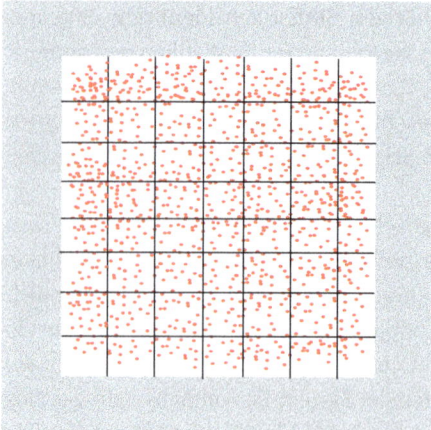

Abb. 4.6. Isoliertes Gas bei einer endlichen Temperatur: Durch den Austausch von Teilchen zwischen benachbarten Teilvolumina kommt es zu lokalen Dichteschwankungen – der BROWN'schen Bewegung, welche für Gase charakteristisch ist. Je kleiner das betrachtete Teilvolumen ist, um so größer sind die relativen Schwankungen $\Delta N/N$ und $\Delta E/E$.

In der traditionellen Darstellung der statistischen Physik kann die dort übliche Verwendung des Begriffs „System" zu semantischen Problemen führen. Üblicherweise wird dieser Begriff mit dem des Ensembles verknüpft, indem „abgeschlossene", „geschlossene" und „offene" Systeme unterschieden werden. Bei abgeschlossenen Systemen sind Energie und Teilchenzahl fest, also *schwankungsfrei*. Daher wird dieser Fall mit dem mikrokanonischen Ensemble identifiziert. Geschlossene Systeme können Energie mit einem Reservoir austauschen und erlauben daher Schwankungen der Energie – hier erscheint das kanonische Ensemble zuständig. Offene Systeme können Energie und Teilchen mit einem Reservoir austauschen und erlauben daher Schwankungen von E und N – also wird das großkanonische Ensemble als relevant angesehen. Diese Unterscheidung charakterisiert jedoch nicht die Systeme selbst, sondern die Art und Weise, wie sie an die Umgebung angekoppelt sind und welche (Austausch)-Prozesse möglich sind. Im thermodynamischen Limes liefern die verschiedenen Ensembles identische Ergebnisse, wie dies auch erwartet wird, weil es sich in allen drei Fällen um dasselbe (durch seine Zustandsgleichungen charakterisierte) thermodynamische System handelt. Unterschiede zwischen den Ensembles treten allerdings erst bei extrem kleinen Teilchenzahlen (von der Größenordnung 10) auf.

Darüber hinaus ist es für die thermischen Schwankungserscheinungen in den meisten Fällen physikalisch *irrelevant*, ob ein makroskopisches System in undurchlässige Wände eingeschlossen ist oder nicht. Es ist nämlich stets möglich, ein räumlich ausgedehntes System in Parzellen einzuteilen und damit in kleinere Untersysteme zu zerlegen (Abb. 4.6). Dabei ist zwischen den Parzellen (und damit den Untersystemen) Energie- und Teilchenaustausch möglich. Was makroskopisch als geschlossenes oder abgeschlossenes System erscheint, zerfällt also in kleinere Untereinheiten, die durchaus lokale thermische Schwankungen aufweisen. Die relative Größe der thermischen Schwankungen in den Untersystemen nimmt dabei mit zunehmender Feinheit der Parzellierung zu, weil die Absolutwerte von E und N der Parzellen mit abnehmenden Teilvolumina V_i immer kleiner werden. Diese Schwankungen äußern sich experimentell in der wohlbekannten BROWN'schen Bewegung. Für die Feinheit der Parzellierung in einem Gas gibt es dabei keine grundsätzliche, zum Beispiel durch die Zahl der Atome gegebene Schranke – im Grenzfall $V_i \to 0$ gehen die thermischen Mittelwerte von E und N (bei konstanter Dichte) stetig gegen Null. In der Nähe der Außenwände sind die Fluktuationen lokal reduziert. Dabei handelt es sich aber um einen Oberflächeneffekt. Wenn Oberflächenphänomene studiert werden sollen, erfordert dies die Einführung der Oberfläche als ein eigenständiges System mit eigenen Variablen und einer eigenen MASSIEU-GIBBS-Funktion, dessen Verbindung mit dem Volumensystem separat diskutiert werden muss. Selbst bei Systemen mit unbeweglichen Atomen, wie dem in Kapitel 2 besprochenen Spin-Systemen, bewirken die bei endlichen Temperaturen stets vorhandenen thermischen Anregungen des Lichtfeldes (die im kommenden Abschnitt zu besprechenden thermischen Photonen) eine thermische Kopplung zwischen den Spins und damit einen Energieaustausch zwischen den Parzellen.

Wie in Abschnitt 3.8 dargelegt wurde, ist der – aus der makroskopischen Thermodynamik stammende – Systembegriff auch auf der mikroskopischen Ebene anwendbar und erlaubt eine *exakte* Zerlegung idealer Gase in elementare Teilsysteme, nämlich die in diesem Abschnitt eingeführten elementaren FERMI- und BOSE-Systeme. Dass sich diese Systeme den Anschauungen der klassischen Mechanik entziehen, schmälert – wie wir in den nachfolgenden Kapiteln illustrieren werden – keineswegs deren Schlagkraft bei der Beschreibung der für die Quantenphysik typischen Prozesse. Dies gilt insbesondere für den Bereich der mesoskopischen Physik, wo häufig extreme Nichtgleichgewichtszustände auftreten, die in makroskopisch ausgedehnten Systeme nur schwer realisierbar sind. Es ist das Anliegen des Verfassers, neben den traditionellen Inhalten der Thermodynamik eine auch für diese modernen Fragestellungen taugliche Terminologie zu vermitteln, die es auch dem Experimentalphysiker möglich macht, seine Beobachtungen angemessen (aber wenn möglich ohne Nichtgleichgewichts-GREENS-Funktionen) zu formulieren.

Übungsaufgaben

4.1. BOLTZMANN- oder GIBBS-Verteilung?

a) Berechnen Sie die Lokalisierungsenergien, das heißt die Grundzustandsenergien ε_0, für Elektronen, ^{4}He- und Kr-Atome in einem kubischen Potenzialkasten mit unendlich hohen Wänden für die Volumina $(3\,\text{nm})^3$, $(1\,\mu\text{m})^3$ und $(1\,\text{mm})^3$.

b) Berechnen Sie die Anregungsenergien $\varepsilon_1 - \varepsilon_0$ des ersten angeregten Zustands für die Fälle in (a) und vergleichen Sie die Ergebnisse mit den Entartungstemperaturen

$$T_c(n) = \left(\frac{n}{j}\right)^{2/3} \, ,$$

unterhalb derer die Unterschiede zwischen BOSE- und FERMI-Gasen wichtig werden. Rechnen Sie mit den Teilchendichten $n = 10^{14}\,\text{cm}^{-3}$ und $n = 10^{22}\,\text{cm}^{-3}$.

c) Unterhalb welcher Teilchenzahlen wird $k_B T_c$ kleiner als $\varepsilon_1 - \varepsilon_0$?

d) Zeigen Sie, dass der mittlere Niveauabstand δ_ε in der Nähe einer Energie ε mit der Zustandsdichte $g(\varepsilon)$ folgender Beziehung genügen :

$$\delta_\varepsilon = \frac{1}{V \cdot g(\varepsilon)} \ .$$

Hinweis: Benutzen Sie ein Tabellenkalkulation-Programm!

4.2. Druck und Energiedichte

Zeigen Sie mit Hilfe von Gl. 4.28, dass für FERMI/BOSE-Systeme, deren Zustandsdichte einem Potenzgesetz $g(\varepsilon) \propto \varepsilon^\alpha$ genügt, der Druck p und die Energiedichte e unabhängig von der Verteilungsfunktion über die Beziehung

$$p = \frac{e}{\alpha + 1}$$

zusammenhängen.

4.3. Quanten-Korrekturen zur thermischen Zustandsgleichung

a) Berechnen Sie mit Hilfe der Gleichungen 4.28 die erste Quantenkorrektur zu den thermischen Zustandsgleichungen $p(T, \mu)$ und $p(T, \hat{v})$ idealer FERMI- und BOSE-Gase.

b) Berechnen Sie anhand der Korrektur zur thermischen Zustandsgleichung die entsprechende Quantenkorrektur zum zweiten Virialkoeffizienen $B_2(T)$ und vergleichen Sie diese mit den Werten des VAN DER WAALS-Virialkoeffizienten in der Nähe des kritischen Punkts von He, H_2 und N_2.

5 Bose-Systeme

In diesem Kapitel besprechen wir die wichtigsten Beispiele für Bose-Systeme: die thermische Strahlung, die Gitterschwingungen, massive Bosonen und die Bose-Einstein-Kondensation sowie die Anregungszustände im superfluiden ^{4}He, die Phononen und Rotonen. Diese archetypischen Systeme bilden zusammen mit den im nachfolgenden Kapitel besprochenen Fermi-Systemen die Schlüsselelemente zum Verständnis der kondensierten Materie.

5.1 Photonen – thermische Strahlung

Wie bereits in Abschnitt I-6.3.1 besprochen, war es eine revolutionäre Idee Einsteins, die quantenhaften Aspekte der elektromagnetischen Strahlung durch die Einführung eines völlig neuen Typs von Teilchen – der *Photonen* – zu erklären. Mit Hilfe dieses neuen Konzepts war es möglich, die von Planck vorgeschlagene Quantisierung der Energie in einem thermischen Strahlungsfeld und das Phänomen des Photo-Effekts, das heißt der durch Licht induzierten Emission von Elektronen aus Metallen, in einem einheitlichen Bild zu erklären. In diesem Bild wird die Intensität einer (nur in unserer theoretischen Vorstellung klassischen) elektromagnetischen Welle mit dem Mittelwert $\langle N_{\boldsymbol{k}} \rangle$ der Teilchenzahl in einer Eigenmode des in der Realität stets quantisierten elektromagnetischen Feldes identifiziert. Die Maxwell-Gleichungen stellen nach dem Ehrenfest-Theorem Bewegungsgleichungen für die Mittelwerte der elektrischen und magnetischen Feldstärke dar.

Die Dispersionrelation der Photonen ist nach de Broglie identisch mit dem aus der Maxwell'schen Theorie bekannten Zusammenhang zwischen Frequenz und Wellenvektor:

$$\varepsilon(\boldsymbol{k}) = \hbar\omega(\boldsymbol{k}) = c \cdot \hbar|\boldsymbol{k}| \, ,$$

wobei c die Lichtgeschwindigkeit ist. Diese Dispersionsrelation ist ein Beispiel eines Energie-Impuls-Zusammenhangs für *masselose* Teilchen mit der Ruhemasse $\hat{m}_0 = 0$. Der Energie-Impuls-Zusammenhang ist neben den Erhaltungssätzen das fast einzige Konzept, das sich aus der klassischen Physik in die Quantenphysik übernehmen lässt. Die Linearität der Maxwell'schen Gleichungen in den Feldstärken impliziert für das Photonenbild, dass die Photonen untereinander (zumindest im Vakuum) wechselwirkungsfrei und damit gute Kandidaten für ein ideales Bose-Gas sind.

5.1.1 Zustandsdichte

Um die thermodynamischen Eigenschaften des elektromagnetischen Feldes zu untersuchen, berechnen wir zunächst die zu dieser Dispersionsrelation gehörende Zustandsdichte $g(\varepsilon)$ des Photonensystems. Wir führen die übliche Summe über diskrete

https://doi.org/10.1515/9783110560329-169

Moden wegen des für große Volumina vernachlässigbaren Abstands zwischen den erlaubten k-Werten in das Integral

$$\sum_k = \frac{V}{8\pi^3} \int d^3k = \frac{V}{8\pi^3} \int 4\pi k^2 dk$$

$$= \frac{V}{2\pi^2} \frac{1}{(c\hbar)^3} \int d\varepsilon\, \varepsilon^2 = V \cdot \int d\varepsilon\, g(\varepsilon)$$

über. Damit erhalten wir:

$$g(\varepsilon) = \frac{\varepsilon^2}{2\pi^2(c\hbar)^3} \cdot \tag{5.1}$$

Dieses Resultat muss noch mit der Zahl der Polarisationsfreiheitsgrade, für Photonen also mit 2, multipliziert werden, um später die richtigen Absolutwerte zu bekommen.

Da die Zustandsdichte allein ein Charakteristikum der Dispersionsrelation und damit unabhängig von der Statistik ist, ist Gl. 5.1 für alle Systeme mit einer *linearen* Dispersionsrelation anwendbar. Dieselbe Dispersionsrelation bescheibt auch die im nächsten Kapitel besprochenen niederenergetischen Phononen, aber auch Fermionen wie ultra-relativistische Elektronen ($\varepsilon \gg \hat{m}c^2$) oder Neutrinos.

5.1.2 Thermische Eigenschaften des Photonengases

In den Abschnitt 2.1 haben wir bereits gesehen, dass sich Quantenübergänge zwischen verschiedenen Photonenzuständen (das heißt chemische Reaktionen zwischen Photonen mit unterschiedlichen Impulsen $\hbar k$) dadurch auszeichnen, dass sie nur durch die Erhaltungssätze für Energie, Impuls und Drehimpuls eingeschränkt sind. Dies führt dazu, dass der Mittelwert der Teilchendichte $n(T)$ allein von der Temperatur abhängt, und im Gegensatz zu einem Gas mit fester Teilchenzahl nicht unabhängig von der Entropie festgelegt werden kann. Dies hat zur Folge, dass das chemische Potenzial des Photonengases identisch Null sein muss.

In Abschnitt I-6.3.1 waren wir noch nicht in der Lage, die Funktion $n(T)$ zu bestimmen, weil uns zu diesem Zeitpunkt nur eine einzige Messgröße, nämlich der über alle Frequenzen summierte *Mittelwert* der Strahlungsleistung und damit der Energiedichte theoretisch zugänglich war. Das lag daran, dass die n-Abhängigkeit aus allen thermodynamischen Relationen herausgefallen war. In optischen Experimenten kann jedoch auch die Frequenzverteilung und damit die die spektrale Energiedichte gemessen werden. Nachdem die Mittelwerte e_k und n_k der Beiträge einer einzelnen Schwingungsmode des Lichtfeldes zur Energie und Teilchendichte über die Systemkonstante $\hbar\omega$ zueinander proportional sind, erlaubt die Kenntnis der spektralen Energiedichte in ein einem bestimmten Frequenzintervall auch die Rekonstruktion der über alle Frequenzen summierten Teilchendichte. Darüber hinaus erlaubt die im letzten Kapitel vorgestellte Theorie der Bose-Systeme auch die theoretische Berechnung der spektral aufgelösten und integralen Teilchen- und Energiedichten. Diese Rechnung wollen wir in Folgenden durchführen.

Wir betrachten wieder ein Photonengas, welches in einem Spiegelkasten (mit Kohlestäubchen) oder in einem Hohlraum mit schwarzen Wänden und dem Volumen V eingeschlossen ist. Im stationären Fall stehen die Moden des Strahlungsfeldes untereinander und mit dem Kohlestäubchen beziehungsweise mit den Wänden im thermischen Gleichgewicht. Wegen der freien Absorption und Emission von Photonen (Abschnitt I-6.3.1) ist das chemische Potenzial des Photonengases $\mu = 0$ und es gilt gemäß der Bose-Verteilungsfunktion

$$N_\varepsilon = N_\varepsilon^{(B)}(T) = \frac{1}{\exp\left(\frac{\varepsilon(k)}{k_B T}\right) - 1},$$

wobei wir ausnutzen, dass die Bose-Funktion nur über ε von k anhängt. Die im folgenden auftretenden bestimmten Integrale sind in Anhang C zusammengestellt. Zunächst berechnen wir unter Berücksichtigung der beiden Polarisationsfreiheitsgrade die *Photonendichte*:

$$n(T) = \int_0^\infty d\varepsilon\, 2 \cdot g(\varepsilon) N_\varepsilon^{(B)}(T)$$

$$= \frac{2}{2\pi^2(c\hbar)^3} \int_0^\infty \frac{\varepsilon^2\, d\varepsilon}{\exp\left(\frac{\varepsilon}{k_B T}\right) - 1} = \frac{1}{\pi^2}\left(\frac{k_B T}{c\hbar}\right)^3 \underbrace{\int_0^\infty \frac{x^2 dx}{\exp(x) - 1}}_{\Gamma(3)\zeta(3)=2.404}$$

$$n(T) = \frac{2.404}{\pi^2}\left(\frac{k_B}{c\hbar}\right)^3 \cdot T^3. \tag{5.2}$$

Mit zunehmender Temperatur wächst die Photonendichte proportional zu T^3 über alle Grenzen.

Als nächstes berechnen wir die *Energiedichte* des Photonengases:

$$e(T) = \int_0^\infty d\varepsilon\, 2 \cdot g(\varepsilon) N_\varepsilon^{(B)}(T) \cdot \varepsilon = \int_0^\infty d\varepsilon\, u(\varepsilon, T)$$

$$= \frac{1}{\pi^2}\frac{(k_B T)^4}{(c\hbar)^3} \underbrace{\int_0^\infty \frac{x^3 dx}{\exp(x) - 1}}_{\Gamma(4)\zeta(4)=\pi^4/15}.$$

Damit erhalten wir

$$e(T) = \frac{\pi^2 k_B^4}{15(c\hbar)^3} \cdot T^4 = a_{\text{Photon}} \cdot T^4, \tag{5.3}$$

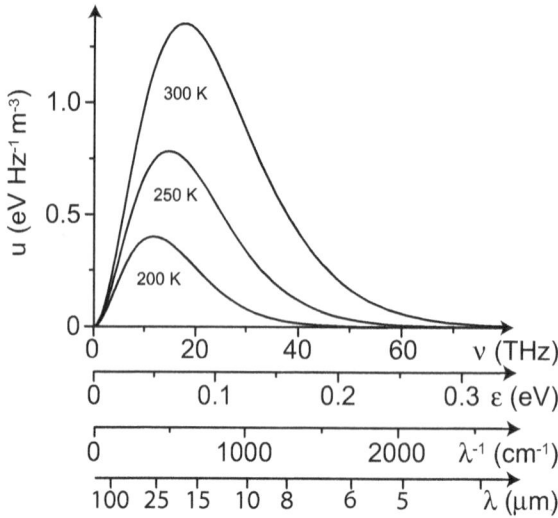

Abb. 5.1. Planck-Verteilung der spektralen Energiedichte für verschiedene Temperaturen. Bei Zimmertemperatur erfolgt der Löwenanteil der Emission im infraroten Spektralbereich.

wobei wir (im Gegensatz zu Abschnitt I-6.3.1) nun der Zahlenwert der Konstanten $a_{\text{Photon}} = 7.56 \cdot 10^{-16}$ J/(m^3 K^4) absolut angeben können.

Der von Planck zuerst gefundene Ausdruck für die *spektrale Energiedichte*

$$u(\varepsilon, T) = 2g(\varepsilon)N_\varepsilon^{(B)}(T) \cdot \varepsilon = \frac{1}{\pi^2(c\hbar)^3} \frac{\varepsilon^3}{\exp(\varepsilon/k_B T) - 1} \tag{5.4}$$

der thermischen Strahlung heißt auch die Planck-Verteilung. Sie ist in Abb. 5.1 für verschiedene Temperaturen dargestellt und hat ein Maximum bei der Energie

$$\varepsilon_{\text{max}} = 2.82 \cdot k_B T \qquad \text{Wien'sches Verschiebungsgesetz .} \tag{5.5}$$

Die genaue experimentelle Bestimmung der spektralen Dichte war der entscheidende Anstoß zur Formulierung der Quantenhypothese durch Planck. Von der Seite der Theorie waren zuvor nur die Grenzfälle niedriger (Rayleigh-Jeans) und hoher (Wien) Frequenzen zugänglich. Die zunächst willkürliche Annahme der Existenz *diskreter* Anregungszustände erlaubte Planck zwischen diesen beiden Grenzfällen zu interpolieren – es zeigte sich, dass diese Interpolationsformel die experimentellen Daten von Lummer und Pringsheim so gut beschrieb, dass der „Quantenhypothese" bald eine höhere physikalische Relevanz zugebilligt wurde, als Planck selbst dies zunächst im Auge hatte. Während Planck die quantisierten Energieniveaus in den Wänden des Hohlraums suchte, vertrat Einstein die Ansicht, dass auch die Anregungszustände des Strahlungsfeldes selbst quantisiert sein könnten. Einsteins Auffassung war durch die Idee motiviert, den photoelektrischen Effekt mit Hilfe der Lichtquanten-Hypothese erklären zu können. Heute wissen wir, dass beide recht hatten und sowohl die Anregungszustände des Strahlungsfeldes als auch die der Wände quantisiert sind.

Aus der Energiedichte berechnen wir zunächst die Wärmekapazität pro Volumen $c_v(T)$ und danach durch Integration von $c_v(T)/T$ die *Entropie*dichte:

$$c_v(T) = \frac{\partial e(T)}{\partial T} = 4\,a_{\text{Photon}}\,T^3 \propto \left(\frac{T}{c}\right)^3 , \tag{5.6}$$

$$s(T) = \int_0^T \frac{c_v(T')}{T'}\,dT' = \frac{4}{3} a_{\text{Photon}}\,T^3 = \frac{4\pi^2\,k_B}{45}\left(\frac{k_B T}{4c\hbar}\right)^3$$

$$= \frac{4\pi^4\,k_B}{1.202\cdot 90}\,n(T) \simeq 3.6\,k_B\cdot n(T) . \tag{5.7}$$

Aufgrund des Faktors $1/c^3$ ist die Wärmekapazität des Photonengases sehr klein. Wir halten fest, dass die Entropiedichte und die Photonendichte bis auf einen numerischen Faktor der Größenordnung 1 durch die BOLTZMANN-Konstante miteinander verknüpft sind. Aus der Homogenitätsrelation $e = Ts - p$ erhalten wir schließlich wieder den *Strahlungsdruck*:

$$p = Ts - e = (4/3 - 1)\,a_{\text{Photon}}\,T^4 = \frac{a_{\text{Photon}}}{3}\,T^4 = \frac{e}{3} , \tag{5.8}$$

den wir bereits in Aufgabe I-3.12 über die Impulsbilanz der Stöße von relativistischen Teilchen mit den Wänden eines Behälters im Rahmen des BERNOULLI-Modells und in Aufgabe 4.2 noch allgemeiner gewonnen haben.

5.1.3 Energietransfer durch thermische Strahlung

Die Energiebilanz eines Körpers im elektromagnetischen Strahlungsfeld wird durch das Verhältnis der von ihm emittierten zu der von ihm absorbierten Strahlungsleistung bestimmt. Als Beispiel betrachten wir einen Ofen, der thermische Strahlung aus einer Öffnung der Fläche A emittiert. Hierbei handelt es sich um die photonische Variante des in Abschnitt I-8.8 betrachteten Effusionsproblems, das wir auf phänomenologischer Basis schon in Abschnitt I-6.3 betrachtet haben. A muss hinreichend klein gegen die Dimensionen des Hohlraums sein, um die Strahlung im Inneren des Ofens nicht merklich abzukühlen. Die Kleinheit der Öffnung stellt außerdem sicher, dass jedes einfallende Photon von dem Material der Ofenwand vielfach reflektiert und daher mit sehr großer Wahrscheinlichkeit *absorbiert* wird. Die freie Weglänge der Photonen ist stets durch die Wände bestimmt, und stellt – anders als bei Atom- und Molekül-Gasen – keine Beschränkung dar. Die Reflexionswahrscheinlichkeit für ein durch die Öffnung einfallendes Photon ist um ein Vielfaches kleiner, als für ein an der Wand reflektiertes Photon. Aus diesem Grund bildet ein Hohlraum mit schwarzen Wänden einen *idealen Absorber*, dessen Emissionsspektrum nicht mehr von den Emissionseigenschaften seiner Wände abhängt, die je nach verwendetem Material sehr verschieden sein können.

Die Mittelung der Strahlungsleistung über alle Winkel liefert nach Abschnitt I-6.3.2 für den durch die Fläche A abgegebenen Energiestrom:

$$I_E(T) = A \cdot \frac{c}{4} e(T), \tag{5.9}$$

wobei $e(T)$ durch Gl. 5.3 gegeben ist. Die Strahlungsleistung wird damit durch das STEFAN-BOLTZMANN-Gesetz beschrieben:

$$\left| \boldsymbol{j}_E \right| = \frac{c}{4} \int\limits_0^\infty u(T, \nu) \, d\nu = \frac{c}{4} a_{\text{Photon}} T^4 = \mathcal{S} T^4. \tag{5.10}$$

Dabei ist

$$\mathcal{S} = \frac{c a_{\text{Photon}}}{4} = \frac{\pi^2}{60} \frac{k_B^4}{c^2 \hbar^3} = 5.67 \cdot 10^{-8} \frac{\text{W}}{\text{m}^2 \, \text{K}^4}$$

die STEFAN-BOLTZMANN-Konstante.

Schwarze Körper absorbieren und emittieren definitionsgemäß das Licht aller Wellenlängen vollständig. Der Strahlungshohlraum kommt dem Ideal eines schwarzen Körpers sehr nahe. In der Realität reflektieren alle Körper Photonen in bestimmten Bereichen des Spektrums ganz oder teilweise und weigern sich damit auch in diesen Bereichen vollständig zu absorbieren oder zu emittieren. Der Reflexionskoeffizient $R(\nu)$ eines Körpers ist also nicht konstant, sondern mehr oder weniger stark frequenzabhängig. Fällt der Energiestrom von einem schwarzen Körper auf einen zweiten, nicht-schwarzen, aber intransparenten Körper mit dem spektralen Reflexionskoeffizienten $R(\nu)$, so beträgt die von diesem Körper im Frequenzintervall $d\nu$ pro Fläche A absorbierte Energiestrom oder sein *Absorptionsvermögen*

$$\left| \boldsymbol{j}_E^{\text{absorbiert}}(\nu) \right| d\nu = \left[1 - R(\nu) \right] \cdot \frac{c}{4} u(T, \nu) \, d\nu. \tag{5.11}$$

Um die insgesamt übertragene Strahlungsleistung zu bestimmen, müssen wir über alle Frequenzen integrieren. Dadurch wird die PLANCK-Verteilung mit dem Absorptionskoeffizienten $1 - R(\nu)$ gewichtet, und die absorbierte Leistung wird dadurch entsprechend reduziert. Wenn der im Frequenzintervall $d\nu$ von dem zweiten Körper *emittierte* Energiestrom von dem absorbierten Energiestrom verschieden ist, so muss sich der Körper im Strahlungsfeld entweder erwärmen oder abkühlen. Im thermischen Gleichgewicht muss daher die Stromdichte des von dem nicht-schwarzen Körper durch thermische Strahlung *emittierten* Energiestroms gleich der absorbierten Energiestromdichte sein. Dann gilt

$$\left| \boldsymbol{j}_E^{\text{emittiert}}(\nu) \right| \overset{!}{=} \left| \boldsymbol{j}_E^{\text{absorbiert}}(\nu) \right| = \left[1 - R(\nu) \right] \cdot \frac{c}{4} u(T, \nu),$$

und damit

$$\frac{\left| \boldsymbol{j}_E^{\text{emittiert}}(\nu) \right|}{1 - R(\nu)} = \frac{c}{4} u(T, \nu). \tag{5.12}$$

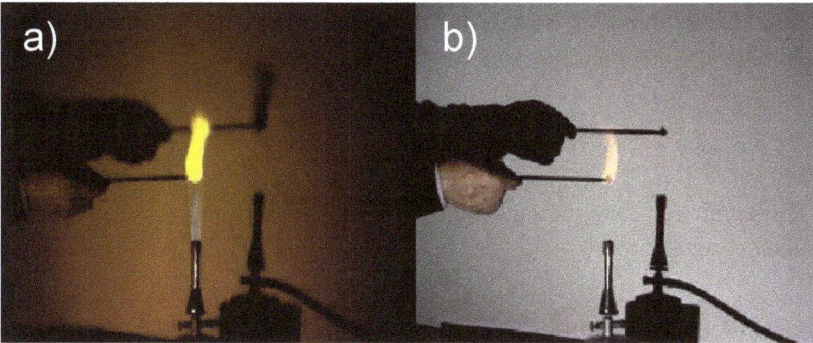

Abb. 5.2. a) Eine mit dem gelben Licht einer Na-Dampflampe beleuchtete, durch Na-Atome gefärbte Flamme wirft einen Schatten, weil die Na-Ionen in der Flamme das Licht der Na-Dampflampe stark streuen. b) Wird die Flamme mit weißem Licht beleuchtet, so wird der Schatten der Flamme durch die von der Flamme nicht absorbierten Anteile des weißen Lichts überstrahlt (nach [19]).

Weil auf der rechten Seite allein die von der Natur des nicht-schwarzen Körpers unabhängigen Eigenschaften der thermischen Strahlung stehen, sind der emittierte Energiestrom und der Reflexionskoeffizient auf eine universelle Weise miteinander verknüpft. Gleichung 5.12 bringt das KIRCHHOFF'sche Gesetz zum Ausdruck:

Das Verhältnis der spektralen Energiestromdichte $|j_E^{\text{emittiert}}(\nu)|$ zum spektralen Absorptionsgrad $1 - R(\nu)$ ist für alle Körper dasselbe. **!**

Eine eindrucksvolle experimentelle Bestätigung dieser Feststellung ist mit Hilfe einer Kerzenflamme möglich, welche ein charakteristisches orangenes Licht emittiert (Abb. 5.2): Wird die Kerzenflamme mit einer Natriumdampflampe beleuchtetet, so *wirft die Flamme einen Schatten*! Das Licht der Flamme wird durch die Emission von thermisch angeregten Natriumatomen erzeugt. Wird die Flamme mit Photonen derselben Frequenz beleuchtet, werden die in der Flamme enthaltenen Na-Atome angeregt und emitieren danach zusätzliche Photonen in alle Richtungen (und nicht nur in die Richtung des einfallenden Lichtstrahls). Ist die Anregung durch die Lampe stärker als die thermische Anregung, treffen im Bereich des Schattens weniger Photonen auf den Schirm, als ohne Kerzenflamme. Wird die Wellenlänge der Beleuchtung gegenüber der Wellenlänge des von der Flamme emittierten Lichts nur geringfügig verschoben, so verschwindet der Schatten.[1]

---

[1] Auf diese Weise lässt sich die ZEEMAN-Verschiebung der Spektrallinien in einem externen Magnetfeld in einem Vorlesungsexperiment demonstrieren.

Um die Strahlungseigenschaften nicht-schwarzer Körper zu quantifizieren, eignet sich der über alle Frequenzen ν gemittelte *relative Absorptionsgrad*

$$\epsilon = 1 - \langle R(\nu) \rangle = 1 - \frac{1}{e(T)} \int\limits_0^\infty d\nu \, R(\nu) \, u(\nu, T) \qquad (5.13)$$

ein. Körper mit $\epsilon < 1$ emittieren bei gleicher Temperatur weniger thermische Strahlung als schwarze Körper:

$$\left| j_E^{\text{emittiert}} \right| = \epsilon \cdot \mathcal{S} T^4 .$$

In Tabelle I-6.1 in Abschnitt I-6.3.1 hatten wir die ϵ-Werte einiger Materialien bereits tabelliert.

Die Sonne ($T_1 \approx 5800$ K) kann als ein nahezu schwarzer Strahler angesehen werden, in dessen Spektrum bestimmte Spektralanteile fehlen (Fraunhofer'sche Linien), die von den Atomen der Sonnenatmosphäre herausgefiltert werden. Ein weiteres Beispiel ist die kosmische Hintergrundstrahlung, welche sich durch ein perfektes Planck-Spektrum mit einer fast isotropen Temperaturverteilung mit $T = 2.725$ K auszeichnet. Diese Strahlung wird in der Kosmologie als Signatur der beim Urknall erzeugten thermischen Strahlung gedeutet, der Spektrum aufgrund der adiabatischen Expansion des Universums zu viel (!) tieferen Frequenzen hin verschobenen wurde. Inzwischen ist es möglich mit Hilfe des Planck-Satelliten kleinste Schwankungen dieser Temperatur im ppm (!)-Bereich mit einer sehr guten Winkelauflösung zu vermessen, und damit einen Blick auf die Struktur des frühesten Universums direkt nach dem Urknall zu werfen, der für die Kosmologie von unschätzbarem Wert ist.

5.2 Phononen im Debye-Modell

Wir haben bereits in Abschnitt I-6.4.1 gesehen dass die thermodynamischen Eigenschaften von Festkörpern durch die thermische Anregung von Gitterwellen mitbestimmt werden. [2] Wie dort erwähnt heißen die Anregungsquanten der quantisierten Schallwellen *Phononen*. Wie bei den Photonen unterliegen Änderungen der Teilchenzahl, das heißt die Erzeugung und Vernichtung von Phononen, außer der Erhaltung von Energie, Impuls und Drehimpuls keinen Einschränkungen; daher haben thermische Phononen ebenfalls das chemische Potenzial $\mu_{\text{phonon}} = 0$. Obwohl das Phononengas dem Photonengas in vieler Hinsicht ähnlich ist, gibt es eine Reihe von Unterschieden im Detail, von denen wir einige nachfolgend aufführen:

– Die Schallgeschwindigkeit $c_s = d\omega(\boldsymbol{q})/d\boldsymbol{q}$ ist vom Material, der Polarisationsrichtung und der Ausbreitungsrichtung abhängig und typischerweise etwa 10^5 mal kleiner als die Lichtgeschwindigkeit.

---

[2] Bei Metallen kommen noch das im nächsten Kapitel zu besprechende Elektronensystem und bei magnetischen Systemen die magnetischen Anregungen dazu.

- In idealen[3] Flüssigkeiten gibt es nur einen longitudinalen Polarisations-Freiheits-grad, in isotropen Festkörpern dagegen drei: einen longitudinalen und zwei trans-versale, die unterschiedliche Schallgeschwindigkeiten aufweisen:
$$c_L = \sqrt{A/m} > c_T = \sqrt{B/m} ,$$
wobei m die Massendichte und A und B elastische Konstanten sind, die mit dem Elastizitätsmodul (definiert durch die Längenänderung bei uniaxialem Druck) und dem Schermodul (definiert durch die Schersteifigkeit) zusammenhängen.[4]

- Die Translationssymmetrie des Raumgitters in kristallinen Festkörpern führt da-zu, dass die Dispersionsrelation $\varepsilon(q)$ eine periodische Funktion des Wellenvek-tors q ist.[5] Diese Periodizität wird analog zu der des Raumgitters durch *reziproke Gittervektoren* G beschrieben, die das reziproke Gitter im Raum der mit den Rand-bedingungen verträglichen q-Vektoren aufspannen. Wegen der Gitterperiodizität existiert für die charakteristische Energie $\varepsilon(q)$ der einzelnen Schwingungsmoden eine obere Schranke ε_{max}, die kein Gegenstück in der thermischen Strahlung hat. Ein vereinfachter (weil räumlich isotroper) Ansatz für die Dispersionsrelation, der die Dispersionsrelation einer linearen Kette von elastisch gebundenen Atomen der Masse $\hat{m}$ auf drei Dimensionen überträgt, hat die Gestalt

$$\omega(q) = 2\omega_0 \left| \sin\left(\frac{qa}{2}\right) \right| , \tag{5.14}$$

mit $q = |q|$ und dem mittleren Abstand benachbarter Atome $a = \sqrt[3]{\tau_N \bar{v}}$. Die q-abhängige Schallgeschwindigkeit $c_s(q) = d\omega(q)/dq$ nimmt hin zu großen q ab. Die Dispersionsrelation für einatomige Kristallgitter (rote Linie) ist in in Fig. 5.3a sche-matisch dargestellt.

- Die Einheitszelle des reziproken Gitters wird die 1. BRILLOUIN-Zone genannt. We-gen der Periodizität des Gitters ist es möglich, sich auf q-Vektoren zu beschrän-ken, die innerhalb der 1. BRILLOUIN-Zone liegen, indem man von den größeren q-Vektoren einen geeigneten reziproken Gittervektor subtrahiert. Die Impulse $\hbar G$ lassen sich mit dem Schwerpunktsimpuls des Kristallgitters identifizieren, wäh-rend die Impulse $\hbar(q - G)$ innerhalb der 1. BRILLOUIN-Zone den Phononen zuge-ordnet werden können.

- Die Zahl der Schwingungsmoden in einem Kristall mit N Atomen ist endlich und beträgt $3N - 3$. Ein typischer Wert für den Abstand zweier Atome im Raumgitter ist $a \simeq 0.3\,nm$. Dass dieser Wert weitgehend unabhängig von Material ist, kommt

---

3 In Abschnitt 5.2.4 werden wir sehen, dass auch in viskosen Flüssigkeiten transversale Wellen exis-tieren, wenn deren Frequenz größer als die atomare Hüpfrate ist, mit der Scherspannungen abgebaut werden. Die einzige ideale Flüssigkeit ist das superfluide Helium (Abschnitt 5.4)

4 Kristallgitter sind nicht isotrop. Von Richtungen hoher Symmetrie abgesehen führt dies dazu, dass die longitudinalen und transversalen Schwingungsmoden miteinander vermischt werden.

5 Die Wellenvektoren der Phononen werden oft mit q bezeichnet, um sie von denen der Elektronen zu unterscheiden (die man meist mit k bezeichnet).

wieder durch die relative Unabhängigkeit der Atomradien von der Ordnungszahl der Atome zustande.

- Weist der Kristall mehr als ein Atom pro Elementarzelle auf, so existieren zusätzlich zu den Polarisationsfreiheitsgraden mehrere Zweige der Dispersionsrelation (akustische und optische Phononen), die durch eine Energielücke getrennt sein können. Eine typische Phononen-Dispersionrelation eines Kristallgitters mit zwei Atomen von unterschiedlicher Masse pro Elementarzelle ist in Abb. 5.3a (schwarze Linie) skizziert.

- Die Wechselwirkung zwischen Phononen ist viel stärker als zwischen Photonen.[6] Entsprechend der Energieunschärfe-Lebensdauer-Relation der Quantenmechanik bedeutet dies, dass die Lebensdauern der Phononen endlich sind und bei höheren Phononendichten stark verkürzt werden. Im flüssigen Zustand sind die Phononenlebensdauern sehr kurz. Wir werden aber sehen, dass das Phononenbild dennoch eine sinnvolle thermodynamische Beschreibung erlaubt, sofern man dem kritischen Punkt (Abschnitt I-9.7.2) hinreichend fern bleibt. In suprafluissigem ^{4}He (Abschnitt 5.4) passt das Phononenbild sogar ausgezeichnet.

In Folgenden wollen wir der phänomenologischen Beschreibung in Abschnitt I-6.4.1 eine Beschreibung durch elementare Bose-Systeme gegenüberstellen, welche ein detailliertes Verständnis der Festkörpereigenschaften erlaubt. Für weitere Details sei auf die Lehrbücher der Festkörperphysik verwiesen [20; 4; 5].

5.2.1 Debye-Näherung der Zustandsdichte

Nach Debye wurde ein vereinfachtes Modell benannt, das anstelle der realen Dispersionsrelation (Schema in Fig. 5.3a) mit der entsprechenden (meist nur numerisch berechenbaren) Zustandsdichte $g(\varepsilon)$ für die Phononenzweige eine Kontinuumsnäherung verwendet, welche die konkrete Gitterstruktur der Festkörper weitgehend ignoriert.[7] Diese Näherung ist bei *tiefen Temperaturen* besonders gut, weil in diesem Grenzfall nur Gitterwellen mit großen Wellenlängen $\lambda \gg a$ angeregt sind, für die die viel feinere atomare Struktur des Kristalls nicht spürbar ist.

---

6 Dies liegt daran, dass das Wechselwirkungspotenzial zwischen den Atomen stark anharmonisch ist.

7 Das Debye-Modell macht keine Unterschiede zwischen Elementen und Verbindungen, oder einfachen und komplizierten Gitterstrukturen, sondern berücksichtigt allein die Gesamtzahl der Atome und und das Volumen, die zusammen den mittleren Atomabstand bestimmen. Deshalb ist es auch auf amorphe Festkörper oder Flüssigkeiten anwendbar, die keine periodische Struktur haben.

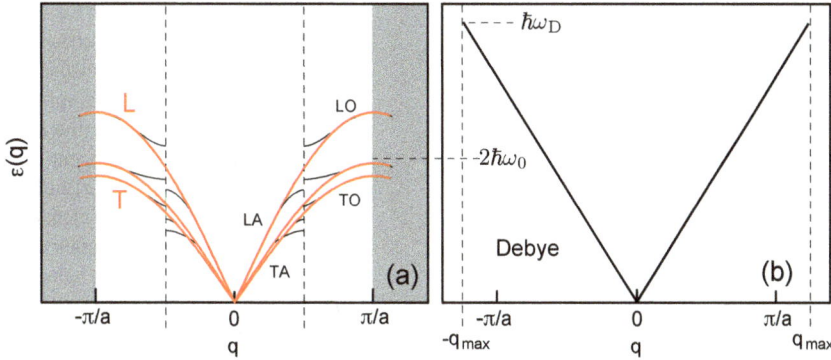

Abb. 5.3. a) Schematische Darstellung der longitudinalen (LA, LO) und transversalen (TA, TO) Phononenzweige eines Kristallgitters einem Atom pro Elementarzelle (schwarz) . Bei zwei Atomen pro Elementarzelle (rot) bildet sich bei $\pi/(2a)$ eine Lücke in der Dispersionsrelation aus, die im wesentlichen durch die Massendifferenz bestimmt ist (zum Beispiel von NaCl). Für Kristallrichtungen hoher Symmetrie sind die transversalen Zweige der Dispersionsrelation $\varepsilon(q)$ entartet. Die grau schattierten Bereiche entsprechen redundanten Wellenvektoren mit $|q| > \pi/a$. Der mittlere Abstand $a = \sqrt[3]{\tau_N \bar{v}}$ benachbarter Atome wird für beide Fällen als gleich angenommen. b) Die DEBYE-Näherung der Dispersionsrelation. Die als linear angenommene Dispersionsrelation hat die in Gl. 5.15 definierte Steigung $\bar{c}_s$ und bricht bei einem fiktiven Wellenvektor q_{max} ab, der so gewählt ist, dass sich die korrekte Zahl von Phononenmoden ergibt. Die charakteristischen Frequenzen $\omega_0 = \bar{c}_s/a$ und $\omega_D = \sqrt[3]{6\pi^2}\,\omega_0$ sind im Text erklärt.

Mit DEBYE fassen wir (wie in Abschnitt I-6.4.1) die unterschiedlichen Schallgeschwindigkeiten c_L und c_T zu einer einzigen effektiven Schallgeschwindigkeit

$$\bar{c}_s^3 = 3 \left(\frac{1}{c_L^3} + \frac{2}{c_T^3} \right)^{-1} \tag{5.15}$$

zusammen, so dass das Phononenspektrum wie bei einem kontinuierlichen Medium durch eine isotrope lineare Dispersionsrelation

$$\varepsilon(q) = \bar{c}_s \cdot |\hbar q|\,, \tag{5.16}$$

beschrieben wird. Die DEBYE-Näherung der Phononen-Dispersionsrelation sind in Abb. 5.3b schematisch dargestellt.

Der diskreten Zahl der Atome N_{Atom} des Festkörpers, welche die Zahl der Schwingungsmoden (und damit die Zahl der elementaren BOSE-Systeme) in drei Dimensionen auf $3N_{Atom}$ festlegt,[8] wird dadurch Rechnung getragen, dass die Dispersionsrelation bei einem endlichen Wellenvektor q_{max} einfach abbricht. Dieser bestimmt entsprechend eine (fiktive) maximale Frequenz der Phononen durch $\omega_D = \bar{c}_s \cdot q_{max}$, welche die DEBYE-Frequenz genannt wird. Der maximale Wellenvektor muss so gewählt

---

8 Genauer sind es $3N_{Atom} - 3$ Moden, was aber wegen der großen Zahl der Atome keinen Unterschied macht.

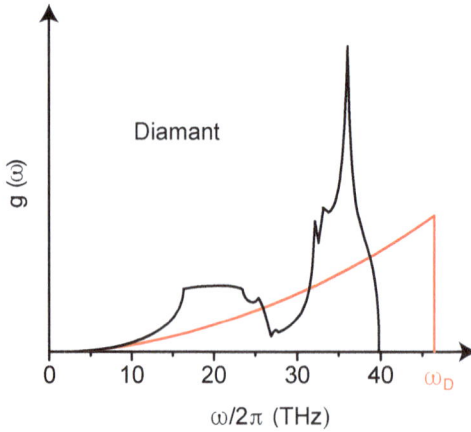

Abb. 5.4. Modellrechnung für die Zustandsdichte von Diamant (schwarz) mit der zugehörigen DEBYE-Approximation (rot). Die scharfen Knicks und Spitzen in der realistischen Zustandsdichte werden VAN HOVE-Singularitäten genannt – diese sind auf lokale Maxima in $\varepsilon(\boldsymbol{q})$ zurückzuführen, die im DEBYE-Modell nicht auftreten. Unterhalb von 5 THz stellt das DEBYE-Modell eine sehr gute Näherung dar, weil die elastischen Eigenschaften des Kristallgitters für große Wellenlängen $\lambda \gg a$ durch ein Kontinuumsmodell sehr gut beschrieben werden [nach G. Dolling, R. A. Cowley, Proc. Roy. Soc. **88**, 463 (1966)].

werden, dass die Integration über alle Wellenvektoren die richtige Zahl von Schwingungsmoden ergibt. Zur Bestimmung von q_{max} müssen wir noch berücksichtigen, dass die longitudinalen und transversalen Polarisationsfreiheitsgrade in drei Dimensionen einen zusätzlichen Faktor 3 liefern, und erhalten:[9]

$$3N_{Atom} = 3 \cdot \frac{V}{(2\pi)^3} \int_0^{q_{max}} dq \, 4\pi q^2 = 3 \cdot \frac{V}{6\pi^2} \cdot q_{max}^3 \,. \tag{5.17}$$

Damit folgt wegen $a = \sqrt[3]{V/N_{Atom}}$ für q_{max} und ω_D:

$$q_{max} = \frac{\sqrt[3]{6\pi^2}}{a} \simeq 1.24 \, \frac{\pi}{a} \quad \text{und} \quad \omega_D = \sqrt[3]{6\pi^2} \, \omega_0 \simeq 3.90 \, \omega_0 \,. \tag{5.18}$$

Die mittlere Frequenz $\omega_0 = \bar{c}_s/a$ der Gitterschwingungen und ω_D lassen sich also in zwei charakteristische Temperaturen, nämlich $\Theta = \hbar\omega_0/k_B = \hbar\bar{c}_s/k_B a$ sowie die DEBYE-Temperatur $\Theta_D = \hbar\omega_D/k_B = \sqrt[3]{6\pi^2} \, \Theta$ umrechnen, welche äquivalente Systemparameter des DEBYE-Modells darstellen.[10]

Genau wie bei der thermischen Strahlung (Gl. 5.1) hat die Linearität von $\varepsilon(\boldsymbol{q})$ zur Konsequenz, dass die Phononen-Zustandsdichte bei niedrigen Energien *quadratisch*

---

9 Der Wert von q_{max} überschreitet den üblichen Wert π/a für den Rand der (im einfachsten Fall kubischen) BRILLOUIN-Zone um 24 %. Das kommt daher, dass Kristalle nicht kugelsymmetrisch sind, sondern der Bereich der erlaubten $\boldsymbol{q}$-Werte je nach Struktur des Kristalls eine mehr oder weniger eckige BRILLOUIN-Zone bilden, welche zum Teil innerhalb und zum Teil außerhalb der durch q_{max} gegebenen Kugel gleichen Volumens liegt.

10 Während ω_D eine nur im Rahmen des DEBYE-Modells auftretende fiktive Frequenz darstellt, ist ω_0 die Kenngröße der realistischeren Dispersionsrelation (Gl. 5.14). Obwohl ω_D die mittleren Phononenfrequenzen ω_0 um fast einen Faktor 4 überschätzt (Gl. 5.18 und Abb. 5.3b) hat sich die von ω_D abgeleitete DEBYE-Temperatur in der Literatur durchgesetzt. Deshalb werden wir von nun an unsere Ergebnisse ebenfalls durch Θ_D ausdrücken.

in ε sein muss. Setzen wir $\bar{c}_s = a\omega_0 = a\omega_D/\sqrt[3]{6\pi^2}$ in die mit den drei Polarisationsfreiheitsgraden multiplizierte Gl. 5.1 ein, so resultiert schließlich für die Zustandsdichte im DEBYE-Modell:

$$g(\varepsilon) = \frac{N_{\text{Atom}}}{V} \frac{9\,\varepsilon^2}{(k_B \Theta_D)^3} \cdot \theta(\hbar\omega_D - \varepsilon)\,, \qquad (5.19)$$

!

wobei $\theta(x)$ die HEAVISIDE'sche Stufenfunktion ist, welche die Bedingung $g(\varepsilon) \equiv 0$ für $\varepsilon > \hbar\omega_D$ sicherstellt. Das Modell lässt sich leicht erweitern, wenn statt Gl. 5.16 die etwas realistischere Dispersionsrelation Gl. 5.14 verwendet wird. Die entsprechende Zustandsdichte ist in Aufgabe 5.5 zu berechnen.

Die DEBYE-Zustandsdichte ist in Abbildung 5.4 zusammen mit der auf der Basis realistischer Modelle berechneten Zustandsdichte von Diamantkristallen dargestellt. Bei niedrigen Energien ist die Übereinstimmung recht gut, während bei hohen Energien starke Abweichungen auftreten, die vor allem auf scharfe Maxima in der realen Zustandsdichte zurückzuführen sind. Die Flächen unter beiden Kurven sind gleich, da beide dieselbe Anzahl von Moden in einem gegebenem Volumen ergeben müssen. Da die im folgenden Abschnitt auszuwertenden bosonischen Zustandsgleichungen (Gl. 4.29 und Gl. 4.30) stets Integrale über die Zustandsdichte beinhalten, wirken sich diese Abweichungen nur schwach auf die Form der Zustandsgleichungen aus, sodass das DEBYE-Modell auch bei höheren Temperaturen eine überraschend gute Näherung darstellt.

5.2.2 Thermische Eigenschaften des Phononensystems

5.2.2.1 Phononenzahlen
Zunächst berechnen wir analog zum Beispiel des Photonengases die mittlere Phononenzahl:

$$N_{\text{phonon}}(T) = V \int_0^{k_B \Theta_D} g(\varepsilon) N_\varepsilon^{(B)}(\varepsilon)\, d\varepsilon \qquad (5.20)$$

$$= \frac{9 N_{\text{Atom}}}{(k_B \Theta_D)^3} \int_0^{k_B \Theta_D} d\varepsilon \frac{\varepsilon^2}{\exp(\varepsilon/k_B T) - 1} = 9 N_{\text{Atom}} \left(\frac{T}{\Theta_D}\right)^3 \int_0^{\Theta_D/T} \frac{x^2\, dx}{e^x - 1}\,,$$

Dies ist die *thermische Zustandsgleichung* des Phononensystems. Um ein Gefühl für das Ergebnis zu bekommen, betrachten wir die Grenzfälle hoher und niedriger Temperaturen. Bei hohen Temperaturen $T \gg \Theta_D$ gilt:

$$\frac{x^2}{e^x - 1} \approx \frac{x^2}{1 + x + \cdots - 1} = x + \cdots \quad \text{und daher} \quad \int_0^{\Theta_D/T} \frac{x^2\, dx}{e^x - 1} \simeq \frac{1}{2}\left(\frac{\Theta_D}{T}\right)^2\,.$$

Damit bekommen wir in diesem Grenzfall

!

$$N_{phonon}(T, N_{Atom}) = \frac{9}{2} N_{Atom} \left(\frac{T}{\Theta_D} \right) \propto T \,. \tag{5.21}$$

Für Gold beträgt beispielsweise $\Theta_D = 170\,\text{K}$. Bei 300 K erhalten wir damit $N \simeq 8$ akustische Phononen pro Atom. Die Phononendichte bei Zimmertemperatur kann die Dichte der Atome also erheblich übersteigen. Die im Vergleich zum idealen Gas unter Standardbedingungen extrem hohe Phononendichte macht verständlich, warum der Phononendruck bei $T \simeq \Theta_D$ Tausende von Bar betragen kann und damit für die *thermische Ausdehnung* eines Festkörpers verantwortlich ist (Abb. I-6.11 und Abschnitt 5.2.3).

Bei tiefen Temperaturen mit $\Theta_D/T \to \infty$ ist

$$\int_0^{\Theta_D/T} \frac{x^2 \, dx}{e^x - 1} \simeq \Gamma(3)\zeta(3) = 2.404$$

und wir erhalten

$$N_{phonon}(T, N_{Atom}) = 22 \cdot N_{Atom} \left(\frac{T}{\Theta_D} \right)^3 \,. \tag{5.22}$$

Für Gold resultiert $N \simeq 1$ akustisches Phonon pro 227 Atome bei 10 K. Auch bei dieser tiefen Temperatur ist die Phononendichte immer noch höher als die Teilchendichte eines idealen Gases unter Standard-Bedingungen.

Da die Phononen Stoßpartner der Elektronen im Metall darstellen, ist deren Dichte entscheidend für die Temperaturabhängigkeit des elektrischen Widerstands (Abschnitt 6.4.2). In der Tat ist der spezifische Widerstand eines Metalls bei hohen Temperaturen $\rho(T) \propto T$, was die Temperaturabhängigkeit der Elektron-Phonon-Streurate τ_{ep}^{-1} widerspiegelt. Bei tiefen Temperaturen ist dagegen $\tau_{ep}^{-1} \propto n_{phonon} \propto T^3$. Für den elektrischen Widerstand spielt allerdings nicht nur die Zahl der Phononen eine Rolle, sondern es kommen noch Phasenraumargumente hinzu, sodass in reinen Metallen $\rho(T) \propto T^5$ beobachtet wird.

5.2.2.2 Energie, Wärmekapazität und Entropie

Aus der kalorischen Zustandsgleichung der BOSE-Gase (Gl. 4.30) können wir die den Phononenbeitrag zur Energie und übrigen thermischen Eigenschaften ableiten:

$$E(T, N_{\text{Atom}}) = V \cdot \int_0^{k_B\Theta_D} d\varepsilon \, g(\varepsilon) N_\varepsilon^{(B)} \cdot \varepsilon \tag{5.23}$$

$$= \frac{9N_{\text{Atom}}}{(k_B\Theta_D)^3} \int_0^{k_B\Theta_D} \frac{\varepsilon^3 d\varepsilon}{\exp(\varepsilon/k_BT) - 1} = 3N_{\text{Atom}} k_B T \cdot \mathcal{D}(\Theta_D/T),$$

wobei

$$\mathcal{D}(x) = \frac{3}{x^3} \int_0^x \frac{x^3 \, dx}{e^x - 1} \tag{5.24}$$

die DEBYE-Funktion heißt. Wir betrachten wieder die beiden Grenzfälle hoher und niedriger Temperatur:

bei $\Theta_D/T \ll 1$ erhalten wir für den Integranden näherungsweise:

$$\frac{x^3}{e^x - 1} = x^2 + \cdots \quad \text{und daher} \quad \int_0^{\Theta_D/T} \frac{x^3 \, dx}{e^x - 1} \simeq \frac{1}{3}\left(\frac{\Theta_D}{T}\right)^3.$$

Wir erhalten

$$E(T, N_{\text{Atom}}) = 3N_{\text{Atom}} \cdot k_B T \quad \text{für } T \gg \Theta_D. \tag{5.25}$$

Im Hochtemperatur-Grenzfall haben wir damit das Resultat des Gleichverteilungssatzes reproduziert. Für die Wärmekapazität ergibt sich daraus ein konstanter Wert – entsprechend dem Gesetz von DULONG-PETIT (Abschnitt I-3.7).

Im Tieftemperatur-Grenzfall $\Theta_D/T \to \infty$ erhalten wir für das Integral näherungsweise

$$\int_0^{\Theta_D/T} \frac{x^3 \, dx}{e^x - 1} \approx \Gamma(4)\zeta(4) = \frac{\pi^4}{15}.$$

Damit folgt

$$E(T, N_{\text{Atom}}) = \frac{3\pi^4}{5} N_{\text{Atom}} \frac{k_B T^4}{\Theta_D^3} \quad \text{für } T \ll \Theta_D. \tag{5.26}$$

Dieses Ergebnis ist identisch mit unserem auf der Basis der Analogie zwischen Licht- und Schallwellen basierenden Resultat aus Gl. I-6.44. Die Annahme, dass Θ_D eine Konstante ist, impliziert, dass wir die thermische Ausdehnung vernachlässigen. Diese lässt sich wie in Abschnitt I-6.4.3 gezeigt, durch eine Volumenabhängigkeit von

$\Theta_D(V/N_{Atom})$ gemäß Gl. I-6.45 berücksichtigen, wenn dies erforderlich ist. Zusammen mit der hier nicht berücksichtigten Bindungsenergie $E_0(V, N_{Atom})$ stellt Gl. 5.23 auch eine reguläre kalorischen Zustandsgleichung $E(T, V, N_{Atom})$ dar, die wie gefordert homogen in V und N_{Atom} ist.

Aus Gleichung 5.26 bekommen wir sofort die Wärmekapazität des Phononengases bei tiefen Temperaturen:

$$C_v(T, N_{Atom}) = \frac{\partial E(T, N_{Atom})}{\partial T} = \frac{12\pi^4}{5} N_{Atom} k_B \left(\frac{T}{\Theta_D}\right)^3 = \beta' T^3 \ . \qquad (5.27)$$

Dies ist das berühmte DEBYE-Gesetz für die Wärmekapazität von Isolatoren im Grenzfall tiefer Temperaturen.[11]

In Abb. 5.5a sind experimentelle Daten für verschiedene Isolatoren dargestellt. Die spezifischen Wärmekapazitäten dieser Kristalle unterscheiden sich bei tiefen Temperaturen aufgrund ihrer sehr verschiedenen DEBYE-Temperaturen erheblich. Abb. 5.5b zeigt eine normierte, doppelt-logarithmische Auftragung der molaren Wärmekapazität von Diamant (rote Kreise) und NaCl (schwarze Punkte) im Vergleich mit dem EINSTEIN- und dem DEBYE-Modell (schwarze gestrichelte und durchgezogene Linie). Man erkennt, dass das die Regel von DULONG und PETIT sowie das EINSTEIN-Modell bei tiefen Temperaturen stark abweicht, während das DEBYE-Modell auch bei tiefen Temperaturen ($T \leq \Theta_D/50$) eine passende Beschreibung liefert. Im Bereich mittlerer Temperaturen gibt es jedoch eine deutliche Abweichung vom einfachen DEBYE-Modell, die daher kommt, dass die realistische Dispersionsrelation bei hohen Wellenvektoren q abflacht, und bei etwa $\omega_D/2$ ein Maximum erreicht. (Abb. 5.5a). Die rote Linie zeigt eine Erweiterung des DEBYE-Modells mit der isotropen Dispersionsrelation (Gl. 5.14). Obwohl Gl. 5.14 immerhin die Nichtlinearität der Dispersionsrelation wiedergibt, so führt die Annahme der Isotropie von $\varepsilon(q)$ zu unrealistisch starken Maxima in der Zustandsdichte (VAN HOVE-Singularitäten, Aufgabe 5.5), die zu einer Überschätzung der Krümmungseffekte führen. Die Tatsache, dass der Verlauf der Messdaten von der Erwartung des DEBYE-Modells abweicht, kam in frühen Arbeiten dadurch zum Ausdruck, dass die Ergebnisse von Messungen der Wärmekapazität oft in Form von 'temperaturabhängigen DEBYE-Temperaturen' angegeben wurden, die um $\pm 20\%$ variieren.

Im Grenzfall tiefer Temperaturen bekommen wir die Entropie des Systems durch einfaches Integrieren der Wärmekapazität:

$$S(T, N_{Atom}) = \int_0^T \frac{C_v}{T'} \, dT' = \frac{4\pi^4}{5} N_{Atom} k_B \left(\frac{T}{\Theta_D}\right)^3 = 3.61 k_B \cdot \langle N_{phonon} \rangle \ . \qquad (5.28)$$

---

11 Vor Verwechslungen von β' mit dem thermischen Ausdehnungskoeffizienten β_p wird gewarnt...

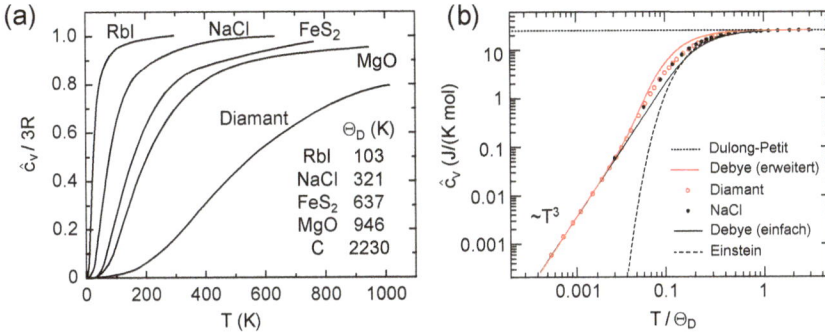

Abb. 5.5. a) Molare Wärmekapazitäten bei konstantem Volumen für verschiedene Isolatoren mit verschiedenen DEBYE-Temperaturen. Zum besseren Vergleich wurden die experimentellen Daten auf gleiche Zahlen von Atomen N_{Atom} normiert: 1 mol für C, 1/2 mol für RbI, NaCl, MgO und 1/3 mol für FeS$_2$. b) Normierte doppelt logarithmische Auftragung der Wärmekapazität von Diamant und NaCl im Vergleich verschiedenen Modellen. Das erweiterte DEBYE-Modell wurde mit der Dispersionsrelation Gl. 5.14 ausgewertet [Daten aus [8] und J. E. Desnoyehs, J. A. Morrison, Phil. Mag.3, 42 (1958); A. C. Victor, J. Chem. Phys. **36**, 1903 (1962)].

Wie bei den Photonen sind Phononenzahl und Entropie durch denselben (!) Zahlfaktor miteinander verbunden.

In Abschnitt I-6.4.1 haben wir die thermischen Eigenschaften der Festkörper näherungsweise auf eine universelle Funktion $\Phi(T/\Theta) = -\hat{f}(T)/k_B T = \ln Z(T/\Theta)/N_{Atom}$ zurückgeführt. Mit den bis dahin zur Verfügung stehenden Mitteln konnten wir Φ aber nur für die Grenzfälle hoher und tiefer Temperatur angeben. Nun können wir Φ für verschiedene Modell-Dispersionsrelationen berechnen und mit den experimentellen Daten für Φ vergleichen. Neben dem einfachen DEBYE-Modell betrachten wir die bereits erwähnte Erweiterung des DEBYE-Modells durch Gl. 5.14. Wegen der räumlichen Isotropie erhalten wir für $\ln Z(T)$:

$$\ln Z(T) = \frac{3V}{(2\pi)^3} \int_0^{q_{max}} dq \, 4\pi q^2 \, \ln\left[1 - \exp\left(-\frac{\varepsilon(q)}{k_B T}\right)\right] = \frac{p_{phonon}(T)V}{k_B T} . \quad (5.29)$$

In beiden Fällen enthält die Dispersionsrelation $\varepsilon(q)$ den Vorfaktor $\hbar\omega_0 = k_B\Theta$. Daher hängt das Integral allein vom Verhältnis T/Θ, beziehungsweise T/Θ_D ab. Mit Hilfe eines Algebra-Programms wie Maple oder Mathematica kann das Integral in beiden Fällen leicht berechnet werden.

Abbildung 5.6a zeigt den Verlauf der Funktionen $\ln Z(T)$ für verschiedene Modelle zusammen mit den experimentellen Daten für NaCl und Diamant. Wegen $\mu_{phonon} = 0$ ist $\ln Z$ zur freien Energie und zum Phononendruck proportional. Man erkennt, dass das einfache DEBYE-Modell zu einer stets negativen Krümmung von $\ln Z$ führt, während das erweiterte DEBYE-Modell die in den Messdaten sichtbare Schulter reproduziert, aber wie in der Wärmekapazität (Fig.5.5b) überschätzt. Wir sehen also, dass die

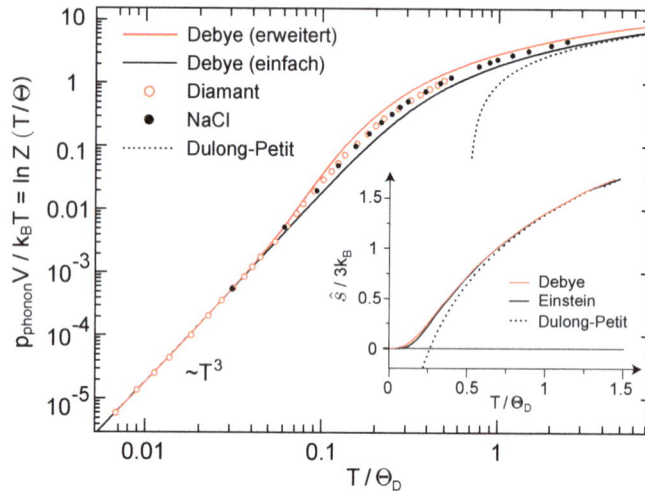

Abb. 5.6. Vergleich des durch Integration der experimentellen Daten von Diamant (rote Kreise) und NaCl (schwarze Punkte) in Abb.5.5gewonnenen Verlaufs der Funktion $\Phi(T/\Theta_D)$ mit der großkanonischen Zustandssumme (Gl. 5.29) des Phononensystems für verschiedene Modelle. Inset: Vergleich der Entropie in den Modellen von DEBYE, EINSTEIN und nach dem Gleichverteilungssatz (DULONG-PETIT). Die charakteristischen Temperaturen Θ_E und T^* der Modelle wurden so angepasst, dass sich für S im Hochtemperatur-Grenzfall gleiche Werte ergeben.

thermodynamischen Daten den Verlauf der Quasiteilchen-Dispersionsrelation sehr sensitiv widerspiegeln.

In Einsatz von Abb. 5.6 wurden die Entropie pro Teilchen für das DEBYE-Modell, das EINSTEIN-Modell und nach DULONG-PETIT im Vergleich dargestellt. Die EINSTEIN-Temperatur $\Theta_E = 0.71\,\Theta_D = 2.7\,\Theta$ wurde so gewählt, dass sich im Grenzfall hoher Temperatur dieselben, logarithmisch ansteigenden Absolutwerte der Entropie ergeben. Für tiefe Temperaturen geht die Entropie im EINSTEIN-Modell wie die Wärmekapazität exponentiell gegen Null.

Detaillierte theoretische Rechnungen sowie Messungen von $\varepsilon(\boldsymbol{q})$ mittels Neutronenstreuexperimenten erlauben es inzwischen, die Phononen-Dispersionsrelationen experimentell und theoretisch mit großer Genauigkeit zu bestimmen. Setzt man diese Resultate in die Zustandsgleichungen ein, so ergibt sich in aller Regel eine hervorragende Übereinstimmung mit den thermodynamischen Daten.

Abschließend zeigen wir in Abb. 5.7 die DEBYE-Temperaturen für viele der Elemente. Wir sehen, dass die DEBYE-Temperaturen für verschiedene Materialien stark variieren. Der Wert der charakteristischen Frequenz $\omega_0 = \sqrt{\mathcal{K}/\hat{m}}$ wird einerseits durch das Atomgewicht $\hat{m}$ bestimmt, welche im Periodensystem um einen Faktor 100 variiert. Dies erklärt die globale Abnahme von Θ_D um eine Größenordnung. Andererseits ist auffallen, dass bei den Alkalimetallen stets ein ausgeprägtes Minimum von

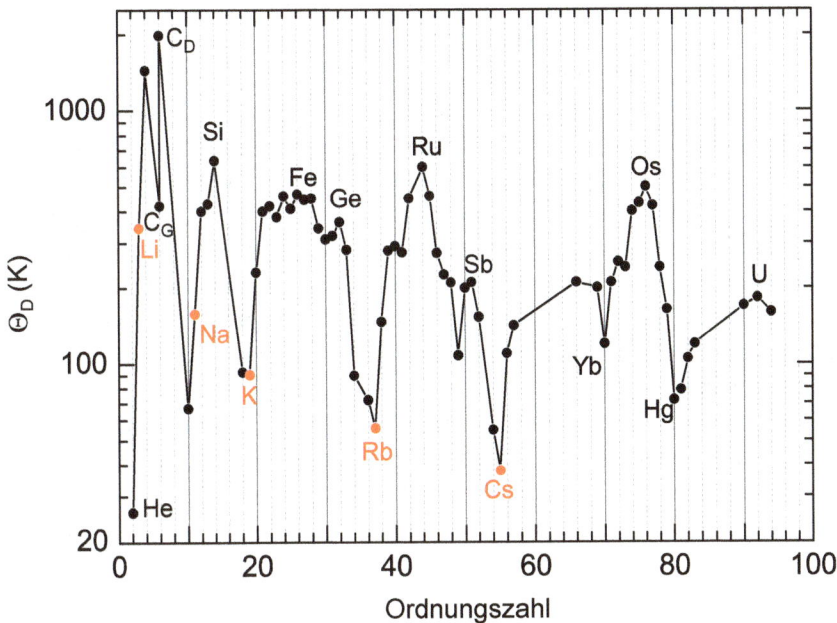

Abb. 5.7. DEBYE-Temperaturen der kristallinen Elemente als Funktion der Ordnungszahl. Die Alkalimetalle sind rot markiert. Es sind deutliche Minima von Θ_D entsprechend den Hauptgruppen des Periodensystems zu erkennen, welche auf die Besetzung einer neuen Elektronen-Schale zurückzuführen sind (Daten aus [20]).

Θ_D auftritt, während in der Mitte einer Periode wesentlich höhere Werte vorliegen. Dies liegt daran, dass sowohl die VAN DER WAALS-Bindung zwischen den Atomen oder Ionenrümpfen in Edelgaskonfiguration, als auch die metallische Bindung durch das einzelne Leuchtelektron der Alkalimetalle sehr schwach ist und zu niedrigen Werten der atomaren Federkonstanten $\mathcal{K}$ führt. Dies macht sich auch in den sehr niedrigen Schmelzpunkten dieser Elemente bemerkbar. In der Mitte der Perioden gibt es dagegen erhebliche Beiträge von kovalenten Bindungen, die große Werte von $\mathcal{K}$ bewirken.

Den höchsten Wert für Θ_D, und damit auch die drastischste Abweichung der Wärmekapazität vom DULONG-PETIT-Gesetz, weist Diamant (C_D) auf, was auf die außerordentliche Härte des Kristallgitters und auf das geringe Atomgewicht des Kohlenstoffs zurückzuführen ist. Graphit (C_G) hat aufgrund seiner geschichteten, relativ lockeren Kristallstruktur eine wesentlich niedrigere DEBYE-Temperatur. Trotz seiner kleinen Masse weist das feste Helium den kleinsten Θ_D-Wert aller Elemente auf. Helium ist nur bei sehr tiefen Temperaturen und unter Druck (ca. 25 bar) überhaupt zu verfestigen. Aufgrund seiner (eben wegen der kleinen Masse) extrem starken quantenmechanischen Nullpunktsbewegung weist es ein sehr hohes Molvolumen und eine entsprechend schwache Bindung auf.

Ein wesentlicher Unterschied zwischen dem Phononen- und dem Photonengas ist der, dass ersteres einen klassischen Grenzfall besitzt, letzteres dagegen nicht. Während man die Temperaturabhängigkeit der Wärmekapazität der Festkörper lange Zeit als „kleine substanzspezifische Abweichung von einem im Prinzip wohlverstandenen Verhalten" deklarieren konnte, bot die thermische Strahlung keinen Ausweg dieser Art: für hohe Temperaturen sättigt diese nicht – die Begegnung mit der Quantentheorie war unvermeidbar. Ebenfalls wichtig war dabei natürlich die Tatsache, dass die spektrale Energiedichte des Photonengases direkt beobachtet werden konnte und es erlaubte, konkurrierende Theorien auszuschließen. Ein analoges Experiment im Festkörper ist in Ermangelung eines geeigneten Phononen-Spektrometers schwierig – erst die inelastische Neutronenstreuung brachte direkte spektroskopische Information über die Phononen.

Es ist erstaunlich, wieviel konzeptionelle Arbeit, ja, welche Epochen an ideengeschichtlicher Entwicklung erforderlich waren, um die simple, bereits in Abschnitt I-2.3 aufgeworfene Frage nach dem Tieftemperaturverhalten des einfachst-möglichen thermischen Systems „Heißer Körper" zu beantworten.

5.2.3 Thermische Ausdehnung von Festkörpern - Phononendruck

In diesem Abschnitt wollen wir unser in Abschnitt I-6.4.3 entwickeltes Modell für die thermische Ausdehnung in Festkörpern[12] weiter verfeinern. Wir benutzen den unabhängigen Variablensatz $\{T, V, N_{\text{Atom}}\}$ mit der zugehörigen Massieu-Gibbs-Funktion $F(T, V, N_{\text{Atom}})$. Wie in Gl. I-6.49 in Abschnitt I-6.4.2 zerlegen wir den Festkörper in ein, durch die Funktion $E_0(V, N_{\text{Atom}}) = N_{\text{Atom}} \cdot \hat{e}_0(T, \hat{v})$ beschriebenes, elastisches Grundsystem und das System der thermisch angeregten Phononen:

$$F(T, V, N_{\text{Atom}}) = E_0(V, N_{\text{Atom}}) - k_{\text{B}} T \ln Z(T, V, N_{\text{Atom}}), \qquad (5.30)$$

wobei die Zustandssumme $Z(T, V, N_{\text{Atom}})$ durch Gln. 4.26 und 4.27 (für $\mu_{\text{phonon}} = 0$)

$$\ln Z(T, V, N_{\text{Atom}}) = \sum_{q,j} \ln \mathcal{Z}_q^{(\text{B})}(T) = \sum_{q,j} \ln \left[1 - \exp\left(-\frac{\varepsilon_j(q)}{k_{\text{B}} T}\right) \right], \qquad (5.31)$$

gegeben ist. Der Index j bezeichnet die verschiedenen Zweige der Phononen-Dispersionsrelation (Abb. 5.3) . Die Abhängigkeit von V und N_{Atom} entsteht dabei implizit durch die Randbedingungen an die Wellenvektoren q und eine mögliche V-Abhängigkeit der die $\varepsilon(q)$ bestimmenden Systemparameter.

Im vorangegangenen Abschnitt haben wir bereits mehrere Modellansätze zur Berechnung der Zustandssumme diskutiert. Hier wollen wir jedoch einen Schritt weitergehen, indem wir uns nicht auf eine bestimmte Form der Dispersionsrelation $\varepsilon_j(q)$

---

[12] Im nachfolgenden Abschnitt werden wir sehen, dass sich die nachfolgenden Überlegungen recht weitgehend auf Flüssigkeiten übertragen lassen.

festlegen. Die Ableitung der freien Energie nach den Volumen liefert den hydrostatischen Druck,[13] den der Festkörper (oder die Flüssigkeit) auf die Umgebung ausübt:

$$p(T, V, N_{\text{Atom}}) = -\frac{\partial E_0(V, N_{\text{Atom}})}{\partial V} + k_{\text{B}}T \cdot \frac{\partial \ln Z(T, V, N_{\text{Atom}})}{\partial V} . \tag{5.32}$$

Diese Gleichung ist eine Form der thermischen Zustandsgleichung des Festkörpers und lässt sich als Ausdruck eines Druckgleichgewichts zwischen drei Systemen lesen: der *Umgebung* des Festkörpers, welche den von außen angelegten Druck p festlegt, dem *statisch verformten Kristallgitter* und dem Druck des die dynamischen Freiheitsgrade repräsentierenden *Phononengases*. Für Festkörper im Vakuum ist der externe Druck $p \equiv 0$. In dieser Näherung ist die thermische Ausdehnung des Festkörpers nichts anderes als die durch die Kohäsion des Kristallgitters beschränkte thermische Ausdehnung des Phononengases.

Die V-Abhängigkeit der Phononenenergien $\varepsilon(\boldsymbol{q})$ hat zwei Ursachen:
- Die in der Summe auftretenden $\boldsymbol{q}$-Vektoren verschieben sich bei Volumenänderungen, weil sie stets mit festen oder periodischen Randbedingungen verträglich sein müssen.
- Die Dispersionsrelation $\varepsilon(\boldsymbol{q})$ kann sich mit dem Abstand a zwischen den Atomen ändern.[14]

Wir berechnen nun den phononischen Beitrag zum Gesamtdruck über die partielle Ableitung von $\ln Z(T, V, N_{\text{Atom}})$ nach V und erhalten :

$$p_{\text{phonon}}(T, V, N_{\text{Atom}}) = -\frac{\partial}{\partial V} \left\{ k_{\text{B}}T \sum_{\boldsymbol{q},j} \ln\left[1 - \exp\left(-\varepsilon_j(\boldsymbol{q})/k_{\text{B}}T\right)\right] \right\}$$

$$= -\sum_{\boldsymbol{q},j} \frac{\partial \varepsilon_j(\boldsymbol{q})}{\partial V} \frac{1}{\exp\left(\varepsilon_j(\boldsymbol{q})/k_{\text{B}}T\right) - 1}$$

$$= \sum_{\boldsymbol{q},j} \underbrace{\left[-\frac{V}{\varepsilon_j(\boldsymbol{q})}\frac{\partial \varepsilon_j(\boldsymbol{q})}{\partial V}\right]}_{\Gamma_j(\boldsymbol{q})} \cdot \underbrace{\frac{\varepsilon_j(\boldsymbol{q}) N_{\varepsilon_j(\boldsymbol{q})}^{(B)}(T)}{V}}_{e_{\boldsymbol{q},j}(T)} . \tag{5.33}$$

Der dimensionslose erste Faktor $\Gamma_j(\boldsymbol{q})$ heißt der GRÜNEISEN-*Parameter* der Schwingungsmode $\{\boldsymbol{q}, j\}$

$$\Gamma_j(\boldsymbol{q}) := -\frac{V}{\varepsilon_j(\boldsymbol{q})}\frac{\partial \varepsilon_j(\boldsymbol{q})}{\partial V} = -\frac{\partial \ln[\varepsilon_j(\boldsymbol{q})]}{\partial \ln(V)} \tag{5.34}$$

---

13 In der Praxis sind natürlich auch anisotrope Verformungen wichtig – diese würden uns jedoch zu weit in die Elastizitätstheorie führen.

14 Im Rahmen der *quasi-harmonischen* Näherung bewirkt die Verschiebung der Gleichgewichtslage durch eine Auslenkung der Atome durch eine externe Kraft. Bei anharmonischen Wechselwirkungspotenzialen führt dies dazu, dass bei kleinen Schwingungen um die neue Ruhelage eine andere lokale Krümmung des Potenzials und damit eine andere Federkonstante vorliegt.

während der zweite Faktor den Beitrag $e_{q,j}(T, \hat{v})$ der Schwingungsmode $\{q, j\}$ zur gesamten Energiedichte repräsentiert. Auf diese Weise erhalten wir eine Verallgemeinerung der MIE-GRÜNEISEN-Zustandsgleichung (Gl. I-6.61) :

$$p_{\text{phonon}}(T, \hat{v}) = \sum_{q,j} \Gamma_j(\mathbf{q}) \cdot e_{q,j}(T, \hat{v}) \tag{5.35}$$

Bedenken wir, dass $c_{q,j}(T, \hat{v}) = de_{q,j}(T, \hat{v})/dT$ der Beitrag des j-ten Phononenzweiges zur Wärmekapazität pro Volumen ist, und differenzieren Gl. 5.35 nach T, so erhalten wir den *thermischen Spannungskoeffizienten*

$$\frac{\partial p(T, \hat{v})}{\partial T} = \sum_{q,j} \Gamma_j(\mathbf{q}) \cdot c_{q,j}(T, \hat{v}) \tag{5.36}$$

des Festkörpers, sofern p_{phonon} der einzige T abhängige Beitrag zum Gesamtdruck p ist. Wegen der Ableitungsregel Gl. A.3 gilt außerdem

$$\frac{\partial p(T, \hat{v})}{\partial T} = -\frac{\partial p(T, \hat{v})}{\partial \hat{v}} \cdot \frac{\partial \hat{v}(T, p)}{\partial T} = \frac{\beta_p}{\kappa_T} , \tag{5.37}$$

wobei κ_T die isotherme Kompressibilität des Festkörpers ist. Aus dem Vergleich der Gln. 5.36 und 5.37 resultiert schließlich eine gegenüber Gl. I-6.64 deutlich verallgemeinerte GRÜNEISEN-Formel für den thermischen Ausdehnungskoeffizienten:

$$\beta_p(T, \hat{v}) = \kappa_T \sum_{q,j} \Gamma_j(\mathbf{q}) \cdot c_{q,j}(T, \hat{v}) . \tag{5.38}$$

Im Experiment findet man für die GRÜNEISEN-Parameter Γ_j typische Werte zwischen −2 und 3. Bei Temperaturen oberhalb der DEBYE-Temperatur, wo $\hat{c}_v$ dem DULONG-PETIT-Gesetz folgt, ist β_p (und in guter Näherung auch die Kompressibilität) von T unabhängig und das Volumen proportional zu T – damit sind wir zum Anfangspunkt unserer Diskussion thermischer Systeme in Abschnitt I-2.2 zurückgekehrt, wo wir eben diese Eigenschaft zur Messung der (empirischen) Temperatur verwendet haben. Umgekehrt führt für $\beta_p > 0$ eine schnelle (isentrope) elastische Dehnung des Kristalls zu einer Verschiebung der Phononen-Energien nach unten. In diesem Fall kann die Temperatur des Kristalls nicht konstant bleiben, sondern muss abnehmen, weil die niedrigeren Anregungsenergien $\varepsilon(\mathbf{q})$ sonst zu höheren Anregungsgraden und damit zu höheren Phononenzahlen und einer höheren Entropiedichte führen würden. Dieser Prozess ist – bis auf das Vorzeichen der Temperaturänderung – ganz analog zur isentropen Entmagnetisierung eines Spinsystems oder zur isentropen Streckung einer Polymerkette.

Am Beispiel der Modell-Dispersionsrelation (Gl. 5.14) wollen wir nun der Effekt einer Änderung des Atomabstands a auf die Phononen-Energien untersuchen. Der Übersichtlichkeit halber beschränken wir uns auf einen würfelförmigen Kristall mit

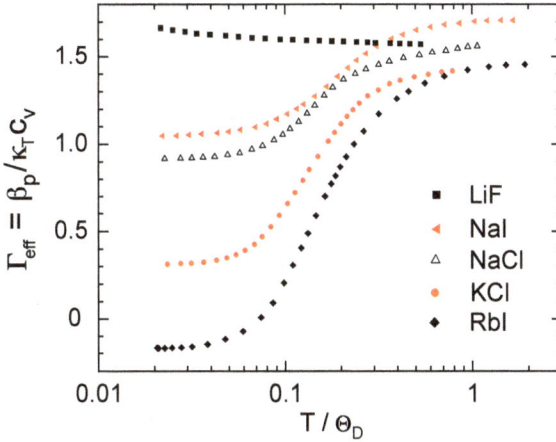

Abb. 5.8. Temperaturabhängigkeit des effektiven GRÜNEISEN-Parameters $\Gamma(T) = \beta_p/(\kappa_T c_v)$ für einige Alkali-Halogenide als Funktion der normierten Temperatur [nach G. White, Proc. R. Soc. London A286, 204 (1965)].

der Kantenlänge $L = a\sqrt[3]{N_{\text{Atom}}}$. Bei periodischen Randbedingungen müssen die Wellenvektoren q in eine beliebige Richtung von der Form $q = n \cdot 2\pi/L \propto 1/a$ sein, wobei n eine ganze Zahl ist. Dann gilt für die Ableitung $dq(a)/da = -q/a$. Gleichung 5.14 wurde für einen harmonischen Festkörper hergeleitet, dessen fundamentale Schwingungsfrequenz ω_0 nicht von der Schwingungsamplitude abhängt. In diesem Fall steckt die a-Abhängigkeit der Phononenenergien $\varepsilon(q) = \hbar\omega_0/2|sin[q(a) \cdot a]|$ allein im Argument der Sinus-Funktion. Bilden wir nun die Ableitung nach a, so finden wir

$$\frac{d\varepsilon[q(a) \cdot a]}{da} = \varepsilon'[q(a) \cdot a] \cdot \left(q + a\frac{dq(a)}{da}\right) = \varepsilon'[q(a) \cdot a] \cdot \left(q - a\frac{q}{a}\right) = 0 \ (!) \,.$$

Die Abhängigkeit der $\varepsilon(qa)$ von a verschwindet also, in perfekter Übereinstimmung mit der Tatsache, dass die Schwingungsfrequenz eines harmonischen Oszillators nicht von dessen Auslenkung abhängt. Für einen harmonischen Kristall gilt damit $\Gamma \equiv 0$.[15] Einen von Null verschiedenen GRÜNEISEN-Parameter erhalten wir nur, wenn die charakteristische Frequenz $\hbar\omega_0(a) = k_B\Theta(a)$ vom Atomabstand abhängt – wie wir dies schon in Abschnitt I-6.4.3 festgestellt haben.

Nach der Definition in Gl. 5.34 sind die $\Gamma_{q,j}$ unabhängig von der Temperatur. Trägt man jedoch den aus den experimentellen Daten für $\beta_p(T)$, $\kappa_T(T)$ und $c_v(T)$ ermittelten *effektiven* GRÜNEISEN-Parameter

$$\Gamma_{\text{eff}} := \frac{\beta_p}{\kappa_T c_v} \tag{5.39}$$

---

15 Diese gilt nicht nur für unser einfaches Beispiel, sondern für alle Festkörper, weil aus der Translationinvarianz des Kristallgitters folgt, dass die Dispersionsrelation $\varepsilon(q)$ eine in alle Raumrichtungen periodische Funktion sein muss. Aus dem gleichen Grund gilt das Argument nicht nur für die Phononen, sondern für alle Quasiteilchen im Festkörper – insbesondere für die Elektronen (Abschnitt 6.2.4), aber auch für magnetische Anregungen (Magnonen).

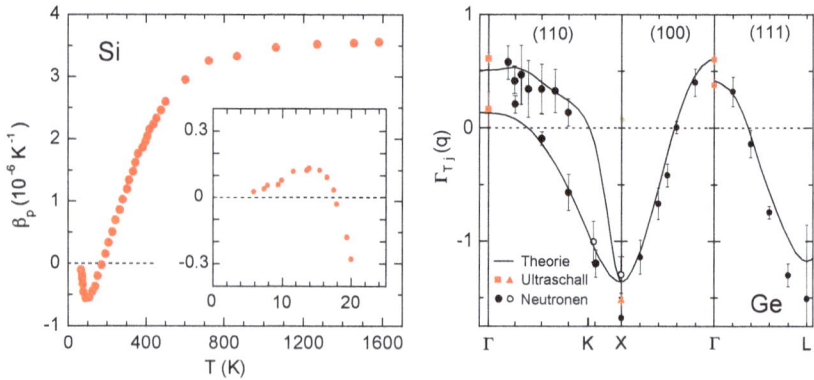

Abb. 5.9. a) Messwerte des thermischen Ausdehnungskoeffizienten von Si als Funktion der Temperatur. Der Einsatz zeigt einen Ausschnitt bei tiefen Temperaturen, der zeigt, dass β_p bei sehr tiefen Temperaturen zunächst positiv ist [Nach K.G. Lyon *et al.*, J. Appl. Phys. **48**, 865 (1977) und Y. Okada, Y. Tokumaru, J. Appl. Phys. **56**, 314 (1984)]. b) q-Abhängigkeit des Grüneisen-Parameters $\Gamma_{TA}(q)$ der transversal-akustischen Phononen in Germanium. Die Symbole Γ, X, K und L auf der horizontalen Achse bezeichnen verschiedene Punkte im q-Raum: der Γ-Punkt befindet sich im Zentrum des q-Raums, während die Punkte X, K und L maximale q-Werte in verschiedenen Richtungen des Kristallgitters bezeichnen [nach S. Klotz, J. M. Besson, M. Braden, K. Karch, P. Pavone, D. Strauch, and W. G. Marshall, Phys. Rev. Lett. **79**, 1313 (1997)].

als Funktion der Temperatur auf, wie dies in Abb. 5.8 für einige Alkali-Halogenide getan wurde, dann ist dieser durchaus T-abhängig – auch wenn diese Abhängigkeit schwach ist, wenn wir sie mit der von $\beta_p(T)$ und $c_v(T)$ vergleichen. Diese Abhängigkeit kann leicht erklärt werden, wenn die $\Gamma_{q,j}$ von der Art der Moden (longitudinal oder transversal) abhängen. Wegen der ebenfalls unterschiedlichen charakteristischen Energien $k_B\Theta_L > k_B\Theta_T$ für diese Moden wird Γ_T bei tiefen Temperaturen dominieren, während die Summe $\Gamma_T + \Gamma_L$ bei hohen Temperaturen ($T \gg \Theta_L$) in Erscheinung tritt. Ist $\Gamma_T < 0$, so kann diese auch einen Vorzeichenwechsel des thermischen Ausdehnungskoeffizienten erklären, wie er bei Rubidium-Iodid in Abb. 5.8 beobachtet wird.

Für einen quantitativen Vergleich der gemessenen thermischen Ausdehnung mit der Theorie müssen die $\Gamma_j(q)$ der verschiedenen Phononenzweige beispielsweise mit Hilfe der inelastischen Neutronenstreuung unabhängig bestimmt werden. Dabei zeigt sich, dass die $\Gamma_j(q)$ sowohl positiv als auch negativ sein können, weil das Gitter bei Expansion sowohl weicher (wie in Abb. 5.8) als auch härter werden kann. Im zweiten Fall resultiert eine *negative* thermische Ausdehnung (also besser eine thermisch induzierte Kontraktion). Dieser kontra-intuitive Fall tritt nur bei Kristallstrukturen mit niedriger Raumerfüllung auf, zum Beispiel für die bei vielen Halbleitern vorliegende Zinkblende-Struktur (Abb. 5.9).

Abbildung 5.9a zeigt die Temperaturabhängigkeit der thermischen Ausdehnung von Silizium. Hier werden sogar zwei Vorzeichenwechsel bei 20 K und bei 125 K beobachtet. Dies ist mit konstanten Γ-Werten nicht zu erklären, sondern lässt vermuten, dass die GRÜNEISEN-Parameter $\boldsymbol{q}$-abhängig sind. Für die nieder-energetischen Schwingungsmoden der transversalen Moden ist Γ bei kleinen Wellenvektoren zunächst positiv, wechselt bei höheren $\boldsymbol{q}$ jedoch das Vorzeichen, sodass $\beta_p(T)$ negativ wird. Bei noch höheren Temperaturen machen sich dann die longitudinalen Moden bemerkbar, und $\beta_p(T)$ wird wieder positiv, bevor sie für $T \gg \Theta_L$ zusammen mit $c_v(T)$ schließlich sättigt.

Diese Überlegungen wurde erst vor kurzem durch die in Abb. 5.9b dargestellten direkten Messungen Γ_T an Germanium durch inelastische Neutronenstreuung bestätigt. Bei diesen Experimenten wurde die Dispersionsrelation transversalen Phononen durch Streu-Experimente für verschiedene Atomabstände vermessen. Dabei wurde der Atomabstand durch das Anlegen verschieden hoher Drucke kontrolliert.

Ein anderes Beispiel ist das hexagonale Tellur, welches in Richtung der sechszähligen Symmetrieachse einen negativen, senkrecht dazu aber einen positiven GRÜNEISEN-Parameter hat. Die Kopplung zwischen den thermischen und den mechanischen Eigenschaften des Kristallgitters ist auch verantwortlich für das „Weichwerden" (engl.: „mode softening") bestimmter Phononenmoden in der Nähe struktureller Phasenübergänge im Kristall. Diese müssen spätestens dann auftreten, wenn die Rückkopplung so stark wird, dass die Stabilitätsbedingung Gl. I-7.11 verletzt wird.

Insgesamt stellen genaue Messungen der thermodynamischen und der spektroskopischen Eigenschaften aussagekräftige Tests für unser inzwischen weit fortgeschrittenes Verständnis der Gitterschwingungen und der atomaren Bindungen in Festkörpern dar. Dabei zeigt sich, dass die Beschreibung des Phononensystems durch das universelle DEBYE-Modell und seine Erweiterungen nur approximativen Charakter haben, auch wenn sie die viele der beobachteten Phänomene qualitativ korrekt beschreiben.

Wir halten fest, dass sich die thermische Ausdehnung von Festkörpern durch den Druck des Phononensystems anschaulich erklären lässt. Die Argumentation des BERNOULLI-Modells zur „mechanischen" Erklärung des Drucks von Atom- und Molekülgasen durch die Reflexion von Gasteilchen an den Wänden und dem daraus resultierenden Impulsübertrag auf die Wände (Abschnitt I-3.3) lässt sich zu einem gewissen Grad auf die Phononen im Festkörper übertragen, wobei meist wesentlich höhere, aber gelegentlich auch negative Werte des Proportionalitätsfaktors Γ zwischen Druck und Energiedichte erreicht werden.[16]

Abschließend weisen wir darauf hin, dass sich unsere am Beispiel der Phononen angestellten Überlegungen auch auf andere Quasi-Teilchen im Festkörper übertragen lassen. Dies gilt für die im nächsten Kapitel dargestellten Elektronen in Metallen, aber auch für die Magnonen in (anti)-ferromagnetischen Materialien, deren Dispersionsre-

---

16 Der in Abschnitt 5.4 dargestellte Fontäneneffekt im supraflüssigen Helium stellt eine weitere, noch wesentlich spektakulärere experimentelle Manifestation des Phononendrucks dar.

lation von der Austausch-Konstanten J abhängt. In allen diesen Fällen sind die Energien der Quasiteilchen stark von den Gitterabständen und damit vom Volumen abhängig. Dies bedeutet, dass starke Änderungen im Anregungsspektrum, zum Beispiel in der Nähe von Phasenübergängen, als Anomalien in den thermodynamischen Messgrößen wie der Wärmekapazität, der Kompressibilität und der thermischen Ausdehnung widerspiegeln und zu spektroskopischen Experimenten komplementäre Informationen liefern.

5.2.4 Phononen in Flüssigkeiten

Sowohl für Gase, als auch für Festkörper haben wir jetzt ein relativ detailliertes mikroskopisches Verständnis entwickelt. Daher stellt sich die natürliche Frage, was wir über Flüssigkeiten sagen können. Über Jahrzehnte, wenn nicht über mehr als ein Jahrhundert wurden Flüssigkeiten aus der Perspektive des kritischen Punktes betrachtet, an dem die Unterschiede zwischen Flüssigkeit und Gas verschwinden.

Andererseits bemerkte bereits FRENKEL in den 1940'er Jahren, dass die Zunahme des Atomabstands beim Schmelzprozess oft nur etwa 3% beträgt, und damit kleiner oder vergleichbar mit der Zunahme durch die thermische Ausdehnung des Festkörpers bei Erwärmung vom absoluten Nullpunkt bis zum Schmelzpunkt ist. Obwohl die *Fernordung* der Atome in der Flüssigkeit zerstört ist, sind die Unterschiede in der *Nahordnung* gering.

Der drastische Unterschied in der Fließfähigkeit zwischen Festkörper und Flüssigkeit kommt daher zustande, das die Scherspannungen, welche im Festkörper eine unendliche Lebensdauer besitzen, in einer Flüssigkeit innerhalb einer charakteristischen Zeit $\tau_F = \eta/G_\infty$ abgebaut werden,[17] wobei G_∞ der analog zu Gl. I-8.47 definierte Schermodul für Zeitskalen $\ll \tau_F$ ist (der Gradient der Geschwindigkeit v_x in x-Richtung ist dabei durch den der Auslenkung u_x aus der Ruhlage zu ersetzen). FRENKEL interpretierte die Zeitskala τ_F mikroskopisch als diejenige Zeit innerhalb derer die Atome in einer Flüssigkeit Scherspannungen durch thermisch aktivierte Hüpfprozesse abbauen. Dieses Bild ist konsistent mit der für Flüssigkeiten in der Regel exponentiellen Temperaturabhängigkeit der Viskosität.

Das bedeutet, dass auf Zeitskalen kürzer als τ_F, die typischerweise im ps-Bereich liegt, auch Flüssigkeiten Scherspannungen aufnehmen können, und damit auch transversale Schwingungsanregungen erlauben, wenn deren Frequenz die Bedingung $\omega\tau_F(T) > 1$ genügt. Als Beispiel zeigt Abb. 5.10 die mittels inelastischer Neutronenstreuung gemessene Dispersionsrelation transversaler Phononen in flüssigem Rubidium. Da τ_F wegen der thermischen Aktivierung stark T-abhängig ist, wird sich

---

[17] Die Beziehung stammt bereits von MAXWELL, der eine phänomenologische Beschreibung von Flüssigkeiten entwickelte.

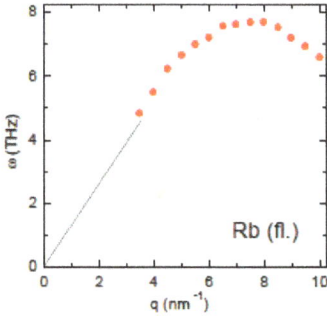

Abb. 5.10. Durch inelastische Neutronenstreuung gemessene Dispersionsrelation transversaler Phononen in flüssigem Rubidium. Im Gegensatz zu Festkörpern weist das Schwingungsspektrum nicht nur eine obere Grenzfrequenz ω_D, sondern auch eine untere Grenzfrequenz ω_F auf. Die durchgezogene Linie extrapoliert die bei niedrigen Frequenzen gemessene (longitudinale) Schallgeschwindigkeit [nach J.R.D. Copley und J.M. Rowe, Phys. Rev. Lett. **32**, 49 (1974)].

die Frequenz $\omega_F(T) = 2\pi/\tau_F(T)$ mit steigender Temperatur der DEYE-Frequenz ω_D annähern, oberhalb derer das Phononenspektrum abbricht.

Mit diesen in einer neueren Arbeit von BOLMATOV *et al.* [21] dargestellten Überlegungen erwartet man, dass die molare Wärmekapazität im Grenzfall $T \gtrsim \Theta_D$ von dem für Festkörper typischen Wert $3N_{\text{Atom}}k_B T$ bis zur Siedetemperatur auf einen Wert $\geq 2N_{\text{Atom}}k_B T$ abnimmt, so wie dies die Rohdaten für flüssiges Blei in Abb. I-6.1 bereits andeuten. Allgemeiner erwarten wir, dass die kalorischen Zustandsgleichung einer Flüssigkeit die Form

$$E(T, V, N) = 3Nk_B T \cdot \left\{ \mathcal{D}\left(\frac{\Theta_D}{T}\right) - \frac{1}{3}\left(\frac{\Theta_F(T)}{\Theta_D}\right)^3 \cdot \mathcal{D}\left(\frac{\Theta_F(T)}{T}\right) \right\} , \qquad (5.40)$$

annimmt, wobei $k_B\Theta_F(T) = \hbar\omega_F(T)$ und $\mathcal{D}(x)$ die in Gl. 5.24 definierte DEBYE-Funktion ist. Der erste Term in dieser Gleichung stellt den üblichen Beitrag der Phononen zur kalorischen Zustandsgleichung dar, während der zweite Term den Ausfall der niederfrequenten transversalen Phononen mit Frequenzen $\omega(q) \lesssim \omega_F$) berücksichtigt.
In diesem Ausdruck haben wir anharmonische Effekte vernachlässigt, die in der Dispersionsrelation auch bei konstanten Volumen auftreten können [21].

In Abbildung 5.11 sind durch Ableitung von Gl. 5.40 nach T gewonnenen molaren Wärmekapazitäten zusammen mit Daten aus dem NIST-Webbook [15] für eine große Zahl verschiedener Flüssigkeiten dargestellt. Dabei wurde der bei den Molekülen zusätzlich auftretende Rotationsbeitrag zur Wärmekapazität abgezogen. Es zeigt sich, dass die Abnahme der Wärmekapazität eine generelle Eigenschaft von Flüssigkeiten ist. Die quantitative Übereinstimmung zwischen den experimentellen Daten und dem Modell ist erstaunlich gut. Dies ist eine nach Meinung des Verfassers überzeugende Demonstration, dass Flüssigkeiten und Festkörper thermodynamisch mehr gemeinsam haben, als es die auf langen Zeitskalen ganz unterschiedlichen mechanischen Eigenschaften vermuten lassen.

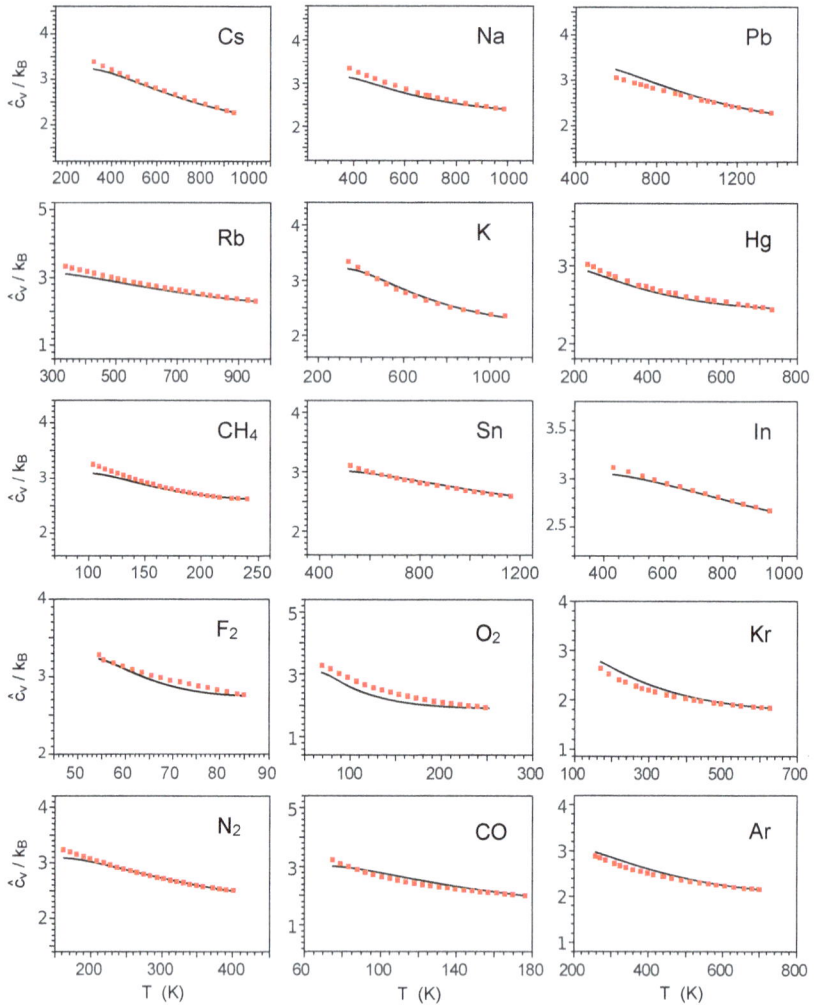

Abb. 5.11. Vergleich der gemessenen molaren Wärmekapazität (rote Punkte) verschiedener Flüssigkeiten mit der Erwartung nach Gl. 5.40 (schwarze Linien). Die Messungen wurden zum Teil unter hohem Druck durchgeführt, um die flüssige Phase auch bei hohen Temperaturen untersuchen zu können. Bei den zwei- und mehratomigen Flüssigkeiten wurden die Rotationsbeiträge (Abschnitt 3.5) abgezogen. Die Tatsache, dass die $\hat{c}_v$-Werte bei tieferen Temperaturen zum Teil etwas größer als $3 k_B$ werden können, ist auf anharmonische Effekte zurückzuführen, die wir in unserer leicht vereinfachten Darstellung vernachlässigt haben. Die aus der Anpassung der Theorie gewonnen Parameter stimmen gut mit unabhängig gewonnenen Messdaten überein. [nach D. Bolmatov, V.V. Brazhkin und K. Trachenko, Sci. Rep. **29**, 421 (2012)].

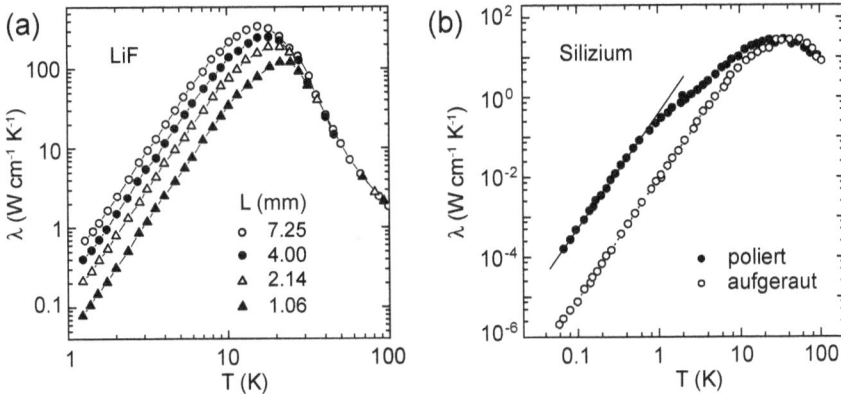

Abb. 5.12. a) Wärmeleitfähigkeit $\lambda(T)$ hochreiner LiF-Kristalle mit quadratischem Querschnitt L^2. Die Probenoberflächen wurden durch Sandbestrahlung aufgeraut. b) Wärmeleitfähigkeit eines Siliziumkristalls mit sehr gut polierter beziehungsweise aufgerauter Oberfläche. Bei hohen Temperaturen wird λ in beiden Fällen von der Probengeometrie unabhängig (nach [4]).

5.2.5 Wärmeleitfähigkeit durch Phononen

Nachdem die thermischen Eigenschaften des Phononensystems im Gleichgewicht durch das Modell des Quasiteilchengases gut beschrieben werden, liegt es nahe, auch seine Transporteigenschaften mit seiner Hilfe zu modellieren. Dazu greifen wir auf die Beziehung 1.40 zurück, welche die Wärmeleitfähigkeit λ mit der Wärmekapazität pro Volumen und der Diffusionskonstante D verknüpft. Den Diffusionskoeffizienten der Phononen berechnen wir mit Hilfe von Gl. 1.34, wobei wir für die mittlere Geschwindigkeit die Schallgeschwindigkeit c_s einsetzen:

$$\lambda_{\text{phonon}}(T) = c_v(T)D_{\text{phonon}}(T) = c_v(T) \cdot \frac{1}{3}c_s\Lambda_{\text{phonon}}(T) \, . \tag{5.41}$$

Der Wert der mittleren freien Weglänge ist nach Gl. 1.35

$$\Lambda(T) = \frac{1}{\sigma_{\text{streu}}\, n_{\text{st}}(T)}$$

durch die Dichte der Streupartner und den entsprechenden Streuquerschnitt gegeben. Neben der Streuung an statischen Gitterdefekten wie Punktdefekten, Korngrenzen oder der Oberfläche des Kristalls sind, wegen der Gitteranharmonizität, auch Phonon-Phonon-Streuprozesse möglich. Der dominierende Prozess ist hier die Dreifachstreuung, bei der entweder zwei einlaufende Phononen vernichtet und ein auslaufendes Phonon erzeugt werden oder umgekehrt. Experimente zur Temperaturabhängigkeit von λ_{phonon} sind in Abb. 5.12 dargestellt. Wegen der unterschiedlichen Temperaturabhängigkeiten der verschiedenen Streuprozesse müssen verschiedene Temperaturbereiche unterschieden werden:

1. $T \ll \Theta_D$: $\Lambda_{\text{phonon}}^{-1} \simeq$ const.

   In diesem Fall ist Λ_{phonon} durch die Kristallabmessungen (perfekte Kristalle ohne Gitterdefekte) oder durch die Dichte n_{st} der Kristalldefekte (gestörte Kristalle) gegeben. Die Phonon-Phonon-Streuung ist zwar vorhanden, reduziert aber nicht die Wärmeleitfähigkeit, weil der Impuls im Phononensystem bleibt und nicht an ein anderes System abgegeben werden kann. Der Wirkungsquerschnitt der Streuung an Defekten, die viel kleiner als die Wellenlänge sind, ist $\sigma \propto \varepsilon^4$ gemäß der RAYLEIGH-Streuung.[18] Punktdefekte sind bei tiefen Temperaturen ebenfalls nicht effektiv, weshalb die Temperaturabhängigkeit der Wärmeleitfähigkeit durch den Faktor $c_v \propto T^3$ bestimmt wird und mit T zunächst stark *zunimmt*. Der Absolutwert von λ hängt stark davon ab, ob die Kristalloberflächen glatt poliert oder rauh sind; die spiegelnde Streuung an glatten Oberflächen reduziert den Wärmestrom nur wenig und bewirkt in isotopenreinen Proben eine extrem hohe, fast ballistische Wärmeleitfähigkeit.

2. $0.1\Theta_D \lesssim T \lesssim 0.5\Theta_D$: $\Lambda_{phonon}^{-1} \propto \exp\left(\Theta_D/2T\right)$
    Im Bereich mittlerer Temperaturen nimmt die Zahl der Phononen mit Impulsen am Rande der BRILLOUIN-Zone exponentiell zu. Die Streuung solcher Phononen kann in der Erzeugung von Phononen mit Impulsen resultieren, die außerhalb der 1. BRILLOUIN-Zone liegen. Da die entsprechenden q-Vektoren Wellenlängen entsprechen, die kleiner als der Gitterabstand sind, müssen diese q-Vektoren in die 1. BRILLOUIN-Zone „zurückgefaltet" werden. Das bedeutet, das auslaufende Phonon hat den Impuls $\hbar q' = \hbar(q - G)$, wobei G ein Vektor des *reziproken Gitters*[19] der Kristallstruktur ist. Physikalisch bedeutet dies, dass der Impuls $\hbar G$ auf den *Schwerpunkt* des Gitters und nur der Impuls $\hbar q'$ auf das neu erzeugte Phonon übertragen wird. In diesem Fall spricht man von *Umklapp*-Streuung, weil die Geschwindigkeit v_k des neu erzeugten Phonons denen der einlaufenden, bei dem Streuprozess vernichteten Phononen entgegengesetzt sein kann. Dies ist ein Spezialfall der BRAGG-Streuung an periodischen Strukturen, für die der Impulsübertrag auf den Schwerpunkt des Gitters in Vielfachen der Basisvektoren des reziproken Gitter *quantisiert* ist. Derselbe Effekt tritt bei der inelastischen Streuung von Neutronen am Gitter auf. Nur durch die Umklapp-Prozesse kann das Phononensystem als Ganzes Impuls an ein anderes System, hier das statische Gitter, abgeben.
    Damit ergibt sich ein ausgeprägtes Maximum in der Temperaturabhängigkeit der Wärmeleitfähigkeit, oberhalb dessen λ_{phonon} exponentiell abnimmt.

3. $T \gtrsim 0.5\Theta_D$: $\Lambda_{phonon}^{-1} \simeq n_{phonon} \propto 1/T$
    Bei hohen Temperaturen nimmt die Zahl der Phononen, für die Umklapp-Streuung möglich ist, entsprechend Gl. 5.21 nur noch linear mit der Temperatur zu. Zusammen mit der oberhalb Θ_D konstanten Wärmekapazität führt dies zu einer Abnahme der Wärmeleitfähigkeit gemäß $\lambda \propto 1/T$.

---

18 Die Streuung von Licht an den Atomen der Atmosphäre folgt demselben ε^4-Gesetz.
19 Für Details verweisen wir auf die Lehrbücher der Festkörperphysik, zum Beispiel [20; 4].

5.3 Massive BOSE-Gase

5.3.1 Die BOSE-EINSTEIN Kondensation

Worin äußert sich nun der bosonische Charakter zusammengesetzter massiver Teilchen, zum Beispiel von Atomen mit ganzzahligem Gesamtspin wie etwa ^{4}He oder Alkali-Atomen mit gerader Neutronenzahl wie etwa ^{7}Li, ^{39}K oder ^{87}Rb? Der wesentliche Unterschied zu den bisher besprochenen BOSE-Systemen ist der, dass die Gesamt-Teilchenzahl N in diesem Fall in der Regel nicht thermisch erzeugt, sondern fest vorgegeben ist. Dies hat zur Konsequenz, dass die Werte des chemischen Potenzial stets *endlich* und kleiner als die Energie ε_0 des elementaren BOSE-Systems mit der niedrigsten Energie sein müssen.[20] Erhöht man die Dichte des Gases durch isotherme Kompression oder kühlt bei fester Teilchenzahl ab, so wird die durch Gl. 1.11 gegebene Grenze zum entarteten Bereich überschritten, und der Wert von $\mu(T, n)$ nähert sich von negativen Werten her der für Bosonen charakteristischen Grenze $\mu = \varepsilon_0$ an (Abb. 5.13). Um die Folgen der Annäherung von μ an ε_0 zu untersuchen, betrachten wir wieder die thermische Zustandsgleichung für Bosonen mit der Dispersionsrelation $\varepsilon(\boldsymbol{k}) = (\hbar\boldsymbol{k})^2/(2\hat{m})$ und der in Abschnitt 3.9 abgeleiteten Zustandsdichte

$$g(\varepsilon) = \frac{(2\hat{m})^{3/2}}{4\pi^2\hbar^3}\sqrt{\varepsilon} \ .$$

Setzen wir diese in Gl. 4.37 ein, so ergibt sich im Grenzfall $\mu \to \varepsilon_0$

$$n_{\text{Gas}}(T, \mu = \varepsilon_0) = \frac{(2\hat{m})^{3/2}}{4\pi^2\hbar^3} \int_0^\infty d\varepsilon \sqrt{\varepsilon}\, N_\varepsilon^{(B)}(T, \mu = \varepsilon_0)$$

$$= \frac{(2\hat{m}k_{\text{B}}T)^{3/2}}{4\pi^2\hbar^3} \cdot \underbrace{\int_0^\infty \frac{\sqrt{x}dx}{\exp(x)-1}}_{\Gamma(3/2)\zeta(3/2)=\frac{\sqrt{\pi}}{2}\cdot 2.612}$$

$$= \frac{2.612}{\lambda_T^3} = 2.612 \cdot T^{3/2} j_{\text{trans}} \ . \tag{5.42}$$

Im Grenzfall $\mu \to \varepsilon_0$ ist n_{Gas} offenbar eine Funktion der Temperatur und geht gemeinsam mit T stetig gegen Null! Andererseits ist die gesamte Teilchendichte n fest vorgegeben. Gleichung 5.42 definiert über

$$n = n_{\text{Gas}}(T_{\text{B}}) = 2.612\, T_{\text{B}}^{3/2} j_{\text{trans}} = 2.612 \left(\frac{\hat{m}k_{\text{B}}T_{\text{B}}}{2\pi\hbar^2}\right)^{3/2}$$

---

[20] In diesem Abschnitt bezeichnet ε_0 nicht die Bindungsenergie oder die Ruhenergie wie in Abschnitt 3.9, sondern die *Lokalisierungsenergie* der Teilchen in einem endlichen Volumen V, während der Nullpunkt der Energie durch $\varepsilon(\boldsymbol{k} = 0) := 0$ festgelegt ist.

offenbar eine *kritische Temperatur* $T_B(n)$ des Bose-Gases

$$T_B(n) := \left(\frac{n}{2.612\,j_{\text{trans}}}\right)^{2/3} \propto n^{2/3}, \qquad (5.43)$$

bei der die vorgegebene Teilchendichte in der Gasphase gerade noch untergebracht werden kann. Unterhalb von T_B bricht die Kontinuumsnäherung (Gl. 4.29) der thermischen Zustandsgleichung zusammen, da der aus ihr resultierende Wert von $n(T, \mu \to \varepsilon_0)$ trotz der Divergenz der Bose-Funktion kleiner als die vorgegebene Teilchendichte ist.[21]

Was ist die Ursache für das Versagen von Gl. 4.37? In der Praxis wird stets ein *endliches Volumen* V untersucht. Ist das Volumen endlich, so kann die Diskretheit der charakteristischen Energien ε_i der elementaren Bose-Systeme bei hinreichend tiefen Temperaturen nicht mehr ignoriert werden (wie dies die Gl. 4.37 zugrundeliegende Kontinuumsnäherung tut), sondern wird im Grenzfall $\mu \to \varepsilon_0$ spürbar (Abb. 5.13). Für einen kubischen Potenzialkasten mit $V = L^3$ ist ε_0 durch die *Lokalisierungsenergie* der Teilchen gegeben:

$$\varepsilon_0 = 3\frac{(\hbar k_0)^2}{2\hat{m}} \propto \frac{1}{\hat{m} V^{2/3}},$$

wobei $k_0 = \pi/L$ der für die Randbedingung $\psi(\mathbf{r}_{\text{rand}}) = 0$ kleinste mögliche Wellenvektor ist. Für eine feste Teilchenzahl und eine gegebene Teilchendichte $n = N/V$ hängt V und damit ε_0 mit der kritische Temperatur $T_B(n)$ nach Gl. 5.43 durch

$$T_B(n) = \frac{\varepsilon_0}{k_B} \cdot 0.112\,N^{2/3} \gg \frac{\varepsilon_0}{k_B} \qquad (5.44)$$

zusammen. Für makroskopische Teilchenzahlen ist die kritische Temperatur also viel größer als der typische Niveauabstand und die Lokalisierungsenergie ε_0/k_B.

Die Annäherung von $\mu(T, n)$ an ε_0 führt dazu, dass das elementare Bose-System mit der niedrigsten Energie (der Grundzustand des zugrundeliegenden Ein-Teilchensystems) wegen der im Grenzfall $\mu \to \varepsilon_0$ auftretenden Divergenz der Bose-Funktion schließlich *alle* Teilchen des Gesamtsystems aufnimmt, während die Teilchendichte n_{gas} in den angeregten Zuständen mit weiter abnehmender Temperatur nach Gl. 5.42 wie

$$n_{\text{Gas}}(T) = n \cdot \left(\frac{T}{T_B(n)}\right)^{3/2} \qquad (5.45)$$

gegen Null geht. Für die Teilchenzahl N_0 im Grenzfall $\mu \to \varepsilon_0$ erhalten wir:

$$N_0(T, \mu) = \frac{1}{\exp\left[(\varepsilon_0 - \mu)/k_B T\right] - 1}$$

$$= \frac{1}{1 + (\varepsilon_0 - \mu)/k_B T + \cdots - 1} = \frac{k_B T}{\varepsilon_0 - \mu}. \qquad (5.46)$$

---

[21] Dies liegt daran, dass die im Integranden von Gl. 4.29 bei $\mu \to \varepsilon_0$ auftretende Wurzelsingularität von $g(\varepsilon)N_\varepsilon^{(B)} \propto 1/\sqrt{\varepsilon}$ integrabel ist.

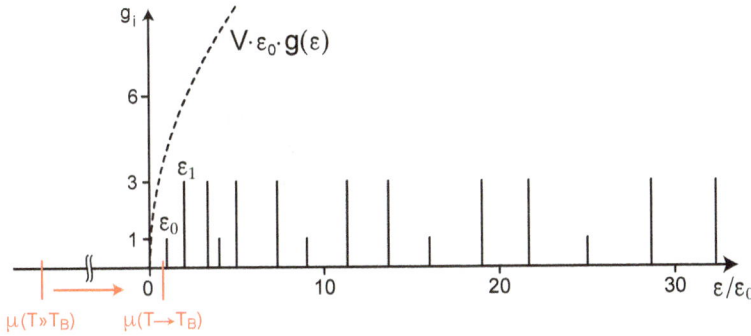

Abb. 5.13. Energien ε_l und Entartungsgrade der ersten 32 elementaren BOSE-Systeme in einem kubischen Potenzialkasten. Das chemische Potenzial μ nähert sich für $T \to 0$ von links dem Wert ε_0. Zum Vergleich ist die auf $V \cdot \varepsilon_0$ normierte Zustandsdichte eingezeichnet.

N_0 wächst mit $\mu \to \varepsilon_0$ dramatisch an und ist nach oben nur durch N beschränkt. Wir wollen nun die Zahl N_1 der Teilchen in dem (dreifach entarteten) elementaren BOSE-System mit der nächsthöheren Anregungsenergie ε_1 (Abb. 5.13) bestimmen und mit N_0 vergleichen. Für einen kubischen ebenen Potenzialtopf beträgt

$$\varepsilon_1 = \frac{\hbar^2}{2\hat{m}} \left(\frac{\pi}{L} \right)^2 (2^2 + 1^2 + 1^2) = 2 \cdot \varepsilon_0 \,.$$

Da gemäß Gl. 5.44, $k_B T_B \gg \varepsilon_1 = 2 \cdot \varepsilon_0$ ist, erhalten wir

$$N_1 = \frac{1}{\exp\left[(\varepsilon_1 - \mu)/k_B T \right] - 1} = \frac{k_B T}{\varepsilon_1 - \mu}$$

und mit Gl. 5.46 damit für das Verhältnis

$$\frac{N_0}{N_1} = \frac{k_B T}{\varepsilon_0 - \mu} \frac{\varepsilon_1 - \mu}{k_B T} = \frac{2\varepsilon_0 - \mu}{\varepsilon_0 - \mu} = 1 + \frac{\varepsilon_0}{\varepsilon_0 - \mu} = 1 + \frac{N_0 \varepsilon_0}{k_B T} \,.$$

Dies bedeutet offenbar, dass der Term mit ε_0 in der Summe über alle elementaren BOSE-Systeme in (Gl.4.27) für hinreichen tiefe Temperaturen separat berücksichtigt werden muss. Dagegen werden die übrigen elementaren BOSE-Systeme mit charakteristischen Energien $\varepsilon > \varepsilon_0$, die den angeregten Zuständen des zugrundeliegenden Ein-Teilchensystems entsprechen, im Rahmen der Kontinuumsnäherung durch Gl. 4.28 auch für $T < T_B(n)$ näherungsweise korrekt beschrieben. Auf diese Weise erhalten wir die modifizierte Zustandsgleichung

$$N = N_0(T) + V \cdot \int_0^\infty d\varepsilon \, g(\varepsilon) \, N_\varepsilon^{(B)}(T, \mu = \varepsilon_0)$$

$$= N_0(T) + N_{\text{gas}}(T) = N_0(T) + N \left(\frac{T}{T_B(n)} \right)^{3/2} ,$$

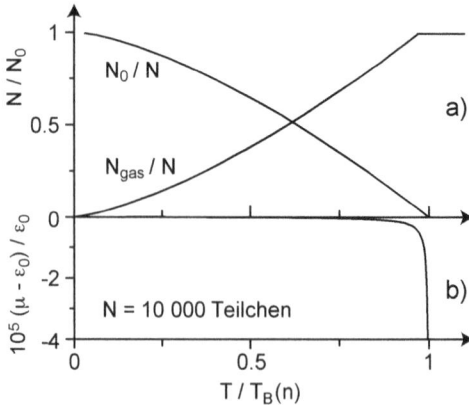

Abb. 5.14. a) Relative Teilchenzahl im BOSE-EINSTEIN-Kondensat N_0/N und in der das Kondensat umgebenden thermischen Wolke N_{gas}/N als Funktion der auf die BOSE-EINSTEIN-Temperatur $T_B(n)$ normierten Temperatur. b) Mittels Gl. 5.47 aus der BOSE-Funktion berechnetes chemisches Potenzial $\mu(T)$. Man beachte, dass die μ-Werte für $T < T_B(n)$ extrem dicht unterhalb ε_0 liegen.

wenn wir Gl. 5.43 in Gl. 5.42 einsetzen. Diesen Ausdruck können wir nach N_0 auflösen und erhalten schließlich

$$N_0(T) = N\left[1 - \left(\frac{T}{T_B(n)}\right)^{3/2}\right] \quad \text{für} \quad T < T_B . \tag{5.47}$$

Für $T \simeq T_B/2$ gilt $N_0 \simeq N/2$ und es folgt mit Gl. 5.44

$$\frac{N_0}{N_1} \simeq 1 + \frac{N\varepsilon_0}{k_B T_B} \simeq \frac{N^{1/3}}{0.112} . \tag{5.48}$$

! Bereits bei Temperaturen $T \simeq T_B/2 \gg \varepsilon_0/k_B$ und einer makroskopischen Zahl von Teilchen ($N \gtrsim 10^6$) ist N_0 um mindestens drei Größenordnungen höher als N_1 und alle anderen N_i!

In Abb. 5.14 sind die T-Abhängigkeiten von N_0, N_{gas} und μ skizziert. In idealen BOSE-Systemen gibt es also eine kritische Temperatur $T_B(n)$, unterhalb derer die Teilchenzahl $\langle N_0 \rangle$ des elementaren BOSE-Systems mit der niedrigsten Anregungsenergie (im Gegensatz zu allen anderen) einen nicht-verschwindenden Bruchteil der gesamten Teilchenzahl $N = \sum_i N_i$ beträgt. Im Grenzfall $T \to 0$ gilt sogar $N_0 = N$. Für Temperaturen $T > T_B$ gilt dagegen für alle i einschließlich $i = 0$, dass $N_i/N \to 0$ wenn N und V bei konstanter Dichte $n = N/V$ gegen unendlich gehen. Das Einzigartige dieses Phänomens liegt darin, dass die Bildung des BOSE-EINSTEIN-Kondensats, das heißt, die „makroskopische Besetzung des Grundzustands",[22] nicht erst bei der dem energe-

---

[22] Wir folgen hier der üblichen Terminologie, nach der der Grundzustand des „Einteilchen-Systems" (das heißt die Grundmode des Materiefelds in dem betrachteten Potenzial) und nicht etwa der Grundzustand des Vielteilchensystems (das „Vakuum") gemeint ist. Diese Ausdrucksweise ist strenggenommen etwas irreführend, weil vom Standpunkt der Quantenfeldtheorie aus *alle* Teilchen, auch die mit der niedrigsten Energie ε_0, angeregten Zuständen des Materiefeldes entsprechen. In diesen semantischen Schwierigkeiten äußert sich wieder der schon mehrfach angesprochene Bedeutungswandel des Wortes „Teilchen".

tischen Abstand der „Ein-Teilchenzustände" entsprechenden Temperatur $T \simeq \varepsilon_0/k_B$ (wie man es nach der BOLTZMANN-Verteilung erwarten würde), sondern schon bei der *um Größenordnungen höheren Temperatur* $T_B \simeq \varepsilon_0/k_B \cdot N^{2/3}$ eintritt!

Diese Überlegungen legen nahe, BOSE-Gase für $T < T_B(n)$ in zwei Teilsysteme zu zerlegen, die miteinander im thermischen und chemischen Gleichgewicht stehen:
- in die Gesamtheit aller elementaren BOSE-Systeme mit $\varepsilon_i > \varepsilon_0$, das heißt die „thermisch angeregte Quasi-Teilchen Wolke" mit einer endlichen Entropie S_A, und
- in das elementare BOSE-System mit $\varepsilon = \varepsilon_0$, das heißt das BOSE-EINSTEIN-Kondensat mit der vernachlässigbaren Entropie $S_K \lll S_A$.

Während das System der thermischen Anregungen in vielen Eigenschaften einem idealen Gas ähnlich ist, existiert das System der „Teilchen im Grundzustand" nur unterhalb der *kritischen Temperatur* T_B und verhält sich wie ein Teilchenreservoir mit $\mu = 0$ und damit wie ein Kondensat. Selbst in Abwesenheit jeglicher Wechselwirkungen zwischen den Teilchen weist das ideale BOSE-Gas bei $T = T_B$ also viele Züge eines Phasenübergangs, eben der BOSE-EINSTEIN-Kondensation, auf. Ähnlich wie bei den üblichen Phasenübergängen zwischen einer Gasphase und einer kondensierten Phase, geht die Dichte der Gasphase mit $T \rightarrow 0$ gegen Null, und es bleibt allein das Kondensat übrig. In Abb.4.1b (rot gestrichelte Linie) ist zu erkennen, dass dessen Beitrag zur Entropie (im Gegensatz zu seinen Beitrag zur Teilchenzahl) gegen Null geht, während der Beitrag der Anregungen ($\varepsilon < \varepsilon_0$) zur Entropie pro Teilchen endlich bleibt.

Wie wir bereits am Ende von Abschnitt 4.3 festgestellt haben, ist die *Zerlegung* eines Vielteilchensystems in ein Grundsystem mit $S = 0$ und ein bei ausreichend tiefen Temperaturen stets *ideales* (weil beliebig verdünntes) System der thermischen Anregungen typisch für die Annäherung an den absoluten Nullpunkt. Sie tritt auch bei den im nächsten Kapitel besprochenen FERMI-Systemen auf.

5.3.2 Experimente zur BOSE-EINSTEIN-Kondensation

Die BOSE-EINSTEIN-Kondensation war nach ihrer theoretischen Vorhersage im Jahre 1925 70 Jahre lang eine theoretische Spekulation, bis es 1995 der Arbeitsgruppe um CORNELL und WIEMANN [23] sowie der Gruppe um KETTERLE [24] erstmals gelang, solche Kondensate experimentell herzustellen. Dieser fundamentale Fortschritt wurde 2001 durch den Nobelpreis geehrt. Bei den BOSE-EINSTEIN-Kondensaten handelt es sich um *makroskopische Quantenobjekte*. Diese ermöglichen es, quantenmechanische Phänomene fast „mit der Lupe" zu beobachten. Daher hat dieses Forschungsfeld seitdem einen stürmischen Aufschwung erlebt.

Experimentell wurden dazu extrem dünne [$n \simeq n_{Luft}(300\,\text{K})/1000$] Dämpfe (bisher überwiegend Alkalimetalle) bei $T \simeq 100\,\text{nK}$ untersucht. Die experimentelle Schwierigkeit ist dabei, das Gas zu den extrem tiefen, in Abb. 4.2 als Funktion des Atomgewichts $\tilde{m}$ dargestellten Temperaturen abzukühlen, *ohne dass das Gas dabei in kon-*

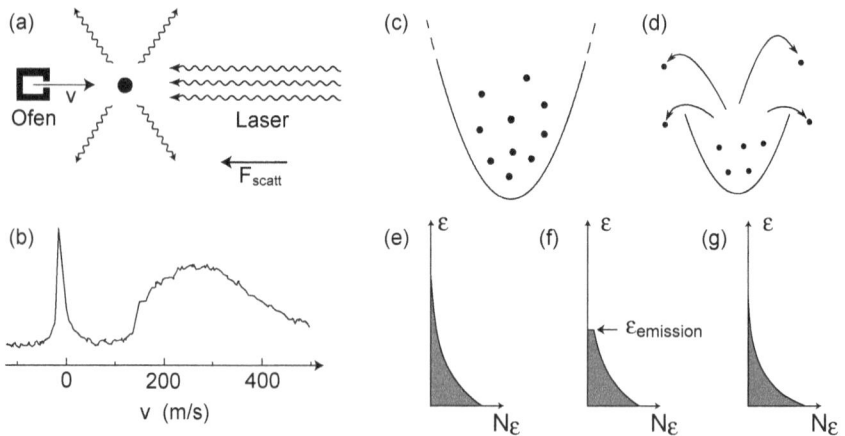

Abb. 5.15. Laser- und Verdampfungskühlung: a) Abbremsung der von einem Ofen thermisch emittierten Atome durch Absorption gerichteter und Emission isotrop verteilter Photonen. b) Geschwindigkeitsverteilung nach Abbremsung der mit dem Laserlicht resonanten Atome. c),d) Die Tiefe der magnetooptischen Falle wird abwechselnd erniedrigt (Emission hochenergetische Atome) und erhöht (Thermalisierung des Rests). e)–g) Entsprechende Energieverteilungen (nach [22]).

ventioneller Weise kondensiert. Um dies zu erreichen, muss die Bildung von Kondensationskeimen ausgeschlossen werden. Zunächst sind dazu spezielle Einschlussverfahren wie zum Beispiel magnetische Fallen notwendig, die keine materiellen Wände benutzen, weil diese natürlich ebenfalls Kondensationskeime darstellen. Weiterhin muss das Gas verdünnt genug sein, um die Wahrscheinlichkeit von Dreierstößen sehr klein zu halten. Im Gegensatz zu Zweierstößen, bei denen das Zwei-Teilchensystem keine Energie abgeben kann, kann bei einem Dreierstoß eines der Teilchen Energie forttragen, während die beiden anderen einen gebundenen Zustand eingehen. Wenn solche gebundenen Zustände auftreten, kommt es sehr schnell zu einer weiteren Agglomeration von Atomen und damit zur (konventionellen) Kondensation.

Zur eigentlichen Abkühlung wird das Verfahren der Laserkühlung benutzt, bei dem ein Teil der Atome in einem aus einen Verdampfungsofen austretenden Atomstrahl mittels eines Lasers abgebremst werden. Die von den Atomen absorbierten Laser-Photonen reduzieren den Impuls pro Photon im Mittel um $\hbar q_{photon}$, weil die auf die Absorption folgende Emission statistisch in alle Raumrichtungen erfolgt und daher im zeitlichen Mittel keine Beschleunigung bewirkt. Weil die Linienbreite des Lasers um Größenordnungen kleiner als die Doppler-Verbreiterung der atomaren Linien bei der Ofentemperatur (um 1000 K) ist, kann nur ein kleiner Bruchteil der Atome von den Laser-Photonen resonant angeregt werden. Die Effizienz der Abbremsung ist durch die Lebensdauer ($\tau \simeq 30$ ns) des angeregten Zustands begrenzt, da die Zeit zwischen zwei Absorptionsprozessen nicht kleiner sein kann. Bei Anfangsgeschwindigkeiten von einigen 100 m/s beträgt die typische Abbremsstrecke etwa einen Meter. Für Na-Atome resultieren Beschleunigungen von etwa $10^5 g$, wobei $g = 9.81$ m/s^2 die

Fallbeschleunigung ist. Die Frequenz des Lasers muss im Verlauf der Abbremsung wegen der DOPPLER-Verschiebung nachgeführt werden („chirp"), um stets dieselbe Atomgruppe abzubremsen. Nach der Abbremsung limitiert die natürliche Linienbreite $\Gamma_{\text{Atom}} = 1/\tau$ des angeregten Zustands die erreichbare Temperatur der verbleibenden Atome gemäß

$$k_{\text{B}} T_D = \frac{\hbar \Gamma_{\text{Atom}}}{2} \ . \tag{5.49}$$

Typische durch Laserkühlung erreichbare Endtemperaturen betragen $40\,\mu\text{K}$ entsprechend thermischen Geschwindigkeiten (für Kalium) von $0.15\,\text{m/s}$.

Um die Atomwolke zu speichern und weiter abzukühlen, verwendet man *magnetische* Fallen, welche die in einem inhomogenen Magnetfeld auf das magnetische Moment des Elektronenspins wirkende Kraft auf die Atome ausnutzt. Solche Fallen bestehen aus einer Kombination von mehreren Spulenpaaren. Mit ihnen wird ein Verfahren ähnlich der Verdampfungskühlung von Flüssigkeiten angewendet: Startend mit hohen Feldgradienten, welche einem tiefen Fallenpotenzial entsprechen, wird der Spulenstrom und damit die Tiefe des Potenzialminimums kurz verringert und dann wieder erhöht. Dabei entkommen Atome mit (vergleichsweise) hoher Energie in das umgebende Vakuum und hinterlassen eine Nichtgleichgewichts-Verteilung in der Falle, bei welcher der hochenergetische Teil der BOSE-Verteilung fehlt. Durch inelastische Stöße zwischen den Atomen wird das Gleichgewicht bei einer niedrigeren Temperatur wieder hergestellt. Dieser Vorgang wird wiederholt, wobei die Tiefe des Fallenpotenzials langsam verringert wird.

Auf diese Weise lassen sich bisher Temperaturen bis hinab in den Pikokelvin(!)-Bereich erreichen. Durch solche Experimente lassen sich Atomgase mit Temperaturen unterhalb der BOSE-Entartungstemperatur erzeugen und die BOSE-EINSTEIN-Kondensation experimentell beobachten. Die realisierbare Zahl der Atome im Kondensat liegt typischerweise zwischen 10^4 und 10^6. Zur Messung der Impulsverteilung in der Wolke werden dabei wieder optische Techniken – im Prinzip der Schattenwurf der Atomwolke – verwendet. Das Fallenpotenzial wird ausgeschaltet und die im Gravitationsfeld frei fallende Wolke mit einer Wiederholungsrate im ms-Bereich photographiert. Die Messzeit ist dabei natürlich durch die realisierbare Fallstrecke begrenzt.

Aus der zeitlichen Entwicklung des Dichteprofils in der Wolke kann auf die Impulsverteilung zurückgeschlossen werden. Für $T < T_{\text{B}}$ expandiert die das BOSE-EINSTEIN-Kondensat umgebende thermische Wolke wegen der höheren thermischen Geschwindigkeiten viel schneller als das Kondensat, dessen Impulsverteilung allein durch die HEISENBERG'sche Unschärferelation gegeben ist. Bei einer Falle mit einem parabolischen Potenzial wird der Grundzustand der Atome in diesem Potenzial durch die Grundzustandswellenfunktion eines harmonischen Oszillators beschrieben, sofern Wechselwirkungen vernachlässigbar sind. Diese ist eine GAUSS-Funktion mit der

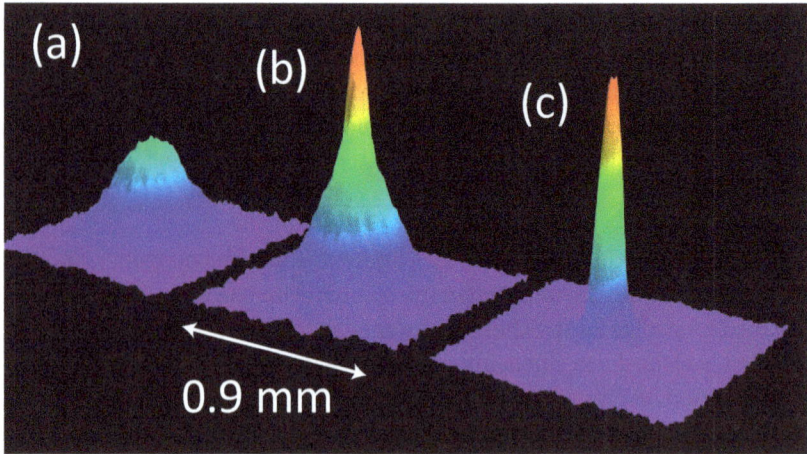

Abb. 5.16. Evolution des Dichteprofiles einer Wolke mit ca. $7 \cdot 10^5$ Kalium-Atomen a) kurz oberhalb des Übergangspunktes, b) am Übergangspunkt bei ca. 2 μK, und c) nach weiterer Verdampfungskühlung (Photo: W. Ketterle, MIT).

Halbwertsbreite

$$\Delta x = \sqrt{\frac{\pi \hbar}{\hat{m}\omega}} \, ,$$

wobei die Schwingungsfrequenz der Atome in einer typischen Falle etwa 10 Hz–100 Hz beträgt. Dies führt auf eine räumliche Ausdehnung des Oszillator-Grundzustands und damit der Bose-Einstein-Kondensats von einigen 10 μm. Die entsprechende Impulsunschärfe ist so gering, dass das Kondensat während der beobachtbaren Fallzeit von einigen 10 ms keine merkliche Expansion zeigt, während die thermische Wolke in dieser Zeit mit der thermischen Geschwindigkeit $\sqrt{\langle v^2 \rangle} = \sqrt{3k_B T/\hat{m}}$ expandiert. In ihren bahnbrechenden Experimenten gelang es Cornell, Wieman [23] und Ketterle [24], die Bose-Einstein-Kondensation in Rubidium- und Kalium-Dämpfen erstmals experimentell zu realisieren. In Abb. 5.16 ist die entsprechende Evolution des Dichteprofils einer ultrakalten Atomwolke mit ca. $7 \cdot 10^5$ Kaliumatomen gezeigt. Oberhalb der Übergangstemperatur bei $T_B \simeq 2$ μK liegt eine (ebenfalls Gauss-förmige) thermisch verbreiterte Maxwell-Verteilung vor. Bei der kritischen Temperatur T_B tritt zusätzlich ein scharfes Maximum in Impulsverteilungsfunktion auf, welches bei noch tieferen Temperaturen übrig bleibt und die Bevölkerung des elementaren Bose-Systems mit der niedrigsten Energie – des Oszillator-Grundzustands – mit einer makroskopischen Zahl von Teilchen anzeigt – genauso, wie es Bose und Einstein vor fast 100 Jahren vorhersagten. Allein die Exponenten der Temperaturabhängigkeiten sind in einem parabolischen Einschlusspotenzial etwas andere als in dem von uns der Einfachheit halber betrachteten ebenen Potenzialkasten.

In der Folgezeit wurden diese Experimente von vielen Gruppen weiter ausgebaut und verfeinert. Es wurden nicht nur einzelne Kondensate, sondern mehrere – bis hin zu durch Interferenz hergestellten optischen Gittern – untersucht, die Kondensate wurden zu Drähten verformt und in Rotation versetzt. Darüber hinaus wurden kürzlich auch Bose-Einstein-Kondensate mit Photonen realisiert [25]. Es ist nicht übertrieben zu sagen, dass hier ein neues Teilgebiet der Physik der kondensierten Materie entstanden ist, in welchem neben dem Studium von bisher nur in Gedankenexperimenten zugänglichen Modellsystemen auch völlig neue Phänomene beobachtbar sind.

Die experimentelle Beobachtung der Bose-Einstein-Kondensation illustriert also in eindrucksvollster Weise die Abschnitt 4.3 zugrundeliegenden physikalischen Ideen, insbesondere die Zerlegbarkeit von idealen Bose-Gasen in elementare Bose-Systeme.

5.4 Quasiteilchen in suprafluidem ^{4}He

In diesem Abschnitt wollen wir einige Eigenschaften des flüssigen Heliums besprechen. Vom atomistischen Standpunkt aus sind die flüssigen Phasen der beiden Helium-Isotope ^{3}He und ^{4}He einfache Flüssigkeiten – die He-Atome weisen bei Atmosphärendruck eine extrem schwache van der Waals-Wechselwirkung auf, sie sind chemisch inert und kommen dem Modell harter Kugeln sehr nahe. Die schwache Wechselwirkung hat gemeinsam mit der geringen Masse $\hat{m}$ eine wichtige Konsequenz: Bis hin zu Drucken von 25 bar (^{4}He) beziehungsweise 33 bar (^{3}He) bleibt Helium bis hin zum absoluten Nullpunkt flüssig. Dies ist der wegen der kleinen Masse sehr hohen quantenmechanischen Nullpunktsenergie geschuldet, welche verhindert, dass die Atome durch die attraktive Komponente der Wechselwirkung auf Gitterplätzen lokalisiert werden können. Die schwache Kohäsion bewirkt eine anormal hohe Kompressibilität und eine starke thermische Ausdehnung.

Die Helium-Flüssigkeiten eröffnen die Möglichkeit, elektrisch neutrale Flüssigkeiten bei sehr niedrigen Temperaturen zu untersuchen, sodass die Bose- oder Fermi-Natur der elementaren Teilsysteme, aus denen sie bestehen, zutage treten muss. Dabei treten ähnliche makroskopische Quantenphänomene wie bei Gasen auf, insbesondere ein der Bose-Einstein-Kondensation ähnlicher Phasenübergang beim ^{4}He und die Fermi-Entartung beim ^{3}He.

5.4.1 Die Suprafluidität von ^{4}He

Zunächst wollen wir das Bose-System ^{4}He betrachten, welches bei 4.21 K flüssig wird. Die in Abb. 5.17a dargestellte Messung der spezifischen Wärmekapazität zeigt ein ausgeprägtes Maximum nahe $T_\lambda = 2.18$ K. Die extrem scharfe Spitze ist typisch für einen Phasenübergang 2. Ordnung von einer flüssigen Phase zur anderen. Die Natur des Phasenübergangs blieb fast 30 Jahre nach seiner Entdeckung unklar. Erst 1938 entdeckten Kapitza und gleichzeitig Allen und Misener, dass die Viskosität der Flüs-

a)

b)

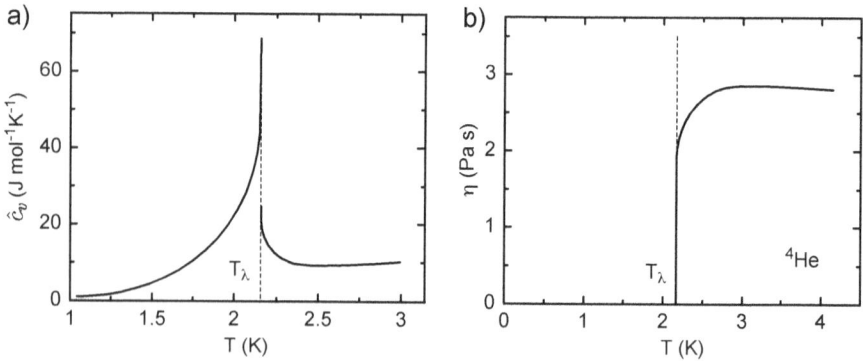

Abb. 5.17. a) Wärmekapazität von ^{4}He bei Normaldruck (nach K. R. Atkins, *Liquid Helium*, Cambridge University Press 1959). b) Messung der Viskosität von ^{4}He bei tiefen Temperaturen, bestimmt mit Hilfe von Durchfluss-Experimenten mit dünnen Kapillaren. Das sprunghafte Verschwinden der Viskosität und die ausgeprägte λ-förmige Anomalie zeigen den Übergang in die suprafluide Phase an [nach K. R. Atkins, Phil. Mag. Supp. **1**, 169 (1959)].

sigkeit unterhalb von T_λ sehr schnell auf unmessbar kleine Werte fällt (Abb. 5.17b). Diese exotische Zustand der Materie wurde deshalb suprafluid genannt, weil er Strömungen der Flüssigkeit erlaubt, die nicht durch viskose Reibung gebremst werden. Dieser Zustand, der bis hin zu $T \to 0$ bestehen bleibt, ist rein quantenmechanischer Natur – er wird durch eine makroskopische Wellenfunktion Ψ beschrieben. Die Phase φ dieser Wellenfunktion, die in normalen Systemen von Dekohärenz durch Streuprozesse geplagt wird, ist in diesem System über makroskopische Abstände und beliebige Zeiten hinweg wohldefiniert und bestimmt die Stromdichte $\boldsymbol{j}_N$ in der Supraflüssigkeit gemäß der quantenmechanischen Stromformel

$$\boldsymbol{j}_N = |\Psi(\boldsymbol{r},t)|^2 \frac{\hbar}{\hat{m}} \operatorname{grad} \varphi(\boldsymbol{r},t) \, .$$

Das Phänomen der Suprafluidität erfordert es, $\boldsymbol{j}_N$ und φ des *suprafluiden Kondensats* als neue thermodynamische Variablen aufzufassen. In der Supraflüssigkeit sind die Zustände mit $\boldsymbol{j}_N \neq 0$ keine Nichtgleichgewichts-Zustände, wie bei den in Kap. I-8 betrachteten diffusiven Transportphänomenen, sondern Zustände des thermodynamischen *Gleichgewichts*, ähnlich wie die Zustände mit $\langle \boldsymbol{L} \rangle \neq 0$ in Atomen mit einem magnetischen Moment.

Von F. London und Tisza stammt die Idee, die besonderen Eigenschaften des superfluiden Heliums dadurch zu erklären, dass man es als *Gemisch* zweier Flüssigkeiten auffasst, von denen eine Komponente (das Kondensat) den Supra-Transport übernimmt, während die andere (die Normalkomponente) Reibungsphänomene zeigt. Die relativen Massendichten der beiden Komponenten sind in Abb. 5.18 dargestellt. Die Entropie der Suprakomponente ist Null, daher trägt sie nicht zu den kalorischen Eigenschaften und zum Wärmetransport bei. Tisza hat außerdem die starke Ähnlichkeit mit dem im vorangegangen Abschnitt dargestellten Bose-Einstein-Kondensat

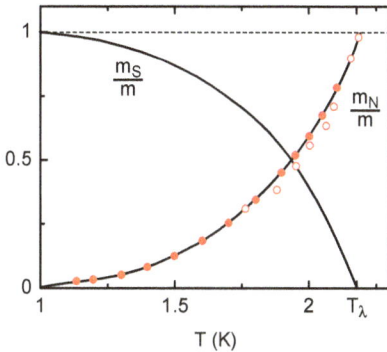

Abb. 5.18. Temperaturabhängigkeit der relativen Massendichten m_S/m und m_N/m der Supra- und der Normalkomponente im Zweiflüssigkeitsmodell. Man beachte, dass diese nicht einfach die Mengenverhältnisse von Atomen widerspiegeln, sondern dass m_N über die in Abschnitt 5.4.4 beschriebenen Experimente (Datenpunkte) und die dahinter stehende Theorie sowie m_S über $m_S = m - m_N$ definiert sind.

und der es umgebenden thermischen Wolke erkannt. Er schlug vor, den in Abb. 5.17a gezeigten λ-Übergang als eine durch die interatomaren Wechselwirkungen in der Helium-Flüssigkeit modifizierte BOSE-EINSTEIN-Kondensation zu interpretieren, wie dies auch durch die Ähnlichkeit der Abbildungen 5.18 und 5.14 suggeriert wird.

Im Rahmen des Zwei-Flüssigkeitsmodells lassen sich ein Großteil der im Folgenden vorgestellten Eigenschaften des supraflüssigen Heliums erklären. Anders als bei der BOSE-EINSTEIN-Kondensation ist es jedoch nicht so, dass ein bestimmter Anteil der ^{4}He-Atome das Kondensat und der Rest die Normalkomponente bildet. Im Temperaturbereich zwischen 0 und ≈ 2 K, in dem das Zwei-Flüssigkeits-Modell eine gute Beschreibung liefert, tragen *alle* ^{4}He-Atome zum Kondensat bei. Aufgrund der Wechselwirkung ist die Zahl der Atome in dem elementaren BOSE-System mit der Energie ε_0 auch bei $T = 0$ relativ klein (≈ 13 %). Die übrigen Atome werden durch die Wechselwirkung in elementare BOSE-Systeme mit höheren Energien gedrängt. Dennoch sind diese Atome ebenfalls Teil des korrelierten Vielteilchen-Grundzustands. Die bei endlichen Temperaturen auftretenden Anregungszustände sind (wie im Festkörper, und anders als bei der BOSE-EINSTEIN-Kondensation idealer Atomgase) keine freien Atome, sondern *kollektive Anregungen*, die wir im nächsten Abschnitt genauer besprechend werden.

Eine detaillierte Behandlung des Kondensats liegt leider außerhalb des Rahmens dieses Buches. Hier wollen wir uns auf die Normalkomponente, das heißt die thermisch induzierten *Anregungszustände* des superfluiden Heliums beschränken. Diese lassen sich als Gase von *Quasiteilchen* auffassen, die sich mit unseren bisher entwickelten Methoden beschreiben lassen.

5.4.2 Dispersionsrelation und Wärmekapazität

Wie in den vorangegangenen Abschnitten bildet die Dispersionsrelation $\varepsilon(\boldsymbol{k})$ der Quasiteilchen den Schlüssel für das Verständnis von deren thermodynamischen Eigenschaften. Erste Hinweise auf die Form von $\varepsilon(\boldsymbol{k})$ kamen aus der Temperaturabhängigkeit der Wärmekapazität bei tieferen Temperaturen (Abb. 5.19a). Die dort gezeigte T^3-

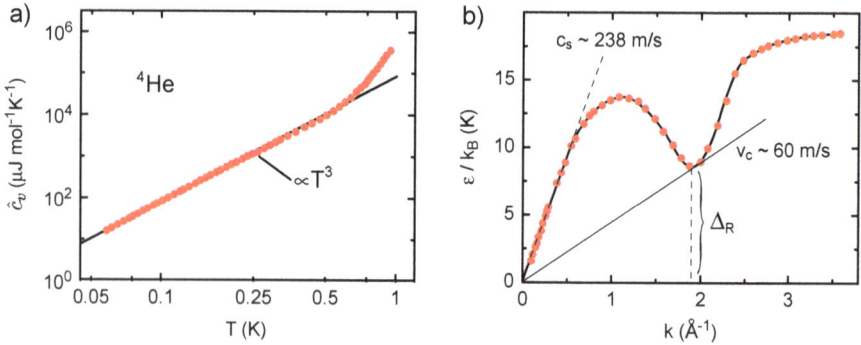

Abb. 5.19. a) Wärmekapazität von ⁴He bei tiefen Temperaturen $T < 1$ K [nach D. S. Greywall, Phys. Rev. B **18**, 2127 (1978) und **21**, 1329 (1979)]. b) Durch inelastische Neutronenstreuung gemessenes Anregungsspektrum des superfluiden Heliums. Bei niedrigen Wellenvektoren ist die Dispersion nahezu linear (Phononen), bei höheren Wellenvektoren tritt ein charakteristisches Minimum auf (Rotonen). Die durchgezogene Linie zeigt die kritische Geschwindigkeit v_c an, oberhalb derer die Anregung von Rotonen durch bewegte Körper in der Supraflüssigkeit, das heißt das Einsetzen von Dissipation, möglich ist. [Daten aus R. J. Donnelly, J. A. Donnelly, R. S. Hills, J. Low Temp. Phys. **44**, 471 (1981)].

Abhängigkeit von $\hat{c}_v(T)$ mit dem Zusatzbeitrag oberhalb von 0.6 K veranlasste Landau, eine Dispersionsrelation mit einem linearen – phononenartigen – Zweig und einem weiteren parabolischen Zweig zu postulieren, der für einen exponentiellen Anstieg der Wärmekapazität oberhalb von 0.6 K verantwortlich ist. Die mit dem parabolischen Zweig assoziierten Quasiteilchen werden *Rotonen* genannt. Aus dem T^3-Beitrag ergibt sich für den Phononen-Zweig eine Schallgeschwindigkeit von $c_s = 238$ m/s, was gut mit direkten Messungen von c_s übereinstimmt. Hier zeigt sich eine Universalität des Tieftemperaturverhaltens aller elastischen Materie: Im Grenzfall großer Wellenlängen muss stets eine lineare Dispersion auftreten, deren Steigung $c_s = 1/\sqrt{\kappa_S m}$ allein durch die isentrope Kompressibilität und die Massendichte bestimmt ist. In normalen Flüssigkeiten und Gasen sind Schallwellen stark gedämpft. Hier stellt das suprafluide Helium mit einer sehr langen Phononen-Lebensdauer eine große Ausnahme dar – aufgrund der großen chemischen Reinheit (alle Verunreinigungen frieren wegen der tiefen Temperaturen an den Wänden fest; es gibt keine Gitterfehler) ist die Lebensdauer der Phononen noch wesentlich größer als in den meisten Festkörpern.

Die exponentielle Temperaturabhängigkeit des Rotonenbeitrags zur Wärmekapazität zeigt an, dass der parabolische Zweig durch eine Energielücke von $\Delta_R/k_B \approx 9$ K vom Grundzustand getrennt ist, die Rotonen-Anregung also eine Minimalenergie Δ_R benötigt. Aufgrund der hohen Zustandsdichte in der Nähe des Rotonen-Minimums dominieren die Rotonen die thermischen Eigenschaften oberhalb von 1 K. Die Krümmung in der Nähe des Rotonen-Minimums entspricht einer effektiven Masse von $\hat{m}_R \approx 0.15\,\hat{m}_4$, wobei $\hat{m}_4$ die Masse pro ⁴He Atom ist. Landaus auf der Grundlage des Zwei-Flüssigkeitsmodells erarbeitete hydrodynamische Theorie sagte neben den üblichen

Schallwellen eine weitere sehr ungewöhnliche Art von hydrodynamischen Moden voraus, den *2. Schall*.

Beim 2. Schall handelt es sich um wellenartigen Schwankungen der *Quasiteilchen*-Dichte, welche das Analogon zu konventionellen Schallwellen in klassischen Gasen bilden. Der 1. Schall (dessen Quanten die Phononen und Rotonen sind) sind die bekannten wellenartigen Schwankungen der Dichte der ^{4}He-*Atome*, also der „realen" Teilchen.[23] Unter der Bedingung, dass die Streuraten der Quasiteilchen deutlich größer als die Schwingungsfrequenzen sind, liegt lokales thermodynamisches Gleichgewicht vor, und die Dichteschwankungen im Quasiteilchensystem verhalten sich ganz analog zu denen der Teilchendichte in klassischen Gasen. Der entscheidende Unterschied ist der, dass sich der 2. Schall als wellenartige Schwankungen der Entropiedichte (nach Gl. 5.28) und damit als *Temperatur*-Wellen manifestiert, bei denen die Gesamtmassendichte m *konstant* bleibt, während der 1. Schall gewöhnliche Massendichte-Wellen darstellt. Weil die Gesamt-Massendichte beim 2. Schall konstant bleibt, müssen die Massendichten der Normal-Komponente und der Supra-Komponente *gegeneinanderschwingen*. Damit wird der 2. Schall neben der Dynamik der Quasiteilchen auch durch die des Kondensats bestimmt, und seine quantitative Behandlung liegt außerhalb unseres Rahmens. Der 2. Schall stellt eine sehr effektive (weil ballistische) Form des Wärmetransports dar und ist für die extrem hohe Wärmeleitfähigkeit des suprafluiden Heliums verantwortlich.

Die Analyse von PESHKOVS Messungen der Ausbreitungsgeschwindigkeit des 2. Schalls führte LANDAU zu der Vermutung, dass das Rotonen-Minimum in der Dispersionsrelation $\varepsilon(\boldsymbol{k})$ bei endlichen Wellenvektoren liegen müsse – er war in der Lage, aus diesen Messungen Zahlenwerte für k_0 zu gewinnen. Diese stimmten bis auf 10% mit den erst über 20 Jahre später, in Abb. 5.19b gezeigten direkten Messungen von $\varepsilon(\boldsymbol{k})$ durch inelastische Neutronenstreuung überein. LANDAUS Vorhersage wurde damit glänzend bestätigt. Das Rotonenminimum liegt auf der $\boldsymbol{k}$-Achse bei $k_0 \approx 18/\mathrm{nm}$ und verschiebt sich mit dem Druck, das heißt mit der Dichte der Flüssigkeit hin zu größeren Werten. Messungen des statischen Strukturfaktors durch elastische Streuexperimente bei verschiedenen Drucken zeigen, dass k_0 tatsächlich durch den mittleren Abstand der ^{4}He-Atome in der Flüssigkeit bestimmt wird.

Die spezielle Form der Dispersionsrelation in Abb. 5.19 lieferte LANDAU ein wichtiges Argument für die Möglichkeit reibungsfreien Transports durch die Supraflüssigkeit. Wird ein makroskopischer Körper in der Supraflüssigkeit bewegt, so erlauben

---

23 Die Frage, ob die „realen" Teilchen oder die Quasiteilchen mehr wissenschaftliche „Realität" für sich beanspruchen können ist diskussionswürdig. Da die thermodynamischen Eigenschaften des suprafluiden Heliums (mit Ausnahme der Dichte m der Gesamtmasse und der Kompressiblität) durch die Quasiteilchen bestimmt sind, können wir diesen einen hohen Realitätsgrad zubilligen. Dagegen treten die Atome dagegen überhaupt nicht als Teilchen, sondern nur als strukturloses Kontinuum in Erscheinung, weil diese im suprafluiden Kondensat durch eine eigentümliche „Phasenstarre" miteinander gekoppelt sind.

die Erhaltungssätze für Energie und Impuls die Erzeugung von Rotonen nur oberhalb einer kritischen Geschwindigkeit $v_c \approx 60\,\mathrm{m/s}$. Aufgrund anderer Dissipations-Mechanismen (insbesondere die Erzeugung von Wirbeln) wird im Experiment in der Regel nur etwa die Hälfte dieses Werts erreicht. Bei einer quadratischen Dispersion wären Anregungen bei beliebig kleinen Anregungen möglich – aus diesem Grund wurde Tiszas Erklärung des λ-Übergangs durch eine durch Wechselwirkungen modifizierte Bose-Einstein-Kondensation von Landau lange bekämpft. Ein analoges Argument gilt für den widerstandslosen Ladungstransport in supraleitenden Metallen: Auch hier sind die Quasiteilchen-Anregungen durch eine Energielücke vom stromtragenden Grundzustand getrennt. Inzwischen hat man jedoch auch in gasförmigen Bose-Einstein-Kondensaten Dauerstrom-Wirbel (die nur in einer Supraflüssigkeit möglich sind) gefunden und Supraleiter ohne Energielücke entdeckt – daher sind heute Zweifel angebracht, ob die Existenz der Rotonen-Lücke Δ_R in Abb. 5.19 tatsächlich eine notwendige Voraussetzung für die Suprafluidität ist.

5.4.3 Der Fontänen-Effekt

Eine weitere spektakuläre Manifestion der Suprafluidität ist der *Fontänen-Effekt*. Wie in dem Schema in Abb. 5.20a dargestellt, handelt es sich dabei um eine Anordnung, in der ein Rohr in supraflüssiges Helium eintaucht, welches am unteren Ende mit einem nanoporösen Material, einem *Supraleck*, verschlossen ist. Im Normalzustand ist die Viskosität der Flüssigkeit viel zu hoch, als dass Heliumflüssigkeit durch die nanometergroßen Poren in messbaren Mengen in das Rohr eindringen könnte.

Unterhalb T_λ ändert sich dies: Für die Suprakomponente stellen diese Poren kein Hindernis dar (daher der Name „Supraleck"), während die Normalkomponente von den Poren ebenfalls zurückgehalten wird. Also werden sich die Flüssigkeitsspiegel innen und außen angleichen. Wenn nun das Helium im Inneren des Rohrs erwärmt wird, beobachtet man, dass der Flüssigkeitsspiegel im Inneren ansteigt, ja sogar durch eine Düse fontänenartig aus dem Rohr herausspritzt (siehe Abb. 5.20b). Solange die Temperaturdifferenz aufrechterhalten wird, bleibt auch die Fontäne bestehen. Die Höhe der Fontäne kann bis zu 30 cm erreichen. Bei dem Experiment wird eine kontinuierlich zugeführte Heizleistung in einen ebenso kontinuierlichen Massenstrom umgesetzt. Da die Aufrechterhaltung des Massenstroms gegen die Schwerkraft eine kontinuierliche Arbeitsleistung erfordert, handelt es sich bei der Anordnung um eine Wärmekraftmaschine. Wegen des reibungsfreien Heliumflusses sind die Verluste der Maschine minimal, sie werden nur durch die Wärmeleitung durch das Material des Supralecks bestimmt. Die Leistung ist jedoch nicht sehr hoch, da der *Fontänendruck* nur wenige Millibar beträgt. Hebt man umgekehrt das Rohr bei anfänglich gleichen Innen- und Außentemperaturen aus der Supraflüssigkeit heraus, so fließt Helium nach unten ab. Dabei wird eine *Erwärmung* im Inneren festgestellt, die eine adiabatische Kompressi-

(a)   (b)

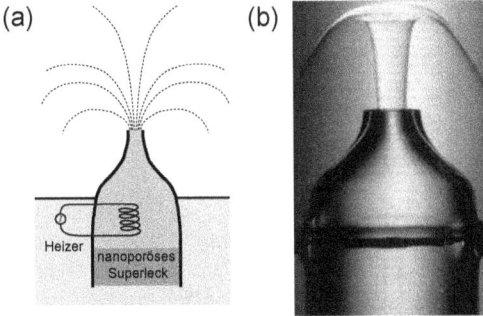

Abb. 5.20. a) Experimentelle Anordnung zur Demonstration des Fontänen-Effekts. b) Photographie eines realen Experiments (nach [26]).

on des Quasiteilchengases signalisiert. Diese Kopplung von mechanischen und thermischen Eigenschaften wird der mechano-kalorische Effekt genannt.

Das Verhalten des supraflüssigen Heliums ist unseren üblichen Erfahrungen bei Heizexperimenten diametral entgegengesetzt. Wird ein normales fluides Medium wie ein Gas oder die Elektronen in einem Draht geheizt, so setzt ein Massenstrom oder ein thermoelektrischer Strom von der heißen zur kalten Seite ein, welcher der Temperaturdifferenz entgegen wirkt, weil die zugeführte Entropie von dem Teilchenstrom konvektiv abgeführt wird (Abschnitt I-8.10). Beim supraflüssigen Helium setzt ein Massenstrom *von der kalten zur heißen Seite* ein, der ebenfalls die Temperaturdifferenz abbaut. Da in unserer Anordnung die Normalkomponente der Heliumflüssigkeit blockiert wird, kann nur die Suprakomponente strömen. Die Beobachtungen beweisen daher, dass die vom suprafluiden Kondensat mitgeführte Entropie[24] sehr klein sein muss – in der Tat hat das Kondensat sogar die Entropie Null!

Thermodynamisch können wir das Experimente so verstehen, dass die Temperaturerhöhung das chemische Potenzial des Heliums lokal erniedrigt [GIBBS-DUHEM-Relation (Gl. 1.23)]. Um diese chemische Potenzialdifferenz auszugleichen, setzt sich ein Suprastrom (mit der Temperatur 0, da $S = 0$!) von der kalten zur heißen Seite in Bewegung und sorgt so für die Angleichung der Temperaturen und der chemischen Potenziale. Wird die Temperaturdifferenz aufrecht erhalten, so muss der Druck auf der heißen Seite steigen, um die chemische Potenzialdifferenz auf diese Weise abzubauen. Quantitativ können wir dies ebenfalls mit Hilfe der GIBBS-DUHEM-Relation formulieren:

$$d\mu = -\hat{s}\,dT + \hat{v}\,dp \overset{!}{=} 0 .$$

Damit erhalten wir für die Ableitung des Fontänendrucks nach der Temperatur:

$$\frac{dp(T)}{dT} = \frac{\hat{s}(T)}{\hat{v}} = s(T) . \tag{5.50}$$

In Abb. 5.50 sind Messungen des Fontänendrucks für verschiedene Temperaturen dargestellt. Der Fontänendruck liefert also *direkt* den Absolutwert der Entropiedichte des

---

24 Dies entspricht der Tatsache, dass bei Supraleitern der PELTIER-Koeffizient verschwindet.

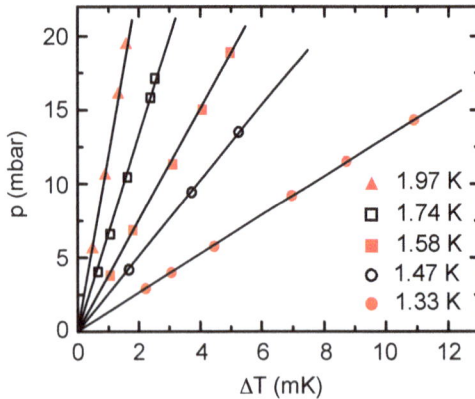

Abb. 5.21. Messung des Fontänendrucks über die Steighöhe in einem Rohr. Der Absolutwert der Entropiedichte bei verschiedenen Temperaturen ergibt sich aus der Steigung der Ausgleichsgeraden [Daten aus P. L. Kapitza, JETP (USSR) **11**, 581 (1941)].

supraflüssigen Heliums! Dies ist sehr speziell, denn bislang konnten wir die absolute Entropie eines Systems nur durch die Integration von $C(T)/T$ vom absoluten Nullpunkt an bestimmen – mit allen Unwägbarkeiten, die mit der dabei nötigen Extrapolation von $C(T)$ für $T \to 0$ verbunden sind. Aus dem Fontänendruck bekommen wir den Absolutwert von S durch die Messung der Druckdifferenz zwischen zwei eng benachbarten endlichen Temperaturen!

Neben der thermodynamischen Interpretation des Fontänen-Effekts können wir uns auch ein mikroskopisches Bild des Vorgangs machen: Das suprafluide Kondensat bildet (ähnlich wie bei Festkörpern) eine Art *Quasi-Vakuum* für das Phononen- und Rotonen-Gas. Eine homogene Erwärmung führt, wie in Abschnitt 5.2.3 besprochen, zu einer Zunahme der Quasiteilchendichte. Der entsprechend zunehmende *Quasiteilchendruck* resultiert dann in der thermischen Ausdehnung der Flüssigkeit. Im Unterschied zum Festkörper ist die Form des für die Quasiteilchen verfügbaren Volumens bei der Supraflüssigkeit aber nicht fest, sondern kann sich durch die Strömung der Supraflüssigkeit verändern. Erfolgt die Erwärmung wie in der Anordnung zum Fontänen-Effekt *lokal* auf einer Seite des Supralecks, muss sich das Quasiteilchengas nicht mühevoll gegen die Kohäsionskräfte der Flüssigkeit stemmen. Es kann sich viel leichter dadurch ausdehnen, dass es seinen Volumenanteil auf Kosten des Volumenanteils der kalten Seite durch den Strom des Kondensats durch das Supraleck vergrößert, bis sich ein Druckgleichgewicht zwischen den beiden Seiten des Supralecks eingestellt hat. In diesem Sinne bietet die Übertragung des BERNOULLI-Modells aus Abschnitt I-3.4 auf das Quasiteilchensystem eine sehr anschauliche Erklärung für den Fontänen-Effekt.

Die bei der Umkehrung des Fontäneneffekts, das heißt die beim Auslaufen der Supraflüssigkeit durch das Supraleck festgestellte Erwärmung, lässt sich dann als *isentrope* Kompression des Quasiteilchengases verstehen, bei der sich die steigende Entropiedichte (ebenso wie bei klassischen Gasen) in einer steigenden Temperatur manifestiert. Die Undurchlässigkeit des Supralecks für Quasiteilchen lässt sich im Wellenbild der kollektiven Anregungen verstehen: Das als Supraleck (oder Entropiefilter) verwendete nanopröse Material reflektiert alle Quasiteilchen, deren Wellenlänge größer als

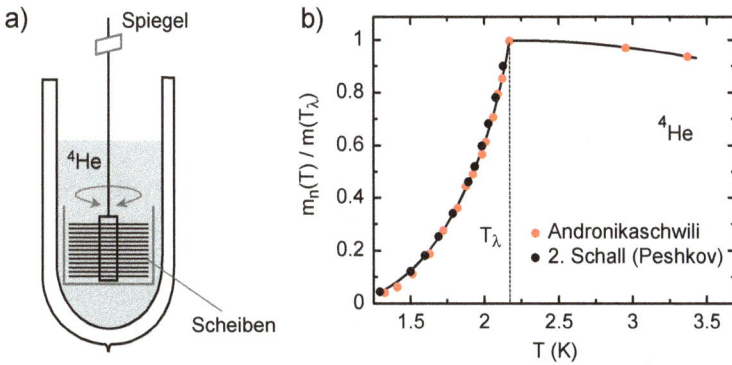

Abb. 5.22. a) Versuchanordung von Andronikaschwili zur Messung der Massendichte m_N der Normal-Komponente in suprafluidem Helium. Die Position des Drehpendels wird durch die Reflexion eines Lichtzeigers an einem am Torsionsdraht befestigten Spiegel ausgelesen. b) Messdaten von Andronikaschwili (rote Punkte) für $m_N(T)$, normiert bezüglich der Massendichte am λ-Punkt. Die schwarzen Messpunkte wurden mittels des 2. Schalls gewonnen (Daten aus E. L. Andronikaschwili, J. Exp. Theor. Phys. **18**, 424 (1948); V. P. Peshkov, JETP **11**, 580 (1960)].

der Porendurchmesser ist. Die relativ wenigen Quasiteilchen, deren Wellenlänge so kurz ist, dass sie innerhalb der Poren ausbreitungsfähig sind, fallen neben den Phononen, die innerhalb des festen Materials zum Wärmetransport beitragen, nicht ins Gewicht.

5.4.4 Die Trägheit des Quasiteilchen-Systems

In diesem Abschnitt wollen wir auf die in Abb. 5.18 dargestellte Abhängigkeit der *Massendichte* der Normal- und Supra-Komponente von der Temperatur zurückkommen. Das Experiment, welches dieser Graphik zugrundeliegt, wurde erstmals 1948 von Andronikaschwili durchgeführt. Sein in Abb. 5.22a gezeigter experimenteller Aufbau besteht aus einem in suprafluides Helium eingetauchten Rotationspendel, dessen Rotator aus einem Stapel aus 50 sehr dünnen Platten bestand. Gemessen wurde die Resonanzkurve des Pendels, dessen Eigenfrequenz über das Trägheitsmoment und dessen Dämpfung über die Viskosität der Supraflüssigkeit Auskunft gibt. Die Idee des Experimentes besteht darin, dass die viskose Normal-Komponente der Supraflüssigkeit an der Rotation des Plattenstapels teilnimmt und damit zum Trägheitsmoment des Drehpendels beiträgt, während die Supra-Komponente in Ruhe bleibt. Damit dies funktioniert, muss die Masse des Plattenstapels möglichst klein und das Verhältnis von Platten-Durchmesser und -Abstand möglichst groß sein. Andronikaschwili verwendete 50 jeweils etwa 13 μm dicke Al-Platten mit 210 μm Abstand und 3.5 cm Durchmesser. Die Messergebnisse sind in Abb. 5.22b (rote Punkte) gezeigt. Wie die Daten zeigen, fällt die die Massendichte der Normalkomponente beim ^{4}He unterhalb von T_λ viel steiler ab als die der thermischen Wolke in einem idealen Bose-Gas (Abb. 5.18).

Dies wird wegen der exponentiellen Zunahme der Rotonendichte in der Nähe von T_λ auch erwartet. Bei tieferen Temperaturen, bei denen die Rotonendichte gegen die Phononendichte vernachlässigt werden kann, findet man experimentell:

$$m_N(T) \propto T^4 \quad \text{für} \quad T \lesssim 0.6\,\text{K}\,.$$

Hier nicht gezeigte Messungen der Quasiteilchen-Viskosität über den Gütefaktor des Rotationspendels zeigen einen ähnlichen Abfall von $\eta(T)$, der die T-Abhängigkeit der Rotonendichte widerspiegelt. Dieser Abfall ist wesentlich schwächer als derjenige der Viskosität in Abb. 5.17b. Dies liegt daran, dass der Massenfluss durch Kapillaren nur durch die Suprakomponente bestimmt ist. Die schwarzen Messpunkte wurden mit einer völlig anderen Methode gewonnen, nämlich über die Messung der Geschwindigkeit des 2. *Schalls* (Seite 191). Die gute Übereinstimmung demonstriert die Tragfähigkeit der von TISZA und LANDAU entwickelten Ideen.

Jetzt wollen wir fragen, wie es möglich ist, dass ein Gas aus (zumindest für $T \lesssim 0.6\,$K) *masselosen* Quasiteilchen eine Trägheit, also eine dynamische Masse aufweisen kann. Dies widerspricht offenbar unserer von klassischen Gasen geprägten Gewohnheit, dass Teilchendichte und Massendichte stets durch eine Systemkonstante, nämlich die Masse pro Teilchen $\hat{m}$, miteinander verknüpft sind:

$$m_N(T) \neq \hat{m} \cdot n(T)\,,$$

so wie man erwartet, dass die Gesamtmasse eines System einfach die Summe der Massen aller Teilchen ist. Diese Erwartung ist jedoch nur dann zutreffend, wenn die Teilchen in ihrem Behälter fixiert sind, sodass ihre Geschwindigkeit stets dieselbe wie die des Behälters ist – es ist diese Voraussetzung, die im vorliegenden Fall verletzt ist. Dass die Teilchendichte und die Massendichte nicht proportional sind, sieht man daran, dass in dem von den Phononen dominierten Temperaturbereich $n(T) \propto S(T) \propto T^3$ gilt, während $m_N(T) \propto T^4$ ist (Abb. 5.23). In dem von den Rotoren dominierten Temperaturbereich wird dagegen ein effektives Potenzgesetz $m_N(T) \propto T^{5.6}$ beobachtet. Die Gesamtmassendichte m ist weitgehend unabhängig von T.

Um die beobachtete T-Abhängigkeit der normalfluiden Massendichte zu verstehen, müssen wir uns zunächst klar machen, was wir unter der *dynamischen* Masse des Quasiteilchensystems verstehen wollen. Das ANDRONIKASCHWILI-Experiment misst offenbar die *Trägheit* des Quasiteilchensystems, das heißt seinen Widerstand gegen Beschleunigung. Wir setzen daher für Volumenelemente des Quasiteilchensystems, in dem die intensiven Größen als konstant angesehen werden können, den üblichen Zusammenhang zwischen Impuls und Geschwindigkeit

$$\boldsymbol{P} = \langle \mathcal{P} \rangle = M_N(T) \cdot \boldsymbol{w}$$

an, wobei $\boldsymbol{P}$ der thermodynamische Mittelwert des Gesamtimpulses in diesem Volumenelement und $\boldsymbol{w}$ die lokale Geschwindigkeit des Plattenstapels für einen gegebenen Abstand zur Rotationsachse ist. Es ist wichtig, die Transportgeschwindigkeit

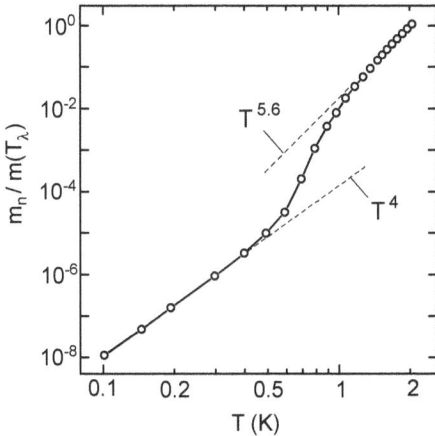

Abb. 5.23. Messungen der normal-fluiden Massendichte $m_N(T)$ in einem gegenüber Abb. 5.22b erweiterten Temperaturbereich. Bei tiefen Temperaturen $T \lesssim 0.5\,\text{K}$ dominieren die Phononen $m_N(T) \propto T^4$. Für $T \gtrsim 0.5\,\text{K}$ werden mehr und mehr Rotonen angeregt und für $T \lesssim 1\,\text{K}$ wird ein effektives Potenzgesetz mit dem Exponenten 5.6 beobachtet [nach D. de Klerk, R. P. Hudson, Phys. Rev. **89**, 326 (1953)].

$v_k = \partial\varepsilon(k)/\partial(\hbar k)$ der elementaren BOSE-Systeme von der lokalen Geschwindigkeit w des Plattenstapels zu unterscheiden. Letztere wird durch die Drehbewegung von außen vorgegebenen und spielt die Rolle einer mittels eines *Impulsreservoirs* definierten intensiven Größe, welche gemeinsam mit der lokalen Temperatur und dem lokalen chemischen Potenzial die Mittelwerte der anderen extensiven Größen der in dem Volumenelement enthaltenen Quasiteilchengases definieren.

Es ist die *Änderung* des lokalen Impulses durch die Streuung der Quasiteilchen an den Plattenoberflächen in Abb. 5.22, welche den Bewegungszustand des Quasiteilchensystems ändert und eine zusätzliche Kraft erfordert. Dabei nehmen wir an, dass die Änderungen des Bewegungszustands während der Drehschwingung so langsam erfolgen, dass das Quasiteilchensystem mit den Platten stets im *Geschwindigkeits*-Gleichgewicht bleibt und (lokal) durch die einheitliche Geschwindigkeit w charakterisiert werden kann.[25]

Die quantitative Auswertung unserer Überlegungen erfordert eine Verallgemeinerung unserer bisher auf ruhende Gase bezogenen Behandlung der GIBBS'schen Verteilung und der elementaren BOSE-Systeme in den Abschnitten 4.2 und 4.3. Selbstverständlich ist der Impuls der (Quasi-)Teilchen auch in ruhenden Gasen eine Zufallsgröße. Diese fallen in den thermodynamischen Relationen jedoch nicht ins Gewicht, solange der Mittelwert des Impulses für $w = 0$ ebenfalls verschwindet. Für mit der Geschwindigkeit $w \neq 0$ bewegte Systeme muss der Term $w\,dP$ in die GIBBS'sche Fundamentalform aufgenommen und analog zu den anderen Termen behandelt werden.

Da in idealen Quasiteilchen-Gasen der Impuls der Quasiteilchen mit der Energie und der Teilchenzahl vertauschbar ist, besitzen diese gemeinsame Eigenzustän-

---

[25] In diesem Sinne muss auch eine nur mit thermischer Strahlung gefüllte Babyrassel einen von den ebenfalls masselosen thermischen Photonen herrührenden Beitrag zur trägen Masse aufweisen; allein ist der Photonen-Gesamtimpuls wegen der hohen Lichtgeschwindigkeit so klein, dass dieser Beitrag schwer nachweisbar ist.

de $|\varepsilon_i, \boldsymbol{k}_i, N_i\rangle$, denen die Wahrscheinlichkeiten W_i zugeordnet werden können. Analog zur Energie und der Teilchenzahl sind der Gesamtimpuls des Volumenelements und dessen Differenzial durch

$$\boldsymbol{P} = \sum_i \boldsymbol{P}_i \, W_i \qquad \text{und} \qquad d\boldsymbol{P} = \sum_i \boldsymbol{P}_i \, dW_i$$

gegeben. Wird dies zusammen mit den Differenzialen von E, S und N in die Gibbs'sche Fundamentalform

$$dE = T \, dS - p \, dV + \mu dN + \boldsymbol{w} \, d\boldsymbol{P}$$

eingesetzt, so ergibt sich unter der Nebenbedingung $\sum_i W_i = 1$ die gegenüber Gl. 4.7 leicht verallgemeinerte Gibbs'sche Verteilung

$$W_i(T, \mu, \boldsymbol{w}) = \frac{\exp\left(-\dfrac{E_i - \mu N_i - \boldsymbol{w}\boldsymbol{P}_i}{k_B T}\right)}{\mathcal{Z}_G(T, \mu, \boldsymbol{w})}$$

mit der großkanonischen Zustandssumme

$$\mathcal{Z}_G(T, \mu, \boldsymbol{w}) := \sum_i \exp\left(-\frac{E_i - \mu N_i - \boldsymbol{w}\boldsymbol{P}_i}{k_B T}\right) \, .$$

Ideale Gase können aus elementaren Bose-Systemen mit den Impulseigenwerten $\boldsymbol{P}_i = \hbar \boldsymbol{k} \cdot N_i$ aufgebaut werden. Entsprechend erhalten wir eine gegenüber Gl. 4.23 modifizierte Bose-Funktion

$$N_k^{(B)}(T, \mu, \boldsymbol{w}) = \frac{1}{\exp\left(\frac{\varepsilon - \hbar \boldsymbol{k}\boldsymbol{w} - \mu}{k_B T}\right) - 1} \, , \tag{5.51}$$

die nicht mehr nur von $|\boldsymbol{k}|$, sondern auch von der $\boldsymbol{k}$-Richtung abhängt. Anstatt die Bose-Funktion zu modifizieren, können wir auch die übliche Bose-Funktion $N_{\varepsilon'(\boldsymbol{k})}^{(B)}$ benutzen und sagen, dass die Quasiteilchen-Dispersionsrelation

$$\varepsilon'(\boldsymbol{k}) = \varepsilon(\boldsymbol{k}) - \hbar \boldsymbol{k}\boldsymbol{w}$$

um die Doppler-Verschiebung $\hbar \boldsymbol{k}\boldsymbol{w}$ ergänzt werden muss. Die Folge der Doppler-Verschiebung der Energien der elementaren Bose-Systeme ist eine Asymmetrie der Teilchenzahlen $N_k^{(B)}$: Elementare Bose-Systemen mit einer positiven Komponente des Wellenvektors in Bewegungsrichtung haben eine niedrigere Energie und enthalten damit mehr Teilchen als solche mit $\boldsymbol{k}\boldsymbol{w} < 0$. Dies führt zu endlichen Werten des Gesamtimpulses beziehungsweise der lokalen Gesamtimpuls-Dichte $\boldsymbol{p} = \boldsymbol{P}/V$. Wird die Doppler-Verschiebung gleich der Energielücke Δ_R der Rotonen, so divergiert die Rotonendichte bei $\boldsymbol{k} = k_0 \boldsymbol{w}/|\boldsymbol{w}|$, und der suprafluide Zustand bricht zusammen. Diese ist eine alternative Ableitung des Landau-Kriteriums für die kritische Geschwindigkeit.

Unser Ziel, die Berechnung der Massendichte der Normalkomponente, erreichen wir nun dadurch, dass wir den lokalen Mittelwert der Impulsdichte $\boldsymbol{p} = m_N \boldsymbol{w}$ als Funktion von $\boldsymbol{w}$ berechnen:

$$\boldsymbol{p} = \frac{1}{(2\pi)^2} \int dk^3 \, N_k^{(B)}(T, \mu, \boldsymbol{w}) \cdot \hbar \boldsymbol{k} \, .$$

Für kleine Geschwindigkeiten $\hbar k w \ll \varepsilon$ können wir die BOSE-Funktion (Gl. 5.51) in eine TAYLOR-Reihe um ε entwickeln

$$N_k^{(B)}(T, \mu, \boldsymbol{w}) = N_\varepsilon^{(B)}(T, \mu, \boldsymbol{w} = 0) - \frac{\partial N_\varepsilon^{(B)}(T, \mu, \boldsymbol{w} = 0)}{\partial \varepsilon} \hbar k w + \dots .$$

Wegen der Isotropie von $N_\varepsilon^{(B)}(T, \mu, \boldsymbol{w} = 0)$ fällt der erste Term beim Integrieren weg, und wir erhalten:

$$\boldsymbol{p} = \frac{1}{(2\pi)^2} \int dk^3 \frac{\partial N_\varepsilon^{(B)}(T, \mu, \boldsymbol{w} = 0)}{\partial \varepsilon} \cdot (\hbar k w) \cdot \hbar k .$$

Dieses Integral lässt sich in Kugel-Koordinaten auswerten[26] und ergibt in dem von Phononen dominierten Temperaturbereich:

$$m_N(T) = \frac{4}{3} \frac{e_{\text{phonon}}(T)}{c_s^2} = \frac{e_{\text{phonon}}(T) + p_{\text{phonon}}(T)}{c_s^2} = \frac{h_{\text{phonon}}(T)}{c_s^2} \propto T^4 . \tag{5.52}$$

In das Ergebnis geht das Atomgewicht $\hat{m}$ des ^{4}He-Atoms nur sehr indirekt (über die Schallgeschwindigkeit c_s) ein. Dafür erinnert das Resultat stark an die EINSTEIN-Formel für den relativistischen Zusammenhang zwischen Energie- und Massendichte $e = mc^2$. Der Faktor $4/3$ ist dadurch zu erklären, dass die Energie-Masse-Relation für Körper im Vakuum (das heißt bei $p = 0$) in der BERNOULLI-Gleichung der relativistischen (Hydro-)Dynamik in eine *Enthalpie*-Masse-Relation übergeht:

$$h = e + p = mc^2 .$$

Wegen $p = e/3$ stellt Gleichung 5.52 also ein genaues Quasiteilchen-Analogon zu der relativistischen Enthalpie-Massen-Relation dar, die sich „nur" um den Wert der Geschwindigkeit unterscheidet. Wegen des großen Verhältnisses c/c_s beträgt der Unterschied in der Masse allerdings zwölf Größenordnungen. Aus diesem Grunde ist die Masse des Phononensystems im suprafluiden ^{3}He mit einem Torsionspendel messbar, die der thermischen Photonen (bei gleicher Energiedichte) dagegen nicht. Diese Analogie ist durch die Äquivalenz der Dispersionsrelationen von Photonen und Phononen begründet.

Die Tatsache, dass der Druck einen Beitrag zur Relation zwischen Energie- und Massendichte liefert, lässt sich auch so begründen, dass die Ruhemasse M_0 des bewegten Gases eine LORENTZ-Invariante sein muss. M_0 kann daher nicht die Form $M_0(S, V, N) = E_0(S, V, N)/c^2$ haben, weil M_0, S und N LORENTZ-Invarianten sind, das Volumen V dagegen nicht. Andererseits ist der Druck p LORENTZ-invariant. Wie von PLANCK bereits 1907 am Beispiel des bewegten Photonengases gezeigt wurde, ist die MASSIEU-GIBBS-Funktion eines bewegten (Quasiteilchen)-Gases nicht durch Gl. I-1.7, sondern durch

$$H(\boldsymbol{P}, S, p, N) = \sqrt{(c\boldsymbol{P})^2 + H_0(S, p, N)}$$

---

26 Details finden sich zum Beispiel in [27].

gegeben. Es sei dem Leser als Übung überlassen zu zeigen, dass die Massieu-Gibbs-Funktion $H(\boldsymbol{P}, S, p, N)$ den Postulaten der Thermodynamik genügt und es gestattet, unter anderem die relativistische Geschwindigkeitsabhängigkeit von T, V und μ zu berechnen, deren Werte gegenüber denen im Ruhesystem um den Faktor $H/H_0 = [1 - (\boldsymbol{v}/c)^2]^{-1/2}$ *reduziert* sind.

🛈 Übungsaufgaben

5.1. Einstein-Koeffizienten

Einstein leitete 1917 die Planck-Verteilung ab, indem er Photon-induzierte Übergänge zwischen zwei Zuständen $|1\rangle$ und $|2\rangle$ eines Atoms im Strahlungsfeld mit der Energiedifferenz $\hbar\omega = \varepsilon_2 - \varepsilon_1$ betrachtete. Einstein ging davon aus, dass die drei folgenden Prozesse relevant sind:

1. die *spontane* Emission eines Photons mit der Rate A_{21},
2. *induzierte* Emission eines Photons mit der Rate $B_{21}u(\omega)$,
3. Absorption eines Photons mit der Rate $B_{12}u(\omega)$,

wobei $u(\omega)$ die gesuchte spektrale Dichte der Photonen mit der Energie $\hbar\omega$ ist. Die Koeffizienten A_{ij} und B_{ij} werden Einstein-Koeffizienten genannt.

Die Besetzungszahlen N_i werden durch die *Ratengleichung*

$$\frac{dN_i}{dt} = \sum_{1,2} \Sigma_{ij} N_j(t)$$

beschrieben, wobei die Σ_{ij} geeignete Kombinationen der A_{ij} und B_{ij} sind.

a) Welche Kombinationen der Raten A_{ij} und $B_{ij}u(\omega)$ beschreiben die Absorption und die Emission?

b) Im stationären Zustand muss $N_i(t) = $ const. gelten. Welche Bilanzgleichung zwischen N_1 und N_2 folgt daraus [dies ist ein Beispiel für das detaillierte Gleichgewicht (Gl. 2.41)]?

c) Warum ist die Existenz der spontanen Emission (beschrieben durch A_{21}) erforderlich? (Dies war die wesentliche Neuerung durch Einsteins Überlegung.)

d) Nehmen Sie an, dass das Verhältnis N_2/N_1 durch die Boltzmann-Verteilung gegeben ist, und bestimmen Sie daraus $u(\omega)$.

e) Welchen Wert muss das Verhältnis B_{12}/B_{21} haben, wenn Sie bedenken, dass $u(\omega)$ für $\omega \to \infty$ gegen Null gehen muss?

f) Bestimmen Sie das Verhältnis A_{21}/B_{21} durch Vergleich mit Gl. 5.4. Machen Sie sich klar, dass diese Beziehung dem Kirchhoff'schen Gesetz (Gl. 5.12) entspricht.

5.2. Thermische Strahlungsleistung

Das STEFAN-BOLTZMANN-Gesetz verknüpft die Energiestromdichte $\boldsymbol{j}_E$ der von einem heißen Körper abgegebenen thermischen Strahlung mit der Temperatur T:

$$|\boldsymbol{j}_E| = \epsilon \, \mathcal{S} \, T^4 \tag{5.53}$$

wobei $\mathcal{S}$ die STEFAN-BOLTZMANN-Konstante und ϵ das relative Emissionsvermögen ist ($\epsilon = 0.86$ für schwarze Körper).

a) Berechnen Sie die Strahlungsleistung zwischen zwei konzentrisch angeordneten Hohlkugeln, von denen die eine aus oxidiertem Kupferblech ($\epsilon \approx 1$) bei 300 K (77 K) und die andere aus vergoldetem Kupferblech ($\epsilon = 0.03$) mit einer Fläche von 0.01 m^2 bei 4.2 K besteht.

b) Berechnen Sie die Verdampfungrate von flüssigem ^{4}He in einem Helium-Dewar für diese thermische Belastung.

5.3. Backofen

Ein Backofen mit der Grundfläche $A = 2500$ cm^2 und der Höhe $h = 20$ cm habe eine Temperatur von 250°C.

a) Berechen Sie die Photonendichte im Ofen und vergleichen Sie diese mit der Dichte der Gasmoleküle.

b) Welchen Beitrag liefern die Photonen zur Energiedichte und zur Wärmekapazität? Vergleichen Sie wieder mit den Beiträgen der im Ofen enthaltenen Luft.

c) Jetzt werde ein schwarzes Kuchenblech in den Ofen geschoben. Berechnen und vergleichen Sie den über die thermische Strahlung und den über die Luft übertragenen Wärmestrom als Funktion der Temperatur des Blechs. Nehmen Sie dazu an, dass das Blech die Grundfläche des Ofens ausfüllt und vernachlässigen Sie den Einfluss der Seitenwände des Ofens sowie Konvektionseffekte.

5.4. DEBYE- und EINSTEIN-Temperatur von Silber

Die Standard-Entropie von Silber beträgt 42.7 J/(mol K). Berechnen Sie die entsprechenden DEBYE- und EINSTEIN-Temperaturen und vergleichen Sie mit dem aus der Schallgeschwindigkeit c_{Schall} abgeschätzten Wert.

Hinweis: Die Schallgeschwindigkeit erhalten Sie aus Gl. I-3.35. Die gemessene Kompressibilität von Silber beträgt $\varkappa = 10^{-13}$ m^2/N.

5.5. Zustandsdichte und VAN HOVE-Singularität im erweiterten DEBYE-Modell

a) Bestimmen Sie die Zustandsdichte eines Festkörpers mit der folgenden isotropen Phononen-Dispersionsrelation:

$$\varepsilon(\boldsymbol{q}) = 2\hbar\omega_0 \sin\left(\frac{|\boldsymbol{q}|a}{2}\right),$$

wobei a der mittlere Atomabstand ist.

b) Berechnen Sie die quantenmechanische Nullpunktsenergie des Körpers und die Ortsunschärfe $\sqrt{\langle u^2 \rangle}$ der Atome. Berechnen Sie Zahlenwerte für Diamant und Neon.

5.6. Festkörper im Einstein-Modell

a) Berechnen Sie die Funktion

$$\Phi(T, V, N_{\mathrm{Atom}}) = \ln[Z(T/\Theta_{\mathrm{E}}(N_{\mathrm{Atom}}/V))]$$

im Einstein-Modell.

b) Bestimmen Sie daraus den den thermischen Ausdehnungskoeffizienten β_p und den temperaturabhängigen Beitrag zur isothermen Kompressibilität κ_T.

c) Stellen Sie die Ergebnisse für $\Theta_{\mathrm{E}} = 250\,\mathrm{K}$ und $\Gamma = 2$ mittels eines Graphikprogramms dar.

5.7. Schallgeschwindigkeit von ^{4}He

Experimentell findet man für flüssiges ^{4}He eine molare Wärmekapazität von $\hat{c}_v(T) = 0.075\,\mathrm{J}/(\mathrm{mol} \cdot \mathrm{K}^4) \cdot T^3$ unterhalb von $0.6\,\mathrm{K}$.

a) Wie groß ist die Schallgeschwindigkeit c_s?

b) Berechnen Sie die Kompressibilität κ_T.

c) Suchen Sie entsprechende Literaturwerte, und vergleichen Sie!

5.8. Laserkühlung

a) Berechnen Sie die mittlere thermische Geschwindigkeit $\sqrt{\overline{v^2}} = \sqrt{3k_B T/\hat{m}}$ von Rb-Atomen bei $300\,\mathrm{K}$, $1\,\mathrm{K}$, $1\,\mathrm{mK}$, $1\,\mu\mathrm{K}$ und $1\,\mathrm{nK}$.

b) Bestimmen Sie die Änderung der Geschwindigkeit eines Rb-Atoms bei Absorption eines Photons mit einer Energie von $1\,\mathrm{eV}$. Für welche Temperaturen wird die Doppler-Verbreiterung mit der natürlichen Linienbreite vergleichbar? Die natürliche Linienbreite ist durch die Lebensdauer $\tau \simeq 10^{-8}\,\mathrm{s}$ des angeregten Zustands gegeben, aus dem das Photon emittiert wird.

c) Benutzen Sie den in (c) berechneten Wert von τ, um die maximale Verzögerungsrate durch die Absorption von Photonen in der Energie von $1\,\mathrm{eV}$ zu bestimmen.Nehmen Sie dazu eine mittlere Dauer des Absorptions/Emissionszyklus von 3τ an.

d) Berechnen Sie $\mu(T, n)$ unterhalb von T_{B} mit Hilfe von Gl. 5.47.

5.9. Bose-Einstein-Kondensat

Ein Bose-Einstein-Kondensat aus Rb-Atomen befindet sich in einer magnetischen Falle mit einem harmonischen Einschlusspotenzial $V(\boldsymbol{r}) = \frac{1}{2}\hat{m}_{Rb}\omega_0^2|\boldsymbol{r}|^2$ mit $\omega_0 = 2\pi \times 100\,\mathrm{Hz}$. Da die Atome elektrisch neutral sind, wirkt das Magnetfeld der Falle auf das magnetische Moment der Atome.

a) Berechnen Sie den Niveau-Abstand der Falle in eV und K.

b) Wie groß ist der Radius R_0 des BOSE-EINSTEIN-Kondensats? Berechnen Sie dazu die Ortsunschärfe $\Delta R = \sqrt{\langle R^2 \rangle}$ eines Atoms im Grundzustand der Falle.

c) Welche *r*-Abhängigkeit und welche Stärke muss der Betrag des Magnetfeldes der Falle haben, um $\omega_0 = 2\pi \times 100\,\text{Hz}$ zu realisieren?

d) Berechnen Sie die Zeit, in der das BOSE-EINSTEIN-Kondensat seinen Durchmesser verdoppelt, nachdem das Magnetfeld abgeschaltet wurde. Welche Fallstrecke legt das Kondensat in dieser Zeit zurück?

e) Welche Kondensationstemperatur T_B wird für 10^5 Rb- und H-Atome in einer Falle mit einem quadratischen Einschlusspotenzial mit dem Volumen R_0^3 erwartet?

f) Berechnen Sie den Absolutwert der Wärmekapazität (nicht $\hat{c}$!) einer hypothetischen klassischen Atomwolke mit derselben Dichte wie das BOSE-EINSTEIN-Kondensat und vergleichen Sie mit dessen Wert $C_v = 1.926\,Nk_B\,(T/T_c)^{3/2}$ bei $T = T_c/2$. Vergleichen Sie außerdem die Werte der Energien der klassischen Wolke und des Kondensats.

5.10. Verdampfungskühlung mit flüssigem Helium

a) Schätzen Sie die Änderung des Drucks über flüssigem Helium in einem Kryostaten ab, die für das Erreichen einer He-Badtemperatur von 1.5 K für ^{4}He und 300 mK für ^{3}He erforderlich ist.

b) Bestimmen Sie die für die Aufrechterhaltung einer Temperatur von 2 K bei einer Kühlleistung vom 10 mW. erforderliche He-Pumprate.

5.11. Das Fließen suprafluider Filme

Wird Helium auf einer Oberfläche kondensiert, so liefert die VAN DER WAALS-Wechselwirkung zwischen dem Helium und der Wand den Beitrag $\mu_{vdW} = -\alpha/d^3$ zum chemischen Potenzial des Films. Dabei ist d die Filmdicke, und α wird die HAMAKER-Konstante genannt. Für Helium auf Glas ist $\alpha = 5.2 \cdot 10^{-50}\,\text{kg}\,\text{m}^5/\text{s}^2$.

Betrachten Sie das rechts skizzierte zylindrische Glasgefäß mit $h_1 = 1\,\text{cm}$, $h_2 = 0.5\,\text{cm}$ und $R = 1\,\text{cm}$. Das besondere an suprafluidem Helium ist, dass die Adsorption von flüssigem Helium an der Becherwand zu einem mikroskopisch beobachtbaren Fluss von Helium führt, solange der Flüssigkeitsspiegel innen und außen verschieden ist – eine Erscheinung, die bei normalen Flüssigkeiten nicht beobachtet wird...

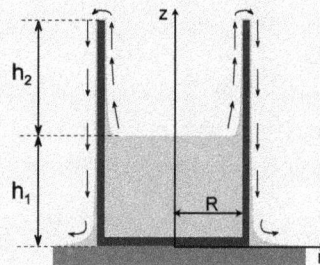

a) Berechnen Sie die Schichtdicken $d_{i,a}(z)$ auf der Innen- und der Außenseite der Becherwand aus der Bedingung gravito-chemischen Gleichgewichts (Abschnitt I-8.5.1):

$$\mu_{fl}(z,d) = \mu_{fl}^0 + \hat{m}gz - \alpha/d^3 \overset{!}{=} \mu_{fl}^0(z=0)\,,$$

wobei μ_{fl}^0 das chemische Potenzial der Flüssigkeit fern von der Wand, g die Fall-beschleunigung und z die Höhe über dem Flüssigkeitspegel ist.

b) Es sei ein gewisser Teilchenstrom I_N vorgegeben – berechnen Sie für diesen die Fließgeschwindigkeit $|\mathbf{v}(z)|$ an der freien Oberfläche des Films. Nehmen Sie dabei an, dass die Geschwindigkeit innerhalb des Films linear variiert und dass an der Wand $\mathbf{v}(z) \equiv 0$ ist.

c) Berechnen Sie die innerhalb des Films durch viskose Reibung dissipierte Ge-samtleistung P, wobei die lokal pro Flächeneinheit dissipierte Leistung durch

$$P(z)/A = \mathbf{v} \cdot \mathbf{F}/A \quad \text{gegeben, und} \quad \mathbf{F}/A = \eta \mathbf{v}/(A \cdot d)$$

die Scherkraft pro Fläche ist. Integrieren Sie $P(z)$ über die Becherwände.

d) Berechnen Sie den Teilchenstrom mit Hilfe der Bedingung, dass sich die dis-sipierte Leistung und der Energiegewinn im Gravitationsfeld die Waage halten müssen, wenn die Viskosität den Wert $\eta = 2.8 \times 10^{-6}$ kg/(m·s) für normalfluides Helium nahe T_λ hat.

e) Schätzen Sie eine obere Schranke für η im suprafluiden Zustand unterhalb T_λ ab, wenn ein suprafluider Fluss der Größe $\hat{v}I_N = 0.1$ cm^3/min beobachtet wird.

f) Gibt es noch einen anderen Weg, auf dem Helium aus dem Becher entkommen kann?

6 FERMI-Systeme

Die in diesem Kapitel besprochenen FERMI-Systeme stellen in vieler Hinsicht ein Gegenstück zu den BOSE-Systemen dar. Die Ursache für das fundamental verschiedene Tieftemperatur-Verhalten der FERMI-Systeme liegt im PAULI-Prinzip, welches Werte der Teilchenzahlen in den elementaren FERMI-Systemen auf maximal 1 begrenzt. Die FERMI-Statistik ist von entscheidender Wichtigkeit für das Verständnis der elektronischen Eigenschaften von Festkörpern – von Metallen wie auch von Halbleitern. Darüber hinaus bestimmt sie auch die Eigenschaften von flüssigem ^{3}He und verdünnten Lösungen von ^{3}He in ^{4}He. Letztere sind heute unverzichtbar zur routinemäßigen Erzeugung von Temperaturen im Millikelvin-Bereich und eignen sich ausgezeichnet, um den Übergang vom „klassischen" zum FERMI-Verhalten experimentell zu demonstrieren. Sie zeigen, dass das an Gasen entwickelte Konzept der elementaren FERMI-Systeme auch auf Flüssigkeiten übertragen lässt.

Die elementaren FERMI-Systeme eignen sich ebenfalls zur Diskussion einer wichtigen Klasse von *Nichtgleichgewichtszuständen*, die durch den *Transport* von Teilchen, Entropie und Energie charakterisiert sind. Auf dieser Basis gewinnen wir Modelle für die Berechnung der Transportkoeffizienten wie der elektrischen und thermischen Leitfähigkeit sowie der thermoelektrischen Koeffizienten.

6.1 Das ideale FERMI-Gas – Elektronen in Metallen

6.1.1 Dispersionsrelationen – die Bandstruktur

Ein wichtiges Anwendungsbeispiel für die nachfolgenden Überlegungen sind die Elektronen in Metallen. In diesem Fall sind die Elektronen nicht als wirklich freie Teilchen anzusehen, weil sie sich in dem (mehr oder weniger) periodischen Potenzial der Atomrümpfe befinden. Das periodische Potenzial hat den wichtigen Effekt, dass die Dispersionsrelation der elementaren FERMI-Systeme in mehrere Zweige zerfällt, die als *Energie-Bänder* bezeichnet werden. Die Bänder gehen ähnlich wie in Molekülen aus den Tunnelaufspaltungen der Zustände aus den isolierten Atomen hervor (Abschnitt 3.2) und erstrecken sich für die Valenz- und Leitungselektronen über mehrere eV, was 10^4 K–10^5 K entspricht. Die Bandstruktur ist in Abb. 6.1 schematisch dargestellt. Die Zahl der elementaren FERMI-Systeme in einem Band ist wie bei den Phononen von der Größenordnung der Atome im Festkörper und für makroskopische Kristalle quasi-kontinuierlich.

Bei nicht zu hohen Temperaturen kann die Dispersionsrelation in vielen Fällen entweder linear (für Metalle) oder quadratisch (für Halbleiter) genähert werden und entspricht daher unseren bisher betrachteten Standard-Dispersionsrelationen. Das Kristallgitter macht sich in diesen Näherungen nur noch dadurch bemerkbar, dass die Masse $\hat{m}$ der Ladungsträger von der Masse freier Elektronen zum Teil erheblich

https://doi.org/10.1515/9783110560329-225

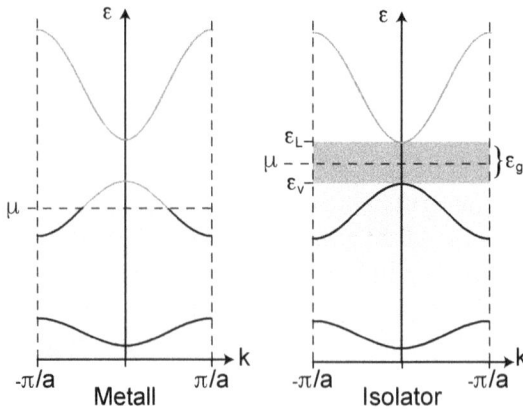

Abb. 6.1. Schematische Darstellung der Dispersionsrelationen für Elektronen in einem Metall und einem Isolator. Isolatoren mit einer relativ kleinen Bandlücke $\varepsilon_g = \varepsilon_L - \varepsilon_V$ werden auch „Halbleiter" genannt.

abweichen kann. Daher wird sie in der Festkörperphysik meist als *effektive Masse* bezeichnet.

Die Wechselwirkung der Elektronen untereinander ist aufgrund der Kompensation der Elektronen-Ladung durch die positiven Gegenladungen der Ionenrümpfe im wesentlichen *abgeschirmt* (Abschnitt I-8.4.3) und macht sich in der Regel nur in kleinen Effekten bemerkbar. Der wesentliche Unterschied zwischen Metallen und Halbleitern besteht in der Lage des chemischen Potenzials relativ zu den Bändern. Bei Metallen liegt μ im Bereich eines oder mehrerer Bänder. Daher existieren thermisch angeregte Elektron-Loch-Paare bis hin zu beliebig tiefen Temperaturen. Wie wir sehen werden, liegt μ bei Halbleitern innerhalb einer der Bandlücken. Dies hat zur Folge, dass die Anregung von Elektron-Loch-Paaren Temperaturen erfordert, die nicht viel kleiner als die Bandlücke sind. Die Unterschiede in der Lage des chemischen Potenzials führen zu dramatischen Unterschieden in den thermischen und den Transporteigenschaften. Wir beginnen unsere Diskussion mit den Metallen.

Bei geladenen Fermionen, wie zum Beispiel Elektronen, ist es streng genommen nicht korrekt, nur deren chemisches Potenzial zu erwähnen. Es ist das *elektrochemische* Potenzial, welches in die FERMI-Funktion eingeht, weil bei der Herleitung der GIBBS'schen Verteilung in Abschnitt 4.2 auch der elektrische Beitrag $\phi_Q\, dQ$ zur GIBBS'schen Fundamentalform berücksichtigt werden muss. Um nicht jedesmal zwischen Systemen mit geladenen und solchen mit ungeladenen Teilchen unterscheiden zu müssen, folgen wir einer in der Festkörperphysik weit verbreiteten Gewohnheit und sprechen in den allgemeinen Abschnitten nur von chemischem Potenzial. Dort, wo speziell von geladenen Teilchen die Rede ist, unterscheiden wir stets μ von $\bar{\mu} = \mu + \hat{q}\phi_Q$. Dies gilt insbesondere in den Abschnitten über die elektrostatische Abschirmung, die thermoelektrischen Phänomene und die elektrische Leitfähigkeit.

6.1.2 Zustandsgleichungen

Wir behandeln den einfachsten Fall von Fermionen mit der Masse $\hat{m}$, dem Spin 1/2 und mit einer quadratischen Dispersionsrelation

$$\varepsilon(k) = \varepsilon_0 + \frac{(\hbar k)^2}{2\hat{m}} \;,\quad \text{mit der Zustandsdichte}\quad g(\varepsilon) = 2 \cdot \frac{\hat{m}^{3/2}}{\sqrt{2}\pi^2\hbar^3} \sqrt{\varepsilon - \varepsilon_0} \;.$$

Die Ruheenergie $\varepsilon_0 = \varepsilon(k) = 0$ hängt sowohl von der Bandstruktur des Metalls oder Halbleiters ($\varepsilon_0 = \varepsilon_{L,V}$) als auch vom lokalen Wert des elektrostatischen Potenzials ϕ_Q ab. Bis zur Behandlung von Halbleitern wollen wir zur Vereinfachung der Schreibweise $\varepsilon_0 = 0$ setzen.

Ausgangspunkt unserer Überlegungen ist wieder die allgemeine Darstellung der *thermischen* (Gl. 4.29) und der *kalorischen Zustandsgleichung* (Gl. 4.30):

$$n(T,\mu) = \int_0^\infty d\varepsilon\, g(\varepsilon) N_\varepsilon^{(F)}(T,\mu) \;, \tag{6.1}$$

$$e(T,\mu) = \int_0^\infty d\varepsilon\, g(\varepsilon) N_\varepsilon^{(F)}(T,\mu) \cdot \varepsilon \;, \tag{6.2}$$

sowie die FERMI-Funktion:

$$N_\varepsilon^{(F)}(T,\mu) = \frac{1}{\exp(\frac{\varepsilon-\mu}{k_B T}) + 1} \;.$$

6.1.3 Der Grundzustand: FERMI-Entartung

Zunächst beschränken wir uns auf den Grenzfall $T \to 0$, in dem sich die Zustandsgleichungen einfach auswerten lassen, weil sich die FERMI-Funktion in diesem Fall durch eine Stufenfunktion

$$N_\varepsilon^{(F)}(T = 0,\mu) = \theta(\mu - \varepsilon)$$

darstellen lässt. In diesem Fall markiert $\mu(T = 0)$ eine *scharfe Grenze* zwischen vollständig bevölkerten ($N_\varepsilon^{(F)} = 1$) und vollständig leeren ($N_\varepsilon^{(F)} = 0$) elementaren FERMI-Systemen, die auch die FERMI-*Kante* genannt wird. Im Gegensatz zu BOSE-Systemen ist $\mu - \varepsilon_0$ im Grenzfall $T \to 0$ stets *positiv*! In Abb. 6.2a werden die elementaren FERMI-Systeme durch äquidistante Punkte im Raum der erlaubten Wellenvektoren (k-Raum) repräsentiert. Für eine kugelsymmetrische Dispersionsrelation bilden die mit Teilchen bevölkerten elementaren FERMI-Systeme eine Kugel im k-Raum, die auch die FERMI-*Kugel* genannt wird. Die bevölkerten und die unbevölkerten elementaren FERMI-Systeme werden durch die FERMI-*Fläche* voneinander getrennt.[1]

---

[1] In Festkörpern sind die Dispersionsrelation und damit die FERMI-Fläche nicht kugelsymmetrisch, sondern spiegeln die Symmetrie des Kristallgitters wider.

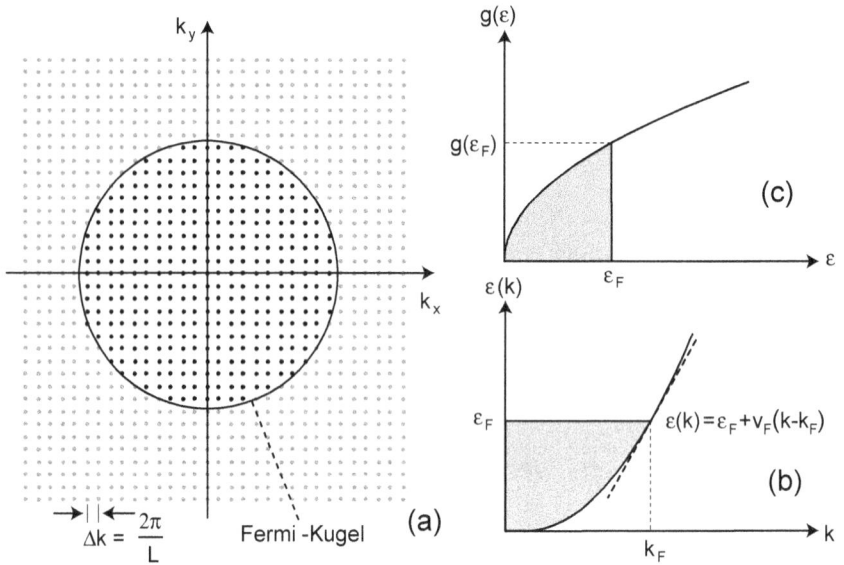

Abb. 6.2. a) Die Punkte bezeichnen erlaubte $\boldsymbol{k}$-Vektoren in der k_x, k_y-Ebene. Die unbevölkerten elementaren FERMI-Systeme außerhalb der FERMI-Kugel sind grau dargestellt. b) Quadratische Dispersionsrelation $\varepsilon(\boldsymbol{k})$ und c) zugehörige Zustandsdichte $g(\varepsilon)$. Die bevölkerten Bereiche unterhalb der FERMI-Energie $\varepsilon_F(n)$ sind schattiert.

Für die Teilchendichte ergibt sich bei $T = 0$:

$$n(T = 0, \mu) = \int_0^\mu d\varepsilon \frac{(2\hat{m})^{3/2}}{2\pi^2\hbar^3} \sqrt{\varepsilon} = \frac{(2\hat{m})^{3/2}}{2\pi^2\hbar^3} \frac{2}{3} \mu^{3/2}$$

$$= \frac{(2\hat{m}\mu)^{3/2}}{3\pi^2\hbar^3} = \frac{2}{3} g(\mu) \cdot \mu \,. \tag{6.3}$$

Lösen wir diesen Ausdruck nach μ auf, so ergibt sich

$$\varepsilon_F(n) := \mu(T = 0, n) = \frac{\hbar^2 (3\pi^2 n)^{2/3}}{2\hat{m}} \,. \tag{6.4}$$

Die Größe ε_F wird die FERMI-*Energie*[2] genannt. Neben ε_F gibt es noch eine Reihe weiterer für das FERMI-Gas charakteristischer Kenngrößen. Für eine quadratische Dispersionsrelation in drei Dimensionen hängen diese in der nachfolgend aufgeführten Weise von der Teilchendichte ab:

$$T_F = \frac{\varepsilon_F(n)}{k_B} \qquad\qquad \text{FERMI-Temperatur} \qquad\qquad (6.5)$$

---

2 Vielfach ist es üblich, nicht nur den Grenzwert $\mu(T = 0, n)$, sondern auch $\mu(T > 0, n)$ als FERMI-Energie zu bezeichnen.

$$p_F = \hbar k_F = \hbar (3\pi^2 n)^{1/3} \qquad \text{FERMI-Impuls} \qquad (6.6)$$

$$v_F = \frac{\hbar}{\hat{m}}(3\pi^2 n)^{1/3} \qquad \text{FERMI-Geschwindigkeit} \qquad (6.7)$$

$$\lambda_F = \frac{2\pi\hbar}{p_F} \qquad \text{FERMI-Wellenlänge} \qquad (6.8)$$

$$g(\varepsilon_F) = \frac{3}{2}\frac{n}{\varepsilon_F(n)} \qquad \text{Zustandsdichte bei } \varepsilon_F \qquad (6.9)$$

In Abbildung 6.2b und c sind die Dispersionsrelation und die Zustandsdichte mit den verschiedenen Bestimmungsgrößen des FERMI-Gases skizziert. Um ein Gefühl für Größenordnungen zu bekommen, geben wir die Werte für Kupfer als typischen Repräsentanten für Metalle an:

$$n = 8.5 \cdot 10^{22} \text{ Teilchen/cm}^3$$

$$\varepsilon_F = 1.1 \cdot 10^{-18} \text{ J/Teilchen} = 7.1 \text{ eV/Teilchen}$$

$$T_F = 8 \cdot 10^4 \text{ K} \gg 300 \text{ K}$$

$$p_F = \hbar \cdot 1.36 \cdot 10^{10}/\text{m}$$

$$\lambda_F = 0.46 \text{ nm} \approx a$$

$$v_F = 1.6 \cdot 10^6 \text{ m/s}$$

Die insgesamt sehr hohen Werte werden alle durch das Pauli-Prinzip erzwungen! Für metallische Teilchendichten ist die FERMI-Energie *um Größenordnungen höher* als die Raumtemperatur 300 K (26 meV). Die FERMI-Wellenlänge ist mit dem Gitterabstand a vergleichbar und die FERMI-Geschwindigkeit ist etwa einen Faktor 10 größer, als nach der klassischen MAXWELL-Verteilung für Elektronen bei Zimmertemperatur erwartet wird. Wegen der großen FERMI-Energie $\varepsilon_F \gg k_B T$ unterscheidet sich die FERMI-Funktion bei Zimmertemperatur drastisch von der BOLTZMANN-Verteilung (Abb. 4.3). Die Elektronen in Metallen bilden also unter keinen Umständen ein „klassisches" ideales Gas, und insbesondere für die Kompressionseigenschaften ist der Grenzfall $T \rightarrow 0$ fast immer eine gute Näherung. In diesem Fall spricht man von FERMI-*Entartung*.

Als nächstes berechnen wir die Energiedichte im Grundzustand:

$$e(T = 0, \mu) = \int_0^\mu d\varepsilon \frac{(2\hat{m})^{3/2}}{2\pi^2\hbar^3}\varepsilon^{3/2} = \frac{(2\hat{m})^{3/2}}{2\pi^2\hbar^3}\frac{2}{5}\mu^{5/2} = \frac{3}{5}\mu \cdot n . \qquad (6.10)$$

Mit den auf Seite 209 angegebenen für Metalle typischen Werten erhalten wir $e(T = 0, \mu) \approx 56 \text{ GJ/m}^3$. Im Gegensatz zum BOSE-Gas weist das FERMI-Gas eine sehr hohe *Nullpunktsenergie* auf. Eliminieren wir das chemische Potenzial zugunsten der Dichte, so erhalten wir

$$e(T = 0, n) = \frac{3}{5}\frac{\hbar^2(3\pi^2 n)^{2/3}}{2\hat{m}} \cdot n . \qquad (6.11)$$

Die Energie pro Teilchen

$$\hat{e} = \frac{3}{5}\,\mu$$

sollte also nicht mit dem chemischen Potenzial verwechselt werden. Der Unterschied zwischen $\hat{e}$ und μ kommt durch den Druck-Term in der Homogenitätsrelation (Gl. I-5.27)

$$\hat{e} = T\hat{s} - p\hat{v} + \mu$$

zustande. Der beim „klassischen" idealen Gas dominierende Entropie-Term $T\hat{s}$ verschwindet für $T \ll T_F$. Lösen wir die Homogenitätsrelation nach p auf, so können wir den *Nullpunktsdruck* des FERMI-Gases berechnen:

$$p = -e + Ts + \mu n = \left(-\frac{3}{5} + 1\right)\mu n$$

$$= \frac{2}{5}\,\mu n = \frac{2}{3}\,e\,. \tag{6.12}$$

Gleichung 6.12 haben wir bereits aus unserem einfachen kinetischen Modell für das klassische Gas erhalten (siehe Abschnitt I-3.4). Im Gegensatz zu letzterem gilt beim FERMI-Gas $e(T = 0, n) > 0$! Die Robustheit von Gleichung 6.12 kommt dadurch, dass sie nur von der Dispersionsrelation $\varepsilon(k)$ der Gasteilchen und nicht von der Verteilungsfunktion abhängt. Daher gilt eine analoge Relation Gl. 5.8 für ein Gas aus extrem relativistischen Teilchen, die ebenfalls von der Verteilungsfunktion und damit von der Statistik überhaupt unabhängig ist. Die Werte des Nullpunktsdrucks sind in Metallen ganz erheblich:

$$p(T = 0, n) \approx 3.7 \cdot 10^5\ \text{bar}$$

Der Nullpunktsdruck wird vom Kristallgitter aufgenommen. Er bewirkt außerdem, dass das Elektronengas etwas über die Ionenrümpfe in das Vakuum hinausragt und eine elektrische *Dipolschicht* bildet.[3] In der Astrophysik ist der FERMI-Druck der Elektronen beziehungsweise der Neutronen der wesentliche Faktor, der im Wettstreit mit der Gravitation den Gleichgewichtsradius von weißen Zwergen und Neutronensternen bestimmt. Obwohl weiße Zwerge typische Temperaturen von ca. 10^7 K aufweisen, sind deren Dichte und FERMI-Energie so hoch, dass $\mu - \varepsilon_0 \gg k_B T$ ist und diese als „kalt" angesehen werden müssen.

Da bei $T = 0$ die Wahrscheinlichkeiten W_0 und W_1 für die Zustände $N_k = 0$ und $N_k = 1$ aller elementaren FERMI-Systeme entweder 0 oder 1 betragen, ist die Entropie jedes elementaren FERMI-Systems und damit die des FERMI-Gases insgesamt gleich Null. Das FERMI-Gas genügt damit dem Dritten Hauptsatz.

---

3 In der Oberflächenphysik ist dieses Phänomen als der SMOLUCHOWSKI-Effekt bekannt. Der elektrische Potenzialabfall über der Dipolschicht hängt von der Orientierung der Kristalloberfläche ab und ist dafür verantwortlich, dass die *Austrittsarbeit*, die aufgewandt werden muss, um ein Elektron aus dem Metall ins Vakuum zu bringen, entlang der Kristalloberfläche variieren kann.

Die FERMI-Kugel bei $T = 0$ bildet bei fester Dichte n den Grundzustand des FERMI-Gases. Wird dagegen nur die Teilchenzahl N festgehalten und das Volumen V variiert, so handelt es sich nicht um nur einen Zustand, sondern um eine ganze Zustandsmenge – also ein System –, welche noch Kompressions- und Expansionsprozesse erlaubt. Diese Eigenschaft teilt das FERMI-Gas mit dem BOSE-Gas und auch mit *allen anderen Systemen* am absoluten Nullpunkt. Die Bedingung $T = 0$ eliminiert zwar den thermischen Freiheitsgrad aus dem System, aber alle anderen Freiheitsgrade folgen weiterhin den Regeln der Thermodynamik.

6.1.4 Abschirmung im entarteten FERMI-Gas

Aus der Zustandsgleichung des FERMI-Gases

$$n(T = 0, \mu) = \int_0^\mu d\varepsilon\, g(\varepsilon)$$

können wir für eine beliebige Dispersionsrelation die *Teilchenkapazität* des FERMI-Gases bei $T = 0$ ablesen, da die Ableitung eines Integrals nach der oberen Integrationsgrenze gerade den Integranden liefert:[4]

$$\nu = \frac{\partial n(T = 0, \mu)}{\partial \mu} = g(\mu) . \tag{6.13}$$

Dieses Ergebnis ist von großer Bedeutung, weil wir damit alle Erkenntnisse, die wir in den Abschnitten I-8.3 und I-8.4 über Diffusion und Abschirmung gesammelt haben, auf entartete FERMI-Gase – insbesondere auf die Elektronen in Metallen – übertragen können.

Die *Abschirmung* elektrostatischer Felder im Rahmen der THOMAS-FERMI-Beschreibung unterscheidet sich von der DEBYE-HÜCKEL-Abschirmung in Elektrolytlösungen nur in der Teilchenkapazität ν. Setzen wir den neuen Ausdruck für die Teilchenkapazität in Gl. I-8.31 ein, so ergibt sich

$$\lambda_S = \sqrt{\frac{\varepsilon_r \varepsilon_0}{\hat{q}^2 \nu}} = \sqrt{\frac{\varepsilon_r \varepsilon_0}{e^2 g(\mu)}} . \tag{6.14}$$

Setzt man für Metalle typische Werte der Parameter ein, so ergibt sich, dass die THOMAS-FERMI-Abschirmlänge in Metallen nur Bruchteile eines Nanometers beträgt.

---

4 Diese Relation wird von manchen Autoren auch zum Anlass genommen, $\partial n/\partial \mu$ als „thermodynamische Zustandsdichte" zu bezeichnen. Diese Ausdrucksweise ist sehr unglücklich, weil eine thermodynamische Suszeptibilität grundsätzlich von allgemeinerer Natur ist als die für das spezielle Modell des entarteten FERMI-Gases spezifische Relation 6.13.

Die Abschirmung ist damit extrem effektiv, was den überraschenden Erfolg des Modelles freier Elektronen in vielen Metallen erklärt.[5]

Allerdings beschreibt das Thomas-Fermi-Modell die Abschirmung in Metallen nur grob. Der Grund ist der, dass die Antwort des Elektronengases auf die Störung des zugrunde liegenden elektrochemischen Gleichgewichts durch eine Punktladung im Thomas-Fermi-Modell nicht korrekt beschrieben werden kann, weil das Elektronengas neben λ_S eine zusätzliche Längenskala, nämlich die Fermi-Wellenlänge enthält. Auf Fourier-Komponenten des Stör-Potenzials mit $|\boldsymbol{q}| > k_F$ kann das Elektronengas nicht reagieren, weil keine Elektronen mit Wellenlängen $\lambda = 2\pi/k < \lambda_F$ vorhanden sind. Dennoch wird die Thomas-Fermi-Näherung häufig verwendet, um den Effekt der Abschirmung zumindest qualitativ zu berücksichtigen.

Wie in den Lehrbüchern der Festkörperphysik dargestellt wird, führt die Stufe der Fermi-Funktion bei $\bar{\mu}$ zu einem recht abrupten Abfall der (q-abhängigen) dielektrischen Suszeptibilität $\chi_{el}(\boldsymbol{q})$ bei $|\boldsymbol{q}| \geq 2k_F$. Die Stufe in χ_{el} bei $2k_F$ führt bei der Fourier-Rücktransformation in den Ortsraum zu *räumlichen Oszillationen* in der durch eine punktförmige Störladung induzierten „Antwort" des Elektronensystems. Diese Oszillationen heißen Friedel-Oszillationen und geben zu mannigfachen Effekten Anlass. Die wohl wichtigste Konsequenz ist die über das System der Leitungselektronen vermittelte *oszillatorische* Austauschkopplung zwischen lokalisierten magnetischen Momenten, die als RKKY-Wechselwirkung[6] bekannt ist.

Mit Hilfe von Gl. I-5.39 berechnen wir noch den Beitrag des Elektronengases zur Kompressibilität:

$$\kappa_T = \frac{1}{n^2}\frac{\partial n}{\partial \mu} = \frac{1}{n^2}g(\mu) = \frac{3}{2}\frac{1}{n\mu} = \frac{3}{5}\frac{1}{p} = \frac{9}{10}\frac{1}{e} \propto n^{-5/3}\,. \tag{6.15}$$

Das Ergebnis ist (bis auf den Faktor 3/5) identisch mit dem für das „klassische" ideale Gas, aber $p(T = 0)$ ist um den Faktor 10^5 größer als für das ideale Gas bei Standardbedingungen. Daher ist die Kompressibilität einen Faktor 10^5 kleiner. Das Ergebnis stimmt grob (bis auf einen Faktor 2–3) mit den experimentellen Werten für κ_T überein. Neben den freien Elektronen liefern die Ionenrümpfe noch einen vergleichbar großen Beitrag.

---

[5] In niedrigeren Dimensionen $d = 2$ und noch stärker in $d = 1$ ist die Abschirmung viel weniger effektiv als in drei Dimensionen. Entsprechend sind Effekte der Elektron-Elektron-Wechselwirkung in diesen Fällen, die im Fall von ultradünnen Metallfilmen und zweidimensionalen Elektronensystemen in Halbleiter-Heterostrukturen (Abschnitt 7.1.1) sowie in Quantendrähten (Abschnitt 7.3) experimentell realisiert werden können, viel bedeutsamer als in dreidimensionalen Systemen. In einer Dimension kommt es sogar zu einer fundamentalen Instabilität der Fermi-Systeme, und die Anregungszustände des Systems lassen sich näherungsweise durch Bose-Gase beschreiben. In diesem Fall spricht man von Luttinger-Flüssigkeiten.

[6] Ruderman-Kittel-Kasuya-Yoshida-Wechselwirkung

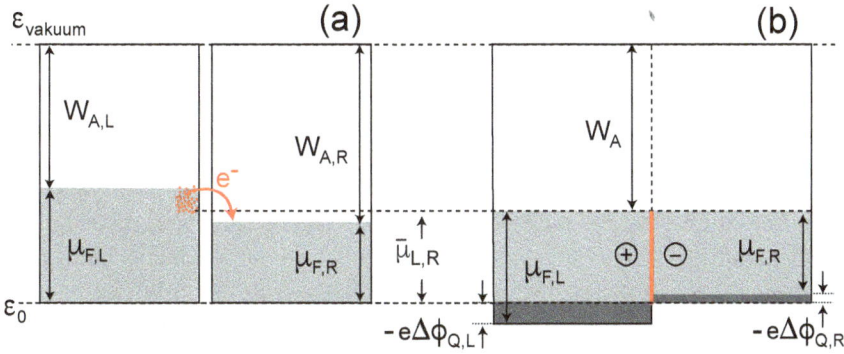

Abb. 6.3. a) Energieschema zweier Metalle A und B mit verschiedenem chemischen Potenzial $\mu_A >$ μ_B vor der Herstellung eines elektrischen Kontakts. Beide Metalle sind zunächst elektrisch neutral. b) Energieschema nach der Herstellung des Kontakts. Durch den Übertritt von Elektronen von links nach rechts kommt es zur Ausbildung einer Raumladungszone (rote Linie) der Dicke λ_S an der Grenzfläche zwischen beiden Materialien, bis der dazu gehörige elektrische Potenzialabfall eine Angleichung zwischen beiden elektrochemischen Potenzialen bewirkt. Nach der Angleichung verschwindet der Antrieb $\Delta\bar{\mu} = \bar{\mu}_A - \bar{\mu}_B$ für den Ladungstransfer.

6.1.5 Kontaktspannungen

In diesem Abschnitt besprechen wir die Eigenschaften einer elektrischen Kontaktfläche zwischen zwei Metallen mit unterschiedlichem chemischem Potenzial μ. Die Verhältnisse vor und nach der Herstellung des Kontakts sind in Abb. 6.3 graphisch veranschaulicht. Solange die beiden Metalle elektrisch isoliert sind, sind ihre elektrochemischen Potenziale verschieden. Der Potenzialunterschied kann zur Arbeitsleistung der Elektronen durch deren Übertritt von einem Metall ins andere ausgenutzt werden.[7] Sobald ein Ladungsstrom zwischen beiden Metallen fließen kann, folgen die Elektronen dem Gradienten von $\bar{\mu}$ und fließen von links nach rechts in das Metall mit dem niedrigeren elektrochemischen Potenzial, entsprechend der höheren Austrittarbeit, bis die Metalle im elektrochemischen Gleichgewicht sind. Die übertretenden Elektronen werden von den zurückbleibenden positiv geladenen Ionenrümpfen elektrostatisch angezogen und bilden eine extrem dünne elektrische Dipol-Schicht an der Grenzfläche. Die Dicke der Dipolschicht ist (in einfachster Näherung) durch die THOMAS-FERMI-Abschirmlänge gegeben.

   Im Inneren der Metalle ändert sich die Ladungsdichte nicht – dies würde extrem viel elektrostatische Energie kosten. Daher bleiben die *chemischen* Potenziale $\mu = \bar{\mu} - \hat{q}\phi_Q$ (das heißt der Abstand zwischen der FERMI-Energie und dem Boden des Bandes) auf beiden Seiten unverändert. Durch einen Ladungstransfer von dem Metall

---

[7] In diesem Zusammenhang wird in der Literatur auch oft die Austrittsarbeit $W_A = \varepsilon_{\text{vakuum}} - \bar{\mu}$ verwendet, welche die Lage des elektrochemischen Potenzials relativ zum Vakuumniveau außerhalb des Metall angibt. Innerhalb des Metalls ist es üblich, alle Energien relativ zum Boden des Leitungsbands ε_0 anzugeben. Hier folgen wir der zweiten Konvention.

mit der kleineren Austrittsarbeit zu dem mit der größeren stellt sich die Ladungsverteilung an der Grenzschicht so ein, dass die Summe aus elektrostatischer und chemischer Energie minimal wird. Durch die räumliche Variation des elektrostatischen Potenzials $\phi_Q(x)$ in der Nähe der Grenzfläche verschieben sich die Energien der elementaren FERMI-Systeme lokal gemäß $\varepsilon(\boldsymbol{k}, \boldsymbol{r}) = \varepsilon(\boldsymbol{k}) + \hat{q}\phi_Q(\boldsymbol{r})$, so dass $\varepsilon(\boldsymbol{k}, \boldsymbol{r}) - \mu(\boldsymbol{r})$ von den lokalen Werten des elektrostatischen Potenzials unabhängig ist. $\varepsilon(\boldsymbol{k}, \boldsymbol{r})$ ist die Summe aus kinetischer und potenzieller Energie – analog zur klassischen Mechanik. Streng genommen ist diese Betrachtung nur möglich, wenn die räumlichen Variationen von $\phi_Q(\boldsymbol{r})$ auf Längenskalen erfolgen, die groß gegen die FERMI-Wellenlänge sind, weil die $\varepsilon(\boldsymbol{k})$ den Energieniveaus *delokalisierter* Elektronenzustände entsprechen. Wegen der sehr kleinen Werte von λ_S, die mit den Atomabständen vergleichbar sind, ist klar, dass der genaue elektrische Potenzialverlauf in der Nähe der Grenzfläche durch dieses extrem vereinfachende Modell nicht realistisch zu beschreiben ist. Dennoch ist unsere Betrachtung nützlich, weil sie es wegen $\Delta\bar{\mu} = \bar{\mu}_A - \bar{\mu}_B$ erlaubt den Wert der auftretenden *Kontaktspannung*

$$\hat{q}U_{\text{Kontakt}} = -e(\Delta\phi_{Q,L} - \Delta\phi_{Q,R}) = \mu_L - \mu_R = W_{A,L} - W_{A,R} \qquad (6.16)$$

zumindest abzuschätzen. Der Wert von U_{Kontakt} ist in diesem einfachen Modell von den Details der Dipolschicht unabhängig. Ganz ähnliche Phänomene treten an Halbleitergrenzflächen auf (Abschnitt 6.5). Wegen der wesentlich geringeren Dichte der Ladungsträger ist die Dicke der Raumladungszone in Halbleitern erheblich größer.

Der experimentelle Nachweis der Kontaktspannung kann nicht mit Hilfe eines Voltmeters erfolgen, weil ein Voltmeter stets einen (bei guten Voltmetern mit hohem Innenwiderstand sehr kleinen) elektrischen Strom benötigt, der nur fließt, wenn dafür ein Antrieb, also eine Differenz der elektrochemischen Potenziale besteht. Dies ist hier gerade nicht der Fall! Es ist aber möglich, den bei der *Einstellung* des Gleichgewichts fließenden Strom zu messen, indem man das Gleichgewicht periodisch stört. Dazu schließt man die Metallstücke an einen kleinen Kondensator an, dessen Ladungskapazität zum Beispiel durch Abstandsänderungen zeitlich variiert werden kann. Der Kondensator lässt sich auch durch die schwingende Spitze eines Rasterkraft-Mikroskops realisieren – auf diese Weise erhält man ein Instrument zur Vermessung von räumlichen Variationen der lokalen Austrittsarbeit, welches nach dem Entdecker der Kontaktspannung „KELVIN-Sonde" genannt wird.

6.2 Thermische Eigenschaften des FERMI-Gases

6.2.1 SOMMERFELD-Entwicklung

Bei endlichen Temperaturen bewirken die thermisch angeregten Teilchen eine „Verschmierung" der bei $T = 0$ scharfen Kante in der FERMI-Funktion. In diesem Fall sind die Zustandsgleichungen für eine extensive Größe X, das heißt Integrale vom Typ

$$X(T, V, \mu) = V \cdot x(T, \mu) = V \cdot \int d\varepsilon \, g(\varepsilon) N_\varepsilon^{(F)}(T, \mu) \cdot X(\varepsilon) \,,$$

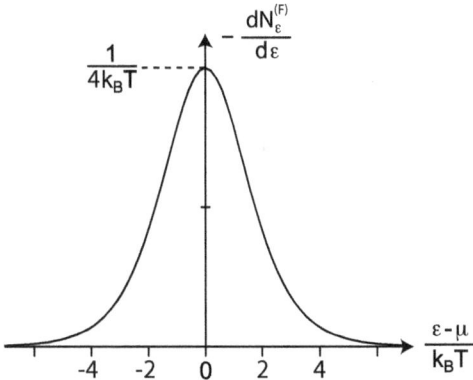

Abb. 6.4. Ableitung von $-N_\varepsilon^{(F)}$ nach ε. Im Grenzfall $T \to 0$ strebt die Ableitung gegen die Delta-Funktion $\delta(\varepsilon - \mu)$.

nicht mehr in geschlossener Form anzugeben. Ein von SOMMERFELD erdachtes Näherungsverfahren zur Auswertung der Zustandsgleichungen nutzt aus, dass sich die FERMI-Funktionen bei $0 < T \ll T_F$ im Vergleich zu $T = 0$ nur in einem engen Energiebereich von einigen $k_B T$ um μ herum etwas ändern. Wir betrachten zwei Funktionen $A(\varepsilon)$ und $B(\varepsilon)$, für die gilt:

$$A(\varepsilon) := g(\varepsilon)X(\varepsilon), \qquad B(\varepsilon) = \int_{\varepsilon_0}^{\varepsilon} A(\varepsilon')d\varepsilon' \,,$$

wobei $g(\varepsilon) \equiv 0$ für $\varepsilon \leq \varepsilon_0$ und $B(\varepsilon)$ die Stammfunktion von $A(\varepsilon)$ ist. Daraus folgt:

$$A(\varepsilon) = \frac{dB(\varepsilon)}{d\varepsilon} = B'(\varepsilon)$$

Die partielle Integration von $A(\varepsilon)N_\varepsilon^{(F)}(T, \mu)$ liefert:

$$\int_{\varepsilon_0}^{\infty} d\varepsilon\, A(\varepsilon)\, N_\varepsilon^{(F)}(T, \mu) = \underbrace{B(\varepsilon)N_\varepsilon^{(F)}(T, \mu)\Big|_{\varepsilon_0}^{\infty}}_{=0} + \int_{\varepsilon_0}^{+\infty} d\varepsilon\, B(\varepsilon)\left(-\frac{\partial N_\varepsilon^{(F)}(T, \mu)}{\partial \varepsilon}\right) \,.$$

Die (negative) Ableitung der FERMI-Funktion

$$-\frac{\partial N_\varepsilon^{(F)}(T, \mu)}{\partial \varepsilon} = \frac{1}{k_B T} \frac{\exp\left(\frac{\varepsilon - \mu}{k_B T}\right)}{\left[\exp\left(\frac{\varepsilon - \mu}{k_B T}\right) + 1\right]^2} = \frac{1}{4k_B T}\left[\cosh\left(\frac{\varepsilon - \mu}{2k_B T}\right)\right]^{-2} \qquad (6.17)$$

hat eine Glockenform mit der Breite $4k_B T$ und fällt zu den Flanken hin exponentiell ab. Im Grenzfall $T \to 0$ strebt die Ableitung der FERMI-Funktion gegen die δ-Funktion, welche bei Ausführung der Integration über $A(\varepsilon)N_\varepsilon^{(F)}(T, \mu)$ den Wert $B(\mu)$ liefert. Die Idee besteht jetzt darin, die Funktion $A(\varepsilon)$ um μ in eine TAYLOR-Reihe zu entwickeln

$$A(\varepsilon) = A(\mu) + A'(\mu)(\varepsilon - \mu) + \frac{1}{2}A''(\mu)(\varepsilon - \mu)^2 + \frac{1}{6}A'''(\mu)(\varepsilon - \mu)^3 + \cdots \,.$$

Damit erhalten wir eine Reihenentwicklung für die X-Dichte $x(T, \mu)$ [8]

$$x(T, \mu) = x(T = 0, \mu) + \mathcal{B}_1 A'(\mu)(k_B T)^2 + \mathcal{B}_2 A'''(\mu)(k_B T)^4 + \cdots , \qquad (6.18)$$

wobei die Koeffizienten $\mathcal{B}_n$ durch die Integrale

$$\mathcal{B}_n = \frac{1}{(2n)!} \int_{-\infty}^{+\infty} \frac{x^{2n}\, dx}{4\cosh^2(x/2)} \qquad \text{mit } x = \frac{\varepsilon - \mu}{k_B T} \qquad (6.19)$$

gegeben sind. Die (nicht-triviale) Auswertung dieser Integrale liefert schließlich

$$\mathcal{B}_1 = \frac{\pi^2}{6}, \quad \mathcal{B}_2 = \frac{7\pi^4}{360}, \quad \cdots .$$

Bei stark entarteten FERMI-Gasen wie den Elektronen in Metallen ist der erste T-abhängige Term der Entwicklung in den meisten Fällen hinreichend. Damit sind wir jetzt für die Auswertung der Zustandsgleichungen des FERMI-Gases angemessen vorbereitet.

Gleichung 6.18 zeigt, dass alle extensiven Größen X des FERMI-Systems als Summe von zwei Termen darstellbar sind:

$$X(T, V, \mu) = \underset{\text{Grundsystem}}{X_0(V, \mu)} + \underset{\text{Anregungen}}{X_A(T, V, \mu)} \qquad (6.20)$$

Wie bei den BOSE-Systemen legt dies nahe, das entartetes FERMI-Gas näherungsweise in ein durch die Größen X_0 beschriebenes Grundsystem und das durch die Größen X_A beschriebene System der thermischen Anregungen zu *zerlegen*.

Das in Abschnitt 6.1.3 beschriebene *Grundsystem* besitzt keine thermischen Variablen und erlaubt nur mechanische (Expansion und Kompression) und chemische (Änderungen der Teilchenzahl) Prozesse.

Das in den nachfolgenden Abschnitten beschriebene System der *thermischen Anregungen* erlaubt neben den mechanischen und chemischen auch thermische Prozesse, welche wie bei den BOSE-Systemen vom zweiten Typ (Abschnitt 4.7) stets mit der *Erzeugung und Vernichtung* von Teilchen verknüpft sind.

Es sind zwei Typen von Anregungen zu unterscheiden: *Teilchen*-artige und *Loch*-artige Anregungen. Die ersteren leben oberhalb der FERMI-Kante, die letzteren unterhalb.

---

[8] Die Terme mit ungeraden Potenzen von $\varepsilon - \mu$ fallen unter dem Integral über $B(\varepsilon)$ weg, weil $\cosh(x)$ eine in x gerade Funktion ist.

Die Symmetrie der FERMI-Funktion um den Punkt $N_\varepsilon^{(F)}(T, \mu) = 1/2$ legt für viele Anwendungen nahe, den Nullpunkt der Anregungs-Energie mit μ zu identifizieren und von dort aus die Anregungsenergie sowohl der Teilchen als auch der Löcher *positiv* zu zählen. Ein ähnliches Vorgehen ist nicht nur bei Metallen, sondern auch in der Halbleiterphysik und in der Physik der Elementarteilchen üblich. Dem liegt die Erkenntnis zugrunde, dass fermionische *Anregungs*-Zustände stets *paarweise*, das heißt in Teilchen/Anti-Teilchen-Paaren, auftreten.

6.2.2 Thermische Zustandsgleichung

Im Fall der thermischen Zustandsgleichung identifizieren wir die Funktion $A(\varepsilon)$ und ihre Ableitung mit

$$A(\varepsilon) = g(\varepsilon) , \qquad A'(\varepsilon) = g'(\varepsilon) .$$

Damit erhalten wir für die Teilchendichte

$$n(T, \mu) = n(T = 0, \mu) + \frac{\pi^2}{6} g'(\mu) (k_B T)^2 . \qquad (6.21)$$

Diese Beziehung ist der zu Gleichung 4.37 komplementäre Grenzfall $n\lambda_T^3 \gg 1$ der allgemeinen thermischen Zustandsgleichung 4.29. Sie besagt, dass bei festem μ die Teilchendichte von der Temperatur abhängt. Bei „klassischen" Gasen ist uns dies bekannt – nach Gl. 1.27 gilt für den thermischen Ausdehnungskoeffizienten $\beta_\mu = -[\partial n(T, \mu)/\partial T]/n$. Bei FERMI-Gasen, flüssigem ^{3}He und den meisten anderen Systemen mit neutralen Fermionen ist $g'(\mu) > 0$ und die Zustandsdichte ist für Energien $\varepsilon > \varepsilon_F$ oberhalb der FERMI-Kante größer als für Energie unterhalb der FERMI-Kante. Will man diese Systeme bei konstantem μ aufheizen, so ist das nur möglich, wenn Teilchen aus einem Reservoir zufließen.[9]

Zunächst wollen wir davon ausgehen, dass sich das System im thermischen Gleichgewicht befindet ($T(\mathbf{r})$ = const.) und dass es gegen Teilchenaustausch isoliert ist (Abb. 6.5a). Dann ist $n(T, \mu)$ konstant, und μ muss sich bei Erwärmung hin zu kleineren Energien *verschieben* (Abb. 6.5b), um dafür zu sorgen, dass oberhalb von μ nicht mehr elementare FERMI-Systeme mit Teilchen besetzt sind, als unterhalb von μ mit Löchern besetzt sind. Die Bedingung $n(T, \mu)$ = const. bedeutet, dass die Inhalte der grau hinterlegten Flächen in Abb. 6.5a und b gleich groß sein müssen, und sich daher die durch den ersten Term von Gl. 6.21 beschriebene Änderung der Teilchendichte durch die Verschiebung von $\mu(0, n) \to \mu(T, n)$ und der T-abhängige zweite Term in Gl. 6.21 gegenseitig kompensieren müssen:

$$n(T, \mu) = n(0, \varepsilon_F) + g(\varepsilon_F)\big[\mu(T, n) - \varepsilon_F(n)\big]$$

$$+ \frac{\pi^2}{6} g'(\varepsilon_F)(k_B T)^2 + \mathcal{O}(k_B T)^4 \overset{!}{=} n(0, \varepsilon_F) .$$

---

9 Es gibt aber auch Systeme, wie zum Beispiel das Metall Zink, bei denen $g'(\mu) < 0$ ist.

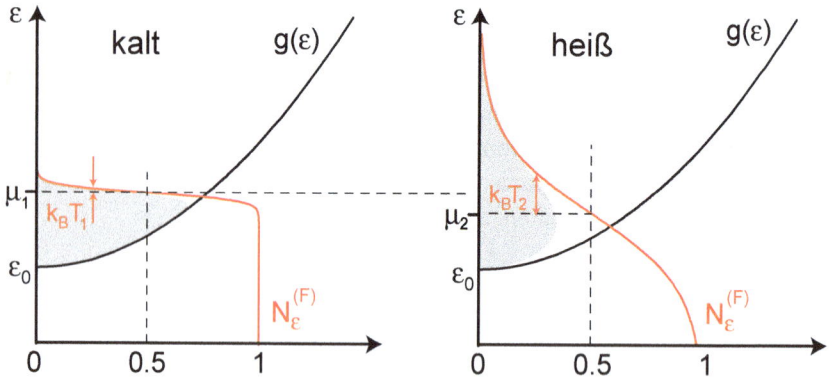

Abb. 6.5. Illustration der Verschiebung des chemischen Potenzials bei Erhöhung der Temperatur von $T_1 = 0.05(\varepsilon_F - \varepsilon_0)/k_B$ auf $T_2 = 0.5(\varepsilon_F - \varepsilon_0)/k_B$. Bei konstanter Dichte $n = \int d\varepsilon\, g(\varepsilon) N_\varepsilon^{(F)}(T, \mu)$ (Flächeninhalt der grau schattierten Bereiche) bewirkt eine Erhöhung der Temperatur wegen der Asymmetrie der Zustandsdichte $g(\varepsilon)$ (schwarze Linien) oberhalb und unterhalb von ε_F eine Verschiebung des chemischen Potenzials. ε_0 bezeichnet im Metall die Energie am Boden des Leitungsbands.

Die Änderungen von g und g' bei der Verschiebung von μ können in linearer Näherung vernachlässigt werden. Daraus folgt

$$0 = g(\varepsilon_F)\Big[\mu(T, n) - \varepsilon_F(n)\Big] + \frac{\pi^2}{6} g'(\varepsilon_F)(k_B T)^2 + \mathcal{O}(k_B T)^4 . \tag{6.22}$$

Lösen wir diese Gleichung nach μ auf, so resultiert als *thermische Zustandsgleichung* des entarteten Fermi-Gases:

$$\mu(T, n) = \varepsilon_F(n) - \frac{\pi^2}{6} \frac{g'[\varepsilon_F(n)]}{g[\varepsilon_F(n)]} (k_B T)^2 + \mathcal{O}(k_B T)^4 . \tag{6.23}$$

Für freie Teilchen mit einer quadratischen Dispersionsrelation gilt in drei Dimensionen $g'(\varepsilon) = g(\varepsilon)/(2\varepsilon)$ und wir erhalten:

$$\mu(T, n) = \varepsilon_F(n) \left\{ 1 - \frac{\pi^2}{12} \left[\frac{k_B T}{\varepsilon_F(n)} \right]^2 \right\} + \mathcal{O}(k_B T)^4 . \tag{6.24}$$

Sowohl μ als auch $p\hat{v} = p/n$ sind in Abb. 6.6 dargestellt.

Wird ein Metalldraht inhomogen erwärmt, verschiebt sich nicht nur das lokale chemische Potenzial, sondern es kommt auch zu einer thermisch induzierten Ladungsverschiebung. Da es extrem viel elektrostatische Energie kosten würde, die Teilchendichte homogen zu ändern, bilden sich Oberflächenladungen mit einem entsprechenden elektrostatischen Potenzialgradienten aus, die eine Verschiebung des elektrochemischen Potenzials $\bar{\mu}$ und der Zustandsdichte auf der Energieskala bewirken.

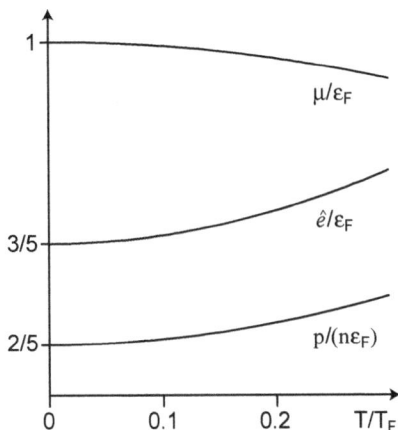

Abb. 6.6. Temperaturabhängigkeit von $\hat{e}/\varepsilon_F$, μ/ε_F und $p/(n\varepsilon_F)$ bei konstanter Dichte n nach der SOMMERFELD-Entwicklung.

6.2.3 Kalorische Zustandsgleichung

Die Anwendung der SOMMERFELD-Entwicklung Gl. 6.18 auf die kalorische Zustandsgleichung führt auf die Funktionen

$$A(\varepsilon) = \varepsilon g(\varepsilon) \quad \text{und} \quad A'(\varepsilon) = g(\varepsilon) + \varepsilon g'(\varepsilon) .$$

Damit resultiert für die Energiedichte zunächst

$$e(T,\mu) = e(0,\mu) + \frac{\pi^2}{6}\left[g(\mu) + \mu g'(\mu)\right](k_B T)^2 + \mathcal{O}(k_B T)^4 . \tag{6.25}$$

Diese Form der Zustandsgleichung ist von geringerer praktischer Bedeutung, weil thermische Phänomene meist an Körpern untersucht werden, die gegen Teilchenaustausch isoliert sind.[10] Um den Fall konstanter Teilchendichte zu behandeln, müssen wir μ zugunsten von n eliminieren. Ähnliche Überlegungen wie im vorangegangenen Abschnitt führen auf

$$e(T,\mu) = e(0,\varepsilon_F) + \varepsilon_F\left\{g(\varepsilon_F)[\mu - \varepsilon_F] + \frac{\pi^2}{6}g'(\varepsilon_F)(k_B T)^2\right\}$$

$$+ \frac{\pi^2}{6}g(\varepsilon_F)(k_B T)^2 + \mathcal{O}(k_B T)^4 . \tag{6.26}$$

Wie wir oben gesehen haben, führt die Forderung $n(T,\mu) = $ const. auf Gleichung 6.22. Daher verschwindet die geschwungene Klammer in Gleichung 6.26 und die *kalorische Zustandsgleichung* nimmt die Form

---

10 Die in den Abschnitten I-8.10, 6.4 und 6.5.3 diskutierten thermoelektrischen Phänomene bilden hier eine Ausnahme.

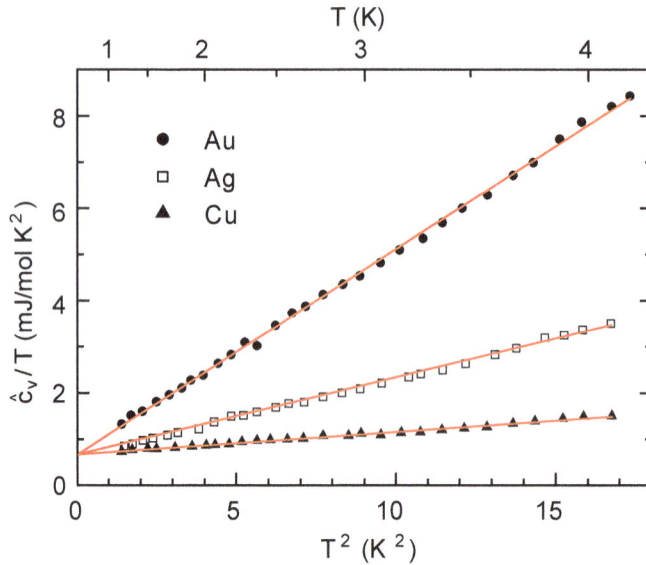

Abb. 6.7. Molare Wärmekapazität der Edelmetalle in der Auftragung $\hat{c}/T$ über T^2. In dieser Auftragung lassen sich der elektronische und der Phononen-Beitrag zur Wärmekapazität trennen. Der Achsenabschnitt der linearen Extrapolation zum Datenpunkt $T = 0$ ergibt den Sᴏᴍᴍᴇʀғᴇʟᴅ-Koeffizienten γ'. Die Steigung der Ausgleichsgeraden ergibt den Vorfaktor β' des Dᴇʙʏᴇ'schen T^3-Gesetzes aus Gl. 5.27 [Daten aus W. S. Corak, M. P. Garfunkel, C. B. Satterthwaite, A. Wexler, Phys. Rev. **98**, 1699 (1955)].

$$e(T, n) = e(0, n) + \frac{\pi^2}{6} g[\varepsilon_F(n)] (k_B T)^2 + \mathcal{O}(k_B T)^4 \qquad (6.27)$$

an. Für eine quadratische Dispersion gilt wegen $n = 1/\hat{v}$:

$$\hat{e}(T, \hat{v}) = \varepsilon_F(\hat{v}) \left[\frac{3}{5} + \frac{\pi^2}{6} \left[\frac{k_B T}{\varepsilon_F(\hat{v})} \right]^2 \right] . \qquad (6.28)$$

Der Verlauf von $\hat{e}(T, n)$ ist zusammen mit dem von $\mu(T, n)$ und $p(T, n)$ in Abb. 6.6 abgebildet. Im Gegensatz zum „klassischen" idealen Gas ist $\hat{e}(T, \hat{v})$ wegen des Pᴀᴜʟɪ-Prinzips über $\varepsilon_F(\hat{v})$ sehr stark vom Volumen abhängig.

Durch Ableitung von Gl. 6.27 nach der Temperatur erhalten wir sofort die *spezifische Wärmekapazität* (pro Volumen) des entarteten Fᴇʀᴍɪ-Gases:

$$c_v(T, n) = n\hat{c}_v(T, n) = \frac{\partial e(T, n)}{\partial T} = \frac{\pi^2}{3} g[\varepsilon_F(n)] k_B^2 \cdot T = n\gamma' T . \qquad (6.29)$$

Die spezifische Wärmekapazität variiert *linear* mit T, und der Vorfaktor $\gamma' = \hat{c}(T)/T$ heißt der SOMMERFELD-Koeffizient.[11] Die molare Entropiedichte, welche die kalorischen Eigenschaften des FERMI-Gases bestimmt, ist nach Gl. 1.15 ebenfalls durch γ' bestimmt:

$$s(T, n) = n\hat{s}(T, n) = \frac{\pi^2}{3} g[\varepsilon_F(n)] k_B^2 \cdot T = n\gamma' T . \tag{6.30}$$

!

Für eine quadratische Dispersionsrelation können wir Gl. 6.9 einsetzen und erhalten die Wärmekapazität pro Teilchen

$$\hat{c}_v(T, n) = \frac{\pi^2}{2} \left(\frac{k_B T}{\varepsilon_F(n)} \right) \cdot k_B . \tag{6.31}$$

Dieses Ergebnis unterscheidet sich für typische Werte von ε_F stark von dem für das „klassische" ideale Gas

$$\hat{c}_v = \frac{3}{2} \cdot k_B \gg \frac{\pi^2}{2} \frac{T}{T_F} \cdot k_B ,$$

nämlich um den Faktor $k_B T/\varepsilon_F \approx 300$ bei $300\,\text{K}$. Dies ist die Lösung eines anderen großen Rätsels der Physik um 1900 – nämlich die Tatsache, dass sich die Leitungselektronen in Metallen bezüglich der elektrischen Leitfähigkeit wie ein Gas verhalten, *ohne* in der Wärmekapazität mit dem nach dem Gleichverteilungssatz erwarteten Beitrag $\hat{c}_{v,\text{el}} = 3k_B/2$ zu erscheinen.

In Abb. 6.7 sind experimentelle Daten für die Edelmetalle Kupfer, Silber und Gold dargestellt. Obwohl diese Metalle in ihren elektronischen Eigenschaften fast identisch sind,[12] unterscheiden sich ihre Wärmekapazitäten bei tiefen Temperaturen erheblich. Dies liegt an den Unterschieden in ihrer DEBYE-Temperatur, die auf das deutlich unterschiedliche *Atomgewicht* dieser Stoffe zurückzuführen sind.

In Abb. 6.8 sind die SOMMERFELD-Koeffizienten der metallischen Elemente dargestellt. Ähnlich wie bei der DEBYE-Temperatur ist die Schalenstruktur der Atome im Periodensystem auch in der elektronischen Zustandsdichte an der FERMI-Kante deutlich zu erkennen. Die Alkali-Metalle sind rot eingezeichnet. Auffallend ist die niedrige Zustandsdichte der *Halbmetalle* Be, As, Sb und Bi sowie die hohe Zustandsdichte der Übergangsmetalle, zu der nicht nur die s- und p-Elektronen, sondern auch die flachen d-Bänder mit ihren hohen Zustandsdichte beitragen.

Darüber hinaus gibt es intermetallische Verbindungen[13] wie $CeCu_6$ oder UPt_3, die sich durch sehr hohe Werte des SOMMERFELD-Koeffizienten ($\hat{m} \approx 1000\,\hat{m}_0$) auszeich-

---

11 Die Bezeichnung γ' soll Verwechslungen mit dem Adiabatenexponenten γ vorbeugen.

12 Der auffällige Unterschied in der Farbe dieser Metalle entsteht durch vergleichsweise subtile Unterschiede in der *Bandstruktur*, das heißt in der elektronischen Dispersionsrelation bei hohen, für das thermische Verhalten irrelevanten Energien.

13 Darunter versteht man metallische Verbindungen, die im Gegensatz zu einer gewöhnlichen Legierung eine feste Stöchiometrie und eine einheitliche Kristallstruktur haben, die sehr hohe Qualität

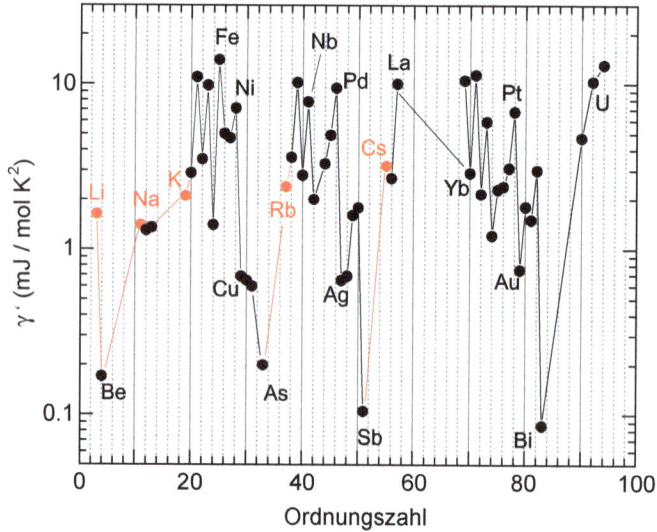

Abb. 6.8. Sommerfeld-Konstante γ' der metallischen Elemente. Der Beginn einer neuen Schale im Atomaufbau durch die Alkali-Metalle ist rot markiert – im Gegensatz zu den Debye-Temperaturen zeigt die Sommerfeld-Konstante hier keine Auffälligkeiten. Dagegen weisen die kleinen Werte von γ' für die *Halbmetalle* Be, As, Sb und Bi auf sehr kleine Fermi-Flächen hin (Daten aus [20]).

nen, wobei $\hat{m}_0$ die Masse von Elektronen im Vakuum ist. In diesen Materialien werden Elektron-Elektron-Wechselwirkungseffekte wichtig, die zu solch exotischem Verhalten führen (Abschnitt 6.3.1).

Obwohl das entartete Fermi-Gas, beziehungsweise sein unten beschriebenes Pendant in wechselwirkenden Systemen, die Fermi-Flüssigkeit, den thermodynamischen Grundzustand der Elektronen in vielen Metallen gut beschreibt, entwickelt die Mehrzahl der Metalle unterhalb einer kritischen Temperatur einen anderen fermionischen Grundzustand, nämlich das *supraleitende Kondensat*, welches in vielen Eigenschaften dem suprafluiden Kondensat im ^{4}He ähnlich ist (Abschnitt 6.6).

6.2.4 Thermische Ausdehnung

Die thermische Ausdehnung von Metallen im Modell freier Eektronen wird neben dem in Abschnitt 5.2.3 besprochenen Druck des Phononensystems auch durch einen elektronischen Beitrag bestimmt. In der Sommerfeld-Näherung erhalten wir

$$p(T,n) = \frac{2}{3}e(T,n) = \frac{2}{3}e(0,n) + \frac{\pi^2}{9}g[\varepsilon_F(n)](k_B T)^2 \ .$$

erreichen kann. In solchen Systemen ist es möglich, auch in einer metallischen Verbindung sehr große freie Weglängen zu erreichen, die nötig sind, um spezifische Effekte von der Bandstruktur solche Systeme sichtbar zu machen und zu untersuchen.

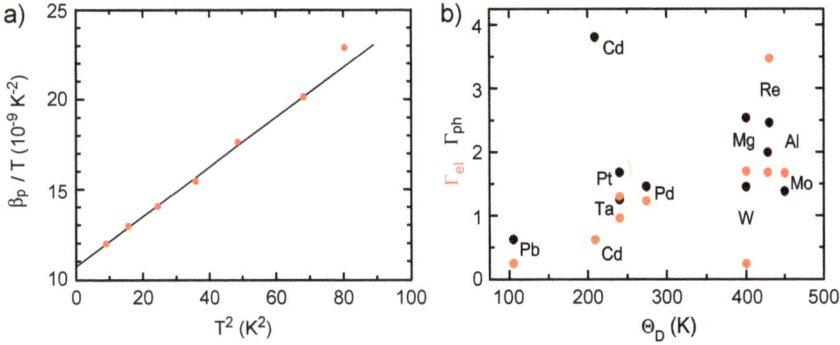

Abb. 6.9. a) Messwerte des thermischen Ausdehnungskoeffizienten von Platin. Wie bei der Wärmekapazität erlaubt die Auftragung β_p/T über T^2 die Trennung von Phononen- (Steigung) und Elektronen-Beitrag (Achsenabschnitt) [G. K. White, Phil. Mag. **6**, 815 (1961)]. b) Elektronischer (rot) und Phononen-GRÜNEISEN-Parameter (schwarz) für verschiedene Metalle (Daten aus [8]).

Für den elektronischen Beitrag zum thermischen Ausdehnungskoeffizienten ergibt sich damit in Analogie zu Gl. 5.38

$$\beta_{p,\mathrm{el}}(T) = \kappa_T \Gamma_{\mathrm{el}} c_{\mathrm{el}}(T)$$

und liefert einen linearen Beitrag zum thermischen Ausdehnungskoeffizienten, wie in Abb. 6.9a für Platin illustriert ist. Dieser ist wie der elektronische Beitrag zur Wärmekapazität nur bei tiefen Temperaturen von Bedeutung. Der *elektronische* GRÜNEISEN-Parameter Γ_{el} hat für nicht-wechselwirkende Elektronen mit quadratischer Dispersion den Wert 2/3. In realen Festkörpern ist die Bandstruktur $\varepsilon(\boldsymbol{q})$ nicht quadratisch, sondern muss wie die Phononendispersionsrelation periodisch in $\boldsymbol{q}$ sein. Genau wie bei den Phononen in Abschnitt 5.2.3 unterdrückt diese Eigenschaft die thermische Ausdehnung, wenn nicht außerdem die Breite der Energiebänder vom Dehnungszustand des Kristalls abhängt.

In der Realität ist dies der Fall – selbst im Modell unabhängiger Elektronen verschieben sich die Energien der elementaren FERMI-Systeme bei Dehnung der Kristalls, weil die quantenmechanischen Überlapp-Integrale der atomaren Wellenfunktionen, welche die Bandstruktur bestimmen, exponentiell vom Gitterabstand abhängen. Damit ergeben sich wie im Phononensystem bestimmen diese Effekte den Wert von Γ_{el}. Weitere Beiträge resultieren aus der Elektron-Elektron-Wechselwirkung. In Abb. 6.9b sind die Messwerte für den elektronischen und den Phononen-GRÜNEISEN-Parameter verschiedener Metalle dargestellt. Ähnlich wie bei den Phononen variieren die gemessenen Werte von Γ_{el} zwischen 0 und 4. Oft liegen beide GRÜNEISEN-Parameter recht nahe beieinander, in einigen Fällen (Cd, W, Re) gibt es jedoch auch große Unterschiede.

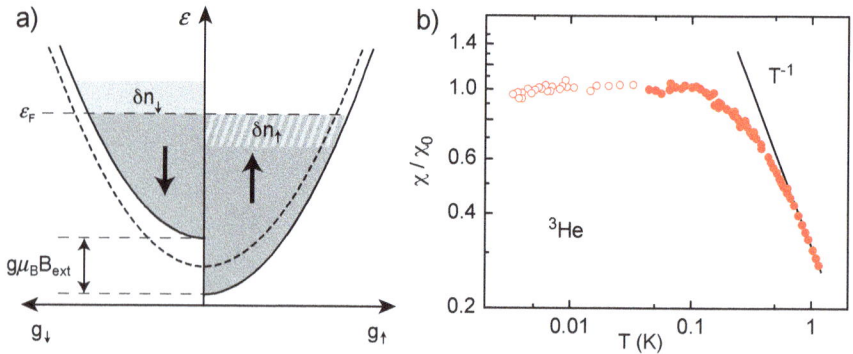

Abb. 6.10. a) Verschiebung der Zustandsdichten $g_\uparrow$ und $g_\downarrow$ für die Subsysteme mit Spin $\uparrow$ und Spin $\downarrow$ im äußeren Magnetfeld B (durchgezogene Linien) gegenüber der Zustandsdichte ohne Magnetfeld. b) Gemessene Kernspin-Suszeptibilität von flüssigem ^{3}He. Die Daten wurden mit $\chi_0 = \chi(T = 0)$ normiert. Die durchgezogene Linie entspricht dem CURIE-Gesetz [nach W. Abel, A. C. Anderson, W. C. Black J. C. Wheatley, Physics **1**, 337 (1965)].

6.2.5 PAULI-Suszeptibilität

In Gegenwart eines Magnetfeldes zeigt sich, dass in FERMI-Gasen mit dem Spin 1/2 für jeden möglichen Wellenvektor $\mathbf{k}$ *zwei* elementare FERMI-Systeme existieren, die sich in der Orientierung des Spins relativ zum Magnetfeld unterscheiden. Ähnlich wie bei der Betrachtung lokalisierter Spins in Abschnitt 2.3 ist das FERMI-Gas daher in zwei FERMI-Gase mit entgegengesetzter Spin-Polarisation zerlegbar, da sich die Energien aller elementaren FERMI-Systeme mit derselben Spin-Orientierung in einem nach oben gerichteten Magnetfeld um denselben Betrag $\Delta\varepsilon = \pm\mu_B B_{\text{ext}}$ verschieben.[14] In Abb. 6.10a macht sich dies in einer starren Verschiebung der Zustandsdichten $g_\uparrow(\varepsilon)$ und $g_\downarrow(\varepsilon)$ der beiden Teilsysteme bemerkbar. Durch Spin-Flip-Prozesse relaxiert der resultierende Nichtgleichgewichts-Zustand in Richtung des chemischen Gleichgewichts zwischen beiden Teilgasen. Dabei wächst die Dichte $n_\uparrow$ der energetisch begünstigten $\uparrow$-Spins mit nach oben gerichteten magnetischen Moment auf Kosten der Dichte $n_\downarrow$ der entgegengesetzt orientierten Spins, bis sich die chemischen Potenziale $\mu_\uparrow(T, n_\uparrow) = \mu_\downarrow(T, n_\downarrow)$ beider Teilsysteme angeglichen haben. Dabei muss die Gesamtdichte $n = n_\uparrow + n_\downarrow$ konstant bleiben. Die Änderungen der Teilchendichten der beiden Spin-Subsysteme betragen im Grenzfall $T \to 0$:

$$\delta n_{\uparrow,\downarrow} = \pm g_{\uparrow,\downarrow}(\varepsilon_F)\,\mu_B B_{\text{ext}}\,,$$

---

14 Im Falle von Kernspins ist das BOHR'sche Magneton μ_B durch das Kern-Magneton $\mu_K = e\hbar/(2\hat{m}_p)$ zu ersetzen, wobei $\hat{m}_p$ die Protonenmasse ist. Aufgrund des Massenverhältnisses $\hat{m}_p/\hat{m}_e = 1836$ sind die magnetischen Momente von Atomkernen typischerweise etwa 2000-mal kleiner als die der Elektronen.

wobei $g_{\uparrow,\downarrow}(\varepsilon_F) = g_F/2$ die Zustandsdichte der Spin-Subbänder ohne Magnetfeld ist. Damit erhalten wir die von den unkompensierten Spins herrührende Magnetisierung

$$M = \mu_B(n_\uparrow - n_\downarrow) = g_F\mu_B^2 B_{ext} .$$

Die Spin-Suszeptibilität des FERMI-Gases ist also paramagnetisch und beträgt im Grenzfall $T \to 0$

$$\chi_{Pauli} = \mu_0\mu_B^2 g_F \qquad \text{PAULI-Suszeptibilität} . \tag{6.32}$$!

Für eine quadratische Dispersionsrelation gilt dann

$$\chi_{Pauli} = \frac{3}{2}n\frac{\mu_0\mu_B^2}{k_B T_F} = \frac{3}{2}\frac{T}{T_F} \cdot \chi_{Curie} .$$

Die PAULI-Suszeptibilität des entarteten FERMI-Gases ist also gegenüber der des verdünnten idealen Gases oder eines Festkörpers mit lokalisierten magnetischen Momenten um einen Faktor T/T_F unterdrückt, weil selbst bei $T = 0$ die allermeisten Spins kompensiert sind und nur diejenigen an der FERMI-Kante zur Magnetisierung beitragen. Wie die Wärmekapazität genügt auch die Spin-Suszeptibilität des entarteten FERMI-gases den Anforderungen des 3. Hauptsatzes. Die erste temperaturabhängige Korrektur zur PAULI-Suszeptibilität ist Gegenstand von Aufgabe 6.2. Der Übergang zwischen dem CURIE-Verhalten bei hohen Temperaturen und dem PAULI-Verhalten bei tiefen Temperaturen lässt sich experimentell eindrucksvoll an den Kernspins des flüssigen ^{3}He demonstrieren, dessen FERMI-Temperatur nur wenige Kelvin beträgt (Abb. 6.10b) und das wir im Folgenden besprechen werden.

Die in Metallen gemessene Magnetisierung enthält noch einen von dem Bahnmoment der freien Elektronen herrührenden diamagnetischen Beitrag, der erstmals von LANDAU berechnet wurde und den Wert

$$\chi_{dia} = -\frac{1}{3}\left(\frac{\hat{m}_0}{\hat{m}}\right)^2 \cdot \chi_{Pauli}$$

hat. Dabei ist $\hat{m}_0$ wieder die Masse freier Elektronen ohne Wechselwirkungseffekte. Aufgrund des Faktors $\hat{m}_0/\hat{m}$ können Metalle sowohl paramagnetisch als auch diamagnetisch sein. Außerdem kommen noch die in der Regel diamagnetischen Beiträge der Atomrümpfe dazu.[15]

6.3 FERMI-Flüssigkeiten

Das Konzept der elementaren FERMI- (und BOSE)-Systeme hat sich als außerordentlich flexibel und breit anwendbar erwiesen. Es ist geeignet, den klassischen Teilchenbegriff in einer Weise zu modifizieren, dass die Prinzipien der Quantentheorie und der Thermodynamik miteinander in Einklang gebracht werden können. Der Preis dafür ist die Aufgabe der Individualität und der Verfolgbarkeit der Teilchen auf einer „Bahn" $r(t)$. Bewegungsphänomene werden stattdessen durch Nichtgleichgewichtszustände mit einer Differenz der chemischen Potenziale und damit der Teilchenzahlen in elementaren Systemen mit dem Impuls pro Teilchen $\hbar \boldsymbol{k}$ und $-\hbar \boldsymbol{k}$ beschrieben (Abschnitt 6.4).

Die zentralen Größen, mit denen das Konzept operiert, sind die Teilchenzahlen $N_\varepsilon^{(\mathrm{F})}(T, \mu)$ („Besetzungszahlen") der elementaren FERMI-Systeme. Bisher (mit Ausnahme der Abschnitte 5.2.3 und 6.2.4 über die thermische Ausdehnung) haben wir stets vorausgesetzt, dass die Energien $\varepsilon(\boldsymbol{k})$ charakteristische *Konstanten* der einzelnen elementaren Teilsysteme sind. Insbesondere haben wir vorausgesetzt, dass die $\varepsilon(\boldsymbol{k})$ von den N_k unabhängig sind. Eine zentrale Frage ist nun, ob und wie das Konzept erweitert werden kann, um Wechselwirkungseffekte zwischen den elementaren FERMI-Systemen in angemessener Weise zu berücksichtigen.

6.3.1 LANDAUS FERMI-Flüssigkeit

Um diese Frage zu beantworten, ging LANDAU von der Vorstellung aus, dass ein allmähliches Einschalten der Wechselwirkung zwischen den elementaren FERMI-Systemen nur zu einer *stetigen Verschiebung* der charakteristischen Energien $\varepsilon(\boldsymbol{k})$ der elementaren FERMI-Systeme führt, ohne deren *Zahl* zu ändern.[16] Die FERMI-Flüssigkeit ist wie beim idealen FERMI-Gas dadurch ausgezeichnet, dass die Teilchenzahlen der elementaren FERMI-Systeme bei $|\boldsymbol{k}| = k_{\mathrm{F}}$ diskontinuierlich von 0 auf 1 springen, dass also immer noch eine scharfe FERMI-Kante vorhanden ist. Durch die Wechselwirkung verschieben sich aber die Werte der $\varepsilon(\boldsymbol{k})$, und damit das chemische Potenzial. Gegenüber dem idealen FERMI-System bekommen wir daher eine Änderung der Teilchenzahlen

$$\nu_k = N_k - N_k^{(0)} \, ,$$

---

15 Eine interessante Ausnahme sind die *Seltenen Erden*, von denen die meisten stark lokalisierte Spins der f-Zustände enthalten. Um dem dritten Hauptsatz zu genügen, müssen diese bei tiefen Temperaturen eine magnetische Ordnung, das heißt Ferromagnetismus, Antiferromagnetismus oder noch komplexere magnetische Strukturen ausbilden.

16 Damit sind eine Reihe interessanter Phänomene wie die Supraleitung, die Suprafluidität des ^{3}He und die *Quantenphasenübergänge* außerhalb der Reichweite der LANDAU'schen Theorie. Diese Phänomene treten bei Variation gewisser Kontrollparameter wie Temperatur, Druck oder Magnetfeld auf und sind auf thermodynamische *Instabilitäten* der FERMI-Flüssigkeit zurückzuführen.

wobei $N_k^{(0)}$ die Teilchenzahlen des idealen Systems sowie die $\nu_k = 0, 1$ für $|\boldsymbol{k}| > k_F$ und $\nu_k = -1, 0$ für $|\boldsymbol{k}| < k_F$ sind. Die thermischen Anregungen über dem Grundzustand – die *Quasiteilchen* – sind immer noch Fermionen; solange ihre Zahl klein genug ist, wird ihr Einfluss auf den Grundzustand vernachlässigbar sein. Dabei hängen die $\varepsilon(\boldsymbol{k})$ von der Zahl ν_k der angeregten Quasiteilchen ab. Die Gesamtenergie wird bei $T = 0$ ein *Funktional* der Teilchenzahlen $N_{k\sigma}$ (hier berücksichtigen wir zusätzlich die Spinquantenzahl σ), welche wir für niedrige Anregungsgrade analog einer TAYLOR-Reihe nach den $\nu_{k\sigma}$ entwickeln können:

$$
\begin{aligned}
E[\{N_k\}; T, \mu] &= E[N_k^{(0)}] + \sum_{k\sigma} \frac{\partial E}{\partial N_{k\sigma}}\Big|_0 \nu_{k\sigma} \\
&\quad + \frac{1}{2} \sum_{k\sigma, k'\sigma'} \frac{\partial^2 E}{\partial N_{k\sigma}\partial N_{k'\sigma'}}\Big|_0 \nu_{k\sigma}\nu_{k'\sigma'} + \dots \\
&= E^{(0)} + \sum_{k\sigma} \varepsilon_{k\sigma}^{(0)} \nu_{k\sigma} + \frac{1}{2V} \sum_{k\sigma, k'\sigma'} \varphi(\boldsymbol{k}\sigma, \boldsymbol{k}'\sigma')\nu_{k\sigma}\nu_{k'\sigma'} + \dots
\end{aligned}
$$

Dabei sind die Funktionen $\varepsilon_{k\sigma}^{(0)}$ und $\varphi(\boldsymbol{k}\sigma, \boldsymbol{k}'\sigma')$ phänomenologische Parameter, die durch Anpassung an experimentelle Daten zu bestimmen sind.[17] Dies ist natürlich nur dann sinnvoll, wenn die Form von $\varepsilon_{k\sigma}^{(0)}$ und $\varphi(\boldsymbol{k}\sigma, \boldsymbol{k}'\sigma')$ durch ganz wenige phänomenologische Parameter bestimmt ist. Diese wollen wir im folgenden identifizieren.

Zunächst erkennen wir, dass die charakteristischen Energien der elementaren FERMI-Systeme durch die (Funktional)-Ableitung der Gesamtenergie nach den $\nu_{k\sigma}$ gegeben sind:

$$
\varepsilon(\boldsymbol{k}, \sigma) = \varepsilon_{k\sigma}^{(0)} + \frac{1}{V} \sum_{k'\sigma'} \varphi(\boldsymbol{k}\sigma, \boldsymbol{k}'\sigma')\nu_{k'\sigma'} + \dots \tag{6.33}
$$

Da es sich bei dieser Beschreibung um eine typische Niederenergie-Näherung handelt, kann $\varepsilon_{k\sigma}^{(0)}$ in der Nähe der FERMI-Kante bei k_F einfach linear genähert werden:

$$
\varepsilon_{k\sigma}^{(0)} = \varepsilon_F + \nu_F \hbar (\boldsymbol{k} - \boldsymbol{k}_F) , \tag{6.34}
$$

wobei die FERMI-Geschwindigkeit wieder durch $v_F = \hbar k_F / \hat{m}$ definiert ist. Dabei ist $\hat{m}$ in der Regel größer als die Masse $\hat{m}_0$ der nicht-wechselwirkenden Teilchen, weil die wechselwirkenden Teilchen eine *Abschirm-Wolke* mit sich herumschleppen, welche zum Impuls $\hbar \boldsymbol{k}$ beiträgt. Die Wechselwirkungsfunktion $\varphi(\boldsymbol{k}\sigma, \boldsymbol{k}'\sigma')$ braucht ebenfalls nur in der Nähe der FERMI-Fläche bekannt zu sein und kann daher nur vom Winkel θ zwischen den Wellenvektoren sowie den Spinquantenzahlen σ, σ' abhängen. Daher bietet es sich an, $\varphi(\boldsymbol{k}\sigma, \boldsymbol{k}'\sigma')$ nach LEGENDRE-Polynomen in $\cos\theta$ zu entwickeln. In

---

17 Die Doppelsumme über die durch die Randbedingungen bestimmten $\boldsymbol{k}$ liefert beim Übergang zur Kontinuumsnäherung einen Faktor V^2, der nur dann mit der Homogenitätsrelation verträglich ist, wenn die Wechselwirkungsfunktion zu $1/V$ proportional ist. Diesen Faktor $1/V$ haben wir vor die Summe gezogen.

erster Näherung kann die Winkelabhängigkeit ganz vernachlässigt werden. Nur wenn sich das System als Ganzes bewegt, die Verteilung der $\boldsymbol{k}$ also eine Vorzugsrichtung aufweist, spielt der Winkel zwischen der Bewegungsrichtung und den $\boldsymbol{k}$-Vektoren eine Rolle. Wir setzen daher an:

$$g(\varepsilon)\varphi(\boldsymbol{k}\sigma, \boldsymbol{k}'\sigma') = F_0 + G_0 + F_1 \cos\theta , \tag{6.35}$$

wobei $g(\varepsilon)$ wieder die Zustandsdichte *pro Spin-Richtung* bezeichnet. Für ein System mit Galilei-Invarianz lässt sich zeigen, dass

$$\hat{m} = \hat{m}_0 \left(1 + \frac{F_1}{3} \right)$$

ist, wobei $\hat{m}_0$ die effektive Masse der nicht wechselwirkenden Teilchen ist.

Die so aus Gl. 6.33 gewonnenen Energien $\varepsilon(\boldsymbol{k}, \sigma)$ der elementaren Fermi-Systeme setzen wir in die großkanonische Zustandssumme $\mathcal{Z}_{k\sigma}$ des Quasiteilchen-Systems ein. Da die Werte der $N_{k\sigma}$, die sich aus der Ableitung von $\mathcal{Z}_{k\sigma}$ nach μ ergeben, selbst in die $\varepsilon(\boldsymbol{k}, \sigma)$ eingehen, handelt es sich dabei um eine Art *Molekularfeld-Näherung*, bei der die $\varepsilon(\boldsymbol{k}, \sigma)$ selbstkonsistent bestimmt werden müssen. Dabei ergeben sich die folgenden, hier nicht im Detail abgeleiteten Ergebnisse:

- In der *kalorischen Zustandsgleichung* $E(T, V, N)$ fällt die Wechselwirkungsfunktion $\varphi(\boldsymbol{k}\sigma, \boldsymbol{k}'\sigma')$ heraus, und wir erhalten für die *molare Wärmekapazität* bis auf die geänderte Masse dasselbe Resultat wie für ideale Fermi-Systeme:

$$\hat{c}_v(T) = \frac{\pi^2}{3} g_F k_{\mathrm{B}}^2 \cdot T . \tag{6.36}$$

  Dies erklärt (neben Bandstruktur-Effekten) die in Abb. 6.8 beobachteten Erhöhungen der spezifischen Wärmekapazität von Metallen gegenüber dem Modell freier Elektronen.

- In die *thermische Zustandsgleichung* gehen die attraktiven und repulsiven Wechselwirkungen zwischen den Teilchen und damit der Spin- und Richtungs-unabhängige Anteil F_0 von $\varphi(\boldsymbol{k}\sigma, \boldsymbol{k}'\sigma')$ ein, und wir erhalten eine im Vergleich zum idealen System reduzierte Teilchenkapazität und isotherme Kompressibilität:

$$\nu = \frac{\partial n(T, \mu)}{\partial \mu} = n^2 \kappa_T = \frac{g_F}{1 + F_0} . \tag{6.37}$$

- In die *magnetische Zustandsgleichung* geht die Austausch-Wechselwirkungen zwischen den Teilchen und damit der Spin-abhängige Anteil G_0 von $\varphi(\boldsymbol{k}\sigma, \boldsymbol{k}'\sigma')$ ein, und wir erhalten für $G_0 < 0$ eine im Vergleich zum idealen System erhöhte Pauli-Suszeptibilität:

$$\chi_{\mathrm{Pauli}} = \frac{\mu_0 \mu_{\mathrm{B}}^2 \, g_F}{1 + G_0/4} . \tag{6.38}$$

Für hinreichend negatives G_0 führt das in Analogie zu den in Abschnitt 2.7 behandelten lokalisierten Spins zum *Ferromagnetismus*.

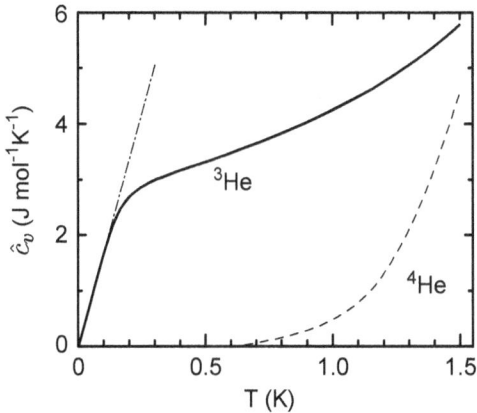

Abb. 6.11. Gemessene Wärmekapazität von ^{3}He als Funktion der Temperatur (durchgezogene Linie). Zum Vergleich wurde die Wärmekapazität von ^{4}He (gestrichelte Linie) eingezeichnet. Unterhalb von ca. 100 mK zeigt die Wärmekapazität einen für FERMI-Flüssigkeiten typischen linearen Verlauf (strichpunktierte Linie), der einer effektiven Masse von $\hat{m}_3 \simeq 2.8 \, \hat{m}_{03}$ entspricht [nach D. S. Greywall, Phys. Rev. B **27**, 2747 (1983)].

Von diesen in den meisten Fällen eher kosmetischen Korrekturen abgesehen sind die Unterschiede zwischen idealen und realen FERMI-Systemen gering – dies macht auch das FERMI-Gas zu einem archetypischen System der Physik der kondensierten Materie.

6.3.2 Flüssiges ^{3}He

Neben den Elektronen im Metallen bildet ^{3}He das Paradebeispiel für eine FERMI-Flüssigkeit. Wie beim ^{4}He bleibt ^{3}He bis zu tiefsten Temperaturen flüssig und verfestigt sich nur unter äußerem Druck ($p \gtrsim 30$ bar). Qualitativ ähneln die thermodynamischen Eigenschaften der flüssigen Phase unterhalb von etwa 100 mK denen eines idealen FERMI-*Gases* (Abb. 6.10b und 6.11). Vergleicht man die experimentellen Daten aber mit den aus der Dichte n und der Masse $\hat{m}_{03}$ der ^{3}He-Atome berechenbaren Werten (Gln. 6.29 und 6.32), so stellt man quantitative Diskrepanzen fest, die LANDAU dazu motivierten, die im vorangegangenen Abschnitt dargestellte phänomenologische Theorie zu entwickeln. In der Tat liefern die Messungen der Wärmekapazität, der Kompressibilität und der Spinsuszeptibilität die in Tabelle 6.1 zusammengefassten Werte der FERMI-Flüssigkeitsparameter. Interessant ist, dass die Dichte von ^{3}He wegen der großen Kompressibilität in dem bis zur Verfestigung zugänglichen Druckbereich um 25 % geändert und die Stärke der Wechselwirkung damit deutlich geändert werden kann. In der Tat vergrößern sich die FERMI-Flüssigkeitsparameter unter Druck erheblich und zeigen so eine Zunahme der FERMI-Flüssigkeitskorrekturen an.

Weitere experimentelle Evidenz für die Richtigkeit von LANDAUS Überlegungen kommt aus den Transporteigenschaften, welche nach Kapitel I-8 neben der thermo-

p (bar)	$\hat{v}$ (cm^3/mol)	F_0	F_1	G_0	$\hat{m}_3/\hat{m}_{03}$
0	36.8	9.3	5.4	−2.8	2.8
15	28.9	41.2	9.9	−3.0	4.3
30	26.4	77.0	13.5	−3.0	5.7

Tab. 6.1. FERMI-Flüssigkeits-Parameter von ^{3}He für verschiedene Drucke:

dynamischen Suszeptibilität die Temperaturabhängigkeit der Quasiteilchen-Streurate widerspiegeln. Nach LANDAU ist die Anwendbarkeit des Quasiteilchen-Konzepts zur Beschreibung der Flüssigkeit dadurch begrenzt, dass die Quasiteilchen-Anregungen hinreichend große Lebensdauern aufweisen müssen, damit das Quasiteilchenbild anwendbar ist. Im flüssigen ^{4}He wird dies dadurch möglich, dass die angeregten Zustände der ^{4}He-Atome bei hinreichend tiefen Temperaturen energetisch weit oberhalb derer der kollektiven Anregungen liegen. Mit weiter abnehmender Temperatur nimmt die Dichte der Anregungen immer weiter ab, sodass die Streuzeit im Grenzfall $T \to 0$ divergiert. Ähnliches geschieht im ^{3}He: hier ist es das PAULI-Prinzip, welches den Phasenraum für die Anregung von ^{3}He-Atomen immer weiter einschränkt, bis schließlich nur noch sehr wenige Quasiteilchen in der unmittelbaren Nähe der FERMI-Fläche angeregt sind, die zu Streuprozessen in der Lage sind. Damit bilden die unterhalb der FERMI-Kante eingeschlossenen ^{3}He-Atome (wie im ^{4}He) ein *Quasi-Vakuum* für das schwach wechselwirkende Quasiteilchengas, welches energetisch nur im Bereich von $k_B T$ um die FERMI-Kante lebt. Das fermionische Grundsystem – das Vielteilchen-Gegenstück zur FERMI-Kugel – trägt nur zu den elastischen Eigenschaften des Systems bei, alle dynamischen und thermischen Eigenschaften übernimmt das dünne Quasiteilchen-Gas. Erst unterhalb etwa 2.8 mK wird die FERMI-Kugel als Grundsystem instabil und bildet ein suprafluides fermionisches Kondensat aus COOPER-Paaren, welches analog zum supraleitenden Grundzustand der Metalle ist (Abschnitt 6.6).

Um die Abhängigkeit der Quasiteilchen-Streurate τ^{-1} von der Temperatur abzuschätzen, gehen wir von FERMIS Goldener Regel aus. Nach dieser ist

$$\tau^{-1} = \frac{2\pi}{\hbar} |M|^2 \rho(\varepsilon_1) \delta(\varepsilon_3 + \varepsilon_4 - \varepsilon_1 - \varepsilon_2) \, ,$$

wobei M das den Streuprozess bestimmende Übergangs-Matrixelement der Wechselwirkung ist, $\rho(\varepsilon_1)$ das für den Prozess verfügbare Phasenraumvolumen, und die δ-Funktion die Erhaltung der Summe der Quasiteilchen-Energien $\sum_i \varepsilon_i$ bei dem Prozess sicherstellt. Um ρ abzuschätzen, überlegen wir uns, welche Einschränkungen die Energieerhaltung bei einem Zweiteilchen- Streuprozess in der Nähe der FERMI-Kante mit sich bringt. Wie in Abb. 6.12 dargestellt, betrachten wir als Anfangszustand ein einzelnes Quasiteilchen mit der Energie $\varepsilon_1 > \varepsilon_F$ über der FERMI-Fläche, welches an einem anderen Quasiteilchen mit der Energie $\varepsilon_2 < \varepsilon_F$ gestreut wird. Bei hinreichend tiefer Temperatur findet das zweite Quasiteilchen nach der Streuung nur dann freie Zustände, wenn ε_2 im Intervall $[2\varepsilon_F - \varepsilon_1]$ liegt. Nach der Streuung muss ε_3 im Intervall $[\varepsilon_F, \varepsilon_1]$ liegen. Der Wert von $\varepsilon_4 = \varepsilon_1 + \varepsilon_2 - \varepsilon_3$ ist dann durch die Energie-Erhaltung festgelegt. Das bedeutet, dass von allen möglichen Endzuständen nur der Bruchteil $(\varepsilon_1 - \varepsilon_F)^2/\varepsilon_F^2$ zur Verfügung steht. Für Metalle muss man noch berücksichtigen, dass das Matrixelement $|M|$ in einfachster Näherung proportional zur THOMAS-FERMI-Abschirmlänge und wegen Gln. 6.14 und $\partial n/\partial \mu \propto n/\varepsilon_F$ ist. So gilt $|M|^2 \propto \lambda_S^2 \propto 1/\varepsilon_F$. Da $\varepsilon_1 - \varepsilon_F \lesssim k_B T$ sein muss, erhalten wir für die Quasiteilchen-Streurate

a)

b)

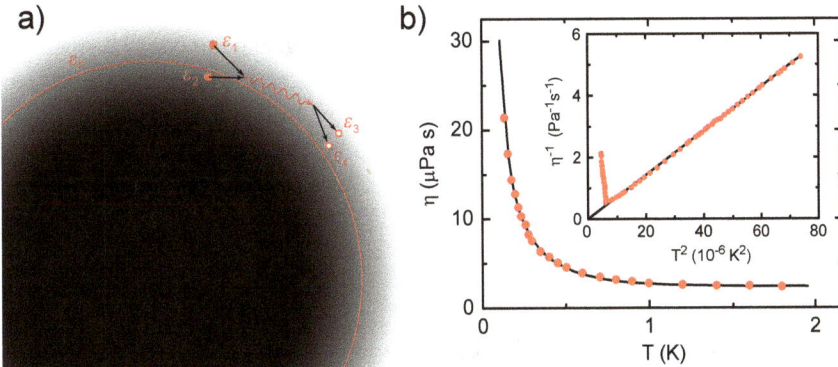

Abb. 6.12. a) Schematische Darstellung der Quasiteilchen-Streuung eines abgeschirmten COULOMB-Potentials in einer FERMI-Flüssigkeit. Wegen des PAULI-Prinzips können nur Quasiteilchen im Bereich $\pm k_B T$ um die FERMI-Energie ε_F gestreut werden. Die Teilchen im Inneren des FERMI-Sees (schwarz) bilden ein Quasi-Vakuum, welches das für die thermisch angeregten Quasiteilchen verfügbare Volumen zur Verfügung stellt, sich sonst aber nur in der Renormierung der Systemparameter durch die FERMI-Flüssigkeits-Korrekturen manifestiert. b) Viskosität von ^{3}He als Funktion der Temperatur. Der Einsatz zeigt die Proportionalität der *inversen* Viskosität zu T^2 bei $p = 16$ bar im Bereich sehr tiefer Temperaturen. Man beachte, dass die Viskosität am tiefsten Datenpunkt des Einsatzes noch einmal um 4 (!) Größenordnungen höher ist als am höchsten Datenpunkt in der Hauptabbildung. Der scharfe Anstieg von η^{-1} bei wenigen mK ist auf des Einsetzen der Suprafluidität zurückzuführen [nach D. S. Betts, D. W. Osborne, B. Weber, J. Wilks, Phil. Mag. **8**, 977 (1963); D. S. Betts, B. E. Keen, J. Wilks, Proc. R. Soc. **A289**, 34 (1965)]; Einsatz: J. M. Parpia, D. J.Sandiford, J. E. Berthold, J. D. Reppy, Phys. Rev. Lett. **40**, 565 (1978).

$$\tau^{-1}(T) = A \frac{1}{\hbar} \frac{(k_B T)^2}{\varepsilon_F} \ . \tag{6.39}$$

Der dimensionslose Vorfaktor A kann in den verschiedenen Systemen Werte zwischen zwischen 1 und 100 annehmen. Die Streuzeit, und damit die mittlere freie Weglänge $\Lambda = v_F \tau \propto 1/T^2$, und die Diffusionskonstante $D = v_F \Lambda/3$ divergieren bei tiefen Temperaturen also wie $1/T^2$.

Dieses Verhalten spiegelt sich in der Transportkoeffizienten wider. Die in Abbildung 6.12b gezeigte Messung der Viskosität $\eta = Dm$ zeigt in der Tat bei tiefen Temperaturen einen starken Anstieg und erreicht Werte, wie sie bei Honig oder schwerem Maschinenöl auftreten. Dies bedeutet, dass die Quasiteilchen wegen der geringen Streuung sehr effektiv Impuls von einer Grenzfläche transportieren. Bei Temperaturen von einigen mK kann die mittlere freie Weglänge 10 µm überschreiten. Das bedeutet, dass ein Quasiteilchen in der Flüssigkeit einige 10 000 ^{3}He-Atome passiert, bevor es einmal streut. Dies ist eine wirklich dramatische Manifestation des PAULI-Prinzips und rechtfertigt die Bezeichnung „Quasi-Vakuum" für den FERMI-See bei $T = 0$.[18] Die Wärmeleitfähigkeit $\lambda = Dc_v(T)$ divergiert wegen $c_v = \gamma' T$ dagegen nur wie $1/T$. Auch diese Eigenschaft ist exotisch, weil $\Lambda(T)$ bei tiefen Temperaturen gewöhnlich konstant wird, und $\lambda(T)$ aufgrund des 3. Hauptsatzes mit $c_v(T)$ gegen Null gehen muss.

Bei der kritischen Temperatur $T_c = 2.8$ mK geht ^{3}He von einer FERMI-Flüssigkeit in einen exotischen suprafluiden Zustand über. Dies äußert sich in einem scharfen Abfall der Viskosität bei dieser Temperatur und kann aus den Tieftemperaturdaten im Einsatz von Abb. 6.12 abgelesen werden.

6.3.3 Verfestigung von ^{3}He – POMERANCHUK-Kühlung

Die Kristallisation eines Materials ist üblicherweise mit einer Abnahme $\Delta S = S_{\text{flüssig}} - S_{\text{fest}}$ der Entropie verbunden, wobei die latente Wärme $T\Delta S$ beim Gefrieren an die Umgebung abgeführt werden muss. Flüssiges ^{3}He ist die einzige Substanz, bei der die Entropie in der festen Phase *höher* ist als in der flüssigen Phase.[19] Diese verblüffende Eigenschaft muss auf Freiheitsgrade zurückzuführen sein, die im Festkörper für die thermischen Eigenschaften bedeutsam sind, in der Flüssigkeit dagegen nicht. Damit scheiden die Translationsfreiheitsgrade aus, weil diese im festen Zustand (wie bei anderen Festkörpern auch) durch die Phononen bestimmt sind. Die Phononen liefern einen kubischen Beitrag $\propto (T/\Theta_D)^3$ zur Entropie, während die Entropie der Flüssigkeit wegen Gl. 6.30 $\propto T/T_F$ zunimmt und für $T < T_F < \Theta_D$, also bei tiefen Temperaturen, dominiert. Es muss also noch ein weiterer Beitrag zur Entropie existieren. Dieser ist wieder mit der FERMI-Natur des ^{3}He verknüpft: der *Kernspin*. Obwohl das magnetische Moment der Kernspins sehr viel kleiner als bei Elektronenspins ist, liefern sie doch denselben Beitrag zur Entropie. Während die Spin-Suszeptibilität und die Spin-Entropie in der FERMI-Flüssigkeit durch das PAULI-Prinzip stark unterdrückt sind (Abb. 6.10), verhalten sich die Kernspins im ^{3}He-Festkörper bis herab zu $\simeq 1$ mK gemäß dem CURIE-Gesetz eines idealen Paramagneten, das heißt $\chi \propto 1/T$ und $\hat{s} = k_B \ln 2$. Unterhalb von $\simeq 1$ mK ordnet das Kernspinsystem antiferromagnetisch und erfüllt so den 3. Hauptsatz. In Abb. 6.13a ist der Verlauf der molaren Entropie $\hat{s}$ als Funktion der Temperatur für die feste und die flüssige Phase des ^{3}He dargestellt. Unterhalb von 320 mK ist $\Delta\hat{s}$ *negativ*. Da die Differenz der Molvolumina $\Delta\hat{v} = \hat{v}_{\text{flüssig}} - \hat{v}_{\text{fest}}$ stets positiv ist, äußert sich dies nach der Gleichung von CLAUSIUS und CLAPEYRON (Gl. I-9.2) auch in einer Anomalie der Schmelzdruckkurve, die ebenfalls in Abb. 6.13a gezeigt ist: Die Steigung der Schmelzdruckkurve ist bei tiefen Temperaturen zunächst *negativ* und wird erst nach Erreichen eines Minimums bei 320 mK positiv.

---

18 Der Druck von Argon bei 300 K darf nur $6 \cdot 10^{-4}$ mbar betragen, um eine vergleichbare freie Weglänge zu bekommen!

19 Semantisch provokant kann man sagen, dass ^{3}He die einzige Flüssigkeit ist, die bei Erwärmung gefrieren kann...

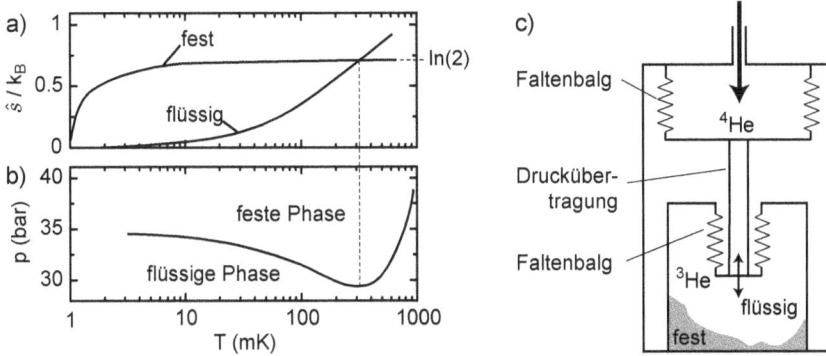

Abb. 6.13. a) Vergleich der Entropien des festen und flüssigen Heliums. b) Schmelzdruckkurve $p(T)$ von ^{3}He. Wenn die Entropie des festen Heliums größer als die des flüssigen ist, wird die Steigung von $p(T) < 0$, und Verfestigung führt zur Abkühlung. c) Schematischer Aufbau einer POMERANCHUK-ZELLE zur Kühlung durch die Verfestigung von ^{3}He. Flüssiges ^{4}He wird von oben unter Druck in die Zelle einkondensiert und erzeugt in der oberen Zelle einen Druck unterhalb des Schmelzdrucks von ^{4}He, in der unteren Zelle aber einen Druck oberhalb des Schmelzdrucks von ^{3}He (nach [26]).

Das anomale Schmelzverhalten des ^{3}He kann praktisch ausgenutzt werden, um durch die Verfestigung von ^{3}He unterhalb von 320 mK eine *Kühlleistung* zu erzeugen, die proportional zur Verfestigungsrate $\dot{N}$ ist:

$$P_{\text{Kühl}} = \dot{N} \, T \Delta \hat{s} = \dot{N} k_{\text{B}} T \left(\ln 2 - \frac{\pi^2}{2} \frac{T}{T_{\text{F}}} \right) . \tag{6.40}$$

Dieses Verfahren wird nach seinem Erfinder POMERANCHUK-Kühlung genannt. Zur Vorkühlung wird in der Regel ein ^{3}He-^{4}He-Mischkryostat benutzt, dessen Funktionsweise in Abschnitt 6.3.5 erklärt wird. Abbildung 6.13b zeigt eine schematische Darstellung einer POMERANCHUK-Zelle, mit der sich in der Praxis Temperaturen bis herab zu $\approx$ 2 mK erzeugen lassen. Der Druck wird in einer ^{4}He-Zelle aufgebaut und über einen vertikal beweglichen Stab auf die ^{3}He-Zelle übertragen. Die Durchmesser der beiden Zellen müssen so gewählt werden, dass das ^{4}He trotz seines etwas geringeren Verfestigungsdrucks stets flüssig bleibt, damit die Beweglichkeit des oberen Faltenbalgs nicht eingeschränkt wird. Die bei der Dehnung der Faltenbälge auftretende innere Reibung limitiert die theoretische erreichbare Kühlleistung in Gl. 6.40. In einer Zelle dieses Typs wurden 1970 von OSHEROFF an der CORNELL-Universität die ersten Hinweise auf den suprafluiden Übergang des ^{3}He gefunden. Der suprafluide Zustand von ^{3}He ist wesentlich komplizierter als der von ^{4}He. So gibt es nicht eine, sondern (nach bisherigem Wissen) drei verschiedene suprafluide Phasen. Die makroskopische Wellenfunktion ist kein Skalar wie beim ^{4}He, sondern hat 9 Komponenten, die sich in ihrer Spinstruktur und entsprechend in ihrem Verhalten im Magnetfeld unterscheiden. Die Beschreibung dieses komplexen Verhaltens füllt eigene Bücher und kann hier nicht dargestellt werden. Uns geht es hier darum, dass die Helium-Flüssigkeiten *Modellsysteme* darstellen, an denen sich die grundlegenden und nicht-klassischen Eigenschaften von

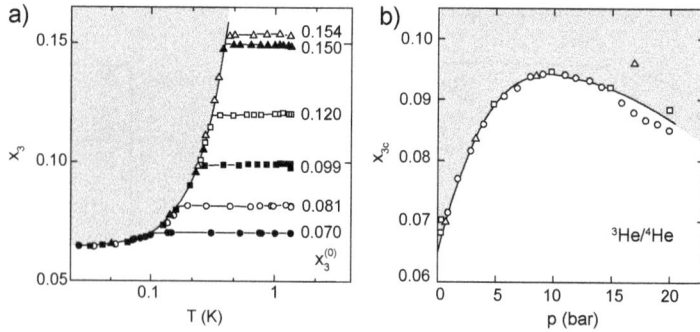

Abb. 6.14. a) Molenbruch x_3 von ^{3}He in ^{4}He als Funktion der Temperatur für verschiedene Werte $x_3^{(0)}$ des ^{3}He-Molenbruchs. b) Grenzwerte x_{3c} von x_3 als Funktion des Drucks im Grenzfall tiefer Temperaturen. Das Zweiphasengebiet ist jeweils grau hinterlegt [nach D. O. Edwards, E. M. Ifft, R. E. Sarwinski, Phys. Rev. B **177**, 380 (1969)].

FERMI- und BOSE-Systemen in besonders klarer Weise experimentell demonstrieren lassen.

6.3.4 Lösungen von ^{3}He in ^{4}He

Nachdem die Quantenflüssigkeiten ^{3}He und ^{4}He bereits einzeln faszinierende Phänomene zeigen, kann man von deren Mischungen weitere neue Eigenschaften erwarten. Dabei erschien schon die bloße Existenz einer Mischung der Isotope bei sehr tiefen Temperaturen zunächst als thermodynamisches Paradoxon. Denn aufgrund der in Abschnitt I-7.4 dargestellten *Mischungsentropie* (Gl. I-7.16) wurde erwartet,[20] dass sich jedes zwei-komponentige System bei tiefen Temperaturen entmischen sollte, um dem 3. Hauptsatz zu genügen. In der Tat zeigt sich, dass die Beimischung von ^{3}He in ^{4}He zunächst zu einer Reduktion der suprafluiden Übergangstemperatur T_λ führt und unterhalb von 870 mK tatsächlich eine *Instabilität* der zunächst homogenen Mischung auftritt. Das System zerfällt, wie schon in Abschnitt I-9.5 dargestellt, in zwei Phasen, von denen die eine reich an ^{3}He und die andere reich an ^{4}He ist.

Abbildung 6.14a zeigt Messwerte des Molenbruchs x_3 von ^{3}He in ^{4}He als Funktion der Temperatur. Es ist klar zu erkennen, dass die Werte von x_3 bei einer kritischen

---

20 Das Paradox erklärt sich daraus, dass der für die Instabilität der Mischung wichtige steile Anstieg der Mischungsentropie bei kleinen Molenbrüchen (Gl. I-7.16 und Abb. I-7.9) unter der Bedingung abgeleitet wurde, dass die Mischung das ideale Gasgesetz oder zumindest das VAN'T HOFF'sche Verdünnungsgesetz (Gl. I-7.20) befolgt. Genau diese Voraussetzung ist bei einem entarteten FERMI-System verletzt. Aufgrund der FERMI-Entartung geht die Entropie der Mischung $\propto T$ gegen Null, was in Abb. 6.15 experimentell verifiziert wird. Diese Tatsache zeigt, dass die Entropie einer Mischung im gegenständlichen Sinn durchaus verschwinden, und damit dem dritten Hauptsatz genügen kann. Für die Entropie ist also nicht die *räumliche* Mischung, allein die abstrakten „Mischung" von Quantenzuständen nach dem BOLTZMANN'schen Prinzip relevant (Gl. 3.1).

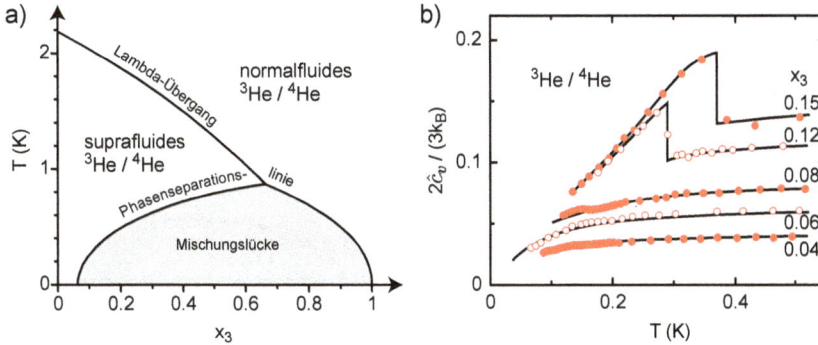

Abb. 6.15. a) Schema des Phasendiagramm von ^{3}He/^{4}He-Mischungen als Funktion des ^{3}He-Molenbruchs x_3. Der Bereich des 2-Phasengebiets, die *Mischungslücke* ist grau schattiert. b) Mit der Wärmekapazität des klassische idealen Gases ($\hat{c}_V = 3k_B/2$) skalierte Messungen der Wärmekapazität verdünnter ^{3}He/^{4}He-Mischungen. Die Wärmekapazität pro Teilchen $\hat{c}$ bezieht sich auf die gesamte Teilchenzahl $N_{He} = N_3 + N_4$. Die durchgezogenen Linien ergeben sich aus der kalorischen Zustandsgleichung des FERMI-Gases [D. O. Edwards, D. F. Brewer, P. Seligman, M. Skertie, M. Jaqub, Phys. Rev. Lett. **15**, 173 (1965)].

Temperatur einen Knick aufweisen, der die einsetzende Entmischung anzeigt und der sich für zunehmende Anfangswerte $x_3^{(0)}$ von x_3 zu höheren Temperaturen verschiebt. Unterhalb der Entmischungstemperatur folgen die x_3-Werte einer einheitlichen Kurve. In Abbildung 6.14b ist dargestellt, wie der Sättigungswert von x_3 vom Druck abhängt.

Das entsprechende Phasendiagramm ist in Abb. 6.15a dargestellt. Die Phasenübergangslinien wurden durch Messungen wie in Abb. 6.14a gewonnen. Der Entmischungsübergang zeigt sich auch in der Wärmekapazität (Abb. 6.15b), wo er sich als Sprung in $\hat{c}_v(T,n)$ manifestiert. Dieser Sprung kommt durch die Konzentrationsänderungen am Entmischungspunkt zustande, und er wird mit abnehmendem ^{3}He-Gehalt immer kleiner, bis er für $x_3 \lesssim x_c \simeq 0.06$ verschwindet. In dem gezeigten Temperaturbereich $T < 0.5$ K ist der Beitrag des ^{4}He zur Wärmekapazität bereits vernachlässigbar.

Mit abnehmender Temperatur erwartet man eine zunehmende Entmischung, bis im Grenzfall $T \to 0$ schließlich reine Phasen vorliegen sollten. Die Messungen in Abb. 6.16 zeigen aber, dass der Molenbruch x_3 des ^{3}He in der ^{3}He-armen Phase nicht auf Null fällt, sondern auch bei den tiefsten Temperaturen eine endliche Menge an ^{3}He (etwa 6 %) gelöst bleibt. Nun haben wir aber bereits in Abschnitt I-7.5 gesehen, dass sich das Konzept der *Idealität* auf verdünnte Lösungen übertragen lässt und diese große Ähnlichkeit mit idealen Gasen aufweisen. Dies trifft auch auf die verdünnten Lösungen von ^{3}He in ^{4}He zu, weil sich die ^{3}He-Atome in der superfluiden ^{4}He-Matrix wie *freie* Fermionen verhalten, deren effektive Masse aber ähnlich wie beim konzentrierten ^{3}He durch die Wechselwirkung mit der Matrix erhöht ist. Aufgrund der Verdünnung erfüllen die gelösten ^{3}He-Atome die Entartungsbedingung (Gln. 1.11 und I-6.12) bei „hohen" Temperaturen $T > 0.5$ K zunächst nicht und weisen damit Wärmekapazität „klassischer" *idealer* Gase mit $\hat{c}_v = 3k_B/2$ auf. Dies wird durch die in Abb. 6.16

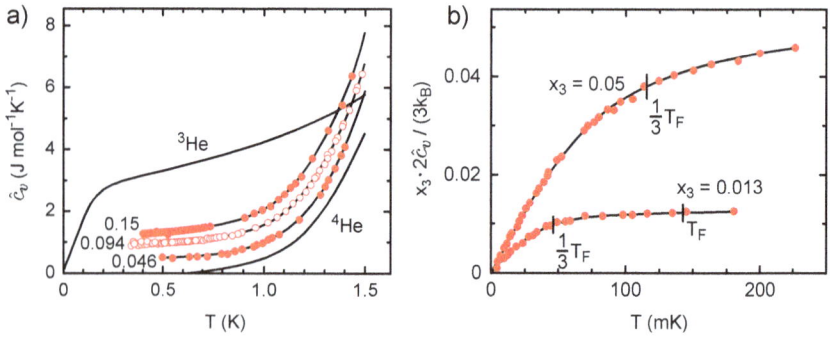

Abb. 6.16. a) Gemessene Wärmekapazität von ^{3}He, ^{4}He (durchgezogene Linien) sowie deren Mischungen für verschiedenen x_3 (Datenpunkte). Die durchgezogenen Linien durch die Datenpunkte sind die um den Wert $x_3\,3k_B/2$ nach oben verschobenen Daten für reines ^{4}He. Die Übereinstimmung zeigt an, dass die ^{3}He-Atome den konstanten Beitrag $3x_3\,k_B/2$ zur Wärmekapazität liefern, wie dies für ein „klassisches" Gas erwartet wird [nach R. de Bruyn Ouboter, K. W. Taconis, C. le Pair, J. J. M. Beenakker, Physica **26**, 853 (1960)]. b) Gemessene Wärmekapazität stark verdünnter ^{3}He/^{4}He-Mischungen. Die durchgezogenen Linien ergeben sich aus der numerischen Auswertung der kalorischen Zustandsgleichung (Gl. 6.2) des Fermi-Gases [nach A. C. Anderson, D. O. Edwards, W. R. Roach, R. E. Sarwitzki, J. C. Wheatley, Phys. Rev. Lett. **17**, 367 (1966)].

gezeigten Messungen illustriert. Dabei kommt uns die Tatsache entgegen, dass der Beitrag des ^{4}He-Anteils der Mischung erst oberhalb von $T \gtrsim 0.6$ K sichtbar wird. Zum Vergleich sind auch die Daten für die reinen Komponenten ^{3}He und ^{4}He aufgetragen.

In Abb. 6.16b wird die Wärmekapazität stark verdünnter ($x_3 < x_c$) ^{3}He-Lösungen im Bereich sehr tiefer Temperaturen gezeigt. MAn erkennt, wie für $T \lesssim T_F/3$ die Fermi-Entartung der gelösten ^{3}He-Atome einsetzt, bis bei sehr tiefen Temperaturen die für hochentartete Fermi-Gase typische lineare Temperaturabhängigkeit beobachtet wird. Da bei der Berechnung der spezifischen Wärmekapazität $\hat{c}$ die gesamte He-Teilchenzahl $N_{He} = N_3 + N_4$ zugrunde gelegt wurde, streben die Beiträge des ^{3}He-Anteils der Mischung in der normierten Auftragung gegen x_3. Die durchgezogenen Linien ergeben sich aus der numerischen Auswertung der kalorischen Zustandsgleichung (Gl. 6.2) des Fermi-Gases mit einer effektiven Masse $\hat{m}_3^{(4)}\,2.4\,\hat{m}_{30}$ von ^{3}He-Atomen in suprafluidem ^{4}He für die beiden Werte von x_3. Dabei ist die Fermi-Temperatur

$$T_{F3}^{(4)} = \frac{\hbar^2\left(3\pi^2 n_3\right)^{2/3}}{2\hat{m}_3^{(4)}k_B} \propto x_3^{2/3} \tag{6.41}$$

von ^{3}He in flüssigem ^{4}He natürlich von der Dichte n_3 der ^{3}He-Atome abhängig. Auch dies wird durch die Daten hervorragend bestätigt.

Damit bilden die verdünnten ^{3}He/^{4}He-Mischungen ein ideales Modellsystem zur experimentellen Demonstration des Übergangs vom „klassischen" zum entarteten Zustandsbereich in den kalorischen Eigenschaften. Daneben genügen die verdünnten ^{3}He/^{4}He-Mischungen auch der van't Hoff'sche Gleichung I-7.25 für den *osmotischen*

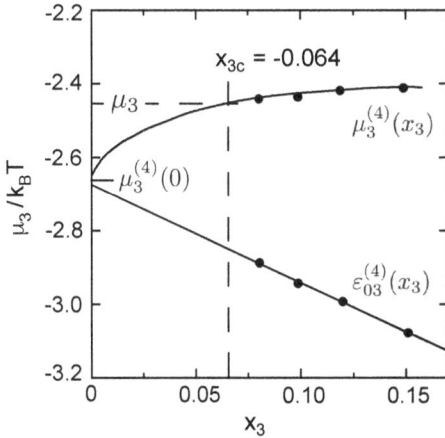

Abb. 6.17. Chemisches Potenzial $\mu_3^{(4)}$ von ^{3}He in ^{4}He als Funktion des Molenbruchs x_3 im Grenzfall $T \to 0$. Die kritische Konzentration x_{3c} ist durch das chemische Gleichgewicht bezüglich des Teilchenaustauschs zwischen beiden Phasen bestimmt [nach C. Ebner, D. O. Edwards, Phys. Repts. **C2**, 77 (1971)].

Druck. Torsionspendel-Experimente (Abb. 5.22) mit verdünnten ^{3}He/^{4}He-Mischungen zeigen einen zur ^{3}He-Konzentration proportionalen Massenanteil, der bis hin zu den tiefsten bisher zugänglichen Temperaturen bestehen bleibt.

Die geringe Löslichkeit von ^{3}He in ^{4}He und die (im Grenzfall $T \to 0$) ebenfalls beobachtete Unlöslichkeit von ^{4}He in ^{3}He sind zunächst überraschend, weil die Elektronenhülle beider Isotope chemisch identisch ist. Das unterschiedliche Verhalten lässt sich wieder auf den Massenunterschied zwischen den Isotopen und den damit verbundenen Unterschied der quantenmechanischen Lokalisierungsenergien zurückführen. ^{3}He weist wegen der kleineren Masse eine höhere Nullpunktenergie als ^{4}He auf. Daher sind die ^{3}He-Atome untereinander schwächer gebunden als in der ^{4}He-Phase, und das chemische Potenzial μ_3 der reinen ^{3}He-Phase ist größer als das chemische Potenzial $\mu_3^{(4)}(n_3)$ von ^{3}He in ^{4}He. Mit zunehmender ^{3}He-Dichte in der ^{4}He-Phase steigt

$$\mu_3^{(4)}(T, n_3) = \hat{e}_{03}^{(4)}(n_3) + k_B T_{F3}^{(4)}(n_3) - \frac{\pi^2}{12} \frac{k_B T^2}{T_{F3}^{(4)}(n_3)} \tag{6.42}$$

aufgrund der FERMI-Entartung gemäß Gl. 6.24 bis zur *kritischen Dichte* n_{3c} an, bei der chemisches Gleichgewicht

$$\mu_3(T, n_{03}) = \mu_3^{(4)}(T, n_3) \tag{6.43}$$

bezüglich des Austausches von ^{3}He vorliegt, wobei n_{03} die Dichte der reinen ^{3}He-Phase ist. Aus den aus Abb. 6.14 ersichtlichen Grenzwerten von x_3 und dem bekannten Verlauf von $\mu_3(T, p)$ lassen sich die Werte von $\mu_3^{(4)}(T = 0, n)$ bestimmen. Diese sind für $T = 0$ in Abb. 6.17 dargestellt. Aus der beobachteten x_3-Abhängigkeit (die schwächer als die Proportionalität zu $x_3^{2/3}$ ist) lässt sich schließen, dass die molare Energie $\hat{e}_3^{(4)}(x_3) = \mu_3^{(4)}(x_3 = 0) - \alpha x_3$ von ^{3}He in ^{4}He um 0.32 K niedriger als in reinem ^{3}He ist und als Funktion von x_3 mit der Steigung $-\alpha$ linear abnimmt. Dies ist auf eine kleine attraktive Wechselwirkung zwischen den ^{3}He-Atomen in der ^{4}He-Matrix zurückzuführen. Bei endlichen Temperaturen erniedrigen sich beide chemischen Potenziale nach

Gl. 6.42, wobei $\mu_3^{(4)}$ wegen der niedrigeren FERMI-Temperatur in der verdünnten Phase schneller als μ_3 sinkt. Auf diese Weise steigt $x_{3c}(T)$ mit zunehmender Temperatur, bis keine Entmischung mehr eintritt.

6.3.5 Der ^{3}He-^{4}He-Mischkryostat

Die Grenzfläche zwischen der konzentrierten und der verdünnten ^{3}He-Phase stellt eine Phasengrenze zwischen zwei FERMI-Systemen mit unterschiedlichen FERMI-Temperaturen dar, die analog zu den in Abschnitt 6.1.5 behandelten Grenzflächen zwischen zwei Metallen mit verschiedener Austrittsarbeit ist. Da die ^{3}He-Atome elektrisch neutral sind, ist der Übertritt von ^{3}He in die ^{4}He-Phase nicht mit dem Aufbau einer auf die Abschirmlänge λ_S beschränkten Randzone und der entsprechenden Kontaktspannung, sondern einfach mit einer räumlich homogenen Erhöhung der ^{3}He-Dichte verbunden. Aufgrund der Differenz der FERMI-Temperaturen

$$T_{F3}(n_{03}) = 1.7\,\text{K} \quad \text{und} \quad T_{F3}^{(4)}(n_{3c}) = 0.38\,\text{K}$$

sind die molaren Entropien

$$\hat{s}(T, n_3) = \frac{\pi^2}{2} \frac{RT}{T_{F3}(n_3)}$$

der ^{3}He-Quasiteilchen in beiden Phasen verschieden ($R = N_A k_B = 8.31\,\text{J/(mol K)}$ ist die Gaskonstante). Daher ist ein kontinuierlicher ^{3}He-Übertritt von der konzentrierten in die verdünnte Phase mit der Kühlleistung

$$
\begin{aligned}
P_{\text{kühl}} &= T\Delta\hat{s} \cdot \dot{N}_3 \\
&= \frac{\pi^2}{2} R \left(\frac{T_M^2}{T_{F3}^{(4)}(n_{3c})} - \frac{T_W^2}{T_{F3}(n_{03})} \right) \cdot \dot{N}_3 \\
&= 41\,\text{J/(K mol)}(T_M^2 \cdot 2.64/\text{K} - T_W^2 \cdot 0.59/\text{K}) \cdot \dot{N}_3 \\
&= 84\,\text{J/(K}^2\,\text{mol)}\,T^2 \cdot \dot{N}_3
\end{aligned}
\tag{6.44}
$$

verbunden, wobei $\dot{N} = I_N$ die *Zirkulationsrate* genannt wird. Im letzten Schritt haben wir der Einfachheit halber angenommen, dass die Temperatur T_M der Mischung und die Temperatur T_W des injizierten ^{3}He gleich sind. Dieses Phänomen ist das genaue Analog des PELTIER-Effekts (Abschnitt I-8.10) an einer stromdurchflossenen Grenzfläche zwischen zwei Metallen.[21]

Um diesen Effekt für den Bau eines Kryostaten auszunutzen, muss die Mischung zunächst in einem ^{4}He-Verdampferkryostaten oder mit einem Pulsröhrenkühler vorgekühlt werden. Um eine kontinuierliche Kühlleistung zu erzeugen, ist es notwendig,

---

[21] In Abschnitt6.4.3 werden wir sehen, dass Gl.6.44 nur bis auf einen einen Faktor 2-3 korrekt ist, weil sich im nachfolgenden Abschnitt herausstellen wird, dass das einfache Drift-Diffusions-Modell (Abschnitt 1.2) die Energieabhängigkeit der Diffusionskonstante nicht berücksichtigt.

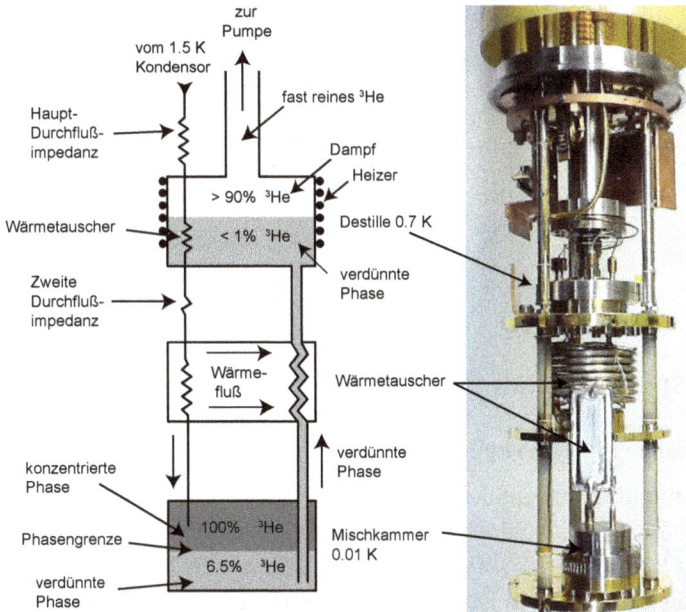

Abb. 6.18. a) Schema der Endstufe eines ^{3}He/^{4}He-Mischkryostaten (nach[26]). b) Photo der Endstufe eines kommerziellen Mischkryostaten (Fa. Cryoconcept).

ständig ^{3}He nachzuführen. Der mit der Nachführung verbundene Wärmeeintrag sollte möglichst gering sein, um nicht zuviel von der nach Gl. 6.44 theoretisch erreichbaren Kühlleistung zu verlieren. Dies wird in der in Abb. 6.18 skizzierten Anordnung erreicht. Die Phasengrenze zwischen dem konzentrierten und dem verdünnten ^{3}He befindet sich in der *Mischkammer*. Um möglichst viel ^{3}He zu zirkulieren, wird der verdünnte Anteil der Mischung in einer zweiten Kammer, der *Destille*, auf etwa 0.7 K erwärmt. Wird nun der Druck in der Destille mittels einer kräftigen Pumpe auf ca. 1 mbar erniedrigt, so wird dort fast ausschließlich ^{3}He abgepumpt, welches anschließend wieder in das System injiziert wird. Dort muss das ^{3}He zunächst wieder kondensiert werden, was eine Vorkühlung auf ca. 1.5 K erfordert. Das flüssige ^{3}He wird dann über eine Kette von Wärmetauschern in die Mischkammer re-injiziert. Die Wärmetauscher nutzen das Gegenstrom-Prinzip, um das nachfließende ^{3}He durch das von den kalten Teilen des Systems aufsteigende ^{3}He so effizient wie möglich vorzukühlen. Die in der Mischkammer erreichbare Kühlleistung ist durch die Zirkulationsrate $\dot{N}$ und die Temperatur des letzten Wärmetauschers bestimmt, die in den zweiten Term in Gl 6.44 eingeht.

Die Kühlleistung eines Mischkryostaten fällt bei tiefen Temperaturen also proportional zu T^{-2} und ist unterhalb von 0.35 K größer als die gemeinsam mit dem ^{3}He-Dampfdruck exponentiell verschwindende Kühlleistung eines ^{3}He-Verdampferkryostaten. Letztlich ist es die auch im Grenzfall $T \rightarrow 0$ endliche Teilchendichte von ^{3}He in der ^{4}He-Matrix, das heißt die *unvollständige* Entmischung, welche dieses Kühlprinzip ermöglicht.

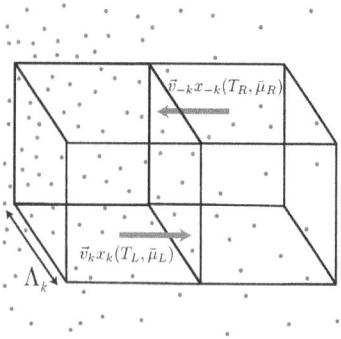

Abb. 6.19. Die nach links (rechts) laufenden, durch den Index „±$\boldsymbol{k}$" gekennzeichneten elementaren Fᴇʀᴍɪ-Systeme leisten den Beitrag $\boldsymbol{v}_k[x_{k(T_L}, \mu_L) - x_k(T_R, \mu_R)]$ zur gesamten X-Stromdichte $\boldsymbol{j}_X$ zwischen zwei benachbarten Volumenelementen der Größe Λ_k^3.

6.4 Transport in Fᴇʀᴍɪ-Systemen

6.4.1 Ströme im Nichtgleichgewicht

Wir wollen nun das Konzept der elementaren Fᴇʀᴍɪ-Systeme[22] dazu verwenden, die Transportphänomene im diffusiven Grenzfall zu analysieren. Genauer wollen wir das in Abschnitt 1.2 (Kapitel I-8) skizzierte Drift-Diffusions-Modell derart verallgemeinern, dass wir jedem elementaren Fᴇʀᴍɪ-System eine eigene (durch die Bandstruktur $\varepsilon(\boldsymbol{k})$ gegebene) Transportgeschwindigkeit $\boldsymbol{v}_k$ und seine eigene freie Weglänge $\Lambda_k = |\boldsymbol{v}_k| \cdot \tau_k$ zugestehen. Die Forderung nach Zeitumkehr-Symmetrie bedingt dann, dass $\boldsymbol{v}_k = -\boldsymbol{v}_{-k}$ und $\Lambda_k = \Lambda_{-k}$ ist.[23]

Ähnlich wie in Abb. I-8.1 skizziert zerlegen wir das von dem Fᴇʀᴍɪ-System eingenommene Volumen in Teilvolumina der Größe Λ_k^3, die sich jeweils im *lokalen Gleichgewicht* (Abb. 6.19) befinden, und geben den Strom einer mengenartigen Größe X so vor, dass die zugehörige Stromdichte lokal in z-Richtung zeigt. Dann ist die X-Stromdichte durch die Grenzfläche zwischen zwei benachbarten Volumenelementen als Differenz der gemäß Gln. 4.35 und 4.36 von den Volumenelementen emittierten Stromdichten gegeben:

$$\boldsymbol{j}_X = \sum_k \boldsymbol{v}_k \cdot \left\{ x_k[T(z), \bar{\mu}(z)] - x_k[T(z + \Lambda_k), \mu(z + \Lambda_k)] \right\}, \tag{6.45}$$

wobei x_k der Beitrag des elementaren Fᴇʀᴍɪ-Systems mit dem Wellenvektor $\boldsymbol{k}$ zur lokalen X-Dichte ist. Der Bequemlichkeit halber legen wir den Nullpunkt des elektrosta-

---

[22] Die nachfolgende Herleitung gilt unterschiedslos auch für Bosonen, wenn entsprechend die Zustandsgleichungen der elementaren Bᴏsᴇ-Systeme verwendet werden.

[23] Dieser Sachverhalt ist als das Prinzip der *Mikro-Reversibilität* bekannt. Diese Sprechweise bringt zum Ausdruck, dass unsere Beschreibung der Streuprozesse im Rahmen der reversiblen Hᴀᴍɪʟᴛᴏɴ'schen Mechanik erfolgt, obwohl die Irreversibilität des gesamten Transportvorgangs vorausgesetzt werden muss, um die Annahme lokalen Gleichgewichts zu rechtfertigen. Mit anderen Worten: Reversible Streuprozesse stellen die Irreversibilität des Transportvorgangs sicher...Hier zeigt sich, dass in unserem mikroskopischen Verständnis der Entropieerzeugung noch Lücken bestehen, die bereits Bᴏʟᴛᴢᴍᴀɴɴ und seinen Zeitgenossen bewusst waren.

tischen Potenzials so, dass ϕ_Q auf der von uns betrachteten Grenzfläche verschwindet und in den Nachbarzellen $\pm \Lambda_k$ grad $\phi_Q/2$ beträgt. Die Differenz der x_k können wir berechnen, wenn wir berücksichtigen, dass die Zustandsgleichungen $x(T, \bar{\mu})$ im *lokalen Gleichgewicht* allein von der Variablenkombination

$$Y = \frac{\varepsilon - \bar{\mu}}{k_B T}$$

abhängen. Dann erhalten wir in linearer Näherung einfach:

$$x_k[T(\boldsymbol{x}), \bar{\mu}(\boldsymbol{x})] - x_k[T(\boldsymbol{x} + \Lambda_k), \bar{\mu}(\boldsymbol{x} + \Lambda_k)] = \frac{\partial x(Y)}{\partial Y} \cdot \Delta Y_k + \mathcal{O}(\Delta Y)^2 . \qquad (6.46)$$

Die Differenz ΔY_k ist durch

$$\Delta Y_k = \frac{1}{k_B T} \left(\text{grad } \bar{\mu} - \frac{\varepsilon - \mu}{T} \text{ grad } T \right) \cdot \underbrace{\boldsymbol{v}(\boldsymbol{k}) \tau_k}_{\Lambda_k} \qquad (6.47)$$

gegeben. Wie üblich können wir die Summe in Gl. 6.45 gemäß

$$\sum_k = \frac{V}{(2\pi)^3} \cdot \int d^3 k$$

in ein Integral überführen. Dieses Integral wird am besten ausgeführt, indem zunächst über elementare FERMI-Systeme mit gleicher charakteristischer Energie $\varepsilon(\boldsymbol{k})$ integriert wird. Dies führt auf den *Diffusions-Tensor*

$$\boldsymbol{D}(\varepsilon) = \int d\theta d\varphi \, \boldsymbol{v}(\varepsilon, \theta, \varphi) \otimes \boldsymbol{v}(\varepsilon, \theta, \varphi) \cdot \tau(\varepsilon, \theta, \varphi). \qquad (6.48)$$

Dabei ist $\boldsymbol{v}_k \otimes \boldsymbol{v}_k$ das dyadische oder Tensorprodukt

$$\boldsymbol{v}_k \otimes \boldsymbol{v}_k = \begin{pmatrix} v_x \\ v_y \\ v_z \end{pmatrix} \cdot \begin{pmatrix} v_x, & v_y, & v_z \end{pmatrix} = \begin{pmatrix} v_x^2 & v_x v_y & v_x v_z \\ v_y v_x & v_y^2 & v_y v_z \\ v_z v_x & v_z v_y & v_z^2 \end{pmatrix} ,$$

dessen Elemente mit dem Gewicht τ_k über alle $\boldsymbol{k}$-Richtungen auf einer Fläche mit konstantem ε gemittelt werden. Der Diffusionstensor trägt möglichen Anisotropien in der Bandstruktur Rechnung. In einem anisotropen System, in dem die Flächen konstanter Energie nicht kugelförmig sind, fließt ein Diffusionsstrom nicht notwendigerweise in die Richtung des Dichtegradienten, sondern in eine andere, durch die Nebendiagonalelemente von $\boldsymbol{D}(\varepsilon)$ mitbestimmte Richtung. Bei einer isotropen $\varepsilon(\boldsymbol{k})$-Fläche verschwinden die Nebendiagonalelemente, und die Winkelmittelung der Diagonalelemente liefert wie beim einfachen Drift-Diffusionsmodell (Abschnitt 1.2) das zu Gl. 1.34 äquivalente Ergebnis

$$\boldsymbol{D}(\varepsilon) = \frac{1}{3} |\boldsymbol{v}(\varepsilon)|^2 \cdot \tau(\varepsilon) \cdot \boldsymbol{1} ,$$

wobei $\boldsymbol{1}$ die Einheitsmatrix ist. Setzen wir den Diffusionstensor in Gl. 6.47 ein und schreiben das verbleibende Integral über $|\boldsymbol{k}|$ mit Hilfe der Zustandsdichte $g(\varepsilon)$ in eines über ε um und berücksichtigen noch, dass $\partial x(\varepsilon)/\partial\varepsilon = k_B T\, \partial x(Y_k)/\partial Y_k$ ist, so erhalten wir für die Stromdichte einer mengenartigen Größe X das allgemeine Resultat

$$\boldsymbol{j}_X = \int\limits_0^\infty d\varepsilon\, g(\varepsilon)\boldsymbol{D}(\varepsilon)\frac{\partial x(\varepsilon)}{\partial\varepsilon}\left(\nabla\bar{\mu} - \frac{\varepsilon-\mu}{T}\nabla T\right), \qquad (6.49)$$

welches die gesuchte Verallgemeinerung unserer Transportgleichung I-8.5 darstellt. Gleichung 6.49 wird üblicherweise im Rahmen einer semi-klassischen Betrachtung mit Hilfe der Boltzmann-Gleichung abgeleitet (Anhang H). Hier ergibt sich dasselbe Resultat wie in der Relaxationszeitnäherung der Boltzmann-Gleichung – ohne dass wir auf ein klassisches Modell zurückgegriffen haben. Insbesondere gilt unsere Herleitung auch für *quantenmechanisch delokalisierte* Teilchen, wie sie in der Festkörperphysik allgegenwärtig sind.

Um die Transportgleichung zur Berechnung des elektrischen Stroms und des Entropiestroms auszuwerten, benötigen wir noch die Ableitungen

$$\frac{\partial N(Y)}{\partial Y} = \frac{\exp(Y)}{\left(\exp(Y)+1\right)^2} \qquad (6.50)$$

und

$$\frac{\partial S(Y)}{\partial Y} = k_B Y \cdot \frac{\exp(Y)}{\left(\exp(Y)+1\right)^2}, \qquad (6.51)$$

die bis auf den Vorfaktor $k_B Y = (\varepsilon - \mu)/T$ identisch sind. Für die Ableitungen der Zustandsgleichungen für N_ε und S_ε gilt also:

$$\frac{\partial S_\varepsilon(T,\mu)}{\partial\varepsilon} = \frac{\varepsilon-\mu}{T}\frac{\partial N_\varepsilon(T,\mu)}{\partial\varepsilon}.$$

Diese Ähnlichkeit ist kein Zufall, sondern spiegelt die Gibbs'sche Fundamentalform in der für Systeme im für lokalen Gleichgewicht gültigen Gestalt von Gl. 1.47 wider:

$$\boldsymbol{j}_S = \frac{\boldsymbol{j}_E - \bar{\mu}\boldsymbol{j}_N}{T}.$$

Die Zustandsgleichungen für die Energie und den Impuls können ebenfalls durch N_k ausgedrückt werden:

$$E_k(T,\bar{\mu}) = \varepsilon(\boldsymbol{k})\cdot N_k(T,\bar{\mu}) \quad \text{und} \quad \boldsymbol{P}_k(T,\bar{\mu}) = \hbar\boldsymbol{k}\cdot N_k(T,\bar{\mu}).$$

Wir sehen also, dass in linearer Näherung sämtliche Transportströme durch die Differenz der Teilchenzahlen

$$\delta N_k = \frac{\partial N_\varepsilon}{\partial\varepsilon}\left(\operatorname{grad}\bar{\mu} - \frac{\varepsilon-\mu}{T}\operatorname{grad}T\right)\cdot\Lambda_k \qquad (6.52)$$

(a)

(b)

Fermi - Kugel

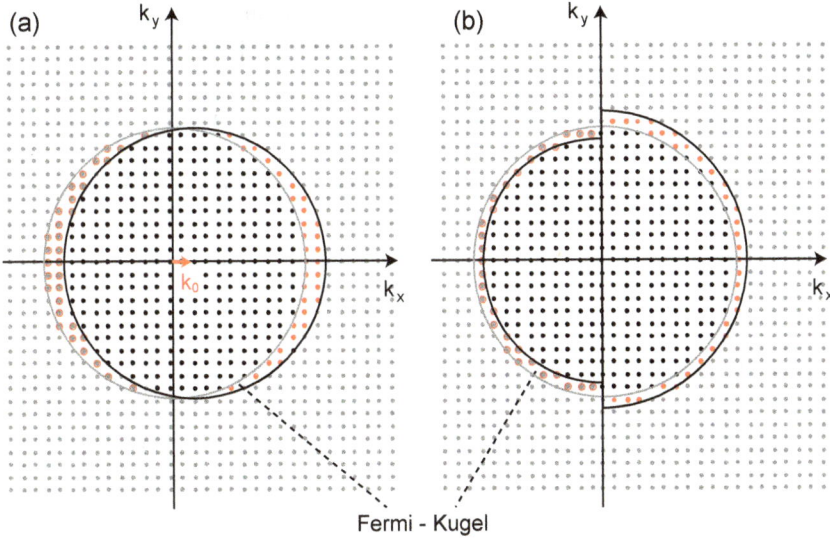

Abb. 6.20. Darstellung des Nicht-Gleichgewichtszustands a) durch Verschiebung der FERMI-Kugel um der Vektor k_0 in Gegenwart eines elektrischen Potenzialgradienten und b) durch zwei FERMI-Halbkugeln mit unterschiedlichen Werten von μ entsprechend einem Gradienten der Teilchendichte (siehe Text). Nur die elementaren FERMI-Systeme in der Nähe der FERMI-Kante (rot), für die N_k von der Gleichgewichtsverteilung $N_k^{(F)}$ (grauer Kreis) abweicht, tragen zum Transport bei.

zwischen in entgegengesetzter Richtung propagierenden elementaren FERMI-Systemen bestimmt werden.

Man beachte, dass N_k in Gegenwart eines X-Stromflusses zwar in guter Näherung, aber nicht vollständig durch die FERMI-Funktion $N_k^{(F)}$ beschrieben werden kann, weil aus Symmetriegründen sonst beide Summen in Gl. 6.45 einzeln verschwinden würden. Endliche Ströme j_N ergeben sich nur, wenn N_k eine Asymmetrie bezüglich der Inversion von k aufweist. Entwickeln wir $N_k^{(F)}$ in eine TAYLOR-Reihe in k

$$N_{k-k_0}^{(F)} - N_k^{(F)} = -\frac{\partial N_\varepsilon}{\partial \varepsilon}\frac{\partial \varepsilon(k)}{\partial k} \cdot k_0 = -\frac{\partial N_\varepsilon}{\partial \varepsilon} v_k \cdot \hbar k_0 \,,$$

so erkennen wir, dass Gl. 6.52 näherungsweise auf die Form

$$\delta N_k = N_k - N_k^{(F)} \simeq N_{k-k_0}^{(F)} - N_k^{(F)}$$

gebracht werden kann, wobei der Vektor k_0 wegen $\Lambda_k = v_k \tau_k$ durch

$$k_0 = \frac{1}{\hbar}\left(\operatorname{grad}\bar{\mu} - \frac{\varepsilon - \mu}{T}\operatorname{grad}T\right)\tau_k \,,$$

gegeben ist. Die Nichtgleichgewichtsverteilung N_k entspricht also näherungsweise der in Abb. 6.20a dargestellten Verschiebung der FERMI-Kugel um den Vektor k_0. Dieses Ergebnis lässt sich so interpretieren, dass die Klammer in Gl. 6.52

$$F_{\text{eff}} = \frac{\hbar k_0}{\tau_k} = -\left(\operatorname{grad}\bar{\mu} - \frac{\varepsilon - \mu}{T}\operatorname{grad}T\right)$$

einer *effektiven Kraft* pro Teilchen entspricht, welche dem Fermi-System Impuls zuführt, der durch Streuprozesse mit der Rate $1/\tau_k$ wieder abgegeben wird, und so zu einem stationären Zustand führt. Diese effektive Kraft enthält also nicht nur den elektrischen, sondern auch den chemischen Potenzialgradienten, und den Temperaturgradienten.

Diese Betrachtungsweise ist zur Ableitung des elektrischen Widerstands von Metallen üblich, wo die Teilchendichte n (und damit auch dass chemische Potenzial) sowie die Temperatur räumlich konstant sind. In diesem Fall gilt

$$\hbar \boldsymbol{k}_0 = \hat{q}\boldsymbol{E} \cdot \tau_k \, ,$$

und die effektive Kraft ist mit der durch das elektrische Feld $\boldsymbol{E}$ auf einen Ladungsträger ausgeübten Kraft identisch. Im Falle von elektrisch neutralen Fermionen (Diffusion von ^{3}He im Kühlkreislauf eines Mischkryostaten in Abschnitt 6.3.5) ist kein elektrischer, aber ein chemischer Potenzialgradient vorhanden. In diesem Fall wird die am Ort $z + \Lambda_k/2$ vorliegende Verteilungsfunktion besser als aus zwei Fermi-Halbkugeln zusammengesetzt beschrieben, von denen die linke durch die lokalen Werte vom μ und T bei $z + \Lambda_k/2$ und die rechte durch die Werte bei $z - \Lambda_k/2$ beschrieben wird. Dies ist in Abb. 6.20b dargestellt. Anschaulich unterscheiden sich die beiden Halbkugeln im Radius k_F beziehungsweise in der thermischen Verschmierung der Fermi-Kante. Praktisch spielen diese Unterschiede im Detail keine Rolle, weil sich nur Beiträge zu δN_k im Transport bemerkbar machen, die bezüglich $\boldsymbol{k}_0$ antisymmetrisch sind.

Wird der Unterschied zwischen beiden Fermi-Halbkugeln sehr groß, wird dies zu Abweichungen der Werte von n und der anderen mengenartigen Größen von deren Gleichgewichtswerten führen. Um zu prüfen, inwieweit die Annahme lokalen Gleichgewichts gerechtfertigt ist, berechnen wir zunächst grad $\bar{\mu}$ für einen von 100 A durchflossenen Kupferdraht mit $1 \, \text{mm}^2$ Querschnitt bei 0°C. Mit der gemessenen elektrischen Leitfähigkeit von $\sigma(273 \, \text{K}) = 56/(\mu\Omega \, \text{m})$ sowie $g(\varepsilon_F) = 1.16 \cdot 10^{47}$ Teilchen/$(\text{J} \, \text{m}^3)$ und der Einstein-Relation erhalten wir eine Diffusionskonstante von

$$D = \frac{\sigma}{e^2 g(\varepsilon_F)} \approx 190 \, \text{cm}^2/\text{s} \, .$$

Mit der Fermi-Geschwindigkeit $v_F = 1.6 \cdot 10^6$ m/s ergibt sich eine mittlere freie Weglänge von

$$\Lambda \approx 35 \, \text{nm} \, .$$

Die vorgegebene elektrische Stromdichte von $1.3 \cdot 10^6 \, \text{A/m}^2$ erfordert eine elektrische Feldstärke von 0.25 V/m und damit eine auf der Skala Λ bestehende elektrochemische Potenzialdifferenz

$$\delta\bar{\mu} = e|\boldsymbol{E}| \cdot \Lambda \approx 9 \cdot 10^{-8} \, \text{eV} \ll \varepsilon_F = 7.1 \, \text{eV} \, .$$

Verglichen mit ε_F ist dies extrem klein!

Für einen sehr großen T-Gradienten von $1000\,\text{K/cm}$ zwischen $300\,\text{K}$ und $1300\,\text{K}$ (knapp unter des Schmelzpunkts von $1358\,\text{K}$) erhalten wir auf der Skala Λ den Wert

$$\delta T \simeq 35\,\text{mK} \ll T_\text{F} \simeq 8 \cdot 10^4\,\text{K}\,,$$

was immer noch vier Größenordnungen kleiner als Zimmertemperatur ist.

Dies sind Rechenbeispiele für ein extremes Nichtgleichgewicht, das in der Praxis kaum zu realisieren ist, weil in den genannten Anordnungen sehr hohe Heizleistungen produziert beziehungsweise übertragen würden. Die in makroskopischen Proben auf der Skala der freien Weglänge Λ erzeugbaren T- und $\bar{\mu}$-Differenzen sind um mindestens acht (!) Größenordnungen kleiner als die charakteristische Energie ε_F des FERMI-Gases. Daher ist es sicher gerechtfertigt, trotz des durch den Transport bedingten anisotropen Beitrags zu $N_{\boldsymbol{k}}$ vom einem lokalen Gleichgewicht zu sprechen und die für das Gleichgewicht berechneten Werte der thermodynamischen Größen bedenkenlos zu verwenden. Für die in Kapitel 7 betrachteten Nanostrukturen ist dies oft anders.

Die Transportströme ergeben sich durch die Differenz $\delta N_{\boldsymbol{k}}$ der Verteilungsfunktionen in der Nähe der FERMI-Kante. Wegen der Kleinheit der in der Praxis realisierbaren Werte von $\delta\bar{\mu}$ und δT können nur elementare FERMI-Systeme in unmittelbarer Nähe der FERMI-Kante zum Transport beitragen. Mathematisch äußert sich dies in Gl. 6.52 im Auftreten der Ableitung $\partial N_\varepsilon(T,\mu)/\partial\varepsilon$ der Verteilungsfunktion (Abb. 6.4), die uns bereits bei der SOMMERFELD-Entwicklung begegnet ist. Im Grenzfall $T/T_\text{F} \to 0$ strebt $-\partial N_\varepsilon(T,\mu)/\partial\varepsilon$ gegen die δ-Funktion und reduziert das Integral Gl. 6.49 auf den Wert des Integranden bei ε_F. Damit wird die Energieabhängigkeit des Integranden irrelevant, und aus diesem Grund ist das einfache Drift-Diffusions-Modell aus Kapitel I-8 so erfolgreich. Allein bei der Thermokraft ergeben sich Korrekturen.

6.4.2 Ladungstransport – elektrische Leitfähigkeit

Wir wollen nun die in Abschnitt 1.2 eingeführte Matrix $\boldsymbol{L}_{sn}$ der Transportkoeffizienten des FERMI-Gases berechnen. Die Anwendung der allgemeinen Transportgleichung Gl. 6.49 auf die Teilchendichte ergibt:

$$\boldsymbol{j}_N = \int\limits_0^\infty d\varepsilon\, \frac{\partial N_\varepsilon^{(\text{F})}(\varepsilon)}{\partial\varepsilon} \cdot g(\varepsilon)\, \boldsymbol{D}(\varepsilon) \cdot \left(\operatorname{grad} \bar{\mu} + \frac{\varepsilon - \bar{\mu}}{T} \operatorname{grad} T \right) \tag{6.53}$$

$$= -\int\limits_0^\infty d\varepsilon \left(-\frac{\partial N_\varepsilon^{(\text{F})}(\varepsilon)}{\partial\varepsilon} \right) \cdot \boldsymbol{\sigma}_N(\varepsilon) \cdot \left(\operatorname{grad} \bar{\mu} + \frac{\varepsilon - \bar{\mu}}{T} \operatorname{grad} T \right),$$

wobei

$$\boldsymbol{\sigma}_N(\varepsilon) = g(\varepsilon)\boldsymbol{D}(\varepsilon) \quad \text{und} \quad \boldsymbol{D}(\varepsilon) = \frac{1}{3}\boldsymbol{v}(\varepsilon) \otimes \boldsymbol{v}(\varepsilon) \cdot \tau(\varepsilon) \tag{6.54}$$

der energieabhängige Leitfähigkeitstensor und der energieabhängige Diffusionstensor sind. Im Grenzfall $T \to 0$ geht

$$-\frac{\partial N_\varepsilon^{(\text{F})}(T,\mu)}{\partial\varepsilon} \to \delta(\varepsilon - \bar{\mu})$$

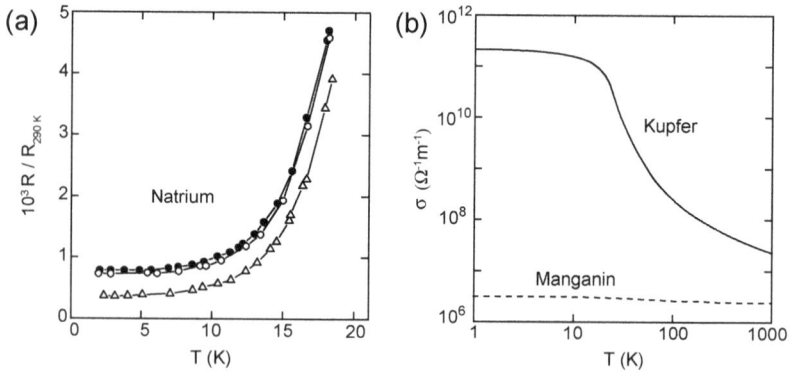

tbp

Abb. 6.21. a) Normierter elektrischer Widerstand als Funktion der Temperatur von drei Natrium-Kristallen mit unterschiedlichem Restwiderstand [nach]. b) Temperaturabhängigkeit der elektrischen Leitfähigkeit eines hochreinen Kupferkristalls (durchgezogen) und der Legierung Manganin (gestrichelt): $Cu_{0.86}Mn_{0.12}Ni_{0.02}$ (nach [4]).

und wir erhalten für den Teilchenstrom:

$$j_N = -\sigma_N(\varepsilon_F)\,\text{grad}\,\bar{\mu} = -g(\varepsilon_F)\mathbf{D}(\varepsilon_F) \cdot \text{grad}\,\bar{\mu}\ . \tag{6.55}$$

Da die elektrische Leitfähigkeit $\sigma_Q = \hat{q}^2\sigma_N$ beträgt, ist dies in Übereinstimmung mit Gl. 1.39.

Die in den Diffusionstensor eingehende Streuzeit $\tau(\varepsilon)$ wird durch die in Abschnitt 5.2.2 berechnete Phononendichte $n_{ph}(T) \propto T^3$ sowie der Dichte statischer Gitterdefekte n_{stat} bestimmt. Bei hohen Temperaturen ist $n_{ph}(T) \propto T$ und der elektrische Widerstand ist ebenfalls $\propto T$. Bei tiefen Temperaturen ist $n_{ph}(T) \propto T^3$, der Widerstand in einfachen Metallen aber $\propto T^5$ (BLOCH-GRÜNEISEN-Gesetz) (Abb. 6.21a).[24] Dies liegt daran, dass bei tiefen Temperaturen nur akustische Phononen mit kleinen Impulsen $\hbar q$ angeregt sind. Daher sind etwa $(k_F/q)^2 \propto T^2$ Streu-Ereignisse notwendig, um die wegen des PAULI-Prinzips hohen Elektronen-Impulse $\propto \hbar k_F$ zu relaxieren. Die elastische Streuung an statischen Gitterdefekten resultiert in einem temperaturunabhängigen *Restwiderstand*, der bei tiefen Temperaturen zutage tritt, wenn die Elektron-Phonon-Streuung ausgestorben ist.

Die Tatsache, dass sich die *Streu-Raten* für unabhängige Streuprozesse addieren, ist als MATTHIESSEN'sche Regel bekannt:

$$\tau^{-1}(T) = \tau_{in}^{-1}(T) + \tau_{elast}^{-1} = \frac{1}{v_F}\left(n_{ph}(T)\sigma_{el\text{-}ph} + n_{stat}\sigma_{elast}\right)\ . \tag{6.56}$$

---

[24] In Übergangsmetallen besteht diese Beschränkung nicht weil der Impuls der schnellen s-Elektronen von den langsamen d-Elektronen aufgenommen wird, die selbst wegen ihrer niedrigen Geschwindigkeit wenig zum Leitwert beitragen (BLOCH-WILSON-Formel).

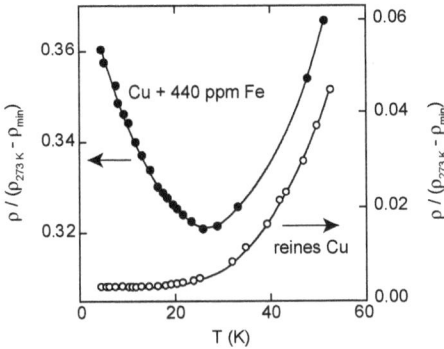

Abb. 6.22. Vergleich des reduzierten elektrischen Widerstands von mit Fe dotiertem Kupfer (440 ppm) und hochreinem Kupfer. Die resonante Spin-Streuung in dem Fe-dotierten Kupfer führt zu einem Wiederanstieg des Widerstands hin zu tiefen Temperaturen [nach W. B. Pearson, Phil. Mag. **46**, 911 (1955)])

Dabei sind $\sigma_{\text{el-ph}}$ und σ_{elast} die quantenmechanischen Streuquerschnitte für die Elektron-Phonon Streuung und die elastische Streuung an Störstellen, Korngrenzen und anderen statischen Gitterdefekten (Gl. I-8.6). Die Elektron-Phonon Streuung ist inelastisch, das heißt mit einer Änderung der Energie ε der streuenden Teilchen verbunden, weil sie von Prozessen dominiert wird, bei denen Phononen erzeugt und vernichtet werden. Wie wir im nächsten Abschnitt sehen werden, spielen die inelastischen Streuprozesse selbst dann eine entscheidende Rolle für die Anwendbarkeit der kinetischen Transport-Theorie, wenn τ^{-1} von den elastischen Streuprozessen dominiert wird. Wie Abb. 6.21 zeigt, kann die Elektron-Phonon-Streuzeit die elastische Streuzeit bei tiefen Temperaturen um Größenordnungen übersteigen.

Magnetische Störstellen bilden einen Sonderfall: Hier können bereits kleine Verunreinigungen im ppm-Bereich[25] zu einer drastischen Änderung des Verhaltens bei tiefen Temperaturen führen. Als Beispiel ist in Abb. 6.22 ein Vergleich der elektrischen Widerstände von hochreinem Kupfer mit Kupfer, das mit 440 ppm Eisen dotiert wurde, gezeigt. Um die gegenüber dem Restwiderstand ρ_0 kleinen Änderungen vergleichen zu können, wurde der reduzierte spezifische Widerstand $\rho(T)/[\rho(273\,\text{K}) - \rho_0]$ aufgetragen, wobei ρ_0 der spezifische Widerstand am Widerstandsminimum ist. Es ist klar erkennbar, dass der Widerstand des Fe-dotierten Kupfers bei $T < 27\,\text{K}$ wieder ansteigt. Dies liegt an dem resonanten Charakter der spinabhängigen Streuung der Leitungselektronen an den lokalisierten Spins der Fe-Atome, die bei tiefen Temperaturen zutage tritt. Dieses als KONDO-Effekt bekannte Phänomen wurde bereits um 1930 beobachtet, aber erst 1964 von KONDO mit den Spins der Störstellen in Verbindung gebracht. Im nächsten Abschnitt werden wir sehen, dass diese in der Thermokraft noch wesentlich stärker in Erscheinung treten.

---

25 ppm: „parts per million" – solche Konzentrationen von Verunreinigungen können bereits auftreten, wenn als Ausgangsmaterial für das Aufdampfen von dünnen Filmen verwendete Drahtstücke mit einer stählernen Zange abgewickt werden.

6.4.3 Ladungstransport – Thermokraft

Der zweite Term mit grad T in Gl. 6.53, der uns den Tensor der Seebeck-Koeffizienten $\mathcal{S}(T)$ liefern sollte, verschwindet im Grenzfall $T \to 0$ wegen des ungeraden Faktors $\varepsilon - \mu$ im Integranden von Gl. 6.53. Um $\mathcal{S}(T)$ zu bestimmen, müssen wir zur nächst-höheren Ordnung in der Sommerfeld-Entwicklung gehen. Wir entwickeln

$$\boldsymbol{\sigma}_N(\varepsilon) = \boldsymbol{\sigma}_N(\mu) + \boldsymbol{\sigma}'_N(\mu) \cdot (\varepsilon - \mu) + \dots$$

in eine Taylor-Reihe um μ und finden gemäß Gl. 6.19

$$\boldsymbol{L}_{12} = \int d\varepsilon \left(-\frac{\partial N_\varepsilon^{(F)}(T,\mu)}{\partial \varepsilon} \right) \cdot \boldsymbol{\sigma}_N(\varepsilon) \cdot \frac{\varepsilon - \mu}{T}$$

$$= k_B T \boldsymbol{\sigma}'_N(\varepsilon_F) \cdot \underbrace{\int_{-\infty}^{+\infty} \frac{x^2\, dx}{4\cosh^2(x/2)}}_{2\mathcal{B}_1 = \pi^2/3} \tag{6.57}$$

Für kleine Temperaturdifferenzen $T_2 - T_1$ ist dieses Integral proportional zur Differenz der in Abbildung 6.23 grau hinterlegten Flächen. Mit der elektrischen Leitfähigkeit $\boldsymbol{\sigma}_Q = \hat{q}^2 \boldsymbol{\sigma}_N$ erhalten wir für die elektrische Stromdichte

$$\boldsymbol{j}_Q = -\boldsymbol{\sigma}_Q(\varepsilon_F) \cdot \underbrace{\frac{\pi^2}{3}\frac{k_B^2 T}{\hat{q}}\, \boldsymbol{\sigma}_Q^{-1}(\varepsilon)\boldsymbol{\sigma}'_Q(\varepsilon)\Big|_{\varepsilon_F}}_{\mathcal{S}(T)} \cdot \text{grad } T \ . \tag{6.58}$$

Damit haben wir das Element $L_{ns} = \boldsymbol{\sigma}_N \cdot \hat{q}\mathcal{S}$ der Matrix der Transportkoeffizienten in Gl.1.37 im Rahmen unseres verbesserten Modells abgeleitet.
Für die *Thermokraft* ergibt sich die Mott-Formel

!

$$\mathcal{S}_D = \frac{\pi^2}{3}\frac{k_B^2 T}{\hat{q}}\, \boldsymbol{\sigma}_Q^{-1}(\varepsilon)\boldsymbol{\sigma}'_Q(\varepsilon)\Big|_{\varepsilon_F} \ . \tag{6.59}$$

Die Thermokraft eines entarteten Elektronengases ist also nur aufgrund der *Teilchen-Loch-Asymmetrie* um die Fermi-Energie endlich, das heißt wegen $\boldsymbol{\sigma}'_Q(\varepsilon) \neq 0$. Die Energieabhängigkeit von $\boldsymbol{\sigma}_Q$ rührt von der von $g(\varepsilon)$ und $\boldsymbol{D}(\varepsilon)$ her. Für eine isotrope Bandstruktur können wir Gl. 6.59 auch in der Form

$$\mathcal{S}_D = \frac{\pi^2}{3}\frac{k_B^2 T}{\hat{q}}\frac{d\ln\sigma_Q(\varepsilon)}{d\varepsilon}\Big|_{\varepsilon_F} \tag{6.60}$$

darstellen. Auch in diesem Modell ist $\mathcal{S}$ proportional zu T, wenn $g(\varepsilon) \cdot \boldsymbol{D}(\varepsilon) \propto \varepsilon^\eta$ gemäß einem Potenzgesetz von ε abhängen. Der Exponent η heißt der *thermoelektrische Parameter*. Dann gilt $\sigma'_Q = \eta/\varepsilon \cdot \sigma_Q$.

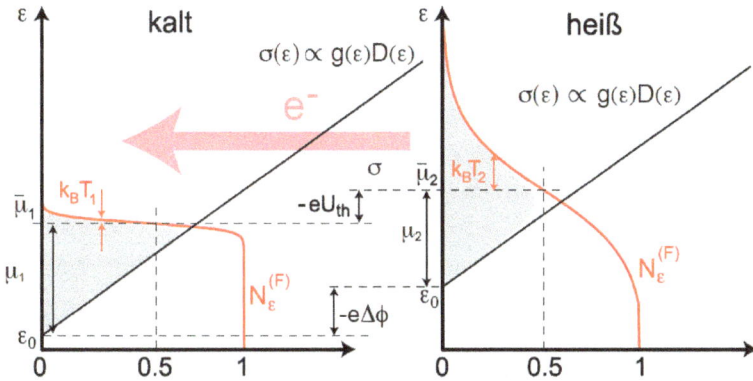

Abb. 6.23. Energieabhängie elektrische Leitfähigkeit $\sigma_Q(\varepsilon) = \hat{q}^2\, g(\varepsilon)D(\varepsilon) \propto \varepsilon$ für einen energieunabhängigen Streuquerschnitt (schwarze Linien) und FERMI-Funktionen für das kalte und das heiße Ende eines Metalldrahts bei Anlegen eines Temperaturgradienten zwischen $T_1 = 0.05(\varepsilon_F - \varepsilon_0)/k_B$ und $T_2 = 0.5(\varepsilon_F - \varepsilon_0)/k_B$. Die Flächeninhalte der grau schattierten Bereiche entsprechen $\int d\varepsilon\, \sigma(\varepsilon) \cdot N_\varepsilon^{(F)}(T, \mu)$. Sie sind im Gegensatz zu denen in Abb. 6.5 wegen der Zunahme der Diffusionskonstante $D(\varepsilon)$ mit ε *nicht* gleich, was zu einem Netto-Fluss (Thermodiffusion) von Elektronen von der heißen auf die kalte Seite führt. Die Reduktion des chemischen Potenzials mit zunehmender Temperatur kompensiert teilweise die sich wegen der Thermodiffusion der Elektronen aufbauende elektrische Potenzialdifferenz $\Delta\phi$.

Für freie Elektronen ($g(\varepsilon) \propto \varepsilon^{1/2}$) mit einem energieunabhängigen Streuquerschnitt σ_{streu} (Gl. 1.35) ist die Diffusionskonstante $D \propto v_F \propto \sqrt{\varepsilon}$ und daher $\eta = 1$. Setzen wir dies in Gl. 6.60 ein, so finden wir

$$\mathcal{S}_D = \frac{\pi^2}{3}\frac{k_B^2}{\hat{q}}\left(\frac{T}{T_F}\right) \tag{6.61}$$

für die *Diffusions-Thermokraft* freier Fermionen. Darunter versteht man den Anteil der Thermokraft, der allein von der Thermodiffusion der Elektronen in einem Temperaturgradienten herrührt. Gleichung 6.59 kann Gültigkeit beanspruchen, solange nicht andere kinetische Effekte auftreten. Wegen des Faktors T/T_F handelt es sich um einen kleinen Effekt. Verglichen mit dem Ergebnis des einfachen Drift-Diffusions-Modells (Gl. 1.42)

$$\mathcal{S}(T) = \frac{1}{\hat{q}}\frac{\partial s(T,n)}{\partial n} = \frac{\pi^2}{6}\frac{k_B^2}{\hat{q}}\frac{T}{T_F} \tag{6.62}$$

ist das neue Ergebnis (Gl. 6.61) für eine quadratische Dispersion wegen $g_F'/g_F = 1/(2\varepsilon_F)$ einen Faktor zwei größer als das in Gl. 6.62. Dies löst das in Abschnitt I-8.10 aufgetretene Problem, dass sich die Thermokraft und der Gradient des chemischen Potenzials scheinbar gegenseitig aufheben.

Die Kleinheit der thermoelektrischen Effekte in Metallen hat ihre Ursache in der Symmetrie der Verteilungsfunktion $N_\varepsilon^{(F)}$ um $\bar{\mu}$: Fasst man die elementaren FERMI-Systeme für $\varepsilon < \mu$ als von *Löchern* oder *Defekt-Elektronen* mit der spezifischen Ladung

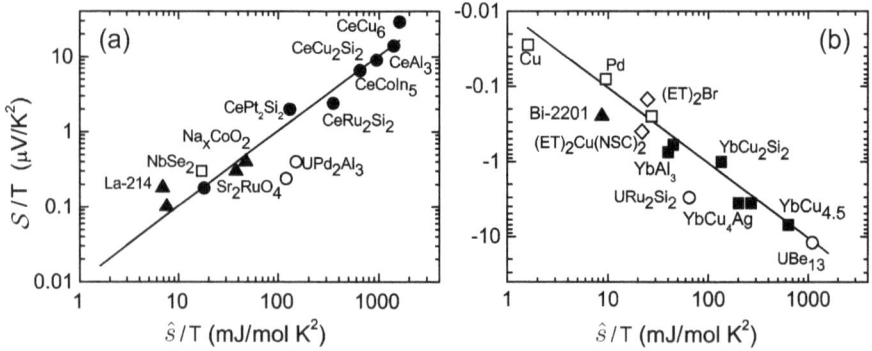

Abb. 6.24. Durch die Temperatur dividierter SEEBECK-Koeffizient S/T als Funktion von $\hat{s}/T$ im Grenzfall $T \to 0$ für zahlreiche Metalle. Für Loch-artige Quasiteilchen ($\hat{q} > 0$) ist S positiv (a), während S für Elektronen-artige Quasiteilchen ($\hat{q} < 0$) negativ ist (b). Die beiden Linien repräsentieren $\hat{s}(T)/(\hat{q}T)$ [nach K. Behnia, D. Jaccard, and J. Flouquet, J. Phys.: Condens. Matter **16**, 5187 (2004)].

$\hat{q} = +e$ besetzt auf, so kompensieren sich die Beiträge der thermisch induzierten Teilchen- und Lochströme zum Ladungsstrom in dem Maße, in dem $g(\varepsilon)\mathbf{D}(\varepsilon)$ um μ symmetrisch sind.

Abbildung 6.24 zeigt einen direkten Vergleich der SEEBECK-Koeffizienten mit der Entropie pro Teilchen in einer großen Zahl von Metallen mit zum Teil sehr schweren Elektronen- und Loch-artigen Quasiteilchen (Schwer-Fermion-Systeme) bei sehr tiefen Temperaturen, wobei beide Größen über drei Größenordnungen variieren. Die sehr gute Korrelation zwischen beiden Größen illustriert qualitativ die Tragfähigkeit des Drift-Diffusionsmodells, sofern nicht die im Folgenden diskutierten Effekte einer Energie-abhängigen Streuzeit eine Rolle spielen. Die eingezeichneten Linien stellen $\hat{s}(T)/(\hat{q}T)$ als grobe Abschätzung für den PELTIER-Koeffizienten dar.

Ein Material, in dem die einfache Physik freier Elektronen dagegen über weite Temperaturbereiche realisiert ist, ist Zinn-dotiertes Indiumoxid (kurz – ITO: $In_{1.84}Sn_{0.16}O_{3-\delta}$). In diesem Material kann die Elektronendichte durch die Variation des Sauerstoff-Gehalts im Bereich von 2–$7 \cdot 10^{20}$ Elektronen/cm^3 eingestellt werden und ist damit etwa 100-mal kleiner als in konventionellen Metallen. Durch die niedrige Dichte ist die Plasmafrequenz der Elektronen so klein, dass das Material zwar elektrisch leitet, aber im optischen Bereich transparent ist. Daher ist es gegenwärtig für transparente Berührungssensoren (touch screens!) von großer technischer Bedeutung. In Abb. 6.25a sind Messungen der Thermokraft in diesem Material für verschiedene Sauerstoff-Konzentrationen gezeigt. $S(T)$ ist negativ und in einem großen Temperaturbereich proportional zu T. Die Sauerstoffkonzentration wurde durch Erwärmen in Luft bis zur Temperatur T_A erhöht und bestimmt die Elektronendichte n, die über den HALL-Effekt gemessen wurde. In Abbildung 6.25b erkennt man sehr schön, wie die Thermokraft mit zunehmender Elektronendichte in dem Maß abnimmt, in dem $T_F(n)$ zu- und die Entropie pro Teilchen abnimmt. Die gute Übereinstimmung

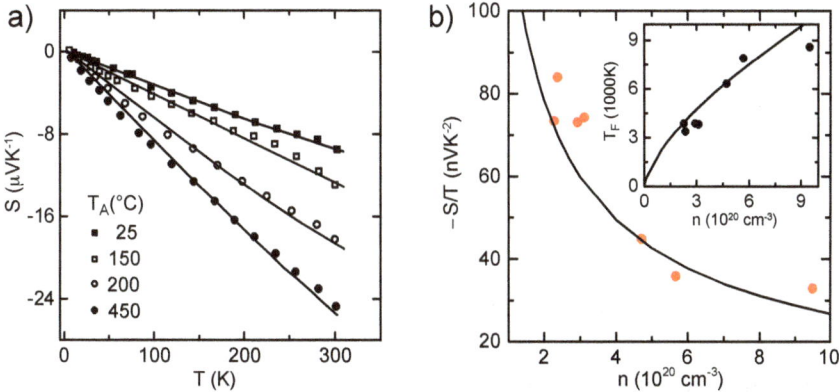

Abb. 6.25. a) Thermokraft von Zinn-dotierten In_2O_3-Filmen mit verschiedenen Ladungsträgerdichten. b) Vergleich der Steigung S/T der Thermokraft als Funktion der aus dem HALL-Koeffizienten gewonnene Ladungsträgerdichte n. Im Inset oben rechts sind die aus der Elektronendichte gewonnenen Werte von $T_F(n)$ dargestellt. Die durchgezogenen Linien sind die Erwartungen des Modells freier Elektronen nach Gl. 6.61 mit einem energieunabhängigen Streuquerschnitt ($\eta = 1$) [nach C.-Y. Wu, T. V. Thanh, Y.-F. Chen, J.-K. Lee, J.-J. Lin, J. Appl. Phys. **108**, 123708 (2010)].

mit dem Modell freier Elektronen liegt daran, dass die Elektronendichte so niedrig ist – dadurch ist die FERMI-Fläche sehr weit vom Rand der BRILLOUIN-Zone entfernt und die Abweichung von $\varepsilon(\mathbf{k})$ von der Parabelform minimal. Außerdem ist die freie Weglänge aufgrund des Zinn-Gehalts von Sauerstoff-Fehlstellen mit einem energieunabhängigen Streuquerschnitt bestimmt. Effekte der Elektron-Phonon-Streuung sind dagegen vernachlässigbar. Aus Bandstrukturrechnungen kennt man die effektive Masse $\hat{m} \approx 0{,}4\,\hat{m}_0$. Daher kann mit Gln. 6.5 und 6.61 und den gemessenen S-Werten die Ladungsträgerdichte bestimmt werden. Diese Werte sind in Abb. 6.25b als Funktion der durch Messung der HALL-Effekts unabhängig bestimmten Ladungsträgerdichte dargestellt. Die erzielte Übereinstimmung mit Gl. 6.62 ist in diesem Fall quantitativ.

In Tabelle 6.2 werden die experimentell bestimmten Werte von S für die Alkalimetalle, die bezüglich anderer Eigenschaften sehr gut im Modell freier Elektronen beschreibbar sind, mit der Vorhersage von Gl. 6.61 verglichen. Auch hier zeigen sich deutliche Unterschiede zwischen Metallen aus derselben Spalte des Periodensystems, die bezüglich ihrer elektronischen Eigenschaften sehr ähnlich sein sollten.

Metall	T (K)	η (Theorie)	η (Experiment)
Li	424	−5,33	−6,3
Na	300	3,05	2,9
K	200	4,04	4,0
Rb	100	2,71	2,8
Cs	100	0,83	0,0

Tab. 6.2. Abweichung der Thermokraft der Alkali-Metalle vom Modell freier Elektronen ($\eta = 1$) für Temperaturen $T > \Theta_D$. Die theoretischen Werte wurden mit Hilfe verfeinerter Theorien für die Elektron-Phonon-Wechselwirkung berechnet [nach R. Taylor, A. H. MacDonald, Phys. Rev. Lett. **57**, 1639 (1986)].

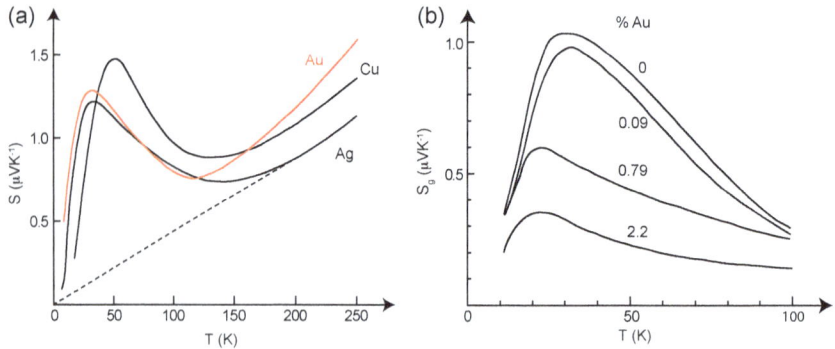

Abb. 6.26. a) Gemessene Seebeck-Koeffizienten der Edelmetalle Cu, Ag und Au. Der Phonon-Drag führt zu einem ausgeprägten Maximum in $\mathcal{S}(T)$. b) Unterdrückung des Phonon-Drags und der Umklapp-Streuung in Ag mit kleinen Beimengungen an Au (nach [28]).

Sind neben den Elektronen noch weitere Quasiteilchensysteme vorhanden (Phononen, Magnonen, etc.), so bewirkt der Temperaturgradient neben dem elektronischen noch weitere Beiträge zum Wärmestrom und – sofern die Kopplung zwischen den Quasiteilchensystemen (beispielsweise die Elektron-Phonon-Wechselwirkung) hinreichend stark ist – auch zum thermoelektrischen Strom. In diesem Fall spricht man von *Drag*-Phänomenen. Das wichtigste Beispiel ist der *Phonon-Drag*.

Die oft sehr starke Energieabhängigkeit der Streuraten ist der Grund dafür, dass die Thermokraft mit Abstand der sensibelste, das heißt, am stärksten von den Details des Materials abhängige Transport-Koeffizient ist. Während die elektrische Leitfähigkeit, die Viskosität und die Wärmeleitfähigkeit entarteter Fermionen bis auf Vorfaktoren im Rahmen des Drift-Diffusions-Modells gut beschrieben werden, ist die Thermokraft stark von den Details der Bandstruktur und des Streumechanismus abhängig. Entsprechend stimmen die Voraussagen von Gl. 6.59 nur in seltenen Fällen mit dem Experiment überein, wobei scheinbar einfache Metalle, wie die Edelmetalle Cu, Ag und Au, noch nicht einmal vom Vorzeichen her richtig wiedergegeben werden. Dies ist in Abb. 6.26a illustriert. Das Maximum in $\mathcal{S}(T)$ ist durch den Phonon-Drag verursacht. Aber auch bei hohen Temperaturen, wo $\mathcal{S}(T)$ linear in T bleibt, ist das Vorzeichen entgegen den Erwartungen nach der Mott-Formel positiv, obwohl Messungen des Hall-Effekts zeigen, dass die relevanten Ladungsträger in den Edelmetallen eindeutig negativ geladen sind. Das positive Vorzeichen der Thermokraft ist auf eine starke Abnahme der Streuzeit durch *Umklapp*-Prozesse in der Elektron-Phonon-Streuung bei hohen Temperaturen zurückzuführen (Abschnitt 5.2.5). Dies führt zu einem negativen Vorzeichen von σ_Q', welches das negative Vorzeichen von $\hat{q}$ kompensiert. Bereits kleine Mengen an elastischen Streuern (Au in Ag) führen zu einer Unterdrückung sowohl des Phonon-Drag als auch der Umklapp-Streuung (Abb. 6.26b). In Abbildung 6.27a wird gezeigt, dass nach der Mott-Formel erwartete negative Vorzeichen von $\mathcal{S}(T)$ in stark

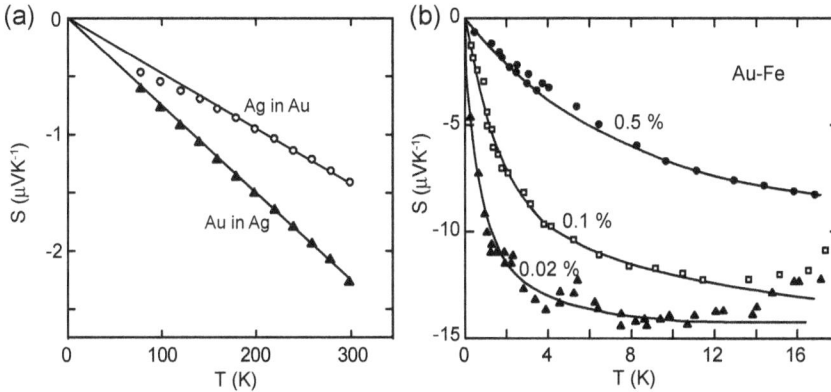

Abb. 6.27. a) Die starke elastische Streuung in Au/Ag-Legierungen macht schließlich das für freie Elektronen erwartete Verhalten von $S(T) \propto -T$ sichtbar. b) Kleinste Beimengungen an magnetischen Verunreinigungen (hier Fe in Au) führen zu dramatischen Effekten in $S(T)$, die auf ein resonantes Verhalten der Spin-Streuung zurückzuführen ist – nach beachte die im Vergleich zu (a) zehnmal höheren Absolutwerte der Thermokraft (nach [28]).

ungeordneten Au/Ag-Legierungen beobachtet wird, in denen die elastische Streuung dominiert.

Abbildung 6.27b zeigt schließlich, dass auch kleine Mengen (200 ppm!) von magnetischen Fremdatomen zu einem negativen SEEBECK-Koeffizienten führen, dessen Absolutwert zehnmal größer sein kann als der durch den Phonon-Drag gegebene Beitrag. Dies ist auf den bereits im Zusammenhang mit dem elektrischen Widerstand (Abb. 6.22) erwähnten KONDO-Effekt zurückzuführen. Die resonante Spin-Streuung führt zu scharfen Maxima sowohl in der Zustandsdichte als auch in der Streuzeit, die in einer ausgeprägten Teilchen/Loch-Asymmetrie resultiert, falls die FERMI-Energie nicht genau im Maximum der KONDO-Resonanz liegt. Eine solche Verschiebung der KONDO-Resonanz gegenüber $\bar{\mu}$ tritt auf, wenn das lokalisierte d- oder f-Niveau der magnetischen Fremdatome nicht mit der Wahrscheinlichkeit 1 bevölkert ist, sondern etwas von 1 abweicht. Mit zunehmender Konzentration der magnetischen Störstellen nimmt der Effekt wieder ab, weil die RKKY-Wechselwirkung (Seite 212) zwischen den magnetischen Momenten die Spin-Streurate wieder reduziert.

6.4.4 Entropietransport – PELTIER-Koeffizient und Wärmeleitfähigkeit

Dem Entropiestrom im Metall können wir mit Hilfe von Gl. 6.49 und 6.51 ähnlich wie den Teilchenstrom berechnen und finden

$$j_S = \frac{1}{4\pi^3} \int d^3k \, \frac{\varepsilon - \bar{\mu}}{T} \, \boldsymbol{v}(\boldsymbol{k}) \cdot \delta N_{\boldsymbol{k}} \tag{6.63}$$

$$= - \int_{\varepsilon_0}^{\infty} d\varepsilon \left(-\frac{\partial N_\varepsilon^{(F)}}{\partial \varepsilon} \right) \cdot \boldsymbol{\sigma}_N(\varepsilon) \cdot \frac{\varepsilon - \bar{\mu}}{T} \left(\operatorname{grad} \bar{\mu} + \frac{\varepsilon - \bar{\mu}}{T} \operatorname{grad} T \right).$$

Der Vorfaktor vor grad $\bar{\mu}$ ist entsprechend der ONSAGER-Symmetrie identisch mit dem vor grad T in Gl. 6.53 und liefert den PELTIER-Koeffizienten $\boldsymbol{\Pi}$, der mit der Thermokraft über die KELVIN-Relation (Gl. 1.43)

$$\boldsymbol{\Pi} = T \cdot \mathcal{S}$$

verknüpft ist. Die Gültigkeit der ONSAGER-Symmetrie ist in unserem Modell durch die MAXWELL-Relation

$$\frac{\partial S_k(T,\mu)}{\partial \mu} = \frac{\partial N_k(T,\mu)}{\partial T} \tag{6.64}$$

sichergestellt.

Da der Vorfaktor vor grad T ist proportional zu $(\varepsilon - \mu)^2$ ist, liefert die Integration nach der SOMMERFELD-Entwicklung analog zu Gl.6.57

$$\int d\varepsilon \left(-\frac{\partial N_\varepsilon^{(F)}}{\partial \varepsilon} \right) \cdot \left(\frac{\varepsilon - \bar{\mu}}{T} \right)^2 \boldsymbol{\sigma}_N(\varepsilon) = -\frac{\pi^2}{3} k_B^2 \boldsymbol{\sigma}_N(\varepsilon_F) \,.$$

Auf diese Weise finden wir für den elektronischen Beitrag zum Wärmeleitfähigkeitstensor

$$\boldsymbol{\lambda}_{el}(T) = T \cdot \frac{\pi^2}{3} \left(\frac{k_B}{\hat{q}} \right)^2 \boldsymbol{\sigma}_Q(\varepsilon_F) = \boldsymbol{D}(\varepsilon_F) c_v(T) \,. \tag{6.65}$$

Damit haben wir das Ergebnis des einfachen Drift-Diffusions-Modells – Gl. 1.40 – in Abschnitt 1.2 quantitativ bestätigt und gleichzeitig das WIEDEMANN-FRANZ-Gesetz

$$\mathcal{L}_0 = \frac{\lambda}{T\sigma_Q} = \frac{\pi^2}{3} \left(\frac{k_B}{e} \right)^2 = 24.4 \,\text{nW}\,\Omega/\text{K}^2 \tag{6.66}$$

für entartete FERMI-Systeme abgeleitet. Die LORENZ-Zahl $\mathcal{L}_0$ stimmt deutlich besser mit den experimentell bestimmten Werten überein als unsere Abschätzung Gl. I-8.53 für klassische ideale Gase. Das WIEDEMANN-FRANZ-Gesetz ist jedoch nur gültig, wenn die Relaxationszeiten für Elektronen und Phononen dieselben sind.

Die nach Gl. 6.65 erwartete Temperaturabhängigkeit der Wärmeleitfähigkeit von Metallen ist in Abb. 6.28 für einige reine Metalle und Legierungen illustriert: Bei tiefen Temperaturen dominiert die elastische Streuung [$\Lambda(T) = $ const.] an statischen Gitterstörungen, und es wird ein linearer Anstieg in $\lambda(T)$ beobachtet, der auf den linearen Verlauf von $\hat{c}_v(T) = \gamma'T$ zurückzuführen ist. Bei Legierungen ist die freie Weglänge durch die fehlende Gitterperiodizität extrem kurz und weitgehend T-unabhängig. Erst bei sehr hohen Temperaturen ($T \gtrsim 150\,\text{K}$) macht sich zusätzlich die Elektron-Phonon-Streuung bemerkbar. Bei hochreinen Metallen (typisch 99.9999%) ist die Diffusionskonstante um Größenordnungen höher als bei Legierungen, weil die Effektivität der Elektron-Phonon-Streuung extrem schwach ist, solange keine Phononen thermisch angeregt sind, deren Impulsbetrag mit einem minimalen Impuls $\hbar q_{min}$ vergleichbar ist. Der Wert von q_{min} ist für ein halb gefülltes Leitungsband von der Größenordnung $\hbar k_F$ und allgemeiner durch dem minimalen Abstand zwischen der FERMI-

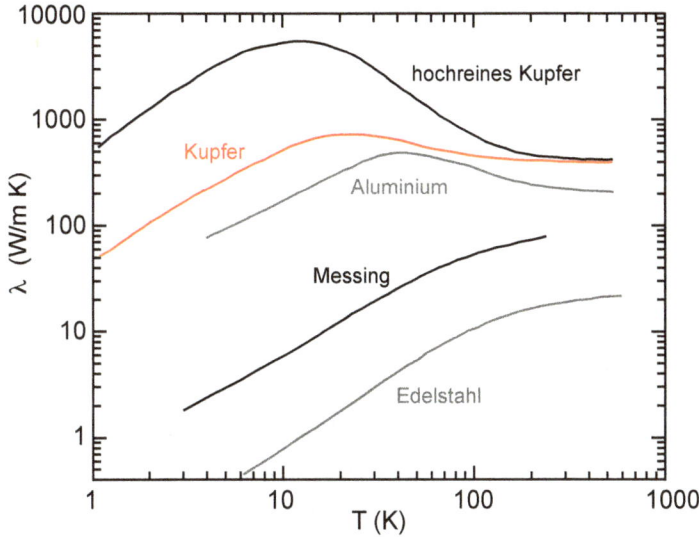

Abb. 6.28. Wärmeleitfähigkeit für verschiedene Metalle und Legierungen (nach [5]).

Fläche in einer BRILLOUIN-Zone und deren Wiederholung in der nächsten BRILLOUIN-Zone gegeben. Daher können in einem mittleren Temperaturbereich die bereits erwähnten Umklapp-Prozesse einsetzen, sodass die Diffusionskonstante abnimmt. Bei hohen Temperaturen ($T \gtrsim 150$ K) wird die freie Weglänge $\Lambda(T) \propto n_{\mathrm{Phonon}} \propto T$, sodass die Wärmeleitfähigkeit weitgehend T-unabhängig wird. Im Bereich mittlerer Temperaturen ist das WIEDEMANN-FRANZ-Gesetz nicht erfüllt, weil die elektrische und die thermische Leitfähigkeit durch unterschiedliche Streuzeiten bestimmt werden: Für die elektrische Leitfähigkeit ist die Impuls-Relaxationszeit, für die thermische Leitfähigkeit die Energie-Relaxationszeit maßgeblich. Der Phononenbeitrag zur Wärmeleitfähigkeit wird nur in stark ungeordneten Metallen sichtbar, wo der elektronische Beitrag stark reduziert ist.

6.5 Halbleiter

Halbleiter wie Si, Ge, GaAs, InAs oder InSb sind in der Regel Isolatoren mit einer relativ kleinen Bandlücke (Abb. 6.1). Sie verhalten sich bei tiefen Temperaturen daher wie Isolatoren, können aber bei geeigneter Dotierung bei Zimmertemperatur eine für Anwendungen nutzbare Leitfähigkeit aufweisen. Durch *Dotierung* mit einer geringen Menge an Fremdatomen mit anderer Zahl von Valenz-Elektronen lässt sich das (elektro)-chemische Potenzial in Halbleitern stark verschieben und ihre elektrischen Transporteigenschaften maßgeschneidert beeinflussen. Auf dieser Eigenschaft beruht eine große Zahl elektronischer Bauelemente. Darüber hinaus sind Halbleiter die für die thermoelektrische Energiekonversion bisher interessantesten Materialien, weil sie eine hohe Thermokraft mit einer (relativ) geringen Wärmeleitfähigkeit verbinden.

6.5.1 Quasiteilchen in intrinsischen Halbleitern

Zunächst wollen wir idealisierte Halbleiter mit einer vernachlässigbaren Konzentration von Fremdatomen betrachten. Im Grenzfall $T \to 0$ sind diese perfekte Isolatoren. Erst bei endlichen Temperaturen wird eine kleine Zahl von Quasiteilchen thermisch angeregt. Die im Leitungsband erzeugten Elektronen-ähnlichen Quasiteilchen hinterlassen im Valenzband eine gleich große Zahl von positiv geladenen Loch-artigen Quasiteilchen. Statt von Quasiteilchen sprechen wir im folgenden einfach kurz von Elektronen und *Löchern*. Da sowohl die Elektronen als auch die Löcher vornehmlich in der Nähe der Bandextrema ε_V und ε_L auftreten, lässt sich die Bandstruktur im relevanten Energiebereich durch die *effektiven Massen*[26] in guter Näherung beschreiben:

$$\hat{m} := \left(\frac{\partial^2 \varepsilon(\boldsymbol{k})}{\partial (\hbar \boldsymbol{k})^2} \right)^{-1}. \tag{6.67}$$

Die Teile der Bandstruktur mit den größten effektiven Massen sind für die thermischen und elektrischen Eigenschaften am wichtigsten, weil diese die niedrigsten Anregungsenergien und damit die höchsten Dichten haben. Die größten effektiven Massen im Leitungsband von Silizium und Germanium ($\hat{m}_L \approx 1\text{--}1.5\,\hat{m}_0$) sind in der der Regel größer als die im Valenzband ($\hat{m}_B \approx 0.03\text{--}0.5\,\hat{m}_0$). Dabei ist $\hat{m}_0$ die spezifische Masse freier Elektronen.

Wegen der quadratischen Dispersionsrelation können wir für die Zustandsdichten unseren Standard-Ausdruck

$$g_{V,L}(\varepsilon) = \frac{(2\hat{m}_{V,L})^{3/2}}{2\pi^2 \hbar^3} \sqrt{\pm(\varepsilon - \varepsilon_{V,L})} \cdot \theta[\pm(\varepsilon - \varepsilon_{V,L})]$$

verwenden, wobei das Minuszeichen in der Wurzel und der Stufenfunktion $\theta(\varepsilon)$ auf das Valenzband angewandt werden muss. Solange die Temperaturen klein gegen die Bandlücke sind, können wir die Quasiteilchen als verdünntes „klassisches" Gas betrachten und die BOLTZMANN'sche Näherung

$$N_\varepsilon(T, \mu) = \frac{1}{\exp\left[(\varepsilon - \mu)/k_B T\right] + 1} \approx \exp\left(-\frac{\varepsilon - \mu}{k_B T} \right)$$

---

26 Diese Definition der effektiven Masse bietet sich für die Halbleiterphysik an, weil sie die Dispersionsrelation in der Nähe der Bandextrema charakterisiert. Aufgrund der Anisotropie der Flächen konstanter Energie in realen Kristallen ist die (inverse) effektive Masse in der Regel anisotrop, das heißt ein *Tensor*, der in klassischer Betrachtungsweise den Vektor der Beschleunigung mit dem Kraftvektor verknüpft. Sie unterscheidet sich von der in Metallen und in der Relativitätstheorie verwendeten Definition der Masse durch $\hbar \boldsymbol{k} = \hat{m} \cdot \boldsymbol{v}$, welche Impuls unf Geschwindigkeit verknüpft. Bei Metallen ist $\hbar k_F/v_F$ oft ein besseres Charakteristikum der Bandstruktur, weil $\partial^2 \varepsilon(k)/\partial k^2$ Null und das entsprechende $\hat{m}$ unendlich werden kann.

der FERMI-Funktion benutzen und erhalten nach Integration über ε die Elektronendichte im Leitungsband:

$$
\begin{aligned}
n_{\mathrm{L}}(T,\mu) &= \frac{(2\hat{m}_{\mathrm{L}})^{3/2}}{2\pi^2\hbar^3}\ \exp\left(\frac{\mu}{k_{\mathrm{B}}T}\right)\int\limits_{\varepsilon_{\mathrm{L}}}^{\infty} d\varepsilon\ \sqrt{\varepsilon - \varepsilon_{\mathrm{L}}}\ \exp\left(-\frac{\varepsilon}{k_{\mathrm{B}}T}\right) \\
&= \frac{(2\hat{m}_{\mathrm{L}}k_{\mathrm{B}}T)^{3/2}}{2\pi^2\hbar^3}\ \exp\left(-\frac{\varepsilon_{\mathrm{L}} - \mu}{k_{\mathrm{B}}T}\right)\underbrace{\int\limits_{0}^{\infty} dx\ \sqrt{x}\ \exp(-x)}_{\Gamma(3/2)=\sqrt{\pi}/2} \\
&= j_{\mathrm{L}}T^{3/2}\ \exp\left(-\frac{\varepsilon_{\mathrm{L}} - \mu}{k_{\mathrm{B}}T}\right)\ .
\end{aligned}
\tag{6.68}
$$

Für die Dichte n_{V} der Löcher im Valenzband erhalten wir den analogen Ausdruck

$$
n_{\mathrm{V}}(T,\mu) = j_{\mathrm{V}}T^{3/2}\ \exp\left(\frac{\varepsilon_{\mathrm{V}} - \mu}{k_{\mathrm{B}}T}\right)\ .
\tag{6.69}
$$

Diese Ausdrücke sind identisch mit den durch Gl. 1.12 gegebenen Dichten zweier idealer Gase mit dem Spin 1/2, den chemischen Konstanten[27] (Gl. 3.47)

$$
j_{L,V} = 2\cdot\left(\frac{\hat{m}_{L,V}k_{\mathrm{B}}}{2\pi\hbar^2}\right)^{3/2}
$$

und den chemischen Potenzialen von Elektronen (e^-)

$$
\mu_{e^-}(T,n_{\mathrm{L}}) = \varepsilon_{\mathrm{L}} - k_{\mathrm{B}}T\ln\left(\frac{j_{\mathrm{L}}T^{3/2}}{n_{\mathrm{L}}}\right)\ ,
\tag{6.70}
$$

und Löchern (h^+)

$$
\mu_{h^+}(T,n_{\mathrm{V}}) = -\left\{\varepsilon_{\mathrm{V}} - k_{\mathrm{B}}T\ln\left(\frac{j_{\mathrm{V}}T^{3/2}}{n_{\mathrm{V}}}\right)\right\}\ .
\tag{6.71}
$$

Das negative Vorzeichen vor μ_h kommt daher, dass die Energien der Löcher in negativer Richtung gezählt werden. Die Tatsache, dass die Verteilungen der Elektronen und der Löcher durch die Funktionen

$$
N_{\varepsilon,e^-} := N_{\varepsilon}^{(\mathrm{F})}(T,\mu - \varepsilon_{\mathrm{L}}) \quad\text{und}\quad N_{\varepsilon,h^+} := 1 - N_{-\varepsilon}^{(\mathrm{F})}(T,\varepsilon_{\mathrm{V}} - \mu)
$$

mit denselben Werten von T und μ beschrieben werden, bedeutet nichts anderes, als dass Elektronen und Löcher miteinander *im thermischen und chemischen Gleichgewicht stehen*, dass also

$$
\mu_{e^-} = -\mu_{h^+} = \mu
$$

ist.

---

27 In der Halbleiterphysik bezeichnet man die Vorfaktoren $\mathcal{N}_{\mathrm{L,V}} = j_{\mathrm{L,V}}T^{3/2}$ in Gln. 6.68 und 6.69 auch als *effektive Zustandsdichten*.

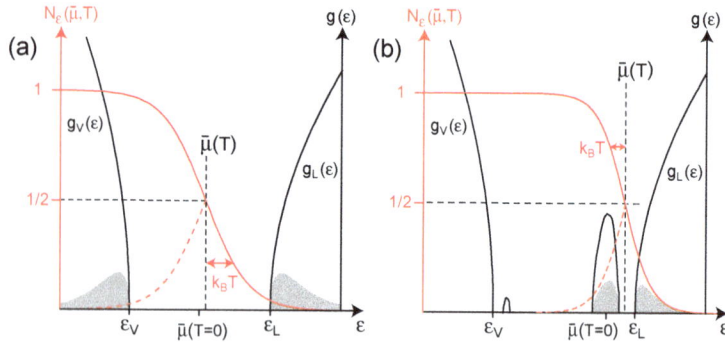

Abb. 6.29. Zustandsdichten $g_{L,V}(\varepsilon)$ (schwarze Linien) und Fermi-Funktionen für elektronartige (rot) und lochartige (rot gestrichelt) Quasiteilchen. Die entsprechenden Quasiteilchendichten n_L und n_V sind durch den Flächeninhalt der grau schattierten Bereiche bestimmt. a) Undotierter Halbleiter bei hohen Temperatur: Ladungsträger wurden aus dem Valenzband in das Leitungsband angeregt. Wegen der niedrigeren Masse im Leitungsband ($\hat{m}_L/\hat{m}_V = 0.79$) ist das elektrochemische Potenzial μ bei $k_B T = 0.15\,\varepsilon_g$ zu höheren Energien verschoben. b) n-dotierter Halbleiter bei niedrigerer Temperatur: Ladungsträger wurden aus dem Donatorbereich dicht unterhalb des Leitungsbandes ins Leitungsband angeregt. Der Akzeptorbereich dicht oberhalb des Valenzbandes enthält sehr viel weniger Störstellen.

Wenn wir Gln. 6.70 und 6.71 addieren, erkennen wir, dass das Produkt $n_L n_V$ nur von T abhängt:[28]

$$n_L(T, \mu) \cdot n_V(T, \mu) = j_L j_V\, T^3 \exp\left(-\frac{\varepsilon_g}{k_B T}\right) \tag{6.72}$$

Diese Gleichung stellt das *Massenwirkungsgesetz* (in der Formulierung von Aufgabe I-7.6) für die in Abschnitt 2.1 als Beispiel angeführte Reaktion

$$e^-_{\boldsymbol{k}} + h^+_{\boldsymbol{k}'} \;\rightleftharpoons\; \text{Phononen (oder Photonen)}\,.$$

dar. Die Reaktionsgleichung drückt aus, dass bei Fermionen Teilchen und Antiteilchen stets in gleichen Mengen erzeugt werden, und ist in Übereinstimmung mit der Tatsache, dass der Halbleiterkristall bei thermischer Anregung elektrisch neutral bleiben muss:

$$n_L(T, \mu) \overset{!}{=} n_V(T, \mu)\,.$$

Indem wir aus Gl. 6.72 die Wurzel ziehen, erhalten wir die *intrinsische Ladungsträgerdichte*

$$n_i(T) = n_{L,i}(T) = n_{V,i}(T) = \sqrt{j_L j_V}\, T^{3/2} \exp\left(-\frac{\varepsilon_g}{2k_B T}\right)\,, \tag{6.73}$$

welche wegen des chemischen Gleichgewichts allein von T abhängt. Lösen wir diese Beziehung nach μ auf, so resultiert schließlich das chemische Potenzial:

---

28 Dieselbe Gleichung gewinnen wir auch durch Multiplikation von Gln. 6.68 und 6.69.

$$\mu(T) = \frac{\varepsilon_{\mathrm{V}} + \varepsilon_{\mathrm{L}}}{2} + \frac{3}{4} k_{\mathrm{B}} T \ln\left(\frac{\hat{m}_{\mathrm{V}}}{\hat{m}_{\mathrm{L}}}\right). \tag{6.74}$$

Bei tiefen Temperaturen $k_{\mathrm{B}} T \ll \varepsilon_g$ und $\hat{m}_{\mathrm{V}} = \hat{m}_L$ liegt μ also genau in der Mitte der Bandlücke. Wenn die effektiven Massen verschieden sind, verschiebt es sich proportional zu T in die eine oder andere Richtung (Abb. 6.29a). Die Ladungsneutralität als Randbedingung für die Erzeugung oder Rekombination von Teilchen-Loch-Paaren macht sich anders als die freie Erzeugbarkeit von Photonen oder Phononen nicht dadurch bemerkbar, dass $\mu \equiv 0$, sondern dass es allein eine Funktion der Temperatur (und nicht auch von $n!$) ist. Dies ist typisch für innere Gleichgewichte und analog zu der Dissoziation von H_2O in OH^- und H_3O^+ oder Tatsache, dass $p = p(T)$ im Verdampfungsgleichgewicht.

Durch Einstrahlung von Licht (Photozelle) oder Injektion von Ladungen (pn-Übergang) kann das innere Gleichgewicht gestört werden: In diesem Nichtgleichgewichts-Zustand sind die Elektron-Loch-Dichten wesentlich höher als im Gleichgewicht. Nach Abschalten der Störung relaxieren Elektronen und Löcher durch Rekombinations-Prozesse (inelastische Streuung und Paar-Vernichtung) wieder ins Gleichgewicht. Wenn die *Intraband*-Relaxationszeit wesentlich kürzer als die *Interband*-Relaxationszeit ist, etabliert sich ein chemisches Gleichgewicht zwischen den das Leitungsband bildenden elementaren FERMI-Systemen bei einem anderen Wert μ_{e^-} als zwischen den das Valenzband bildenden elementaren FERMI-Systemen, welche zu dem gemeinsamen Wert μ_{h^+} hin relaxieren. Wenn sich die externe Anregung und die Interband-Relaxation die Waage halten, resultiert ein stationärer Nichtgleichgewichtszustand, in dem die erhöhten Ladungsträgerdichten durch zwei FERMI-Funktionen mit verschiedenen elektrochemischen Potenzialen μ_{e^-} und μ_{h^+} beschrieben werden. In diesem Zusammenhang nennt man die (elektro)-chemischen Potenziale der Elektronen und Löcher auch gerne „Quasi-FERMI-Niveaus".[29]

6.5.2 Dotierung und Leitfähigkeit

Fremdatome in halbleitenden Kristallen sind in der Regel elektrisch aktiv, weil sie zusätzliche Ladungsträger an das Valenz- und das Leitungsband abgeben, welche die geringe Zahl von thermisch angeregten intrinsischen Ladungsträgern leicht übersteigen können. Das kontrollierte Einbringen solcher Fremdatome in Halbleiter nennt man *Dotierung*. Ein drei- oder fünfwertiges Fremdatom in einem Silizium-Kristall nimmt entweder ein Elektron auf (zum Beispiel Bor) oder gibt eines ab (zum Beispiel

---

[29] Das Symbol μ für das chemischen Potenzial ist in der Halbleiterphysik nicht gebräuchlich, weil es bereits durch die Beweglichkeit (die in diesem Buch mit B bezeichnet wird) belegt ist. Stattdessen spricht man meist von (Quasi)-FERMI-Niveaus (ε_F). In dieser Sprechweise tritt deren anschauliche thermodynamische Bedeutung etwas in den Hintergrund.

Phosphor). Im ersten Fall spricht man von *Akzeptoren*, im zweiten Fall von *Donatoren*. Denken wir uns die Ladungsdichte des Wirtskristalls im Rahmen eines einfachen Kontinuums-Modells homogen verteilt, so befinden sich die in der Nähe eines solchen Dotieratoms gebundenen Elektronen oder Löcher in einem durch die statische Dielektrizitätskonstante ϵ_r des Halbleiters teilweise abgeschirmten COULOMB-Potenzial, welches ein dem Wasserstoff-Atom ähnliches Anregungsspektrum des gebundenen Ladungsträgers erzeugt. Neben der dielektrischen Abschirmung ist die Masse der Ladungsträger durch die effektive Masse des jeweiligen Bandes gegeben. Auf diese Weise ergibt sich die Ionisationsenergie des Dotieratoms durch die modifizierte BOHR'sche Formel

$$\varepsilon_i = -\frac{1}{2} \frac{\hat{m}_{L,V} e^4}{(4\pi\epsilon_r\epsilon_0)^2 \hbar^2} \cdot \frac{1}{i^2} \, ,$$

wobei der Index i die Hauptquantenzahl bezeichnet. Die in der Regel kleine effektive Masse und große Dielektrizitätskonstante bewirken, dass die Bindungsenergie im Vergleich zum freien H-Atoms um einen Faktor 100–1000 reduziert und der entsprechende BOHR'sche Radius $a_0 = 4\pi\epsilon_r\epsilon_0\hbar^2/\hat{m}_{L,V} e^2$ vergrößert sind.[30] Für Donatoren in Si (Ge) finden wir mit Werten für ϵ_r = 11.7 (15.8) und $\hat{m}_L/\hat{m}_0$ = 0.3 (0.15) Bindungsenergien um (30 ± 9) meV. Die zusätzlichen Ladungsträger sind damit bei tiefen Temperaturen an die Störstellen gebunden. Bei Zimmertemperatur (300 K ≅ 25 meV) sind die Störstellen aber mit großer Wahrscheinlichkeit ionisiert und haben die zusätzlichen Ladungsträger entweder an das Valenzband oder an das Leitungsband abgegeben.

Das Massenwirkungsgesetz (Gl. 6.72) ist eine sehr starke Aussage, die auch in dotierten Halbleitern und Gegenwart von räumlich modulierten elektrischen Potenzialen gültig bleibt, solange thermisches und chemisches Gleichgewicht zwischen dem Elektronensystem und dem Lochsystem besteht. Die Dotierung bewirkt im wesentlichen eine Verschiebung des chemischen Potenzials. Um diese und die damit verbundenen Änderungen der thermisch induzierten Ladungsträgerdichte zu bestimmen, haben wir von der in Abb. 6.29b skizzierten Zustandsdichte auszugehen, in der neben den Energiebändern des Wirtskristalls auch die schärferen Donator- und Akzeptor-Bereiche und die FERMI-Funktion $N_\varepsilon^{(F)}$ eingezeichnet sind.[31] Damit haben wir neben Elektronen und Löchern eine weitere Klasse von elementaren FERMI-Systemen, die gemäß der FERMI-Funktion bevölkert werden. Ein Teil der gezielt eingebrachten Dotierung wird durch Rest-Verunreinigungen im Wirtskristall *kompensiert*.

Im folgenden beschränken wir uns auf einen n-dotierten Halbleiter. Beträgt die Donator- (Akzeptor-) Konzentration $n_{D,A}$, so ist die Dichte n_D^0 der *nicht* ionisierten Stör-

---

30 Der große Wert für a_0 erklärt im Nachhinein, warum das Kontinuumsmodell auch für das Kristallgitter eine brauchbare Näherung ist.
31 Bei hoher Dotierung ($\geq 10^{18}$ cm^3) führt der Überlapp der Donator/Akzeptor-Wellenfunktionen auch zur Ausbildung schmaler *Störstellen-Bänder*, die schließlich zu metallischem Verhalten führen.

stellen durch die FERMI-Funktion[32] gegeben:

$$\frac{n_D^0(T,\mu)}{n_D} = \frac{1}{\exp\left(\varepsilon_D - \mu/k_BT\right) + 1} \ .$$

Die Dichte der ionisierten Donatoren beträgt dann $n_D^+ = n_D - n_D^0$. Zur Berechnung der Temperaturabhängigkeit der Ladungsträgerdichte gehen wir wieder von der Forderung nach Ladungsneutralität

$$n_L + n_A^- = n_D^+ + n_V$$

aus, wobei wir für überwiegende n-Dotierung vereinfachend annehmen können, dass

$$n_L = n_D^+ - n_A^-$$

ist. Die Lösung dieser Gleichung mit Hilfe des Massenwirkungsgesetzes (Gl.6.72) zeigt, dass unter der Annahme chemischen Gleichgewichts zwischen allen elementaren FERMI-Systemen vier verschiedene Temperaturbereiche unterschieden werden müssen:

1. *Kompensationsbereich*: Bei den tiefsten Temperaturen wird ein (kleiner) Teil der Donatoratome dadurch ionisiert, dass die unvermeidlich vorhandenen Akzeptoren Elektronen einfangen. Das chemische Potenzial liegt entsprechend im Donatorbereich:

$$n_L(T) \propto \exp\left(-\frac{\varepsilon_D}{k_BT}\right) \ .$$

2. *Störstellenreserve*: Elektronen werden aus den Donator-Zuständen in das Leitungsband angeregt. Das chemische Potenzial liegt zwischen dem Störstellenbereich und dem Leitungsband (dieser Bereich ist in Abb. 6.29b dargestellt).

$$n_L(T) \propto \exp\left(-\frac{\varepsilon_D}{2k_BT}\right) \ .$$

3. *Störstellenerschöpfung*: Die Donator-Atome sind weitgehend ionisiert. Die Ladungsträgerdichte $n_L = n_D$ ist unabhängig von T, und das chemische Potenzial verschiebt sich in der Bandlücke nach Gl. 6.70 (wie bei einem klassischen idealen Gas):

$$\mu_{e^-}(T, n_D) = \varepsilon_L - k_BT \ln\left(\frac{j_L T^{3/2}}{n_D}\right) \ . \tag{6.75}$$

4. *Eigenleitung*: Es werden nun auch Löcher im Valenzband angeregt, und die Verhältnisse gleichen sich denen bei einem intrinsischen Halbleiter an. Das chemische Potenzial liegt etwa in der Mitte der Bandlücke, und es gilt

$$n_L(T) \propto \exp\left(-\frac{\varepsilon_L - \varepsilon_V}{2k_BT}\right) \ .$$

a)

b)

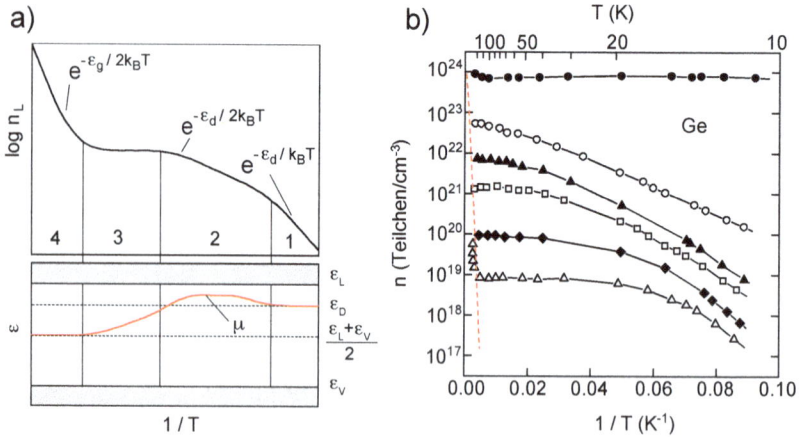

Abb. 6.30. a) Schematische Darstellung der Elektronendichte im Leitungsband eines n-dotierten Halbleiters (oben) und chemisches Potenzial (unten) als Funktion der inversen Temperatur. Die T-Bereiche 1–4 entsprechen der Aufzählung im Text. b) Entsprechende Messung von $n_L(T)$ in n-dotiertem Germanium über den HALL-Effekt. Der Bereich 4 (Eigenleitung) ist rot gestrichelt dargestellt. Die Arsen-Dotierung nimmt zwischen $10^{19}/m^3$ und $10^{24}/m^3$ um jeweils etwa eine Größenordnung zu (nach [4]).

Die Temperaturabhängigkeit von $n_L(T)$ und $\mu(T)$ in diesen vier Temperaturbereichen ist in Abb. 6.30 gezeigt. Für Anwendungen am interessantesten ist der Bereich der Störstellen-Erschöpfung, weil hier die Leitfähigkeit durch die bei der Herstellung vorgegebenen Donator-Konzentration bestimmt wird und relativ temperaturunabhängig ist.

Die Ladungsträgerdichte bestimmt zusammen mit der Beweglichkeit $B'_{L,V} = e\tau/\hat{m}_{L,V}$ (Abschnitt I-8.4.2) die elektrische Leitfähigkeit:

$$\sigma_Q(T) = en_L(T)\, B'_L(T) \;+\; en_V(T)\, B'_V(T)\, .$$

Diese sind am Beispiel dotierten Germaniums in Abb. 6.31 dargestellt. Für die höchste Dotierung verhält sich die Probe metallisch mit einer Leitfähigkeit, die bei tiefen Tem-

Tab. 6.3. Typ, Bandlücke, intrinsische Ladungsträgerdichte, effektive Massen und Beweglichkeiten für verschiedene Halbleiter bei 300 K.

	C	Ge	Si	GaAs	InAs	InSb
Typ	indir.	indir.	indir.	dir.	dir.	dir.
$\varepsilon_g(300\,K)$ [eV]	5.47	0.66	1.12	1.42	0.354	0.18
n_i [cm^{-3}]		$2.4 \cdot 10^{13}$	$1.1 \cdot 10^{10}$	$1.8 \cdot 10^{6}$		
B'_L [m^2/(Vs)]	1800	3800	1900	9200	40 000	80 000
B'_V [m^2/(Vs)]	1400	1800	480	400	500	1250

---

32 Wir ignorieren hier der Einfachheit halber, dass die Spinentartung des Donatorzustands dessen statistisches Gewicht um einen Faktor 2 erhöht.

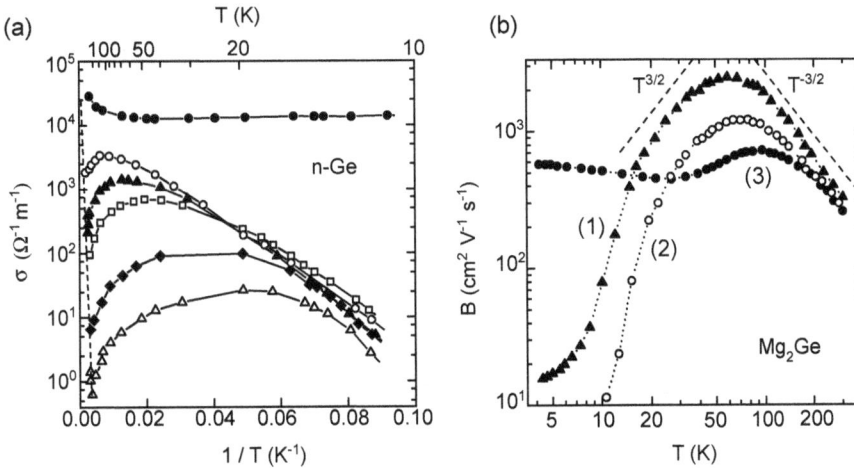

Abb. 6.31. a) Elektrische Leitfähigkeit von n-dotiertem Germanium für dieselben Proben wie in Abb. 6.30. Die Probe mit der höchsten Leitfähigkeit zeigt bereits metallisches Verhalten. b) Elektronenbeweglichkeit B in Mg_2Ge. Die Proben waren mit $1.3 \cdot 10^{22}$, $4.2 \cdot 10^{22}$, $8.2 \cdot 10^{23}$ Al-Atomen pro m^3 dotiert (nach [4]).

peraturen konstant wird. Für niedrigere Dotierungen geht σ_Q über ein Maximum weil die Streurate mit fallender Temperatur und zunächst konstanter Ladungsträgerdichte (Störstellen-Erschöpfung) nach einem Potenzgesetz abnimmt, während die Ladungsträgerdichte bei tiefen Temperaturen $T \lesssim \varepsilon_D/k_B$ exponentiell verschwindet. Mit Hilfe des HALL-Effekts können die Ladungsträgerdichten experimentell bestimmt werden. Wird an denselben Proben die elektrische Leitfähigkeit gemessen, so lässt sich die Beweglichkeit berechnen. Die Beweglichkeiten sind wegen der verschiedenen effektiven Massen $\hat{m}_{L,V}$ im Leitungs- und im Valenzband unterschiedlich. In Tabelle 6.3 sind einige Werte aufgelistet. Die Streuzeit τ ist relativ stark temperaturabhängig und geht über ein ausgeprägtes Maximum, weil bei tiefen Temperaturen die Streuung an den geladenen Störstellen[33] und bei hohen Temperaturen die an Phononen dominiert.

6.5.3 Thermoelektrizität in Halbleitern

In Abschnitt 6.4 haben wir gesehen, dass die Thermokraft in den meisten Metallen sehr klein ist. Qualitativ betrachtet hat dies zwei Gründe: 1) Die Entropie pro Teilchen $\hat{s} \propto T/T_F$ ist sehr klein, und 2) die Beiträge von Elektronen ($\varepsilon > \mu$) und Löchern ($\varepsilon < \mu$) kompensieren sich fast vollständig, so dass nur ein sehr kleiner, von der Teilchen-Loch-Asymmetrie herrührender Rest übrig bleibt.

---

[33] Hierbei handelt es sich um COULOMB-Streuung am (abgeschirmten) COULOMB-Potenzial der Dotieratome und anderen Störstellen.

Nun wollen wir zunächst die Thermokraft eines intrinsischen Halbleiters mit Hilfe des Drift/Diffusions-Modells aus Kapitel 1.2 berechnen. Dazu erinnern wir uns an das Ergebnis für die Thermokraft eines nichtentarteten (Elektronen)-Gases, wie wir es mit Hilfe von Gl. 1.42 bereits in Abschnitt I-8.10 abgeleitet haben:

$$S(T) = \frac{1}{\hat{q}} \frac{\partial s(T,n)}{\partial n} = \frac{k_B}{\hat{q}} \left\{ \ln\left(\frac{jT^{3/2}}{n}\right) + \frac{3}{2} \right\} = \frac{\hat{s} - k_B}{\hat{q}} . \tag{6.76}$$

Wegen der geringen Ladungsträgerdichte ist die Entropie pro Teilchen hoch und entspricht einer hohen Thermokraft. Wie wir in den vorangegangenen Abschnitten gesehen haben, ist die Teilchendichte stark, für intrinsische Halbleiter oder dotierte Halbleiter im Bereich der Eigenleitung sogar exponentiell, von der Temperatur abhängig. Setzen wir $n_L(T)$ aus Gl. 6.73 in Gl. 6.76 ein, so erhalten wir

$$S_L(T,n) = \frac{k_B}{\hat{q}} \left\{ \ln\left[\left(\frac{\hat{m}_L}{\hat{m}_V}\right)^{3/2} \exp\left(\frac{\varepsilon_L - \varepsilon_V}{k_B T}\right) \right] + \frac{3}{2} \right\}$$

$$= \frac{k_B}{\hat{q}} \left\{ \frac{\varepsilon_L - \varepsilon_V}{k_B T} + \frac{3}{4} \ln\left(\frac{\hat{m}_L}{\hat{m}_V}\right) + \frac{3}{2} \right\} . \tag{6.77}$$

Für die Löcher erhalten wir wegen $n_L(T) = n_V(T)$ das ganz ähnliche Ergebnis

$$S_V(T) = \frac{k_B}{\hat{q}} \left\{ \ln\left[\left(\frac{\hat{m}_V}{\hat{m}_L}\right)^{3/2} \exp\left(\frac{\varepsilon_L - \varepsilon_V}{k_B T}\right) \right] + \frac{3}{2} \right\}$$

$$= \frac{k_B}{\hat{q}} \left\{ \frac{\varepsilon_L - \varepsilon_V}{k_B T} + \frac{3}{4} \ln\left(\frac{\hat{m}_V}{\hat{m}_L}\right) + \frac{3}{2} \right\} . \tag{6.78}$$

Für Temperaturen mit $k_B T < \varepsilon_L - \varepsilon_V$ dominiert der erste Term in der Klammer, der bei tiefen Temperaturen sehr hohe Werte annehmen kann. Auch in intrinsischen Halbleitern tritt eine teilweise Kompensation von Elektronen- und Loch-Beiträgen ein. Diese ist jedoch nicht vollständig, weil die effektiven Massen $\hat{m}_L$ und $\hat{m}_V$ (und eventuell auch die Streuzeiten) für das Valenzband und das Leitungsband verschieden sind. Nehmen wir der Einfachheit halber an, dass die Streuzeiten τ in den verschiedenen Bändern gleich und energieunabhängig sind, setzen die Summe der Beiträge der verschiedenen Bänder zum Thermostrom in Gl. 6.58 gleich Null und dividieren durch die Gesamtleitfähigkeit $\sigma_Q = \sigma_L + \sigma_V$, dann erhalten wir wegen $B' = e\tau/\hat{m}$ (Gl. I-8.26) für die Thermokraft eines *undotierten* Halbleiters:

$$S(T) = \frac{k_B}{e} \left\{ \frac{\hat{m}_V - \hat{m}_L}{\hat{m}_V + \hat{m}_L} \left(\frac{\varepsilon_g}{k_B T} + \frac{3}{2}\right) + \frac{3}{4} \ln\left(\frac{\hat{m}_L}{\hat{m}_V}\right) \right\} . \tag{6.79}$$

Die Gewichtung der beiden Komponenten des Quasiteilchengases spiegelt die effektiven Massen im Valenz- und Leitungsband wider. Für Teilchen/Loch-Symmetrie ($\hat{m}_V = \hat{m}_L$) kompensieren sich die Beiträge von Elektronen und Löchern, und die Thermokraft verschwindet. Bei tiefen Temperaturen divergiert die Thermokraft mit $1/T$, aber die Leitfähigkeit verschwindet exponentiell und damit wesentlich schneller als S divergiert. Der durch Gl. 6.58 gegebene Thermostrom verschwindet also trotz großer Thermokraft.

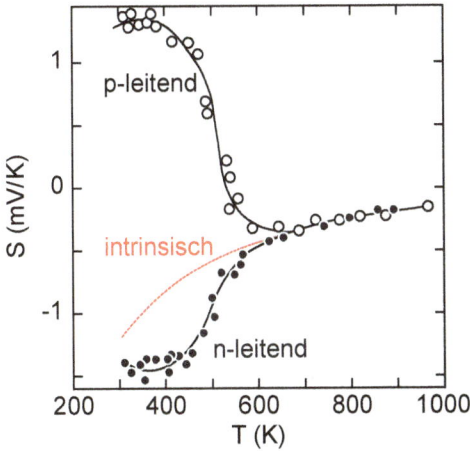

Abb. 6.32. Thermokraft von n- und p-dotiertem Silizium. Die Thermokraft undotierten Siliziums ist gestrichelt eingezeichnet (nach [30]).

Gemäß den Werten für die Beweglichkeiten in Tabelle 6.3 ist die Beweglichkeit der Elektronen in der Regel größer als die der Löcher; in diesem Fall dominiert der Elektronenbeitrag und die Thermokraft ist negativ. Für quantitativ richtige Ergebnisse muss auch die Temperaturabhängigkeit der Streuzeit berücksichtigt werden. Eine ganz ähnliche Abschätzung ergibt sich bei der näherungsweisen Berechnung von S mit Hilfe der BOLTZMANN-Gleichung [30]. Für dotierte Halbleiter erhalten wir im Bereich der Störstellen-Reserve ähnliche Ergebnisse, nur muss die Bandlücke $\varepsilon_L - \varepsilon_V$ durch die Ionisierungsenergie der Donatoren ersetzt werden.

Im Bereich der Störstellen-Erschöpfung erhält man die höchsten Werte der Thermokraft und eine schwache logarithmische Temperaturabhängigkeit (Abschnitt I-8.10). Dies ist in Abb. 6.32 für schwach dotierte Si-Kristalle demonstriert. Mit den effektiven Massen von Silizium und den aus Abb. 6.32 abgelesenen Maximalwerten von S kann man die Dotierungskonzentrationen $n_D \simeq 1.6 \cdot 10^{12}/\text{cm}^3$ und $n_A \simeq 1.0 \cdot 10^{12}/\text{cm}^3$ abschätzen, was etwa zwei Größenordnungen höher als die intrinsische Ladungsträgerdichte bei 300 K ist. Bei höheren Temperaturen setzt mit zunehmender intrinsischer Ladungsträgerdichte der Kompensationseffekt ein, bis die Thermokraft von n- und p-dotiertem Silizium gegen die des undotierten Halbleiters konvergiert. Die Thermokraft des undotierten Siliziums folgt der aus dem ersten Term in Gl. 6.79 hervorgehenden $1/T$-Abhängigkeit. Für Teilchen/Loch-Symmetrie verschwindet die Thermokraft auch bei intrinsischen Halbleitern.

Für Anwendungen zur Energiekonversion muss man einen Kompromiss zwischen einer hohen Thermokraft und einer akzeptablen Leitfähigkeit schließen, um den thermoelektrischen *Qualitätsfaktor* ZT des Materials zu optimieren (Gl. I-8.76). Neben der im Vergleich zu Metallen hohen Thermokraft haben Halbleiter den Vorteil, dass man p- ($S > 0$) und n-dotierte ($S < 0$) Materialien in einem Thermoelement kombinieren und so deren Differenz maximieren kann. Dies ist natürlich auch für PELTIER-Elemente von Vorteil, weil dann Elektronen und Löcher am heißen Kontakt rekombinieren und die mitgeführte Entropie zurücklassen. Am kalten Ende müssen Elektron-

Loch-Paare unter Vernichtung von Phononen paarweise erzeugt werden und dazu Energie und Entropie aus der Umgebung abziehen. Auf diese Weise wird ein zirkulierender Wärmestrom vermieden, der nicht zur Nutzleistung der Peltier-Elements beitragen kann.

6.5.4 Halbleiter-Grenzflächen

6.5.4.1 Der pn-Übergang

Wesentlich neue Effekte entstehen, wenn ein n- und ein p-dotierter Halbleiter zu einem *pn-Übergang* zusammengefügt werden. In diesem Fall spricht man von einem *inhomogenen Halbleiter*. Durch die Dotierung unterscheiden sich die Dichten und chemischen Potenziale der Ladungsträger (selbst bei gleichem Wirtskristall): Wie in Abb. 6.34 dargestellt, liegt μ im n-dotierten Halbleiter in der Nähe des Leitungsbands, im p-dotierten Halbleiter dagegen in der Nähe des Valenzbands. Ein elektrischer Kontakt zwischen beiden Kristallen resultiert daher in einem *Ladungstransfer*, der ganz analog zu dem in Abschnitt 6.1.5 besprochenen Ladungstransfer zwischen zwei Metallen mit unterschiedlicher Austrittsarbeit ist. Infolge des Ladungstransfers stellt sich ein *elektrochemisches Gleichgewicht* mit einem räumlich konstanten Wert von $\bar{\mu} = \mu(x) + \hat{q}\phi_Q(x)$ ein, und es bildet sich an der Grenzfläche eine Raumladungszone. Wegen der (verglichen mit einem Metall) wesentlich niedrigeren Ladungsträgerdichte gilt für die Teilchenkapazität $\nu = n/k_B T$ und die elektrostatische Abschirmlänge

$$\lambda_S(T, n) = \sqrt{\frac{\epsilon_0 \epsilon_r k_B T}{n \hat{q}^2}} \tag{6.80}$$

(Gl. I-8.31) und damit auch die räumliche Ausdehnung der Raumladungszone wesentlich größer. In der Raumladungszone baut sich ein elektrisches Feld auf, welches einer Kontaktspannung entspricht. In der Halbleiterphysik nennt man diese auch die *Diffusionsspannung*. In Gegenwart eines elektrostatischen Feldes verschieben sich die Energien der elementaren FERMI-Systeme gemäß

$$\varepsilon(\mathbf{k}) = \varepsilon_L + \frac{(\hbar \mathbf{k})^2}{2\hat{m}_L} \quad \rightarrow \quad \varepsilon(\mathbf{k}) = \underbrace{\varepsilon_L - e\phi_Q(x)}_{\bar{\varepsilon}_L(x)} + \frac{(\hbar \mathbf{k})^2}{2\hat{m}_L}, \tag{6.81}$$

$$\varepsilon(\mathbf{k}) = \varepsilon_V - \frac{(\hbar \mathbf{k})^2}{2\hat{m}_V} \quad \rightarrow \quad \varepsilon(\mathbf{k}) = \underbrace{\varepsilon_V + e\phi_Q(x)}_{\bar{\varepsilon}_V(x)} - \frac{(\hbar \mathbf{k})^2}{2\hat{m}_V}. \tag{6.82}$$

Der räumlich modulierte Verlauf der Bandkanten $\bar{\varepsilon}_L(x)$ und $\bar{\varepsilon}_V(x)$ wird im Jargon der Halbleiterphysik auch „Bandverbiegung" genannt. Dieser ist in Abb. 6.34 illustriert. Der Wert der Kontakt-, oder Diffusionsspannung V_D ist wie im Fall der Metalle durch die Differenz der chemischen Potenziale im Volumen, das heißt außerhalb der Raumladungszone gegeben. Im Bereich der Störstellen-Erschöpfung können wir die

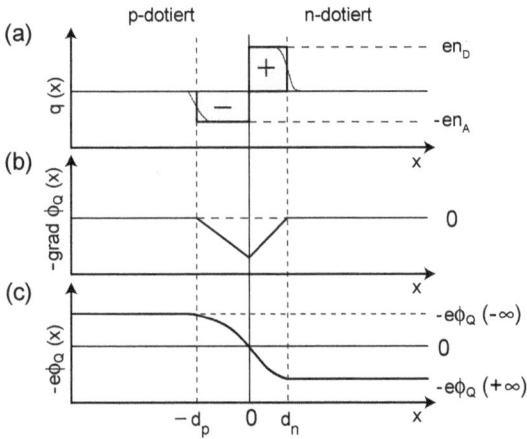

Abb. 6.33. SCHOTTKY-Modell der Raumladungszone. a) Rechteckig genähertes Profil der elektrischen Ladungsdichte. Ein realistischer Verlauf ist gestrichelt eingezeichnet. b) Zugehöriger Verlauf der elektrischen Feldstärke und c) des elektrostatischen Potenzials.

chemischen Potenziale fern von der Grenzfläche voneinander subtrahieren und erhalten mit Hilfe der Gln. 6.70 und 6.71:

$$eV_D = -(\mu_n^0 - \mu_p^0) = \varepsilon_L - \varepsilon_V - k_B T \ln\left(j_L \frac{T^{3/2}}{n_D}\right) - k_B T \ln\left(j_V \frac{T^{3/2}}{n_A}\right),$$

$$= \varepsilon_g - k_B T \ln\left(\frac{j_L j_V T^3}{n_D n_A}\right) = k_B T \ln\left(\frac{n_D n_A}{n_i^2(T)}\right), \tag{6.83}$$

wobei $\mu_{n,p}^0$ die chemischen Potenziale der isolierten n- und p-dotierten Halbleiterkristalle sind. Die Ladungsträgerdichten sind in guter Näherung durch $n_L \approx n_D$ und $n_V \approx n_A$ gegeben. Im letzten Schritt haben wir außerdem Gl. 6.73 benutzt.

Im Folgenden wollen wir die Breite der Raumladungszone ermitteln. Dazu müssen wir zwischen den Ladungsträgerdichten auf der n- und der p-dotierten Seite unterscheiden. Um nicht zuviele Indizes mitzuschleppen, verwenden wir für die verschiedenen Teilchendichten ab jetzt die Bezeichnungen $n_n = n_L$, $p_n = n_V$ auf der n-dotierten Seite und $n_p = n_L$, $p_p = n_V$ auf der p-dotierten Seite. In n- (p-)dotierten Kristallen gilt $n_n \gg p_n$ ($p_p \gg n_p$). Daher bezeichnen wir Elektronen (n_n) auf der n- und Löcher (p_p) auf der p-dotierten Seite als *Majoritäts*-Ladungsträger und Löcher (p_n) auf der n- und Elektronen (n_p) auf der p-dotierten Seite als *Minoritäts*-Ladungsträger.

Aufgrund des Massenwirkungsgesetzes (Gl. 6.72) gilt im Gleichgewicht an jeder Stelle im Kristall $n(x) \cdot p(x) = n_i^2(T) = $ const. Da das elektrochemische Potenzial an der Grenzfläche zwischen den n- und p-dotierten Bereichen (wie bei einem intrinsischen Halbleiter) etwa in der Mitte der Bandlücke liegt, ist dort $n \approx p$ und die Dichte $n + p \approx 2n_i(T)$ freier Ladungsträger gegenüber der fern von der Grenzfläche um Größenordnungen reduziert. Man spricht daher von der *Rekombinations*- oder *Verarmungszone* oder auch von der *Sperrschicht*. Wegen der Ladungen der fest eingebauten ionisierten Dotieratome ist die Ladungsneutralität in diesem Bereich gestört. Die lokale Ladungsdichte in der *Raumladungszone* beträgt:

$$q(x) = e(n_D^+ - n_n(x) + p_n(x)) \qquad \text{für } x > 0 \text{ im n-dotierten Gebiet,}$$

$$q(x) = -e(n_A^- + n_p(x) - p_p(x)) \qquad \text{für } x < 0 \text{ im p-dotierten Gebiet.}$$

Das elektrostatische Potenzial $\phi_Q(x)$ ergibt sich durch Lösung der POISSON-Gleichung

$$\frac{\partial^2 \phi_Q(x)}{\partial x^2} = -\frac{q(x)}{\epsilon_r \epsilon_0} .$$

Dabei ergibt sich allerdings die Schwierigkeit, dass die in die lokale Ladungsdichte eingehenden Dichten freier Ladungsträger wegen der Bandverbiegung selbst von $\phi_Q(x)$ abhängen. Eine exakte Lösung kann daher, von einer Anfangsverteilung startend, nur iterativ erfolgen. Alternativ können wir aber auch einen plausiblen Ansatz zur Berechnung einer Näherungslösung verwenden. Der einfachste Ansatz, den wir machen können, ist der einer stückweise konstanten Ladungsdichte ($q = -en_A$ im Intervall $x \in [-d_p, 0]$, $q = en_D$ im Intervall $x \in [0, d_n]$ und $q = 0$ sonst), wie sie in Abb. 6.33 zusammen mit dem resultierenden Verlauf des elektrischen Potenzials und der Bandkanten $\epsilon_{L,V}(x)$ dargestellt ist (Abb. 6.33). In diesem nach SCHOTTKY benannten Modell ist der Potenzialverlauf fern von der Grenzfläche konstant und in der Nähe der Grenzfläche stückweise quadratisch in x:

$$\phi_Q(x) = \phi_Q(\mp\infty) \pm \frac{en_{A,D}}{2\epsilon_r \epsilon_0}(d_{p,n} \pm x)^2 .$$

Aus der Neutralitätsbedingung $n_D d_n = n_A d_p$ und der Randbedingung

$$V_D = \phi_Q(-\infty) - \phi_Q(+\infty) \tag{6.84}$$

erhalten wir dann im Rahmen der SCHOTTKY-Näherung für die Breite der Raumladungszonen

$$d_{n0} = \lambda_S(T, n_D) \cdot \sqrt{\frac{2eV_D}{k_B T}\frac{n_A}{(n_A + n_D)}} = \sqrt{\frac{2\epsilon_r \epsilon_0 V_D n_A}{en_D(n_A + n_D)}}$$

$$d_{p0} = \lambda_S(T, n_A) \cdot \sqrt{\frac{2eV_D}{k_B T}\frac{n_D}{(n_A + n_D)}} = \sqrt{\frac{2\epsilon_r \epsilon_0 V_D n_D}{en_A(n_A + n_D)}} , \tag{6.85}$$

wobei die Bezeichnungen d_{n0} und d_{p0} zum Ausdruck bringen sollen, dass diese Ausdrücke für den Gleichgewichtsfall $U = 0$ gelten, in dem keine externe Spannung U an den pn-Übergang angelegt wird. Wie die Randbedingung Gl. 6.84 zeigt, werden die Werte von d_n und d_p von U abhängen. Im Gegensatz zu unserem Ergebnis für die elektrostatische Abschirmlänge λ_S (Gl. 6.80) sind die Breiten der Raumladungszonen nicht allein durch die Eigenschaften des Elektronen-(Loch)-Gases, sondern auch durch die Diffusionsspannung V_D bestimmt.

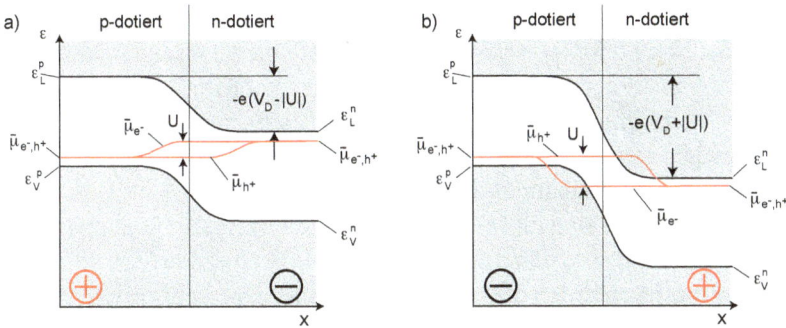

Abb. 6.34. Verlauf der Bänder (schwarze Linien) und der elektrochemischen Potenziale der Elektronen ($\bar{\mu}_{e^-}$) und Löcher ($\bar{\mu}_{h^+}$) (rote Linien) in a) Durchlass-Richtung und b) Sperr-Richtung. Die Pole der angelegten Spannung U sind mit $\oplus$ (rot) und $\ominus$ (schwarz) bezeichnet. Die Bandverbiegung wird in Durchlassrichtung abgebaut und in Sperrrichtung vergrößert.

Um ein Gefühl für die Größenordnungen zu bekommen, nehmen wir $eV_D = \varepsilon_g \approx$ 1 eV und $n_A = n_D \approx 10 \cdot 10^{16}/\text{cm}^3$ an und erhalten $d_{n0} = d_{p0} \approx 100\,\text{nm}$ und entsprechend eine elektrische Feldstärke von 10^7 V/m.

Obwohl dieser *innere* elektrische Potenzialgradient grad ϕ_Q die von außen typischerweise angelegten elektrischen Felder um mehrere Größenordnungen übersteigt, fließt nach der Einstellung des elektrochemischen Gleichgewichts *kein* Strom, da dieser durch den chemischen Potenzialgradienten exakt kompensiert wird. Der chemische Potenzialgradient entspricht dem Gradienten der Teilchendichte und treibt Elektronen in Richtung der p- und Löcher zur n-dotierten Seite, das heißt jeweils gegen das innere elektrische Feld. Das so entstandene elektrochemische Gleichgewicht lässt sich stören, wenn zusätzlich eine externe Spannung angelegt und Strom durch den Kontakt getrieben wird.

Wie in Abb. 6.34a dargestellt, wird die Bandverbiegung verkleinert, wenn der Pluspol der auf eine bestimmte Spannung U eingestellten externen Spannungsquelle an der p-dotierten Seite angeschlossen wird. Damit wird die Zahl der thermisch angeregten Elektronen (Löcher), die von der n- (p-)dotierten auf die p- (n-)dotierte Seite diffundieren und dort rekombinieren können, vergrößert – diese Polarität wird die *Durchlass-Richtung* genannt. Im umgekehrten Fall wird die Zahl der auf die jeweils andere Seite diffundierenden Ladungsträger verkleinert – diese Polarität wird entsprechend die *Sperr-Richtung* genannt (Abb. 6.34b).

Um die im Nichtgleichgewicht entstehenden Verhältnisse zu verstehen, ist es hilfreich, sich zuerst einen entscheidenden Unterschied zwischen dem Ladungstransport durch einen homogenen Leiter und dem durch einen pn-Übergang klarzumachen: Während in einem homogenen Leiter gemeinsam mit der Ladung auch die Teilchenzahl erhalten ist, ist dies beim pn-Übergang anders – wird eine externe Spannungsquelle mit dem Pluspol an der p-dotierten und dem Minuspol an der n-dotierten Seite angeschlossen, so fließen sowohl die Elektronen als auch die Löcher zur Grenzfläche hin. Bei umgekehrter Polung fließen sie dagegen jeweils von der Grenzfläche weg. Dies ist im stationären Betrieb nur dann möglich, wenn die im ersten Fall einlaufenden Elektron-Loch-Paare in der Nähe der Grenzfläche mit der Rate $\Sigma_N = I/e$ *vernichtet* und im zweiten Fall mit einer entgegengesetzt-gleichen Rate *erzeugt* werden. Im ersten Fall spricht man daher von der *Rekombinations*-Rate, im zweiten von der *Generations*-Rate und ebenso von Rekombinations- und Generations-Strömen.

Daraus ergibt sich eine für Halbleiterbauelemente zentrale Asymmetrie des Leitwerts eines pn-Übergang, nämlich die Charakteristik einer *Diode*. Während im ersten Fall Ladungsträger durch die externe Spannungsquelle in (prinzipiell) beliebigen Mengen nachgeführt werden können, müssen die Ladungsträger im zweiten Fall in der Nähe der Grenzfläche, das heißt innerhalb der Diode erzeugt werden. Dies geschieht dadurch, dass Elektron-Loch-Paare unter *gleichzeitiger Vernichtung von Phononen* durch den quantenmechanischen Prozess der Paarerzeugung entstehen. Das bedeutet, dass in einer Diode abhängig von der Stromrichtung entweder die chemische Reaktion

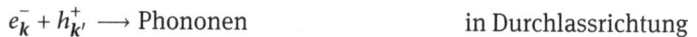

$$e_{\boldsymbol{k}}^- + h_{\boldsymbol{k'}}^+ \longrightarrow \text{Phononen} \qquad\qquad \text{in Durchlassrichtung}$$

oder die umgekehrte Reaktion

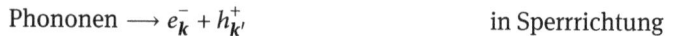

$$\text{Phononen} \longrightarrow e_{\boldsymbol{k}}^- + h_{\boldsymbol{k'}}^+ \qquad\qquad \text{in Sperrrichtung}$$

abläuft, wie dies in Abschnitt 2.1 bereits angesprochen wurden.

Sowohl die Paarerzeugungsrate als auch die Paarvernichtungsrate werden daher durch die kombinierte Elektron-Loch-Phonon-Streuzeit τ_{ehp} bestimmt, welche auch die *Interband*-Relaxationszeit genannt wird. Für sehr kleine Spannungen ist die Relaxation effektiv genug, dass die lokalen Ladungsträgerdichten nahe an den Werten im Gleichgewicht bleiben, sodass der Strom zur angelegten Spannung U proportional ist, wobei der Widerstand durch die intrinsische Ladungsträgerdichte und die Beweglichkeiten in der Verarmungszone bestimmt ist. Bei höheren Spannungen in Sperrrichtung kann die Paar-Erzeugung dem Abtransport durch die angelegte Spannung nicht mehr folgen. Die Paarerzeugungsrate ist stark von der Phononendichte und damit von der Temperatur abhängig, aber weitgehend unabhängig von der angelegten Spannung. Der Paarerzeugungs-Prozess führt (für ausreichend hohe Spannungen) daher zu einer von der angelegten Spannung U unabhängigen *Sperr-Strom* $I_S(T)$, der ein reiner Generations-Strom ist.

In Durchlassrichtung nimmt der Strom exponentiell zu, weil die über die (im Gleichgewicht durch eV_D gegebene) *Diffusions*-Barriere $\Delta(U) = e(V_D - U)$ linear abnimmt und der Bruchteil der Elektronen, die über die Barriere hinweg auf die p-dotierte Seite diffundieren können, gemäß der Bᴏʟᴛᴢᴍᴀɴɴ-Verteilung exponentiell ansteigt. Bedenkt man, dass der Generations- und der Rekombinations-Strom für kleine $|U|$ gleich sein müssen, um $I(U = 0) = 0$ zu gewährleisten, so lässt sich die Strom-Spannungs-Kennlinie in erster Näherung durch den Ausdruck

$$I(U) = I_S(T) \left\{ \exp\left(\frac{eU}{k_B T} \right) - 1 \right\} \tag{6.86}$$

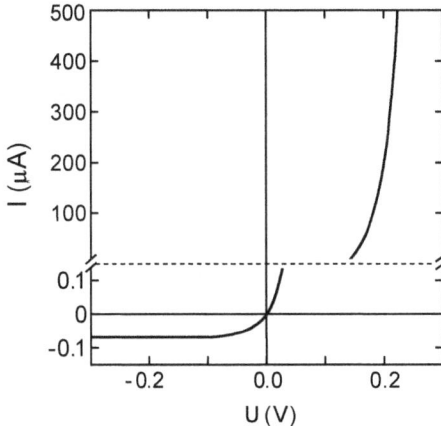

Abb. 6.35. Strom-Spannungs-Kennlinie einer Halbleiterdiode. Der Bereich niedriger Ströme ist in einer um den Faktor 1000 gestreckten Skala dargestellt, um den kleinen Sperrstrom sichtbar zu machen (nach [4]).

beschreiben. In Abbildung 6.35 ist dieser Verlauf mit realistischen Parametern dargestellt.

Der Sperrstrom $I_S(T)$ enthält Anteile von Elektronen und Löchern und ist im wesentlichen durch Elektron/Loch-Rekombinationszeit τ_{eh} gegeben, weil der Beitrag der Minoritätsladungsträger für kleine (und für negative) Spannungen wegen $\varepsilon_g \gg k_B T$ bei Raumtemperatur vernachlässigbar ist. Neben der thermisch induzierten Erzeugung von Elektron-Loch-Paaren ist es in direkten Halbleitern auch möglich, diese optisch – durch das Einstrahlen von Licht mit einer Energie, die oberhalb der Bandlücke liegt – zu erzeugen. Wird eine solche Diode in Sperrrichtung gepolt, so hängt der Sperrstrom von der Lichtintensität ab. Dies ist das Funktionsprinzip einer Photodiode.

Die für die Einstellung chemischen Gleichgewichts innerhalb eines Bandes verantwortlichen Intraband-Relaxationszeiten τ_e und τ_h sind in der Regel wesentlich kürzer als die für die Rekombination von Elektronen und Löchern notwendige *Interband*-Relaxationszeit τ_{eh}. Daher relaxieren die Elektronen der p-dotierten Seite erst innerhalb des Leitungsbands in ein lokales Gleichgewicht bei einem gegenüber den Löchern erhöhten chemischen Potenzial $\bar\mu_{e^-} > \bar\mu_{h^+}$. Die Elektronendichte ist dort gegenüber dem nach dem Massenwirkungsgesetz erwarteten Gleichgewichtswert $n_n^{eq} = n_i^2(T)/p_p$ stark erhöht.

Erst bei Abständen, die größer sind als die Rekombinationslänge $\sqrt{D_e \tau_{eh}}$ der Elektronen auf der p-dotierten Seite, nimmt deren Dichte langsam in Richtung der (in der Regel vernachlässigbaren) Gleichgewichtswerte ab. Ähnlich sind die Verhältnisse bei den auf die n-dotierte Seite diffundierenden Löchern. Die Injektion und Extraktion von „heißen" Quasiteilchen über die Diffusionsbarriere in der Sperrschicht hinweg führt also lokal zu einem chemischen Ungleichgewicht zwischen Elektronen-artigen und Loch-artigen Quasiteilchen, welche unter sich aber durchaus in chemischem Gleichgewicht sind, sofern die Interband- und Intraband-Streuzeiten $\tau_{e,h}$ und τ_{eh} hinreichend verschieden sind.

Eine obere Schranke für den in Durchlass-Richtung fließenden Strom ist durch die Wärmeentwicklung in der Nähe der Grenzschicht bestimmt. Wir können fragen, ob dabei die Entropie-Erzeugung bei der inelastischen Rekombination über die Bandlücke oder die von den Quasiteilchen herangeführte Pᴇʟᴛɪᴇʀ-Wärme dominiert. Mit Hilfe der Gln. 1.43 und 6.76 sehen wir, dass die im Bereich der Störstellen-Erschöpfung von den Quasiteilchen mitgeführte Pᴇʟᴛɪᴇʀ-Wärme bei Raumtemperatur etwa $10-20k_B T \approx$ 250 meV–500 meV pro Quasiteilchen beträgt. Bei der Rekombination über die Bandlücke werden dagegen je nach Halbleiter 0.5 eV–1 eV pro Quasiteilchen frei. Die beiden Beiträge zur Erwärmung der Nichtgleichgewichtszone sind also von gleicher Größenordnung, und in der Regel wesentlich höher, als die durch den elektrischen Widerstand in dem homogenen Halbleitermaterial erzeugte Jᴏᴜʟᴇ'sche Wärme. Die in Sperrrichtung erwartete Abkühlung der Verarmungszone durch den Pᴇʟᴛɪᴇʀ-Effekt ist dagegen wegen der Kleinheit des Sperrstroms vernachlässigbar gering.

Nach den Gln. 6.85 hängt die Breite der Sperrschicht von der extern angelegten Spannung ab. Ersetzt man in dieser Gleichung V_D durch $V_D - U$, so erhält man:

$$d_S(U) = d_n(U) + d_p(U) = \sqrt{\frac{2\epsilon_r\epsilon_0(V_D - U)}{e} \frac{n_A + n_D}{n_D n_A}} . \tag{6.87}$$

Die Dicke der Sperrschicht nimmt mit zunehmender Spannung in Durchlassrichtung zu und in Sperrrichtung ab. Bei hoher Dotierung ist die Sperrschicht schon bei $U = 0$ dünn. Mit zunehmender Spannung in Sperrrichtung wird die Sperrschicht noch dünner, und es kommt zum Zᴇɴᴇʀ-Durchbruch, weil die Ladungsträger durch die Sperrschicht dann quantenmechanisch durchtunneln können. Die Diode wird ab einer mit $d_S(U = 0)$ abnehmenden Spannung dann auch in Sperrrichtung wieder leitend, wobei die Tunnelwahrscheinlichkeit durch die angelegte Spannung bestimmt wird. Weil dieser Durchbruch sehr plötzlich einsetzt, kann man solche Zᴇɴᴇʀ-Dioden in elektronischen Schaltkreisen zur Erzeugung einer konstanten Referenzspannung benutzen. Der Zᴇɴᴇʀ-Durchbruch konkurriert mit dem Lawinen-Durchbruch, bei dem Ladungsträger durch Stoßionisation von Störstellen weitere Ladungsträger zusätzlich erzeugen, die wiederum durch das hohe elektrische Feld in der Sperrschicht so stark beschleunigt werden, dass auch diese weitere Ionisationsprozesse auslösen. Der Stromfluss nimmt beim Lawinendurchbruch zunächst unbegrenzt zu und führt sehr schnell zu hohen Stromstärken, durch die das Bauelement zerstört wird.

Silizium und Germanium sind *indirekte* Halbleiter, bei denen die Extrema des Leitungsbands und des Valenzbands bei verschiedenen *k*-Vektoren liegen. Da optische Übergänge wegen der kleinen *k*-Vektoren der Photonen in der Regel vertikal sind, muss die Quasiteilchen-Relaxation *nicht-strahlend*, dass heißt über die Emission von Phononen erfolgen. Bei *direkten* Halbleitern, wie zum Beispiel GaAs, ist auch *strahlende* Rekombination, also die Emission von Photonen mit der Energie der Bandlücke, möglich. Dies hat zahlreiche technische Anwendungen, zum Beispiel in Leuchtdioden und Laserdioden. Für letztere ist es nötig, ein so starkes Teilchen-Loch-Ungleichgewicht zu erzeugen, dass eine *Besetzungsinversion* im Bereich der

Raumladungszonen, also $n_p > p_p$ auf der p-dotierten Seite oder $p_n > n_n$ auf der n-dotierten Seite, erreicht wird. Umgekehrt kann ein Teilchen-Loch-Ungleichgewicht auch durch Einstrahlen von Licht erzeugt werden. Dies wird beispielsweise bei der Photodiode oder bei Solarzellen technisch ausgenutzt.

Die Verarmungszonen in pn-Übergängen liefern auch einen kapazitiven Beitrag zur Impedanz des Kontakts, der gegenüber dem dissipativen Anteil dominiert, wenn die Diode in Sperrrichtung betrieben wird. Mit Gl. 6.87 können wir die Zustandsgleichung des von den p- und n-dotierten Bereichen gebildeten Kondensators berechnen: Die auf einer Seite der Grenzfläche, beispielsweise der n-dotierten Seite, gespeicherte Raumladung beträgt $Q(U) = -en_D A d_n(U)$, wobei A der Flächeninhalt der Grenzschicht ist. ist. Durch Differenzieren der Zustandsgleichung $Q(U)$ nach U erhalten wir die differenzielle Kapazität der Raumladungszone:

$$C(U) = \frac{A}{2} \sqrt{\frac{2\epsilon_r \epsilon_0}{V_D - U} \frac{n_A n_D}{n_A + n_D}} \, ,$$

wobei A der Flächeninhalt der Grenzschicht ist. Dies schlägt sich im Spektrum der Halbleiterbauelemente in *Kapazitätsdioden* nieder, die in Hinblick auf einen kleinen Sperrstrom optimiert sind. Im Gegensatz zu einem konventionellen Kondensator ist die Kapazität (wie der Leitwert) von der Spannung abhängig und kann durch diese gesteuert werden. Auf diese Weise können zum Beispiel spannungsgesteuerte Oszillatoren gebaut werden.

6.5.4.2 Metall/Halbleiter-Kontakte

Eine Variante des pn-Übergangs liegt an den Grenzflächen zwischen Metallen und Halbleitern vor. Auch hier tritt ein Ladungstransfer auf, dessen Richtung durch das Verhältnis der Austrittsarbeiten W_A bestimmt wird. Wie beim Metall (Abschnitt 6.1.5) ist die Austrittsarbeit auch beim Halbleiter als die Differenz zwischen dem elektrochemischen Potenzial und dem Vakuum-Niveau bestimmt. Auch diese Grenzflächen sind technisch wichtig, weil jeder Halbleiterkristall in technischen Anwendungen früher oder später mit Metalldrähten kontaktiert werden muss. Diese Kontakte sind oft problematisch, weil an der Grenzfläche für viele Materialkombinationen kein linearer OHM'scher, sondern ein Kontakt mit einer *nicht-linearen* $I(U)$-Charakteristik auftritt.

Um diese SCHOTTKY-Kontakte genannten Materialkombinationen zu verstehen, betrachten wir die Verhältnisse in Abb.6.36a und b, wo in der linken Spalte die Situation vor und in der rechten Spalte nach der Herstellung des elektrischen Kontakts dargestellt ist. Die obere Reihe zeigt den Fall, dass die Austrittsarbeit des Metalls $W_{A,M}$ kleiner als die des Halbleiter $W_{A,HL}$ ist, wobei wir annehmen wollen, dass der Halbleiter n-dotiert ist. Dann liegt das chemische Potenzial der Elektronen im Metall höher als das des Halbleiters, und wir bekommen einen Elektronentransfer vom Metall zum Halbleiter und eine *Anreicherungszone* für Elektronen im Halbleiter. Die resultierende elektrische Potenzialdifferenz hebt die Bandstruktur des Halbleiters mit zunehmen-

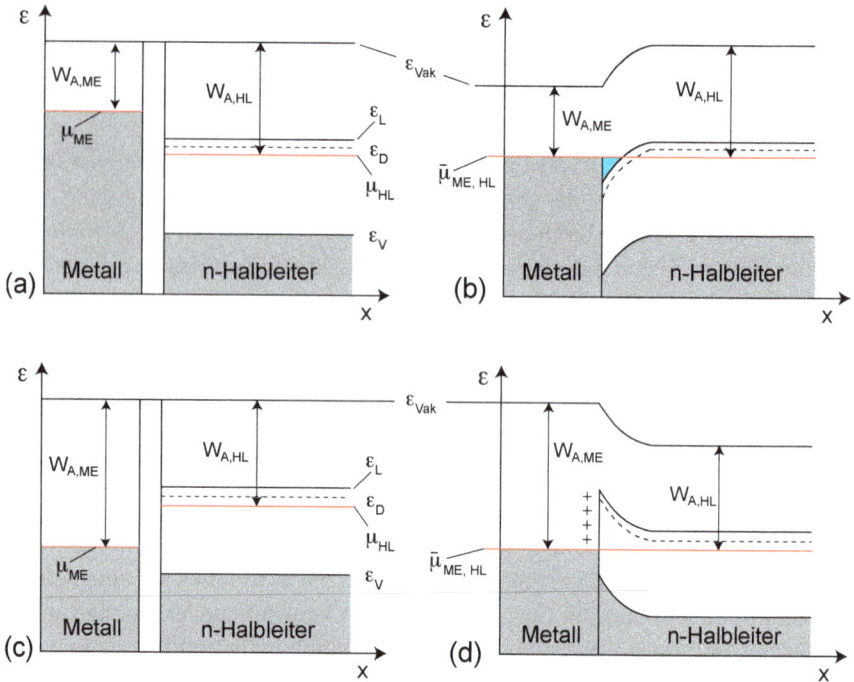

Abb. 6.36. Metall/Halbleiter-Kontakt für Material-Kombinationen, für die das Verhältnis der Austrittsarbeiten $W_{A,ME}/W_{A,HL}$ von Metall und Halbleiter größer als 1 (a und b) oder kleiner als 1 (c und d) ist. Vor der Herstellung eines elektrischen Kontakts sind die chemischen Potenziale μ_{Me} und μ_{HL} (rot) der Ladungsträger im allgemeinen verschieden (a und c); bei Herstellung des Kontakts findet ein Ladungstransfer statt, der die μ_{Me} und μ_{HL} zu einem gemeinsamen und räumlich konstanten elektrochemischen Potenzial $\bar{\mu}$ (rot) angleicht (b und d). Ist $W_{A,ME} > W_{A,HL}$, so bildet sich ein Ohm'scher Kontakt mit einer Anreicherungzone für Elektronen (blau), während sich für $W_{A,ME} < W_{A,HL}$ ein gleichrichtender Schotty-Kontakt mit einer positiv geladenen Verarmungszone für Elektronen ausbildet.

dem Abstand von der Grenzfläche an, weil das elektrostatische Potenzial der Ladungsträgeranreicherung an der Grenzfläche folgen muss. Fern von der Grenzfläche werden die Bänder wieder flach. Wegen dieses elektrostatischen Potenzialverlaufs schneidet das Leitungsband des Halbleiters das elektrochemische Potenzial, und der resultierende Kontakt verhält sich Ohm'sch.

In dem in der unteren Reihe in Abb. 6.36c und d dargestellten umgekehrten Fall, dass $W_{A,M} > W_{A,HL}$ ist, fallen Elektronen vom Halbleiter in das Metall und hinterlassen eine positive Raumladungszone, in der die Elektronendichte verarmt. Die Bandstruktur des Halbleiters wird fern von der Grenzfläche abgesenkt und weist nahe der Grenzfläche einen durch die Ladungsträgerverarmung verursachten Anstieg auf. Dieser Anstieg bildet eine Schottky-Barriere für Elektronen die sich der Grenzfläche nähern. Typische Werte für die Schottky-Barriere liegen im Bereich von 0.5 eV–1.5 eV. Die Schottky-Barriere ist der Diffusionsbarriere beim pn-Übergang analog und wird verringert, wenn Elektronen auf der Halbleiterseite injiziert werden. Extraktion von

Elektronen auf der Halbleiterseite vergrößert die SCHOTTKY-Barriere und den differenziellen Widerstand. Die Dicke der Raumladungszone erhält man aus den Gln. 6.85 im Grenzfall $n_A \gg n_D$. Für einen p-dotierten Halbleiter kehren sich die Argumente gerade um. Der SCHOTTKY-Kontakt weist damit eine dem pn-Übergang ähnliche *Dioden*-Charakteristik auf, deren gleichrichtende Eigenschaften in den ersten in der Radiotechnik benutzten *Kristall-Detektoren* ausgenutzt wurden.

Nach diesem einfachen Modell sollte man erwarten, dass sich die Höhe der SCHOTTKY-Barriere aus den Austrittsarbeiten und die Lage des chemischen Potenzials relativ zu den Bandkanten des Halbleiters berechnen lässt. Interessanterweise wird dies experimentell nicht bestätigt, sondern es wird beobachtet, dass die Höhe der SCHOTTKY-Barriere nur bedingt durch die Volumeneigenschaften von Metall und Halbleiter, sondern in vielen Fällen durch Grenzflächenzustände bestimmt wird. Die Grenzflächenzustände bilden sich durch die Superposition der elektronischen Wellenfunktionen von Metall und Halbleiter bei für die Art der Grenzfläche typischen Energien. Die Zahl dieser Zustände ist oft groß genug, um das chemische Potenzial in diesem Energiebereich festzuhalten. Daher wird dieses Phänomen in der englischsprachigen Literatur als „FERMI-level pinning" bezeichnet. Solche Oberflächenzustände existieren in Form nicht abgesättigter Bindungen auch an den Oberflächen homogener Halbleiter und können ebenfalls zur Verarmung (GaAs) oder Anreicherung (InAs) von Ladungsträgern in der Oberflächenschicht führen.

6.6 Quasiteilchen in supraleitenden Metallen

Auch in der elektronischen FERMI-Flüssigkeit in Metallen kann es, ähnlich wie bei den Helium-Flüssigkeiten, zur Ausbildung einer suprafluiden Phase kommen. Historisch wurde dies bereits 1911, also lange vor der Suprafluidität des ^{4}He (1938) und des ^{3}He (1973), von KAMERLINGH-ONNES entdeckt, der in Leiden zuerst ein sprunghaftes (innerhalb von einigen 10 mK) Verschwinden des elektrischen Widerstands von Quecksilber unterhalb einer kritischen Temperatur $T_c \approx 4.2$ K beobachtete. Als nächstes wurden Anomalien in der Wärmekapazität gefunden (1921). Es dauerte bis 1933, bis MEISSNER und OCHSENFELD bewiesen, dass es sich bei der Supraleitung nicht um ein reines Transportphänomen, sondern auch um einen neuen thermodynamischen Zustand handelt und bei T_c ein echter Phasenübergang im Sinne der Thermodynamik auftritt. Wie bei den Helium-Flüssigkeiten ist der verlustfreie Ladungstransport eine Eigenschaft des *Grundzustands*. Die thermischen Eigenschaften wie die Wärmekapazität und die Wärmeleitfähigkeit werden dagegen durch die Anregungen des Grundzustands, die Quasiteilchen, bestimmt. Da Elektronen Fermionen sind, war lange unklar, ob die suprafluide Phase mit einem BOSE-EINSTEIN-Kondensat vergleichbar ist. Die mikroskopische Theorie der Supraleitung von BARDEEN, COOPER und SCHRIEFFER (BCS) basiert auf der Idee, dass die Elektronen an der FERMI-Kante einen gebundenen Zustand bilden, der aus *Paaren* von Elektronen – den COOPER-Paaren – aufgebaut ist. Die Teilchen-artigen Anregungen des BCS-Grundzustandes sind keine Elektronen, sondern Superpositionen von Elektronen ($\varepsilon > \varepsilon_F$) und Löchern ($\varepsilon < \varepsilon_F$). Im Gegensatz zur Fermi-Flüssigkeit sind keine Anregungen mit beliebig kleiner Energie möglich, sondern es bildet sich eine *Energie-Lücke* zwischen dem Grundzustand und den Anregungen aus. Diese bewirkt, dass die thermischen Anregungen für $T < T_c$ sehr schnell (exponentiell) aussterben.

6.6.1 Supraleitende Phänomene

Die hervorstechende Eigenschaft der suprafluiden Phase ist, wie bereits erwähnt, das Verschwinden des elektrischen Widerstandes. Eine übliche Widerstandsmessung kann dieses Verschwinden bis zu einem Niveau von etwa 10^{-4}–$10^{-5}\, R_N$ nachweisen, wobei R_N der elektrische Widerstand in der normalfluiden Phase, der Fermi-Flüssigkeit, ist. Wesentlich höhere Empfindlichkeiten sind mit *Dauerstrom*-Experimenten möglich, bei denen ein elektrischer Strom in einem supraleitenden Ring durch magnetische Induktion erzeugt und dann magnetisch nachgewiesen wird.

In der Normalphase wird nach den Maxwell'schen Gleichungen ebenfalls ein Induktionsstrom angeworfen, der im Laufe der Zeit t aber gemäß

$$I(t) = I_0 \exp\left(-\frac{R}{L}t\right)$$

ausstirbt, wobei I_0 der zum Zeitpunkt $t = 0$ angeworfene Strom, R der elektrische Widerstand und L die Induktivität des Rings sind. In solchen Experimenten konnte nachgewiesen werden, dass der Widerstand eines solchen Ringes unterhalb der Sprungtemperatur um mindestens 14 Größenordnungen abfällt [31]. Damit ist das Verhältnis der Widerstände eines normalen Metalls und eines Supraleiters ähnlich groß wie das des besten Isolators und des besten Leiters bei Zimmertemperatur.

Aufgrund dieser Stabilität des Suprastroms sind geschlossene supraleitende elektrische Schaltkreise mit Kapazitäten und Induktivitäten makroskopische thermodynamische Objekte im engeren Sinn, die heute ein eigenes Forschungsfeld darstellen. Insbesondere wird der von einem supraleitenden Stromkreis eingeschlossene *magnetische Fluss Φ* eine *Erhaltungsgröße*, da ein idealer Leiter den bei Herstellung des Ringschlusses vorliegenden magnetischen Fluss auch bei Änderungen des von außen angelegten Magnetfeldes konstant hält, weil diese durch die bei der Flussänderung angeworfenen Induktionsströme exakt kompensiert werden (Aufgabe 6.12).

Fünfzig Jahre nach Entdeckung der Supraleiter wurde gezeigt, dass der in einem supraleitenden Ring eingeschlossene Fluss nicht nur erhalten, sondern in Einheiten des Flussquantums

$$\Phi = n \cdot \Phi_0\,, \qquad \Phi_0 = \frac{h}{2e}, \quad n \in \mathbb{Z}$$

ganzzahlig quantisiert ist ([32] sowie [33]).

Ein äußeres Magnetfeld B_{ext} zerstört den supraleitenden Zustand – bei einem kritischen Magnetfeld $B_c(T)$ wird der normale Zustand mit $R = R_N$ wiederhergestellt.

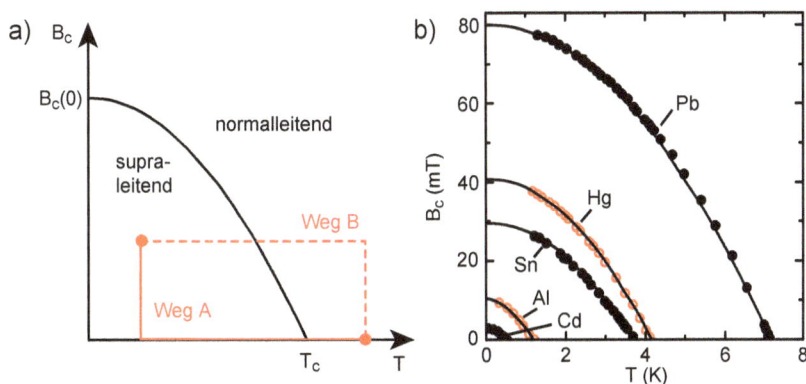

Abb. 6.37. a) Schematisches Phasendiagramm eines Supraleiters 1. Art im externen Magnetfeld. Die in Abb. 6.38 beschriebenen Prozesse A (rot und durchgezogen) und B (rot und gestrichelt) sind eingezeichnet. b) Gemessene kritische Felder einiger Supraleiter. Die Linien sind Anpassungen nach Gl. 6.88 (nach [4]).

Empirisch zeigt sich, dass $B_c(T)$ für viele Metalle durch die Gleichung

$$B_c(T) = B_c(0) \cdot (1 - T/T_c)^2 \qquad (6.88)$$

beschrieben wird, wobei $B_c(0)$ das kritische Magnetfeld bei $T = 0$ ist. Abbildung 6.37 zeigt eine schematische Darstellung des Phasendiagramms (a) und Messdaten für einigen Supraleiter (b).

Eine zweite wichtige Eigenschaft eines Supraleiters 1. Art wird durch den MEISS-NER-OCHSENFELD-Effekt demonstriert.[34] In diesem in Abb.6.38 skizzierten Experiment werden ein Zustand in der Normal-Phase ($\{B_{ext} = 0, T > T_c\}$) und ein Zustand in der supraleitenden Phase ($\{0 < B_{ext} = B_0 < B_c, T = T_0 < T_c\}$) auf zwei verschiedenen Wegen in der T, B_{ext}-Ebene angestrebt (Abb. 6.37a): Für Weg A wird zunächst im Nullfeld auf $T_0 < T_c$ abgekühlt und dann das externe Magnetfeld bei $T = T_0$ auf den Wert B_0 hochgefahren. Für Weg B dagegen wird bei $T > T_c$ zuerst das externe Magnetfeld auf den Wert B_0 gefahren und erst nach dem Abklingen des dabei auftretenden Induktionsstroms bei konstantem Magnetfeld auf $T = T_0 < T_c$ abgekühlt.

Wäre der Supraleiter allein durch die Eigenschaft $R = 0$ (idealer Leiter) charakterisiert, würde man für beide Wege unterschiedliche Werte des magnetischen Moments der Probe erwarten: Für Weg A erwartet man den Wert $m = -VB_0/\mu_0$, wie er aus der Kompensation des externen Magnetfeldes durch den diamagnetischen Induktionsstrom folgt; für Weg B dagegen erwartet man $m = 0$, weil der Abschirmstrom in der

---

34 Diese Nomenklatur deutet darauf hin, dass es auch Supraleiter 2. Art gibt, die sich anders verhalten. Der wesentliche Unterschied zu den Supraleitern 1. Art besteht darin, dass der magnetische Fluss in Supraleitern 2. Art in Form von *quantisierten Wirbeln* eindringen kann. Für die Details müssen wir jedoch auf die weiterführende Literatur verweisen [34].

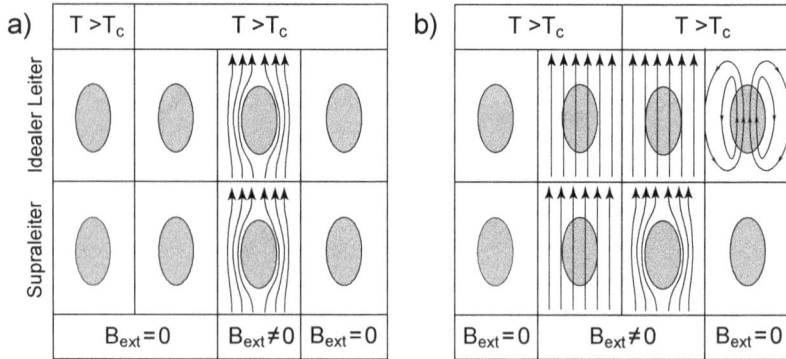

Abb. 6.38. Idealer Leiter und Supraleiter im Vergleich: a) Zunächst Abkühlung unter die Sprungtemperatur im Nullfeld, dann wird das Magnetfeld erst hoch und dann wieder heruntergefahren (Weg A). Ins Innere beider Proben dringt die ganze Zeit kein Magnetfeld ein. b) Das Magnetfeld wird zuerst hochgefahren und dann erst unter die Sprungtemperatur abgekühlt. Das Feld wird vom Supraleiter, nicht aber vom idealen Leiter verdrängt. Wird dann das Magnetfeld wieder heruntergefahren, so wirft der ideale Leiter Induktionsströme ab, während das Innere des Supraleiters nach wie vor feldfrei bleibt (Weg B). Die Endzustände sind in beiden Fällen verschieden (nach [4]).

normalleitenden Phase sehr schnell auf Null abklingt und bei der anschließenden Abkühlung im konstanten Magnetfeld keine Induktionseffekte auftreten.

Bei Eintritt in die supraleitende Phase wirft der Supraleiter in einer dünnen Oberflächenschicht *Abschirmströme* an, welche das externe Magnetfeld exakt zu Null kompensieren! In diesem Sinne bildet der Supraleiter einen *idealen Diamagneten*, weil das induzierte magnetische Moment des Supraleiters dem externen Magnetfeld entgegen gerichtet ist und den maximalen mit der thermodynamischen Stabilität der Gesamtsystems (Supraleiter + externes Magnetfeld) verträglichen Betrag annimmt. Man sagt auch, dass der Supraleiter das von außen angelegte Magnetfeld *unabhängig von der Prozessführung aus seinem Inneren verdrängt*.

6.6.2 Thermodynamische Eigenschaften

Das Experiment von MEISSNER und OCHSENFELD zeigte, dass das magnetische Moment in beiden Fällen den Wert $m = -VB_{ext}/\mu_0$ annimmt. Dies beweist, dass die Supraleitung kein rein kinetisches Phänomen ($R = 0$) ist, sondern der Supraleiter einen Gleichgewichts-Zustand im Sinne der Thermodynamik repräsentiert: Unabhängig von dem gewählten Weg in der B_{ext}, T-Ebene produziert eine dünne zylinderförmige Probe[35] in einem zur Zylinderachse parallelen Magnetfeld $\boldsymbol{B}_{ext} = (0, 0, B_{ext})$ für einen ge-

---

[35] Für diese Probenform sind die in Anhang F beschriebenen *Entmagnetisierungseffekte* vernachlässigbar, die zu einem von der Geometrie der Probe abhängigen Korrektur-Faktor, dem *Entmagnetisierungsfaktor*, führen.

gebenen Zustand $B_0 < B_c, T_0 < T_c$ stets denselben Wert des magnetischen Moments

$$
m_z(T, V, B_{ext}, N) = \begin{cases} -\dfrac{VB_{ext}}{\mu_0} & \text{für } |B_{ext}| < B_c(T) \\ 0 & \text{für } |B_{ext}| > B_c(T) \end{cases} , \tag{6.89}
$$

wobei wir die sehr kleine magnetische Suszeptibilität $\chi_N \simeq 10^{-4}$ im Normal-Zustand vernachlässigt haben. Diese Gleichung können wir in Analogie zu Gl. 2.29 als die *magnetische Zustandsgleichung* des Supraleiters ansehen.

Leiten wir Gl. 6.89 nach B_{ext} ab, so erhalten wir die magnetische Suszeptibilität:

$$
\chi(T, B_{ext}) = \begin{cases} -1 & \text{für } |B_{ext}| < B_c(T) \\ 0 & \text{für } |B_{ext}| > B_c(T) \end{cases} . \tag{6.90}
$$

Auf dieser Basis wollen wir jetzt die MASSIEU-GIBBS-Funktionen des Supraleiters ermitteln. Dazu betrachten wir zunächst die freie Energie im Magnetfeld mit dem Differenzial

$$
d\mathcal{F} = -S\,dT - p\,dV - m_z\,dB_{ext} + \mu\,dN ,
$$

wobei wir $p = 0$ und N als konstant annehmen. Integration bezüglich B_{ext} liefert

$$
\mathcal{F}_s(T, V, B_{ext}, N) = \mathcal{F}_s(T, V, B_{ext} = 0, N) + \int_0^{B_{ext}} dB' \frac{VB'}{\mu_0}
$$

$$
= \mathcal{F}_s(T, V, B_{ext} = 0, N) + \frac{VB_{ext}^2}{2\mu_0} . \tag{6.91}
$$

Das Verdrängen des Magnetfeldes kostet freie Energie und wird den Suprazustand früher oder später thermodynamisch ungünstiger als den Normalzustand machen. Der Übergangspunkt, das heißt das kritische Magnetfeld $B_{ext} = B_C(T)$, ist durch die Bedingung $\mathcal{F}_s = \mathcal{F}_n$ für das *Phasengleichgewicht* gegeben. Wenn wir die Magnetfeldabhängigkeit der freien Energie im Normalzustand wegen der kleinen magnetischen Suszeptibilität χ_n vernachlässigen, sehen wir, dass

$$
\mathcal{F}_s(T, V, B_C, N) = \mathcal{F}_n(T, V, B_C, N) = \mathcal{F}_n(T, V, 0, N) ,
$$

und wir bekommen für die Differenz der freien Energien der supraleitenden und der normalen Phase:

$$
\Delta\mathcal{F} = \mathcal{F}_s(T, V, 0, N) - \mathcal{F}_n(T, V, 0, N) = -\frac{VB_c^2(T)}{2\mu_0} . \tag{6.92}
$$

Der Verlauf von $\mathcal{F}_S$ und $\mathcal{F}_N$ ist in Abb. 6.39a dargestellt. Den Gewinn $\Delta\mathcal{F}$ an freier Energie durch die Ausbildung des supraleitenden Zustands nennt man auch die *Kondensationsenergie*. Die freie Energie im Normalzustand $\mathcal{F}_n(T, V, 0, N)$ ist durch unsere

a) $\mathcal{F}$

$\mathcal{F}_n = \mathcal{F}_s(B_c)$

$\mathcal{F}_s(B=0)$

0   T_c T

b) s

S_n

S_s

0   T_c T

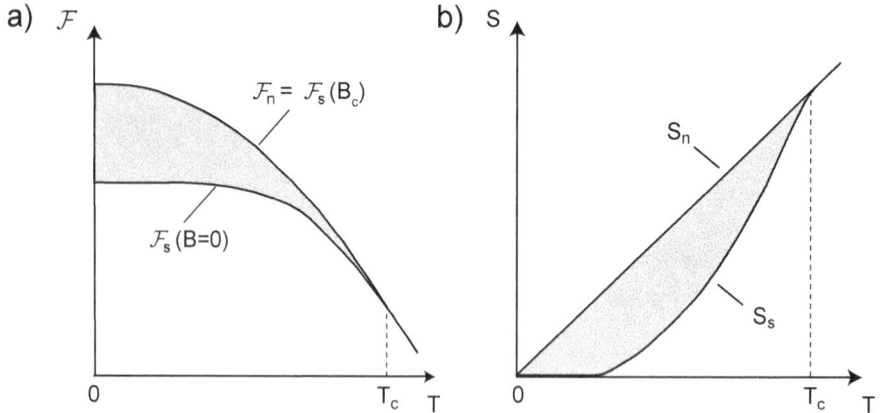

Abb. 6.39. Schematische Darstellung der freien Energie im Magnetfeld a) und der Entropie b) der supraleitenden und der Normalphase eines Supraleiters. Die grau hinterlegten Bereiche illustrieren den Gewinn an Kondensationsenergie a) und an Entropie b) gegenüber dem Normalzustand.

Ergebnisse in den Abschnitten 6.1.3 und 6.2.3 gegeben. Damit lautet unser Endergebnis:

$$\mathcal{F}_s(T, V, B_{ext}, N) = E - TS - m_z B_{ext} \tag{6.93}$$

$$= V \left(e_0(n) - \frac{\pi^2}{6} g[\varepsilon_F(n)](k_B T)^2 + \frac{B_{ext}^2 - B_c^2(T)}{2\mu_0} \right),$$

wobei $e_0(n)$ die Energiedichte des entarteten FERMI-Gases bei $T = 0$ ist.

Durch Ableiten von Gl. 6.93 nach der Temperatur erhalten wir die Entropiedichte:

$$s_s(T, B_{ext}, n) = -\frac{1}{V} \frac{\partial \mathcal{F}_s(T, V, B_{ext}, N)}{\partial T} \tag{6.94}$$

$$= \frac{\pi^2}{3} g[\varepsilon_F(n)] k_B^2 T + \frac{B_c(T)}{\mu_0} \underbrace{\frac{\partial B_c(T)}{\partial T}}_{<0} < s_n(T, n).$$

Aus Gleichung 6.94 folgt wegen des 3. Hauptsatzes ($S \to 0$ für $T \to 0$), dass das kritische Magnetfeld für $T \to 0$ stets eine horizontale Tangente aufweisen muss. Der in Abb. 6.39b skizzierte Abfall der Entropie unter die Werte des Normalzustands zeigt an, dass die supraleitende Phase die höher geordnete Phase ist. Im nächsten Abschnitt werden wir sehen, dass die schnelle Abnahme der Entropie im supraleitenden Zustand auf das Auftreten einer Energielücke im Anregungsspektrum der Quasiteilchen im Supraleiter zurückzuführen ist. Die mikroskopische Theorie der Supraleitung zeigt, dass es sich dabei um eine Art *Phasenordnung* handelt. Dabei wird die normale FERMI-Flüssigkeit instabil gegen die Ausbildung eines neuartigen Zustands, der dadurch gekennzeichnet ist, dass sich ein suprafluides Kondensat mit einer *einheitlichen quantenmechanischen Phase* bildet, die in Interferenzexperimenten experimentell sichtbar gemacht werden kann.

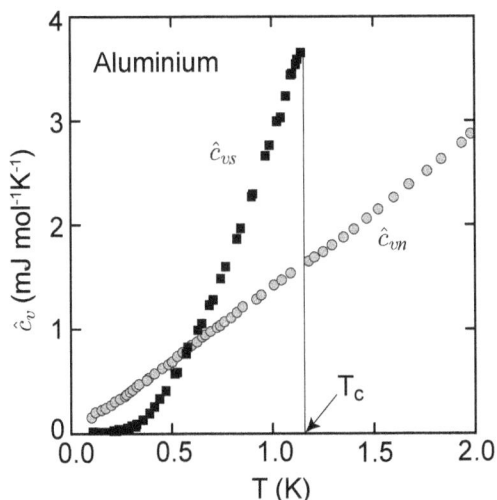

Abb. 6.40. Gemessene molare Wärmekapazität von Aluminium im Suprazustand ($B_{\text{ext}} = 0$) und im Normalzustand ($B_{\text{ext}} > B_c$) [nach N. E .Phillips, Phys. Rev. **114**, 676 (1959)].

Indem wir Gl.6.94 noch einmal nach T differenzieren, erhalten wir die spezifische Wärmekapazität (pro Volumen)

$$c_v(T, B_{\text{ext}}, n) = T \frac{\partial s(T, B_{\text{ext}}, n)}{\partial T} \tag{6.95}$$

$$= \frac{\pi^2}{3} g[\varepsilon_F(n)] k_B^2 T + \frac{B_c(T)}{\mu_0} \underbrace{\frac{\partial^2 B_c(T)}{\partial T^2}}_{<0} + \frac{1}{\mu_0} \underbrace{\left(\frac{\partial B_c(T)}{\partial T} \right)^2}_{>0} .$$

Der letzte Term in diesem Ausdruck bleibt bei $T \to T_c$ endlich und bewirkt, dass die Wärmekapazität bei Überschreiten von T_c diskontinuierlich auf den Wert des ersten Terms – der Wärmekapazität des Normalzustands – abfällt. Solche Diskontinuitäten in den 2. Ableitungen der MASSIEU-GIBBS-Funktionen sind charakteristisch für Phasenübergänge 2. Ordnung (Abb. 2.12). Abbildung 6.40 zeigt einen Vergleich der gemessenen Wärmekapazitäten von Aluminium ($T_c \simeq 1.18$ K) im Supra- und im Normalzustand. Der Normalzustand wurde durch das Anlegen eines kleinen Magnetfeldes erzeugt. Der Phononenbeitrag zu $\hat{c}_v(T)$ ist wegen der niedrigen Übergangstemperatur vernachlässigbar.

6.6.3 BCS-Theorie und BOGOLIUBOV-Quasiteilchen

Das Ziel dieses Abschnitts ist es, die beobachteten thermodynamischen Eigenschaften des supraleitenden Zustands auf das Spektrum der im Supraleiter vorhandenen Quasiteilchen zurückzuführen.[36] Ausgangspunkt ist die Hypothese von BARDEEN, COOPER

---

36 Wir beschränken uns auf eine Skizze der prinzipiellen Überlegungen – für die Details der Herleitungen verweisen wir auf die weiterführende Literatur, zum Beispiel das Buch von TINKHAM [34].

und SCHRIEFFER (BCS), dass der supraleitende Zustand durch eine Korrelation zwischen *Paaren* $\{k, \uparrow \mid - k, \downarrow\}$ von elementaren FERMI-Systemen, den COOPER-Paaren, gekennzeichnet ist.

Der Grundzustand des Supraleiters hat dann die Form

$$|\psi_{\text{BCS}}\rangle = \prod_k \left(u_k + v_k\, a^{\dagger}_{k,\uparrow} a^{\dagger}_{-k,\downarrow}\right) |\text{vac}\rangle\,, \tag{6.96}$$

wobei $|\text{vac}\rangle$ der Vakuum-Zustand ist. Dabei sind u_k und v_k komplexe Koeffizienten, die der Normierungsbedingung

$$|u|^2 + |v|^2 = 1 \tag{6.97}$$

genügen. Ohne Beschränkung der Allgemeinheit kann

$$u_k \text{ reell und } v_k = |v_k| \cdot \exp\left(i\varphi\right)$$

komplex gewählt werden. Das Besondere an diesem Ansatz ist, dass die *Phasendifferenz zwischen den komplexen Koeffizienten u_k und v_k allen Paaren von elementaren* FERMI-*Systemen gemeinsam ist*. Damit wird diese Phasendifferenz zu einer neuen makroskopischen thermodynamischen Größe des Supraleiters.

Der FERMI-See ist eine Teilmenge dieser Zustände für

$$u_k = 0, \quad v_k = 1 \quad \text{für } |k| \le k_{\text{F}} \quad \text{und} \quad u_k = 1, \quad v_k = 0 \quad \text{für } |k| > k_{\text{F}}\,.$$

In dieser Untermenge der BCS-Zustände bestehen keine[37] makroskopischen Phasenkorrelationen zwischen den elementaren FERMI-Systemen mit $\{k, \uparrow \mid -k, \downarrow\}$. Makroskopische Phasenkorrelationen können wegen Gl. 6.97 nur auftreten, wenn $v_k \neq 0$ und $\neq 1$ ist, das heißt die Erwartungswerte

$$F_k := \langle \Psi | a_{-k\uparrow} a_{k\downarrow} | \Psi \rangle = u_k^* v_k \tag{6.98}$$

von Null verschiedene Werte annehmen. Der BCS-Grundzustand ist eine Superposition von COOPER-Paaren und dem Vakuumzustand. In dieser Superposition sind die Paare $\{k, -k\}$ von Zuständen nur mit der Wahrscheinlichkeit $|v_k|^2$ mit einem COOPER-Paar besetzt und mit der Wahrscheinlichkeit $|u_k|^2$ leer. Das bedeutet, dass die Elektronenzahl im Supraleiter bereits bei $T = 0$ *unscharf* ist – eine Tatsache, die zu intensiven Diskussionen Anlass gegeben hat. In diesem Buch haben wir einer großkanonischen Beschreibung der Systeme mit nicht-unterscheidbaren Teilchen von vornherein den Vorzug gegeben, sodass wir bereits mit der Idee vertraut sind, dass der Mittelwert der Teilchenzahl des Quasiteilchen-Systems durch die Temperatur und das chemische Potenzial vorgegeben (und keine Systemkonstanten) sind.

---

[37] In normalen FERMI-Systemen mit statischen Streuzentren können ebenfalls Phasenkorrelationen, das heißt Quanten-Interferenzphänomene, auftreten. Dieses als *schwache Lokalisierung* bezeichnete Phänomen ist aber umso schwächer, je höher der Leitfähigkeit des Materials ist.

Für einen isolierten Supraleiter spielt die makroskopische Phase φ keine Rolle. Diese kommt erst zum Tragen, wenn der Supraleiter von Strom durchflossen wird oder zwei Supraleiter schwach gekoppelt werden. Im ersten Fall tritt ein *Phasengradient* entlang des Supraleiters auf, im zweiten Fall eine von der Stromstärke abhängige *Phasendifferenz*. Die dabei auftretenden Effekte, die JOSEPHSON-Effekte, sind von fundamentaler Bedeutung für die Dynamik des suprafluiden Kondensats, sie sprengen aber leider den Rahmen dieses Buches. Im Folgenden werden wir uns daher auf die stromlosen Zustände des Supraleiters beschränken und nicht nur u_k, sondern auch v_k als reell annehmen.

Zur Beschreibung unseres Systems gehen wir jetzt von dem großkanonischen HAMILTON-Operator

$$\mathcal{H} - \mu \mathcal{N} = \sum_{k,\sigma} \xi(\boldsymbol{k}) a_{k,\sigma}^\dagger a_{k,\sigma} + \frac{1}{2} \sum_{kk',\sigma\sigma'} U_{kk'} a_{k,\sigma}^\dagger a_{-k,-\sigma}^\dagger a_{k',\sigma'} a_{-k',-\sigma'} \tag{6.99}$$

aus, der eine attraktive Wechselwirkung $U_{k,k'} < 0$ zwischen den Elektronen enthält und so über Gl. 4.2 hinausgeht. Die Eigenwerte diese Operators (und nicht die von $\mathcal{H}$ allein) gehen in die großkanonische Verteilung in Gl. 4.7 ein.

Zur Diagonalisierung des großkanonischen HAMILTON-Operators in Gl. 6.99 werden wir *neue Teilchen* derart einführen, dass der HAMILTON-Operator des Systems wieder die vertraute Gestalt von Gl. 4.2 annimmt. Dabei sind die

$$\xi(\boldsymbol{k}) = \frac{(\hbar \boldsymbol{k})^2}{2\hat{m}} - \mu \simeq v_F \hbar (|\boldsymbol{k}| - k_F) \tag{6.100}$$

die Energien der elementaren FERMI-System für $U_{k,k'} \equiv 0$. Da es sich bei der Supraleitung um ein Tieftemperatur-Phänomen handelt, ist es hinreichend, eine linearisierte Form der Dispersionsrelation des nicht-wechselwirkenden System zu benutzen. Zur Diagonalisierung dieses HAMILTON-Operators gehen wir ganz ähnlich wie in Abschnitt 2.7 vor und definieren in Analogie zu Gl.2.46 ein *Molekularfeld*

$$\Delta := -U \sum_k \underbrace{\langle a_{k,\uparrow} a_{-k,\downarrow} \rangle}_{F_k = u_k^* v_k} = -U \sum_k F_k \,, \tag{6.101}$$

welches den Effekt der Wechselwirkungen eines elementaren FERMI-Systems mit dem Wellenvektor $\boldsymbol{k}$ mit den übrigen beschreibt.[38] Die Größe Δ heißt das *Paarpotenzial*; sie muss von der Paaramplitude F_k strikt unterschieden werden. Das Paarpotenzial ersetzt zwei der Leiteroperatoren in dem Wechselwirkungsterm in Gl. 6.99 durch deren Mittelwert und resultiert in einem vereinfachten HAMILTON-Operator der Form

$$\mathcal{H}_{MF} - \mu \mathcal{N} = \sum_{k,\sigma} \xi(\boldsymbol{k}) a_{k,\sigma}^\dagger a_{k,\sigma} - \frac{1}{2} \sum_k \left\{ \Delta^* a_{k,\uparrow} a_{-k,\downarrow} + \Delta a_{k,\uparrow}^\dagger a_{-k,\downarrow}^\dagger - \Delta^* F_k \right\} \,. \tag{6.102}$$

---

[38] Wir nehmen ab hier der Einfachheit halber an, dass das Wechselwirkungsmatrixelement $U_{k,k'} = -U$ als konstant angesehen werden kann.

Gleichung 6.101 stellt analog zu Gl.2.49 eine *Selbstkonsistenz-Relation* dar, weil der Wert von Δ in die Berechnung der Mittelwerte F_k eingeht. Der Effekt des Paarpotenzial besteht darin, *Teilchen* und *Löcher* zu mischen! Damit ist gemeint, dass der Hᴀᴍɪʟᴛᴏɴ-Operator in Gl. 6.99 durch eine Bᴏɢᴏʟɪᴜʙᴏᴠ-Transformation auf die Form

$$\mathcal{H}_{\mathrm{MF}} - \mu\mathcal{N} = E_0 + \sum_{k,\sigma} \varepsilon(\boldsymbol{k}) b_{k,\alpha}^\dagger b_{k,\alpha} \tag{6.103}$$

gebracht werden kann. Die Bᴏɢᴏʟɪᴜʙᴏᴠ-Transformation führt über die Beziehungen

$$b_{k0} = u_k a_{k\uparrow} - v_k a_{-k\downarrow}^\dagger \quad \text{und} \quad b_{k1} = u_k a_{-k\downarrow} + v_k a_{k\uparrow}^\dagger \tag{6.104}$$

auf *neue* elementare Fᴇʀᴍɪ-Systeme, deren Anregungszustände Bᴏɢᴏʟɪᴜʙᴏᴠ-Quasiteilchen heißen. Die Operatoren b_{k0} und b_{k1} sollen die Vertauschungsrelationen für Fᴇʀᴍɪ-Operatoren erfüllen; dies führt auf die Normierungsbedingung 6.97. Bei diesen Teilchen handelt es sich um *kohärente Superpositionen aus Elektronen und Löchern*. Das heißt, jedes ursprüngliche (elektronische) elementare Fᴇʀᴍɪ-System mit dem Wellenvektor und Spin $\{\boldsymbol{k}, \sigma\}$ ist stets korreliert mit einem anderen elektronischen elementaren Fᴇʀᴍɪ-System mit dem anti-parallelen Wellenvektor $\{-\boldsymbol{k}, -\sigma\}$, sodass beide gemeinsam für jedes $\boldsymbol{k}$ ein Paar neuer Systeme von Bᴏɢᴏʟɪᴜʙᴏᴠ-Quasiteilchen definieren.

Eine Besonderheit der Bᴏɢᴏʟɪᴜʙᴏᴠ-Quasiteilchen ist die Tatsache, dass ihre spezifische Ladung

$$\hat{q}_k = \left(|u_k|^2 - |v_k|^2 \right) e$$

wegen der Superposition von Elektron- und Loch-Komponenten keine Systemkonstante ist, sondern von dessen Impuls $\hbar\boldsymbol{k}$ abhängt und kontinuierliche Werte im Intervall $\hat{q}\epsilon[-e, e]$ annehmen kann. Dies hat zur Folge, dass die Injektion von Elektronen aus einem Normalmetall in einen Supraleiter einen speziellen Nichtgleichgewichtszustand, das *Ladungs-Ungleichgewicht*, hervorruft (siehe [34] für weitere Details). Setzen wir die Umkehrung der Bᴏɢᴏʟɪᴜʙᴏᴠ-Transformation

$$a_{k\uparrow} = u_k^* b_{k0} + v_k b_{k1}^\dagger \quad \text{und} \quad a_{-k\downarrow} = -v_k^* b_{k0}^\dagger + u_k b_{k1}^\dagger \tag{6.105}$$

in Gl. 6.102 ein, so erhalten wir aus der Forderung, dass der Hᴀᴍɪʟᴛᴏɴ-Operator im Molekularfeld-Näherung die diagonale Form Gl. 6.103 annehmen soll, Bestimmungsgleichungen für die Koeffizienten u_k und v_k:

$$u_k = \sqrt{\frac{1}{2}\left(1 + \frac{\xi(\boldsymbol{k})}{\varepsilon(\boldsymbol{k})}\right)} \quad \text{und} \quad v_k = \sqrt{\frac{1}{2}\left(1 - \frac{\xi(\boldsymbol{k})}{\varepsilon(\boldsymbol{k})}\right)}, \tag{6.106}$$

sowie die Dispersionsrelation der Bᴏɢᴏʟɪᴜʙᴏᴠ-Quasiteilchen:

$$\varepsilon(\boldsymbol{k}) = \sqrt{\xi^2(\boldsymbol{k}) + \Delta^2} \tag{6.107}$$

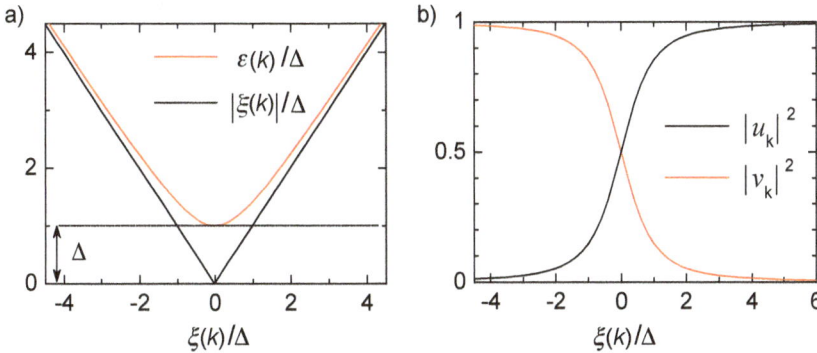

Abb. 6.41. a) Dispersionsrelationen ε_k der BOGOLIUBOV-Quasiteilchen und $\xi(k) = \hbar v_F(k - k_F)$ der Elektronen in einem Supraleiter. Im Supraleiter existieren keine Quasiteilchen mit Energien $\varepsilon(k) < \Delta$. b) Die Wahrscheinlichkeitsamplituden u_k und v_k für Elektronen und Löcher in einem Supraleiter.

Die COOPER-Paarung zerstört also die scharfe FERMI-Fläche – ein Charakteristikum des zu Anfang dieses Kapitels behandelten idealen FERMI-Gases. Die Dispersionsrelation $\varepsilon(\boldsymbol{k})$ und $\xi(\boldsymbol{k})$ sowie die Funktionen u_k und v_k sind in Abb. 6.41 dargestellt.

Auf diese Weise erhalten wir für die Paaramplitude den Wert $F_k = \Delta_0/[2\varepsilon(\boldsymbol{k})]$ bei $T = 0$, wobei $\Delta_0 = \Delta(T = 0)$ ist. Setzen wir dies in die Selbstkonsistenz-Relation Gl. 6.101 ein, so finden wir die Beziehung

$$1 = \frac{U}{2}\sum_k \frac{1}{\varepsilon(\boldsymbol{k})} = \frac{g(\varepsilon_F)U}{2}\int\limits_{\infty}^{\varepsilon_c}\frac{d\xi}{\sqrt{\xi^2 + \Delta_0^2}} = 2\,\mathrm{arsinh}(\varepsilon_c/\Delta_0)\;,$$

wobei die Energie ε_c das sonst divergente Integral endlich macht. Physikalisch bedeutet dies ein Abschneiden des Energiebereichs, in dem die attraktive Wechselwirkung $V_{kk'}$ wirksam ist. Da die Anziehung zwischen den Elektronen durch den Austausch virtueller Phononen vermittelt wird, liegt es nahe, ε_c mit einer typischen Phononen-Energie wie $\hbar\omega_D$ (Abschnitt 5.2.1) zu identifizieren.[39] Damit erhalten wir für die Energielücke bei $T = 0$

$$\Delta_0 = \frac{\hbar\omega_D}{\sinh\left(1/[g(\varepsilon_F)U]\right)} \simeq 2\hbar\omega\exp\left(-\frac{1}{g(\varepsilon_F)U}\right)\;. \tag{6.108}$$

Dieses Ergebnis hängt nicht-analytisch von der Wechselwirkungskonstante U ab und erklärt, warum alle Bemühungen, das Problem der Supraleitung störungstheoretisch zu behandeln, gescheitert sind.

Der endliche Energiebereich, in dem die Paaramplitude von Null verschieden ist, definiert neben der magnetischen Eindringtiefe λ_L (Aufgabe 6.12) eine weitere charak-

---

39 Experimentell wird dieser Zusammenhang durch die Beobachtung des *Isotopen-Effekts*, das heißt einer Variation der Übergangstemperatur mit dem Atomgewicht ($\omega_D \propto \hat{m}^{-1/2}$) verschiedener Isotope desselben supraleitenden Elements, bestätigt.

teristische Länge, die supraleitende *Kohärenzlänge*:

$$\xi_0 = \frac{\hbar v_{\mathrm{F}}}{\pi \Delta_0} \,, \tag{6.109}$$

die so etwas wie die räumliche Ausdehnung eines Cooper-Paars widerspiegelt. Da in der Regel $\xi_0 \gg \lambda_{\mathrm{F}}$, überlappen die Cooper-Paare räumlich sehr stark. Dies ist der Grund, warum die Molekularfeld-Theorie zumindest bei den klassischen Supra-leitern[40] auch quantitativ sehr gute Übereinstimmung mit dem Experiment liefert.

Nachdem wir jetzt Δ_0 kennen, können wir die in Gl. 6.103 Energie des BCS-Grundzustands berechnen und erhalten

$$E_0 = \frac{\Delta_0^2}{2} \sum_{k,\sigma} \left\{ \frac{1}{2\varepsilon(\boldsymbol{k})} - \frac{1}{\xi(\boldsymbol{k}) + \varepsilon(\boldsymbol{k})} \right\} = E_{\mathrm{N}} - \frac{1}{2} g(\varepsilon_{\mathrm{F}}) \Delta_0^2 \,, \tag{6.110}$$

wobei E_{N} die Grundzustandsenergie der Fᴇʀᴍɪ-Kugel ist (Gl. 6.10). Damit können wir die in Gl. 6.92 auftretende Kondensationsenergie des supraleitenden Zustands mit den mikroskopischen Größen des Elektronensystems in Verbindung bringen. Damit haben wir auch eine Verbindung mit dem kritischen Magnetfeld $B_{\mathrm{c}}(T = 0)$ aus dem vorange-gangenen Abschnitt.

Eine Verallgemeinerung der BCS-Theorie auf endliche Temperaturen ist nicht schwierig, weil es uns gelungen ist, die Anregungszustände des Supraleiters als ele-mentare Fᴇʀᴍɪ-Systeme mit bekannter Dispersionsrelation darzustellen. Dazu benö-tigen wir die Temperaturabhängigkeit der Energielücke $\Delta(T)$. Zunächst berechnen wir die Paaramplituden, indem wir den Operator $a_{k\uparrow} a_{-k\downarrow}$ durch die Leiteroperatoren für die Bᴏɢᴏʟɪᴜʙᴏᴠ-Quasiteilchen ausdrücken:

$$\begin{aligned} F_k &= \langle a_{k\uparrow} a_{-k\downarrow} \rangle = u_k v_k^* \frac{\langle b_{k0}^\dagger b_{k0} - b_{-k1}^\dagger b_{-k1} \rangle}{N_k - (1 - N_k)} \\ &= -\frac{\Delta}{2\varepsilon(\boldsymbol{k})} (1 - 2N_k) = -\frac{\Delta}{2\varepsilon(\boldsymbol{k})} \tanh\left(\frac{\varepsilon(\boldsymbol{k})}{2k_{\mathrm{B}}T} \right) \,. \end{aligned} \tag{6.111}$$

Durch Multiplikation mit $-U/\Delta$ und Summation über alle $\boldsymbol{k}$ erhalten wir wegen Gl. 6.101 für die Selbstkonsistenzgleichung

$$1 = \sum_{|\varepsilon(\boldsymbol{k})| < \hbar\omega_{\mathrm{D}}} \frac{U}{2\varepsilon(\boldsymbol{k})} \tanh\left(\frac{\varepsilon(\boldsymbol{k})}{2k_{\mathrm{B}}T} \right) = \lambda_0 \int_0^{\hbar\omega_{\mathrm{D}}} d\xi \frac{\tanh\left[\varepsilon(\xi)/(2k_{\mathrm{B}}T)\right]}{\varepsilon(\xi)} \,, \tag{6.112}$$

wobei $\lambda_0 = g(\varepsilon_{\mathrm{F}})U$ die Kopplungskonstante des Supraleiters heißt, und die Stärke der attraktiven Wechselwirkung angibt. Diese transzendente Gleichung ist für beliebige

---

40 Bei den in den 1980er Jahren entdeckten Kuprat-Supraleitern ist dies anders, obwohl die Idee der Cᴏᴏᴘᴇʀ-Paare auch hier tragfähig zu sein scheint.

Temperaturen nur numerisch zu lösen. Um zu ermitteln, bei welcher Temperatur die Energielücke verschwindet, setzen wir in $\varepsilon(\xi)$ die Energielücke $\Delta(T) = 0$ und finden

$$\frac{1}{\lambda_0} = \int_0^{\hbar\omega_D/(k_B T_c)} dx \, \frac{\tanh(x/2)}{x/2} = \ln\left(1.13 \frac{\hbar\omega_D}{k_B T_c}\right) ,$$

wobei $x = \varepsilon/(k_B T_c)$. Der Faktor 1.13 resultiert von der Auswertung dieses nicht-trivialen Integrals. Damit bekommen wir eine Abschätzung für die *supraleitende Übergangstemperatur*:

$$T_c = 1.13 \, \Theta_D \exp\left(-1/\lambda_0\right) .$$

Von der etwas willkürlich gewählten Abschneideenergie $\hbar\omega_D = k_B \Theta_D$ unabhängig ist die für alle hinreichend schwach gekoppelten Supraleiter gültige universelle Beziehung

$$\frac{\Delta_0}{k_B T_c} = \frac{2}{1.13} = 1.76 . \qquad (6.113) \quad \boxed{!}$$

Wenn wir den Integranden in Gl. 6.112 in eine TAYLOR-Reihe von Potenzen von Δ entwickeln, können wir auch den Verlauf von $\Delta(T)$ in der Nähe von T_c berechnen und erhalten

$$\Delta(T) = a \, k_B T_c \sqrt{1 - \frac{T}{T_c}} , \qquad (6.114)$$

wobei die Konstante den schönen Wert $a = \sqrt{8\pi/[7\zeta(3)]} = 1.73$ hat und $\zeta(n)$ die RIE-MANN'sche Zeta-Funktion ist (Anhang C). Der wurzelförmige Verlauf von $\Delta(T)$ ähnelt nicht zufällig dem der Verdampfungsenthalpie in Abb. I-9.21 oder dem der Magnetisierung in Gl. 2.53. Dieses Verhalten des Molekularfeldes in der Nähe der kritischen Temperatur ist ein allgemeines Charakteristikum der Molekularfeld-Näherung.

Der Verlauf von $\Delta(T)$ bestimmt nun die Dispersionsrelation $\varepsilon(\boldsymbol{k})$ bei verschiedenen Temperaturen (Gl. 6.107), die damit keine unveränderliche Charakteristik des Systems, sondern temperaturabhängig ist. Dies können wir so verstehen, dass die Stärke des durch die Gesamtheit aller COOPER-Paare gegebenen Molekularfelds deren Einfluss auf die Quasiteilchen-Energien bestimmt. Je weniger COOPER-Paare vorhanden sind, um so geringer ist auch ihr Einfluss auf das System der Anregungen. Wie sonst auch bestimmt $\varepsilon(\boldsymbol{k})$ alle thermodynamischen Größen des Supraleiters.

Als Beispiel für die aus der BCS-Theorie folgenden thermischen Eigenschaften des Supraleiters geben wir noch das Resultat für den Sprung in der Wärmekapazität

$$\frac{\Delta\hat{c}_v}{\hat{c}_v(T_c)} = \frac{12}{7\zeta(3)} = 1.43 \qquad (6.115)$$

an, welches wieder universell für alle hinreichend schwach gekoppelten Supraleiter gilt. Bei tiefen Temperaturen verschwindet die Wärmekapazität pro Volumen auf-

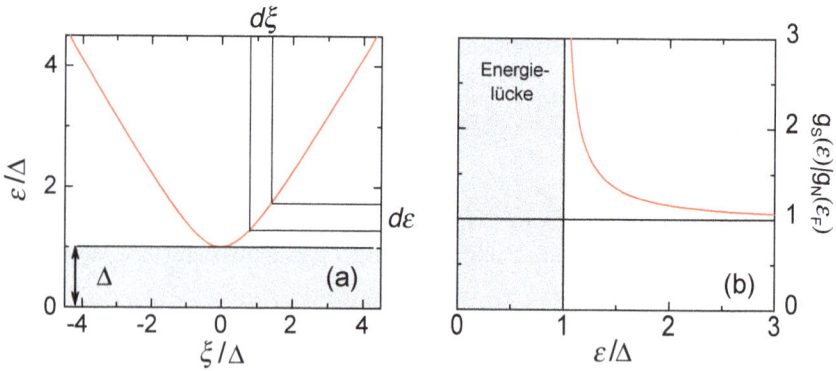

Abb. 6.42. a): Dispersionsrelation $\varepsilon(\boldsymbol{k})$ der Bogoliubov-Quasiteilchen in einem Supraleiter. Die Energieintervalle $d\xi$ und $d\varepsilon$ enthalten gleich viele Zustände. b) Zustandsdichte $g(\varepsilon)$ der Bogoliubov-Quasiteilchen in einem Supraleiter.

grund der Energielücke im Anregungsspektrum exponentiell:

$$c_v(T) = 2g(\varepsilon_F)k_B \sqrt{\frac{2\pi\Delta_0^5}{(k_B T)^3}} \cdot \exp\left(-\frac{\Delta_0}{k_B T}\right) . \tag{6.116}$$

Der exponentielle Verlauf der Wärmekapazität war einer der ersten experimentelle Hinweise auf die Existenz der Energielücke. Er macht sich auch in der Temperaturabhängigkeit der Wärmeleitfähigkeit bemerkbar: Weil die nach Abschnitt I-8.7 die Quasiteilchen für den Entropietransport verantwortlich sind und diese bei tiefen Temperaturen sehr rasch aussterben, sind Supraleiter bei $k_B T \ll \Delta$ sehr schlechte Wärmeleiter.

Dies hat auch praktisch wichtige Anwendungen in der Erzeugung tiefer Temperaturen, weil er bewirkt, dass das niedrige kritische Magnetfeld von Aluminium ($B_c(0) \simeq$ 11 mT) für die Konstruktion von Wärmeschaltern ausgenutzt werden kann. Solche Wärmeschalter sind in Kernspin-Entmagnetisierungskryostaten für die variable Ankopplung der Entmagnetisierungstufe entscheidend, weil die Wärmeleitfähigkeit von Al bei einer Temperatur von $\simeq$ 10 mK mit einem kleinen Magnetfeld um mehrere Größenordnungen geändert werden kann. Mit solchen Systemen werden von 10 mK ausgehend Temperaturen im Mikro-, Nano- und Pikokelvinbereich erreicht, je nachdem, ob nur das Kernspinsystem oder auch das Elektronen- und Phononensystem einer metallischen Probe abgekühlt werden soll.

Aus der Dispersionsrelation gewinnen wir noch die mit der Dispersionsrelation Gl. 6.107 verknüpfte Zustandsdichte der Bogoliubov-Quasiteilchen. Nach Gl. 6.100 sind der Betrag k des Wellenvektors und die Energie $\xi(\boldsymbol{k})$ der Dispersionsrelation im Normalzustand proportional. Daher können wir ausgehend von Abb. 6.42a feststellen, dass die auf ein Energieintervall $d\varepsilon(\boldsymbol{k})$ entfallende Zahl von elementaren Fermi-Systemen gleich der auf das korrespondierende Intervall $d\xi(\boldsymbol{k})$ ist. Damit gilt

$$g_S(\varepsilon)\, d\varepsilon = g_N[\xi(\boldsymbol{k})]\, d\xi(\boldsymbol{k}) .$$

Nach $g_S(\varepsilon)$ aufgelöst erhalten wir die in Abb. 6.42b dargestellte Zustandsdichte im supraleitenden Zustand:

$$g_S(\varepsilon) = g_N(\varepsilon_F)\frac{d\xi(\varepsilon)}{d\varepsilon} = g_N(\varepsilon_F)\frac{\varepsilon}{\sqrt{\varepsilon^2 - \Delta^2(T)}} \ . \tag{6.117}$$

Die im nächsten Kapitel besprochenen Tunnelexperimente erlauben eine direkte Messung der BCS-typischen Divergenz der Quasiteilchen-Zustandsdichte sowie weitere Beispiele für Phänomene und Anwendungen der Supraleitung in Systemen mit eingeschränkter Dimensionalität.

Insgesamt ist dieser Abschnitt ein weiteres Beispiel für den breiten Anwendungsbereich und die Flexibilität des Konzepts der elementaren FERMI-Systeme.

Übungsaufgaben

6.1. Beiträge zur Wärmekapazität
Welche Beiträge bestimmen die Entropie von Kupfer? Welche Energieskalen bestimmen diese, und bei welchen Temperaturen werden sie miteinander vergleichbar? Betrachten Sie
a) Phononensystem und Elektronensystem,
b) Elektronensystem und Kernspinsystem ($B_{ext} = 10$ T).

6.2. Magnetische Suszeptibilität des FERMI-Gases
Berechnen Sie mit Hilfe der SOMMERFELD-Entwicklung die erste T-abhängige Korrektur zur PAULI-Suszeptibilität.

6.3. STONER-Ferromagnetismus des FERMI-Gases
Die COULOMB-Abstoßung in einem FERMI-Gas bevorzugt Wellenfunktionen, die im Ort antisymmetrisch sind, weil diese die Elektronen auf Abstand halten. Analog zur Austausch-Wechselwirkung lokalisierter magnetischer Momente (Abschnitt 2.7) erzeugt dies eine effektiv ferromagnetische Wechselwirkung zwischen den Spins. Die daraus resultierende Wechselwirkungsenergie hat näherungsweise die Form

$$U = \alpha\frac{N_\uparrow N_\downarrow}{V} \ ,$$

wobei $N_\uparrow$ und $N_\downarrow = N - N_\uparrow$ die Teilchenzahlen für beiden Spin-Richtungen sind und $\alpha = 4\hbar^2/\hat{m}_{el}\sqrt{\pi\sigma_{st}}$ durch den Streuquerschnitt σ_{st} des abgeschirmten COULOMB-Potenzials gegeben ist (nach [17]).
a) Der Grundzustand der spin-polarisierten FERMI-Flüssigkeit weist für die beiden Spin-Richtungen verschiedene FERMI-Flächen auf. Geben Sie die beiden dazu gehörigen FERMI-Wellenvektoren $k_{F\uparrow,\downarrow}$ als Funktion der Teilchendichten $n_{\uparrow,\downarrow}$ an.

b) Nehmen Sie an, dass die beiden Dichten $n_{\uparrow,\downarrow} = n/2 \pm \delta$ nur schwach von $n/2$ abweichen, und entwickeln Sie die kinetische Energie (Gl. 6.10) bis zur vierten Ordnung in δ.

c) Drücken Sie die Dichte $u = U/V$ der Spin-Wechselwirkungsenergie durch n und δ aus und bestimmen Sie den kritischen Wert α_c von α, oberhalb dessen eine spontane Spin-Polarisation der Fermi-Flüssigkeit für $\alpha > \alpha_c$ energetisch günstig wird. Dieses Phänomen wird die Stoner-Instabilität genannt.

d) Erklären und skizzieren Sie qualitativ das Verhalten der spontanen Magnetisierung als Funktion von α.

e) Geben Sie den Zusammenhang zwischen α_c und dem Fermi-Flüssigkeitsparameter G_0 an (Abschnitt 6.3.1).

6.4. Kenngrößen von ^{3}He

a) Berechnen Sie die im Modell unabhängiger Teilchen erwartete Fermi-Temperatur von ^{3}He bei einem Molvolumen von $\hat{v} = 36.8\,\mathrm{cm}^3/\mathrm{mol}$ und vergleichen Sie die daraus resultierende Sommerfeld-Konstante γ' mit dem gemessenen Wert von $\gamma' = k_B \cdot 2.78\,\mathrm{K}^{-1}$. Wie groß ist die effektive Masse $\hat{m}_3$ bei diesem Molvolumen?

b) Wie groß ist die Fermi-Temperatur in verdünntem (6.5% ^{3}He in ^{4}He), wenn $\hat{m}_3^{(4)} = 2.4\,\hat{m}_3^\circ$ ist?

c) Die gemessenen Viskositäten von ^{3}He bei 1 K und 5 mK betragen 2.5 μPa·s und 7 mPa·s. Berechnen Sie die daraus folgende mittelere freie Weglänge für die Quasiteilchen. Vergleichen Sie mit der Viskosität von H_2O at 293 K (~ 1 mPa·S) und Kaffesahne (~ 10 mPa·S).

6.5. Relativistische Fermionen

a) Berechnen Sie die das chemische Potenzial und die Kompressibilität eines relativistischen Fermi-Gases.

b) Die Energiedichte $e(T) = a'T^4$ von thermischen Neutrinos ist trotz des anderen Statistik bis auf den Vorfaktor a' mit der des Photonengases identisch (warum?). Berechnen Sie a' mit Hilfe der Fermi-Integrale aus Anhang C.

6.6. Weiße Zwerge

Ein weißer Zwerg (beispielsweise der kleine Partner des Sirius-Doppelgestirns) ist ein Stern, in dem die Wasserstoff-Fusion zum Erliegen gekommen ist, nachdem der anfänglich vorhandene Wasserstoff weitgehend zu Helium verbrannt wurde. Ohne laufende Kernfusion im Inneren des Sterns kontrahiert sich dieser isentrop, und seine Temperatur steigt an, bis der Fermi-Druck der Elektronen den Gravitationsdruck kompensiert. Bleibt die Endtemperatur dabei unterhalb der Schwelle, die für Helium-Fusion erforderlich ist, so bildet der Stern ein zweikomponentiges Plasma aus einem entarteten Elektronengas und einem in der Regel nicht entarteten Gas aus Atomkernen, das elektrisch weitgehend neutral ist und das durch die Gravitation der Atomkerne zusammengehalten wird. In dieser Aufgabe wollen wir eine Relation zwischen der Masse und dem Radius weißer Zwerge ableiten, wobei wir die Dichte als räumlich homogen annehmen (nach [16]).

a) Benutzen Sie eine Dimensionsanalyse (Aufgabe I-6.3), um zu zeigen, dass die in einer homogenen gravitierenden Kugel mit der Masse M und dem Radius R gespeicherte Gravitationsenergie den Wert

$$E_{\text{pot}} = -\text{const.} \frac{\gamma_G M^2}{R}$$

haben muss (in Aufgabe I-6.3 haben wir auch den Vorfaktor bestimmt). Erklären Sie das Minuszeichen!

b) Nehmen Sie an, dass der Stern für jedes Elektron ein Proton und ein Neutron enthält und dass für die FERMI-Geschwindigkeit der Elektronen gilt: $v_F \ll c$ (nicht-relativistischer Grenzfall). Zeigen Sie, dass die kinetische Energie der Elektronen

$$E_{\text{kin}} = 0.0086 \cdot \frac{\hbar^2 M^{5/3}}{\hat{m}_e \hat{m}_p^{5/3} R^2}$$

beträgt (der Vorfaktor ist leicht zu berechnen, aber nicht sehr instruktiv).

c) Bestimmen Sie den Gleichgewichtsradius R_G der Sterns durch Minimierung der Gesamtenergie $E(M, R) = E_{\text{kin}} + E_{\text{pot}}$ bezüglich R (analog zu Aufgabe I-8.8). Skizzieren Sie die Gesamtenergie als Funktion von R. Nimmt der Radius mit der Masse zu oder ab? Ist das Ergebnis physikalisch sinnvoll?

d) Berechnen Sie R_G für die Masse der Sonne $M = 2 \cdot 10^{30}$ kg. Bestimmen Sie auch die zugehörige Massendichte m und vergleichen Sie mit der von Wasser.

e) Wie groß sind die Elektronendichte n_{el} und die daraus folgenden Werte für die FERMI-Energie und die FERMI-Temperatur? Vergleichen Sie mit $T = 1 \cdot 10^7$ K, einer typischen Temperatur im Inneren weißer Zwerge. Ist die Annahme $T \ll T_F$ gerechtfertigt?

f) Nehmen Sie nun an, dass die FERMI-Temperatur so hoch ist, dass $v_F \gg c$. Benutzen Sie das Resultat von Aufgabe 6.5, um zu zeigen, dass in diesem Fall $E_{\text{kin}} \propto 1/R$ anstatt $\propto 1/R^2$ ist. Gibt es unter diesen Bedingungen einen stabilen Gleichgewichtsradius?

g) Der Übergang zum relativistischen Regime wird erwartet, sobald $\mu \approx \varepsilon_F \gtrsim \hat{m}_{\text{el}} c^2$. In welchem Bereich ist die Sonne? Oberhalb welcher Gesamtmasse $M_{\text{c,el}}$ ist der weiße Zwerg instabil? Was geschieht in diesem Fall?

6.7. Neutronensterne

Ein Stern, der zu schwer ist, um einen weißen Zwerg zu bilden, kollabiert weiter, indem Elektronen und Protonen zu Neutronen rekombinieren. Ein solches Gebilde nennt man einen Neutronenstern. In diesem Fall ist es der Fermi-Druck der Neutronen, der den Stern gegen den gravitativen Kollaps stabilisiert.

a) Benutzen Sie die Resultate aus Aufgabe 6.6, um die Radius-Masse-Relation $R_G(M)$, die Neutronendichte n_n, die Fermi-Temperatur $T_F(n_n)$ sowie die kritische Masse $M_{c,n}$ für den gravitativen Kollaps eines Neutronensterns zu berechnen. Was ist das Schicksal von Sternen mit einer Masse $M > M_{c,n}$?

b) Die Bindungsenergie des Neutrons beträgt $\hat{e}_B = (\hat{m}_n - \hat{m}_p)c^2 \approx 0.77$ MeV. Stellen Sie die Bedingung chemischen Gleichgewichts (Gl. I-7.29) für die Reaktion

$$ e^- + p^+ \rightleftharpoons n $$

auf. Nehmen Sie dabei wieder $T \ll T_F$ an. Wie groß ist die Elektronendichte im chemischen Gleichgewicht, und wie hängt sie von der Gesamtmasse ab?

6.8. Pomeranchuk-Kühlung

Die Wärmekapazität von flüssigem ^{3}He kann für $T \lesssim 1$ K durch den folgenden Ausdruck angenähert werden:

$$ \hat{c}_{v,fl}(T) = \begin{cases} \gamma T, & \text{for } T < T_x \\ c_0 + \gamma' T, & \text{for } T > T_x, \end{cases} \tag{6.118} $$

wobei $\gamma = 16.8$ J/mol·K^2, $\gamma' = 1.66$ J/mol·K^2, und $\hat{c}_0 = 2.5$ J/mol·K.

a) Bestimmen Sie zunächst die Temperatur T_x der Schnittstelle zwischen der Tieftemperatur- und der „Hoch"temperatur-Näherung.

b) Berechnen und skizzieren Sie mit Hilfe eines Plot-Programms die Differenz $\Delta \hat{s}(T)$ zwischen den molaren Entropien von flüssigem und festem ^{3}He.

c) Benutzen Sie die Resultate in (b), um die Temperatur T_m am Minimum der Schmelzdruck-Kurve zu bestimmen. Berechnen Sie die Schmelzkurve $p_S(T)$ durch numerische Integration der Clausius-Clapeyron-Gleichung, mit $p_S(0) = 33$ bar als Anfangswert. Die Differenz der Molvolumina der festen und flüssigen Phase beträgt $\Delta \hat{v} \approx 1.27$ cm^3/mol und variiert entlang der Schmelzkurve nur um etwa 5%, was vernachlässigt werden kann.

d) Vernachlässigen Sie Wechselwirkungseffekte zwischen den Kernspins um die Kühlleistung einer Pomeranchuk-Zelle bei 3 mK abzuschätzen, wenn die Verfestigungsrate 1 mol/h beträgt?

6.9. Mischkryostat

Berechnen Sie die Kühlleistung eines Mischkryostaten bei einer Mischungstemperatur $T_M = 10$ mK bei einer Zirkulationsrate von 30 μmol/s, wenn die Temperatur T_W des letzten Wärmetauschers 20 mK beträgt und alle anderen Beiträge zum Wärmeleck vernachlässigbar sind.

Hinweis: Benutzen Sie die Resultate von Aufgabe 6.4.

6.10. Wärmeleitung in Metallen bei tiefen Temperaturen

In Metallen bestimmt in der Regel der elektronische Beitrag die thermische Leitfähigkeit.

a) Leiten Sie die stationäre Wärmeleitungsgleichung für einen quasi-eindimensionalen Metalldraht ab, dessen Wärmeleitfähigkeit nach dem WIEDEMANN-FRANZ'schen Gesetz proportional zu T ist.

b) Formen Sie dieses Ergebnis in eine Differenzialgleichung für $T^2(x)$ um und lösen Sie diese.

c) Berechnen Sie die Temperaturdifferenz, die sich einstellt, wenn ein 10 cm langer, und 1 mm dicker zylindrischer Kupferdraht (Stahldraht) mit einer Heizleistung von 1 mW belastet wird und dabei an einem Ende bei einer Temperatur von 1 K thermisch verankert ist. Die elektrische Leitfähigkeit bei 10 K betrage $\sigma = 3 \cdot 10^{11}$ $(\Omega m)^{-1}$ für Kupfer und $1.4 \cdot 10^6$ $(\Omega m)^{-1}$ für Stahl.

6.11. Thermodynamische Größen im supraleitenden Zustand

Gleichung 6.88

$$B_c(T) = B_c(0)\left[1 - (T/T_c)^2\right]$$

stellt in vielen Fällen eine recht gute Näherung für das kritische Magnetfeld eines Supraleiters dar. Berechnen Sie daraus die Entropie $S(T)$ und die Wärmekapazität $C(T)$ des Supraleiters. Gilt das Resultat auch bei $T \ll T_c$? Begründen Sie Ihre Antwort!

6.12. Erhaltung des magnetischen Flusses in ideal leitfähigen Ringen

Aus dem Verschwinden des elektrischen Widerstands in einem idealen Leiter können wir schließen, dass elektrische Felder entlang des Strompfades für eine stationäre Stromverteilung stets verschwinden müssen. Temporäre, beispielsweise durch magnetische Induktion hervorgerufene elektrische Felder E führen daher immer zu einer *Beschleunigung* des Systems der Ladungsträger, die nach der Bewegungsgleichung

$$\frac{\partial j}{\partial t} = \hat{q}n_s \dot{v} = \frac{\hat{q}n_s}{\hat{m}} \dot{p} = \frac{\hat{q}^2 n_s}{\hat{m}} \cdot E ,$$ (6.119)

wobei n die Ladungsträgerdichte und $\hat{q}$, $\hat{m}$ und $\hat{p}$ die spezifischen Größen (pro Teilchen) des Systems sind. Diese Gleichung wird auch die 1. LONDON-Gleichung genannt.

a) Zeigen Sie mit Hilfe der 1. LONDON-Gleichung und der MAXWELL-Gleichung rot $E = -\dot{B}$, dass

$$\frac{\partial}{\partial t}\left\{\text{rot}\, j + \frac{n_s \hat{q}^2}{\hat{m}} B\right\} = 0 .$$ (6.120)

b) Zeigen Sie mit Hilfe des obigen Ergebnisses und der MAXWELL-Gleichung rot $B = \mu_0 j$, dass magnetische Feld-*Änderungen* $\dot{B}$ im Inneren eines idealen

Leiters auf der Skala der *magnetischen Eindringtiefe*

$$\lambda_L = \sqrt{\frac{\hat{m}}{\mu_0 n_s \hat{q}^2}}$$ (6.121)

exponentiell abklingen. Leiten Sie dazu eine Differenzialgleichung für den Feldverlauf in der Nähe einer ebene Grenzfläche des Leiters her, wobei das Magnetfeld parallel zu der Grenzfläche sein soll. Unter welcher Voraussetzung ist der von einem Ring aus einem idealen Leiter eingeschlossene magnetische Fluss erhalten?

Bemerkung: Der MEISSNER-OCHSENFELD-Effekt zeigt, dass Gl. 6.120 in Supraleitern nicht nur für die Zeitableitung von **B**, sondern auch für den Ausdruck in der geschweiften Klammer gilt. Ohne die Zeitableitung heißt Gl. 6.120 die 2. LONDON-Gleichung.

6.13. MEISSNER-Effekt in dünnen Schichten
Eine dünne supraleitende Schicht wird einem Magnetfeld ausgesetzt, das parallel zur Schicht orientiert ist.
  a) Berechnen Sie mit Hilfe der 2. LONDON-Gleichung 6.120 das Magnetfeldprofil innerhalb der supraleitenden Schicht.
  b) Was folgt aus der Rechnung, wenn die Schichtdicke kleiner als die magnetische Eindringtiefe λ_L 6.121 wird?
  c) Wie groß sind die über den Film gemittelte Magnetisierung und das parallele kritische Magnetfeld $B_{c||}$, wenn $B_c(0)$ gegeben ist?

7 Quasiteilchen in reduzierten Dimensionen

Bei freien Teilchen bilden die möglichen Werte von ε, k_x, k_y und k_z ein (vierdimensionales) Kontinuum. Im vorangegangenen Abschnitt haben wir gesehen, dass das Kontinuum der elektronischen elementaren FERMI-Systeme im Festkörper in mehrere Subkontinua, nämlich die Bänder sowie die Donator- und die Akzeptor-Niveaus, aufbricht, die als unabhängige Teilsysteme des Festkörpers angesehen werden können. Ebenso lassen sich das Elektronen- und das Phononensystem näherungsweise[1] als unabhängige Teilsysteme des Festkörpers auffassen, die unter bestimmten Bedingungen aus dem Gleichgewicht gebracht werden können.

In diesem Abschnitt wollen wir die Effekte einer *Einschränkung der Dimensionalität* des Quasiteilchensystems untersuchen, welche dazu führt, dass auch das dreidimensionale Quasi-Kontinuum der möglichen **k**-Vektoren in zwei- und eindimensionale Untermengen aufbricht. Das Konzept der elementaren FERMI- und BOSE-Systeme ist flexibel genug, um die sich daraus ergebenden *Quanten-Transportphänomene* qualitativ und quantitativ richtig zu beschreiben.

7.1 Zweidimensionale Elektronensysteme

7.1.1 Halbleiter-Heterostrukturen

Durch die Entwicklung der Molekularstrahl-Epitaxie (MBE) und der Metallorganischen Gasphasenepitaxie (MOVPE) wurde es möglich, *Heterostrukturen* aus verschiedenen Halbleitern mit zunehmender Perfektion des Kristallgitters aufeinander aufzuwachsen. Wichtige Beispiele sind die Kombinationen GaAs/Al_xGa_{1-x}As oder InAs/Ga_xIn_{1-x}As, bei denen die Gitterfehlanpassung gering genug ist, um die Erzeugung von Gitterdefekten durch elastische Verspannungen im Kristall weitgehend zu vermeiden. Interessant ist bei diesen Systemen, dass die Bandlücke durch die Variation der Zusammensetzung der Mischkristalle in weiten Grenzen verändert werden kann. Im System Al_xGa_{1-x}As sind so Bandlücken zwischen 1.4 eV (GaAs) und 2.2 eV (AlAs) realisierbar.

Wir fragen nun, wie sich die Energiebänder verhalten, wenn zwei Kristalle mit unterschiedlicher Bandlücke in einer Heterostruktur kombiniert werden. Aufgrund der hohen Qualität der Kristallgitter und einer geringen Interdiffusion der Atome erfolgt der Übergang von einem Material zum anderen auf der atomaren Skala. Für die Ladungsträger bedeutet dies, dass extrem scharfe Potenzialmodulationen realisierbar sind, mit denen ein Einschluss von Elektronen und Löchern in sehr dünnen *Quantentrögen* oder *Quantenfilmen* erreicht werden kann. Das entsprechende Potenzial nennt

---

[1] Nach BORN und OPPENHEIMER spielt sich die Dynamik der Elektronen und die des Kristallgitters wegen der stark unterschiedlichen Masse auf so verschiedenen Zeitskalen ab, dass diese weitgehend unabhängig voneinander und nur durch die Elektron-Phonon-Streuung gekoppelt sind.

https://doi.org/10.1515/9783110560329-315

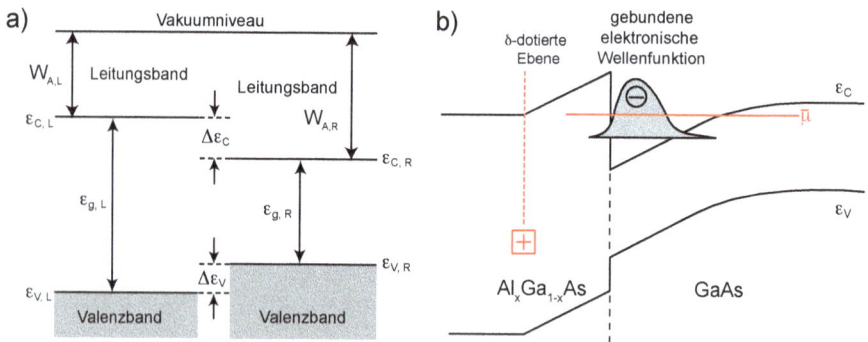

Abb. 7.1. a) Band-Fehlanpassung im System GaAl$_x$As$_{1-x}$/GaAs: Die Substitution von As mit Al vergrößert die Bandlücke. b) Im elektrischen Kontakt kommt es zu einem Ladungstransfer, und wegen der entsprechenden Bandverbiegung. Weil die Band-Diskontinuität $\Delta\varepsilon_C + \Delta\varepsilon_V$ unabhängig von der Elektrostatik ist, bildet sich an der Grenzfläche ein zweidimensionaler Quantentrog. Bei geeigneter Dotierung in der durch die rot gestrichelte Linie bezeichneten Ebene sind nur elementare FERMI-Systeme bevölkert, die nur einer gebundenen transversalen Wellenfunktion entsprechen (nach [35]).

man das Einschlusspotenzial. Zunächst sind die Quantentröge nicht dotiert und damit eher wegen ihrer optischen Eigenschaften und weniger für den elektrischen Transport interessant. Um freie Ladungsträger zu erzeugen, ist es notwendig zu dotieren. Die zurückbleibenden ionisierten Dotieratome erzeugen ein Unordnungspotenzial, welches zu einer Begrenzung der Beweglichkeit der Ladungsträger in der eigentlich weitgehend perfekten Kristallstruktur führt.

Ein Durchbruch bei dem Versuch, elektronische Systeme mit *ballistischen* Transporteigenschaften zu realisieren, wurde erreicht, als es gelang, die dotierte Schicht von dem Quantentrog räumlich zu trennen und so Heterostrukturen mit einer extrem hohen Beweglichkeit herzustellen. Dazu wurde die Methode der *Modulations-Dotierung* entwickelt, bei der die dotierte Halbleiterschicht von dem Quantentrog durch Abstände $d \approx$ 30 nm–60 nm räumlich separiert wird. Das Dotierprofil des dotierten Bereichs kann extrem schmal gemacht werden („δ-Dotierung"). Die aus den Donator- und Akzeptor-Zuständen heraus angeregten Elektronen finden in dem Quantentrog die am tiefsten liegenden Zustände, weshalb in diesem eigentlich undotierten Bereich die höchste Elektronendichte vorliegt, während der dotierte Bereich nicht zum Leitwert beiträgt. Die Dichte der Ladungsträger im Quantentrog kann bis in den Entartungsbereich hinein gesteigert werden, wobei Elektronengase mit einer FERMI-Energie im Bereich von meV entstehen. Diese Dichte ist hoch genug, um das durch die undotierte dielektrische Zwischenschicht auf $e^2/(4\pi\epsilon_r\epsilon_0 d)$ reduzierte Hintergrundpotenzial der ionisierten Dotieratome so weit abzuschirmen, dass Beweglichkeiten von $3 \cdot 10^7$ m^2/(V s) und mehr erreicht werden, was die Beweglichkeit von homogen dotierten Materialien um viele Größenordnungen übersteigt. Bei tiefen Temperaturen $T < 1$ K kann eine freie Weglänge in diesen Strukturen einen Bruchteil eines Millimeters erreichen und ist damit schon als *makroskopisch* anzusehen.

Interessanterweise können Quantentröge bereits durch eine einzige Grenzfläche realisiert werden. Wie Abb. 7.1a zeigt, findet beim Aufwachsen eines Halbleiters mit großer Bandlücke auf einen mit einer kleineren Bandlücke und einer anderen Austrittsarbeit wiederum ein Ladungstransfer statt. Dieser führt nicht nur zu einer Bandverbiegung, sondern es tritt im Gegensatz zum pn-Übergang auch eine *Band-Diskontinuität* auf (Abb. 7.1b). So entsteht an der Grenzfläche ein annähernd dreieckig geformter Quantentrog. Bei geschickter Einstellung der geometrischen und Dotierungs-Parameter liegt der tiefste Punkt des Leitungsbands *unterhalb* des elektrochemischen Potenzials, was zur Ausbildung eines quasi-zweidimensionalen entarteten Elektronensystems an der Grenzfläche führt. Die besonderen elektrischen Eigenschaften eines solchen Systems sind Gegenstand des nächsten Abschnitts.

7.1.2 Elektronische Struktur von Quantentrögen

Die im vorangegangenen Abschnitt vorgestellten Halbleiter-Heterostrukturen erlauben es, am unteren Rand des Leitungsbands schmale zweidimensionale Potenzialtröge, sogenannte *Quantentröge*, experimentell herzustellen, in denen die transversale Komponente $\psi_m(z)$ der Wellenfunktionen diskret wird, während Komponenten der Wellenfunktion in der Ebene des Quantentrogs weiterhin durch ebene (BLOCH)-Wellen mit einem zweidimensionalen Quasi-Kontinuum von $\{k_x, k_y\}$-Vektoren dargestellt werden:

$$\Psi(x, y, z) = \psi_m(z) \cdot \frac{1}{L} \exp\left[i(k_x x + k_y y)\right] ,$$

wobei L die Kantenlänge der Heterostruktur ist. Die $\psi_m(z)$ bilden einen Satz von Energie-Eigenfunktionen zu dem eindimensionalen Potenzial $V(z)$ des Quantentrogs. Typische Breiten der Quantentröge sind 5 nm–50 nm, was zu typischen Abständen der zugehörigen Energie-Eigenwerte ε_m im meV-Bereich führt. Die Energie-Eigenwerte der dreidimensionalen Wellenfunktionen $\Psi(x, y, z)$ lauten:

$$\varepsilon_m(k_x, k_y) = \varepsilon_m + \frac{\hbar^2 (k_x^2 + k_y^2)}{2\hat{m}} .$$

Das Elektronensystem zerfällt damit näherungsweise[2] in zweidimensionale Subbänder mit den Zustandsdichten[3] (einschließlich des Spins):

$$g_m(\varepsilon) = \frac{\hat{m}}{\pi\hbar^2} \cdot \theta(\varepsilon - \varepsilon_m) ,$$

wobei $\hat{m}$ die effektive Masse im Leitungsband und $\theta(\varepsilon)$ wieder die Stufenfunktion ist. Die Zustandsdichte eines strikt zweidimensionalen Systems mit quadratischer Disper-

---

2 Hier vernachlässigen wir wieder die Wechselwirkungen der Elektronen untereinander.
3 Dieses Ergebnis ist in Aufgabe 7.1 abzuleiten.

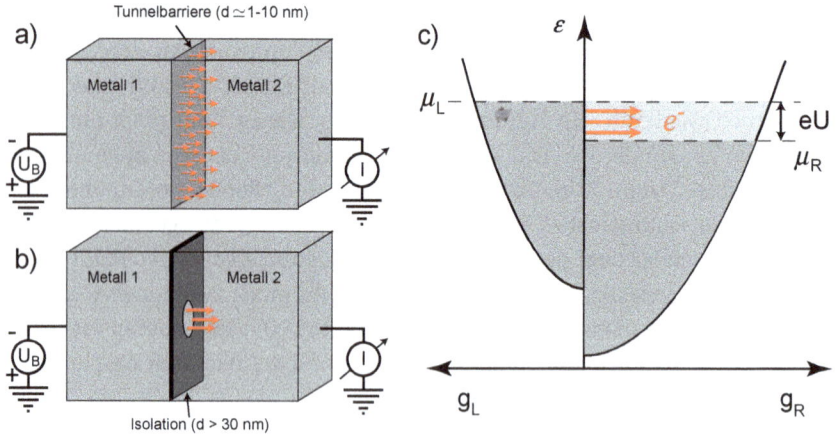

Abb. 7.2. a) Tunnelkontakt zwischen zwei metallischen Reservoiren. b) Punktkontakt zwischen zwei metallischen Reservoiren. c) Zustandsdichten beider Reservoire. Die Zustandsdichten und die elektrochemischen Potenziale der Reservoire sind um eU gegeneinander verschoben.

sionsrelation ist also von ε *unabhängig*.[4] Die Dotierung des Halbleiterkristalls kann so eingestellt werden, dass das chemische Potenzial nur das energetisch niedrigste zweidimensionale Subband mit der Nullpunktsenergie ε_0 schneidet. Auf diese Weise erhält man ein echt zweidimensionales Elektronensystem (2DES) oder Elektronengas (2DEG), das aus elementaren FERMI-Systemen mit den Wellenvektoren $\mathbf{k} = (k_x, k_y)$ besteht. Solange nur ein zweidimensionales Subband bevölkert ist, ist die Dynamik in z-Richtung unterdrückt – alle Bewegung findet in der xy-Ebene statt. Es werden typische Elektronendichten von ca. 10^{11} Teilchen pro cm^2 erreicht, was im System GaAs/AlGaAs FERMI-Wellenlängen von ca. 50 nm entspricht. In analoger Weise ist es in p-dotierten Heterostrukturen möglich, auch *Loch-Gase* zu erzeugen.

Diese Systeme sind natürlich an sich interessant (vor allem im Magnetfeld, wo sie den Quanten-HALL-Effekt zeigen); sie erlauben aber auch die Herstellung aller Arten von Halbleiter-Nanostrukturen, von denen ein typischer Vertreter im übernächsten Abschnitt vorgestellt wird.

7.2 Tunnelkontakte und Punktkontakte

Tunnelkontakte und Punktkontakte sind zwei entgegengesetzte Grenzfälle des Transports zwischen zwei metallischen Leitern, welche *Quasiteilchen-Reservoire* darstellen. Im ersten Fall erfolgt der Transport aufgrund des quantenmechanischen *Tunneleffekts*

---

4 Je nach Stärke der Elektron-Elektron-Wechselwirkung können die Elektronen statt der hier diskutierten zweidimensionalen FERMI-Flüssigkeit theoretisch auch einen zweidimensionalen WIGNER-Kristall bilden. Dafür gibt es bisher aber nur wenig experimentelle Evidenz.

durch eine dünne isolierende Barriere. Die meist sehr niedrige Transparenz der Kontakte, das heißt die Wahrscheinlichkeit $\mathcal{T}$, mit der ein auf die Barriere einlaufendes Quasiteilchen transmittiert wird (typisch $\mathcal{T} \approx 10^{-5}$), wird durch eine große Fläche wieder wettgemacht. Im zweiten Fall erfolgt der Transport durch eine sehr kleine Öffnung mit hoher Transparenz (typisch $\mathcal{T} \lesssim 1$) der Grenzfläche zwischen den beiden Leitern. Ist der Durchmesser der Öffnung kleiner als die freie Weglänge, spricht man von *ballistischen* Punktkontakten. Dabei sollte der Widerstand des Kontakts groß gegen den Zuleitungswiderstand der Reservoire sein. Eine elektrochemische Potenzialdifferenz zwischen den Reservoiren führt zum Stromfluss durch die Kontakte.

7.2.1 Tunnelkontakte

Bei Tunnelkontakten (Abb. 7.2a) werden zwei Metalle durch eine dünne isolierende Schicht voneinander getrennt. Je nach Höhe der Barriere kann das Tunneln über Abstände von 1 nm–10 nm erfolgen. Die energetische Höhe der Barriere zwischen den beiden Metallfilmen ist durch die Lage des Leitungsbands im Isolator gegeben. Bei einer homogenen Barriere ist die Tunnelstromdichte ebenfalls homogen verteilt. In Abb. 7.2c ist gezeigt, wie eine an den Kontakt angelegte elektrische Spannung $U = (\bar{\mu}_\mathrm{L} - \bar{\mu}_\mathrm{R})/\hat{q}$ die Zustandsdichten und die elektrochemischen Potenziale der Kontakte gegeneinander verschiebt, so dass auf der Energieachse ein *Vorspannungsfenster* der Breite $\hat{q}U$ entsteht, in dem Strom vom linken Reservoir durch den Kontakt in das rechte Reservoir fließen kann. Die im Energie-Intervall $[\bar{\mu}_\mathrm{R}, \bar{\mu}_\mathrm{L}]$ injizierten Quasiteilchen geben ihre überschüssige Energie durch inelastische Streuung, zum Beispiel an Phononen, ab und relaxieren, bis sich die elementaren FERMI-Systeme untereinander wieder im Gleichgewicht befinden.

Die Stärke der Tunnelstromdichte ist durch die Tunnel- oder Transmissionswahrscheinlichkeit und die Zustandsdichten g_L, g_R des linken und rechten Reservoirs gegeben. Die Geschwindigkeiten der auf die Barriere zulaufenden Quasiteilchen[5] bestimmen zusammen mit der Breite und Höhe der Barriere die von der Energie abhängige Transmissionswahrscheinlichkeit $\mathcal{T}(\varepsilon)$. Im diesem Modell erhalten wir für den Tunnelstrom:

$$I(U) = \hat{q}\tilde{A} \int d\varepsilon \, \mathcal{T}(\varepsilon) g_\mathrm{L}(\varepsilon) g_\mathrm{R}(\varepsilon)$$

$$\times \left\{ N_\varepsilon^{(\mathrm{F})}(T, \bar{\mu}_\mathrm{L})[1 - N_\varepsilon^{(\mathrm{F})}(T, \bar{\mu}_\mathrm{R})] - N_\varepsilon^{(\mathrm{F})}(T, \bar{\mu}_\mathrm{R})[1 - N_\varepsilon^{(\mathrm{F})}(T, \bar{\mu}_\mathrm{L})] \right\}$$

$$= \hat{q}\tilde{A} \int d\varepsilon \, \mathcal{T}(\varepsilon) g_\mathrm{L}(\varepsilon) g_\mathrm{R}(\varepsilon) \left\{ N_\varepsilon^{(\mathrm{F})}(T, \bar{\mu}_\mathrm{L}) - N_\varepsilon^{(\mathrm{F})}(T, \bar{\mu}_\mathrm{L} + \hat{q}U) \right\}, \tag{7.1}$$

wobei $\tilde{A}$ eine zur Fläche A des Kontakts proportionale Konstante ist. Ist die Energieabhängigkeit der Tunnelwahrscheinlichkeit und der Zustandsdichten innerhalb des Vor-

---

5 Genau genommen geht nur die Geschwindigkeitskomponente senkrecht zur Barriere in die Transparenz $\mathcal{T}$ ein.

spannungsfensters $\hat{q}U$ vernachlässigbar, so bleibt nur die Integration über die FERMI-Funktionen,

$$I(U) = \hat{q}\tilde{A}\mathcal{T}(\varepsilon_F)g_L(\varepsilon_F)g_R(\varepsilon_F) \cdot \int d\varepsilon \left[N_\varepsilon^{(F)}(T,\bar{\mu}_L) - N_\varepsilon^{(F)}(T,\bar{\mu}_L + \hat{q}U) \right]$$

$$= \hat{q}\tilde{A}\mathcal{T}(\varepsilon_F)g_L(\varepsilon_F)g_R(\varepsilon_F) \cdot \hat{q}U \,, \tag{7.2}$$

die den Faktor $\hat{q}U$ liefert. Der Tunnelwiderstand ist unter diesen Bedingungen einfach unabhängig von U und wir erhalten

$$G_T = \hat{q}^2 \tilde{A}\mathcal{T}(\varepsilon_F)g_L(\varepsilon_F)g_R(\varepsilon_F) \,. \tag{7.3}$$

Die Tunnelwahrscheinlichkeit $\mathcal{T}$ fällt exponentiell mit der Dicke der Isolierschicht und ist typischerweise von der Ordnung 10^{-4} oder kleiner. Bei Vorspannungen im mV-Bereich können die Zustandsdichten und die Tunnelwahrscheinlichkeit in normalen Metallen tatsächlich als konstant angesehen werden. Bei höheren Spannungen $U \simeq 1$ V werden $g(\varepsilon)$ und $\mathcal{T}(\varepsilon)$ energieabhängig, und der Strom ist nicht mehr proportional zur Spannung U.

In speziellen Systemen, wie zum Beispiel den im letzten Kapitel besprochenen Supraleitern, ist schon bei Spannungen im mV-Bereich ein nichtlinearer Verlauf von $I(U)$ zu erwarten. Wir nehmen an, dass der linke Metallfilm in Abb. 7.2.1a supraleitend und der auf der rechten Seite normalleitend ist. In diesem Fall weist $g_L(\varepsilon)$ auf der Skala der supraleitenden Energielücke nach Abb. 6.42b eine starke Energieabhängigkeit auf. Nehmen wir an, dass die Zustandsdichte $g_R(\varepsilon)$ des Normal-Metalls auf der rechten Seite des Kontakts innerhalb des Vorspannungsfensters energieunabhängig ist, so ergibt sich für den differenziellen Leitwert

$$G_T(U) = \frac{\partial I(U)}{\partial U} \tag{7.4}$$

$$= \hat{q}\tilde{A}\mathcal{T}(0)g_R(0) \int d\varepsilon\, g_L(\varepsilon) \left[-\frac{\partial N_{\varepsilon,R}^{(F)}(\bar{\mu}_L + \hat{q}U)}{\partial U} \right].$$

Das Resultat stellt ein *Faltungsprodukt* zwischen der Zustandsdichte des linken und der Ableitung der Verteilungsfunktion des rechten Reservoirs dar. Sind die Reservoire im Gleichgewicht, so ist die Gewichtsfunktion

$$h(U) = -\frac{\partial N_{\varepsilon,R}^{(F)}(\bar{\mu}_L + \hat{q}U)}{\partial U} \tag{7.5}$$

bekannt (Gl. 6.17), und die Messung von $G(U)$ liefert im Grenzfall $T \to 0$ direkt die Energieabhängigkeit der Zustandsdichte, weil die Ableitung der Verteilungsfunktion gegen eine δ-Funktion strebt. Bei endlichen Temperaturen müssen $g_L(\varepsilon)$ und $h_R(\varepsilon)$ nu-

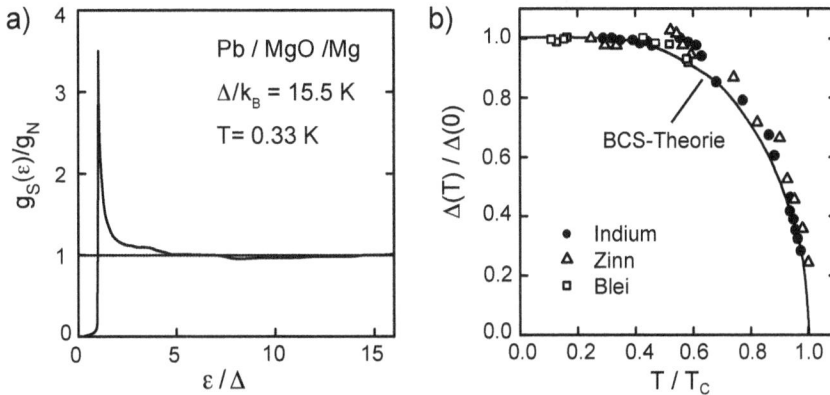

Abb. 7.3. a) Mittels Tunnelspektroskopie gemessene Zustandsdichte in einem Pb/MgO/Mg-Tunnelkontakt ([Nach I. Giaever, H. R. Hart, K. Megerle, Phys. Rev **126**, 941 (1962)]. b) Gemessene Temperaturabhängigkeit der Energielücke $\Delta(T)$ für verschiedene Supraleiter. Die durchgezogene Linie ist das Resultat der BCS-Theorie eingezeichnet [Nach I. Giaever, K. Megerle, Phys. Rev. **122**, 1101 (1961)].

merisch entfaltet werden.[6] Die ist insbesondere dann erforderlich, wenn die Werte der Energielücke $\Delta(T)$ bei höheren Temperaturen bestimmt werden sollen, weil die Gewichtfunktion in diesem Fall die scharfen BCS-Singularitäten in $g_L(\varepsilon)$ ausschmiert.

Auf diese Weise lässt sich die Vorhersage des BCS-Theorie bezüglich der Zustandsdichte von Supraleitern (Abb. 6.42b) experimentell überprüfen. Abbildung. 7.3a zeigt Messungen des differenziellen Leitwerts für einen Normalmetal/Supraleiter-Tunnelkontakt, der proportional zur Zustandsdichte der BOGOLIUBOV-Quasiteilchen sein sollte. Für Temperaturen $k_B T \ll \Delta$ und Spannungen $eU < \Delta$ ist $G_T(U)$ sehr klein, weil nur noch wenige thermisch angeregte Quasiteilchen in dem Supraleiter vorhanden sind beziehungsweise in ihn eindringen können. Bei höheren Spannungen ist die thermisch leicht verbreitete BCS-Singularität in $g_S(\varepsilon)$ klar erkennbar. Die Stufen bei höheren Energien sind auf die Maxima in der Phononen-Zustandsdichte zurückzuführen, die in der BCS-Theorie nicht berücksichtigt werden. In Abb. 7.3b sind die aus ähnlichen Messungen resultierenden Werte von $\Delta(T)$ für verschiedene Supraleiter aufgetragen.

Ist umgekehrt die Zustandsdichte des linken Reservoirs bekannt, kann die Verteilungsfunktion des rechten Reservoirs auch im Falle extremen Nicht-Gleichgewichts

---

6 Das Faltungsprodukt zweier Funktionen $f(x)$ und $g(x)$ ist durch das Integral

$$f \otimes g\,(x) := \int_{-\infty}^{\infty} f(x') \cdot g(x - x')\, dx'$$

definiert. Die Operationen des Faltens und seiner Umkehrung, des Entfaltens, gehören zum Standard-Repertoire der numerischen Mathematik.

durch Entfaltung extrahiert und so aus Messungen von $G(U)$ experimentell bestimmt werden, wie dies in Abschnitt 7.3.4 exemplarisch gezeigt ist.

7.2.2 Punktkontakte

Der Leitwert von diffusiven metallischen Punktkontakten (Abb. 7.2b) mit dem Durchmesser d wurde im Grenzfall $d \gg \Lambda$ schon von MAXWELL berechnet:

$$G_{\mathrm{MAXWELL}} = d\sigma ,$$ (7.6)

wobei σ die lokale elektrische Leitfähigkeit und Λ die mittlere freie Weglänge der Elektronen des Metalls ist. Im umgekehrten Grenzfall $\Lambda \gg d$ ist der Transport ballistisch. Werden zwei Kontakte durch einen direkten metallischen Kontakt mit der Fläche A verbunden und ist der Durchmesser d des Kontakts kleiner als die freie Weglänge Λ, so erhält man die fermionische Variante des klassischen *Effusionsproblems* (Abschnitt I-8.8). Nach Gleichung I-8.54 beträgt die Effusionsrate von Teilchen ins Vakuum:

$$I_N = \frac{A\langle |v| \rangle n}{4} .$$

Wenn wir dieses Ergebnis auf einen Punktkontakt zwischen zwei entarteten FERMI-Gasen mit gleichen Zustandsdichten $g(\varepsilon_F)$ und der chemischen Potenzialdifferenz $\hat{q}U$ anwenden wollen, müssen wir ein ähnliches Integral über die Energien aller elementaren FERMI-Systeme wie in Gl. 7.2 berechnen. Wegen des PAULI-Prinzips sind aber wieder nur die elementaren FERMI-Systeme an der FERMI-Kante relevant, so dass $g(\varepsilon_F)$ innerhalb des Bereichs $\max\{k_BT, \hat{q}U\}$ als konstant angesehen werden kann. Dann erhalten wir für den nicht kompensierten Bruchteil $n(U)$ der transmittierten Elektronen

$$n(U) = \int d\varepsilon\, g(\varepsilon)\left[N_\varepsilon^{(F)}(T, \bar{\mu}_L) - N_\varepsilon^{(F)}(T, \bar{\mu}_L + \hat{q}U) \right] = g(\varepsilon_F) \cdot \hat{q}U$$

und für den Ladungsstrom I_Q durch den Kontakt:

$$I_Q = \hat{q}A\frac{v_F}{4}g(\varepsilon_F) \cdot \hat{q}U = \hat{q}^2 A \frac{k_F^2}{4\pi^2\hbar} \cdot U = \frac{\hat{q}^2}{\hbar}\frac{A}{\lambda_F^2} \cdot U .$$

Ist die Fläche A des Punktkontakts so klein, dass der Zuleitungswiderstand $G_{\mathrm{MAXWELL}}^{-1}$ (Gl. 7.6) der Reservoire vernachlässigt werden kann, so erhalten wir für den Leitwert des Punktkontakts den SHARVIN-Leitwert:

$$G_{\mathrm{SHARVIN}} = \frac{A\hat{q}^2 v_F g(\varepsilon_F)}{4} = \frac{\hat{q}^2}{\hbar}\frac{A}{\lambda_F^2} .$$ (7.7)

An dieser Stelle begegnet uns zum ersten Mal der nur aus Naturkonstanten gebildete Leitwert $G_0 = e^2/h$. Im nächsten Abschnitt werden wir sehen, dass dieser eine fundamentale Rolle spielt, wenn der Kontaktdurchmesser in die Größenordnung der

FERMI-Wellenlänge kommt. Falls die Grenzfläche eine von 1 verschiedene Transmissionswahrscheinlichkeit $\mathcal{T}$ aufweist, so reduziert sich der Leitwert

$$G_{PC} = \mathcal{T} \cdot G_{SHARVIN}$$

des Punktkontakts entsprechend.

Auch Punktkontakte sind für spektroskopische Anwendungen geeignet, sofern im Bereich des Punktkontakts keine inelastische Streuung der Elektronen erfolgt [36]. Dazu muss der Kontakt-Durchmesser kleiner als die inelastische freie Diffusionslänge $\Lambda_{in} = \sqrt{D\tau_{in}}$ oder gar Λ_{el} sein. Bei den in Abschnitt 7.1.2 betrachteten zweidimensionalen Elektronensystemen in Quantentrögen ist der ballistische Grenzfall experimentell sehr viel leichter realisierbar als in konventionellen Metallen.

7.3 Quasi-eindimensionale Leiter

Die im vorletzten Abschnitt eingeführten hoch-beweglichen zweidimensionalen Elektronensysteme bilden den Ausgangspunkt für die Herstellung von Halbleiter-Nanostrukturen, in denen die Dimensionalität des Elektronensystems mittels typischerweise etwa 50 nm–100 nm oberhalb des 2DESs aufgebrachter Gatterelektroden noch weiter eingeschränkt werden kann. Eine solche Anordnung ist in Abb. 7.5a gezeigt. Wegen der strukturellen Perfektion des der Heterostruktur zugrundeliegenden Kristallgitters kann das zweidimensionale Elektronengas außerhalb des nanostrukturierten Bereiches als ballistisches Reservoir für Elektronen angesehen werden.

Die Quasiteilchen unterhalb der Gatterelektroden werden verdrängt, sobald eine hinreichend große Spannung zwischen den Gatterelektroden und dem 2DES angelegt wird. Durch Verwendung von zwei, sagen wir, in y-Richtung etwa 0.2 µm–1 µm auseinander liegenden Gatterelektroden[7] kann zwischen zwei Quasiteilchen-*Reservoiren* mit den elektrochemischen Potenzialen $\bar{\mu}_L$ und $\bar{\mu}_R$ eine Engstelle im 2DES erzeugt werden, so dass die Wellenfunktionen im Bereich der Engstelle nicht mehr durch ein Quasi-Kontinuum von zweidimensionalen ebenen Wellen dargestellt werden können, sondern die Form

$$\Psi(x, y, z) = \psi_{mn}(y, z) \cdot \frac{1}{\sqrt{L}} \exp(ik_x x)$$

mit den Energie-Eigenwerten

$$\varepsilon_{mn}(k_x) = \varepsilon_{mn} + \frac{(\hbar k_x)^2}{2\hat{m}}$$

annehmen. Die Wellenausbreitung erfolgt unter diesen Umständen nur noch in x-Richtung. Damit folgt

$$k_x = \frac{1}{\hbar} \sqrt{2\hat{m}(\varepsilon - \varepsilon_{mn})} \,.$$

---

7 In der englischsprachigen Literatur hat sich für solche Anordnungen die Bezeichnung „*split-gates*" eingebürgert.

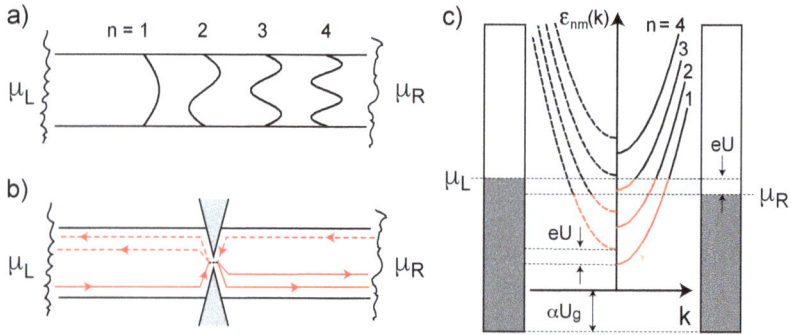

Abb. 7.4. a) Transversaler Anteil der elektronischen Wellenfunktionen in einem ballistischen Quantendraht für die ersten vier eindimensionalen Subbänder. b) Rückstreuung zweier rechts- (durchgezogene rote Linie) und links- (gestrichelte rote Linie) laufender Kanäle an einer Tunnelbarriere. Zur besseren Übersicht wurden die rechts- und links-laufenden Kanäle räumlich getrennt gezeichnet – für das Prinzip ist dies jedoch ohne Belang. c) Dispersionsrelationen $\varepsilon(\boldsymbol{k})$ der ersten vier eindimensionalen Subbänder. Die beiden Teilchen-Reservoire auf den elektrochemischen Potenzialen $\bar{\mu}_L$ und $\bar{\mu}_R$ sind recht und links angedeutet. Die Dispersionsrelationen für rechts- (durchgezogene Linien) und links- (gestrichelte Linien) laufende elementare FERMI-Systeme sind um die elektrochemische Potenzialdifferenz $eU = \bar{\mu}_L - \bar{\mu}_R$ gegeneinander verschoben. Zum Transport tragen nur die elementaren FERMI-Systeme in dem hellgrau schattierten Bereich bei. Die außerhalb des hellgrau schattierten Bereiches liegenden Stücke von $\varepsilon(\boldsymbol{k})$ sind entweder beide bevölkert (rot) und kompensieren sich daher, oder sie sind beide unbevölkert (schwarz). Die Dispersionsrelationen werden durch die zwischen einer Gatterelektrode (Abb. 7.5a, b) und dem Elektronensystem angelegten Gatterspannung (in ersten Näherung) in vertikaler Richtung starr verschoben.[8] Auf diese Weise kann die Zahl der zum Transport beitragenden eindimensionalen Subbänder geändert werden.

Die Summen über alle elementaren FERMI- und BOSE-Systeme lassen sich wieder mit Hilfe der Zustandsdichte $g(\varepsilon)$ berechnen:

$$\sum_{k_x} = \frac{L}{2\pi} \int dk_x = L \int d\varepsilon \, \frac{1}{2\pi} \frac{dk_x(\varepsilon)}{d\varepsilon} = L \int d\varepsilon \, g(\varepsilon) \,. \tag{7.8}$$

Damit ergibt sich für die Zustandsdichte pro Spin-Richtung

$$g(\varepsilon) = \frac{1}{2\pi} \cdot \frac{dk_x(\varepsilon)}{d\varepsilon} = \frac{1}{2\pi\hbar} \cdot \frac{1}{v(\varepsilon)} \,. \tag{7.9}$$

Das bedeutet, dass das Produkt aus Zustandsdichte und Geschwindigkeit in quasieindimensionalen Systemen sogar unabhängig von der Form der Dispersionsrelation und der FERMI- oder BOSE-Statistik stets den universellen Wert

$$v(\varepsilon) \cdot g(\varepsilon) = \frac{1}{2\pi\hbar} \tag{7.10}$$

---

8 Der die Effektivität der elektrostatischen Kopplung $\varepsilon = \varepsilon_{nm}(k_x) + \alpha U_g$ angebende Parameter α wird der „Hebelarm" genannt – in der dargestellten Situation beträgt er typischerweise $\approx 0.01\,e$.

annimmt. Diese Besonderheit der quasi-eindimensionalen Systeme ist für die Universalität ihrer in den nachfolgenden Abschnitten beschriebenen Transporteigenschaften verantwortlich.

In Quantendrähten zerfällt das Elektronensystem also in eindimensionale Subbänder. Ist die Dispersionsrelation quadratisch, so erhalten wir für die Zustandsdichte pro Spin-Richtung eines Subbands:

$$g_{mn}(\varepsilon) = \frac{1}{2\pi\hbar} \sqrt{\frac{\hat{m}}{2(\varepsilon - \varepsilon_{mn})}} \cdot \theta(\varepsilon - \varepsilon_{mn}) \,, \tag{7.11}$$

wobei $\theta(\varepsilon)$ wieder die Stufenfunktion ist. In diesem Fall weist die Zustandsdichte typische Wurzel-Singularitäten auf, die auch als VAN HOVE-Singularitäten bekannt sind. Über die Gatterspannung lässt sich das transversale Einschlusspotenzial und damit die Geometrie der den elementaren Teilsystemen zugrundeliegenden Moden und die ε_{mn} variieren – eine interessante experimentelle Möglichkeit, die in konventionellen Festkörpern in dieser Form nicht besteht.

Die Berechnung der thermodynamischen Eigenschaften dieser Systeme ist mit denselben Methoden leicht möglich, die wir in den vorangegangenen Kapiteln auf dreidimensionale Systeme angewandt haben. Wir wollen dies an dieser Stelle aber nicht weiter verfolgen, weil der Absolutwert der Beiträge der niederdimensionalen Teilsysteme zu den thermodynamischen Größen des gesamten Festkörpers in aller Regel so klein ist, dass sie experimentell bisher kaum aufzulösen sind.[9] Dies ist bei den Transport-Phänomenen anders, weil das Anlegen einer elektrischen Spannung oder eines Temperaturgradienten auf der µm-Skala und die Messung der resultierenden elektrischen und thermischen Ströme deutlich leichter als die Messung kalorischer Größen wie der Wärmekapazität ist. Solche Untersuchungen bilden seit etwa 20 Jahren einen Schwerpunkt der Forschung.

Die Herstellung solcher niederdimensionalen Strukturen mit Abmessungen bis hinab in den Nanometerbereich erfolgt meist mittels der Methode der *Elektronenstrahl-Lithographie*.[10] Dabei wird ein geeignetes Substrat (meist ein Silizium-Chip) mit einem Polymerfilm, einem *Lack*, mit einer Dicke von einigen 10 bis einigen 100 nm beschichtet. Das gewünschte Muster wird dann von einem fokussierten Elektronenstrahl in einem Raster-Elektronenmikroskop oder einem kommerziellen Elektronenstrahl-Schreiber geschrieben. Der Elektronenstrahl bricht in dem Polymer Bindungen auf, wobei Bereiche mit einem kurzkettigen Polymer entstehen, die bereits mit einem milden Lösungsmittel – dem Entwickler – aufgelöst werden können. Das so entstandene Muster wird dann mit einem Metallfilm von einigen 10 nm Dicke bedampft.

---

9 Erste experimentelle Anstrengungen in dieser Richtung betreffen periodische Anordnungen von vielen nominell identischen Nanostrukturen auf freitragenden SiN_x-Membranen [37].

10 Daneben haben sich auch andere Techniken, wie die lokale Oxidation mittels der leitfähigen Spitze eines Rasterkraft-Mikroskops (AFM-Lithographie) oder in jüngster Zeit die direkte Strukturierung mittels eines fokussierten Ionenstrahls (FIB – focused ion beam), entwickelt.

Der größte Teil des Metalls bedeckt die Polymer-Maske; das Substrat wird nur mit dem gewünschten Muster bedampft. Danach wird die metallisierte Maske mit einem schärferen Lösungsmittel weggewaschen, und die metallische Struktur liegt frei. Auf diese Weise lassen sich minimale Linienbreiten bis herab zu typisch einigen 10 nm auf einfache Weise schreiben.

Daneben existieren auch *subtraktive Verfahren* der Strukturierung. Bei diesen wird zuerst der Metallfilm aufgebracht oder die Halbleiter-Heterostruktur hergestellt und dann ein *negativer Lack* verwendet, der an den belichteten Stellen kovalente Bindungen von einer Polymerkette zur anderen ausbildet und bei der Entwicklung an den belichteten Stellen stehen bleibt. Dann werden die nicht gewünschten Flächen mit Hilfe eines Ätzverfahrens entfernt. Für Strukturen mit Linienbreite oberhalb einigen μm lassen sich auch optische Masken verwenden, bei denen der Lack mit ultraviolettem Licht bestrahlt wird. Dies hat den Vorteil, dass sich große Flächen auf einmal belichten lassen.

7.3.1 Elektrischer Transport durch Quanten-Punktkontakte

Bei unserer Darstellung der Transporteigenschaften in den Kapiteln 1 und 6 haben wir nur den Fall betrachtet, dass die angelegten Gradienten von $\bar{\mu}$ und T so klein sind, dass das System im lokalen Gleichgewicht bleibt. Das bedeutet, dass die beim Transport dissipierte Energie auch lokal deponiert wird. Dies ändert sich, wenn wir Leiter betrachten, die deutlich kürzer als die elastische und die inelastische freie Weglänge der Quasiteilchen sind. In diesem Fall behalten die Quasiteilchen die Energie, mit der sie aus einem Reservoir kommen, während des Transports durch die Nanostruktur bei und dissipieren diese erst, wenn sie im anderen Reservoir genügend Zeit zur Relaxation durch inelastische Streuprozesse haben. Die Entropie-Erzeugung findet in diesem Fall also nicht in der Nanostruktur, sondern in den Reservoiren statt.

Als Beispiel betrachten wir zunächst einen *Quanten-Punktkontakt*, welcher der Einfachheit halber zunächst nur ein eindimensionales Subband beinhalten soll und der an zwei (zweidimensionale) Elektronenreservoire angeschlossen ist, die mit makroskopischen Kontaktelektroden verbunden sind, so dass der elektrische Leitwert G der Anordnung gemessen werden kann (Abb. 7.4). Statt von eindimensionalen Subbändern spricht man auch oft von *Transport-Kanälen*. Eine experimentelle Realisierung eines solchen Systems ist in Abb. 7.5a gezeigt.

Um den Ladungstransport durch einen solchen Quanten-Punktkontakt zu verstehen, gehen wir von einer eindimensionalen Variante von Gleichung 4.35 aus. Kombinieren wir die rechts- und linkslaufenden Teilchenströme, so erhalten wir

$$I_N = \frac{1}{L}\left(\sum_{k>0} N_{k,\mathrm{L}}^{(\mathrm{F})} v(\boldsymbol{k}) + \sum_{k<0} N_{k,\mathrm{R}}^{(\mathrm{F})} v(\boldsymbol{k})\right) \tag{7.12}$$

$$= \int_{-\infty}^{\infty} d\varepsilon\, g(\varepsilon) v(\varepsilon) \left(N_{\varepsilon}^{(\mathrm{F})}(T_{\mathrm{L}}, \bar{\mu}_{\mathrm{L}}) - N_{\varepsilon}^{(\mathrm{F})}(T_{\mathrm{R}}, \bar{\mu}_{\mathrm{R}})\right),$$

wobei wir uns zunächst auf einen einzigen, perfekt transmittierten Transportkanal beschränken. Wegen des in Gl. 7.10 bereits angesprochenen universellen Werts des Produkts $g(\varepsilon)\,v(\varepsilon)$ reduziert sich dies auf

$$I_N = \frac{1}{2\pi\hbar} \int\limits_{-\infty}^{\infty} d\varepsilon\, \delta N_\varepsilon \,, \tag{7.13}$$

wobei

$$\delta N_\varepsilon = N_\varepsilon^{(F)}(T_L, \bar\mu_L) - N_\varepsilon^{(F)}(T_R, \bar\mu_R)$$

ist. Wenn die Probenqualität hoch genug ist, um die Streuung der Quasiteilchen von einem elementaren FERMI-System in das andere zu vermeiden, so liefern alle elementaren FERMI-Systeme, die von einem der beiden Reservoire bevölkert werden, einen Beitrag zum Strom. Daher zerfallen die elementaren FERMI-Systeme, aus denen das eindimensionale Elektronensystem im Draht besteht, auf natürliche Weise in zwei Klassen, die prägnant als *Rechtsläufer* mit $k_x > 0$ und *Linksläufer* mit $k_x < 0$ bezeichnet werden.[11] Die Verteilungsfunktionen der Reservoire sind definitionsgemäß[12] FERMI-Funktionen:

$$N_{\varepsilon;\,L,R} = N_\varepsilon^{(F)}(T \pm \Delta T/2, \mu \pm \hat q U/2) \,, \tag{7.14}$$

wobei U die zwischen der Reservoiren anliegende Spannung, und ΔT die Temperaturdifferenz ist. Der Quantendraht als Ganzes ist nicht im Gleichgewicht, aber er lässt sich in die beiden Teilsysteme der „Rechts- und Linksläufer" zerlegen. Die *Rechtsläufer* sind im Gleichgewicht mit den *linken* Reservoirs und umgekehrt.

Der Strom durch den Quantendraht wird damit durch ein elektrochemisches Ungleichgewicht zwischen zwei Teilsystemen, nämlich den nach links laufenden und den nach rechts laufenden elementaren FERMI-Systemen verursacht. Zwischen den elementaren FERMI-Systemen liegt chemisches Gleichgewicht bei $U = 0$ vor, wenn die elektrochemischen Potenziale der Reservoire gleich sind. Wie bei allen chemischen Reaktionen ist der Gleichgewichtszustand aber nicht statisch, sondern der Strom durch den Kontakt zeigt ein JOHNSON-NYQUIST-Rauschen, welches von den thermischen Fluktuationen (Gl. 4.21) der Teilchenzahlen in den einzelnen elementaren FERMI-Systemen verursacht wird. Bei endlichen Strömen tritt außerdem *Schrotrauschen* auf (Abschnitt 7.3.4).

Zunächst wollen Gl. 7.13 im Grenzfall kleiner Spannungen auswerten. Dann können wir die Differenz der Teilchenzahlen δN_ε analog zu Gl. 6.46 auswerten und erhalten

$$\delta N_\varepsilon = \frac{\partial N_\varepsilon^{(F)}(T,\mu)}{\partial \varepsilon} \left(\hat q U - \frac{\varepsilon - \mu}{T} \Delta T \right) \,. \tag{7.15}$$

---

11 In der englischsprachigen Literatur lauten die entsprechenden Bezeichnungen *left movers* und *right movers*.

12 In der Realität ist diese Annahme, vor allem bei hohen Strömen und tiefen Temperaturen, oft zu idealisierend.

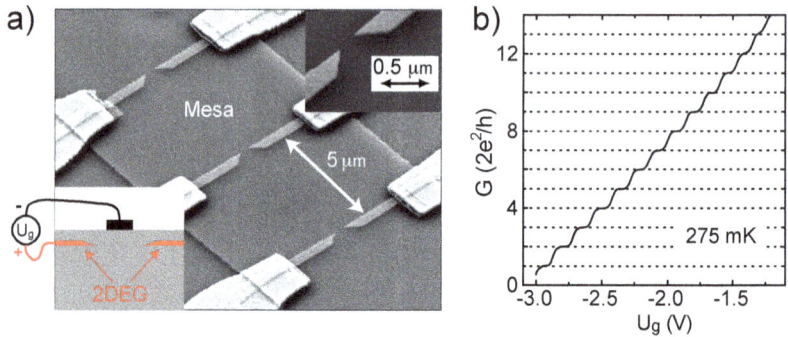

Abb. 7.5. a) Raster-Elektronenmikroskopische Abbildung einer Reihenschaltung von drei Quanten-Punktkontakten (QPC) in einem zweidimensionalen Elektronensystem (2DES), das in Form einer Mesa aus einer GaAs/Al$_x$Ga$_{1-x}$As-Heterostruktur herausgeätzt wurde. Die Mesa endet links oben und rechts unten in einlegierten OHM'schen Kontakten zwischen denen die Spannung U angelegt wird. *Links unten* ist die verwendete Heterostruktur entlang eines Schnitts parallel zu den Paaren von Gatterelektroden schematisch dargestellt: Das 2DES (rot) befindet sich einige 10 nm unterhalb der auf den Halbleiterkristall aufgedampften Gatter-Elektrode (schwarz). Wird eine relativ zum 2DES negative Spannung U_g an das Gatter angelegt, so wird das 2DES unterhalb des Gatters verdrängt, sodass ein QPC von einstellbarer Breite entsteht. *Rechts oben* ist eine Nahaufnahmen des Gatterelektrodenpaars eines der QPCs gezeigt. b) Gemessener Leitwert eines der QPCs als Funktion von U_g. Es können mehr als zwölf Leitwertstufen der Höhe $2e^2/h$ beobachtet werden (Photo: S. Oberholzer, C. Schönenberger, Uni Basel).

Nehmen wir zunächst $\Delta T = 0$ an und setzen δN_ε dann in Gl. 7.13 ein, so nimmt das Integral über die Ableitung der FERMI-Funktion einfach den Wert 1 an. Dann bekommen wir für den elektrischen Strom durch einen perfekt transmittierenden Quantendraht

$$I_Q = \hat{q}I_N = \frac{\hat{q}^2}{2\pi\hbar} \cdot U = G_0 \cdot U . \tag{7.16}$$

Die Größe

$$G_0 = \frac{e^2}{h} = 38.74\,\mu\text{S} \approx (25.8\,\text{k}\Omega)^{-1} \tag{7.17}$$

nennt man das elektrische *Leitwert-Quantum*. Wir erhalten also das überraschende Resultat, dass ein perfekt transmittierender Transportkanal pro Spin-Richtung und für $|\hat{q}| = e$ den von Material und Temperatur unabhängigen universellen Quantenleitwert G_0 aufweist.

Experimentell findet man, wie in Abb. 7.5b gezeigt, bei Durchstimmen der Gatterspannung U_g hin zu negativen Werten eine treppenförmige Abnahme des Leitwerts. Solche Experimente wurden erstmals 1988 von VAN WEES in Delft und WHARAM in Cambridge [38; 39] durchgeführt.

Der treppenförmige Verlauf von $G(U_g)$ lässt sich leicht erklären, wenn wir Gl. 7.13 dahingehend erweitern, dass wir mehrere Transportkanäle entsprechend mehreren eindimensionalen Subbändern mit einem energieabhängigen Transmissionskoeffizienten $\mathcal{T}_n(\varepsilon)$ annehmen (Abb. 7.4c):

$$I_Q = \frac{\hat{q}}{2\pi\hbar} \sum_n \int_{-\infty}^{\infty} d\varepsilon\, \mathcal{T}_n(\varepsilon) \frac{\partial N_\varepsilon^{(F)}(T,\mu)}{\partial \varepsilon} \left(\hat{q}U - \frac{\varepsilon - \mu}{T} \Delta T \right). \tag{7.18}$$

Im Rahmen dieses von LANDAUER und BÜTTIKER vorgeschlagenen Modells wird der Transport auf ein quantenmechanisches Streuproblem, nämlich die Reflexion der einlaufenden Quasiteilchen an einer eindimensionalen Potenzialschwelle, zurückgeführt. Die quantenmechanische Reflexionswahrscheinlichkeit $\mathcal{R} = 1 - \mathcal{T}$ entspricht dabei einer „Reaktionsrate" $\Gamma_{R \to L}$, mit der Linksläufer in Rechtsläufer umgesetzt werden:

$$\Gamma_{L \to R} = \frac{eU}{h} \cdot (1 - \mathcal{T}).$$

Vergleichen wir die Stufenhöhe in Abb. 7.5b mit dem Leitwertquantum G_0, so finden wir, dass der Leitwert in Stufen von $2G_0$ ansteigt – dies liegt daran, dass die Transportkanäle jeweils Spin-entartet sind.

Analog zu unserem Vorgehen in Abschnitt 6.4.2 können wir das Integral in Gl. 7.18 im Rahmen der SOMMERFELD-Entwicklung auswerten und erhalten

$$I_Q = G \cdot U + G\mathcal{S} \cdot \Delta T. \tag{7.19}$$

Für den Leitwert G im ersten Term dieser Gleichung finden wir dann einfach

$$G = G_0 \cdot 2 \sum_n \mathcal{T}_n(\mu). \tag{7.20}$$ **!**

Diese Gleichung wird auch die LANDAUER-BÜTTIKER-Formel genannt.

Für den speziellen Fall einer sattelförmigen Barriere

$$V(x, y, z) = \frac{1}{2} \hat{m}(\omega_y^2 y^2 - \omega_x^2 x^2) + V_0(z)$$

senkrecht zur Transmissionsrichtung $\mathbf{e}_x$ lässt sich die aus dem eindimensionalen Streuproblem resultierende Transmissionswahrscheinlichkeit $\mathcal{T}_n(\varepsilon)$ analytisch berechnen und lautet

$$\mathcal{T}_n(\varepsilon) = \frac{1}{1 + \exp(-2\pi\varepsilon_n)} \quad \text{mit} \quad \varepsilon_n = \frac{\varepsilon - \hbar\omega_y(n + 1/2) - \varepsilon_z}{\hbar|\omega_x|}. \tag{7.21}$$

Das Ergebnis ist in Abb. 7.6a dargestellt.

Die an den Gatterelektroden angelegte Spannung U_G beeinflusst in erster Linie der Term $V_0(z)$ und hebt oder senkt das Sattelpunkts-Potenzial relativ zum elektrochemischen Potenzial der Kontakt-Elektroden. Die mit 2-DES experimentell realisierbaren Energieskalen $\hbar\omega_x$ und $\hbar\omega_y$ liegen typischerweise im mV-Bereich. Die Experimente erfordern daher tiefe Temperaturen, vorzugsweise im mK-Bereich. Wie Abbildung 7.6b

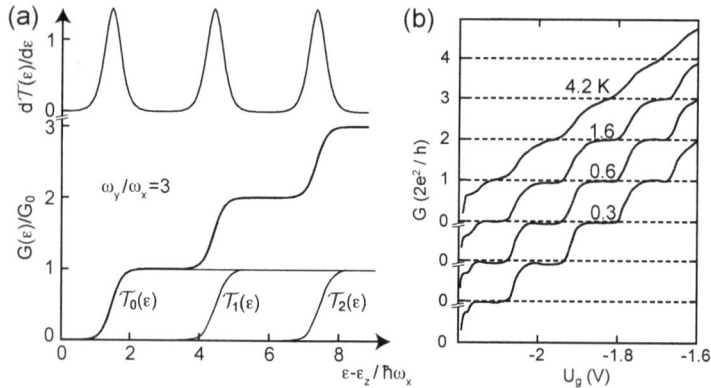

Abb. 7.6. a) Energieabhängigkeit der Transmissions-Koeffizienten $\mathcal{T}_n(\varepsilon)$ für $n = 0, 1, 2$ berechnet nach Gl. 7.21 (nach [35]). Die Summe der $\mathcal{T}_n(\varepsilon)$ für die verschiedenen Transportkanäle entspricht bei $T = 0$ nach Gl. 7.20 dem mit Leitwertquantum G_0 normierten Leitwert. Zusätzlich ist die Ableitung $d\mathcal{T}(\varepsilon)/d\varepsilon$ eingezeichnet, welche die Thermokraft des Quantenpunktkontakts bestimmt. b) Gemessener Leitwert eines Quantenpunktkontakts bei verschiedenen Temperaturen [B. J. van Wees, *et al.*, Phys. Rev. B **43**, 12431 (1991)].

zeigt, schmieren die Stufen bei höheren Temperaturen aus. Für $\omega_y/\omega_x \gg 1$ bekommt man wohlseparierte Leitwertstufen, weil ω_y den energetischen Abstand der Subbänder und damit die Breite der Plateaus bestimmt, während ω_x die Schärfe der Übergänge regelt. Das Verhältnis $\hbar\omega_x/4k_\mathrm{B}T$ bestimmt nach Gl. 7.21 die thermische Verschmierung der Leitwertstufen.

Die große Ähnlichkeit zwischen den Messdaten und dem theoretischen Verlauf der Transmissionswahrscheinlichkeit legt nahe, dass das von den Gatterelektroden realisierte Potenzial tatsächlich in guter Näherung sattelförmig ist. Bei anderen, zum Beispiel rechteckigen, Formen der Gatterelektroden können kompliziertere Energieabhängigkeiten entstehen, die durch Resonanzphänomene verursacht werden. Ähnliche Phänomene kennt man als Transmissionsresonanzen in Mikrowellenschaltkreisen, bei denen die Impedanzanpassung zwischen verschiedenen Bauelementen nicht perfekt ist.

Für kleine U ist der Strom proportional zu U; für große Spannungen, bei denen mehr als ein Transportkanal in das durch die angelegte Spannung definierte Transportfenster fällt, treten auch im differentiellen Leitwert $G(U) = dI(U)/dU$ Stufen auf. Auch in diesem Fall zeigen Experimente, dass das einfache Modell den Verlauf des gemessenen differenziellen Leitwerts zumindest qualitativ erklärt. Bei höheren Spannungen entstehen Abweichungen dadurch, dass die angelegte Spannung U anfängt, die Form der Potenzialbarriere zu modifizieren.

Der zweite Term in Gl. 7.19,

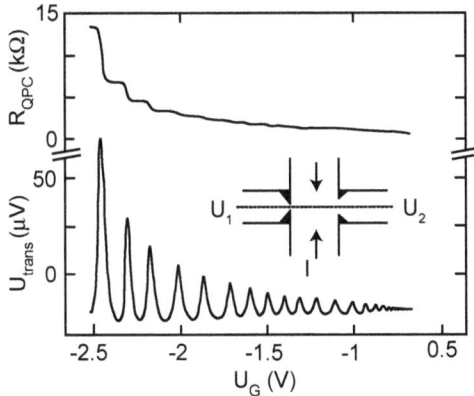

Abb. 7.7. Gemessener Widerstand (oben) und Thermokraft (unten) eines Paars von Quanten-Punktkontakten in einem stromdurchflossenen Kanal (Skizze). Ein Quanten-Punktkontakt wurde auf ein Widerstandsplateau eingestellt ($S = 0$), die Gatterspannung des anderen wurde durchgestimmt. Die Stufen in $R(U_G)$ fallen mit den Maxima in $S(U_G)$ zusammen [nach L. W. Molenkamp, *et al.*, Phys. Rev. Lett. **65**, 1052, (1990)].

$$ S = \frac{\pi^2}{3} \frac{k_B^2}{h} \cdot 2 \sum_n \left. \frac{d[\ln \mathcal{T}_n(\varepsilon)]}{d\varepsilon} \right|_{\varepsilon=\mu}, \qquad (7.22) $$

liefert den SEEBECK-Koeffizienten des Quantendrahts.

Gleichung 7.22 ist das ballistische Gegenstück zur MOTT-Formel (Gl. 6.59). Auch die Thermokraft von Quantenpunktkontakten wurde experimentell untersucht. Dazu wurde ein elektrischer Strom durch den in Abb. 7.7 skizzierten, mit seitlichen Quantenpunktkontakten versehener Kanal in einer GaAs/AlGaAs-Heterostruktur geschickt. Die lokale Entropieerzeugung ist so hoch, dass die Elektronen im Kanal von den Phononen thermisch entkoppeln, weil der JOULE'sche Energieeintrag in das Elektronensystem nicht durch Elektron-Phonon-Streuung abgeführt werden kann. Bei tiefen Temperaturen geschieht dies relativ leicht, weil die Elektron-Phonon-Streuzeiten nach Abschnitt 6.4.2 sehr lang werden können. Dadurch entsteht eine Temperaturdifferenz zwischen dem Kanal und dem benachbarten zweidimensionalen Elektronensystemen. Abb. 7.7 zeigt ein oszillierendes Verhalten der gemessenen transversalen Spannung mit Maxima bei den Leitwertstufen, welches sehr gut mit den dort erwarteten Maxima der logarithmischen Ableitung in Gl. 7.22 und mit Fig. 7.7 (unten) zusammenpasst.

7.3.2 Entropietransport durch Quanten-Punktkontakte

Ebenso wie in Abschnitt 6.4.4 können wir auch den Entropiestrom durch den Quanten-Punktkontakt betrachten. Dazu ersetzen wir die Mittelwerte der Teilchenzahlen in

Gln. 7.12 und 7.18 durch die Entropiewerte (Gl. 4.25) und erhalten wegen

$$\frac{\partial S_\varepsilon^{(F)}(T,\mu)}{\partial \varepsilon} = \frac{\varepsilon - \mu}{T} \frac{\partial N_\varepsilon^{(F)}(T,\mu)}{\partial \varepsilon}$$

anstelle von Gl. 7.18:

$$I_S = \frac{1}{2\pi\hbar} \sum_n \int_0^\infty d\varepsilon\, \mathcal{T}_n(\varepsilon) \frac{\varepsilon - \mu}{T} \frac{\partial N_\varepsilon^{(F)}(T,\mu)}{\partial \varepsilon} \left(\Delta\bar{\mu} - \frac{\varepsilon - \mu}{T} \Delta T \right) . \tag{7.23}$$

Der erste Term ($\propto \Delta\bar{\mu} = \hat{q}U$) in dieser Gleichung entspricht dem durch die elektrochemische Potenzialdifferenz getriebenen PELTIER-Strom. Der zweite Term ($\propto \Delta T$) beschreibt den durch die Temperaturdifferenz getriebenen Entropiestrom. In linearer Näherung erhalten wir dasselbe Resultat, wenn wir den Energiestrom I_E analog zur Herleitung von Gl. 7.18 berechnen. Dann lautet der Entropiestrom

$$I_S = \frac{1}{T} \left(I_E - \bar{\mu} I_N \right) \tag{7.24}$$

$$= \frac{1}{2\pi\hbar} \sum_n \int_0^\infty d\varepsilon\, \mathcal{T}_n(\varepsilon) \frac{\varepsilon - \mu}{T} \frac{\partial N_\varepsilon^{(F)}(T,\mu)}{\partial \varepsilon} \left(\hat{q}U - \frac{\varepsilon - \mu}{T} \Delta T \right) .$$

Drücken wir den thermischen Beitrag zum Energiestrom wieder durch die linearen Transport-Koeffizienten aus, so gilt

$$T I_S = \mathcal{L} \cdot \Delta T + G\Pi \cdot U . \tag{7.25}$$

Die Transportkoeffizienten lassen sich im Rahmen der SOMMERFELD-Entwicklung wieder leicht berechnen, und wir finden für den PELTIER-Koeffizienten

$$\Pi(T) = T \cdot 2L_0 \sum_n \frac{d[\ln \mathcal{T}_n(\varepsilon)]}{d\varepsilon} \bigg|_{\varepsilon=\mu} \tag{7.26}$$

und für den thermischen Leitwert

$$\mathcal{L}(T) = T \cdot 2L_0 \sum_n \mathcal{T}_n(\mu) , \tag{7.27}$$

wobei der Vorfaktor 2 wieder die Spin-Entartung widerspiegelt. Die Größe L_0 ist das *Entropie-Leitwertquantum*

$$L_0 = \frac{\pi^2}{3} \frac{k_B^2}{h} = 0.9456 \,\mathrm{pW/K^2} . \tag{7.28}$$

In ballistischen Quantendrähten ist also der *Entropieleitwert*

$$L = \frac{\mathcal{L}}{T}$$

in Einheiten von L_0 quantisiert. Verglichen mit dem elektrischen Leitwertquantum ist die spezifische Ladung e^2 durch $(\pi k_B)^2/3$ ausgetauscht.

Das Verhältnis des Entropie-Leitwertquantums und des elektrischen Leitwertquantums

$$\mathcal{L}_0 = \frac{L_0}{G_0} = \frac{\pi^2}{3}\left(\frac{k_B}{e}\right)^2 = 24.4\,\mathrm{nW\,\Omega/K^2}$$

ist die bereits aus der Gleichung 6.66 bekannte LORENZ-Zahl (Abschnitt 6.4.4). Die Gültigkeit der KELVIN-Relation

$$\Pi = T \cdot S$$

wird im Rahmen des Modells auch hier wieder durch die MAXWELL-Relation Gl. 6.64 sichergestellt.

Insgesamt erkennen wir eine verblüffende Ähnlichkeit zwischen der in Kapitel 6 dargestellten, üblicherweise als „klassisch" eingestuften Transporttheorie und dem in diesem Abschnitt dargestellten „Quanten"-Transport. Der Unterschied zwischen Fermionen und Bosonen tritt nicht nur in den statischen, sondern auch in den Transporteigenschaften makroskopischer Festkörper zutage. Das Konzept der elementaren FERMI- und BOSE-Systeme erlaubt außerdem, den Effekt reduzierter Dimensionen
- durch die Dimensionalität der Mannigfaltigkeit der elementaren FERMI-Systeme zu berücksichtigen und außerdem
- den ballistischen Grenzfall $L \gtrsim \Lambda_{in}, \Lambda_{el}$ zu behandeln.

Dies bestätigt die in diesem Buch vertretene These, dass die *gesamte Thermodynamik* makroskopischer Körper und genauso deren Transport-Eigenschaften genuin quantenmechanischer Natur sind. Nur dann kann der fundamentale Unterschied zwischen FERMI- und BOSE-Systemen angemessen berücksichtigt werden. Die Einteilung in „(semi)-klassischen" und „Quanten"-Transport ist von diesem Standpunkt aus mehr den etablierten Vorstellungen und Lehrgewohnheiten als der Sache geschuldet.

7.3.3 Phononen in reduzierten Dimensionen

Die im vorangegangen Abschnitt dargestellten ballistischen Transportphänomene basieren vor allem auf der Welleneigenschaften der Elektronen. Analoge Phänomene sollten also auch in BOSE-Systemen existieren. Als Musterbeispiele sind Photonen in der Mikrowellenphysik und -technik zu nennen, bei denen Koaxialkabel und Wellenleiter das genaue Analogon zu den ballistischen Quantendrähten darstellen. In diesem Abschnitt wollen wir eine andere Klasse von BOSE-Systemen betrachten, nämlich Phononen in reduzierten Dimensionen. Nachdem die Phononen elektrisch neutral und die Phononenzahlen wegen $\mu = 0$ nicht erhalten sind, sondern durch die lokale Temperatur kontrolliert werden, bleibt als wesentliche Transportgröße die Entropie (und natürlich die Energie). Für einen bosonischen Wellenleiter mit einer perfekt transmittierten Mode mit $\mathcal{T} = 1$ erhalten wir für den Entropiestrom im linearen Transportregime in Analogie zu Gl. 7.23:

$$I_S \;=\; \frac{1}{2\pi\hbar} \int_0^\infty d\varepsilon\, \frac{\varepsilon}{T} \cdot \frac{\partial N_\varepsilon^{(B)}(T)}{\partial\varepsilon} \cdot \left(-\frac{\varepsilon}{T}\Delta T\right). \tag{7.29}$$

Der Entropieleitwert $L(T)$ ergibt sich dann durch Division durch ΔT:

$$L(T) \;=\; \frac{I_S}{\Delta T} \;=\; -\frac{1}{2\pi\hbar} \int_0^\infty d\varepsilon\, \left(\frac{\varepsilon}{T}\right)^2 \cdot \frac{\partial N_\varepsilon^{(B)}(T)}{\partial\varepsilon}. \tag{7.30}$$

Dieses Integral lösen wir durch partielles Integrieren

$$L(T) \;=\; \frac{1}{2\pi\hbar} \int_0^\infty d\varepsilon\, \frac{2\varepsilon}{T^2} \cdot N_\varepsilon^{(B)}(T). \tag{7.31}$$

Wenn wir $x = \varepsilon/k_B T$ substituieren, sehen wir, dass das Ergebnis für einen einzelnen perfekt transmittierten Kanal von der Temperatur unabhängig ist, und finden

$$L(T) \;=\; L_0 \;=\; \frac{k_B^2}{\pi\hbar} \underbrace{\int_0^\infty \frac{x\,dx}{\exp(x)-1}}_{\Gamma(1)\zeta(2)\,=\,\pi^2/6} \;=\; \frac{\pi^2}{3}\frac{k_B^2}{h}. \tag{7.32}$$

Im letzten Schritt haben wir die Formel Gl. C.9 für die Bose-Integrale benutzt. Im bosonischen Fall ergibt sich also dasselbe Entropie-Leitwertquantum wie in Gl. 7.28 im fermionischen Fall! Der entsprechende thermische Leitwert $\mathcal{L}(T)$ ergibt sich einfach durch Multiplikation mit T. Für Transmissionen $\mathcal{T} < 1$ und mehrere transmittierte Kanäle gilt ein zu Gl. 7.28 analoger Ausdruck.

Wir werden zwei Experimente zum ballistischen Wärmetransport in reduzierten Dimensionen vorstellen. Zur Realisierung solcher Experimente ist es notwendig akustische Wellenleiter herzustellen, deren transversale Dimensionen kleiner als die oder zumindest vergleichbar mit der freien Weglänge der thermisch angeregten Phononen sind. Als Materialien bieten sich insbesondere solche mit einer hohen Debye-Temperatur an, bei denen bei tiefen Temperaturen nur noch langwellige Phononen vorhanden sind. Wie bei den elektronischen Wellenleitern ist es entscheidend, dass die Engstelle der Stege zu einer Diskretisierung der transversalen Phononenmoden führt.

Das erste Experiment betrifft die Messung des thermischen Leitwertquantums von vier dünnen Stegen aus Siliziumnitrid (SiN_x). Es wurde im Jahr 2000 von Schwab et al. in Stanford, Kalifornien durchgeführt [40]. Dazu wurde eine 60 nm dicke und etwa

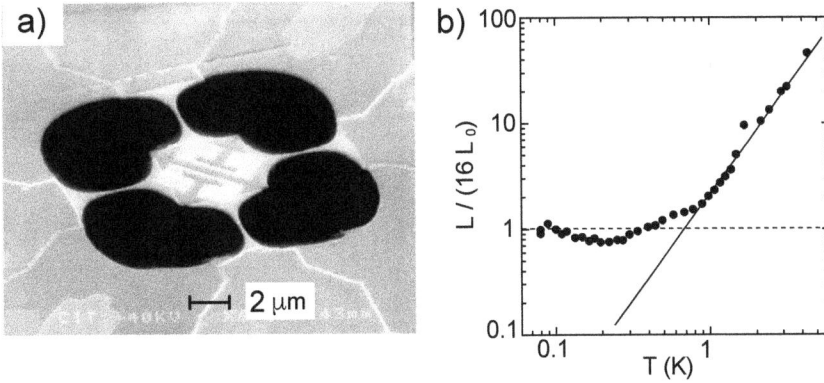

Abb. 7.8. a) Raster-Elektronenmikroskopische Aufnahme einer Probe zur Messung der thermischen Leitwertquantums. Die Breite der Stege beträgt an der engsten Stelle etwa 200 nm, vergleichbar mit der Phononen-Wellenlänge bei 1 K. b) Gemessener Entropieleitwert $L(T)$. Der Sättigungswert bei tiefen Temperaturen entspricht der theoretischen Erwartung von vier Vibrationsmoden pro Steg. Die Linie entspricht einer T^2-Abhängigkeit, die für einen dreidimensionalen Festkörper erwartet wird, dessen phononische freie Weglänge T-unabhängig ist [K. Schwab, E. A. Henriksen, J. M. Worlock, M. L. Roukes, Nature **404**, 974 (2000)].

4 μm × 4 μm große, frei tragende Plattform aus SiN_x aus einer größeren Fläche heraus-geätzt, so dass sie nur durch 4 etwa 2 μm und an der engsten Stelle etwa 200 nm breite Stege mit der Außenwelt verbunden ist. Jeder Steg transmittiert bei tiefen Temperaturen nur noch vier Phononen-Moden (eine longitudinale, zwei transversale und eine Torsions-Mode). Auf der Membran wurden zwei elektrische Heizer aus Gold/Chrom strukturiert, die mit Zuleitungen aus supraleitendem Niob elektrisch kontaktiert wurden. Die Zuleitungen mussten supraleitend sein, um einerseits nicht die Stege zu heizen und andererseits keinen parasitäres Wärmeleck an die Umgebung zu schaffen. Dabei wurde die mit der Temperatur exponentiell verschwindende Wärmeleitfähigkeit von Supraleitern ausgenutzt (Diskussion am Ende von Abschnitt 6.6.3).

Mit Hilfe einer externen Stromquelle wurde der Plattform über einen der beiden Heizer eine definierte Heizleistung zugeführt und die resultierende Temperaturerhöhung über das thermische Spannungsrauschen des anderen Heizers gemessen. Das Verhältnis von Heizleistung und Temperaturerhöhung liefert den thermischen Leitwert $\mathcal{L}$. Die gemessene Rauschamplitude beträgt $(\delta V)^2 = 4k_B T R\,\Delta f$, wobei R der elektrische Widerstand und Δf die Bandbreite der Detektion ist. Die tiefste erreichbare Temperatur betrug etwa 80 mK. Bei einer Bad-Temperatur von 450 mK genügte eine Heizleistung von 300 fW, um die Temperatur der Plattform auf etwa 500 mK zu erhöhen. Insgesamt handelt es sich bei dieser Messung um eine experimentelle Meisterleistung, weil sie sehr komplexe hybride Nanostrukturen mit höchster Mess-Empfindlichkeit miteinander verbindet. So produziert ein OHM'scher Widerstand mit 50 Ω bei einer Temperatur von 1 K in einem Frequenzintervall von $\Delta f = 40$ GHz eine thermische Strahlungsleistung von etwa 2.2 pW. Wenn diese Strahlungsleistung

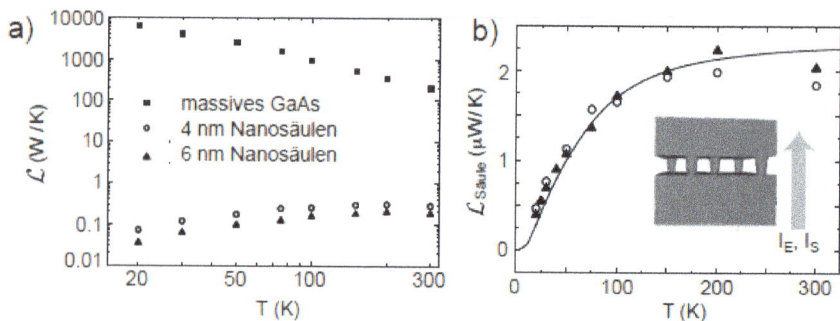

Abb. 7.9. a) Vergleich der thermischen Leitwerte $\mathcal{L}$ von zwei Luftspalt-Heterostrukturen mit Säulen-höhen von 4 und 6 nm [Skizze in b)] mit einem massiven GaAs-Kristall in doppelt-logarithmischer Auftragung. Der thermische Leitwert wird durch den Luftspalt um Größenordnungen unterdrückt. b) Gemessener thermischer Leitwert pro Nanosäule für dieselben Proben. Die Linie entspricht einer An-passung von Gl. 7.33, wobei aus dem Fit eine Dichte der Nanosäulen von $\approx 4\,\mu m^2 - 6\,\mu m^2$ abgeschätzt wurde. Die Skizze zeigt die Geometrie der Anordnung [Th. Bartsch, M. Schmidt, Ch. Heyn, W.Hansen, Phys. Rev. Lett. **108**, 075901 (2012)].

nicht effektiv herausgefiltert wird, kann die Temperatur der Plattform kaum unter 1 K sinken.

Das zweite Experiment wurde bei viel höheren Temperaturen von HANSEN und Mitarbeitern 2012 in Hamburg durchgeführt [41]. Es beruht auf einem Verfahren zur Herstellung von *Luftspalt*-Heterostrukturen auf der Basis von GaAs/AlAs. Dazu wur-de ein GaAs-Kristall zunächst mit einem 4 und 6 nm dicken AlAs Film überzogen. Dann wurde dieser Film in-situ mit Gallium bedampft, welches sich auf der AlAs-Oberfläche in Form von kleinen Tropfen niederschlägt. Die flüssigen Ga-Tropfen ätzen kleine Löcher in die Oberfläche, die tiefer als der AlAs Film sind. Wird dann der As-Partialdruck in der Kammer erhöht, so werden die Löcher mit GaAs aufgefüllt und eine 50 nm dicke Deckschicht gewachsen. Weil alle diese Schritte bei hohen Temperaturen im Ultra-Hochvakuum ablaufen, bildet sich eine Struktur mit sehr guter Kristallquali-tät. Schließlich wird der AlAs-Film selektiv mit einem flüssigen Ätzmittel entfernt. Auf diese Weise steht der obere GaAs Film auf Nanosäulen mit 4 nm–6 nm Höhe und etwa 100 nm Durchmesser. Die entstandene Struktur ist in Abb. 7.9b skizziert.

Der Entropie-Transport durch Phonon-Transmission von der GaAs-Deckschicht in den Kristall erfolgt also durch die *Effusion* von Phononen durch die Nanosäulen – ganz analog zur Effusion von Atomen durch feine Poren (Abschnitt I-8.8) und von Photo-nen oder Elektronen, wie wir das in den Abschnitten 5.1.3 und 7.2.2 bereits gesehen haben. Zwischen den Nanosäulen unterdrückt der durch das Ätzen entstandene Luft-spalt extrem effektiv die Phononen-Transmission: Wie aus Abb. 7.9a hervorgeht, ist der thermische Leitwert von Proben mit Nanosäulen um mehrere Größenordnungen geringer als der eines massiven GaAs Kristalls.

Die einfachste Beschreibung dieses Phänomens greift auf das phononische Ana-logon des Sharvin-Widerstands in Abschnitt 7.2.2 zurück: Danach würden wir den

Entropiestrom durch den Kontakt im Rahmen des DEBYE-Modells gemäß

$$I_S = A \frac{c_s}{4} \frac{\partial s(T, \mu)}{\partial T} \cdot \Delta T = A \frac{c_s}{4} \frac{c_v(T)}{T} \Delta T$$

berechnen, wobei c_s = const. die effektive Schallgeschwindigkeit ist. Die thermische Variante des SHARVIN-Leitwert eines Punktkontakts beträgt:

$$T \cdot L_{PC} = A \cdot \frac{c_s c_v(T)}{4} \ . \tag{7.33}$$

Tatsächlich ähneln die in Abb. 7.9b dargestellten Messergebnisse qualitativ dem Verlauf der Wärmekapazität im DEBYE-Modell. Quantitativ ergibt sich eine bessere Übereinstimmung, wenn die Schallgeschwindigkeit (Abb. 5.3a) nicht wie in Gl. 7.33 als konstant angenommen, sondern deren Energieabhängigkeit berücksichtigt wird. Dann ergibt sich für den entsprechenden thermischen Leitwert

$$T \cdot L_{PC}(T) = \frac{A}{(2\pi)^2} \sum_{p=1}^{3} \int_0^{q_{max}} \int_0^{\pi/2} d\theta \, dq \, q^2 \, c_{q,p} \cos(\theta) \, \frac{\varepsilon^2(\boldsymbol{q})}{k_B T} \cdot \frac{\partial N_\varepsilon^{(B)}(T)}{\partial \varepsilon} \ , \tag{7.34}$$

angenommen, so ergibt die durchgezogene Linie in Abb. 7.9b eine gute Übereinstimmung mit den Messdaten.

Diese Ergebnisse sind von hoher praktischer Bedeutung für die Entwicklung neuartiger Thermoelektrika, weil sich hier die Möglichkeit bietet, die Wärmeleitfähigkeit des Kristallgitters weitgehend zu unterdrücken. Diese stellte bisher einen begrenzenden Faktor für den Wirkungsgrad konventioneller Thermoelektrika (Gl. I-8.76) dar.

7.3.4 Diffusive Quantendrähte

Quanten-Punktkontakte aus den klassischen Metallen wie Gold oder Kupfer, bei denen die FERMI-Wellenlänge von der Größenordnung des Atomabstands ist, lassen sich ebenfalls experimentell herstellen, allerdings nicht allein mit lithographischen Techniken. Um Punktkontakte auf der *atomaren Skala* herzustellen, die nur wenige Transportkanäle besitzen, haben sich die Techniken der Rastersonden-Mikroskopie und der mechanisch kontrollierten Bruchkontakte [42] bewährt und eine Vielzahl neuer Phänomene offenbart.

In diesem Abschnitt wollen wir uns dem Thema aber von der anderen, mehr makroskopischen Seite her nähern. Dazu betrachten wir polykristalline metallische Drähte mit einer Querschnittsfläche von $\approx 20 \times 50 \, \text{nm}^2$ und einer Länge von $L \approx 1 \, \mu\text{m}$. Die *elastische* freie Weglänge in einem polykristallinen Metallfilm ist in der Regel von der Größenordnung der Schichtdicke, das heißt 10 nm–30 nm $\ll L$. Der Transport im Draht ist daher diffusiv, wobei die Diffusionskonstante typischerweise $D \approx 10 \, \text{cm}^2/\text{s}$–100 cm^2/s beträgt. Der Widerstand des Drahtes ist meist von der Größenordnung 10 Ω. Was solche Drähte interessant macht, ist die Tatsache, dass die *inelastische* freie Weglänge der Elektronen unterhalb von $T \approx 1 \, \text{K}$ größer als 1 µm wird und bei sehr tiefen

Temperaturen auf mehrere 10 μm anwachsen kann. Damit kann die Bedingung des *lokalen Gleichgewichts* verletzt werden, die wir in Abschnitt 6.4.1 als Voraussetzung für die Gültigkeit des Drift-Diffusions-Modells diskutiert haben.

Die Leitfähigkeit eines solchen diffusiven Drahtes sollte also wie im vorangegangenen Abschnitt ebenfalls als *quantenmechanisches Streuproblem* aufgefasst werden. Dies ist im Prinzip auch möglich, da die den Widerstand bestimmende Verteilung von statischen Gitterdefekten als statisches Potenzial in die SCHRÖDINGER-Gleichung eingeht und die Phasenkohärenz nicht stört. Auch für dieses Potenzial lassen sich die Streuzustände und die entsprechenden Transmissionswahrscheinlichkeiten berechnen. Allerdings führt die große Zahl ($\simeq 200\,000$) von interferierenden Transportkanälen dazu, dass die daraus resultierenden *Quanten-Korrekturen* [35] zur DRUDE-Leitfähigkeit nur klein, nämlich von der Größenordnung G_0 sind. Wegen der hohen Hintergrund-Leitfähigkeit von $200\,000\,G_0$ sind dies also Beiträge von der Größenordnung 10^{-5}, die nicht leicht zu messen sind. Dennoch spiegeln diese kleinen Effekte eine Reihe der fundamentalen Aussagen der Quantenphysik wider, zum Beispiel den berühmten AHARONOV-BOHM-Effekt, der auf die Empfindlichkeit der quantenmechanischen Phase auf ein externes Magnetfeld zurückzuführen ist.[13]

Aus der Perspektive der Thermodynamik ist insbesondere die Frage interessant, was geschieht, wenn das chemische Gleichgewicht zwischen den elementaren FERMI-Systemen stark gestört wird, und wie dieses Gleichgewicht wiederhergestellt wird. Bei hohen Temperaturen wissen wir, dass die Elektron-Phonon-Streuung den dominierenden Beitrag zur inelastischen Streurate τ_{in}^{-1} liefert. Unterhalb von einigen K stirbt dieser Beitrag jedoch sehr schnell aus, so dass im wesentlichen die Elektron-Elektron-Streuung verbleibt. Wegen der hohen Elektronendichte und der deshalb effektiven *Abschirmung* des Wechselwirkungs-Potenzials zwischen den Elektronen ist außer den FERMI-Flüssigkeitskorrekturen nicht viel über diese Wechselwirkung bekannt, weil sie sich in den üblichen Metallen kaum manifestiert.[14]

Diffusive Quantendrähte bieten eine Möglichkeit, diese Frage experimentell anzugehen, und zwar über die Abweichungen δN_ε der Verteilungsfunktion N_ε von der FERMI-Funktion $N_\varepsilon^{(\mathrm{F})}$, wie sie sich aus dem Wechselspiel zwischen der Injektion von Quasiteilchen aus den Reservoiren und der Relaxation durch Elektron-Elektron-Streuung ergeben. Im Gegensatz zu der in Abschnitt 6.4.1 diskutierten Situation des *lokalen Gleichgewichts* ($\delta N_\varepsilon \ll N_\varepsilon^{(F)}$) lassen sich wegen der schwachen Elektron-Phonon-Kopplung extreme Nichtgleichgewichts-Zustände erzeugen, die in makroskopischen Proben nicht realisierbar sind. Die entsprechenden starken Abweichungen von der FERMI-Funktion lassen sich durch Messungen des *Stromrauschens*, aber auch durch direkte Messung der Verteilungsfunktion experimentell untersuchen.

---

13 Für eine Einführung siehe zum Beispiel [35].
14 In *hochkorrelierten* Systemen, wie den Kuprat-Supraleitern oder den Schwer-Fermion-Systemen, ist dies anders.

Bevor wir auf diese Experimente eingehen, wollen wir uns überlegen, welche Art von Nichtgleichgewichtsverteilung wir erwarten. Dazu nutzen wir aus, dass wir folgende Verhältnisse der charakteristischen Längenskalen Λ_{in} (inelastische Streulänge) und Λ_{el} (elastische Streulänge) zur Drahtlänge L haben:

$$\Lambda_{\mathrm{in}}/L \gg 1 \gg \Lambda_{\mathrm{el}}/L \, .$$

Um ein qualitatives Verständnis zu gewinnen, nehmen wir zunächst an, dass wir die Elektron-Elektron-Streuung ganz vernachlässigen können. Der diffusive Quantendraht befindet sich wie im ballistischen Fall zwischen zwei Reservoiren mit den elektrochemischen Potenzialen $\bar{\mu}_L$ und $\bar{\mu}_R < \bar{\mu}_L$.

In der Sprechweise der klassischen Mechanik würden wir sagen, dass Quasiteilchen aus dem linken Reservoir mit dem höheren elektrochemischen Potenzial $N_{\varepsilon,L}^{(F)}$ in den Draht injiziert werden und dort mit einer konstanten Energie ε diffundieren, bis sie entweder das rechte Reservoir erreichen und dort ihre Überschuss-Energie von $\hat{q}U$ durch inelastische Streuung relaxieren, oder bis sie auf einem anderen Diffusionspfad in das linke Reservoir zurückfinden. Wir sollten uns jedoch bewusst machen, dass Quasiteilchen mit *derselben Energie* nicht unterscheidbar sind. Daher haben auf verschiedenen Diffusionspfaden verfolgbare Individuen keine physikalische Relevanz, sondern nur die Diffusionspfade selbst.[15] Um solche gelegentlich irreführenden Vorstellungen zu vermeiden, können wir den Draht, entsprechend unseren Betrachtungen in Abschnitt 6.4, in kleine Segmente einteilen, die sich in ihrer Position x entlang des Drahtes unterscheiden und zwischen denen Quasiteilchen ausgetauscht werden. Die *elastischen* Streuprozesse bewirken eine weitgehende Gleichverteilung der verschiedenen Impulsrichtungen $\hbar\mathbf{k}$ bei festem $|\mathbf{k}|$. Wir können also sagen, dass sich die elementaren FERMI-Systeme mit *gleicher* Energie ε im lokalen elektrochemischen Gleichgewicht befinden, in dem Sinne, dass der für den Transportstrom verantwortliche richtungsabhängige Beitrag δN_k zur Verteilungsfunktion $N_k(x) = N_\varepsilon + \delta N_k(x)$ viel kleiner als der isotrope Beitrag N_ε ist. Dagegen befinden sich elementare FERMI-Systeme mit *verschiedener* Energie *nicht* im elektrochemischen Gleichgewicht, weil ein solches nur durch inelastische Stöße hergestellt werden könnte.

Je näher das betrachtete Drahtsegment am linken (rechten) Reservoir liegt, desto größer ist die Wahrscheinlichkeit, dass die darin enthaltenen Quasiteilchen aus dem linken (rechten) Reservoir stammen. Entsprechend wird der isotrope Anteil der Verteilungsfunktion $N_\varepsilon(x)$ mehr die FERMI-Funktion des linken oder mehr die des rechten Reservoirs widerspiegeln. Um die Verteilungsfunktionen für die verschiedenen Segmente des Drahtes quantitativ zu bestimmen, lösen wir die gewöhnliche eindimen-

---

15 Die stationären Superpositionen der Wellenfunktionen entlang der Diffusionspfade (das heißt, diejenigen, die Lösung der zeitunabhängigen SCHRÖDINGER-Gleichung sind) entsprechend den quantenmechanischen Streuzuständen, deren Transmissions-Wahrscheinlichkeiten in Gl. 7.20 eingehen und den Widerstand bestimmen. Es ist die Quanteninterferenz zwischen den Diffusionspfaden, welche für die Quantenkorrekturen zur Leitfähigkeit verantwortlich ist.

sionale Diffusionsgleichung

$$\frac{\partial N_\varepsilon(x)}{\partial t} = D\frac{\partial^2 N_\varepsilon(x)}{\partial x^2} \overset{!}{=} 0 \tag{7.35}$$

für den stationären Zustand unter den Randbedingungen

$$N_\varepsilon(0) = N_\varepsilon^{(F)}(T_L, \bar{\mu}_L) \quad \text{und} \quad N_\varepsilon(L) = N_\varepsilon^{(F)}(T_R, \bar{\mu}_R) \,.$$

Zweimaliges Integrieren liefert die Lösung $N_\varepsilon(x) = a + bx$, wobei die Integrationskonstanten a und b an die Randbedingungen angepasst werden müssen. Dann erhalten wir

$$N_\varepsilon(x) = N_{\varepsilon,R}^{(F)} \cdot x + N_{\varepsilon,L}^{(F)} \cdot (1 - x) \,. \tag{7.36}$$

Die Nichtgleichgewichts-Verteilungsfunktion ist im Gegensatz zur FERMI-Funktion also eine *Zwei*-Stufenfunktion, das heißt eine Superposition der FERMI-Funktionen der Reservoire, wobei das Gewicht des Reservoirs, welches näher am Punkt x liegt, überwiegt. Die Schärfe der Stufen ist in dieser Näherung nur durch die Temperaturen der Reservoire gegeben.

Lassen wir nun inelastische Streuprozesse zu, so bedeutet dies, dass ein Teilchenaustausch zwischen elementaren FERMI-Systemen mit verschiedenen Energien möglich ist, den wir nach unserer Diskussion in Abschnitt 2.1 gleichermaßen als einen quantenmechanischen Übergang mit der Streurate $\Gamma_{\varepsilon\varepsilon'}$ oder als eine chemische Reaktion mit der Reaktionsrate $\Gamma_{\varepsilon\varepsilon'}$ ansehen können. Für eine quantitative Behandlung müssen wir die Kontinuitätsgleichung (Gl. I-1.51) und entsprechend die Diffusionsgleichung

$$\frac{\partial N_\varepsilon(x)}{\partial t} = D\frac{\partial^2 N_\varepsilon(x)}{\partial x^2} + \Sigma_{N_\varepsilon} \overset{!}{=} 0 \tag{7.37}$$

um den Quellterm

$$\Sigma_{N_\varepsilon} = \int d\varepsilon' \left\{ \Gamma_{\varepsilon\varepsilon'} N_\varepsilon(1 - N_{\varepsilon'}) - \Gamma_{\varepsilon'\varepsilon}(1 - N_\varepsilon)N_{\varepsilon'} \right\} \tag{7.38}$$

$$= \int d\varepsilon' \left\{ \Gamma_{\varepsilon\varepsilon'}(N_\varepsilon - N_{\varepsilon'}) \right\} \tag{7.39}$$

erweitern, wobei $\Gamma_{\varepsilon\varepsilon'} = \Gamma_{\varepsilon'\varepsilon}$ ist. Der erste Term in Gl. 7.38 beschreibt den Abfluss von Teilchen aus dem elementaren FERMI-System $\mathfrak{S}_\varepsilon$ mit der Energie ε in die übrigen Systeme $\mathfrak{S}'_{\varepsilon'}$ mit der Energie ε' hinein, der zweite Term den Zufluss von Teilchen aus den Systemen $\mathfrak{S}'_{\varepsilon'}$ in $\mathfrak{S}e_\varepsilon$ hinein.

In beiden Fällen geht nicht nur die Verteilungsfunktion des betrachteten Systems $\mathfrak{S}e_\varepsilon$, sondern auch die der übrigen Systeme $\mathfrak{S}'_{\varepsilon'}$ ein. Eine einfache Relaxationszeitnäherung für den Quellterm wie den Stoßterm in Gl. H.2 erweist sich in diesem Fall als nicht ausreichend. Der Effekt der inelastischen Streuung besteht darin, die Stufen der Verteilungsfunktion noch über die thermische Verschmierung in den Reservoiren hinaus zu verbreitern. Im Grenzfall starker Elektron-Elektron-Streuung ergibt sich wieder eine FERMI-Funktion mit einer erhöhten *lokalen* Temperatur. Falls auch noch

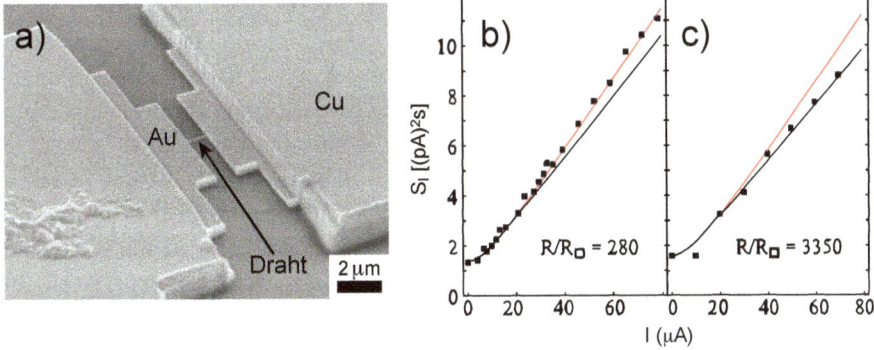

Abb. 7.10. a) Rasterelektronenmikroskopische Aufnahme eines diffusiven Quantendrahts zwischen zwei metallischen Reservoiren mit großem thermischen Leitwert. Der Au-Draht ist etwa 100 nm breit und 15 nm dick. In der Reservoiren beträgt die Schichtdicke 200 nm (1 μm) bei einem Verhältnis $R/R_\square$ = 280 (3350) von Drahtwiderstand und dem Quadratwiderstand $R_\square$ der Reservoire. b) und c) Gemessene spektrale Dichte S_I des Rauschens als Funktion des Stroms. Die durchgezogenen Linien entsprechen den Gleichungen 7.40 (schwarz) und 7.41 (rot) [M. Henny, S. Oberholzer, C. Strunk, and C. Schönenberger, Phys. Rev. B **59**, 2871 (1999)].

starke Elektron-Phonon-Streuung dazu kommt, wird diese Erhöhung dadurch reduziert, dass Energie aus dem Elektronen-System in das Phononen-System abfließt. Für den Grenzfall starker Elektron-Elektron-Streuung können wir die Verteilungsfunktion auch direkt lösen, indem wir die Wärmeleitungsgleichung für den Draht mit der Wärmeleitfähigkeit aus dem WIEDEMANN-FRANZ-Gesetz berechnen (Aufgabe 6.10). Es ergibt sich ein quadratisches Temperaturprofil $T(x)$ mit einem Maximum in der Mitte des Drahtes.

Nachdem der elektrische Widerstand des Drahtes nur durch die elastische Streuzeit bestimmt ist, scheidet dieser für einen experimentellen Nachweis dieser Phänomene aus. Wir brauchen eine Messgröße, welche auch von der Breite der Verteilungsfunktion abhängig ist. Eine solche Größe kennen wir bereits aus Gl. 4.21, nämlich das über die Länge des Drahtes gemittelte elektrische *Spannungsrauschen*, welches durch die statistischen Schwankungen der Teilchenzahlen in den elementaren FERMI-Systemen verursacht und durch

$$S_V(f = 0) = \frac{4R}{L} \int_0^L dx \int_0^\infty d\varepsilon \, N_\varepsilon(x)[1 - N_\varepsilon(x)] \tag{7.40}$$

gegeben ist (siehe z.B. [43]). Setzen wir das Resultat für N_ε aus Gl. 7.36 in Gl. 7.40 ein, so erhalten wir für $T \to 0$ das universelle Resultat

$$S_V(f = 0) = \frac{1}{3}\hat{q}R \cdot U = \frac{1}{3}\hat{q}R^2 \cdot I , \tag{7.41}$$

während wir für starke Elektron-Elektron-Streuung das ebenso universelle Resultat

$$S_V(f = 0) = \frac{\sqrt{3}}{4}\hat{q}R^2 \cdot I \tag{7.42}$$

bekommen. Die universellen Vorfaktoren $1/3$ und $\sqrt{3}/4$ in Gln. 7.41 und 7.42 nennt man auch FANO-Faktoren. Der Unterschied zwischen beiden Ergebnissen beträgt nur etwa 30 %. Aufgrund der sehr kleinen Rauschspannungen $\Delta U < 1$ nV stellt dies erhebliche Anforderungen an das Experiment. Entscheidend für die experimentelle Beobachtung ist außerdem, dass die Kontakte eine sehr gute Wärmeleitfähigkeit aufweisen, um zu vermeiden, dass bereits in den Zuleitungen eine durch den Strom induzierte lokale Erhöhung der Elektronen-Temperatur auftritt. Dies kann dadurch erreicht werden, dass das Verhältnis zwischen dem Widerstand R des Drahtes und dem Quadrat-Widerstand $R_\square = \rho \cdot t$ der Zuleitungen möglichst groß gewählt wird, wobei ρ der spezifische Widerstand und t die Filmdicke ist.[16]

Eine geeignet strukturierte Probe ist in Abb. 7.10a gezeigt: Es handelt sich um eine Serienschaltung aus 12 Gold-Drähten, die mit sehr dicken Reservoiren kontaktiert sind, um eine gute Ableitung der durch den Stromfluss produzierten JOULE'schen Wärme zu gewährleisten. Ein großes Volumen dieser Kontakte ist wichtig, weil die Elektron-Phonon-Kopplung, über die die Wärme schließlich an das Substrat abgeleitet wird, bei tiefen Temperaturen wie bereits erwähnt extrem schwach wird. Die Spannungs-Fluktuationen über der Probe wurden mit einem Paar von Vorverstärkern gemessen, deren Eigenrauschen durch eine Kreuz-Korrelationstechnik unterdrückt wurde, um das extrem kleine, durch den Strom durch die Probe erzeugte Rauschsignal detektieren zu können. Abb. 7.10b zeigt Messdaten für verschiedene Werte von $R/R_\square$ – erst bei sehr großen Werten $R/R_\square \simeq 3300$ ist der thermische Leitwert der Reservoire ausreichend, um den universellen Vorfaktor $1/3$ in Gl. 7.41 nachweisen zu können.

Die Probengeometrie für ein weiteres, noch direkteres Experiment zur Messung der Verteilungsfunktion ist in Abb. 7.11 skizziert: Wieder handelt es sich um einen nanostrukturierten Metall-Draht aus Kupfer zwischen zwei dicken Reservoiren, aber in diesem Fall gibt es noch einen weiteren Kontakt aus Aluminium, der über eine dünnen Aluminiumoxid-Schicht mit dem Kupfer verbunden ist. Die Aluminiumoxid-Schicht bildet einen *Tunnelkontakt* zwischen dem Kupfer und dem Aluminium. Wegen des hohen Widerstands der Tunnelbarriere ist es möglich, zwischen dem Kupfer und dem Aluminium Spannungen V im mV-Bereich anzulegen. Der Tunnelstrom ist durch die Zustandsdichten und die Verteilungsfunktionen auf beiden Seiten und die sehr kleine Tunnelwahrscheinlichkeit der Elektronen durch das Oxid gemäß

$$I(V) = G_T \int d\varepsilon \, N_{\varepsilon,\mathrm{Cu}} \, h(\varepsilon - eV) N^{(\mathrm{F})}_{\varepsilon - eV,\mathrm{Al}} \tag{7.43}$$

gegeben. Dabei ist G_T der Tunnelleitwert für $T > T_C$ und enthält die Zustandsdichten $g_\mathrm{F}(\varepsilon_\mathrm{F})$ beider Metalle an der FERMI-Kante. Die Gewichtsfunktion

$$h(\varepsilon) = \frac{g_\mathrm{Al}(\varepsilon)}{g_{\mathrm{F,Al}}} = \frac{\varepsilon}{\sqrt{\varepsilon^2 - \Delta^2}} \tag{7.44}$$

---

16 $R_\square$ ist der spezifische Widerstand in zwei Dimensionen: Bei einer rechteckigen Probe mit der Länge L und der Breite W ist $R_\square$ unabhängig vom Verhältnis L/W: $R_\square = R \cdot W/L = \rho \cdot t$.

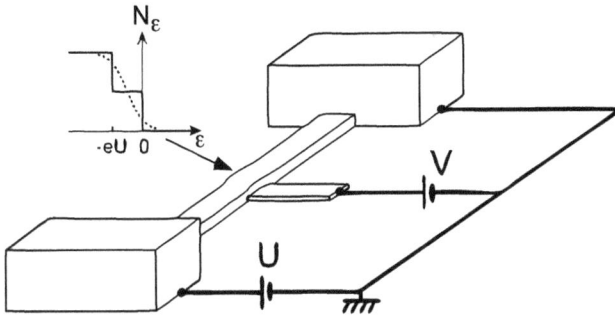

Abb. 7.11. Schematische Darstellung der Probengeometrie zur Messung der elektronischen Vertei-lungsfunktion in diffusiven Drähten mittels Tunnelspektroskopie. An einen Draht der Länge L wird die Spannung U angelegt und der differenzielle Leitwert der in der Mitte angebrachten Tunnelkontakts als Funktion der Spannung V gemessen. Links neben dem Tunnelkontakt sind die nach Gl. 7.36 in den Grenzfällen $\Lambda_{in}/L \gg 1$ (durchgezogene Linie) und $\Lambda_{in}/L \ll 1$ (punktierte Linie) erwarteten Verläufe der Verteilungsfunktion N_ε skizziert [H. Pothier, S. Guéron, N. O. Birge, D. Esteve, and M. H. Devoret, Phys. Rev. Lett. **79**, 3490 (1997)].

ist die normierte BCS-Zustandsdichte des supraleitenden Aluminiums (Gl. 6.117). Der differenzielle Leitwert hat nach Gl. 7.1 die Form

$$G_T(V) = \frac{\partial I(V)}{\partial V} \tag{7.45}$$

$$= \hat{q}\tilde{A}\mathcal{T}(0)\,g_R(0) \int d\varepsilon\, g_L(\varepsilon) \left(-\frac{\partial N_{\varepsilon,R}^{(F)}(\bar{\mu}_L + \hat{q}V)}{\partial V} \right).$$

Entscheidend ist, dass $h(\varepsilon)$ eine von der BCS-Singularität herrührende scharfe Spitze bei $\varepsilon = \pm\Delta$ aufweist, die im Einsatz von Fig. 7.12 links zu sehen ist. Das Integral in Gl 7.43 stellt eine *Faltung*[17] zwischen der FERMI-Funktion $N_{\varepsilon,Cu}$ im Kupferdraht und der Funktion $h(\varepsilon)N_{\varepsilon,Al}^{(F)}$ dar, wobei $N_{\varepsilon,Al}^{(F)}$ die Verteilungsfunktion im Aluminium darstellt, welche einfach eine FERMI-Funktion ist. Aufgrund der scharfen Spitze in der Funktion $h(\varepsilon - eV)$, die durch die Spannung V verschoben werden kann, gewinnt das Faltungs-integral spektroskopische Information über die Verteilungsfunktion im Kupfer $N_{\varepsilon,Cu}$ an der Stelle des Tunnelkontakts, die durch Entfaltung direkt bestimmt werden kann. Legt man nun zusätzlich eine Spannung U zwischen den großen Reservoiren an, so lässt sich der Einfluss des durch U induzierten Nicht-Gleichgewichts im Draht auf die Verteilungsfunktion verfolgen. Das Ergebnis ist in Abb. 7.12 dargestellt. Für $U = 0$ ist $N_{\varepsilon,Cu}$ eine FERMI-Funktion, welche eine genaue Bestimmung der Elektronentempera-tur im Kupferdraht erlaubt. Für $U > k_B T$ dagegen bildet sich tatsächlich die erwartete doppelstufige Verteilung der Quasiteilchen gemäß Gl. 7.36 und Abb. 7.11.

---

17 Abschnitt 7.2.1 und die Fußnote auf Seite 301.

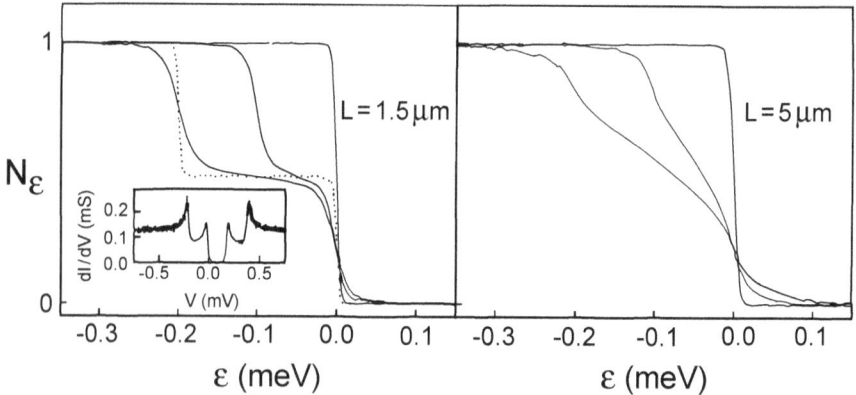

Abb. 7.12. Durch Entfaltung der Rohdaten und der BCS-Zustandsdichte des Al-Tunnelkontaktes gewonnene Verteilungsfunktionen zweier diffusiver Cu-Drähte mit $L = 1.5\,\mu$m und $5\,\mu$m Länge für die Spannungen $U = 0.2$, 0.1 und $0\,$mV. Im Feld links ist gepunktet die für $U = 0.2\,$mV und $\Lambda_{in}/L \gg 1$ bei der Messtemperatur $T = 25\,$mK erwartete Verteilungsfunktion eingezeichnet. Einsatz links: differenzieller Widerstand $dG_T(V)/dV$ des mittleren Tunnelkontakts bei $U = 0.2\,$mV [H. Pothier, S. Guéron, N. O. Birge, D. Esteve, and M. H. Devoret, Phys. Rev. Lett. **79**, 3490 (1997)].

Unter Berücksichtigung das Quellterms in Gl. 7.37 lässt sich $N_{\varepsilon,\mathrm{Cu}}(x)$ numerisch berechnen. Nach der FERMI-Flüssigkeits-Theorie wird $\Gamma_{\varepsilon\varepsilon'} \propto (\varepsilon - \varepsilon')^2$ erwartet (Abschnitt 6.3.1). Im Gegensatz dazu wurde für die Elektron-Elektron-Wechselwirkung in diffusiven Metallen eine durch die elastische Streuung an Störstellen stark erhöhte Wechselwirkung mit $\Gamma_{\varepsilon\varepsilon'} \propto (\varepsilon - \varepsilon')^{-2/3}$ vorhergesagt. Die Verteilungsfunktionen lassen sich für beide Modelle berechnen, mit der Theorie vergleichen und erlauben damit einen quantitativen Test der Theorie der Elektron-Elektron-Wechselwirkung in diffusiven Leitern. Dabei wurde die Energieabhängigkeit der Wechselwirkungsfunktion $\Gamma_{\varepsilon\varepsilon'} \propto (\varepsilon - \varepsilon')^{-2/3}$ durch das Experiment glänzend bestätigt.

Ein überraschendes weiteres Ergebnis dieser Experimente war die Entdeckung, dass magnetische Fremdatome die Relaxationsrate weiter stark erhöhen – dabei handelt es sich um eine weitere Konsequenz des in den Abschnitten 6.4.2 und 6.4.3 erwähnten KONDO-Effekts. Für weitere Einzelheiten müssen wir auf die Original-Literatur verweisen [44].

Übungsaufgaben

7.1. Zustandsdichte ein- und zweidimensionaler Elektronengase
Berechnen Sie die Zustandsdichten für eine parabolische Dispersionsrelation

$$\varepsilon(\mathbf{k}) = \varepsilon_0 + \frac{(\hbar\mathbf{k})^2}{2\hat{m}}$$

a) in einer und in zwei Dimensionen, und skizzieren Sie die Resultate.

b) Drücken Sie das Resultat für eine Dimension durch die dynamische Geschwindigkeit

$$v_k = \frac{\partial \varepsilon(\boldsymbol{k})}{\hbar \partial \boldsymbol{k}}$$

aus.

7.2. Zustandsgleichungen des zweidimensionalen FERMI-Gases

Benutzen Sie das Ergebnis von Aufgabe 7.1a, um die Zustandsgleichungen eines zweidimensionalen FERMI-Gases mit einer quadratischen Dispersionsrelation herzuleiten.

a) Geben Sie den FERMI-Wellenvektor k_F als Funktion von n_{2d} an.

b) Berechnen Sie die thermische Zustandsgleichung $n_{2d}(T, \mu)$, wobei A die Fläche des Systems ist.

c) Wie lautet das chemische Potenzial $\mu(T, n_{2d})$? Wie groß sind die FERMI-Wellenlänge λ_F und die FERMI-Energie ε_F für ein zweidimensionales Elektronensystem in einer GaAs/AlGaAs-Heterostruktur bei einer typischen Teilchendichte von $n_{2d} = 2 \cdot 10^{12}$ Teilchen/cm^2?

d) Wie lautet die kalorische Zustandsgleichung $e(T, n_{2d})$?

Hinweis: Bedenken Sie, dass Sie einige Kapitel zuvor die FERMI-Funktion durch Ableiten eines großkanonischen Potenzials erhalten haben.

7.3. Elektronische Eigenschaften von Graphen

Eine ein-atomare Schicht von Kohlenstoff in der Graphit-Modifikation bezeichnet man als *Graphen*. Dieses erst vor kurzem isolierte neuartige Material ist ein perfekt zweidimensionales Halb-Metall mit der *linearen* Dispersionsrelation

$$\varepsilon(\boldsymbol{k}) = \pm v_F \, \hbar k \,,$$

wobei $k = \sqrt{k_x^2 + k_y^2}$ und $v_F \approx 8 \cdot 10^6$ m/s ist.

a) Berechnen Sie die Zustandsdichte, die (zweidimensionale) Teilchendichte als Funktion von μ sowie $\mu(T, n_{2d})$ und die Teilchenkapazität v_{2d}.

b) Begründen Sie, warum $\mu(T, n_{2d} = 0) \equiv 0$, das heißt von T unabhängig ist!

c) Berechnen Sie den elektronischen Beitrag zur Wärmekapazität.

d) Bestimmen Sie die Kapazität eines Kondensators mit dem Plattenabstand d, dessen eine Platte durch eine Graphenschicht ersetzt wurde. Was unterscheidet diesen Kondensator von einem aus konventionellen Metallen?

7.4. Diffusiver Quantenpunktkontakt

Nach dem DRUDE-Modell (Gl. I-8.27) beträgt der Leitwert eines zweidimensionalen diffusiven Leiters mit der Länge L und der Breite W

$$G_D = \frac{W}{L} \frac{n_{2d} \hat{q}^2}{\hat{m}} \tau \,.$$

Innerhalb des LANDAUER-BÜTTIKER-Modells (Gl. 7.20) lautet der entsprechende Ausdruck

$$G_{LB} = \frac{\hat{q}^2}{h} M \mathcal{T} \, ,$$

wobei M die Zahl der zum Transport beitragenden Kanäle und $\mathcal{T}$ die mittlere Transmissionwahrscheinlichkeit pro Mode ist.

a) Geben Sie die Zahl M der Transportkanäle als Funktion von W/λ_F an.

b) Bestimmen Sie die mittlere Transmissionwahrscheinlichkeit pro Kanal $\mathcal{T}$ durch den Vergleich von G_D und G_{LB}. Welche Bedingung muss erfüllt sein, damit sowohl die DRUDE- als auch die LANDAUER-BÜTTIKER-Formel anwendbar sind?

A Differenzialrechnung im $\mathbb{R}^n$

Unter dem *Differenzial* einer Funktion $f = f(x)$ einer rellen Veränderlichen x verstehen wir [1]

$$df = \frac{df(x)}{dx} dx ,$$

wobei $df(x)/dx$ die Ableitung von $f(x)$ nach x und dx eine im Prinzip beliebige, meist aber kleine Zahl ist. Das Differenzial df beschreibt (in linearer Näherung) die Änderung von f in der Nähe des Punktes x_0:

$$df = \left.\frac{df(x)}{dx}\right|_{x_0} dx = f(x_0 + dx) - f(x_0) .$$

Die Ableitung $f'(x_0) = df(x)/dx$ von f nach x gibt die Steigung der Funktion $f(x)$ an der Stelle x_0 an.

Diese Sachverhalte lassen sich auf Funktionen mehrerer Veränderlicher übertragen. Die Ableitung einer skalaren Funktion ist kein Skalar, sondern der *Vektor*, dessen Komponenten durch die partiellen Ableitungen gegeben sind. Ist eine Funktion $f = f(x, y)$ der beiden Variablen x, y gegeben, so wird deren Ableitung auch als der *Gradient* von f bezeichnet und lautet:

$$\mathbf{f}'(x, y) = \begin{pmatrix} \dfrac{\partial f(x, y)}{\partial x} \\ \dfrac{\partial f(x, y)}{\partial y} \end{pmatrix} = \operatorname{grad} f(x, y)$$

Bei der Ausführung einer partiellen Ableitung nach einer Variablen (zum Beispiel x) sind die übrigen Variablen als konstant anzusehen.

Die Änderungen von f durch eine Änderung der unabhängigen Variablen werden in linearer Näherung durch das *totale Differenzial*

$$df = \frac{\partial f}{\partial x}dx + \frac{\partial f}{\partial y}dy \approx f(x_0 + dx, y_0 + dy) - f(x_0, y_0)$$

gegeben; hierbei sind die partiellen Ableitungen jeweils an der Stelle (x_0, y_0) zu nehmen. Die Funktion $f(x, y)$ und ihr totales Differenzial ist in Abb. A.1 dargestellt. Der Gradient zeigt in Richtung des stärksten Anstiegs von f über der x, y-Ebene.

---

[1] Wir benutzen hier eine in der Physik übliche Bezeichnungsweise, die in gewissem Sinne zweideutig ist: f bezeichnet sowohl den Funktionswert als auch die Rechenvorschrift, um f aus x und y zu erhalten. In mathematischen Texten wird diese Zweideutigkeit durch eine Definition der Art $f = g(x)$ vermieden.

https://doi.org/10.1515/9783110560329-347

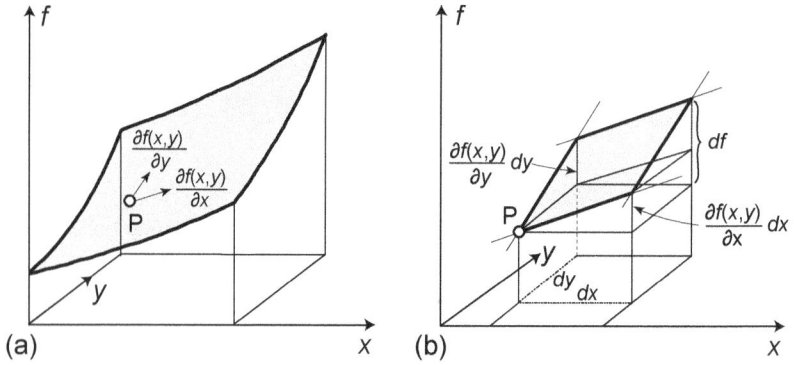

Abb. A.1. a) Die graue Fläche stellt die Funktion $f(x, y)$ über der $\{x, y\}$-Ebene dar. Die partiellen Ableitungen geben die Steigungen in x- und y-Richtung an. b) Das totale Differenzial stellt die Summe der Änderungen von $f(x, y)$ in den beiden Raumrichtungen dar.

Zwischen den partiellen Ableitungen zweier Funktionen $f(x, y)$ und $z(x, y)$ bestehen eine Reihe von nützlichen Beziehungen, die in der Thermodynamik oft verwendet werden:

$$\frac{\partial f(x, y)}{\partial y} = \frac{\partial f(x, z)}{\partial z} \cdot \frac{\partial z(x, y)}{\partial y} \qquad \text{(Kettenregel)} \tag{A.1}$$

$$\frac{\partial f(x, y)}{\partial x} = \frac{\partial f(x, z)}{\partial x} + \frac{\partial f(x, z)}{\partial z} \cdot \frac{\partial z(x, y)}{\partial x} \tag{A.2}$$

$$\frac{\partial f(x, y)}{\partial x} = -\frac{\partial f(x, y)}{\partial y} \cdot \frac{\partial y(x, f)}{\partial x} \tag{A.3}$$

$$\frac{\partial f(x, y)}{\partial y} = \frac{1}{\dfrac{\partial y(x, f)}{\partial f}} \tag{A.4}$$

B Wahrscheinlichkeiten und Wahrscheinlichkeitsdichten

Wahrscheinlichkeiten:

Messreihen werden in der Physik dadurch gebildet, dass eine gewisse Einzelmessung unter identischen Bedingungen vielfach wiederholt wird. In vielen Fällen resultiert dabei nicht immer derselbe Messwert, sondern die Messwerte zeigen eine gewisse statistische *Streuung*. Dabei ist charakteristisch, dass das Resultat der nächsten Einzelmessung (in der Wahrscheinlichkeitsrechnung spricht man auch von einem *Ereignis*) nicht mit Sicherheit, sondern nur mit einer gewissen Wahrscheinlichkeit vorhergesagt werden kann.

Enthält eine Messreihe n Einzelmessungen (Ereignisse) einer Größe X, von bei denen n_i-mal das Resultat x_i auftritt, definiert die relative Häufigkeit

$$w_i := \frac{n_i}{n} > 0$$

die *Wahrscheinlichkeit*, mit welcher der Messwert x_i unter den Einzelmessungen zu finden ist. Die Gesamtheit der Wahrscheinlichkeiten w_i für alle möglichen Resultate x_i der Einzelmessungen nennt man die *Wahrscheinlichkeitsverteilung* der x_i. Bei einer endlichen und diskreten (quantisierten) Verteilung der x_i können nur m verschiedene Werte x_I auftreten. Die Definition der w_i beinhaltet die *Normierung*

$$\sum_{i=1}^{m} w_i = 1 \tag{B.1}$$

der Wahrscheinlichkeitsverteilung. Die Wahrscheinlichkeiten w_i bestimmen den *Mittelwert* (der auch *Erwartungswert* genannt wird) :

$$\langle X \rangle := \sum_{i=1}^{m} w_i \, X_i \tag{B.2}$$

und die *quadratische Streuung* (die auch *Varianz* genannt wird) :

$$\sigma_X = (\Delta X)^2 = \left\langle (X - \langle X \rangle)^2 \right\rangle = \langle X^2 \rangle - \langle X \rangle^2 \geq 0 \tag{B.3}$$

des Messgröße X. Die *Streuung* $\Delta X = \sqrt{\sigma_X}$ wird auch die *Unschärfe* oder die *Standardabweichung* von X für eine gegebene Wahrscheinlichkeitsverteilung genannt. Allgemein heißen Mittelwerte vom Typ

$$\langle X^r \rangle := \sum_{i} w_i \, (x_i)^r \tag{B.4}$$

die r-ten *Momente* der Verteilung. Allgemein ist der Mittelwert von Funktionen $f(X)$ der Größe X durch

$$\langle f(X) \rangle = \sum_{i} w_i \, f(x_i) \tag{B.5}$$

https://doi.org/10.1515/9783110560329-349

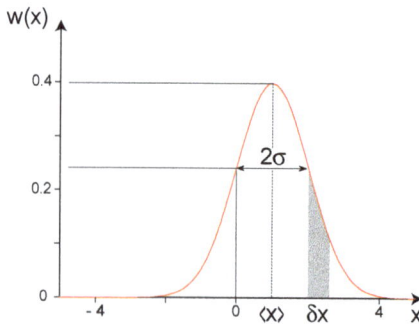

Abb. B.1. Wahrscheinlichkeitsdichte $w(x)$ einer GAUSS-Verteilung mit $\langle x \rangle = \sigma = 1$. Die Fläche unter der roten Kurve ist auf 1 normiert. Die grau hinterlegte Fläche der Breite dx gibt die Wahrscheinlichkeit an, dass x im Intervall dx liegt.

gegeben. Die Streuung ΔX der Resultate der Einzelmessungen kann zwei grundsätzlich verschiedene Ursachen haben:

- Das Messergebnis hängt von experimentellen Parametern ab, welche während der Messung nicht perfekt konstant gehalten werden können und daher systematische oder statistische Schwankungen der Messwerte verursachen. Diese Schwankungen sind als Resultat der Imperfektion der Messung, das heißt als Folge einer unvollkommenen Kontrolle der Versuchsbedingungen anzusehen. Die Folge ist, dass die Resultate der Einzelmessungen mehr oder weniger dicht um den *Mittelwert* der Messreihe gruppiert sind. Eine Verbesserung des Experiments bewirkt eine Verringerung der Streuung ΔX. Im Rahmen der klassischen Physik sind alle statistischen Streuungen von Messwerten die Folge von Messfehlern, das heißt ein perfektes Experiment sollte die Streuung $\Delta X = 0$ aufweisen. Auch wenn dies in der Praxis nicht erreichbar ist, weil jedes Messergebnis stets nur mit einer Genauigkeit von endlich vielen Stellen angegeben werden kann, gibt es kein prinzipielles Hindernis, ΔX mit fortschreitender Experimentierkunst immer weiter zu reduzieren.
- Manche physikalische Größen sind echte Zufallsvariablen, deren Streuung grundsätzlich nicht unter einen gewissen, vom Zustand des untersuchten Systems abhängigen Wert gedrückt werden kann. Solche fundamentalen unteren Schranken für die Streuung von Messwerten nennt man *Unschärfen* und die zugehörigen Mittelwerte *unscharf*. Solche Zustände treten in der Quantenphysik und in der statistischen Thermodynamik auf.

In der klassischen Physik bilden die als Resultat von Einzelmessungen auftretenden Werte x_i der Größe X ein Kontinuum, das heißt die x_i variieren *stetig*. In diesem Fall beträgt die Wahrscheinlichkeit, einen Messwert in einem infinitesimal kleinen x-Intervall dx zu finden, $w(x)\,dx$, wobei $w(x)$ die *Wahrscheinlichkeitsdichte* heißt. Die Mittelwerte von X und X^r sind dann nicht durch Summen, sondern durch die

Integrale

$$\langle X \rangle = \int_{-\infty}^{\infty} dX \, w(X) \cdot X \,, \quad \text{beziehungsweise} \tag{B.6}$$

$$\langle f(X) \rangle = \int_{-\infty}^{\infty} dx \, w(x) \cdot f(x) \tag{B.7}$$

gegeben. Die Funktion $w(x)$ wird auch die *Verteilungsfunktion* für die bei Einzelmessungen auftretenden Werte x der Größe X genannt. Die Normierungsbedingung nimmt dann ebenfalls eine Integralform an:

$$\int_{-\infty}^{\infty} dx \, w(x) = 1 \,.$$

Der Name Wahrscheinlichkeits*dichte* kommt daher, dass die Wahrscheinlichkeit, bei einer Einzelmessung einen bestimmten Wert X zu finden, mit zunehmender Zahl n von Einzelmessungen stets gegen Null geht. Dagegen beträgt die Wahrscheinlichkeit $w\big(x \in [x_1, x_2] \big)$, dass eine Einzelmessung ein Resultat in dem endlichen X-Intervall $[x_1, x_2]$ liegt:

$$w\big(x \in [x_1, x_2] \big) = \int_{x_1}^{x_2} dx \, w(x)$$

In der klassischen Physik, in der die Werte der physikalischen Größen stets streuungsfrei sind, muss die gemessene Verteilungsfunktion (in dem physikalisch nicht realisierbaren Idealfall) gegen eine δ-Funktion streben, die den Wert von X für jeden Zustand für eine ideale Messung streuungsfrei festlegt. In vielen Fällen ist $w(x)$ durch die in Abb. B.1 dargestellte GAUSS-Funktion

$$w(x) = \frac{1}{\sqrt{2\pi}\sigma_X} \cdot \exp\left(-\frac{(x - \langle X \rangle)^2}{2\sigma_X} \right) \tag{B.8}$$

gegeben, wobei $\sigma_X = (\Delta X)^2$ die quadratische Streuung der GAUSS-Verteilung angibt und damit ein Maß für deren Breite ist. Die GAUSS-Funktion spielt in der Wahrscheinlichkeitsrechnung eine wichtige Rolle, weil die Verteilungsfunktion für die Summe vieler, unkorreliert schwankender Zufallsvariablen meist gegen eine GAUSS-Funktion strebt.[1]

In zweiten Fall dagegen wird ΔX in der Regel nicht allein durch die Auflösung der Messapparatur bestimmt, sondern nimmt bei Verbesserung des Mess-Verfahrens schließlich einen für die Größe X und den betrachteten Zustand des Systems charakteristischen Wert an. Berühmte Beispiele sind die durch die HEISENBERG'sche

---

[1] Dieser Sachverhalt wird in der Statistik als *Zentraler Grenzwertsatz* bezeichnet.

Unschärfe-Relation gegebene Beziehung zwischen den Streuungen von Ort und Impuls

$$\Delta X \cdot \Delta P \geq \hbar$$

oder die Spektrallinien eines Gases. Die Breite der Spektrallinie, die der Energie-Unschärfe der emittierten Photonen entspricht, zeigt selbst nach der Eliminierung aller apparativ bedingten Effekte die auf die thermischen Bewegung der Atome zurückzuführende DOPPLER-Verbreiterung. Die DOPPLER-Verbreiterung kann in einer Atomfalle für ein einzelnes Atom unterdrückt werden – aber selbst in diesem Fall wird eine *natürliche Linienbreite* gemessen, die durch die Lebensdauer des angeregten Zustands bestimmt wird. Das letzte Beispiel zeigt auch sehr schön, dass die Verteilungsfunktion einer Zufallsgröße, wie der Energie der bei quantenmechanischen Übergängen emittierten Photonen, durchaus mehrere Maxima aufweisen kann.

Mehrere Zufallsvariablen und Korrelationen:
Diese Überlegungen lassen sich leicht auf Wahrscheinlichkeitsverteilungen mit mehreren Zufallsvariablen $X_1, \ldots, X_r$ verallgemeinern. Die *Verbundwahrscheinlichkeit* $W(x_1, \ldots, x_r)$ gibt die Wahrscheinlichkeit für ein Ereignis an, bei dem die Variablen $X_1, \ldots, X_r$ gleichzeitig die Werte $x_1, \ldots, x_r$ annehmen. Der Mittelwert einer einzelnen Zufallsgröße X_j ist dann durch

$$\langle X_j \rangle = \int_{-\infty}^{\infty} dx_1 \ldots dx_r \; w(x_1, \ldots, x_r) \, x_j$$

gegeben. Die Zufallsgrößen $\delta X_j = X_j - \langle X_j \rangle$, welche die statistischen Schwankung $\delta x_j = x_j - \langle X_j \rangle$ der Einzelmesswerte x_j um den Mittelwert $\langle X_j \rangle$ beschreiben, heißen auch die *Fluktuationen* von X_j. Die Mittelwerte

$$\sigma_{ij} := \langle \delta X_i \delta X_j \rangle = \int_{-\infty}^{\infty} dx_1 \ldots dx_r \; w(x_1, \ldots, x_r) \, \delta x_i \cdot \delta x_j$$

der Produkte der Fluktuationen zweier Zufallsvariablen X_i und X_j heißen *Korrelationen* oder *Kovarianzen*, und bilden in ihrer Gesamtheit die *Korrelationsmatrix* der Verteilung.

Zufallsgrößen, deren Korrelation verschwindet, heißen *statistisch unabhängig*. Der Grad der Korrelation lässt die durch den *Korrelationskoeffizienten*

$$C_{ij} := \frac{\sigma_{ij}}{\Delta_i \cdot \Delta_j}$$

ausdrücken, der maximal den Wert $C_{ij} = 1$ annehmen kann. Bei Summen

$$X_N = \sum_{i=1}^{N} X_i$$

aus N *unkorrelierten* Zufallsgrößen X_i addieren sich die quadratischen Streuungen

$$\sigma_{X_N} = \langle (\delta X_N)^2 \rangle = \left\langle \sum_{i=1}^{N} \delta X_i \cdot \sum_{j=1}^{N} \delta X_j \right\rangle = \sum_{i,j=1}^{N} \langle \delta X_i \cdot \delta X_j \rangle = \sum_{i=1}^{N} \sigma_{X_i}$$

einfach auf, weil deren Korrelationen, das heisst die Mittelwerte $\langle \delta X_i \delta X_j \rangle$ der gemischten Terme, verschwinden. Sind außerdem die σ_{X_i} alle gleich σ, so gilt:

$$\sigma_{X_N} = N\sigma \, ,$$

wohingegen für maximal *korrelierte* Zufallsgrößen, das heißt, zueinander proportionale Zufallsgrößen, gilt:

$$\sigma_{X_N} = N^2 \sigma \, .$$

Die *relative Schwankung* $\Delta_{X_N}/\langle X_N \rangle$ beträgt also für unkorrelierte Zufallsgrößen

$$\frac{\Delta_{X_N}}{\langle X_N \rangle} = \frac{\sqrt{N}\sigma}{N \langle X \rangle} = \frac{1}{\sqrt{N}} \frac{\sigma}{\langle X \rangle}$$

und für maximal korrelierte Zufallsgrößen

$$\frac{\Delta_{X_N}}{\langle X_N \rangle} = \frac{N \cdot \sqrt{\sigma}}{N \langle X \rangle} = \frac{\sigma}{\langle X \rangle} \, .$$

Bei unkorrelierten Zufallsgröße geht die relative Schwankung mit $1/\sqrt{N}$ gegen Null, bei korrelierten bleibt sie konstant.

Für unabhängige Zufallsgrößen muss die Verteilungsfunktion

$$w(x_1 \ldots x_r) = w_1(x_1) \cdot \ldots \cdot w(x_r)$$

in ein Produkt von variablenfremden Faktoren $w_i(x_i)$ zerfallen, weil sonst die Korrelationen zwischen den Zufallsgrößen nicht verschwinden.

C Nützliche Integrale

Bei der Berechnung von Mittelwerten in der statistischen Thermodynamik treten häufig Integrale auf, welche die Exponential-Funktion enthalten. In diesem Anhang listen wir eine Reihe der am häufigsten auftretenden Fälle auf. Eine explizite Lösung dieser Integrale findet man beispielsweise im Anhang des Buches von SCHROEDER [16].

Die Werte der Integrale vom Typ

$$\Gamma(z+1) = \int_0^\infty x^z \exp(-x)\,dx \qquad \text{für} \qquad z > -1 \;. \tag{C.1}$$

treten besonders häufig in Zusammenhang mit der BOLTZMANN-Verteilung auf und werden die *Gamma*funktion genannt. Die Gammafunktion hat die folgenden Eigenschaften:

$$\Gamma(z+1) = z \cdot \Gamma(z) \quad \text{und} \quad \Gamma(0) = 1 \;. \tag{C.2}$$

Ist $z = n$ eine natürliche Zahl, so gilt

$$\Gamma(n+1) = n! = n \cdot (n-1) \cdot \,\ldots\, \cdot 2 \cdot 1 \;, \tag{C.3}$$

wobei für $z = 1$ folgt: $\Gamma(2) = \Gamma(1) = 1$. Dies bedeutet, dass $\Gamma(z)$ eine Art Verallgemeinerung der Fakultät $n!$ auf reelle Zahlen $z > -1$ darstellt.

Mit der Substitution $x = y^2$ (und damit $dx = 2y\,dy$) besteht ein enger Zusammenhang zwischen der Gammafunktion und den GAUSS-Integralen

$$\Gamma(z+1) = \int_0^\infty x^z \exp(-x)\,dx \tag{C.4}$$

$$= 2 \cdot \int_0^\infty y^{2z+1} \exp(-y^2)\,dy \;. \tag{C.5}$$

Damit erhalten wir als häufig auftretende Spezialfälle:

$$\Gamma(1/2) = \int_{-\infty}^\infty \exp(-x^2)\,dx = \sqrt{\pi} \;, \tag{C.6}$$

$$\Gamma(3/2) = \frac{\sqrt{\pi}}{2} \quad \text{und} \tag{C.7}$$

$$\Gamma(5/2) = \frac{3\sqrt{\pi}}{4} \;. \tag{C.8}$$

In Zusammenhang mit der GIBBS'schen Verteilung treten häufig Integrale der BOSE-Funktion

$$\int_0^\infty \frac{x^n}{\exp(x)-1}\,dx = \Gamma(n)\zeta(n+1) \tag{C.9}$$

https://doi.org/10.1515/9783110560329-355

sowie die FERMI-Funktion:

$$\int_0^\infty \frac{x^n}{\exp(x) + 1}\, dx = \left(1 - \frac{1}{2^n}\right) \Gamma(n)\zeta(n + 1)\,. \tag{C.10}$$

auf. Dabei ist

$$\zeta(n) := 1 + \frac{1}{2^n} + \frac{1}{3^n} + \frac{1}{4^n} + \cdots = \sum_{i=1}^{\infty} \frac{1}{k^n} \tag{C.11}$$

die RIEMANN'sche Zeta-Funktion, die auch in der Zahlentheorie eine wichtige Rolle spielt. Für unsere Zwecke sind nur wenige ihrer Werte von Bedeutung:

$$\zeta\left(\frac{3}{2}\right) = 2.612\,, \qquad\qquad \zeta(2) = \frac{\pi^2}{6} = 1.645\,, \tag{C.12}$$

$$\zeta\left(\frac{5}{2}\right) = 1.342\,, \qquad\qquad \zeta(3) = 1.202\,, \tag{C.13}$$

$$\zeta(4) = \frac{\pi^4}{90} = 1.082\,, \qquad\qquad \zeta(5) = 1.037\,. \tag{C.14}$$

D LEGENDRE-Transformation

Der durch eine Funktion $f(x)$ definierte Verlauf einer Kurve im $\mathbb{R}^2$ wird normalerweise durch die Schar der Wertepaare $\{x, f(x)\}$ in einem gewissen Intervall $[x_1, x_2]$ kodiert. Das Verfahren der LEGENDRE-Transformation erlaubt es, den Kurvenverlauf noch auf eine andere Weise zu kodieren, nämlich durch die Schar der Tangenten in jedem Punkt x. Die Tangenten sind Geraden, die durch Steigung

$$y(x) = \frac{df(x)}{dx}$$

und den Achsenabschnitt

$$g(x) = f(x) - x \cdot y(x)$$

festgelegt sind (Abb. D.1a). Die Schar aller Tangenten an $f(x)$ hüllt die Funktion $f(x)$ ein (Abb. D.1b).

In den x-Intervallen, in denen die Umkehrfunktion $x(y)$ existiert, lassen sich die Achsenabschnitte g der Tangenten als Funktion der zugehörigen Steigungen y darstellen und wiederum als Wertepaare $\{y, g(y)\}$, das heißt als neue Funktion $g(y)$ kodieren. Die Funktion $g(y)$ heißt die LEGENDRE-Transformierte von $f(x)$. Sie ist in Abb. D.2a dargestellt.

Bezeichnen wir die LEGENDRE-Transformierte von $f(x)$ mit $\mathcal{L}[f(x)]$, so können wir für die LEGENDRE-Transformierte von $g(y)$ schreiben:

$$\mathcal{L}[g(y)] = \mathcal{L}[\mathcal{L}[f(x)]] = g(y(x)) - y \cdot \frac{dg(y)}{dy} = f(x) - xy - y \cdot (-x) = f(x)$$

Die LEGENDRE-Transformation von $g(y)$ führt also wieder zurück auf die Funktion $f(x)$ und ist damit zu sich selbst invers. Abbildung D.3 zeigt einen direkten Vergleich zwischen den Funktionen $f(x)$ und $g(y)$. Man erkennt, dass ein Minimum in $f(x)$ zu einem Maximum in $g(y)$ führt. Da das Argument y der Funktion $g(y)$ der Steigung der Funktion $f(x)$ entspricht, gilt für den Minimalwert $f_{min} = g(0)$. Umgekehrt gilt $g_{max} =$

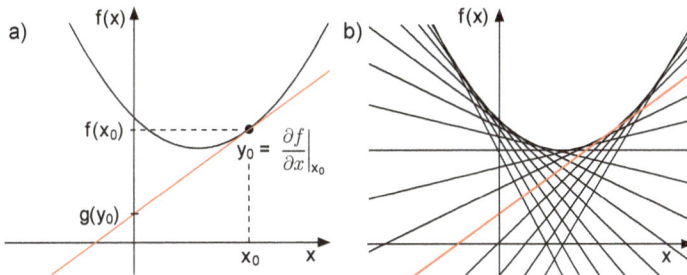

Abb. D.1. a) Die Funktion $f(x)$ mit der Tangente am Punkt $x = x_0$. Die Tangente wird durch ihre Steigung y_0 und den Achsenabschnitt $g(y_0)$ festgelegt. b) Die Schar aller Tangenten bildet die Einhüllenden der Funktion $f(x)$.

https://doi.org/10.1515/9783110560329-357

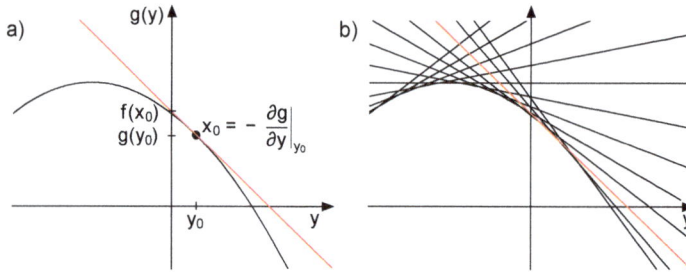

Abb. D.2. a) Die LEGENDRE-Transformierte $g(y)$ mit der Tangente am Punkt $y = y_0$. Die Tangente an $g(y)$ wird durch die Steigung x_0 und den Achsenabschnitt $f(x_0)$ festgelegt. b) Die Schar aller Tangenten an $g(y)$ bildet die Einhüllende der Kurve $g(y)$.

$f(0)$. Wie bei der Formulierung der allgemeinen Stabilitätskriterien in Abschnitt I-7.3 behauptet, alternieren Maxima und Minima der MASSIEU-GIBBS-Funktionen bei LEGENDRE-Transformation.

Dieses Verfahren ist auf Funktionen von mehrere Variablen übertragbar. In der Thermodynamik wird es angewendet, um bei einem Variablenwechsel die zu dem neuen Variablensatz gehörige MASSIEU-GIBBS-Funktion zu bestimmen. Wenn zum Beispiel die Energie E als Funktion der extensiven Variablen $\{X_1, \ldots, X_r\}$ gegeben ist und wir die Variable X_j durch ihre thermodynamisch konjugierte Variable

$$\xi_j = \frac{\partial E(X_1, \ldots, X_r)}{\partial X_j}$$

austauschen wollen, so betrachten wir das vollständige Differenzial der Funktion

$$\Psi(X_1, \ldots, \xi_j, \ldots, X_r) = E - \xi_j X_j.$$

Mit der Produktregel folgt:

$$d\Psi = d(E - \xi_j X_j) = dE - d(\xi_j X_j)$$
$$= \sum_i \xi_i dX_i - (\xi_j dX_j + X_j d\xi_j)$$

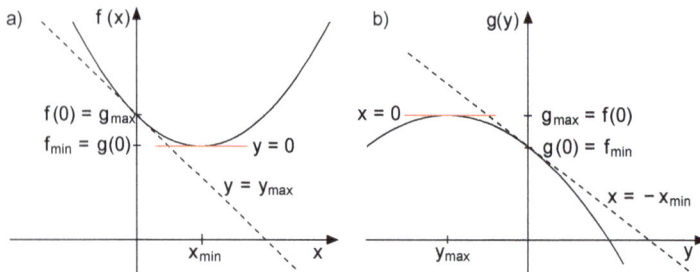

Abb. D.3. a) Die Funktion $f(x)$ im Vergleich mit b) ihrer LEGENDRE-Transformierten $g(y)$. Man beachte, dass das Minimum von $f(x)$ einem Maximum in $g(y)$ entspricht.

Damit erhalten wir für das totale Differenzial der LEGENDRE-Transformierten $\Psi(X_1, \ldots; \xi_j, \ldots, X_r)$:

$$d\Psi = \sum_{i \neq j} \xi_i \, dX_i - X_j \, d\xi_j$$

!

Auf diese Weise wird der Term $\xi_j dX_j$ im Differenzial der alten MASSIEU-GIBBS-Funktion $E(X_1, \ldots, X_r)$ durch $-X_j d\xi_j$ im Differenzial der neuen MASSIEU-GIBBS-Funktion Ψ für den Variablensatz $\{X_1, \ldots, \xi_j, \ldots, X_r\}$ ersetzt. Damit haben wir gezeigt, dass $\Psi(X_1, \ldots, \xi_j, \ldots, X_r)$ tatsächlich die Eigenschaft hat, die Zustandsgleichungen zu liefern:

$$\xi_1(X_1, \xi_j, \ldots, X_r) = \frac{\partial \Psi(X_1, \ldots, \xi_j, \ldots, X_r)}{\partial K_1}$$

$$\vdots \qquad\qquad \vdots$$

$$-X_j(X_1, \ldots, \xi_j, \ldots X_r) = \frac{\partial \Psi(X_1 \ldots, \xi_j, \ldots, X_r)}{\partial \xi_j}$$

$$\vdots \qquad\qquad \vdots$$

$$\xi_r(X_1, \ldots, \xi_j, \ldots, X_r) = \frac{\partial \Psi(X_1, \ldots, \xi_j, \ldots, X_r)}{\partial X_r} \quad.$$

E Das Zwei-Körper-System aus thermodynamischer Sicht

In diesem Abschnitt wollen wir zeigen, dass die fundamentalen Begriffsbildungen der Thermodynamik in natürlicher Weise auf ein System anwenden lassen, welches in der Mechanik und in der Quantenmechanik von gleichermaßen von fundamentaler Bedeutung ist.

Die Energie eines Systems aus zwei wechselwirkenden Körpern ist durch

$$E(\boldsymbol{P}_1, \boldsymbol{P}_2, \boldsymbol{r}_1, \boldsymbol{r}_2) = \frac{\boldsymbol{P}_1^2}{2M_1} + \frac{\boldsymbol{P}_2^2}{2M_1} + V(\boldsymbol{r}_1 - \boldsymbol{r}_2) \tag{E.1}$$

gegeben. Dabei ist $V(\boldsymbol{r}_1 - \boldsymbol{r}_2)$ die in dem konservativen Kraftfeld, welches die Wechselwirkung zwischen den Teilchen vermittelt, gespeicherte Energie. Für kugelsymmetrische Körper ist auch $V(\boldsymbol{r}_1 - \boldsymbol{r}_2)$ kugelsymmetrisch und hängt daher nur vom Abstand $|\boldsymbol{r}_1 - \boldsymbol{r}_2|$ der beiden Körper ab. Wichtige Beispiele für $V(\boldsymbol{r}_1 - \boldsymbol{r}_2)$ sind das COULOMB-beziehungsweise das Gravitations-Potenzial

$$V(\boldsymbol{r}_1 - \boldsymbol{r}_2) = -\frac{\beta}{|\boldsymbol{r}_1 - \boldsymbol{r}_2|} \, ,$$

wobei die Wechselwirkungskonstante β die Form

$$\beta = \frac{Q_1 Q_2}{4\pi\epsilon_0}, \quad \text{beziehungsweise} \quad \beta = \gamma_G M_1 M_2$$

annimmt und $\epsilon_0 = 8.85 \cdot 10^{-12}$ As/(V m) die elektrische Feldkonstante und $\gamma_G = 6.673\,84$ m^3/(kg s^2) die Gravitationskonstante sind. Ein weiteres wichtiges Beispiel ist das Oszillator-Potenzial

$$V(|\boldsymbol{r}_1 - \boldsymbol{r}_2|) = \frac{1}{2}\mathcal{K}(|\boldsymbol{r}_1 - \boldsymbol{r}_2| - R)^2 \, ,$$

in dem R der Gleichgewichtsabstand und $\mathcal{K}$ die Federkonstante ist.

Die Zustandsgleichungen des Systems werden auch die HAMILTON'schen Gleichungen :[1]

$$\frac{\partial E}{\partial \boldsymbol{P}_i} = \boldsymbol{v}_i = \frac{\partial \boldsymbol{r}_i}{\partial t} \tag{E.2}$$

$$\frac{\partial E}{\partial \boldsymbol{r}_i} = -\boldsymbol{F}_i = -\frac{\partial \boldsymbol{P}_i}{\partial t} \, . \tag{E.3}$$

---

1 Im vorliegenden Fall ist die Energie gleich der in der theoretischen Mechanik verwendeten HAMILTON-*Funktion* $\mathcal{H}$.

https://doi.org/10.1515/9783110560329-361

Die Variablenpaare $(\boldsymbol{P}_i, \boldsymbol{v}_i)$ und $(\boldsymbol{r}_i, -\boldsymbol{F}_i)$ sind „thermo"dynamisch konjugiert. In der Mechanik heißen die Variablenpaare $(\boldsymbol{r}_i, \boldsymbol{P}_i)$ *kanonisch konjugiert*. Die Thermodynamik macht nur Aussagen über die statischen Eigenschaften; das heißt sie betrachtet üblicherweise keine 'von selbst' ablaufenden Prozesse, wie sie durch die Zeitableitungen in den HAMILTON'schen Gleichungen beschrieben werden.

LEGENDRE-Transformation

Neben den $\{\boldsymbol{P}_i\}$ werden auch gerne die Geschwindigkeiten $\{\boldsymbol{v}_i\}$ als unabhängige Variablen benutzt. Dazu wird die Größe

$$L := \sum_i \boldsymbol{P}_i \boldsymbol{v}_i - E$$

eingeführt und LAGRANGE-Funktion genannt. $L(\boldsymbol{v}_1, \boldsymbol{v}_2, \boldsymbol{r}_1, \boldsymbol{r}_2)$ ist eine MASSIEU-GIBBS-Funktion des mechanischen Systems in den Variablen $\{\boldsymbol{v}_i, \boldsymbol{r}_i\}$. Sie ist die (negative) LEGENDRE-Transformierte der Energie bezüglich den $\boldsymbol{P}_i$.
Das Differential von L lautet dann

$$dL = d\left(\sum_i \boldsymbol{P}_i \boldsymbol{v}_i - E\right) = \sum_i (\boldsymbol{P}_i \, d\boldsymbol{v}_i + \boldsymbol{F}_i \, d\boldsymbol{r}_i) \ .$$

Die neuen Zustandsgleichungen heißen LAGRANGE-Gleichungen und lauten:

$$\frac{\partial L}{\partial \boldsymbol{v}_i} = \boldsymbol{P}_i, \qquad \frac{\partial L}{\partial \boldsymbol{r}_i} = \boldsymbol{F}_i \ .$$

Wegen der Impulserhaltung (rechte Hälfte von Gl. E.3) können die beiden Zustandsgleichungen zu einer nach EULER und LAGRANGE benannten Bewegungsgleichung[2]

$$\frac{\partial}{\partial t} \frac{\partial L}{\partial \boldsymbol{v}_i} - \frac{\partial L}{\partial \boldsymbol{r}_i} = 0$$

kombiniert werden. In der Mechanik wird diese Gleichung (wie auch die HAMILTON'schen Gleichungen auf ganz andere Weise abgeleitet, nämlich aus dem Prinzip der kleinsten Wirkung.

Systemzerlegung

Das Zwei-Körper-System kann durch die Transformation auf *Relativ*- und *Schwerpunktskoordinaten*

$$\boldsymbol{p} := \frac{M_2}{M} \boldsymbol{P}_1 - \frac{M_1}{M} \boldsymbol{P}_2 \ , \qquad\qquad \boldsymbol{r} := \boldsymbol{r}_1 - \boldsymbol{r}_2 \qquad\qquad \text{(E.4)}$$

$$\boldsymbol{R} := \frac{M_1}{M} \boldsymbol{r}_1 + \frac{M_2}{M} \boldsymbol{r}_2 \ , \qquad\qquad \boldsymbol{P} := \boldsymbol{P}_1 + \boldsymbol{P}_2 \qquad\qquad \text{(E.5)}$$

---

[2] Der Vorteil der EULER-LAGRANGE-Gleichungen gegenüber den NEWTON'schen Bewegungsgleichungen besteht darin, dass die Ersteren bei umkehrbaren Koordinatentransformationen ihre Form behalten.

in zwei variablenfremde Teilsysteme zerlegt werden, wobei $M = M_1 + M_2$ die Gesamt-masse ist. Die Form von Gl. E.4 ergibt sich dadurch, dass der „Relativ"impuls $\boldsymbol{p}$ durch $\boldsymbol{p} = M_{\mathrm{red}}\,\boldsymbol{v}$ mit der Relativgeschwindigkeit $\boldsymbol{v} = \dot{\boldsymbol{r}}$ verknüpft ist. Die *reduzierte Masse*

$$M_{\mathrm{red}} = \left(\frac{1}{M_1} + \frac{1}{M_2}\right)^{-1} = \frac{M_1 M_2}{M_1 + M_2} \tag{E.6}$$

ist durch die Bedingung

$$\ddot{\boldsymbol{r}} = \ddot{\boldsymbol{r}}_1 - \ddot{\boldsymbol{r}}_2 = \frac{\boldsymbol{F}_1}{M_1} - \frac{\boldsymbol{F}_2}{M_2} = \left(\frac{1}{M_1} + \frac{1}{M_2}\right) \cdot \boldsymbol{F}$$

gegeben. Dabei ist $\boldsymbol{F} = \boldsymbol{F}_1 = -\boldsymbol{F}_2$ die in Richtung der Verbindungslinie der beiden Körper wirkende Kraft.

In den neuen Variablen nimmt die Energie die Form

$$E(\boldsymbol{P}, \boldsymbol{p}, \boldsymbol{r}) = \frac{\boldsymbol{P}^2}{2M} + \frac{\boldsymbol{p}^2}{2M_{\mathrm{red}}} + V(|\boldsymbol{r}|), \tag{E.7}$$

und die LAGRANGE-Funktion die Gestalt

$$L(\boldsymbol{V}, \boldsymbol{v}, \boldsymbol{r}) = \frac{1}{2}M\boldsymbol{V}^2 + \frac{1}{2}M_{\mathrm{red}}\boldsymbol{v}^2 - V(|\boldsymbol{r}|) \tag{E.8}$$

an, wobei $\boldsymbol{V} = \boldsymbol{P}/M$ die Schwerpunktsgeschwindigkeit ist. In beiden MASSIEU-GIBBS-Funktionen beschreibt der erste Term ein Teilsystem ohne innere Struktur, nämlich ein System vom Typ *Freier Körper*,mit der effektiven Masse M; die beiden hinteren Terme beschreiben dagegen ein Teilsystem von Typ *Körper im Zentralfeld* mit der effektiven Masse M_{red}, welches die inneren Anregungszustände des Zwei-Körper-Systems umfasst. Das Zwei-Körper-System mit zwei „echten" Körpern lässt sich damit auf zwei unabhängige Teilsysteme mit jeweils einem „Quasi"-Körper zurückführen. Da wir nicht das Kommutativgesetz, sondern ausschließlich lineare algebraische Ope-rationen verwendet haben, die auch für die entsprechenden Operatoren gelten, ist diese Systemzerlegung genauso für das quantenmechanische Zwei-Körper-Problem möglich.[3]

Wegen der Erhaltung des Drehimpulses kann das Teilsystem der inneren Anre-gungen noch weiter vereinfacht werden, indem wir dessen kinetische Energie in einen Beitrag von der Radialbewegung mit und einen zweiten von der Drehbewegung auf-spalten. Dazu zerlegen wir den Relativimpuls $\boldsymbol{p} = \boldsymbol{p}_r + \boldsymbol{p}_t$ in einen Anteil $\boldsymbol{p}_r = \boldsymbol{r}(\boldsymbol{p}\cdot\boldsymbol{r})/r^2$

---

[3] Während in der Himmelsmechanik die Einzel-Körper als der Beobachtung direkt zugänglich sind und daher real erscheinen, sind in der Atom- und Molekülphysik (das heißt der quantenmechani-schen Version des Zwei-Körper-Systems) die effektiven Massen M und M_{red} der Quasi-Körper über die optischen Spektren direkt messbar und erscheinen damit als real, während sich die Massen der Einzel-körper nur indirekt ermitteln lassen. Eine vergleichbare Zerlegung der komplexen Vielteilchensysteme in der Festkörperphysik in den Kapiteln 5 und 6 führt auf Quasi-Teilchen mit der Masse $\hat{m}^*$.

parallel und einen zweiten Anteil $\boldsymbol{p}_t = \boldsymbol{p} - \boldsymbol{r}(\boldsymbol{p} \cdot \boldsymbol{r})/r^2 = (\boldsymbol{L} \times \boldsymbol{r})/r^2$ senkrecht zum Verbindungsvektor $\boldsymbol{r}$. Dann gilt

$$E(|\boldsymbol{p}_r|, |\boldsymbol{L}|, |\boldsymbol{r}|) = \frac{\boldsymbol{p}_r^2}{2M_{\text{red}}} + \frac{\boldsymbol{L}^2}{2M_{\text{red}}\, r^2} + V(|\boldsymbol{r}|) \ .$$

Da der Drehimpuls $\boldsymbol{L}$ eine Konstante der Bewegung ist, haben wir das System der inneren Anregungen auf das eindimensionale Problem der Bewegung eines Körpers mit dem Impuls p_r in dem effektiven Potenzial $V_{\text{eff}}(r) = L^2/(2M_{\text{red}}r^2) + V(r)$ zurückgeführt.

Im Falle des COULOMB- oder Gravitationspotenzials ist keine weitere Systemzerlegung möglich. Beschränkt man sich im Fall des Oszillators auf kleine Auslenkungen ($|r - R| \ll R$), so kann man im Rotationsanteil $|r|$ durch R ersetzen, und das Teilsystem der inneren Anregungen zerfällt noch einmal in zwei Teilsysteme, nämlich einen starren Rotator und einen eindimensionalen Oszillator:

$$E(|\boldsymbol{L}|, |\boldsymbol{p}_r|, |\boldsymbol{r}|) \simeq E_{\text{rot}}(|\boldsymbol{L}|) + E_{\text{osz}}(|\boldsymbol{p}_r|, |\boldsymbol{r}|) = \frac{\boldsymbol{L}^2}{2M_{\text{red}}R^2} + \frac{\boldsymbol{p}_r^2}{2M_{\text{red}}} + V(|\boldsymbol{r}|) \ .$$

Diese beiden Teilsysteme sind nicht völlig unabhängig, sondern schwach miteinander gekoppelt. Bei hinreichend schneller Rotation steigt der Gleichgewichtsabstand R wegen der Fliehkraft und damit auch das Trägheitsmoment. Bei einem anharmonischen Potenzial verschiebt sich mit R auch die Eigenfrequenz des Oszillators. Beide Effekte lassen sich in der Temperatur-Abhängigkeit von Molekülspektren nachweisen.

Homogenität der MASSIEU-GIBBS-Funktionen

Werden die Impulse und die Ortskoordinaten als die einzigen Variablen angesehen, so genügen die MASSIEU-GIBBS-Funktionen des Zwei-Körper-Problems nicht dem Prinzip der Homogenität (Gl. I-1.43). Dieses Prinzip ist für den Aufbau der Thermodynamik zentral, weil es die Unterscheidung von extensiven und intensiven Größen erlaubt. Um der Forderung nach Homogenität Genüge zu tun, liegt es daher nahe, auch die Massen M_1, M_2 und die Ladungen Q_1, Q_2 der Körper zu Variablen zu erklären. Auf der makroskopische Ebene ist dies trivial, weil beispielsweise Raketen ihre Masse während des Flugs ändern. Auf der mikroskopische Ebene tun wir uns damit etwas schwerer, weil wir beides zunächst für unveränderliche Charakteristika der „elementaren" Bestandteile der Atome und Moleküle halten. Allerdings zeigt der radioaktive Zerfall mancher Atomkerne, dass es sich um dabei um ein Vorurteil handelt. Die Postulate der Thermodynamik, die sich zum Ziel setzt, ein für *alle* Systeme gültiges Verfahren der Systembeschreibung zu entwickeln, müssen unabhängig davon sein, ob gewisse Prozesse häufig, selten oder niemals auftreten beziehungsweise im Experiment leicht oder schwer realisiert werden können.

Wenn das System zusätzliche extensive Variablen besitzt, können wir uns durch Differenzieren auch die dazu thermodynamisch konjugierten intensiven Variablen und die dazugehörigen Zustandsgleichungen verschaffen. Das Differenzieren von Gl. E.1 nach den in der Wechselwirkungskonstante β enthaltenen Ladungen Q_1 und Q_2 liefert die elektrischen Potenziale am Ort des jeweiligen Körpers. Das Differenzieren nach den Massen M_1 und M_2 liefert Größen, die uns nicht unmittelbar vertraut sind. Diese sind beispielsweise in der Physik strömender Medien von Bedeutung, wo sie von der Geschwindigkeit abhängige Beiträge zum chemischen Potenzial liefern.

Wiederum wird deutlich, dass das abstrakte System „zwei wechselwirkende Körper" nicht nur eine bestimmte Realisierung (zum Beispiel „Erde-Mond", „Erde-Sonne", „H_2-Molekül" oder „Elektron-Proton"), sondern Körper aller Massen und Wechselwirkungsstärken umfasst.

In diesem Sinne weist auch die Mechanik eine sehr große Universalität auf – so groß, dass man lange Zeit dachte, alle Physik auf die Mechanik zurückführen zu können. Dieses Programm hat sich allerdings als nicht durchführbar erwiesen: Schon das Drei-Körper-System erlaubt keine analoge Zerlegung in Ein-Körper-Systeme – die Bewegungsgleichungen lassen sich zwar aufstellen, aber nicht in universeller Weise lösen.[4] Auch die quantenmechanischen Varianten des Zwei- und Drei-Körper-Problems, zum Beispiel das H_2^+-Molekülion oder das Heliumatom, bringen – bedingt durch die Nicht-Unterscheidbarkeit der beiden Atomkerne, beziehungsweise der beiden Elektronen – völlig neue Physik, welche durch die MASSIEU-GIBBS-Funktionen in Gln. E.7 und E.8 oder deren Erweiterung auf drei Körper nicht beschrieben wird.

---

4 Das Drei-Körper-Problem „Erde-Sonne-Mond" stellt ein Musterbeispiel eines *chaotischen* dynamischen Systems dar, welches die Astronomen, die versuchen, Regelmäßigkeiten in dessen Bewegung zu finden, seit Jahrhunderten zur Verzweiflung bringt. Die Unregelmäßigkeiten der chaotischen Bewegung machen (neben der mangelnden Kompatibilität mit dem Sonnenjahr) die Mondbewegung für kalendarische Zwecke ungeeignet.

F Magnetische Felder in Materie

In Kapitel 2 wurde stets vorausgesetzt, dass das von außen angelegte Magnetfeld $B_{ext} := \mu_0 H_{ext}$ mit die *lokalen* Feldern $B(r)$, $H(r)$ identisch sei, und das Eigenfeld des magnetischen Körpers vernachlässigbar ist. Hier wollen wir sehen, was sich verändert, wenn diese Voraussetzung nicht erfüllt ist.

Die beiden Felder $B(r)$, $H(r)$ sind mit der Magnetisierung $M(r)$ durch die lokal gültige Relation

$$B(r) = \mu_0 [H(r) + M(r)] \tag{F.1}$$

miteinander verbunden. Außerhalb der magnetischen Materie sind $B(r)$ und $\mu_0 H(r)$ miteinander, aber nicht mit B_{ext} identisch. Das liegt daran, dass B_{ext} in der Regel durch den Strom in einer Magnetspule kontrolliert wird, wohingegen die magnetische Materie einen zusätzlichen Beitrag zu den magnetischen Feldern erzeugt, der auch das Streufeld genannt wird. Das Streufeld kommt dadurch zustande, dass die Feldlinien der Magnetisierung (im Gegensatz zu denen von B) in der Regel nicht in sich geschlossen sind, sondern an der Oberfläche und auch innerhalb (Domänenwände) des magnetischen Festkörpers Quellen und Senken haben können, da wegen div $B = 0$ gilt:

$$\text{div } H = - \text{ div } M . \tag{F.2}$$

Den zusätzlichen Beitrag zum H-Feld können wir uns leicht erschließen, wenn wir $q_M(r) := -\mu_0 \text{ div } M(r)$ als die Dichte *gebundener magnetischer Ladungen* definieren, welche das magnetische Gegenstück zu den gebundenen elektrischen Ladungen $q_B(r) := -\epsilon_0 \text{ div } P(r)$ in einem Dielektrikum mit der elektrischen Polarisation P sind.[1]

Die Verteilung der Senken der Magnetisierung bestimmt also in strenger Analogie zur Elektrostatik die Quellenverteilung $q_M(r)$ des H-Feldes.[2] Auf diese Weise können wir unser Wissen über die mit bestimmten Verteilungen der elektrischen Polarisation verbundenen elektrischen Felder auf die mit analogen Magnetisierungsverteilungen verknüpften H-Felder übertragen. Dies wollen wir zunächst in zwei Extremfällen tun:

Zuerst betrachten wir eine durch H_{ext} senkrecht zur Oberfläche homogen magnetisierte Scheibe (Abb. F.1a), deren Radius R groß gegen ihre Dicke d ist. Die Quellen-

---

[1] Im Gegensatz zu den elektrischen Ladungen treten magnetische Ladungen immer paarweise auf, sodass die gesamte magnetische Ladung eines magnetischen Körpers stets gleich Null ist. Im Experiment wurden bisher keine Körper oder Teilchen mit freien magnetischen Ladungen gefunden, obwohl über diese schon seit langer Zeit spekuliert wird.

[2] Außerdem bestimmt $j_B(r) := - \text{ rot } M(r)$ den Beitrag der magnetischen Materie zur Wirbelverteilung des B-Feldes. Die gebundenen elektrischen Ströme j_B wurden von AMPÉRE *Molekularströme* genannt. Ist die Magnetisierung homogen, so heben sich die Ströme im Inneren des Körpers gegenseitig auf. Der Körper verhält sich dann so, als würde er von einem ausschließlich an der Oberfläche fließenden Ringstrom umflossen. Dieser elektrische Ringstrom ist natürlich genauso fiktiv wie die magnetischen Ladungen. Beide sind Hilfsmittel, um die von dem magnetischen Körper erzeugten Felder H- und B-Felder möglichst einfach zu visualisieren.

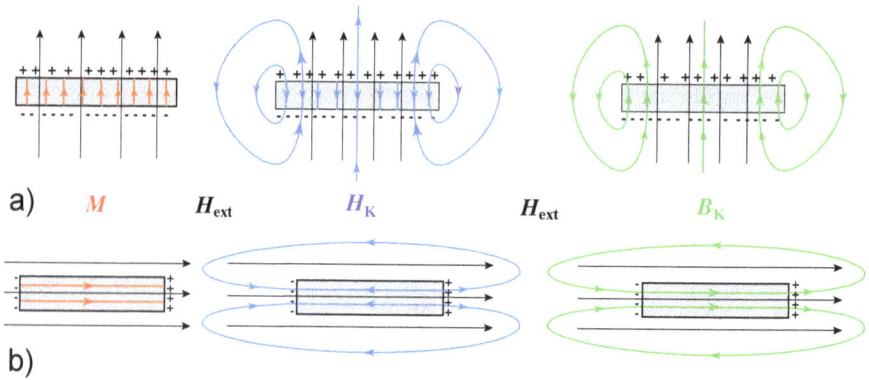

Abb. F.1. a) Homogen magnetisierte Scheibe in einem senkrecht orientierten externen Magnetfeld (schwarz). Das von den magnetischen Oberflächenladungen erzeugte Streufeld H_K des Körpers (blau) wirkt der Magnetisierung entgegen. Das vom Körper erzeugte Feld B_K (grün) ist dagegen quellenfrei. b) Wie (a), aber für ein parallel zur Scheibe orientiertes Magnetfeld. In diesem Fall sind die Streufelder im Mittel deutlich schwächer, weil die Polfläche viel kleiner ist – die magnetische Oberflächenladungs-dichte $q_M = - \mathrm{rot}\, M$ ist in beiden Fällen gleich.

verteilung entspricht in diesem Fall der eines Plattenkondensators. Das H-Feld ist im Inneren der Platte (von den Kanten abgesehen) homogen und der Magnetisierung ent-gegen gerichtet. Weil die senkrechte Komponente von B an der Grenzfläche stetig sein muss, gilt: $n(B_a - B_i) = 0$, wenn n der Normalenvektor der Fläche ist. Dagegen ist die senkrechte Komponente von H an der Grenzfläche unstetig: $n(H_i - H_a) = \sigma_M/\mu_0$, wobei σ_M die magnetische Oberflächenladungsdichte ist. Daraus folgt nach Gl. F.1, dass $H_i = 0$ und $B_i = \mu_0 H_{ext}$. Von den Kanten abgesehen verschwindet das Streu-feld außerhalb der magnetisierten Platte genauso wie das Außenfeld eines geladenen Kondensators. Im Inneren der magnetischen Platte ist das Streufeld entgegengesetzt gleich zur Magnetisierung. Das bedeutet für die Materie, dass diese Magnetisierungs-konfiguration energetisch maximal ungünstig ist, sofern es nicht andere Beiträge zur Energie gibt, welche die senkrechte Orientierung von M begünstigen. Wenn dies nicht der Fall ist, können wir schließen, dass das extern angelegte Magnetfeld H_{ext} den Wert M überschreiten muss, damit sich die Magnetisierung senkrecht zur Platte orientie-ren kann. Für die in Tabelle 2.1 aufgeführten Ferromagneten sind dies typischerweise 1-2 Tesla – ein Wert, der sehr groß ist, wenn man ihn mit den für weiche Ferromagnete üblichen Koerzitiv-Feldern vergleicht, die im mT-Bereich liegen. Das Streufeld wirkt also dem von außen angelegten Magnetfeld entgegen, weshalb man es auch das *Ent-magnetisierungsfeld* nennt.

Wird das externe Magnetfeld dagegen parallel zur Scheibe orientiert (Abb. F.1b), so ist die gebundene magnetische Ladung am Rand der Scheibe lokalisiert. Der von ihr erzeugte Beitrag zum H-Feld fällt mit zunehmendem Abstand vom Rand ab und ist in der Mitte der Scheibe sehr klein. In diesem Fall ist der Effekt des Streufeldes auf die Ausrichtung der Magnetisierung weitgehend vernachlässigbar. Für die Magnetisie-

Tab. F.1. Eigenwerte des Entmagnetisierungstensors für verschiedene rotationssymmetrische Probengeometrien. Die Rotationsachse ist die c-Achse, mit $m = c/a$.

Probenform	Stab	Ellipsoid ($m \gg 1$)	Kugel	Ellipsoid ($m \ll 1$)	Scheibe
$N_\parallel$	0	$\dfrac{1}{m^2}\left[\ln(2m) - 1\right]$	$\dfrac{1}{3}$	$\dfrac{\pi m}{4}\left(1 - \dfrac{4m}{\pi}\right)$	0
$N_\perp$	$\dfrac{1}{2}$	$\dfrac{1}{2}\left[1 - \dfrac{\ln(2m) - 1}{m^2}\right]$	$\dfrac{1}{3}$	$1 - \dfrac{\pi m}{2} + 2m^2$	1

rung eines ferromagnetischen Films sind in diesem Fall nur kleine äußere Felder erforderlich. Dies ist einem parallel zu seiner Richtung magnetisierten dünnen Stab ganz ähnlich. Die q_M-Verteilung entspricht in diesem Fall zwei entgegengesetzt-gleichen Punktladungen. Lassen wir die Länge des Stabes gegen Unendlich gehen, so geht der Beitrag der magnetischen Ladungen zum $\boldsymbol{H}$-Feld gegen Null. Deshalb treten für die parallele Orientierung des Magnetfeldes keine Entmagnetisierungseffekte auf.

Bisher haben wir so argumentiert, als seien die drei Felder $\boldsymbol{B}, \boldsymbol{H}$ und $\boldsymbol{M}$ räumlich konstant, weil wir die Randeffekte wegen $R \gg d$ vernachlässigen konnten. Wird das Aspektverhältnis R/d reduziert, ist dies nicht mehr der Fall. Hier kommt uns jetzt ein klassisches Randwertproblem der Elektro/Magneto-Statik zu Hilfe. Wie zum Beispiel in [45] gezeigt wird, sind die magnetischen Felder $\boldsymbol{H}$ und $\boldsymbol{M}$ im Inneren eines magnetisierbaren *Ellipsoids* für ein von außen angelegtes homogenes Feld B_{ext} für beliebige Verhältnisse der Halbachsen konstant, aber nicht unbedingt (anti)-parallel zum von außen angelegten Feld. Im Außenraum liegt ein reines Dipolfeld vor. Das von den gebundenen Ladungen an der Oberfläche des Ellipsoids erzeugte Innenfeld $\boldsymbol{H}_N$ ist mit der Magnetisierung $\boldsymbol{M}$ durch den Tensor $\mathbf{N}$ der Entmagnetisierungs-Faktoren verbunden:

$$\boldsymbol{H}_N = -\mathbf{N} \cdot \boldsymbol{M}. \tag{F.3}$$

Wird das Koordinatensystem entlang der Halbachsen des Ellipsoids ausgerichtet, so ist $\mathbf{N}$ diagonal. Für die oben aufgeführten Beispiele parallel und senkrecht zu einer dünnen Scheibe haben wir $N_\parallel \simeq 0$ und $N_\perp \simeq 1$. Eine weiterer wichtiger Fall ist der einer Kugel mit $N = N_\parallel = N_\perp = 1/3$. Die für verschiedene Verhältnisse der Halbachsen berechneten Entmagnetisierungsfaktoren sind in Tabelle F.1 zusammengefasst. Weil $\boldsymbol{H}_N$ der Magnetisierung entgegengerichtet ist, wird es auch das *entmagnetisierende Feld* genannt. Hier wird offenbar, dass das die Magnetisierung kontrollierende Feld das $\boldsymbol{H}$-Feld und nicht das $\boldsymbol{B}$-Feld ist. Berücksichtigen wir die *Entmagnetisierungseffekte* in der Zustandsgleichung eines *linearen* Magneten, der durch eine $\boldsymbol{H}$-unabhängige magnetische Suszeptibilität χ_m beschrieben wird, so erhalten wir:

$$\boldsymbol{M} = \chi_m \cdot (\boldsymbol{H}_{\text{ext}} + \boldsymbol{H}_N) = \chi_m \cdot (\boldsymbol{H}_{\text{ext}} - \mathbf{N}\boldsymbol{M}) .$$

Lösen wir diese Gleichung nach $\boldsymbol{M}$ auf, so bekommen wir als neue *magnetische Zustandsgleichung*

$$\boldsymbol{M} = \frac{\chi_m}{1 + \mathbf{N} \cdot \chi_m} \cdot \boldsymbol{H}_{\text{ext}} . \tag{F.4}$$

Um den Bruch in diesem Ausdruck auszuwerten, benutzt man am besten ein Koordinatensystem, in dem der Tensor **N** der Entmagnetisierungkoeffizienten diagonal ist. Dann lässt sich **M** komponentenweise berechnen. Die resultierende Magnetisierung wird durch das entmagnetisierende Feld also in der Regel verkleinert. Eine Ausnahme tritt im Fall der Supraleitung auf, wo $\chi_m = -1$ und der Zähler kleiner als der Nenner wird (siehe unten).

In der Praxis des Experimentators sind die Proben selten genau ellipsoidisch – pragmatisch kann man natürlich nahezu alle Körper zu angenäherten Ellipsoiden erklären, um die Entmagnetisierungseffekte zumindest grob zu erfassen. Wenn das zu ungenau ist, oder wenn die Magnetisierung aus anderen Gründen räumlich inhomogen ist, bricht unsere einfache Betrachtung zusammen, und die räumliche Inhomogenität der Felder muss berücksichtigt werden. In diesem Fall müssen die Feldverteilungen mit Hilfe von Simulationsprogrammen numerisch berechnet werden.

Die Entmagnetisierungseffekte kann man auch als den Beitrag der Streufeld-Energie zur MASSIEU-GIBBS-Funktion verstehen, der zu dem Phänomen der Form-Anisotropie Anlass gibt. Darüber hinaus gibt es eine Reihe anderer anisotroper Beiträge zur Energie magnetischer Systeme, beispielsweise die auf die Spin-Bahn-Wechselwirkung zurückzuführende Kristall-Anisotropie. Die Extremalisierung des Funktionals der Gesamtenergie führt dann zusammen mit den MAXWELL-Gleichungen auf ein System gekoppelter Differenzialgleichungen, welches die optimale Feldverteilung liefert. Die Grundidee der Thermodynamik, dass Gleichgewichtszustände Extrema des MASSIEU-GIBBS-Funktionals entsprechen, bleibt dabei gültig. Es zeigt sich, dass die Funktionalableitung des MASSIEU-GIBBS-Funktionals nach **M** ein Vektorfeld produziert, das als ein *verallgemeinertes* **H**-*Feld* aufgefasst werden kann, welches nicht nur die rein magnetischen Felder, sondern auch die anderen von der Magnetisierung abhängigen Beiträge zum MASSIEU-GIBBS-Funktional erfasst.

Abschließend wollen wir noch kurz den Sonderfall diamagnetischer Materialien erwähnen. In diesem Fall und insbesondere für einen Supraleiters ist die Bezeichnung „Entmagnetisierungseffekt" irreführend, weil das „entmagnetisierende Feld" die Magnetisierung nicht reduziert, sondern *verstärkt*! Für eine dünne supraleitende Platte im senkrechten Magnetfeld geht der Nenner in Gleichung F.4 gegen Null, und die Magnetisierung divergiert. Das macht den homogen magnetisierten Zustand energetisch instabil, und es bilden sich bereits für sehr kleine Magnetfelder, die in der parallelen Feldorientierung vernachlässigbar wären, der sogenannte *Zwischenzustand* in Typ-I Supraleitern und der *Vortex-Zustand* in Typ-II Supraleitern aus, die sich dadurch auszeichnen, dass der magnetische Fluss nicht mehr verdrängt wird, sondern in den Supraleiter eindringt. Dieser Effekt ist vor allem dann zu berücksichtigen, wenn dünne supraleitende Filme im parallelen Magnetfeld studiert werden und kleinste Abweichungen von der genauen Parallelität, also sehr kleine senkrechte Komponenten des externen Magnetfeldes, bereits große, schwer reproduzierbare Effekte verursachen.

G Charakteristische Funktionen in der Statistik

Gegeben sei eine Wahrscheinlichkeitsverteilung $w(x)$ einer Zufallsvariablen X, deren Werte $x \geq 0$ sind. Die *Momente der Verteilung* sind nach Anhang B wie folgt definiert:

$$\langle X^m \rangle = \int_0^\infty dx\, w(x)\, x^m \ .$$

Die LAPLACE-Transformierte der Verteilung

$$\Phi(z) := \int_0^\infty dx\, w(x)\, \exp(-zx)$$

heißt die *charakteristische Funktion* der Verteilung oder die *Erzeugende* der Momente der Verteilungsfunktion $w(x)$. Um den Sinn dieser Funktion zu verstehen, bilden wir die Ableitungen von $\Phi(z)$ nach z und finden

$$\langle X^m \rangle = \int_0^\infty dx\, w(x) x^m = (-1)^m \frac{d^m \Phi(z)}{dz^m}\bigg|_{z=0} \ .$$

Differenzieren nach z liefert also die Momente der Verteilung. Der Logarithmus von $\Phi(z)$, also die Funktion

$$\Psi(z) = \ln \Phi(z) \ ,$$

heißt die *Kumulantenfunktion* der Verteilung. Die erste Ableitung der Kumulantenfunktion nach z liefert den Mittelwert von X:

$$\langle X \rangle = (-1) \frac{d\Psi(z)}{dz}\bigg|_{z=0} = -\frac{\Phi'(z)}{\Phi(z)}\bigg|_{z=0} \ ,$$

da $\Phi(0) = 1$. Die zweite Ableitung von $\Psi(z)$ liefert dagegen die quadratische Streuung

$$\sigma_X = \langle X \rangle^2 - \langle X \rangle^2 = (-1)^2 \frac{d^2\Psi(z)}{dz^2}\bigg|_{z=0} = \frac{\Phi'(z)}{\Phi(z)} - \frac{[\Phi'(z)]^2}{\Phi^2(z)}$$

von X. Für höhere Ableitungen von $\Psi(z)$ liefern analog die höheren *Kumulanten* der Verteilung. Bei GAUSS-Verteilungen ist die Kumulantenfunktion quadratisch in z, das heißt die Kumulanten mit $m > 2$ verschwinden. Daher ist eine GAUSS-Verteilung durch die Angabe von Mittelwert $\langle X \rangle$ und Streuung ΔX vollständig beschrieben. Die höheren Kumulanten beschreiben also Abweichung der Verteilungsfunktion von der GAUSS'schen Form.

Bei Wahrscheinlichkeitsverteilungen $w(x_1, \ldots, x_r)$ für mehrere Zufallsvariablen $X_1, \ldots, X_r$ sind ebenso viele LAPLACE-Parameter $z_1, \ldots, z_r$ erforderlich. In diesem Fall

https://doi.org/10.1515/9783110560329-371

treten auch *gemischte* Ableitungen der charakteristischen Funktion und der Kumulantenfunktion auf. Die Matrix der zweiten Ableitungen der Kumulantenfunktion ist gleich der Korrelationsmatrix

$$\sigma_{ij} = \langle \delta X_i \delta X_j \rangle = \left. \frac{\partial^2 \Psi(z_1, \ldots, z_r)}{\partial z_i \partial z_j} \right|_{z_1, \ldots, z_r = 0}$$

der Verteilung.

Weil die Verteilungsfunktion

$$w(x_1 \ldots x_r) = w_1(x_1) \cdot \ldots \cdot w(x_r)$$

für unabhängige Zufallsgrößen in variablenfremde Faktoren $w_i(x_i)$ zerfällt (Anhang B), zerfällt die zugehörige Kumulantenfunktion in variablenfremde *Summanden*. Dies ist analog zum Aufbau zusammengesetzter Systeme aus unabhängigen Teilsystemen, wie dies in Kapitel I-7 dargelegt wird. In diesem Fall ist die Korrelationsmatrix diagonal und enthält die quadratischen Streuungen σ_i auf der Diagonalen. Durch eine Transformation auf neue Variablen kann die Korrelationsmatrix diagonalisiert werden und Korrelationen – zumindest in GAUSS'scher Näherung – eliminiert werden. Von dieser Tatsache wird in der Festkörperphysik Gebrauch gemacht, wo die Positionen der einzelnen Atome im Festkörper stark miteinander korreliert sind, die Amplituden der Normalschwingungen dagegen in erster Näherung unkorreliert sind. Eine genauere Behandlung muss Nicht-Linearitäten im Wechselwirkungspotenzial berücksichtigen – dies führt zu Phonon-Phonon-Streuprozessen, welche durch höhere Kumulanten beschrieben werden.

Der Witz der charakteristischen Funktion besteht darin, dass deren Ableitungen nach den LAPLACE-Parametern $z_1, \ldots, z_n$ die Momente der Zufallsvariablen $X_1, \ldots, X_n$ liefern. Genau diese Eigenschaft haben auch die Zustandssummen der statistischen Thermodynamik. Ein wesentlicher Unterschied besteht jedoch darin, dass die LAPLACE-Parameter $z_1, \ldots, z_n$ bei gewöhnlichen Wahrscheinlichkeits-Verteilungen nach der Bildung der Ableitungen = 0 gesetzt werden, während sie in der statistischen Thermodynamik eine eigene physikalischen Bedeutung haben, da sie den zu den Zufallsgrößen $X_1, \ldots, X_n$ (entropie-) konjugierten Größen entsprechen. Der Zusammenhang zwischen der Wahrscheinlichkeitstheorie und der statistischen Thermodynamik wird durch die Feststellung hergestellt, dass es sich bei den Wahrscheinlichkeitsverteilungen der statistischen Physik nicht um einzelne Verteilungsfunktionen, sondern um ganze *Scharen* von Verteilungsfunktionen handelt, die von einem oder mehreren Parametern abhängen.

Die charakteristischen Funktionen dieser Verteilungsfunktionen werden dadurch gewonnen, dass nicht die Verteilungsfunktion selbst, sondern die *Zustandsdichte* $g(\varepsilon)$ des betrachteten System LAPLACE-transformiert wird und die LAPLACE-Parameter mit den zu den Zufallsgrößen thermodynamisch konjugierten Variablen identifiziert werden. Aus diesem Grund werden die LAPLACE-Parameter nach der Ableitung auch nicht gleich Null gesetzt.

Das einfachste Beispiel ist die kanonische (BOLTZMANN-) Verteilung

$$w_i = \frac{g_i \exp\left(-\beta\varepsilon_i\right)}{Z(\beta)} ,$$

sie beschreibt die Verteilung der Zufallsgröße ε. Sie hängt von dem LAPLACE-Parameter

$$\beta := \frac{1}{k_{\mathrm{B}}T} , \tag{G.1}$$

ab. Für ein diskretes Energiespektrum mit den Energien ε_i mit den Entartungsfaktoren g_i erhalten wir

$$Z(\beta) = \sum_i g_i \exp\left(-\beta\varepsilon_i\right) ,$$

während für ein kontinuierliches Spektrum mit der Zustandsdichte $g(\varepsilon)$

$$Z(\beta) = \int_0^\infty d\varepsilon \, g(\varepsilon) \exp\left(-\beta\varepsilon\right)$$

resultiert. Ableitungen von $Z(\beta)$ nach β bringen jeweils einen Faktor ε vor die Exponentialfunktion. Damit bekommen wir die Momente der Verteilung, insbesondere die Mittelwerte von ε und ε^2:

$$\langle\varepsilon\rangle = -Z'(\beta) = \frac{dZ(\beta)}{d\beta} = -\sum_i \varepsilon_i g_i \exp(-\beta\varepsilon_i) \tag{G.2}$$

$$\langle\varepsilon^2\rangle = Z''(\beta) = \frac{d^2 Z(\beta)}{d\beta^2} = (-1)^2 \sum_i \varepsilon_i^2 g_i \exp(-\beta\varepsilon_i) . \tag{G.3}$$

Wir halten fest:

> Die Momente der BOLTZMANN-Verteilung lassen sich aus der LAPLACE-Transformierten $Z(\beta)$ der Zustandsdichte des Systems gewinnen, die als charakteristische Funktion der BOLTZMANN-Verteilung fungiert. **!**

Die zu $Z(\beta)$ gehörige Kumulantenfunktion

$$\Phi(\beta) = \ln Z(\beta)$$

ist bis auf den Faktor $-1/\beta$ mit der freien Energie des Systems identisch. Die Kumulantenfunktion liefert durch Ableitung nach β die Kumulanten der Verteilung, insbesondere den Mittelwert $\langle\varepsilon\rangle$ und die quadratische Streuung $(\Delta\varepsilon)^2$:

$$\langle\varepsilon\rangle = -\frac{d\ln Z(\beta)}{d\beta} = -\frac{Z'(\beta)}{Z(\beta)} \tag{G.4}$$

$$(\Delta\varepsilon)^2 = \frac{d^2 \ln Z(\beta)}{d\beta^2} = \frac{Z''(\beta)}{Z(\beta)} - \left(\frac{Z'(\beta)}{Z(\beta)}\right)^2 . \tag{G.5}$$

Diese Beziehungen illustrieren die Strukturverwandtschaft zwischen der Wahrscheinlichkeitsrechnung und der Thermodynamik, da sie einen allgemeinen Zusammenhang zwischen der Gewinnung von Mittelwerten und (quadratischen) Streuungen einerseits sowie Zustandsgleichungen und Suszeptibilitäten andererseits mit Hilfe einer für das betrachtete System spezifischen Funktion herstellen. Dieser Zusammenhang ist in kompakter Form durch die allgemeine Beziehung

$$\Phi_K(\beta) = \ln Z(\beta) = -\beta\, F(\beta)$$

zwischen der Kumulantenfunktion, der Zustandsumme und der freien Energie gegeben.

In der großkanonischen (GIBBS'schen-) Verteilung tritt nicht nur die Energie, sondern auch die Teilchenzahl als Zufallsgröße auf. Entsprechend sind zu ihrer Behandlung nicht nur einer, sondern zwei LAPLACE-Parameter, nämlich β und

$$\gamma := -\beta\mu \qquad (G.6)$$

erforderlich. Analog erfordert jede weitere Zufallsvariable X_j der Verteilung einen weiteren LAPLACE-Parameter, welcher mit der zu $\langle X_j\rangle$ thermodynamisch konjugierten Größe ξ_j zusammenhängt.

Die charakteristische Funktion der GIBBS'schen Verteilung ist die großkanonische Zustandssumme

$$\Phi_G(\beta, \gamma) = \sum_i \exp\left(\beta E_i - \gamma N_i\right),$$

wobei die Summe über alle Zustände läuft. Der Logarithmus der großkanonischen Zustandssumme hängt wiederum über den Faktor β mit dem LANDAU-Potenzial

$$\Phi_G(\beta, \gamma) = \ln \mathcal{Z}(\beta, \beta\mu) = -\beta\, K(T, \mu)$$

zusammen. Durch Differenzieren von $\mathcal{Z}(\beta, \gamma)$ gewinnen wir die zu den Gln. G.4 analogen Gleichungen

$$\langle E\rangle = \frac{\partial \mathcal{Z}(\beta, \gamma)}{\partial \beta} \qquad \text{und} \qquad \langle N\rangle = \frac{\partial \mathcal{Z}(\beta, \gamma)}{\partial \gamma}\,. \qquad (G.7)$$

Die zweiten Ableitungen von $\mathcal{Z}(\beta, \gamma)$ gewinnen wir entsprechend die Streuungen und Korrelationen von E und N.

H Die Boltzmann-Gleichung

Boltzmann entwickelte als erster eine Theorie, die sich nicht mehr auf die Orte und Impulse einzelner Teilchen, sondern auf die Besetzungs-Wahrscheinlichkeiten $f_\sigma(\boldsymbol{k}, \boldsymbol{r})$ für Ein-Teilchenzustände als zentrale Größe stützt. Obwohl er selbst seine Überlegungen als eine Theorie der Mittelwerte der Orte und Impulse klassischer Teilchen ableitete, gelten viele der Relationen auch für die sicherlich nicht klassischen Fermi- und Bose-Systeme, und die Theorie ist damit viel allgemeiner anwendbar, als es ihre ursprüngliche Herleitung zunächst glauben macht. Dies liegt daran, dass die klassische und die Quantenmechanik (analog zur geometrischen und Wellen-Optik) zu identischen Ergebnissen kommen, solange Interferenz- und Beugungs-Phänomene nicht zum Tragen kommen.

Der Ausgangspunkt unserer Überlegungen ist die Liouville-Gleichung, nach der die Wahrscheinlichkeitsdichte $f_\sigma(\boldsymbol{k}, \boldsymbol{r})$ im Phasenraum für eine (klassische oder quantenmechanische) Hamilton'sche Zeitentwicklung zeitlich konstant bleibt:

$$\frac{\partial}{\partial t}\, f_\sigma(\boldsymbol{k}, \boldsymbol{r}) = \frac{\partial f_\sigma}{\partial \boldsymbol{k}} \cdot \dot{\boldsymbol{k}} + \frac{\partial f_\sigma}{\partial \boldsymbol{r}} \cdot \dot{\boldsymbol{r}} = 0 \,. \tag{H.1}$$

Da die Hamilton'sche Dynamik nur reversible Prozesse erlaubt und damit zur Beschreibung unserer grundsätzlich irreversiblen Transportphänomene allein nicht ausreicht, machte Boltzmann die zusätzliche Annahme, dass es auch einen *Nicht*-Hamilton'schen Beitrag zur zeitlichen Änderung von $f_\sigma(\boldsymbol{k}, \boldsymbol{r})$ gibt, und erweiterte Gl. H.1 auf der rechten Seite um seinen berühmten *Stoßterm*,[1] sodass $f_\sigma(\boldsymbol{k}, \boldsymbol{r})$ in der einfachsten Variante der Differenzialgleichung

---

1 Die Einführung dieses Terms ist seit 140 Jahren umstritten, weil die Stöße nach Auffassung der Mechanik ebenfalls durch eine Hamilton'sche Dynamik beschrieben werden und daher auf der linken Seite dieser Gleichung erscheinen sollten. Dann verliert man aber die Irreversibilität. In den letzten Jahren hat sich die Auffassung durchgesetzt, dass der Stoßterm durch die Wechselwirkung mit einem *Wärmebad* zustandekommt, welches die erzeugte Entropie aufnimmt. Eine Nicht-Hamilton'sche Dynamik wird dadurch erzeugt, dass man über die Freiheitsgrade des Wärmebads thermisch mittelt, so dass diese auf der linken Seite von Gl. H.2 nicht mehr als dynamische Variable in Erscheinung treten (die dynamischen Variablen sind diejenigen, deren Zeitentwicklung Lösung der Bewegungsgleichungen ist). Dieser Zugang ist erfolgreich, wenn man ein dynamisches System mit einem oder wenigen Freiheitsgraden betrachtet, während das Wärmebad stets unendlich viele Freiheitsgrade haben muss. Es gibt jedoch Situationen, wie zum Beispiel die Gay-Lussac-Expansion eines Gases (Abschnitt I-3.8), bei denen unklar ist, wie das Wärmebad realisiert sein soll. Ähnliche Probleme gibt es bei den Stößen hochenergetischer Ionen in der Teilchenphysik, in denen extrem viele neue Teilchen erzeugt werden, deren Dynamik nach nur $\simeq 10^{-23}$ s durch die relativistische Hydrodynamik von Gasen beschreibbar ist, wobei ebenfalls unklar ist, wie die in diesem Gas enthaltene Entropiemenge in so kurzer Zeit erzeugt werden kann. Nach dem besten Wissen des Verfassers hat das Problem bisher keine Lösung gefunden, die in dem Sinne befriedigend ist, dass die Entropie darin als eine dynamische Variable erscheint, welche denselben Regeln wie die übrigen dynamischen Variablen folgt.

https://doi.org/10.1515/9783110560329-375

!

$$\frac{\partial}{\partial t} f_\sigma(\boldsymbol{k}, \boldsymbol{r}) = \frac{\partial f_\sigma}{\partial \boldsymbol{k}} \cdot \dot{\boldsymbol{k}} + \frac{\partial f_\sigma}{\partial \boldsymbol{r}} \cdot \dot{\boldsymbol{r}} = -\frac{\delta f_\sigma(\boldsymbol{k}, \boldsymbol{r})}{\tau_\sigma(\boldsymbol{k})} \ , \tag{H.2}$$

genügt. Dabei ist $\delta f_\sigma(\boldsymbol{k}, \boldsymbol{r}) = f_\sigma(\boldsymbol{k}, \boldsymbol{r}) - f_G(\boldsymbol{k}, \boldsymbol{r})$ die Abweichung von der Verteilungsfunktion $f_G(\boldsymbol{k}, \boldsymbol{r})$ im Gleichgewicht. Diese Form des Stoßterms bewirkt, dass $\delta f_\sigma(\boldsymbol{k}, \boldsymbol{r})$ für ein gegebenes $\{\boldsymbol{k}, \sigma\}$ unabhängig von der Werten von δf für andere $\{\boldsymbol{k}', \sigma'\}$ mit der Zeitkonstante $\tau_\sigma(\boldsymbol{k})$ exponentiell relaxieren.[2] Gl. H.2 wird daher die Boltzmann-Gleichung in *Relaxationszeit-Näherung* genannt. Lösen wir nach δf auf, so erhalten wir

$$\delta f_\sigma(\boldsymbol{k}, \boldsymbol{r}) = -\left\{ \frac{\partial f_\sigma}{\partial \boldsymbol{k}} \cdot \dot{\boldsymbol{k}} + \frac{\partial f_\sigma}{\partial \boldsymbol{r}} \cdot \dot{\boldsymbol{r}} \right\} \tau_\sigma(\boldsymbol{k}) \ . \tag{H.3}$$

Beschränken wir uns schließlich auf die *lineare Näherung* in δf, können wir f_σ in den Ableitungen nach $\boldsymbol{k}$ und $\boldsymbol{r}$ durch f_G ersetzen und bekommen damit den folgenden Ausdruck für δf_σ:

$$\delta f_\sigma(\boldsymbol{k}, \boldsymbol{r}) = -\left\{ \frac{\partial f_G}{\partial \boldsymbol{k}} \cdot \dot{\boldsymbol{k}} + \frac{\partial f_G}{\partial \boldsymbol{r}} \cdot \dot{\boldsymbol{r}} \right\} \tau_\sigma(\boldsymbol{k}) \ . \tag{H.4}$$

Identifizieren wir jetzt

$$\dot{\boldsymbol{k}} = -\frac{1}{\hbar} \operatorname{grad} \varepsilon_\sigma(\boldsymbol{k}, \boldsymbol{r}) \quad \text{und} \quad \dot{\boldsymbol{r}} = \boldsymbol{v}_\sigma(\boldsymbol{k}) = \frac{1}{\hbar} \frac{\partial \varepsilon_\sigma(\boldsymbol{k}, \boldsymbol{r})}{\partial \boldsymbol{k}} \ ,$$

so resultiert

$$\frac{\partial f_G(\boldsymbol{k}, \boldsymbol{r})}{\partial \boldsymbol{k}} \cdot \dot{\boldsymbol{k}} = \frac{\partial f_G(\varepsilon)}{\partial \varepsilon} \frac{\partial \varepsilon_\sigma(\boldsymbol{k}, \boldsymbol{r})}{\partial \boldsymbol{k}} \cdot \left(-\frac{1}{\hbar} \operatorname{grad} \varepsilon_\sigma \right)$$

$$\frac{\partial f_G(\boldsymbol{k}, \boldsymbol{r})}{\partial \boldsymbol{r}} \cdot \dot{\boldsymbol{r}} = \frac{\partial f_G(\varepsilon)}{\partial \varepsilon} \left(\operatorname{grad} (\varepsilon_\sigma - \bar{\mu}) - \frac{\varepsilon_\sigma - \bar{\mu}}{T} \operatorname{grad} \bar{\mu} \right) \cdot \boldsymbol{v}_\sigma(\boldsymbol{k}) \ .$$

Setzen wir dies in Gl. H.4 ein, so erhalten wir schließlich für den Nichtgleichgewichts-Anteil der Verteilungsfunktion in der Relaxationszeitnäherung

!

$$\delta f_\sigma(\boldsymbol{k}, \boldsymbol{r}) = \frac{\partial f_G(\varepsilon)}{\partial \varepsilon} \cdot \boldsymbol{v}_\sigma(\boldsymbol{k}) \tau_\sigma(\boldsymbol{k}) \left(\operatorname{grad} \bar{\mu} + \frac{\varepsilon_\sigma - \bar{\mu}}{T} \operatorname{grad} T \right) \ . \tag{H.5}$$

Ersetzen wir die Verteilungsfunktion $f_\sigma(\boldsymbol{k}, \boldsymbol{r})$ der Besetzungswahrscheinlichkeiten durch die Teilchenzahlen N_k der elementaren Fermi- und Bose-Systeme, so ist dieses Ergebnis identisch mit Gl. 6.52, das wir in Kapitel 6 im Rahmen des (verallgemeinerten) Drift-Diffusions-Modells und damit auf einem anderen Weg gewonnen haben, der nicht auf die klassische Mechanik zurückgreift.

---

2 Selbstverständlich gibt es raffiniertere Varianten des Stoßterms, mit denen auch der Teilchenaustausch zwischen elementaren Fermi-Systemen mit verschiedenen $\{\boldsymbol{k}, \sigma\}$ beschrieben werden kann.

Danksagung

Ich danke allen Menschen, die zum Entstehen dieses Buches beigetragen haben. Dazu gehören zuallererst diejenigen, von denen ich als Student selbst Thermodynamik gelernt habe, nämlich G. Falk und F. Herrmann an der Universität Karlsruhe, welche die integrierte Darstellungsweise der Physik entwickelt haben, der ich mich in diesem Buch bediene. Ich halte dieses Konzept für außerordentlich förderlich – nicht nur für das Verständnis der modernen Physik, sondern auch für die Ökonomie des Denkens im Physikstudium insgesamt. Das liegt daran, dass es sich von vornherein auf allgemeine, den Gültigkeitsbereich der Mechanik überschreitende Prinzipien stützt, die sich bis heute tragfähig erwiesen haben.

Für die Entwicklung des Buches waren die Fragen und das Feedback meiner Student(inn)en und Übungsleiter(innen) unverzichtbar – besonders herausheben möchte ich hier Jens Siewert, Magda Marganska und Jonathan Eroms, die einen Großteil der Übungsaufgaben ausgearbeitet und in eine lösbare Form gebracht haben. Meinen Kollegen Karl Renk, Jascha Repp, Jens Siewert, Hans-Gert Boyen, Jürgen König, Elke Scheer, Wolfgang Belzig, Ferdinand Evers, Hubert Motschmann, Wilfred Schoepe, Klaus Richter, Dieter Weiss und Dominique Bougeard danke ich für die kritische Lektüre, hilfreiche Korrekturen und Anregungen sowohl im Detail als auch bezüglich der Struktur des Textes. Von Jürgen Putzger und Erich Hans stammt das Titelbild und eine Reihe von illustrierenden Vorlesungsexperimenten, die in einige der Abbildungen eingeflossen sind. Elke Haushalter und Claudia Rahm danke ich für das Schreiben meines Vorlesungsmanuskripts und Frau Marei Peischl für unschätzbare Unterstützung bei der Optimierung der „TeX"-Darstellung, Herrn Florian Rödl und Frau Olesia Shyshova danke ich für die Erstellung zahlreicher Abbildungen und Herrn Michael Müller, Herrn Anatoly Shestakov und Frau Marei Peischl für sorgfältiges Korrekturlesen.

Besonderer Dank gebührt Renate und Laurits Piehorsch für ihre rückhaltlose Unterstützung einschließlich des Ertragens meiner geistigen und physischen Absencen während der heißen Phasen des Schreibens.

https://doi.org/10.1515/9783110560329-377

Literaturverzeichnis

[1]   H. B. Callen, *Thermodynamics and Introduction to Thermostatistics* (Wiley, New York, 1985).
[2]   Tabellenwerk LANDOLT-BÖRNSTEIN, *Zahlenwerte und Funktionen aus Physik, Chemie, Astronomie, Geophysik und Technik*, Bd.2, Teil 4, (Springer, Berlin Göttingen Heidelberg 1961).
[3]   A. Einstein, *Beiträge zur Quantentheorie*, Verhandlungen der Deutschen Physikalischen Gesellschaft **12**, 820 (1914).
[4]   S. Hunklinger, *Festkörperphysik*, (Oldenbourg, München 2009).
[5]   R. Gross, A. Marx, *Festkörperphysik*, (Oldenbourg, München, 2012).
[6]   M. Kardar, *Statistical Physics of Fields*, (Cambridge University Press, 2007).
[7]   P. M. Chaikin, T. C. Lubensky, *Principles of Condensed Matter Physics*, (Cambridge University Press 2012).
[8]   M. W. Zemansky, *Heat and Thermodynamics*, (5th edition, McGraw-Hill, New York, 1968).
[9]   G. Strobl, *Physik kondensierter Materie*, (Springer, Berlin Heidelberg New York, 2002).
[10] H. Haken, H.C. Wolf, *Atom- und Quantenphysik*, (Springer, Berlin Heidelberg New York, 2000).
[11] H. Haken, H.C. Wolf, *Molekülphysik*, (Springer, Berlin Heidelberg New York, 2003).
[12] W. Göpel und H.-D. Wiemhöfer, *Statistische Thermodynamik*, (Spektrum Akademischer Verlag, Heidelberg - Berlin, 1999).
[13] J. D. Fast, *Entropie*, (Philips's Technische Bibliothek, Eindhoven 1960).
[14] W. M. Haynes, D. R. Lide, T. J. Bruno (Hrsg.), *CRC Handbook of Chemistry and Physics*, (Taylor & Francis, London, 2014).
[15] P. J. Linstrom, W.G. Mallard, (Hrsg.), NIST Chemistry Webbook: NIST Standard Reference Database No. 69, <http://webbook.nist.gov>.
[16] D.V. Schroeder, *An introduction to Thermal Physics*, (Addison Wesley Longman, 2000).
[17] M. Kardar, *Statistical Physics of Fields*, (Cambridge University Press, 2007).
[18] B. Cowan, *Topics in Statistical Mechanics*, (Imperial College Press, London, 2005).
[19] N. Leisi, *Quantenphysik*, (Springer, Berlin Heidelberg New York, 2006).
[20] N. W. Ashcroft, N. D. Mermin, *Solid State Physics*, (Saunders College, Philadelphia 1976).
[21] D. Bolmatov, V.V. Brazhkin und K. Trachenko, *The phonon theory of liquid thermodynamics*, Scientific Reports **29**, 421 (2012).
[22] C. J. Foot, *Atomic Physics*, (Oxford University Press, Oxford, 2004).
[23] M. H. Anderson, J. R. Ensher, M. R. Matthews, C. E. Wieman, E.A. Cornell, *Observation of a BOSE-EINSTEIN-condensation in a dilute atomic vapor*, Science **269**, 198 (1995).
[24] K. B. Davies, M.-O. Mewes, M. A. Joffe, M. R. Andrews, W. Ketterle, *BOSE-EINSTEIN-condensation in a gas of sodium atoms*, Phys. Rev. Lett. **75**, 3969 (1995).
[25] J. Klärs, J. Schmitt, F. Verwiger und M. Weitz, *Bose-Einstein-Kondensat aus Licht*, Physik in unserer Zeit **42**, 58 (2011).
[26] C. Enss, S.Hunklinger, *Tieftemperaturphysik*, (Springer, Berlin Heidelberg New York, 2000).
[27] D. L. Goodstein, *States Of Matter*, (Dover Publications, Mineola, New York, 2002).
[28] R. D. Barnard, *Thermoelectricity in Metals and Alloys*, (Taylor & Francis, London, 1972).
[29] V. Zlatic, R. Monnier, *Modern Theory of Thermoelectricity*, (Oxford University Press, 2014).
[30] J. S. Dugdale, *The Electrical Properties of Metals and Alloys*, (Edward Arnolds, London 1977).
[31] D.J. Quin, W.B. Ittner, J. Appl. Phys. **33** 748 (1962).
[32] R. Doll and M. Näbauer, *Experimental Proof of Magnetic Flux Quantization in a Superconducting Ring*, Phys. Rev. Lett. **7**, 51 (1961).
[33] Bascom S. Deaver, Jr. and William M. Fairbank, *Experimental Evidence for Quantized Flux in Superconducting Cylinders*, Phys. Rev. Lett. **7**, 43 (1961).
[34] M. Tinkham, *Introduction to Superconductivity*, (2nd Ed., McGraw-Hill, Singapore 1996).

https://doi.org/10.1515/9783110560329-379

[35] T. Ihn, *Semiconductor Nanostructures: Quantum States and Electronic Transport* (Oxford University Press, 2009).

[36] A. G. M. Jansen, A. P. van Gelder, P. Wyder, *Point-contact spectroscopy in metals*, J. Phys. C **13** 6073 (1980).

[37] F. R. Ong, O. Bourgeois, S. E. Skipetrov, J. Chaussy, *Thermal signatures of the Little-Parks effect in the heat capacity of mesoscopic superconducting rings* Phys. Rev. B **74**, 140503(R) (2006); G. M. Souche, J. Huillery, H. Pothier, P. Gandit, J. I. Mars, S. E. Skipetrov, O. Bourgeois, *Searching for thermal signatures of persistent currents in normal-metal rings*, Phys. Rev. B **87**, 115120 (2013).

[38] B. L. van Wees, H. van Houten, C. W. J. Beenakker, J. G. Williamson, L. P. Kouwenhoven, D. van der Marel, C. T.Foxon, *Quantized conductance of point contacts in a two-dimensional electron gas*, Phys. Rev. Lett. **60**, 848 (1988).

[39] D. Wharam, T. J. Thornton, R. Newbury, M. Pepper, H. Ahmed, J. E. F. Frost, D. G. Hasko, D. C. Peacock, D. A. Ritchie G. A. C. Jones, *One-dimensional transport and the quantisation of the ballistic resistance*, J. Phys. C **21**, L209 (1988).

[40] K. Schwab, E. A. Henriksen, J. M. Worlock, M. L. Roukes, *Measurement of the quantum of thermal conductance*, Nature **404**, 974 (2000).

[41] Th. Bartsch, M. Schmidt, Ch. Heyn, W.Hansen, *Thermal Conductance of Ballistic Point Contacts*, Phys. Rev. Lett. **108**, 075901 (2012).

[42] N. Agrait, A. Levy-Yeyati, J. M van Ruitenbeek, *Quantum properties of atomic-sized conductors*, Physics Reports **377**, 81 (2003).

[43] T. T. Heikkilä, *The Physics of Nanoelectronics*, (Oxford University Press, 2013).

[44] H. Pothier, S. Guéron, N. O. Birge, D. Esteve, and M. H. Devoret, *Energy Distribution Function of Quasiparticles in Mesoscopic Wires*, Phys. Rev. Lett. **79**, 3490 (1997).

[45] J. D. Jackson, *Klassische Elektrodynamik*, (de Gruyter, Berlin 2006).

Stichwortverzeichnis

IA

1	1.0079
H	
Wasserstoff	
0.089	hex
3.75	
14.0	110

Legende (Beispiel Mg):

- Ordnungszahl — 12
- Atomgewicht — 24.305
- **Mg** — Magnesium
- Dichte (g/cm³) — 1.74
- häufigste Kristallstruktur — hex
- Gitterkonstante a (Å) — 3.21
- Sommerfeldkonstante γ' (mJ / mol K²) — 1.3
- Schmelztemperatur (K) — 922
- Debye-Temperatur (K) — 318

(bei 1 bar, mit Ausnahme von He: 25 bar).

Haupt- und Nebengruppen (Dichte g/cm³ | Struktur / Gitterkonstante a | γ' / Schmelztemperatur K | Debye-Temperatur K):

Z	Symbol	Name	Atomgewicht	Dichte	Struktur	a	γ'	T_m	θ_D
1	H	Wasserstoff	1.0079	0.089	hex	3.75		14.0	110
3	Li	Lithium	6.94	0.53	bcc	3.49	1.63	453	400
4	Be	Beryllium	9.0122	1.85	hex	2.29	0.17	1550	1160
11	Na	Natrium	22.9898	0.97	bcc	4.23	1.4	371.0	150
12	Mg	Magnesium	24.305	1.74	hex	3.21	1.3	922	318
19	K	Kalium	39.09	0.86	bcc	5.23	2.1	337	100
20	Ca	Calcium	40.08	1.54	fcc	5.58	2.9	1111	230
21	Sc	Scandium	44.956	2.99	hex	3.31	11	1812	359^{tt}
22	Ti	Titan	47.90	4.51	hex	2.95	3.5	1933	380
23	V	Vanadium	50.942	6.1	bcc	3.02	9.8	2163	390
24	Cr	Chrom	52.00	7.19	bcc	2.88	1.40	2130	460
25	Mn	Mangan	54.938	7.43	sc	8.89	14	1518	400
26	Fe	Eisen	55.85	7.86	bcc	2.87	5.0	1808	420
27	Co	Cobalt	58.93	8.9	hex	2.51	4.7	1768	385
37	Rb	Rubidium	85.47	1.53	bcc	5.59	2.4	312	56^{tt}
38	Sr	Strontium	87.62	2.60	fcc	6.08	3.6	1043	147^{LT}
39	Y	Yttrium	88.91	4.46	hex	3.65	10.2	1796	256^{tt}
40	Zr	Zirconium	91.22	6.49	hex	3.23	2.80	2125	250
41	Nb	Niob	92.91	8.4	bcc	3.30	7.79	2741	275
42	Mo	Molybdän	95.94	10.2	bcc	3.15	2.0	2890	380
43	Tc	Technetium	98.91	11.5	hex	2.74		2445	
44	Ru	Ruthenium	101.07	12.2	hex	2.70	3.3	2583	382^{LT}
45	Rh	Rhodium	102.90	12.4	fcc	3.80	4.9	2239	350^{LT}
55	Cs	Caesium	85.47	1.90	bcc	6.05	3.2	302	40^{LT}
56	Ba	Barium	137.34	3.5	bcc	5.02	2.7	998	110^{LT}
72	Hf	Hafnium	178.49	13.1	hex	3.20	2.16	2495	252
73	Ta	Tantal	180.95	16.6	bcc	3.31	5.9	3269	225
74	W	Wolfram	183.85	19.3	bcc	3.16	1.21	3683	310
75	Re	Rhenium	186.2	21.0	hex	2.76	2.3	3453	416^{LT}
76	Os	Osmium	190.20	22.6	hex	2.74	2.4	3318	400^{LT}
77	Ir	Iridium	192.22	22.5	fcc	3.84	3.1	2683	430
87	Fr	Francium	223	(bcc)				(300)	
88	Ra	Radium	226	(5.0)				973	
104	Rf	Rutherfordium	261						
105	Db	Dubnium	262						
106	Sg	Seaborgium	263						
107	Bh	Bohrium	262						
108	Hs	Hassium	265						
109	Mt	Meitnerium	266						

Gruppenbezeichnungen: IA, IIA, IIIB, IVB, VB, VIB, VIIB, VIIIB, VIIIB

Seltene Erden

∗ (Lanthanoide)

Z	Symbol	Name	Atomgewicht	Dichte	Struktur	a	γ'	T_m	θ_D
57	La	Lanthan	138.91	6.17	hex	3.75	10	1193	132
58	Ce	Cer	140.12	6.77	fcc	5.61		1071	139^{LT}
59	Pr	Praseodym	140.91	6.77	hex	3.42		1204	152^{LT}
60	Nd	Neodym	144.24	7.00	hex	3.66		1283	157^{LT}
61	Pm	Promethium	145		hex			(1350)	
62	Sm	Samarium	150.35	7.54	rhl	9.00		1345	166^{LT}
63	Eu	Europium		7.90	bcc	4.61		1095	107^{LT}

∗ ∗ (Actinoide)

Z	Symbol	Name	Atomgewicht	Dichte	Struktur	a	γ'	T_m	θ_D
89	Ac	Actinium	227	10.1	fcc	5.31		1323	
90	Th	Thorium	232.04	11.7	fcc	5.08		2020	100
91	Pa	Protactinium	231	15.4	tet	3.92		1470	
92	U	Uran	238.03	19.07	orc	2.85	10.3	1406	210^{LT}
93	Np	Neptunium	237.05	20.3	orc	4.72		913	188^{LT}
94	Pu	Plutonium	244	19.8	mcl	5.8	13	914	150^{LT}
95	Am	Americium	243	11.8	hex			1267	

Periodensystem der Elemente

Abkürzungen der Kristallstrukturen:

fcc	kubisch-flächenzentriert
bcc	kubisch-raumzentriert
sc	einfach kubisch
tet	tetragonal
orc	orthorombisch
hex	hexagonal
dia	Diamantstruktur
rhl	rhomboedrisch
mcl	monoklin

Gruppen (oben): IIIA · IVA · VA · VIA · VIIA · VIIIA
Gruppen (Nebengruppenblock): VIIIB · IB · IIB

Angaben je Element: Ordnungszahl / Atommasse – Symbol – Name – (Zeile 1) Dichte & Struktur / (Zeile 2) Gitterkonstante(n) / (Zeile 3) Schmelzpunkt & Debye-Temperatur.

Hauptblock

Z	Masse	Symbol	Name	Gruppe	Periode	Daten (Z1 / Z2 / Z3)
2	4.0026	He	Helium	VIIIA	1	0.179 hex / 3.57 / ~1.0 26^{LT}
5	10.81	B	Bor	IIIA	2	2.34 tet / 8.73 / 2600 1250
6	12.01	C	Kohlenstoff	IVA	2	2.26 dia / 3.57 / (4300) 1860
7	14.007	N	Stickstoff	VA	2	1.03 hex / 4.039 / 63.3 (ß)79^{LT}
8	15.999	O	Sauerstoff	VIA	2	1.43 sc / 6.83 / 54.7 (γ)46
9	18.998	F	Fluor	VIIA	2	1.97(α) mcl / — / 53.5
10	20.18	Ne	Neon	VIIIA	2	1.56 fcc / 4.43 / 24.5 63
13	26.982	Al	Aluminium	IIIA	3	2.70 fcc / 4.05 1.35 / 933 394
14	28.086	Si	Silicium	IVA	3	2.33 dia / 5.43 / 1683 625
15	30.974	P	Phosphor	VA	3	1.82 orc / 7.17 / 317.3
16	32.064	S	Schwefel	VIA	3	2.07 orc / 10.47 / 386
17	35.453	Cl	Chlor	VIIA	3	2.09 orc / 6.24 / 172.2
18	39.948	Ar	Argon	VIIIA	3	1.78 fcc / 5.26 / 83.9 85
28	58.6934	Ni	Nickel	VIIIB	4	8.9 fcc / 3.52 7.1 / 1726 375
29	63.546	Cu	Kupfer	IB	4	8.96 fcc / 3.61 0.668 / 1356 315
30	65409	Zn	Zink	IIB	4	7.14 hex / 2.66 0.65 / 693 234
31	69.72	Ga	Gallium	IIIA	4	5.91 orc / 4.51 0.60 / 303 240
32	72.63	Ge	Germanium	IVA	4	5.32 dia / 5.66 / 1211 360
33	74.92159	As	Arsen	VA	4	5.72 rhl / 4.13 0.20 / 1090 285
34	78.96	Se	Selen	VIA	4	4.79 hex / 4.36 / 490 150^{LT}
35	79.904	Br	Brom	VIIA	4	4.10 orc / 6.67 / 266
36	83.80	Kr	Krypton	VIIIA	4	3.07 fcc / 5.72 / 116.5 73^{LT}
46	106.40	Pd	Palladium	VIIIB	5	12.0 fcc / 3.89 / 1825 275
47	107.87	Ag	Silber	IB	5	10.5 fcc / 9.42 4.09 0.650 / 1234 215
48	112.40	Cd	Cadmium	IIB	5	8.65 hex / 2.98 0.69 / 594 120
49	114.82	In	Indium	IIIA	5	7.31 tet / 4.59 1.6 / 429.8 129
50	118.69	Sn	Zinn	IVA	5	7.30 tet / 5.82 1.78 / 505 170
51	121.75	Sb	Antimon	VA	5	6.62 rhl / 4.51 0.105 / 904 200
52	127.60	Te	Tellur	VIA	5	6.24 hex / 4.45 / 723 139^{LT}
53	126.90	I	Jod	VIIA	5	4.94 orc / 7.27 / 387
54	131.30	Xe	Xenon	VIIIA	5	3.77 fcc / 6.20 / 161.3 55^{LT}
78	195.09	Pt	Platinum	VIIIB	6	21.4 fcc / 3.92 / 2045 230
79	196.97	Au	Gold	IB	6	19.3 fcc / 6.8 4.08 0.75 / 1337 170
80	200.59	Hg	Quecksilber	IIB	6	13.6 rhl / 2.99 1.8 / 234.3 100
81	204.37	Tl	Thallium	IIIA	6	11.85 hex / 3.46 1.5 / 577 96
82	207.19	Pb	Blei	IVA	6	11.4 fcc / 4.95 3.0 / 601 88
83	208.98	Bi	Bismut	VA	6	9.8 rhl / 4.75 0.021 / 544.5 120
84	210	Po	Polonium	VIA	6	9.4 sc / 3.35 / 527
85	210	At	Astat	VIIA	6	(575)
86	222	Rn	Radon	VIIIA	6	(4.4) (fcc) / (202)
110	281	Ds	Darmstadtium	VIIIB	7	
111	280	Rg	Roentgenium	IB	7	
112	277	Cn	Copernicium	IIB	7	

Lanthanoide (6) und Actinoide (7)

Z	Masse	Symbol	Name	Reihe	Daten (Z1 / Z2 / Z3)
64	157.25	Gd	Gadolinium	6)	8.23 hex / 3.64 10 / 1585 176^{LT}
65	158.92	Tb	Terbium	6)	8.54 hex / 3.60 / 1633 188^{LT}
66	162.50	Dy	Dysprosium	6)	8.78 hex / 3.59 / 1680 186^{LT}
67	164.93	Ho	Holmium	6)	9.05 hex / 3.58 / 1743 191^{LT}
68	167.26	Er	Erbium	6)	9.37 hex / 3.56 / 1759 195^{LT}
69	168.93	Tm	Thulium	6)	9.31 hex / 3.54 10.5 / 1818 200^{LT}
70	173.04	Yb	Ytterbium	6)	6.97 fcc / 5.49 2.9 / 1097 118^{LT}
71	174.97	Lu	Lutetium	6)	9.84 hex / 3.51 11.3 / 1929 207^{LT}
96	247	Cm	Curium	7)	13.51 hex / 1600
97	247	Bk	Berkelium	7)	14.78 hex / 1259
98	251	Cf	Californium	7)	15.1 hex / 1173
99	254	Es	Einsteinium	7)	8.84 / 1133
100	257	Fm	Fermium	7)	1125
101	256	Md	Mendelevium	7)	
102	254	No	Nobelium	7)	
103	257	Lr	Lawrencium	7)	

www.ingramcontent.com/pod-product-compliance
Lightning Source LLC
Chambersburg PA
CBHW082128210326
41599CB00031B/5911